Kurt Sattelberg

Vom Elektron zur Elektronik

Kurt
Sattelberg

Vom Elektron zur Elektronik

Eine Geschichte der Elektrizität

AT Verlag

Gesamtgestaltung: Jutta Seiffert, Uwe Pechtold und Detlef Lorenz, Berlin
Umschlagbild: Emil Haefely & Cie AG, Basel
Herstellung: Grafische Betriebe Aargauer Tagblatt AG, Aarau/Schweiz
Printed in Switzerland
ISBN 3 85502 144 9 (2. erweiterte Auflage)
ISBN 3 87087 033 8 (Erstausgabe 1971, Elitera-Verlag, Berlin)

Inhaltsverzeichnis

Vorwort

Den Männern der Naturwissenschaft und der Technik werden im allgemeinen von der Nachwelt keine großen Ruhmeskränze geflochten. In der Schule werden zwar die Namen der Dichter, Feldherren und Staatsmänner, ihre Taten und Werke vermittelt, von großen Forschern und Ingenieuren aber wird kaum etwas oder nur sehr wenig gesagt. Ihre Erinnerung lebt in den nach ihnen benannten physikalischen Einheiten, und auch hier wissen – vom Fachmann natürlich abgesehen – sicherlich nur noch wenige, woher die Bezeichnungen Ampere, Farad, Henry, Hertz, Ohm, Volt usw. kommen, geschweige denn, wer die Männer waren, zu deren Ehren diese Benennungen gewählt worden sind.

Die Geschichte der Elektrizität ist ein Teil der Kulturgeschichte des Menschen und sollte daher in einer Zeit, in der die Elektrizität einen immer größeren Einfluß auf das menschliche Leben nimmt, wenigstens in ihren wichtigsten Ereignissen einem größeren Kreis bekannt werden.

Im Vordergrund dieses Buches stehen daher weniger die rein theoretischen Probleme, sondern vielmehr die teilweise recht dramatischen Bemühungen der Wissenschaftler und Ingenieure um die Entschleierung einer zunächst unfaßbaren Naturerscheinung und ihre spätere praktische Anwendung sowie die Schicksale der Männer, die ihre Lebensarbeit, oder doch wenigstens einen Teil davon, der Elektrizität gewidmet haben. In vielen Fällen werden sie selber zu Wort kommen.

Wenn das Buch auch in erzählender Form geschrieben ist, so war ich doch stets bemüht, mich exakt an die geschichtlichen und technischen Tatsachen zu halten, die in der umfangreichen naturwissenschaftlichen und technischen Literatur verankert sind und von der am Schluß des Buches nur ein Bruchteil angegeben werden kann.

Gedankt sei an dieser Stelle Firmen und Archiven für die Überlassung von Bildmaterial, dem Verlag für sein Entgegenkommen und die Bereitschaft das Buch mit zahlreichen Bildern auszustatten und nicht zuletzt den Mitarbeitern des Verlages, die mit Freude an der Gestaltung des Werkes mitgearbeitet haben.

Dr. Kurt Sattelberg

Einleitung

Wir betrachten es heute als selbstverständlich, daß die unsichtbare Macht Elektrizität das tägliche Leben beherrscht. Gleichgültig, ob wir die Nacht durch gleißende Lichtfülle zum Tage machen, den Mixer in der Küche oder eine Walzenstraße, die Spielzeugeisenbahn oder eine moderne Schnellzuglokomotive in Betrieb nehmen wollen, stets ist es Elektrizität, die die benötigte Energie dafür liefert. Sie erlaubt es uns, über kleine und große Entfernungen hinweg Gespräche zu führen, Schallwellen aufzuzeichnen und die Ereignisse ferner Länder oder gar die Landung des ersten Menschen auf dem Mond in Bild und Ton mitzuerleben. Wohin wir auch blicken, überall begegnet uns die Elektrizität. Ein Dasein ohne sie ist einfach nicht mehr denkbar. Natürlich war das nicht immer so; möglich wurde es erst, als der unermüdliche Forschungsdrang des Menschen sich eines Tages auch den unerklärlichen elektrischen Erscheinungen zuwendete.

Sicherlich haben wir uns nur selten darüber Gedanken gemacht, wann die Erforschung der bereits im Altertum bekannten, damals aber noch göttlichen Kräften zugeschriebenen Naturerscheinung begann, welche verschlungenen und dornenreichen Wege sie ging und wie der menschliche Geist schließlich doch über die Geheimnisse der Natur triumphierte.

Geheimnisvoll wie kaum eine andere Erscheinung ist die Elektrizität von Anfang an, niemand kann sie sehen, nur ihre Auswirkungen lassen sich spüren. Das aber erschwert die Frage nach dem Wesen der Elektrizität ganz beträchtlich und erklärt, warum die Wissenschaft zu Beginn des 18. Jahrhunderts zwar auf den Gebieten der Astronomie, der Mechanik und der Optik bereits beachtliche Kenntnisse aufzuweisen hatte, aber von der Elektrizität noch kaum etwas zu sagen wußte.

Auch als sich hier das Dunkel nach und nach lichtete, die anfangs angenommenen verschiedenen Elektrizitäten zu einer einzigen zusammenschrumpften, der Blitz als riesenhafter elektrischer Funke erkannt, die Verbindung zwischen Elektrizität und Magnetismus gefunden und in der Telegraphie die erste nutzbringende Anwendung größeren Umfangs eingeführt wurde, standen die Wissenschaftler immer wieder vor neuen Rätseln und konnten oft genug nicht die Vorgänge, die sie entdeckten, befriedigend erklären. Selbst der berühmte *Marconi* hat einmal zu der von ihm erfundenen drahtlosen Telegraphie gesagt „Ich weiß wie der Apparat arbeitet, aber ich möchte wissen warum!“ Und dieses *Warum* ist es, das der Elektrizität lange Zeit hindurch eine Sonderstellung in den Naturwissenschaften einräumte.

Kopfzerbrechen verursachte die Elektrizität aber nicht nur den Physikern und Ingenieuren, sondern auch den Juristen, die sich als Vertreter des Rechts generell mit der Frage zu beschäftigen hatten, ob beim unbefugten Entnehmen von elektrischer Energie das Delikt eines Diebstahls erfüllt sei. Das war recht schwierig, weil es sich hierbei um eine nicht greifbare Materie handelte. 1896 entschied das deutsche Reichsgericht denn auch, „... daß Elektrizität als nicht stofflich, keinen Gegenstand eines Diebstahls bilden könne“. Diese Auffassung blieb allerdings nicht lange bestehen, und bald neigten die Gerichte dazu, die Elektrizität als „fremde bewegliche Sache“ anzusehen, womit juristisch das Diebstahlsdelikt erfüllt war. Die endgültige Klärung dieser Frage brachte dann in Deutschland das „Gesetz betreffend die Bestrafung der Entziehung elektrischer Arbeit vom 9. April 1900".

Durch die Telegraphie bereits in gewissem Umfang angewendet, verhalf die Erfindung der Glühlampe der Elektrizität als Energiequelle endgültig zum Durchbruch. Sie erzwang die Einrichtung öffentlicher Kraftwerke, bewirkte den Aufbau einer weitgespannten Energieverteilung und begründete das eigentliche Zeitalter der Elektrotechnik. Die Elektroindustrie begann sich überall in der Welt mit Riesenschritten zu entfalten, und ihre Erzeugnisse waren die von Fachleuten und Laien bestaunten Objekte der zahlreichen Ausstellungen um die Jahrhundertwende. In knapp 100 Jahren errang die Elektrizität jene Stellung, aus der sie, ohne das gesamte Wirtschaftsleben lahmzulegen, nicht mehr zu entfernen ist.

Die göttliche Kraft

Rund eine halbe Million Jahre bevölkert der Mensch nach unseren heutigen Kenntnissen den Erdball, und seit eben dieser Zeit kommt er durch Gewitter und Nordlicht mit derjenigen Erscheinung in Berührung, die die Naturwissenschaft Elektrizität nennt. Sie bleibt ihm fast ebenso lange unfaßbar, und ihre sichtbaren Zeichen werden göttlichen Kräften zugeschrieben.
Dennoch führt nicht das Gewitter, sondern die viel später, nämlich im klassischen Altertum bemerkte Fähigkeit des geriebenen Bernsteins, leichte Körper anzuziehen, zur Entdeckung der Elektrizität. Auch das vollzieht sich nicht sogleich, sondern erst nach Ablauf von weiteren fast 2000 Jahren, so daß die eigentliche wissenschaftliche Erforschung der Elektrizität auf den Zeitraum der letzten rund 300 Jahre zusammenschrumpft.
Mit dem Beginn des klassischen Altertums tritt noch eine weitere von den Eigenschaften des Bernsteins zunächst völlig unabhängige Naturerscheinung in den Gesichtskreis des im Mittelmeerraum lebenden Menschen: der Magnetismus. Er ist nicht weniger geheimnisvoll als die unsichtbare Kraft des Bernsteins und deshalb mit zahlreichen Sagen verknüpft.
Lassen Sie uns diese Geschichte der Elektrizität deshalb mit einem kurzen Rückblick auf die Mythen und Sagen der teilweise vorgeschichtlichen Zeiten beginnen.
Priester sind es, die seit frühesten Zeiten den Willen der Gottheiten erforschen und dabei auch den Himmel und seine Erscheinungen beobachten, um daraus gute oder böse Zeichen abzulesen. Dabei bleibt es nicht aus, daß der Blitz als eine der großartigsten und eindrucksvollsten himmlischen Erscheinungen göttlichem Ausdruckswillen zugeordnet wird. Es finden sich daher in fast allen alten Religionen Gewitter- oder Donnergötter, teils als Haupt-, teils als Nebengott.
Der Mensch steht dem Blitz, der die Nacht für Bruchteile einer Sekunde zum Tage macht, und dem anschließenden krachenden Donner machtlos und furchtsam gegenüber. Er deutet ihn meist als Zornesausbruch der Gottheit, die der Priester dann mit Opfern und Beschwörungen wieder besänftigen muß.
In den ersten Vorstellungen des Menschen vom Blitzschlag steht ein vom Himmel gefallener Stein oder ein vom Gott herabgeschleuderter Gegenstand in Form einer Axt, eines Beils oder Hammers. Die ältesten bisher aufgefundenen Hinweise dieser Art gehen bis in die prähistorische Zeit der sogenannten Megalith-Kultur, etwa 3000 bis 1300 v. Chr. zurück. Zeichnungen in Kultstätten zeigen menschenähnliche Gestalten mit einer Axt. Aus dem Zweistromland zwischen Euphrat und Tigris, einem der ältesten hochentwickelten Kulturgebiete der Erde, stammt der gegabelte Zickzack als Darstellung des Blitzes. Sie findet sich erstmals auf einem altbabylonischen Rollsiegel, das bei Ausgrabungen in Ur zum Vorschein kommt. Es entstand seiner Inschrift nach um 2200 v. Chr., also etwa zu jener Zeit, als die uns überlieferte Fassung des Gilgamesch-Epos mit der ersten Beschreibung der Sintflut Gestalt annimmt.
Die Darstellung des Gewittergottes mit dem Blitz in der Hand bleibt bis in die historische Zeit erhalten. Von den zahlreichen verschiedenen Namen der Gewittergötter hat sich der des hammerschwingenden Donar bzw. Thor im germanischen Gebiet bis in die heutige Zeit hinein in den

Wochentagen Donnerstag bzw. Thursday erhalten. Aber nicht nur der Blitz selbst wird in die verschiedenen Mythologien der Völker einbezogen, auch die vom Blitz getroffenen Stellen werden teilweise als heilig betrachtet.

Von den Ausdünstungen der Erde

Die wirklichen, die physikalischen Ursachen des Gewitters, bleiben dem Menschen der prähistorischen Zeit selbstverständlich verborgen. Auch Griechen und Römer, wo sich die Philosophen eingehend mit dem Thema Gewitter beschäftigen, kommen in ihren Erkenntnissen nur einen kleinen Schritt weiter.

Der Grieche *Aristoteles* vertritt 350 v. Chr. die Ansicht, daß die Wolken aus Dünsten der Erde bestehen, die sich in der Kälte des Weltalls zusammenziehen und dann durch einen mächtigen Ausbruch entzünden. Die Mehrzahl der Philosophen neigt zu einer ähnlichen Erklärung. Sie grübeln und diskutieren aber nicht nur, sondern sie unterziehen die Gewittervorgänge auch einer intensiven Beobachtung und fördern dadurch immerhin einige interessante Tatsachen zu Tage.

In seiner um 50 n. Chr. entstandenen Aufzeichnung unterscheidet der römische Philosoph und Schriftsteller *Seneca* bereits drei Arten von Blitzen, und zwar die „genus quod terrebrat", die durch Materie hindurchgeht, ohne zu zerstören, die „genus quod dissipat", die zerstört und dabei von heftigem Sturm und Donner begleitet ist, sowie die „genus quod urit", d. h. den zündenden Blitz. Darüber hinaus kennt er Blitze, die von der Wolke zur Erde gehen und solche, die nur von Wolke zu Wolke springen.

Der Schriftsteller *Plinius,* der im August 79 bei dem Ausbruch des Vesuvs ums Leben kommt, weiß in seinem großartigen Werk „naturalis historia" zu berichten, daß Blitz und Donner zur gleichen Zeit entstehen, der Donner aber später hörbar wird, weil sich das Licht schneller fortpflanzt als der Schall, eine physikalische Tatsache, die damals also bereits bekannt ist.

Die Beobachtungen des Altertums führen zwar zu einigen zutreffenden Bemerkungen über die Erscheinungsformen und Folgen eines Blitzschlags, alle Versuche einer Erklärung jedoch bleiben philosophischer Art. Dennoch hält sich die Theorie von den Ausdünstungen nahezu unangefochten über fast zwei Jahrtausende hinweg. Erst das 18. Jahrhundert muß anbrechen, bis *Wall* die Vermutung einer Wesensgleichheit von Blitz und elektrischem Funken ausspricht, und fast weitere 50 Jahre sollen vergehen, bis Benjamin *Franklin* den Beweis dafür bringt, daß der Blitz tatsächlich eine elektrische Erscheinung ist. Doch darüber später mehr.

Auch echte Schutzmaßnahmen gegen Gewitterfolgen gibt es damals zweifellos nicht. Der römische Kaiser Augustus glaubt, sich mit einem übergezogenen Seehundsfell gegen Blitzschlag schützen zu können, sein Nachfolger Tiberius zieht dafür einen Lorbeerkranz vor. Derartiger Aberglaube hat sich teilweise bis in die heutige Zeit erhalten. Wer kennt nicht den Spruch „Weiden sollst du meiden, Buchen aber suchen".

Neue Rätsel der Natur

Durch die zahlreich erhalten gebliebenen Aufzeichnungen der alten Ägypter wissen wir, daß ihnen neben dem Gewitter noch eine andere Erscheinungsform der Elektrizität bekannt ist, der elektrische Fisch. Er tritt als Zitterwels im Nil auf und wird von den Ägyptern *raâd* oder *raâche* genannt, was soviel wie Zitterer oder Donnerer bedeutet. Daraus eine Gedankenverbindung zum Gewitter abzuleiten, erscheint allerdings sehr gewagt. Die älteste, sogar anatomisch exakte Bildwiedergabe eines Zitterwels fanden die Archäologen in der Stufenpyramide von Sakara. Sie stammt aus dem 3. Jahrtausend v. Chr. Andere Wandbilder zeigen einen weiteren elektrischen Fisch, den Nilhecht.

Griechen und Römer besitzen ebenfalls Kenntnisse über elektrische Fische. Bei ihnen sind es der im Mittelmeer lebende Zitterrochen und der Kampfrochen. Beide spielen hier bereits in der Medizin eine wesentliche Rolle, und ihre Schläge werden zu therapeutischen Zwecken ausgenutzt. Das Wort *Narkose* geht übrigens auf die alte Bezeichnung *narce* für den Zitterrochen zurück.

Gedeutet werden diese Schläge von den Philosophen als Muskelschlag. Ihre Hypothese hält sich ebenfalls nahezu zwei Jahrtausende, bis dann der Engländer *Walsh* 1773 die elektrische Ursache aufdeckt. Er findet bei der Sektion eines Zitterrochens hinter dem Schädel das aus 1100 winzigen Zellen bestehende elektrische Organ.
Bei den elektrischen Fischen allein bleibt es nicht. Eine weitere mit der Elektrizität zusammenhängende Naturerscheinung wird entdeckt und gibt den Philosophen neue Rätsel auf. Es ist die Fähigkeit des geriebenen Bernsteins, leichte Körper anzuziehen. Der erste, der nach Zitaten späterer Zeiten darüber berichtet, ist der Naturphilosoph *Thales* von Milet, einer der sieben Weisen Griechenlands. *Thales* und auch die folgenden Berichterstatter vermögen allerdings nicht mehr zu melden als lediglich die Tatsache der Anziehungskraft selbst. Über die dazu notwendige Reibung des Bernsteins sagen sie nichts. Erst um 200 n. Chr., also etwa 800 Jahre später, finden wir bei *Alexander* von Aphrodisios den Hinweis, daß der Bernstein warm sein muß, was sicher auf die vorangehende Reibung hinweist. Aus der griechischen Bezeichnung „Elektron" für den Bernstein entsteht dann später der Begriff „Elektrizität".

Ein Holzschnitt aus der „Hübschen und lieblichen Geschichte vom Herzog Ernst" zeigt ein Schiff in der Gewalt eines Magnetberges; gleich wird es an ihm zerschellen

Von den Magnetbergen

Thales beschreibt nach Berichten des *Aristoteles* auch die merkwürdige Eigenschaft des Magneteisensteins, anderes Eisen anzuziehen und dabei sogar Leben, also Magnetismus, auf das tote Eisen zu übertragen.
Dieser Magneteisenstein heißt zunächst einfach nur der Stein oder aber auch der „Lydische" bzw. der „Herakleische Stein". Etwa 300 v. Chr. taucht dann in alten Quellen erstmals das Wort „Magnet" auf, benannt nach der Stadt Magnesia, in deren Nähe der Stein gefunden wird. Welch großen Einfluß die wundersame Erscheinung der magnetischen Anziehungskraft im Altertum auf den Menschen ausübt, geht aus den medizinischen Wirkungen hervor, die man ihr zuschreibt, und aus den zahlreichen Fabeln, die um den Magnetstein entstehen. Wer kennt sie nicht, die uns von *Plinius* berichtete Geschichte vom Hirten Magnes, der am Berge Ida durch eiserne Stifte in seinen Sandalen und an der Spitze seines Hirtenstabes am Boden festgehalten wird, so daß er sich kaum fortbewegen kann. Oder die von den Seefahrern gefürchteten Magnetberge in „Tausend und eine Nacht", im „Kudrun-Epos" und in der „Hübschen und lieblichen Geschichte vom Herzog Ernst von Bayern und Österreich", die alle mit Eisen versehenen Schiffe an sich ziehen und dadurch in das Verderben stürzen.
Bis in das ferne China hinein läßt sich die Sage vom Magnetberg verfolgen, oder sollte sie gar einstmals von dort gekommen sein? Diese Vermutung ist nicht ganz unbegründet, denn aller Wahrscheinlichkeit nach kennen die Chinesen die Eigenschaft des Magneteisensteins bereits wesentlich früher als die Menschen des Mittelmeerraums. Auf jeden Fall aber findet der Chinese in dem sogenannten Südweiser, das ist die Urform des Kom-

Chinesischer Südweiser nach einer Darstellung von 1609

passes, die erste praktische Anwendung des Magnetismus. Wann ein solcher Südweiser erstmals hergestellt wird, ist nicht mehr mit Sicherheit zu sagen. Alte chinesische Aufzeichnungen sprechen von 1115 v. Chr. und sogar vom 27. Jahrhundert vor unserer Zeitrechnung. Genaueres werden wir wohl kaum ergründen. Die älteste verläßliche Quelle dürfte der im 4. Jahrhundert lebende *Kiu-ku-tsi* sein. Er erwähnt den Gebrauch des Südweisers bei Reisen in das Landesinnere und kennt auch die Anziehungskraft des Magneteisensteins auf das Eisen.
In der blumenreichen chinesischen Sprache trägt der Magneteisenstein meist den Namen „Thsu-schy", was soviel wie Liebender Stein bedeutet. Warum er so heißt, erklärt uns eine andere überlieferte Quelle folgendermaßen: „Der Magnet zieht das Eisen an wie eine zärtliche Mutter ihre Kinder zu sich ruft, und aus diesem Grund hat er auch seinen Namen erhalten." Eine rein sachliche Erklärung im Wörterbuch Schue-wen aus dem 2. Jahrhundert n. Chr. gibt den Magnet als „Namen eines Steines" an, „mit dem man der Nadel die Richtung geben kann".

Der Kompaß heißt bei den Chinesen zunächst „Sse-nan" (Südweiser), dann später einfach „Tschin", die Nadel. Auffallend ist dabei, daß hier der Süden die dominierende Rolle spielt, während im Abendland die Nordrichtung maßgebend ist.

Morgenröte der Wissenschaft

Was mit den Naturbeobachtungen des klassischen Altertums so verheißungsvoll beginnt, kommt mit dem Untergang des Römischen Reiches, mit politischen Wirren und nicht zuletzt durch den Einfluß der Kirche völlig zum Stillstand. Das Studium der heidnischen Philosophen wird ketzerisch. Erst mit Beginn der Renaissance sind die dunklen Zeiten des Mittelalters endgültig vorüber und die Naturwissenschaft blüht auf.
Von den uns hier interessierenden Dingen ist es zunächst der Magnetismus, der im Vordergrund der Betrachtungen steht. Die Elektrizität als solche ist ja noch völlig unbekannt, während der Magnetismus im Kompaß schon eine beachtliche Rolle spielt.
Am 8. August 1269 schreibt der Philosoph und Ingenieur im Heere Karls I. von Anjou, Pierre *de Maricourt,* im Feldlager vor Lucera in Süditalien einen Brief an seinen Freund Suger *de Foucaucourt.* Dieser Brief, die „Epistula Petri Penegrini Maricurtensis de Magnete" enthält die älteste bekannt gewordene experimentalphysikalische Darstellung des Magnetismus.
Pierre *de Maricourt,* genannt Petrus Peregrinus, der Wanderer, ist ein Picardischer Edelmann. Welche Gründe ihn dazu bewegen, sich der eingehenden Beschäftigung mit dem Magnetismus zu widmen, wissen wir nicht. Für seine Experimente stellt er sich aus einem großen Magneteisenstein eine Kugel her und legt auf ihre Oberfläche kleine Eisenstäbchen. Diese Stäbchen richten sich zu seinem Erstaunen so aus, daß Linien „wie die Meridiane der Erde" entstehen, die sich in zwei Punkten schneiden. Damit findet er erstmals die magnetischen Pole der Erde, zunächst allerdings nur auf seinem Modell. Konsequenzen für die Kompaßnadel zieht er daraus nicht.

Weitere Untersuchungen führen ihn auf zahlreiche neue Tatsachen. Er findet neben der anziehenden Kraft auch eine abstoßende Kraft, nämlich immer dann, wenn sich gleichnamige Pole gegenüberstehen. Zerbricht er einen Magneten, so entstehen zwei neue mit gleichgerichteter Polarität.
Von seinen Feststellungen ausgehend, bemüht sich *Maricourt* auch um eine theoretische Erklärung der Vorgänge und sagt, daß die Magneten auf der Erde ihren Magnetismus vom „Erdmagnetismus" haben. Dieses Wort begegnet uns hier zum ersten Male.
Obwohl seine Experimente für damalige Zeiten erstaunliche Neuigkeiten zu Tage fördern, unterliegt er in einem Punkt dann doch einem uns etwas unverständlichen Irrtum. Er glaubt nämlich, daß sich die Magnetnadel des Kompasses auf den Polarstern einstellt. An das nächstliegende, an die Pole seiner Modellerde, denkt er dabei nicht. 1558 erscheint der Brief in gedruckter Form.
Bezüglich des Bernsteins gibt es in dieser Zeit wenig Neues. Die Bemerkungen hierüber erschöpfen sich in den uns bereits bekannten Tatsachen. Wiederholt werden zwar Parallelen zwischen der Anziehungskraft des Bernsteins und der des Magnetismus gezogen, aber erst der italienische Gelehrte Geromino *Cardano* macht sich um die Mitte des 16. Jahrhunderts Gedanken über das Wesen dieser beiden Kräfte.

Seine Erklärung nennt *Gilbert* in dem Buch „De magnete" später allerdings „nicht besser als das Geschwätz alter Weiber". Immerhin beobachtet *Cardano*, daß die Anziehungskraft des Bernsteins auf Spreu durch ein dazwischen gehaltenes anderes Material aufgehoben wird, während dies bei einem Magneteisenstein und Eisen nicht der Fall ist.
Da schon im Altertum menschliche Gefühle mit dem Magnetismus in Verbindung gebracht werden, ist es nicht weiter erstaunlich, wenn *Cardano* den Magnetstein, weil er das Eisen anzieht, als „weiblich" und das angezogene Eisen als „männlich" bezeichnet. J. Baptista *Porta* wieder nennt Magnetpole, die sich anziehen, „freundschaftliche", solche, die sich abstoßen, „feindliche".
Aus diesen Vorstellungen resultiert sicher auch die in einigen Veröffentlichungen des 16. und 17. Jahrhunderts auftauchende Geschichte, wonach mittels „Sympathie" zweier Magnetstäbe über zwei bis drei Meilen hinweg gesprochen werden kann. *Galilei* berichtet hierzu in seinem 1632 gedruckten „Dialog", daß eines Tages ein Fremder zu ihm gekommen sei, der ihm dieses Geheimnis verkaufen wollte. Als *Galilei* jedoch nicht so ohne weiteres auf den Handel eingeht und eine Probe verlangt, macht der Fremde Ausflüchte und zieht es vor zu gehen.
Ein Kauf an der Haustür war also auch damals schon ein schlechtes Geschäft.

Vis Electrica

Arzt und Naturforscher

Um die Mitte des 16. Jahrhunderts beginnt die große Umwälzung im physikalischen Weltbild des Menschen. Er löst sich aus den überlieferten, zum Teil tausend und mehr Jahre alten Vorstellungen, bringt neue, revolutionierende Theorien hervor und stürzt damit die bisherigen Autoritäten der Wissenschaft von ihrem Thron.
Das Weltbild des ägyptischen Astronomen Claudius *Ptolemäus,* in dessen Mittelpunkt die Erde steht, fällt durch Nicolaus *Kopernikus,* der 1543 in seinem Hauptwerk „De revolutionibus orbium coelestium libri VI" (Die sechs Bücher über die Umläufe der Himmelskörper) die Sonne in das Zentrum des Weltalls stellt. Dieser grundlegende Wandel in der Anschauung läßt sich von nun an nicht mehr aufhalten. Die Anklage des *Kopernikus* als Ketzer ist ebenso sinnlos wie die postume Verbannung seines Werkes auf den Index.
Auf dem Gebiet der Medizin begründet Andreas *Vesalius,* der Leibarzt Karls V. und Philipps II. mit seinem Werk „De humani corpores fabrica" die neuzeitliche Anatomie und beseitigt damit die Lehren des *Galenos von Pergamon.*
Im täglichen Umgang mit den Zahlen verdrängt das in Indien entstandene und von den Arabern nach Spanien gebrachte arabische Zahlensystem mit der Ziffer 0 die römischen Ziffern. Adam *Riese* verfaßt sein Buch vom „Rechnen auf den Linien".
Schließlich lösen in der Physik experimentelle Methoden die althergebrachte reine Beobachtung der von Natur aus gegebenen Zustände ab, und es entsteht jenes berühmte, auf zahlreichen Versuchen beruhende Buch „De magnete", zu deutsch „Von den Magneten".

Guilielmus Gilbertus, medicus Londinensis

Am Anfang der Neuzeit lebt William *Gilbert,* auch Gilberd geschrieben, der Verfasser dieses Buches, dessen vollständiger Titel „De magnete, magneticisque corporibus, et de magno magnete tellure; Physiologia nova, plurimis et argumentis et experimentis demonstrata" lautet. Wir verdanken ihm nicht nur zahlreiche neue Erkenntnisse auf dem Gebiet der Elektrizität und des Magnetismus, sondern neben Galileo *Galilei* und Johannes *Kepler* die Begründung der neuzeitlichen Physik überhaupt.
Gilbert wird 1540, nach anderen Quellen 1544, in Colchester geboren und besucht ab 1558 das St. John's College in Cambridge, wo er sich der Medizin widmet. Nach Abschluß der Studien läßt sich *Gilbert* 1573 in London als Arzt nieder, wird bald Mitglied des Royal College of physicians und schließlich 1600 dessen Präsident. 1601 ernennt ihn Königin Elisabeth I. zu ihrem Leibarzt. Er kann sich dieser Würde jedoch nicht mehr lange erfreuen, denn am 24. März 1603 stirbt die Königin und am 30. November ereilt ihn selbst in London oder Colchester der Tod. Genau wissen wir den Ort nicht.
Neben seiner Tätigkeit als Arzt reizen ihn naturwissenschaftliche Fragen, zunächst auf dem Gebiet der Chemie, dann aber wendet er sich hauptsächlich der Erforschung des Magnetismus und der Elektrizität zu. Die Gründe für dieses starke Interesse am Magnetismus mögen zweierlei Art sein. Als Engländer kommt er sicherlich mit den für die Seefahrt so wichtigen Fragen des Kompasses in Berührung und als Arzt kennt er zweifellos die dem Magnetstein von altersher zugeschriebene Heilwirkung.

Die Ergebnisse seiner intensiven Arbeiten mit ihren Schlußfolgerungen legt *Gilbert* dann in dem zitierten Buch nieder, dem ersten wissenschaftlichen Werk in England auf dem Gebiet der Physik. Es ist in Latein, der damaligen Sprache der Gelehrten verfaßt und gliedert sich in sechs Bücher. Hiermit beginnt in großartiger Weise der Einzug Englands in die Geschichte der Naturwissenschaft.

De magnete

Gilbert kann sich lange Zeit nicht zu einer Veröffentlichung seiner Arbeiten entschließen. Erst 1600 wird das Werk in London gedruckt, erlebt aber dann bis 1628 allein in Deutschland drei Auflagen. In Anbetracht der Fülle an neuen Erkenntnissen, die dieses Lebenswerk enthält, bleibt das Buch über viele Jahre hinweg das Standardwerk für die Elektrizität und den Magnetismus.
Warum *Gilbert* die Herausgabe solange hinausschiebt, verrät er uns mit scharfer Zunge im Vorwort „Warum soll ich“, so heißt es dort, „. . . diese neue und unzulässige Philosophie dem Urteil derjenigen Leute aussetzen, die darauf eingeschworen sind, den Ansichten anderer zu folgen, den gefühlslosen Verderbern der Wissenschaft, den gelehrten Clowns, den Federfuchsern, Sophisten, Salbadern und dem starrköpfigen Pöbel, um angeprangert, in Fetzen gerissen und mit Hohn überhäuft zu werden“. Auch für wen diese Abhandlung nun wirklich gedacht ist, steht dort, nämlich „Ihnen allein, wahre Philosophen und findige Geister, die Sie Ihre Kenntnisse nicht nur aus Büchern, sondern aus der Betrachtung der Dinge selbst beziehen, habe ich diese Grundlagen der magnetischen Wissenschaften – eine neue Art des Philosophierens geweiht“.
Bei der Erforschung des Magnetismus geht *Gilbert* systematisch vor, registriert Namen und Fundorte des Magneteisensteins, beschäftigt sich mit der Frage nach dem Unterschied von Eisenerz und Magneteisenstein und vergleicht seine Ergebnisse kritisch mit denen vorangehender Epochen. Er bestätigt dabei die bereits von *Maricourt* gemachten Feststellungen und findet außerdem viele wichtige neue Erkenntnisse.

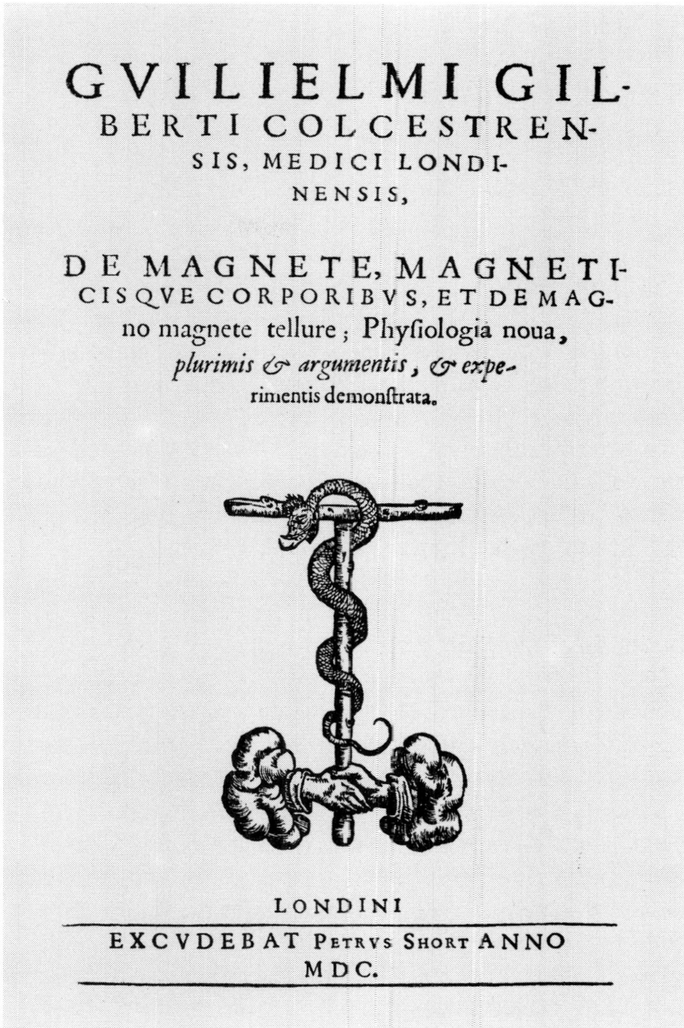
GVILIELMI GILBERTI COLCESTRENSIS, MEDICI LONDINENSIS,

DE MAGNETE, MAGNETICISQVE CORPORIBVS, ET DE MAGno magnete tellure; Physiologia noua, *plurimis & argumentis, & experimentis demonstrata.*

LONDINI
EXCVDEBAT PETRVS SHORT ANNO MDC.

Titelseite jenes berühmten Buches von *Gilbert,* dem ersten wissenschaftlichen Werk über die Elektrizität

Ein Stück Eisen wird nicht nur durch Bestreichen mit einem Magnetstein magnetisch, sondern auch dann, wenn man es der Einwirkung eines magnetischen Feldes aussetzt. Die Behauptung des uns bereits bekannten *Porta,* daß Eisen auch durch Bestreichen mit einem Diamanten Magnetismus annimmt, kann *Gilbert* eindeutig widerlegen. Er nimmt 75 Diamanten und bestreicht damit in Gegenwart vieler Zeugen verschiedene eiserne Stäbchen und Drahtstückchen, jedoch ohne Erfolg, keines der behandelten Eisen wird magnetisch. Neu ist auch die Feststellung, daß ein Magnet seine Wirkung verliert, wenn man ihn rotglühend macht.
Von magnetischen Salben und dergleichen auf dem Magnetismus beruhenden Heilmitteln hält er nichts und meint nur, falls nicht seine Philosophie die Ärzte von der Sinnlosigkeit ihres Handelns überzeugen kann, so wird es der Tod ihrer Patienten tun.

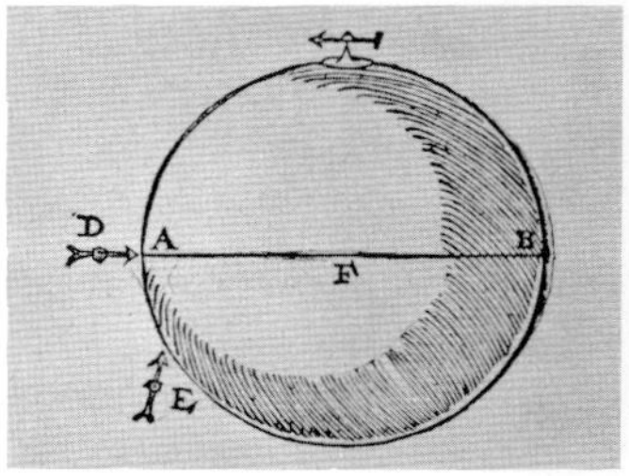

Gilberts terella, in die er die verschiedenen Neigungen der Magnetnadel längs der Oberfläche eingezeichnet hat

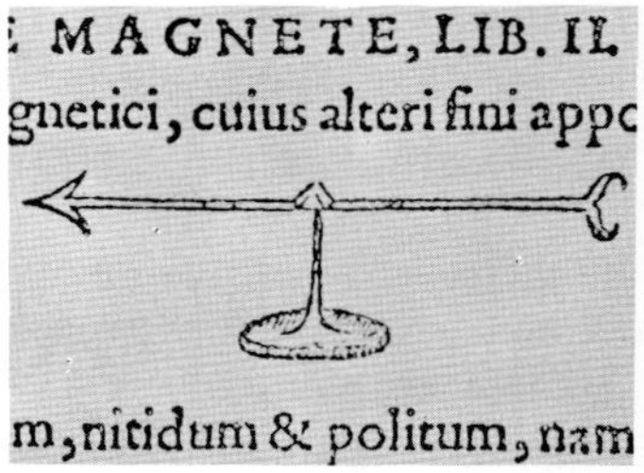

Gilberts versorium, das erste elektrische Meßgerät

Ein ungeheuer großer Magnet

Neben den Fragen des allgemeinen Magnetismus widmet sich *Gilbert* auch den Erscheinungen des Erdmagnetismus und knüpft dabei an die bereits von *Maricourt* geleisteten Arbeiten an. Er stellt sich ebenfalls einen kugelförmigen Magnetstein her und nennt ihn „terella", d. h. kleine Erde, weil er ein Abkömmling der Erdkugel ist, von gleicher Gestalt und aus gleichem Material. An ihr mißt er mit einer kleinen Magnetnadel die magnetischen Eigenschaften aus. Dabei zeichnen sich Anziehungs- und Richtkräfte längs der Kugeloberfläche ab, die auf zwei besonders ausgezeichnete Punkte, die Pole, hinweisen. Auf Grund dieser Untersuchungen, die ähnliche Verhältnisse wie auf der Erde zu Tage fördern, kommt *Gilbert* zu der Überzeugung, die Erde selbst ist ein ungeheuer großer Magnet. Damit löst sich auch die viel diskutierte Frage, warum die Kompaßnadel überhaupt nach Norden zeigt. Die Geschichte vom großen Magnetberg am Nordpol wird ebenso hinfällig wie die noch von *Maricourt* vertretene Ansicht, die Richtkraft komme vom Polarstern.
Aus der bekannten Tatsache, daß sich stets nur Pole entgegengesetzter Polarität anziehen, schließt *Gilbert* sofort, der nach Norden weisende Pol der Nadel kann niemals deren Nordpol, sondern nur deren Südpol sein. Heute gilt der arktische Magnetpol, der 1945 bei 76° nördlicher Breite und 102° westlicher Länge liegt, als südmagnetisch und der antarktische mit 68° südlicher Breite, 145° östlicher Länge als nordmagnetisch.
Zur Erklärung der magnetischen Vorgänge auf der Erde denkt sich *Gilbert* das Erdinnere neben anderen Materialien aus einer großen Menge von Magneteisenstein bzw. Eisenerz zusammengesetzt. Da ihre Verteilung aber unregelmäßig ist, rufen sie auf der Erdoberfläche die als Deklination – von ihm „Variation" genannte – bekannte Verzerrung der magnetischen Meridiane hervor. Die wirkliche Ursache für die Deklination, nämlich die unterschiedliche Lage des geographischen und des magnetischen Nord- bzw. Südpols auf der Erde, ahnt er noch nicht.

Bei dem Abtasten der Oberfläche der terella mit der Nadel bemerkt *Gilbert* auch, daß die, bereits 1544 von Georg *Hartmann* entdeckte, sogenannte Inklination, die Neigung der Nadel, unterschiedliche Werte annimmt. Am Äquator der terella liegt die Nadel parallel zu deren Oberfläche, je näher sie aber den Polen kommt, um so mehr neigt sie ihre Spitze der kleinen Kugel zu, bis sie am Pol selbst senkrecht nach unten auf deren Oberfläche zeigt. Für die polaren Breiten der Erde sagt *Gilbert* daher eine vertikale Einstellung der Magnetnadel voraus, was Henry *Hudson* 1608 auf einer Forschungsreise in das nördliche Eismeer in der Tat bestätigen kann.
Einem Irrtum verfällt er allerdings in der Annahme, die Größe der Inklination sei für die Bestimmung der geographischen Breite eines Ortes geeignet.
Gilbert ist ein Anhänger der Lehren des *Kopernikus*. Er nimmt nicht nur die Erde, sondern auch die Planeten und die Sonne als große Magneten an und glaubt, magnetische Kräfte binden die Planeten auf ihrem Weg an die Sonne.

Die corpora electrica

Gilberts Untersuchungen auf dem Gebiet des Bernsteins finden sich vorwiegend im zweiten Kapitel des zweiten Buches seines Werkes. Sie zeugen wiederum von dem planmäßigen Vorgehen und enthalten so manchen Tadel für die zeitgenössischen Autoren, die immer nur das berichten, was sie von alten Büchern abgeschrieben haben, ohne sich selbst einmal in Experimenten zu versuchen. Da in der Zwischenzeit auch andere Materialien entdeckt worden sind, die die Anziehungskraft des Bernsteins haben, vergleicht er zunächst noch einmal alle miteinander und nennt die dem Bernstein ähnlichen Stoffe wie Glas, Siegellack, Schwefel, Mastix usw. „corpora electrica", d. h. elektrische Körper, und ihre Kraft „vis electrica". Stoffe, die keine elektrischen Anziehungskräfte ausüben, wie z. B. Metalle, zählt er zu den nichtelektrischen Körpern. Seine sorgfältigen Untersuchungen erlauben es ihm auch, die bereits von *Cardano* festgestellten Unterschiede zwischen den beiden Erscheinungen Elektrizität und Magnetismus zu erweitern. Er konstatiert, daß die „vis electrica" zwar andere Stoffe anzieht, sie aber unverändert läßt und nur bei trockenen Körpern wirksam ist. Eine Erwärmung allein genügt nicht, um die Kräfte hervorzurufen, Reibung ist dabei unbedingt erforderlich. Eine Flamme nimmt sogar die Kraft des geriebenen Bernsteins wieder weg.
Die magnetischen Kräfte dagegen zeigen ein völlig anderes Verhalten, sie wirken lediglich auf Eisen ein, machen dieses dann aber ebenfalls magnetisch, ja sie treten sogar in feuchten Materialien auf. Darüber hinaus fällt ihm die unterschiedliche Größe der Kräfte besonders auf. Während ein Magnetstein Eisen von beträchtlichem Gewicht anzuheben vermag, gelingt es dem Bernstein, nur kleine und sehr leichte Körper an sich zu ziehen.
Diese nicht zu übersehenden Unterschiede veranlassen *Gilbert*, auch theoretische Betrachtungen über die Ursachen der Kräfte anzustellen, und führen ihn zu der sogenannten Effluvia-Theorie, wonach bei beiden Erscheinungen von den Körpern Ausflüsse ausgehen. Diese Ausflüsse zeigen ebenfalls eine wesentliche Abweichung voneinander. Bei den Magneten sind sie unmateriell und treten vorwiegend an den Polen aus, bei den „corpora electrica" jedoch sind sie materieller Art, entstehen durch Ausströmen eines im Körper vorhandenen „Fluidums" und gehen von allen Punkten der Oberfläche hinweg.
Für seine Arbeiten baut sich *Gilbert* auch die Urform des elektrischen Messgeräts, das „Versorium". Es wird oft als Strohhalm-Elektroskop bezeichnet, was jedoch nicht zutrifft, denn nach seinen eigenen Angaben besteht es aus Metall, ist drei oder vier Finger lang und nach Art einer Magnetnadel auf eine scharfe Spitze gesetzt.
Das Buch von den Magneten verbreitet sich schnell über die europäischen Gelehrtenstuben und gelangt auch nach Italien in die Hände von Nicolo *Cabeo*, der sich eingehend mit ihm beschäftigt. Er macht sogleich eigene Versuche und erweitert die Reihe der „corpora electrica" um einige neue Stoffe. Darüber hinaus stellt er eine Erscheinung fest, die bisher von niemanden bemerkt, zumindest aber nicht erwähnt worden ist, die elektrische Abstoßung.
Gilbert verneint sie sogar mit den Worten „Alle „corpora electrica" ziehen Objekte jeder Art an; sie stoßen sie niemals zurück oder treiben sie fort." Als Anhänger der

Gilbertschen Theorie vom Fluidum, erklärt sie *Cabeo* folgendermaßen: „Nach dem Reiben tritt das elektrische Fluidum aus dem Bernstein aus und bewegt sich auf einer kreisförmigen Bahn wider in ihn zurück, wobei es die umgebende Luft mitreißt. Je nach der Stelle, an welcher sich der leichte Körper gerade befindet, wird er von der Luft zum Bernstein hin oder von ihm weggetragen."

Die naturwissenschaftliche Forschung genießt zu dieser Zeit noch kein allzu großes Ansehen, ganz im Gegensatz zur Medizin. Wie wäre es sonst erklärlich, daß *Galilei* als Professor der Mathematik und Lehrstuhlinhaber in Pisa nur ein Bruchteil von dem verdient, was ein Professor der Medizin bekommt.

Gilberts Buch löst hier einen Wandel aus, allmählich gewinnt die Naturwissenschaft an Bedeutung. Ihr besonderer Förderer ist der Philosoph und Lordkanzler von England, Francis *Bacon,* der sich als einer der ersten der so wichtigen Rolle der Naturwissenschaften im Leben des Menschen bewußt ist. Er weist auf die Notwendigkeit hin, Beobachtungen vorhandener Zustände und Experimente gleichermaßen zur Erforschung der Natur einzusetzen.

Die Geburtsstunde der Elektrostatik

Bis in die Mitte des 17. Jahrhunderts hinein begnügen sich die Naturforscher beim Studium der „vis electrica“ damit, kleine Stücke der entsprechenden Stoffe mit der Hand zu reiben. Die dabei entstehenden elektrischen Ladungen sind naturgemäß äußerst gering und nicht für größere experimentelle Untersuchungen geeignet. Die eigentliche Lehre von der ruhenden Elektrizität, die sogenannte Elektrostatik, beginnt daher erst mit der Erfindung der Elektrisiermaschine.
Die Erscheinungen der Elektrostatik sind heute jedermann, wenn auch vielleicht unbewußt, bekannt. Wer hat nicht schon einmal beim Kämmen von trockenem frisch gewaschenem Haar ein leises Knistern gehört und dabei im dunklen Raum kleine Funken beobachtet? Wer hat den gleichen Effekt nicht schon einmal beim Ausziehen von Perlonwäsche bemerkt? Wer hat sich nicht schon darüber gewundert, daß er beim Verlassen seines Autos einen kleinen Schlag bekommt? Das alles sind Zeichen einer elektrostatischen Aufladung. Je stärker die Ladung, desto kräftiger die Funken, desto spürbarer der Schlag.

Der Bürgermeister von Magdeburg

Den Anstoß zur Begründung der Lehre von der Elektrostatik gibt Otto von *Guericke,* jener Bürgermeister von Magdeburg, der allenthalben wegen seiner Versuche mit den sogenannten Magdeburger Halbkugeln bekannt geworden ist. Seine wohl für die Naturwissenschaft ebenso wichtigen Untersuchungen über die Elektrizität kennen leider nur wenige.

Otto von *Guericke,* ursprünglich Otto Gericke, wird 1602 in Magdeburg als Sohn eines Schultheißen geboren. Mit 15 Jahren beginnt er seine Studien an der Universität Leipzig, wechselt an die Universität Helmstedt, dann nach Jena, wo er sich den Rechten widmet, um schließlich 1623 in Leyden Festungs- und Wasserbaukunst sowie Mathematik, Sprachen und Naturwissenschaften zu erlernen. Anschließend begibt er sich auf Reisen durch England und Frankreich. Zurückgekehrt in seine Heimatstadt, wird *Guericke* 1626 dort Mitglied des Rates der Stadt, dann deren Ratsbaumeister und schießlich, nachdem er bei der Zerstörung Magdeburgs durch Tillys Truppen im Jahre 1631 mit Mühe und Not sein Leben retten kann, von 1646 bis 1681 ihr vierter Bürgermeister. 1666 erhebt ihn Kaiser Leopold I. in den Adelsstand. Gericke nennt sich fortan Guericke, wobei er auf das zusätzliche *u* besonderen Wert legt. Als sich 1681 die Pest auch Magdeburg nähert, geht er zu seinem Sohn nach Hamburg, wo ihn 1686 der Tod ereilt.
Während wir über *Guerickes* Versuche mit dem Vakuum schon durch seine öffentlichen Vorführungen recht gut unterrichtet sind, fließen die Quellen seiner Arbeiten auf dem Gebiet der Elektrizität nur spärlich. Uns ist daher nicht bekannt, wann er diese Experimente eigentlich begonnen hat. Aus einem Brief an den Würzburger Jesuitenpater Kaspar *Schott,* Professor der mathematischen Wissenschaften dortselbst, geht nur hervor, daß sie bereits 1662 abgeschlossen sind.
Schott, der wie zahlreiche andere Zeitgenossen an *Guerickes* Versuchen mit der „Leere“ stark interessiert ist, veröffentlicht erstmals einen Teil dieser Experimente

Titelseite der „Experimenta nova . . .“ von *Guericke*

als Anhang zu seiner 1657 erscheinenden „Angewandten Mechanik der Flüssigkeiten und Gase.“ *Guericke* selbst gibt zu, er habe niemals die Absicht gehabt, seine Arbeiten in Druck zu geben. Die unterschiedlichen Urteile und Vorstellungen über das Vakuum bewegen ihn dann doch, sein gesamtes Wissen in einem umfangreichen Werk zu offenbaren. Dadurch gelangen wir auch zu einer vollständigen Aufzählung seiner Versuche und Erkenntnisse über die Elektrizität.

Mit der Niederschrift des Manuskripts ist er bereits 1661 beschäftigt; sie ist am 14. März 1663 abgeschlossen. Aber erst neun Jahre später, also 1672, liegt das bei Johannes Janson *Waesberge* in Amsterdam gedruckte Werk „Experimenta nova (ut vocantur) Magdeburgica de vacuo spatio“ vor.

Es stellt eine eigentümliche Mischung von physikalischen Fakten und methaphysischen Überlegungen dar und enthält sieben Teile, Bücher genannt. Ursprünglich sind acht Bücher vorgesehen, das Konzept wird von ihm jedoch später geändert. Im dritten Buch sind die Versuche mit dem Vakuum, am Ende des vierten diejenigen über die Elektrizität enthalten. Von den 75 Belegexemplaren seines Buches, die übrigens zugleich das gesamte Honorar waren, verschickt *Guericke* den größten Teil an Fürsten, Freunde und Bekannte.

Von den Schwefelkugeln

Zu seinen Versuchen angeregt wird *Guericke* durch die in hoher Blüte stehende Astronomie. Hier gibt es trotz vieler glänzender Forschungsergebnisse immer noch zahlreiche ungelöste Fragen. Womit ist der Raum zwischen den Planeten ausgefüllt? Was hält die Planeten auf ihrer Bahn um die Sonne fest, so daß sie nicht in den Weltraum hineinpurzeln? Und schließlich: Warum bleiben der Mensch und alle anderen Objekte auf der sich drehenden kugeligen Erde, ohne davon herabzufallen?

Also fertigt sich *Guericke* Kugeln in der Größe eines Kinderkopfes an. Als Material verwendet er Schwefel, einen Stoff, dessen elektrische Eigenschaften bereits *Gilbert* ermittelt hat, der in größeren Mengen zu beschaffen

Otto von *Guerickes* Schwefelkugel; links in der Hand gehalten, rechts als erste Elektrisiermaschine

ist und sich leicht formen läßt. Zur Herstellung der Kugeln wird zerkleinerter Schwefel in einem entsprechend geformten Glasgefäß geschmolzen, nach dem Erstarren das Glas zerschlagen, die Kugel durchbohrt und mit einer eisernen Achse versehen. In einem Holzgestell drehbar gelagert, kann sie während des Drehens durch Reiben mit der Hand elektrisch aufgeladen werden.
Diese Versuchsanordnung, von der wir erstmals im Jahre 1660 Kenntnis erhalten, bildet die Urform der später für die Erforschung der Elektrizität so wichtigen sogenannten Elektrisiermaschine. Mit ihr führt *Guericke* seine sämtlichen Experimente zur Deutung der kosmischen Wirkkräfte aus. An ihr bemerkt er erstmals ein Knistern während des Reibens, die zugehörigen Funken sieht er wohl nicht. Ihm fällt im dunklen Raum nur ein Leuchten auf, wie es auch beim Zerstoßen von Zucker erscheint. Auf die Funken weist erst 1672 Gottfried Wilhelm *Leibniz* im gegenseitigen Schriftwechsel hin. Ihm hat *Guericke* eine seiner Kugeln gesandt.
Hiermit untersucht er die Anziehung und Abstoßung zwischen geladenen und ungeladenen Körpern und erkennt dabei, daß eine von der Kugel angezogene Feder nach der Berührung abgestoßen wird. Eine erneute Anziehung findet erst wieder statt, wenn die Feder mit einem anderen Gegenstand in Berührung gekommen ist, also entladen wurde. Ungewöhnlich sind auch die Erscheinungen, die *Guericke* an der Flaumfeder feststellt. Nach dem Aufladen spreizt sie ihre feinen Härchen auseinander, berührt sie aber ein anderer Körper, so fallen die Härchen entspannt herab.
Außerdem nimmt er ebenfalls die entladende Wirkung einer Flamme wahr, die Erscheinung der Influenz, die Fähigkeit, Elektrizität durch einen Leinenfaden fortzuleiten und noch manches andere mehr, von dem wir leider nicht wissen, um was es sich handelt. Im vorletzten Kapitel des vierten Buches findet sich lediglich eine Andeutung von anderen absonderlichen Erscheinungen, die sich an dieser Kugel zeigen, aber mit Stillschweigen übergangen werden. Schade, damit bleibt für immer verborgen, was die Kugel noch offenbarte.
Die meisten dieser Entdeckungen werden 50 oder gar 100 Jahre später noch einmal gemacht und daher häufig anderen Forschern zugeschrieben. Die Ursache dafür mag wohl in den imposanten Versuchen mit dem Vakuum liegen, die die Allgemeinheit wesentlich mehr ansprechen als die im Vergleich dazu doch recht unscheinbaren Experimente mit den Schwefelkugeln.
Guericke zieht aus den von ihm gefundenen Vorgängen nicht die Schlußfolgerung einer elektrischen Ladung, die beim Reiben entsteht, sich von einem auf den anderen Körper übertragen läßt und die Ursache der Kraftwirkung ist. Wer in dem 15. Kapitel des vierten Buches das Wort Elektrizität sucht, wird dies vergeblich tun. Die Elektrizität bleibt hier ungenannt; ihm geht es nur um die Erklärung der kosmischen Wirkkräfte, und in seiner Vorstellung sind die Kräfte der Schwefelkugel den Kräften der Planeten vergleichbar. Daß *Guericke* wirklich elektrische Kräfte in der Schwefelkugel sieht, steht an anderer Stelle seines Werkes.
Er unterscheidet zwei Kräfte, eine körperliche und eine unkörperliche, die ohne Zuhilfenahme eines Mediums walten. Zu den unkörperlichen rechnet er auch den Magnetismus und die ungenannte Elektrizität. Sie wirken auf

Grund einer von ihm „orbis virtutis" oder „activitatis" genannten Erscheinung, was soviel wie Kraftfeld oder Wirkungskreis bedeutet. Das Feld erstreckt sich durch andere Körper hindurch, wobei es sich mit wachsender Entfernung abschwächt, bis es schließlich zu Null geworden ist.
Mit dieser Anschauung von einer Art Fernwirkung geht *Guerickes* Wissen weit über das seiner Zeitgenossen hinaus. Hinsichtlich des Magnetismus widerspricht *Guericke* der Ansicht *Gilberts,* indem er behauptet, die Erde sei kein großer Magnet.

Ein neuer Begriff taucht auf

Neue Gegebenheiten erfordern auch neue Begriffe, und so tauchen im 17. Jahrhundert mit Beginn der wissenschaftlichen Erforschung der Elektrizität auch die ersten Namen für die elektrischen Erscheinungen auf. Nachdem *Gilbert* die „vis electrica" und die „corpora electrica eingeführt hat, begegnet uns 1646 erstmals in der Literatur das Wort „electricity", zu deutsch Elektrizität. Es steht in einem Buch des englischen Arztes Thomas *Browne* mit dem Titel „Pseudodoxia epidemica" in Verbindung mit der Erklärung, daß die Elektrizität eine Kraft sei, die leichte Körper und Strohhalme anziehe.

Guerickes Versuche regen verschiedene andere Forscher zu ähnlichen Untersuchungen an, jedoch kommen im Laufe des 17. Jahrhunderts kaum wesentlich neue Tatsachen hinzu. Der irische Chemiker Robert *Boyle* kann 1676 nachweisen, daß die elektrischen Kräfte auch im luftleeren Raum auftreten. Darüber hinaus stellt er an trockenen Haaren die Erscheinung der elektrischen Aufladung fest. Wie wir seinen Werken entnehmen können, bemerkt er dies an zwei hübschen Damen, die sich vergeblich bemühen, die Locken ihrer aus echten Haaren bestehenden Perücken durch Kämmen und Bürsten in die richtige Lage zu bringen. Je kräftiger die Damen kämmen, desto mehr legen sich die Locken an die Wange an, nur eben nicht dort, wo sie hin sollen. Als *Boyle* dann eine der Damen bittet, die Hand in die Nähe einer freischwebenden Locke zu halten, nähert sich diese sofort der Hand.
Während im 17. Jahrhundert zahlreiche Naturerscheinungen sehr schnell geordnet und geklärt, teilweise sogar schon exakt mathematisch beschrieben werden, bleibt die Elektrizität infolge ihres irrealen Charakters mit Ausgang des Jahrhunderts immer noch ein Rätsel. Auch einer der bedeutendsten Naturforscher des Abendlandes, Isaac *Newton,* kann nichts zur Lösung dieser Frage beitragen.
Mit Beginn des 18. Jahrhunderts gilt daher nach wie vor die Annahme eines elektrischen Fluidums, der Begriff einer elektrischen Ladung ist unbekannt.

Von ernsten und ergötzlichen Experimenten

Die Erfindung der Reibungselektrisiermaschine, deren Urform Otto von *Guerickes* drehbare Schwefelkugel ist, bringt einen starken Aufschwung in der Experimentiertätigkeit mit sich. Nunmehr steht, gemessen an damaligen Verhältnissen, erstmals Elektrizität in „größerer Menge" zur Verfügung.
Überall, besonders in England, Frankreich und Holland, stürzen sich die Naturforscher mit Feuereifer auf die Materie Elektrizität, zumal die Mittel für ihre Untersuchungen leicht zu beschaffen sind. Als Folge davon werden manche Entdeckungen gleichzeitig oder doch kurz nacheinander an verschiedenen Orten von verschiedenen Gelehrten gemacht. Da es zunächst kaum periodisch wissenschaftliche Veröffentlichungen in Zeitschriftenform gibt, gelangen die Forschungsergebnisse erst mit gewisser zeitlicher Verzögerung zur allgemeinen Kenntnis. Sie werden meist in Briefen an andere bekannte Gelehrte oder an wissenschaftliche Gesellschaften mitgeteilt und dort auf den Sitzungen verlesen.
Eine dieser berühmten wissenschaftlichen Gesellschaften, die älteste Englands, ist die am 28. November 1660 gegründete *The Royal Society of London for Improving Natural Knowledge* oder, wie sie kurz genannt wird, die *Royal Society*. Ihr Kern existiert bereits vorher, denn schon 1645 treffen sich bekannte wissenschaftliche Persönlichkeiten wöchentlich zu einem Gedankenaustausch. Die Mitglieder der Royal Society, *fellows* genannt, sind zu allen Zeiten berühmte Naturwissenschaftler, einige davon werden wir im folgenden noch kennenlernen.
Sie gibt ab 6. März 1665 eine Zeitschrift, die *Philosophical Transactions* heraus, die bald in monatlichen Heften erscheint. Beide, die Royal Society und die Philosophical Transactions, bestehen noch heute, nach über 300 Jahren. Am 5. Januar des gleichen Jahres wird in Frankreich die erste Ausgabe des *Journal des Scavans* herausgegeben. In Deutschland kommt in lateinischer Sprache 1682 die *Acta Eruditorium* heraus. Ausgesprochen physikalische Zeitschriften erscheinen erst wesentlich später, so in Deutschland ab 1799 Gilberts *Annalen der Physik*. Eine nur der Elektrotechnik gewidmete Zeitschrift, die *Zeitschrift für angewandte Elektrizitätslehre*, läßt sogar noch bis 1879 auf sich warten.
Damit sind wir der Zeit bereits ein wenig voraus geeilt. Wir wollen diese kurzen Betrachtungen aber nicht abschließen, ohne einige weitere namhafte Gründungen des 17. und 18. Jahrhunderts, die *Académie Royale des Sciences* von 1666 in Frankreich, die *Preußische Akademie der Wissenschaften* in Berlin, 1700 auf die Initiative von *Leibniz* entstanden, und die *Royal Institution* in England, zu erwähnen. Letztere, 1799 mit dem vollen Namen *Royal Institution of Great Britain* vom Grafen *Rumford* ins Leben gerufen, wird uns im Laufe dieser Geschichte der Elektrizität noch wiederholt begegnen. Rußland erhält von Zar Peter dem Großen eine Kaiserliche Akademie in dem 1703 gegründeten St. Petersburg.

Ein eigenartiges Leuchten

In einer abendlichen Stunde des Jahres 1675 macht der Pariser Astronom Jean *Picard* eine eigenartige Beobachtung. Er ist gerade damit beschäftigt, ein mit Quecksilber

gefülltes Barometerglas von einem Raum in einen anderen zu tragen, als sich infolge der leichten Erschütterung des Glases beim Gehen ein deutlich wahrnehmbares Leuchten im luftleeren Raum oberhalb des Quecksilbers zeigt. Das Leuchten wird bei kräftigem Schütteln des Glases noch intensiver und ist zunächst unerklärlich. Das spricht sich schnell herum und erregt allgemeine Neugier. Vorerst denkt hierbei niemand an eine elektrische Ursache, sondern man schreibt diese Erscheinung einer Art Phosphorleuchten zu, das damals gerade entdeckt worden ist.
Von diesem eigentümlichen Licht erfährt auch der englische Instrumentenmacher Francis *Hauksbee* und beschließt, der Sache auf den Grund zu gehen. Zur besseren Beobachtung der Leuchterscheinung nimmt er an Stelle des kleinen Barometerrohrs eine evakuierte Glaskugel, in die er das Quecksilber über ein Röhrchen eintreten läßt. Dabei entsteht ebenso wie beim Schütteln der Kugel der unbekannte Lichteffekt. Er ist immerhin so hell, daß sich im dunklen Raum die Abmessungen der Kugel klar erkennen lassen.
Genauere Betrachtungen der Vorgänge zeigen, daß das Leuchten immer dann auftritt, wenn Glas und Quecksilber in Berührung kommen. *Hauksbee* vermutet daher seine Ursache in der Reibung zwischen beiden Materialien. Reibung bestimmter Stoffe aber erzeugt Elektrizität, das ist auch ihm hinreichend bekannt. Warum also, fragt er sich, sollte das Ganze nicht überhaupt eine elektrische Erscheinung sein. Dieser Gedanke läßt ihn von nun an nicht mehr los, und so stellt er 1705 eine Maschine her, bei der ein kleines, am Rand mit Bernstein besetztes und auf einer Achse befestigtes Holzrad in einem evakuierten Glasgefäß in schnelle Drehung versetzt werden kann. Zwei Wollknäuel reiben dabei an dem Bernstein und rufen wiederum ein Leuchten hervor. Die Vermutung von der Elektrizität als Ursache bestätigt sich somit. Um ganz sicher zu gehen, fertigt *Hauksbee* im Jahr darauf einen weiteren Apparat an, der aus einer drehbar gelagerten luftleeren Glaskugel von etwa 9 Fuß Durchmesser besteht. Wird diese Kugel in Rotation versetzt und dabei mit der bloßen Hand gerieben, entsteht in ihrem Innern ein derart heller Lichtschein, daß eine zufällig bei der Erprobung

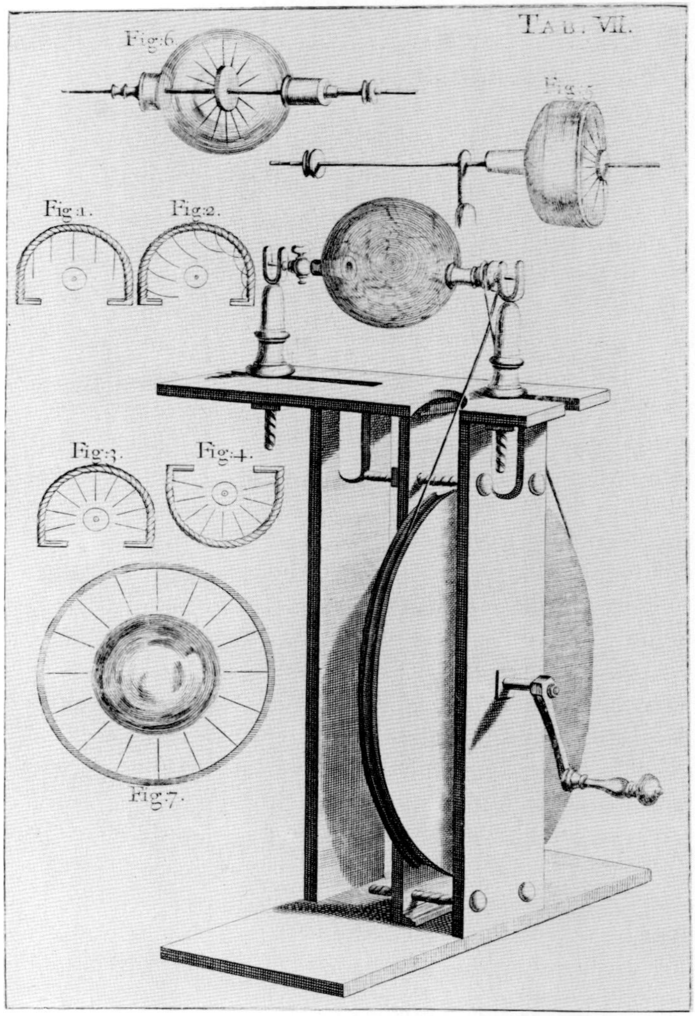

Kupferstich der Hauksbeeschen Kugelelektrisiermaschine aus dem Jahre 1709

im Raum anwesende zweite Person eine Tafel mit großer Schrift ohne Schwierigkeit lesen kann.
1705 wird *Hauksbee* Mitglied der Royal Society und veröffentlicht ein Jahr später die Berichte über seine Untersuchungen in den Philosophical Transactions. Nach weiteren drei Jahren erscheinen seine Arbeiten als Buch, dem ein großer Erfolg beschieden ist. Zur Theorie bringt er nichts Neues er hält an der Gilbertschen Vorstellung vom Fluidum fest.

Das elektrische Fluidum wandert

Besonderes Interesse an elektrischen Versuchen zeigt auch ein anderer Engländer namens Stephen *Gray*, dem wir die Erkenntnis von leitenden und nicht leitenden Stoffen verdanken. *Gray* ist heute kaum noch ein Begriff. Über sein Leben sind selbst die Geschichtswissenschaftler nur mangelhaft unterrichtet. Erst vor wenigen Jahren gelang es, einige Briefe von ihm aufzufinden, die Aufschluß über einen Teil seiner Lebensumstände geben. Im Alter von 53 Jahren findet er 1719 Aufnahme in einem Versorgungsheim, dem Charter House, das von dem Londoner Karthäuserkloster unterhalten wird. Bereits vor dieser Zeit, etwa ab 1704, beschäftigt er sich mit Fragen der Elektrizität. Seine wichtigsten Arbeiten beginnen aber erst Anfang 1729. Was ihn zunächst bewegt, ist die allgemeine Erscheinung der Anziehung und Abstoßung elektrisch geladener Körper. Er verschafft sich eine kleine Feder sowie eine Glasröhre, die er an beiden Enden mit einem Korkstopfen verschließt, und beginnt zu experimentieren. Dabei stellt er, ebenso wie *Guericke* vor ihm, eine Fortleitung des elektrischen Fluidums fest, was ihn nunmehr besonders fesselt. Zunächst verlängert er sein Glasrohr um Stäbchen aus Holz oder Messing und hängt daran mit Hilfe von Schnüren Elfenbeinkugeln oder verschiedene andere Gegenstände auf. Stets wandert das Fluidum bis an das äußerste Ende.
Im Frühjahr 1729 begibt sich *Gray* auf Reisen, um zwei alte Freunde zu besuchen. Seine Glasröhre und einiges Zubehör führt er mit sich. Zuerst schaut er bei John *Godfrey* in Norten Court vorbei, dem er sobald wie möglich seine Kugelexperimente vorführt. Da dieser einen Balkon am Haus hat, nutzt *Gray* die Chance aus und läßt die Schnur mit der Kugel vom Balkon herab, wobei er schließlich unter Zuhilfenahme einer Angelrute eine Leitungslänge von etwa 11 m erreicht. Unter dem Balkon steht eine Hilfsperson, die der Kugel kleine Messingplättchen nähert.
Es funktioniert alles glänzend und *Gray* beschließt, die Leitung noch weiter zu verlängern. Nunmehr hängt er die Schnur waagerecht auf, wobei er sie über quergespannte

Gray und *Wheeler* erforschen 1729 die Fortleitung der Elektrizität mit Hilfe einer hanfenen „Communicationsschnur“

gleichartige Schnüre legt, die mit Nägeln an einem Schuppen befestigt sind. Der Erfolg ist enttäuschend, die Kugel denkt gar nicht daran, ihre Schnitzel anzunehmen. *Gray* zieht sofort die richtige Schlußfolgerung: Das Fluidum wandert bereits über die erste Querverbindung zum Schuppen und kommt somit nicht mehr bis zur Kugel.
Nach zwei Monaten Aufenthalt begibt er sich zu Granville *Wheeler,* einem Geistlichen und Mitglied der Royal Society. Diesem berichtet *Gray* sogleich von seinen Mißerfolgen in Norten Court. *Wheeler* schlägt daraufhin vor, für die Querverbindungen keine Hanfschnüre sondern dünne seidene Schnüre zu verwenden. Am 2. Juli 1729 gegen 10 Uhr morgens beginnen die gemeinsamen Versuche in der großen Galerie des Wheelerschen Hauses. Die ausgelegte „Communicationsschnur", so wird eine derartige elektrische Leitung bald genannt, hat eine Länge von 80,5 Fuß. Sie ruht auf seidenen Fäden, die in die hanfenen Querverbindungen eingeknüpft sind. An ihrem einen Ende ist der Glasstab und am anderen wieder die Kugel befestigt. Diesmal funktioniert die Sache wie zuvor. Da die Seidenfäden aber zu dünn sind, zerreißen sie im Laufe des folgenden Tages. Ihr Ersatz durch dünne eiserne und messingene Drähte aber führt erneut zu einem Mißerfolg. Trotz unermüdlichen Reibens des Glasstabes zeigt sich an der Kugel keinerlei elektrische Kraft.
Beide folgern daraus, daß es nicht auf die Dicke der Leitung ankommt, sondern daß es Unterschiede in den Materialien selbst gibt, d. h. solche, die die elektrische Kraft leiten und andere, die sie nicht leiten. Den Begriff „Konduktor" für den Leiter führt 1742 Jean Théophile *Desaguliers* in seiner Dissertation über die Elektrizität ein.

Bei den nun folgenden Experimenten wird die Communicationsschnur immer länger, erst 147 Fuß, dann 293 Fuß und schließlich am 14. Juli 650 Fuß, also 200 m. Die Leitung verläuft jetzt von einem Dachbodenfenster über ein Feld zu einem Bach. Getragen wird sie von Seidenschnüren, die an sechs in die Erde gesteckten Doppelstangen befestigt sind. Es ist dies die erste Freileitung der Welt.
15 Jahre später glaubt *Winkler,* daß man die Elektrizität bis an das Ende der Welt fortpflanzen kann, und beweist am 28. Juli 1746 die Leitfähigkeit des Wassers, indem er die Pleiße bei Leipzig als Leiter in den Stromkreis einer Leidener Flasche schaltet. Den gleichen Versuch führt er dann auch mit der Erde durch.

Auch der Mensch leitet das elektrische Fluidum

In London setzt *Gray* seine Versuche fort. Er findet nicht die Masse eines Körpers als maßgebend für die Menge des elektrischen Fluidums, die er aufnehmen kann, sondern nur seine Oberfläche. *Gray* ist auch der erste, der das Verhalten des menschlichen Körpers als Leiter der elektrischen Kraft untersucht. Die Experimente hierzu, die sehr bald zu einer beliebten Spielerei und Unterhaltung höfischer Kreise werden, beginnen am 8. April 1730. Ein etwa acht oder neun Jahre alter Junge wird mit Schnüren aus Roßhaar so an der Decke eines Zimmers aufgehängt, daß er waagerecht mit dem Gesicht nach unten schwebt. Unterhalb seines Gesichtes stellt *Gray* einen Schemel mit Schnitzelchen aus Papier und Stanniol. Nun hält er die geriebene Glasröhre an die blanken Fußsohlen des Jungen, und sofort fliegen ihm die auf dem Schemel liegenden Schnitzel ins Gesicht. Im Laufe der Zeit wandelt *Gray* die Versuche in vielfältiger Weise ab. Der Knabe wird auf einen Harzkuchen gestellt und sobald seine eine Hand mit dem geriebenen Glasstab in Berührung kommt, zieht die andere ausgestreckte Hand eifrig ihre Schnitzelchen an. 1732 sind es schon zwei Knaben; der eine ist an Schnüren horizontal aufgehängt, der andere steht auf dem Harzkuchen. Beide geben sich die Hand.
Wegen der Versuche mit Menschen herrscht anfangs bei einigen Gelehrten große Bestürzung. Da sich aber keinerlei nachteilige Folgen zeigen, werden sie bald an anderer Stelle wiederholt. Über einen Teil der Experimente berichtet *Gray* brieflich Cromwell *Mortimer,* dem damaligen Sekretär der Royal Society. Die darin mitgeteilten Ergebnisse erscheinen zusammen mit seinen anderen Arbeiten in den Jahren 1731 und 1732 in den Philosophical Transactions und bringen ihm die Mitgliedschaft der Royal Society ein. Seine Erkenntnisse von der Fortleitung der Elektrizität bringen das Wissen um diese geheimnis-

volle Naturerscheinung wieder einen beachtlichen Schritt vorwärts. In einem Punkt allerdings unterliegt *Gray* einem Irrtum, er glaubt nämlich, daß die Farbe eines Körpers bei seiner Elektrisierung eine Rolle spielt.

Von den zwei elektrischen Fluida, der glasigen und der harzigen Elektrizität

Die Abhandlungen *Grays* liest in Frankreich im Frühjahr 1733 ein Mann namens Charles François de Cisternay *du Fay,* seit 1732 Direktor der königlichen Gärten Ludwigs XV. in Versailles. Als Sohn eines Offiziers aus altem Adel, 1698 in Paris geboren, soll Charles François ebenfalls die militärische Laufbahn ergreifen. Angeregt durch die große Bibliothek seines Vaters wendet er sich schon frühzeitig den Naturwissenschaften zu, besonders der Chemie, und legt damit den Grundstein für seine späteren Arbeiten. Zunächst aber wird er traditionsgemäß Soldat und avanciert, erst vierzehnjährig, zum Leutnant.
Als Hauptmann verläßt *du Fay* den militärischen Dienst und wendet sich ganz einer bereits 1729 angetretenen Stelle bei der Pariser Akademie zu. Noch jung an Jahren raffen ihn 1739 die Blattern hinweg.
Auf der Akademie kommt *du Fay* mit den verschiedenen Zweigen der Naturwissenschaft in engere Berührung, und bald verliert sich sein Interesse an der Chemie zugunsten der Physik. Die besonderen Neigungen gelten nunmehr der Elektrizität. Er beschließt daher nach der Lektüre der Grayschen Veröffentlichung sofort selbst Transportversuche mit der elektrischen Kraft anzustellen, wobei er die Kommunikationsschnur schließlich auf eine Länge von 1256 Fuß, das sind rund 380m, ausdehnt. Die Experimente verlaufen zu seiner vollen Zufriedenheit und ergeben, daß nasse Hanfschnüre ganz vorzügliche Leiter und Glasstäbe zur Aufhängung der Leitung besser geeignet sind als die Seidenschnüre von *Gray* und *Wheeler. Du Fay* untersucht auch sehr ausführlich den von *Gray* vermuteten Farbeffekt. Er beschafft sich verschieden gefärbte Seidenstreifen, die er der Reihe nach elektrisiert. Sie zeigen tatsächlich deutlich wahrnehmbare Unterschiede in ihrem Verhalten, jedenfalls solange sie trocken sind. Im nassen Zustand dagegen sind alle völlig gleichwertig, ebenso trockene weiße Streifen, die er mit farbigem Licht beleuchtet. *Du Fay* kommt daher zu der Überzeugung, nicht die Farbe, sondern nur der Farbstoff kann für das unterschiedliche Verhalten verantwortlich sein.
Das wichtigste Ergebnis seiner nacheinander in sechs „Mémoires sur l'électricité" niedergelegten und 1733/1734 in den „Mémoires Académie Royal des Sciences" erscheinenden Arbeiten aber ist die Feststellung, daß es zwei verschiedene Arten von elektrischem Fluidum gibt.
Diese Entdeckung ist ein Kind des Zufalls. Eines Tages experimentiert *du Fay* mit einem Glasrohr, um die elektrostatischen Kräfte der Anziehung und Abstoßung zu beobachten. Er hält ein Goldplättchen über das geriebene Rohr, und es wird, wie es die Erfahrung lehrt, zunächst vom Rohr angezogen, nach der Berührung dann abgestoßen und bleibt in einer gewissen Entfernung.
Nunmehr nähert er diesem Plättchen ein Stück geriebenen Gummi Copals, einer Harzart, und zu seinem großen Erstaunen fliegt das Plättchen darauf zu und bleibt an dem Harz hängen. Eigentlich hätte es vom Harz abgestoßen werden müssen, denn es ist ja bereits vom Glas her aufgeladen.
Zunächst glaubt *du Fay* an einen Irrtum, wiederholt die Versuche mit Bernstein und Siegellack, aber immer zeigt sich das gleiche merkwürdige Verhalten. Es kann sich also nur um einen bisher nicht bemerkten Effekt handeln. Er zieht daraus die Schlußfolgerung, daß dabei nur zwei verschiedene Arten von Elektrizität im Spiele sein können, die der glasigen Körper und die der harzigen Körper. Er beschließt, sie auch entsprechend zu nennen, und bezeichnet sie als „l'électricité vitrée", die „glasige Elektrizität", und „l'électricité resineuse", die „harzige Elektrizität". Seine Überlegungen führen sogar noch einen Schritt weiter. Mehr als diese beiden Arten kann es in der Natur eigentlich nicht geben. Beide haben die entgegengesetzten Wirkungen, welche Wirkung sollte also eine dritte Art von Elektrizität noch ausüben? *Du Fay* wird damit der Begründer der sogenannten dualistischen Theorie, der Theorie von den zwei elektrischen Fluida.
Eine Zeitlang geht *du Fay* bei seinen Experimenten ein Abbé namens *Nollet* zur Hand. Beide zusammen stellen

ebenfalls Elektrisierungsversuche mit Menschen an. Zuerst *du Fay* an sich selbst, indem er sich auf ein an Seidenschnüren aufgehängtes Brett legt und in bekannter Weise mit einer Glasröhre aufladen läßt. Als ihm dabei *Nollet* aus Versehen mit der Hand zu nahe kommt, springt zum Entsetzen beider ein Funke von *du Fay* auf *Nollet* über, der mit einem Knistern verbunden ist und einen stechenden Schmerz verursacht.

Jener Abbé Jean Antoine *Nollet* ist der Sohn eines Landarbeiters, dem die Priesterlaufbahn bestimmt ist. Physikalische Fragen liegen ihm jedoch wesentlich näher als diejenigen der Theologie, und so widmet er sich nach der Priesterweihe dem Studium der Physik, hält in Paris hervorragende Vorträge und kommt mit den berühmtesten französischen Physikern seiner Zeit in Berührung. Durch die Vermittlung des Kardinals *Fleury* bekommt er einen Lehrstuhl und wird schließlich Physiklehrer am königlichen Hof. Auf Grund seiner zahlreichen brillant geschriebenen populären Veröffentlichungen macht *Nollet* die Erscheinung der Elektrizität in Frankreich allgemein bekannt. Hierin liegt wohl sein Hauptverdienst.

Aus der Schwefelkugel wird die Elektrisiermaschine

Wie man nun bereits weiß, wird die statische Elektrizität durch Reibung bestimmter Stoffe erzeugt. Dem Stück Bernstein des Altertums folgen weitere Materialien gleicher Eigenschaft, darunter Schwefel und Glas. Mit einer Schwefelkugel versehen ist *Guerickes* Urform der Elektrisiermaschine, mit einer Glaskugel die verbesserte Ausführung von *Hauksbee.* Die Elektrisiermaschine führt zunächst ein Schattendasein, denn *Gray* verwendet für seine denkwürdigen Versuche nicht sie, sondern eine geriebene Glasröhre.

Es ist ein Verdienst der deutschen Gelehrten an der Universität Leipzig, sie wieder zum Leben zu erwecken und dabei gleichzeitig die Kenntnisse von der Elektrizität in Deutschland zu verbreiten. Der erste, der die Elektrisiermaschine erneut verwendet, ist August Christian *Hausen,* Mathematikprofessor in Leipzig. Auf einer Reise nach England und Frankreich kommt er mit der Elektrizität in Berührung und hält die erste Vorlesung über sie in Deutschland.

Mathias Georg *Bose,* zuerst Privatdozent in Leipzig, dann Professor in Wittenberg, bedient sich bei seinen Experimenten ebenfalls der Elektrisiermaschine und führt den „Konduktor" ein, eine Vorrichtung zur Abnahme der Elektrizität von der Kugel. Er besteht aus einem Blechzylinder, der mit Hanfschnüren oder Pferdehaaren auf der Kugel schleift und von einer isoliert stehenden Hilfsperson waagerecht gehalten wird. Da dieses Verfahren doch etwas umständlich ist, hängt er den Konduktor später an Seidenschnüren auf. Die Maschine wird langsam zu einem wirklichen Elektrizitätserzeuger, mit dem *Bose* außerordentlich starke Funken erzeugt.

Bose ist geborener Leipziger und entstammt einer geachteten Kaufmannsfamilie, die ihm eine umfassende Ausbildung zuteil werden läßt. Im Siebenjährigen Krieg verschleppen ihn die Preußen als Geisel von Wittenberg nach Magdeburg, wo er im Kerker stirbt. Von ihm stammen auch mehrere Bücher, darunter die „Tentamina electrica" und das mit Versen verzierte „Die Elektrizität nach ihrer Entdeckung und Fortgang, mit poetischer Feder entworfen". Beide erscheinen 1744 in Wittenberg.

Alle diese Elektrisiermaschinen werden noch mit der Hand gerieben, was bei den Versuchen stets mehrere Helfer erforderlich macht. Das mißfällt ganz besonders dem ebenfalls in Leipzig wirkenden Professor für Physik, Johann Heinrich *Winkler. Winkler* ist der Sohn eines Müllers, den die Mutter im Lesen und Schreiben unterrichtet. Er ist ein aufgeweckter Junge, lernt Latein und gelangt schließlich auf die Universität in Leipzig, um Theologie zu studieren. 1731 wird er Lehrer für Philosophie an der berühmten Thomasschule, deren Chor, der sogenannte Thomanerchor, zu dieser Zeit in Johann Sebastian *Bach* seinen bekanntesten Kantor hat. 1739 erhält *Winkler* eine außerordentliche Professur für Philosophie in Leipzig, wird 1741 Professor für Latein und Griechisch und 1750 für Physik, nachdem ihn bereits 1747 die Royal Society zu ihrem Mitglied ernannt hat. Unter den deutschen Wissenschaftlern seiner Zeit, die sich mit der Elektrizität befassen, ist *Winkler* zweifellos der bedeutendste.

Er wendet sich 1744 zwecks Verbesserung der Elektrisiermaschine an den ebenfalls in Leipzig ansässigen Drechsler Johann Friedrich *Giessing,* der bereits Erfahrung im Bau derartiger Maschinen hat. Inspiriert durch die in seiner Werkstatt vorhandene Drechselmaschine, fertigt er eine Elektrisiermaschine mit Tretantrieb an, „vermittelst welcher er (Winkler) seine Kugel in einer Minute sechs hundert und achzig mahl herum drehen konnte". Die Glaskugel ist durch einen Glaszylinder in Form eines ganz gewöhnlichen Bierglases ersetzt. Als Reibzeug dient ein mit Pferdehaaren ausgestopftes Lederkissen.

Die Arbeit mit derartigen Elektrisiermaschinen ist nicht ganz harmlos. *Priestley* berichtet darüber in seiner Geschichte der Elektrizität: „Aus diesen Kugeln, welche vermittelst eines großen Rades herumgedrehet, und mit wollenen Zeuge oder einer trockenen Hand gerieben wurde, konnten sie eine so erstaunliche Kraft von Electricität hervorbringen, daß, wenn ihren eigenen Berichten zu glauben stehet, durch einen elektrischen Funken das Blut zum Finger herausgezogen werden konnte, die Haut aufriß, und eine Wunde zum Vorschein kam, als wenn sie durch ein ätzendes Mittel verursacht worden wäre. Sie versichern, daß, wenn verschiedene Kugeln oder Röhren gebraucht worden, die Bewegung des Herzens und der Pulsadern bei der elektrisirten Person sehr merklich vermehrt worden sey, und daß, wenn bei einer solchen Person unterdessen ein Aderlass vorgenommen worden, das herauslaufende Blut, wie leuchtender Phosphorus anzusehen gewesen, und geschwinder herausgestoßen sey, als wenn eine solche Person nicht elektrisirt war."

Aber nicht nur elektrisch, sondern auch mechanisch ist Vorsicht geboten. Infolge hoher Drehzahlen und innerer Spannungen bei der Erwärmung durch das Reibkissen platzt so manche Kugel oder so mancher Zylinder, und die Splitter fliegen in den Räumen herum. Daher schlägt 1755 der Seminardirektor *Planta* aus Haldenstein, zunächst wohl mehr aus Verlegenheit, eine Glasscheibe vor, die auf der einen Seite von zwei sich gegenüber stehenden Kissen gerieben und auf deren anderer Seite die Elektrizität über zwei Kämme abgenommen wird.

Es gibt schließlich zahlreiche Typen. Ein Buch aus dem Jahre 1797, C.S.H. *Kunzes* „Schauplatz der gemein-

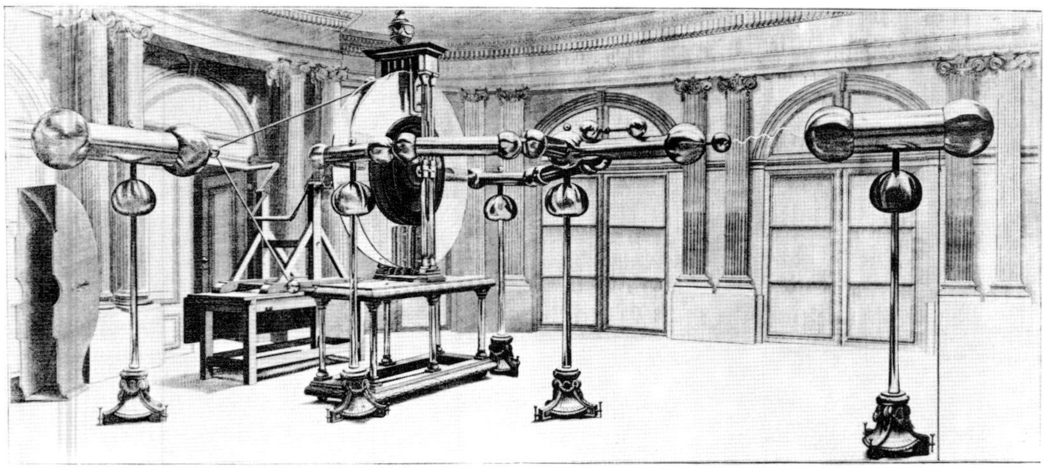

van Marums große Elektrisiermaschine mit der er federkielstarke Funken ziehen kann

nützigsten Maschinen“ enthält bereits 270 Seiten mit Beschreibungen von Elektrisiermaschinen.
Besonders hervorzuheben ist die größte Maschine dieser Art, die 1784 von John *Cuthbertson* im Auftrage von *van Marum* gefertigte Riesenelektrisiermaschine für das Teylersche Museum in Haarlem. Sie hat zwei Scheiben von 1,62 m Durchmesser und zu ihrer Drehung sind vier Mann erforderlich. Hiermit kann *van Marum* für die damalige Zeit sensationelle Versuche ausführen. Es gelingt ihm, 60 cm lange, „federkielstarke“ Funken zu ziehen, was einer Spannung von etwa 600 kV entspricht. Die Funken sind mit Seitenentladungen versehen und so stark, daß ein 18 Fuß langer Eisendraht von „mäßiger Dicke“ zum Glühen und Schmelzen kommt. Die Versuche zeigen nebenbei auch, daß Platin widerstandsfähiger als Eisen ist und nicht so schnell schmilzt oder verbrennt.
Leider ist das Seeklima an ihrem Aufstellungsort den Experimenten nicht recht hold, und so gelingt es nur an wenigen Tagen im Jahr, die volle Leistung der Maschine auszunutzen.
Fast 100 Jahre später, auf der Internationalen Ausstellung für Elektrizität 1881 in Paris, bildet sie noch immer eines der sehenswertesten Objekte. Mit Beginn des 19. Jahrhunderts bricht die Weiterentwicklung der Elektrisiermaschinen vorerst ab, da nunmehr der Galvanismus alle Aufmerksamkeit auf sich lenkt. Sie findet später ihre Fortsetzung in der Influenzmaschine.

Über die Stärke der elektrischen Kraft des Wassers in gläsernen Gefäßen

In dem kleinen pommerschen Städtchen Kammin macht der Gutsbesitzer und Jurist, Ewald Jürgen *von Kleist*, am 11. Oktober des Jahres 1745 eine eigenartige Entdeckung. *Kleist*, der sich in seinen Mußestunden mit elektrischen Experimenten beschäftigt, möchte Elektrizität in eine Flasche leiten und steckt zu diesem Zweck einen Nagel in den Hals eines kleinen Medizinfläschchens. Zur Aufladung hält er sie mit dem Kopf des Nagels an den Konduktor einer Elektrisiermaschine. Sobald er nach beendeter Aufladung den Nagel mit der Hand berührt, bekommt er einen leichten Schlag. Dieser Schlag wird außerordentlich kräftig, sobald die Flasche mit Alkohol oder Quecksilber gefüllt ist.
Kleist teilt diese Erscheinung noch im November des gleichen Jahres *Lieberkühn*, einem Mitglied der Akademie in Berlin, mit, der sie seinerseits der Akademie vorführt. Ewald Jürgen *von Kleist* ist nicht, wie oft angegeben, Dekan, sondern studiert in Leiden Jura, erbt dann ein Gut

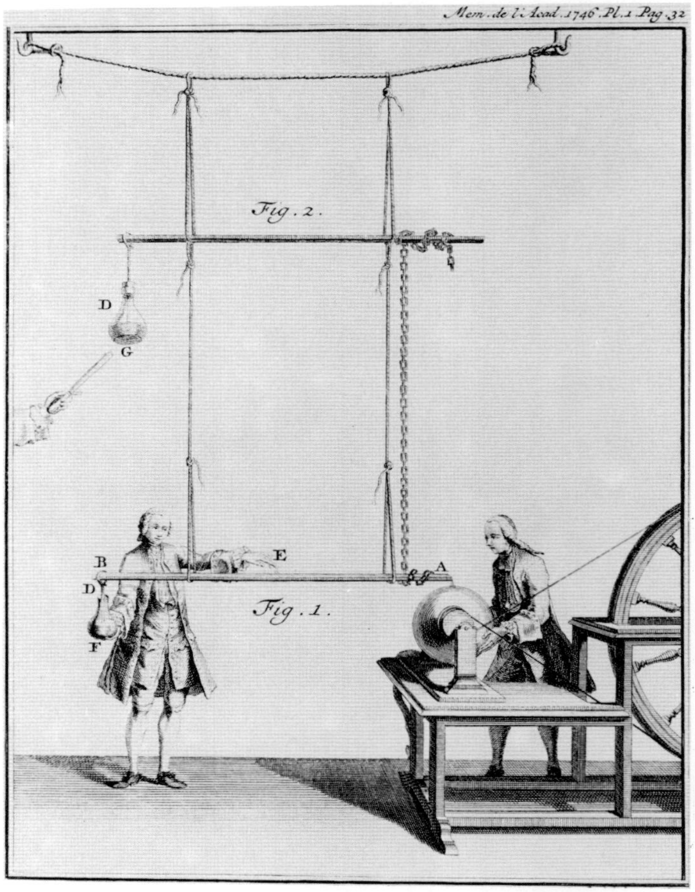

Das van Musschenbroeksche Experiment 1746 mit der Elektrisiermaschine und den Leidener Flaschen

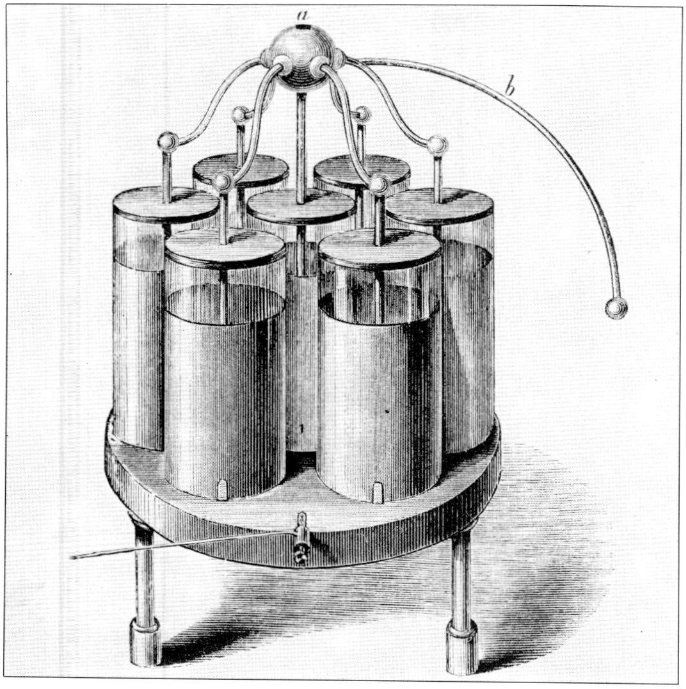

Eine Batterie Leidener Flaschen, wie sie im 18. Jahrhundert allgemein üblich ist

in Kammin und stirbt 1748 als Vorsitzender des Hofgerichts zu Köslin in Pommern. Verwandtschaftliche Beziehungen binden ihn an den berühmten Dichter Heinrich *von Kleist.*

Kleist ist aber nicht der einzige, dem die Entdeckung von der verstärkenden Wirkung der Flasche gelingt. Wenige Monate später, aber unabhängig von ihm, macht in Holland Pieter *van Musschenbroek* die gleiche Feststellung. *Musschenbroek,* Professor an der Universität in Leiden und zu seiner Zeit bekannter und geachteter Physiker und Mathematiker, befaßt sich ebenfalls mit der Elektrizität. Dabei behindert ihn oftmals das Seeklima, weil durch die feuchte Luft elektrisch aufgeladene Körper verhältnismäßig schnell wieder ihre Ladung verlieren. So sucht er nach einer Möglichkeit, Elektrizität über eine längere Zeit hinweg zu speichern. Er greift ebenfalls zu einer Flasche, füllt sie mit Wasser, steckt einen Draht hinein und verbindet diesen mit der Elektrisiermaschine. Während er noch am Probieren ist, besucht ihn ein Leidener Bürger mit Namen *Cunaeus.* Dieser schaut der Sache interessiert zu, ergreift mit der einen Hand die Flasche und nähert die andere dem Draht, worauf er einen mächtigen Schlag erhält.

Musschenbroek versucht das gleiche und wird ebenso von einem heftigen Schlag getroffen. Er ist darüber so erschrocken, daß er, wie er sagt, das Experiment selbst um den Preis des ganzen Königreichs Frankreich nicht ein zweites Mal wiederholen möchte. Er hat es aber wohl doch getan. Von seinem „neuen, aber schrecklichen Experiment“, bei dem er fast annimmt, daß es um ihn geschehen sei, berichtet *Musschenbroek* am 17. Januar 1746 in einem Brief an René Antoine Ferchault *Réaumur,* jenem französischen Physiker, der durch seine Thermometerskala weltbekannt geworden ist. Dieser gibt den Brief an *Nollet* weiter, der ihn seinerseits der Akademie aushändigt. *Nollet* führt für diese Flasche den Namen „Bouteille de Leyde“, Leidener Flasche, ein, der sich alsbald überall durchsetzt. *Volta* gibt ihr später den Namen „Kondensator“.

Winkler in Leipzig widmet sich noch im gleichen Jahr eingehend dieser „Verstärkungsflasche“, nicht ohne sich aber vorher von einem Kollegen bestätigen zu lassen, daß bei den Schlägen keine gesundheitlichen Schäden zu erwarten sind. Trotzdem hat er nach dem Schlag Nasenbluten und kann mit der rechten Hand einige Tage lang nicht schreiben.

Auch seine Ehefrau riskiert, neugierig wie Frauen manchmal sind, einige Schläge. Sie büßt es, indem sie hinterher kaum gehen kann und sich sehr schwach fühlt.

Das Ergebnis der Winklerschen Versuche ist eine ausführliche, 1746 erscheinende Abhandlung über „Die Stärke der elektrischen Kraft des Wassers in gläsernen Gefäßen, welche durch den Musschenbroekschen Versuch bekannt geworden“. *Kleists* Bericht gelangt auch an die Naturwissenschaftliche Gesellschaft zu Danzig, wo eines

ihrer Mitglieder, der Bürgermeister von Danzig, Daniel *Gralath,* umfangreiche Versuche mit der Flasche anstellt. Er kommt als erster auf die Idee, die Knöpfe mehrerer Flaschen untereinander zu einer „Batterie" zu verbinden, um ihre Wirkung zu vervielfachen.
Gralath macht sich außerdem durch eine „Geschichte der Elektrizität", die in drei Teilen in den Jahren 1747, 1754 und 1756 erscheint, einen Namen. Auf Grund der Winklerschen Veröffentlichung und der viel bewunderten Eigenschaften der Flasche, die Elektrizität zu „verstärken", verbreitet sich ihre Kenntnis sehr schnell und gelangt alsbald in die physikalischen Kabinette aller Länder. Sie kommt in England auch zu dem Londoner Arzt und Apotheker Sir William *Watson,* der bereits eifrig experimentiert, sich schon 1745/1746 eine Elektrisiermaschine mit vier parallel betriebenen Kugeln baut und 1746 die Theorie vom „electrical aether" aufstellt.
Dieser *electrical aether* ist nach der Vorstellung von *Watson* eine feine elastische Flüssigkeit, die unmerklich in jedem Körper in einer bestimmten Menge vorhanden ist. Das meiste davon hat die Erde. Die Elektrisierung beruht nun darauf, daß manche Stoffe wie z. B. Glas, Bernstein usw. beim Reiben anderen Materialien diese Flüssigkeit wegnehmen. Sie besitzen dann mehr davon als ihnen eigentlich zusteht. Diesen Überschuß geben sie wieder an andere Körper ab.
Watson füllt die Leidener Flasche zunächst an Stelle von Wasser mit Schrotkugeln, merkt dann aber, daß der Schlag um so stärker wird, je mehr Punkte der Flaschenoberfläche berührt werden. Daraufhin beklebt er die Innenseite mit einer Zinnfolie. Die Außenseite hat vor ihm bereits der englische Arzt und Amateurastronom John *Bevis* mit einer derartigen Folie versehen.
Eine Auswahl seiner Versuche erscheint 1748 in den Philosophical Transactions. Sie ist für die Geschichte der Elektrizität besonders interessant, weil darin erstmals ein elektrischer Stromkreis, bestehend aus Stromquelle (Leidener Flasche), Leiter (Drahtverbindung), Energieverbraucher (Funkenstrecke) und Schalter (Eisenstange) dargestellt wird. *Watson* nennt einen derartigen Kreis „circuit", verwendet also bereits den heute im Englischen dafür üblichen Ausdruck.

Alle diese Versuche mit den elektrischen Schlägen der Leidener Flaschen sind nicht ganz ungefährlich. *Musschenbroek* hatte ja bereits frühzeitig ihre unangenehmen Wirkungen gespürt. So kann es nicht ausbleiben, daß die Experimente ihr erstes Opfer fordern. 1750 stirbt der deutsche Mathematiker und Physiker Johann Gabriel *Doppelmayr* in Nürnberg an den Folgen des heftigen Schlages einer Batterie Verstärkungsflaschen.

Der elektrische Kuß und andere unterhaltsame Spiele

Die Erscheinungen der Elektrizität sind bis in die Mitte des 18. Jahrhunderts hinein nur einem kleinen Kreis von Naturwissenschaftlern näher bekannt. Während in England und Frankreich bereits lebhaft auf diesem Gebiet gearbeitet wird, findet die neue Materie in Deutschland zunächst noch wenig Interesse, da ein führender Vertreter der deutschen mathematisch-naturwissenschaftlichen Forschung, Christian *Wolff,* sie keiner besonderen Beachtung werthält.
Die Lage ändert sich jedoch, als die bereits erwähnten Leipziger Professoren *Bose* und *Winkler* die Beschäftigung mit ihr aufnehmen. Ihnen ist es zu verdanken, daß die Elektrizität nicht nur in zahlreiche Studierstuben eindringt, sondern binnen kürzester Zeit auch höfische Kreise und die gebildeten Schichten der Bevölkerung fesselt.
Winkler versteht es glänzend, die Elektrizität und ihre Phänomena ins rechte Licht zu rücken. Sein Haus in Leipzig ist ständig von Besuch erfüllt. Prinzen, Herzöge, Grafen und Minister aus Sachsen, Österreich, Polen und anderen Ländern, mit und ohne Damen, lauschen seinen Vorträgen und lassen sich von den Experimenten entzücken. Alle Geräte und Einrichtungen für die Vorführung sind bei Winkler hübsch anzusehen. Er verwendet blaue Gestelle und blaue Seidenfäden zum Anknüpfen und Aufhängen der Teile, weil er der Ansicht ist, blaue Farbe erhöhe die Isolationsfähigkeit.
Auch Johann Wolfgang *von Goethe* sieht seine Versuche und berichtet in den „Materialien zur Geschichte der Farbenlehre", daß er immer dann, wenn er sich mit blauer

Bose erfreut seine Gäste mit dem elektrischen Kuß einer reizenden jungen Dame

Farbe beschäftigte, an die Winklerschen Vorführungen denken mußte.
In den Salons der gebildeten Kreise wird es Mode, über elektrische Fragen zu plaudern und die Langeweile mit elektrischen Experimenten zu vertreiben. Aus der ernsten wissenschaftlichen Forschung wird bald ein Spiel, man lebt ja auch im lebenslustigen Zeitalter des Barock.
Bose bringt es darin zu einer wahren Meisterschaft und erfindet für seine geladenen Gäste ganz besondere Attraktionen. Zu ihrem Empfang muß eine hübsche Dame jedem Ankommenden den Begrüßungskuß darbieten. Die Dame steht dabei auf einem Isolierschemel und ist mit einer Elektrisiermaschine verbunden. Nähert sich ihr ein neuer Gast, um den Kuß entgegenzunehmen, so erhält er zum Ergötzen der bereits Anwesenden einen unerwarteten Schlag. Dieser „elektrische Kuß“ macht *Bose* weithin bekannt.
Nicht minder berühmt ist die von ihm erfundene und „Beatificatio electrica“ genannte Vorführung. Er selbst oder eine andere Person wird von einer Elektrisiermaschine beträchtlich aufgeladen und ist im dunklen Raum von einem hellen Leuchten, ähnlich wie von einem Heiligenschein, umgeben. Dieses Leuchten erscheint natürlich nicht ohne weiteres, ein entsprechendes feierliches Zeremoniell geht der Sache voraus. Auch technisch muß *Bose* etwas nachhelfen.
Als *Watson* dieses Leuchten erfolglos nachzuahmen versucht, verrät *Bose* ihm seinen Trick. Die leuchtende Person trägt unsichtbar unter der Oberbekleidung eine metallene Hülle, ähnlich einer Ritterrüstung, die mit Spitzen versehen ist, aus denen die Elektrizität infolge der Spitzenentladung sichtbar austritt. *Bose* läßt seine Gäste auch an einer gedeckten, elektrisch geladenen Tafel Platz nehmen und freut sich über die unvermutete Elektrisierung.
Um 1745 werden auf Jahrmärkten auch die breiten Massen mit der Elektrizität konfrontiert, wo „Elektrisierer der staunenden Menge erschröckliche und ergötzliche Experimente dedizieren“.
Was *Bose* und *Winkler* für Deutschland sind, ist *Nollet* für Frankreich. Er hält in Paris glänzende Vorlesungen über die Elektrizität, zu denen nicht nur wissenschaftlich interessierte Leute kommen, sondern auch die Angehöri-

gen des französischen Hofes, um etwas Abwechslung zu genießen und die Zeit angenehm zu verbringen. Selbst die Damen erscheinen, um *Nollet* und seine Versuche zu bewundern. Der ganze Hof stürzt sich mit Begeisterung auf die Elektrizität, der eigenartige Schauer bei der Elektrisierung lockt ihn an.
Im Elektrisieren hat *Nollet* ja bereits ausreichende Erfahrung durch die Zusammenarbeit mit *du Fay* gesammelt, der alles, was ihm begegnet, ganz gleich ob Mensch, Tier oder Insekt, mit einem elektrischen Schlag erschreckt.

Einen imposanten Versuch startet *Nollet* im April des Jahres 1746 vor König Ludwig XV. und seinem Hof im Schloß zu Versailles. 180 Gardisten marschieren im Kreise auf. Jeder Soldat gibt dem anderen die Hand und ohne daß sie es ahnen, entlädt er über sie eine Leidener Flasche. Zur Begeisterung aller Anwesenden springen sämtliche Soldaten vor Schreck fast gleichzeitig in die Luft.
Im gleichen Monat macht übrigens auch *Gralath* einen solchen Versuch, allerdings nur mit 20 Personen. *Nollet* aber gibt sich mit den 180 Soldaten noch nicht zufrieden.

Nollet elektrisiert die vornehme Gesellschaft am französischen Hof

Bald darauf stellt er 700 Karthäusermönche in einer 900 Fuß langen Linie auf, wobei je zwei durch einen eisernen Draht miteinander verbunden sind. Auch sie springen wie auf Kommando in die Höhe.
Wenn wir auch heute über diese Spielereien lächeln mögen, ein Gutes haben sie doch. Unzählige Menschen, die zuvor nie etwas von der Elektrizität gehört haben, kommen auf diese Weise mit ihr sozusagen schlagartig in Berührung.
Was bei diesen Experimenten vor sich geht und was diese Elektrizität eigentlich ist, wissen sie natürlich nicht. Aber wissen es denn die Gelehrten? Um es kurz zu machen, sie wissen es auch noch nicht.

Von der Identität des elektrischen und des elementaren Feuers

Durch Vergleiche zwischen dem elektrischen Funken und dem elementaren Feuer drängen sich bei einigen Gelehrten bereits im ersten Drittel des 18. Jahrhunderts Gedanken auf, Funke und Feuer könnten die gleiche zündende Wirkung hervorrufen.
Nun besteht zu dieser Zeit nach einer Idee von Robert *Boyle* die Vorstellung von einem besonderen „Feuerstoff", der in jedem elementaren Feuer vorhanden sei. Es geht also hier um die Frage, ob jener Feuerstoff auch in Funken anzutreffen ist. *Du Fay,* der die Wirkung eines elektrischen Funkens aus eigener Anschauung bestens kennt, bemüht sich alsbald, den Beweis dafür zu erbringen und versucht, leider vergebens, Schießpulver mittels Elektrizität zu entzünden.
Mehr Glück hat der deutsche Feldarzt Christian Friedrich *Ludolf.* Er kann am 24. Januar 1744 in einer Versammlung der Königlichen Akademie der Wissenschaften in Berlin in Gegenwart einiger hundert Personen den schlüssigen Beweis bringen, indem er mit einem elektrischen Funken „Spiritus aethereus Frobenii" entzündet. *Winkler* wiederholt das Experiment sofort, verwendet auch andere leicht entzündbare Stoffe und läßt alles durch einen Funken, der aus seinem Finger hervorspringt, entflammen.

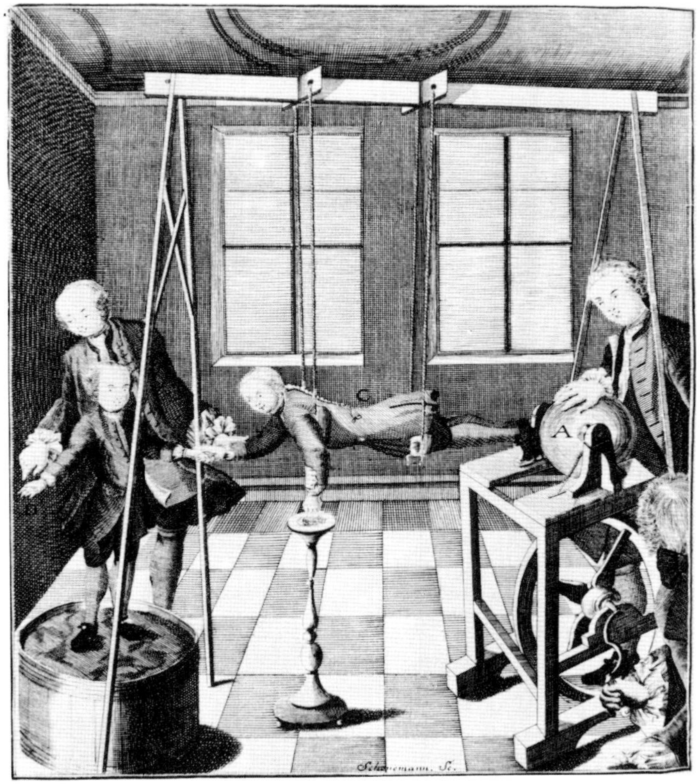

In allen physikalischen Kabinetten werden Menschen „erschüttert"

Gralath steckt über einen Degen eine soeben ausgeblasene Kerze wieder an. Die Ladung der Elektrisiermaschine durchläuft dabei ein Metallrohr, das er in der einen Hand hält, seinen Körper und den Degen in der anderen Hand.

Ein Spiel mit dem Tod

Nachdem der Beweis für die Identität des elektrischen und des elementaren Feuers erbracht wurde, liegt eigentlich eine weitere Schlußfolgerung nicht mehr fern. Seit Jahrtausenden kennt der Mensch die unheilvolle Eigenschaft des Blitzes, Feuer zu entfachen; warum sollten also Blitz und elektrischer Funke, da sie in dieser Hinsicht übereinstimmen, nicht auch gleicher Natur sein.
Ihre Wesensgleichheit wird bereits vor diesem Beweis verschiedentlich vermutet. Der erste, der sie 1708 mit den Worten „,... und es schien ungefähr Donner und Blitz darzustellen" in den „Philosophical Transactions" ausspricht, ist der englische Geistliche William *Wall*. *Wall* besitzt einen Spazierstock mit einem Knauf aus Bernstein. An ihm bemerkt er im Dunkeln beim Reiben mit der Hand bisweilen ein Leuchten. Er verschafft sich ein größeres Stück Bernstein, reibt es mit Wolle, nähert einen Finger und stellt jenen vom Knall begleiteten Funken fest, der ihm „wie Donner und Blitz" erscheint.
Später äußert auch *Winkler* in seinem Werk über die Verstärkungsflasche die Ansicht, daß Funke und Blitz wesensgleich sind und sich nur in der Stärke unterscheiden. Als Quelle der Wolkenelektrizität gibt er die Reibung des verdunstenden Wassers an der Erdoberfläche an. *Nollet* ist der gleichen Meinung.
Zunächst aber sind dies alles nur Vermutungen, Beweise dafür fehlen noch vollkommen.

Benjamin Franklin findet Gefallen an der Elektrizität

Während die Erforschung der Elektrizität bisher ausschließlich in Europa betrieben wird, taucht eines Tages auch in den englischen Kolonien jenseits des Atlantik ein Mann auf, der Wichtiges zu diesem Thema zu sagen hat. Dieser Mann ist Benjamin *Franklin,* am 17. Januar 1706 in Boston als 15. von den 17 Kindern eines Seifensieders geboren. Sein Leben hat er zum großen Teil selber beschrieben.
Der Vater erblickt in England das Licht der Welt und wandert aus religiösen Gründen 1682 mit der Familie nach Amerika aus. Benjamin kommt mit 8 Jahren auf die Schule, wird aber ein Jahr später wieder zurückgeholt, da der Vater die finanzielle Belastung nicht tragen kann. Er geht zu seinem Vater in die Lehre, dann in die Druckerei des ältesten Bruders und schließlich über New York und Philadelphia nach London. Von hier nach einem 16monatigen Aufenthalt zurückgekehrt, wird er 1728 Teilhaber in einer Druckerei und 1730 alleiniger Besitzer. Nebenbei studiert er alte und neue Sprachen. 1736 erhält *Franklin* den Posten eines Sekretärs im Kolonialparlament von Pennsylvanien, wird ein Jahr später dort Oberpostmeister und 1753 Generalpostmeister aller englischen Kolonien. 1743 gründet er die Philosophical Society, Nordamerikas erste wissenschaftliche Akademie. Als im Zusammenhang mit der Stempelakte Unruhen auftreten, geht *Franklin* 1766 als Abgesandter nach England, wo er für die Freiheit der Kolonien in Amerika eintritt und dadurch bei den Engländern in Ungnade fällt. Er verliert seinen Posten als Generalpostmeister.
In der Folgezeit betätigt er sich sehr stark politisch und hat hervorragenden Anteil an der Unabhängigkeitserklärung der 13 vereinigten Staaten von Amerika vom 4. Juli 1776, deren Mitunterzeichner er ist. Im gleichen Jahr noch delegieren ihn die Vereinigten Staaten als ihren Bot-

schafter nach Frankreich. Trotzdem bleibt er immer den Naturwissenschaften verbunden und äußert in einem Brief an *Priestley*: „Das schnelle Fortschreiten der Wissenschaft in unserer Zeit läßt mich oft bedauern, daß ich nicht später geboren ward. Es ist unmöglich, sich die Höhe vorzustellen, bis zu welcher in Tausend Jahren die Herrschaft des Menschen über die Naturstoffe sich erheben kann".

Am 17. April 1790 ist sein ereignisreiches Leben beendet.

Seine Beschäftigung mit der Elektrizität verdankt *Franklin* nach eigenen Worten einem Schotten. Er erzählt darüber in seiner Selbstbiographie: „Im Jahre 1746 hatte ich in Boston bei einem Dr. *Spence* aus Schottland mehrere elektrische Experimente gesehen, die mir ebenso neu als interessant waren". Der Zufall will es, daß in Philadelphia kurz nach seiner Rückkehr eine Glasröhre nebst Beschreibung ihrer Verwendung für elektrische Versuche ankommt. Ihr Absender ist Peter *Collinson,* ein englischer Kaufmann und Mitglied der Royal Society. „Ich versuchte jetzt nachzumachen, was ich in Boston gesehen hatte und erfand bald mehrere neue Experimente, die in Philadelphia großes Erstaunen erregten, und wovon ich dem Herrn *Collinson* aus Dankbarkeit für sein Geschenk Bericht erstattete". Damit beginnt für ihn ein neuer Lebensabschnitt und für Amerika der Einzug in die Geschichte der Elektrizität.

Er experimentiert so intensiv, daß die Versuche nach und nach seine ganze Zeit in Anspruch nehmen und sein Haus, ähnlich wie bei *Winkler,* ständig voller Leute ist, die das Wunder der Elektrizität zu sehen begehren. Schließlich wird ihm das alles zu viel, und er läßt für seine Freunde eine Anzahl Glasröhren herstellen, damit sie selbst experimentieren können. Um auch die Neugier anderer zu befriedigen, entwirft er für einen ebenfalls sehr an der Elektrizität interessierten Nachbarn, dem Baptistenprediger Ebenezer *Kinnersley,* zwei Vorträge, mit denen dieser unter gleichzeitiger Vorführung der Versuche im Land herumzieht und dabei ein ganz schönes Sümmchen zusammenbringt.

Über die Ergebnisse seiner Arbeiten berichtet *Franklin* von 1749 ab in mehreren Briefen an *Collinson,* der sie seinerseits auf den Sitzungen der Royal Society verlesen läßt. Die Briefe enthalten neben einigen in Europa bereits bekannten Tatsachen die Gedanken Franklins zur Theorie der Elektrizität und seinen Weg zum Blitzableiter.

Unter den von ihm beobachteten Erscheinungen fesselt ihn besonders die Spitzenentladung. Er bemerkt nicht nur das Ausströmen der Elektrizität aus der an einem aufgeladenen Körper angebrachten Spitze, sondern auch das Entladen eines isoliert aufgestellten elektrisierten Körpers durch die Annäherung einer mit der Erde leitend verbundenen Spitze. Er versucht alsbald, eine Erklärung für diese Vorgänge zu finden, legt sie auch schriftlich nieder, jedoch gefällt sie ihm dann nicht mehr so recht, und er tröstet sich mit dem Gedanken: „Es ist für uns von geringerer Wichtigkeit, ob wir die Art und Weise, wie die Natur ihre Gesetze ausübet, kennen; wenn wir nur die Gesetze selber wissen. So hat es, zum Beyspiele, einen wirklichen Nutzen, daß man weiß, Porcellain, welches man ohne Stütze in der Luft wollte stehen lassen, falle herunter und zerbreche; wodurch aber dasselbe zum Fallen gebracht werde, und auf was für Weise es zerbreche, sind Gegenstände ernsthafter Betrachtungen. Solches zu wissen, ist ein Vergnügen; unterdessen können wir aber unser Porcellain auch ohne dieses erhalten."

Franklin studiert daher lieber den Vorgang am Experiment, um den praktischen Nutzen daraus zu ziehen. Also nimmt er „eine grosse metallene Waagschaale, deren Waagbalken zwey oder mehr Fuss lang ist, und an welcher die Stricke, woran die Schaalen hangen, von Seide sind." Diesen Waagebalken hängt er mittels Bindfaden an der Decke des Zimmers so auf, „daß der Boden der Schaalen ungefähr um einen Fuss von dem Fussboden entfernet sind." Wird nun eine der beiden Schalen elektrisiert und dann die Waage gedreht, so neigt sich die geladene Schale infolge der elektrischen Kräfte zur Erde und wird, sobald sie sich einem in die Erde geschlagenen Hammer nähert, vollends herabgezogen und in einem bestimmten Abstand durch einen Funken zum Hammer hinüber entladen. Darauf schwingt sie wieder in die Gleichgewichtslage zurück. Ist aber der Hammer mit einer Spitze versehen oder steckt neben ihm eine eiserne Nadel in der Erde, so erfolgt die Entladung der Schale still, ohne Herabziehen und

ohne Funken. Später macht *Franklin* noch eine weitere interessante Beobachtung. Eine eiserne Nadel wird durch die Entladung einer Leidener Flasche magnetisch.
Die Versuche mit der Spitzenentladung bringen ihn dann auf den Gedanken, auch die Wolkenelektrizität, sofern es eine solche gibt, müsse durch eine derartig geerdete Spitze abzuleiten sein, wenn sie nur hoch genug ist, um in die Wolken hineinzuragen.

Ob wohl Blitz und Funke auch identisch sind?

Bei seinen Arbeiten stößt *Franklin* immer wieder auf die Ähnlichkeit zwischen dem Blitz und dem elektrischen Funken. Er unterzieht dieses Problem daraufhin einer genauen Prüfung, vergleicht beide Erscheinungen miteinander und notiert am 7. November 1749 in seinem Tagebuch: „Elektrisches Fluidum stimmt mit dem Blitz in folgenden Punkten überein:

1. Erzeugen von Licht
2. Farbe des Lichts
3. Gezackte Form
4. Schnelle Bewegung
5. Leitung durch Metalle
6. Knall oder Geräusch im Augenblick des Entladens
7. Existieren in Wasser oder Eis
8. Spalten von Körpern, die sie durchdringen
9. Töten von Tieren
10. Schmelzen von Metallen
11. Entzünden von brennbaren Substanzen
12. Schwefelgeruch"

Damit besteht für ihn eigentlich kein Zweifel mehr an der Identität von Blitz und Elektrizität. Am 29. Juli des folgenden Jahres teilt Franklin diese Gedanken brieflich *Collinson* mit und berichtet gleichzeitig über seine neuesten Versuche.
Um die Spitzenentladung in größerem Maßstab zu wiederholen, hat er sich zu seiner Elektrisiermaschine einen großen Konduktor, „der aus vielen Blättern von steifer Pappe zusammen gesetzet, und wie eine Röhre gestaltet ist", hergestellt. „Er ist beynahe zehen Fuss lang, und hält einen Fuss im Durchmesser . . . Derselbe ist mit buntem Goldpapier überzogen . . ." An seidenen Schnüren aufgehängt, gibt er im aufgeladenen Zustand etwa 2 Zoll lange Funken ab. Hält jedoch ein auf dem Fußboden stehender Mensch eine Nadelspitze in die Nähe des Konduktors, so ist ein Aufladen nicht möglich, da die Elektrizität über die Spitze sofort zur Erde abfließt.
Diese Erscheinungen führen ihn dann zu der folgenden Erklärung: „Ist nun das Feuer der Elektricität und des Blitzes einerley, wie ich weitläufig in meinem vormaligen Briefe zu zeigen bemühet gewesen bin; so können diese Papprõhre und diese Waagschaalen elektrisirte Wolken vorstellen. Wenn eine Röhre, die nur zehen Fuss im Durchmesser hat, in einer Entfernung von zwey oder drey Zoll schlägt; so wird hingegen eine Wolke, die vielleicht die Grösse von zehen tausend Morgen Landes hat, in einer proportionirten grössern Entfernung gegen die Erde schlagen. Die horizontale Bewegung der Waagschaalen über dem Boden, kann die Bewegung der Wolken über der Erde vorstellen; der eiserne Hammer aber einen Berg oder ein hohes Gebäude auf der Erde . . . Wenn endlich die mit der Spitze nach oben sehende auf dem Hammer oder auch nur dem Fussboden befestigte Nadel, das Feuer aus denen Waagschalen stillschweigend, und in einer weit grösseren Entfernung als zum Schlagen gehöret, raubet, . . . wenn alles dieses, sage ich, sich so verhält; würde die Kenntniss der Kraft derer Spitzen nicht denen Menschen zum Nutzen gereichen können, wenn man dadurch Häuser, Kirchen, Schiffe u. d. g. vor dem Schlage des Blitzes zu sichern suchte? Man müsste anfangen, auf die höhesten Theile der Gebäude, aufrecht stehende eiserne Stangen zu befestigen. Diese müssten so scharf als Nadeln gemachet, und, dem Roste vorzubeugen, vergoldet werden. Von dem untern Ende dieser Stangen, müsste man aussen an dem Gebäude einen Drath bis in die Erde herunter gehen lassen; bey Schiffen aber müsste dieser Drath an einem derer Mastseile herunter und von da ins Wasser geleitet werden. Diese spitzigen Stangen würden vermuthlich das elektrische Feuer aus einer Wolke, schon weit eher ganz stillschweigend abführen, ehe dieselbe zum Schlagen nahe genug käme, und würde uns hierdurch vor diesem plötzlichen und erschrecklichen Unglücke in Sicherheit stellen."

Hiermit begegnet uns erstmals der Gedanke eines Blitzableiters. Zur weiteren Klärung der Sachlage schlägt *Franklin* dann vor: „Die Frage auszumachen: Ob die Wolken, welche Blitze enthalten, elektrisch oder nicht elektrisch sind, will ich einen Versuch vorschlagen, welchen man an solchen Orten anstellen kann, wo sich solches füglich thun lässt. Man stelle ein Schilderhaus, welches so gross ist, dass es einen Menschen und einen elektrischen Schemel fassen kann, auf die Spitze eines hohen Thurmes oder Gerüstes. Aus der Mitte des Schemels lasse man eine eiserne, zwanzig oder dreyssig Fuss lange, an dem obern Ende scharf zugespitzte Stange, aufwärts gebogen durch die Thüre in die Höhe gehen. Wird nun der elektrische Schemel rein und trocken gehalten, so wird der Mensch, welcher auf selbigem stehet, indem dergleichen Wolken niedrig überhin ziehen, elektrisch werden, und Funken geben; weil die Stange das Feuer aus den Wolken ihm zuführet. Sollte man für den Menschen einige Gefahr besorgen; welches aber, wie ich glaube, nicht nöthig seyn wird; so lasse man ihn nur auf den Boden seines Häuschens treten, und lasse ihn das rund gebogene Ende eines Drathes, dessen zweytes Ende an abführende Körper befestigt ist, und welchen er vermittelst eines Handgriffes von Lack anfasset, zuweilen der Stange nähern. So bald die Stange elektrisch wird, muss auf diese Weise der Funke aus der Stange in den Drath schlagen, und dem Menschen nichts thun."
Collinson bringt den Brief wie üblich der Royal Society zur Kenntnis, deren Mitglieder aber keine große Notiz davon nehmen. Die Gedanken, die darin ausgesprochen werden, sind so kühn und revolutionär, daß sie ihnen nur mit Hohn und Spott begegnen und eine Veröffentlichung in den Philosophical Transactions rundweg ablehnen. Im äußersten Fall sind sie bereit, eine kurze Notiz zu bringen. Drei Jahre später macht die Royal Society ihren Fehler wieder gut, indem sie *Franklin* die Sir-Godfrey-Copley-Medaille verleiht, die erstmals Stephen *Gray* erhalten hat, und nach weiteren drei Jahren als Mitglied aufnimmt, „. . . mit der besonderen Vergünstigung, keinen Beitrag dafür zu zahlen", wie *Franklin* in seiner Autobiographie zufrieden vermerkt.
Franklins Briefe an Peter *Collinson* gehen 1751 in London

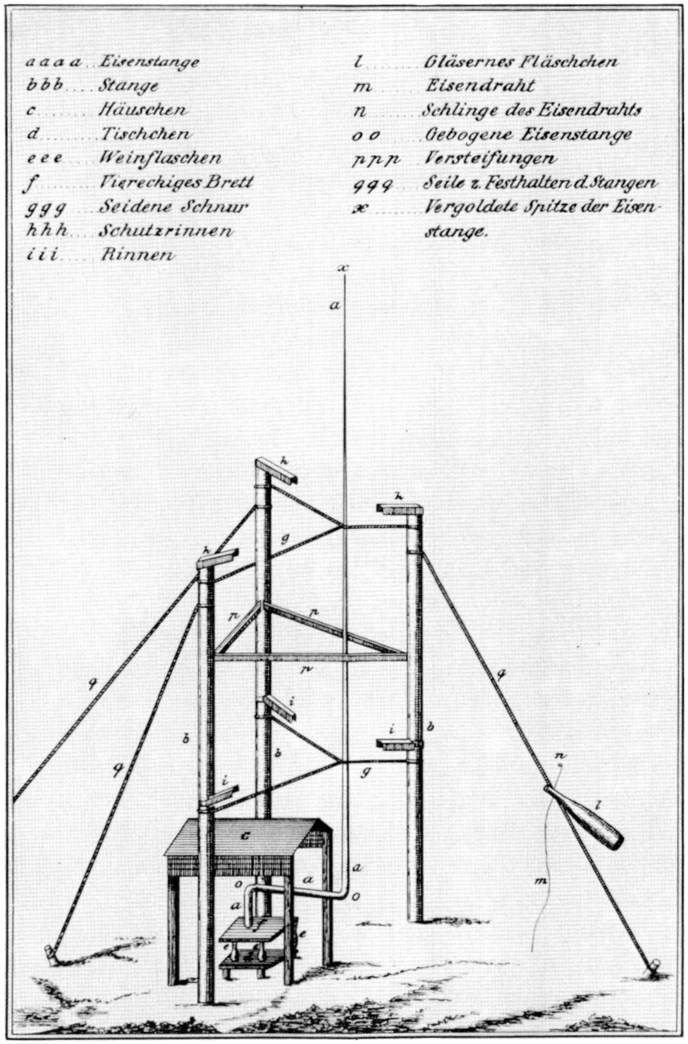

Dalibards Versuchsanordnung in Marly-la-Ville zum Nachweis der himmlischen Elektrizität

unter dem Titel „Experiments and Observations on Electricity made at Philadelphia in America" in Druck. *Collinson* selbst veranlaßt die Herausgabe. Sie werden ein Bestseller, überall in Europa gelesen und bewundert und in fast alle europäischen Sprachen übersetzt. Sie machen Benjamin *Franklin* in kürzester Zeit zu einem berühmten Mann.
Ein Exemplar davon gelangt auch in die Hände des französischen Gelehrten Comte *de Buffon*. Dieser veranlaßt seinen Freund, den Botaniker und Elektriker aus Liebhaberei Thomas François *Dalibard*, eine französische Übersetzung anzufertigen. Gleichzeitig regt er ihn an, die Versuche mit der Wolkenelektrizität selbst auszuführen. *Dalibard* zögert zunächst, aber als König Ludwig XV. ebenfalls Interesse zeigt und die Versuche sehen möchte, entschließt er sich, die Leitung zu übernehmen. Zur Seite stehen ihm dabei ein ehemaliger Dragoner mit Namen *Coiffier* und der Pfarrer von Marly, *Raulet*.
Coiffier soll die Einrichtung bewachen, wenn *Dalibard* abwesend ist, und *Raulet* das Protokoll verfassen.
Für die Durchführung des Versuchs errichtet *Dalibard* in Marly-la-Ville, etwa sechs Stunden von Paris entfernt, eine ungefähr 13 m hohe Eisenstange mit scharfer polierter Spitze. Die Stange ist am unteren Ende zweimal im rechten Winkel abgeknickt und mündet in der Mitte eines kleinen Isolierschemels, der auf einem Tisch steht. Zum Schutz gegen Regen sind Tisch und Schemel in einer Hütte untergebracht. Seidenfäden und drei in die Erde gerammte Pfähle halten die Stange lotrecht. Es ist auf alle erdenkliche Art dafür gesorgt, einen Einfluß des Regenwassers auf die Versuche auszuschalten, einmal in Form der Hütte, dann durch den doppelten Knick der Stange, der das Wasser abtropfen läßt, ohne bis zum Schemel zu gelangen, und schließlich durch kleine Kästchen über der Befestigung der Seidenfäden an der Holzstange, die den Regen auffangen sollen. Um beim Funkenziehen nicht selbst einen Schlag zu erhalten, befestigt *Dalibard* an dem geerdeten Draht eine Flasche als Griff.
Am Mittwoch, dem 10. Mai 1752, zwischen 14 und 15 Uhr zieht über Marly ein Gewitter auf. *Coiffier* hört einen Donnerschlag und läuft, da *Dalibard* in Paris ist, schleunigst zur Versuchsapparatur. Es gelingt ihm mit Hilfe des Drahtes, erst einen schwachen und dann einen stärkeren Funken mit entsprechendem Krachen hervorzuziehen. Nunmehr schickt er seinen Nachbarn zum Pfarrer, der eilends herbeigerannt kommt, gefolgt von zahlreichen Dorfbewohnern, die glauben, *Coiffier* sei vom Blitz erschlagen worden.
Raulet kann der Stange Funken von 4 cm Länge entlocken, allerdings nicht, ohne selbst einen Schlag zu erhalten und eine Brandwunde am Arm davonzutragen. Das Experiment von Marly erregt ungeheuren Wirbel in

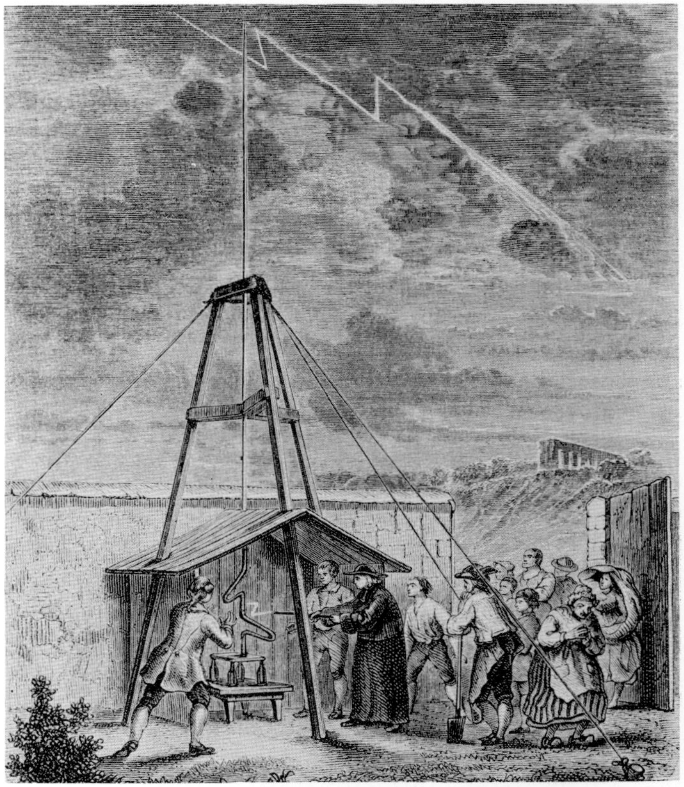

Am 10. Mai 1752 gelingt es *Raulet* in *Dalibards* Abwesenheit 4 cm lange Funken aus der Stange zu ziehen

der Welt, das Gewitter ist also doch eine elektrische Erscheinung.
Eine Woche später wiederholt *de Lor,* ein Lehrer für Experimentalphysik, das Experiment in Paris mit einer 32 m hohen Eisenstange. Innerhalb eines Monats folgen weitere Versuche außerhalb der französischen Grenzen in Belgien, Deutschland, England, Italien und Rußland.

Franklin läßt einen Drachen steigen

Die französischen Versuche bleiben *Franklin* natürlich nicht verborgen. Unfaßlich scheint es ihm zunächst, daß sie von Erfolg gekrönt sind, obwohl die Stange entgegen seinen Vorstellungen nicht bis in die Wolken gereicht hat. Er beginnt daher im Juni 1752 eigene Versuche mit einem Drachen, der hoch genug hinaufsteigen kann, um in das Innere der Wolken zu gelangen.
Über die Konstruktion des Drachens berichtet er am 19. Oktober des gleichen Jahres *Collinson.* Der Drachen besteht danach aus zwei gekreuzten Zedernholzstangen, die so lang sind, daß sie zu den Ecken eines ausgebreiteten Taschentuches reichen. Die vier Ecken des Tuches werden an die Stangen geknotet, und an der Spitze des aufwärts stehenden Stabes ist ein scharf zugespitzter Draht befestigt, der einen Fuß oder etwas mehr über das Holz hinausragt. An das Ende des Bindfadens, nach der Hand zu, wird ein seidenes Band geknüpft, und dort, wo sich Seide und Bindfaden vereinen, kann ein Schlüssel befestigt werden.
Begleitet von seinem 21jährigen Sohn begibt sich *Franklin* hinaus auf das Feld, um die Elektrizität aus den Wolken abzuleiten. Der Sohn stellt sich zum Schutz vor Regen unter einen Schuppen und läßt den Drachen aufsteigen. Obwohl eine Gewitterwolke vorbeizieht, zeigt sich am Ende der Schnur zunächst keinerlei Elektrizität. Plötzlich bemerkt er, wie sich die feinen losen Fasern der Schnur aufrichten, hält einen Fingerknöchel gegen den Schlüssel und verspürt einen starken Schlag. Als schließlich die Schnur von dem einsetzenden Regen naß wird, gelingt es ihm auch, eine Leidener Flasche mit der himmlischen Elektrizität zu füllen.

Begleitet von seinem Sohn unternimmt *Franklin* im Juni 1752 den berühmten Drachenversuch

Im September errichtet *Franklin* eine Eisenstange auf dem Dach seines Hauses, um die Luftelektrizität in das Zimmer zu leiten und dadurch bequemer zu experimentieren. Zahlreiche gleichartige Versuche mit der „himmlischen" und der „irdischen" Elektrizität, bei denen er jeweils eine Leidener Flasche mit Elektrizität aus den Wolken und eine zweite durch Berührung mit einem geriebenen Glasstab füllt, ermöglichen ihm vollends den Beweis der Identität.
Der Franzose *Romas* wiederholt 1753 den Drachenversuch in Nérac in größerem Maßstab. Sein Drachen steigt 180 m hoch und seine Schnur ist mit Eisendraht umwickelt.
Winkler wendet sich etwa zur selben Zeit der Untersuchung der Gewitterelektrizität zu und verwendet dazu eine regelrechte kleine Funkenstrecke. Der Ableiterstab endet unten in einem kleinen Metallknopf. Ihm gegenüber steht in geringem Abstand eine Metallkugel, die an einer in der Erde steckenden Stange befestigt ist. Die Funken können so ohne Gefahr für den Beobachter zwischen den Kugeln überspringen.
Der Gefährlichkeit ihrer Versuche sind sich die meisten unter den Blitzforschern wohl nicht bewußt, denn ein erheblicher Schreck durchfährt sie, als bekannt wird, daß der Physikprofessor der Kaiserlichen Akademie zu St. Petersburg, Georg Wilhelm *Richmann,* am 6. August 1753 durch einen Schlag aus der Stange getötet worden ist. Eine Obduktion der Leiche am folgenden Tag zeigt den Weg der Entladung. Der Blitz ist zum Kopf hereingefahren und hat den Körper durch den Fuß wieder verlassen. Ein Teil der inneren Organe ist beschädigt. Ob *Richmanns* Tod so ruhmvoll und beneidenswert ist, wie es fast 20 Jahre später *Priestley* in seiner Geschichte der Elektrizität erwähnt, sei dahingestellt. Jedenfalls werden diese gefährlichen Experimente von nun an nach und nach aufgegeben.
Auch abseits der großen wissenschaftlichen Welt befaßt sich ein Mann mit der Ableitung der Gewitterelektrizität und stellt eine besondere Form des Blitzableiters her. Es ist der Pfarrer Prokopius *Divisch* in Prenditz bei Znaim/Mähren. Wie er 1768 in seiner Veröffentlichung angibt, sei ihm bereits 1750 die Idee dazu gekommen, aber erst am 27. Februar 1753 ist seine erste „Wetterstange" fertig. Sie besteht aus einem 14 m hohen Holzmast, auf dem an verschiedenen Armen 216 Spitzen befestigt sind, die über eine Kette mit der Erde in Verbindung stehen. Am 15. Juni gelingt es ihm, damit die ersten Funken zu ziehen. Im Jahr darauf wird der Apparat jedoch von den Bauern zerstört, da sie diesem die Schuld an der sommerlichen Trockenperiode zuschreiben.
Franklins Betrachtungen über den Blitzableiter beziehen sich anfangs nur auf eine stille Entladung der Wolken. Erst in einem Brief vom 29. Juni 1755 an *Dalibard* erwähnt er, daß die Stange auch den Blitz selbst aufnehmen und gefahrlos ableiten soll.

Ein Schlag aus der Stange tötet am 6. August 1753 den St. Petersburger Professor *Richmann*

Es gibt nur ein elektrisches Fluidum

Benjamin *Franklin* widmet sich nicht nur der experimentellen Untersuchung der Elektrizität, sondern geht als Naturforscher der Sache auch tiefer auf den Grund, bemüht sich um eine Erklärung der elektrischen Erscheinungen und entwickelt bereits frühzeitig die sogenannte „Unitarische Theorie". In seinem zweiten Brief an Peter *Collinson* vom 11. Juli 1747 legt er sie dar.
Danach gibt es eine elektrische Materie, die den ganzen Raum ausfüllt und alle materiellen Dinge durchdringt. Jeder Körper hat davon eine bestimmte ihm zustehende Menge. Die Teile dieser elektrischen Materie stoßen sich gegenseitig ab, werden aber von den Teilen der gewöhnlichen Materie, aus denen die Körper selbst bestehen, angezogen. Hat ein Körper nur so viel von der elektrischen Materie, wie ihm normalerweise zusteht, so ist er elektrisch neutral, besitzt er mehr davon, so ist er pluselektrisch, enthält er weniger, so nennt man ihn minuselektrisch.
Werden nun zwei Körper miteinander gerieben, so gehen Teile der elektrischen Materie vom einen auf den anderen über. Der eine wird also plus-, der andere minus-elektrisch. Der Körper mit überschüssiger Materie häuft diesen Überschuß an der Oberfläche auf und bildet dadurch eine elektrische Atmosphäre, die ihn ganz umgibt. Die unitarische Theorie findet zunächst nahezu einstimmigen Beifall.

Spitz oder rund, das ist die Frage

Da der Blitz bisher als göttliche Erscheinung angesehen wird, wenden sich Theologen und Philosophen vorerst gegen eine Erforschung des Gewitters und betrachten den Blitzableiter als Verstoß gegen die von Gott gewollte Ordnung. Die Kirche verweist dabei besonders auf den Tod *Richmanns* und stellt ihn als Strafe Gottes hin. In Italien wird der Blitzableiter als „Ketzerstange" verdammt, und die Bevölkerung läuft gehorsam gegen ihn Sturm.
Sie hält sich lieber an die alten Gepflogenheiten des „Wetterläutens" der Kirchenglocken, wonach die Schallwellen der Glocken die Gewitterwolke teilen und damit unwirksam machen sollen. Für dieses Wetterläuten entrichten die Bauern auf dem Lande gern ihren Obulus an die Kirche.
Die Verfechter des Blitzableiters aber geben den Kampf nicht auf. Sie können die Argumente der Kirche sehr schnell widerlegen, denn wenn es des Menschen Pflicht ist, sich gegen Regen und Schnee zu schützen, so gilt das Gleiche auch für den Blitz. Regen und Schnee gehören ebenso zur göttlichen Ordnung der Welt wie das Gewitter.
Ganz anders liegen die Dinge in Amerika, hier findet der Blitzableiter sehr schnell Anklang, denn seine praktische Bedeutung spricht für ihn. *Franklin* gibt alsbald Hinweise für die technische Ausführung. Danach soll die Stärke des ableitenden Drahtes gleich der Dicke eines Gänsekiels sein. Wenn auch aus finanziellen Gründen die Regel nicht immer befolgt wird, so zeigen sich doch die ersten Schutzerfolge des Ableiters.
1760 läßt der Kaufmann West in Philadelphia auf seinem Haus eine Ableiterstange errichten. Kurze Zeit danach schlägt dort der Blitz ein. Das Haus bleibt unversehrt, nur ein Teil der Stange schmilzt ab. Insgesamt kann *Franklin* in diesem Jahr von drei Einschlägen erfahren, bei denen geschützte Häuser unbeschädigt bleiben.
Englands erster Blitzableiter entsteht 1760 auf dem Eddystone-Leuchtturm bei Plymouth. Deutschland folgt erst neun Jahre später, als der Hamburger Arzt J. A. H. *Reimarus* auf den Turm der Jakobikirche einen Blitzableiter setzen läßt.
Obwohl *Franklin* von Anfang an auf eine scharfe Spitze am Ende der Stange hinweist, so tauchen doch bald Zweifel auf, ob nicht eine Rundung günstiger sei. Es bilden sich daher zwei Parteien. Die eine befürwortet die Spitze mit dem Argument der besseren Ableitung der Wolkenelektrizität. Die andere tritt für eine Abrundung des Stabendes ein, weil eine Spitze den Blitz besonders anziehen würde. Zu einem Ergebnis gelangt diese theoretische Betrachtung selbstverständlich nicht. Erst auf Grund eines Blitzeinschlags am 15. Mai 1777 in ein mit spitzer Ableiterstange versehenes militärisches Gebäude in Purfleet in England wird *Watson* mit Untersuchungen zur

Klärung der strittigen Frage beauftragt. Er beginnt sogleich im Pantheon in London mit der Arbeit.
Zur Nachbildung der Gewitterwolke läßt er einen fast 50 m langen Metallzylinder von 40 cm Durchmesser herstellen, der an Seidenschnüren aufgehängt und mit einer Elektrisiermaschine aufgeladen wird. Ihm nähert er geerdete Leiter mit unterschiedlich geformten Enden und findet das eindeutig bessere Ableitvermögen bei der scharfen Spitze.

Jeder trage seinen Blitzableiter bei sich

In der Anfangszeit des Blitzableiters bestehen in der Gelehrtenwelt unterschiedliche Ansichten über seine Wirkung. Die einen glauben nur an die Sicherheit des mit der Stange versehenen Hauses, die anderen erwarten darüber hinaus auch einen Schutz der weiteren Umgebung. *Nollet* steht ihm in Frankreich sogar vollkommen ablehnend gegenüber, weil seiner Ansicht nach ein zu großes Mißverhältnis zwischen der Wirkung und der Ursache besteht.
Es ist daher kaum verwunderlich, wenn im Laufe der Zeit auch verschiedene kuriose Vorschläge für die Anwendung von Blitzableitern auftauchen.
Um öffentliche Plätze vor Blitzeinschlägen zu bewahren, sollen auf ihnen Türme errichtet werden, die untereinander mit Ketten verbunden sind, an denen Eisenkugeln hängen. In der Erde unterhalb dieser Kugeln sitzen Steine, die an ihrer Spitze ebenfalls eiserne Kugeln tragen, so daß

Watsons Blitzversuche im Pantheon in London sollen die strittige Frage klären, ob die Stange an ihrem Ende spitz oder rund sein muß

zwischen beiden Kugeln jeweils ein Abstand von drei bis vier Zoll besteht. Hier können die Blitze zur Erde überspringen.
Was für ein ganzes Gebäude von Nutzen ist, wird auch für die einzelne Person vorteilhaft sein, meint ein Herr namens *Barbeu-Dubourg* und erfindet den Regenschirm mit Blitzableiter. Der Schirm trägt oben in Verlängerung des Stocks eine eiserne Spitze. An ihr ist ein Draht oder eine Kette befestigt, die hinter dem Schirmträger her auf dem Erdboden schleift.
1822 wird von einem gewissen *Davy* ein Spazierstock angeboten, der als Wetterableiter dienen soll. Er hat an beiden Enden einen herausziehbaren Eisenstab. Im Falle eines Gewitters steckt ihn der Besitzer mit herausgezogenen Enden in die Erde und legt sich einige Klafter entfernt davon auf den Boden. Nunmehr kann ihm der Blitz nichts mehr anhaben.
Die französische Mode kreiert 1778 in Paris einen „Chapeau paratonnere" für Damen. Das ist ein Hut mit eiserner Spitze als Blitzableiter und einem Draht zur Erde, ähnlich dem erwähnten Regenschirm.
Weil der eine manchmal das für zweckmäßig erachtet, was in den Augen des anderen eine Gefahr bedeutet, kommt es 1780 in Frankreich zu einem Prozeß um die Ableiterstange. Ein Monsieur *de Vissery* hat eine solche zum Mißfallen seines Nachbarn am eigenen Haus in Saint-Omer anbringen lassen. Der Nachbar fühlt sich dadurch bedroht, weil seiner Meinung nach die Blitze nunmehr in dieser Gegend besonders häufig und stark auftreten werden. Er erhebt beim Magistrat der Stadt Beschwerde und hat damit Erfolg. Innerhalb von 24 Stunden muß die Anlage vom Eigentümer wieder entfernt werden. Dieser erhebt nun seinerseits beim Gericht in Artois Einspruch gegen den Beschluß des Magistrats. Nach fast drei Jahren kommt es endlich zur Verhandlung. Der Kläger läßt sich durch einen jungen Advokaten mit Namen Maximilian *de Robespierre* vertreten, der ein glänzendes Plädoyer zugunsten der Franklinschen Erfindung hält. Ergebnis der Verhandlung: der Blitzableiter darf wieder aufgebaut werden. Jener *Robespierre* ist der später so berühmte und berüchtigte Diktator der Französischen Revolution. Er endet bekanntlich am 28. Juli 1794 auf der Guillotine.

Ein Herr *Barbeu-Dubourg* erfindet den Regenschirm mit Blitzableiter

1778 kreiert die französische Mode den *Chapeau paratonnere*

Wie wohl ein Gewitter entsteht?

Daß der Blitz eine elektrische Entladung ist, die sich vom Funken nur in ihrer Stärke unterscheidet, hat *Franklin* durch seine vergleichenden Versuche endgültig bewiesen. Kaum einer seiner Zeitgenossen zweifelt noch daran.
Den Charakter dieser Entladung findet 1895 der englische Professor Sir Oliver *Lodge*, als er sich mit den von *Hertz* entdeckten elektromagnetischen Wellen beschäftigt. Er bemerkt, daß Blitz und Funken oszillatorische, d. h. in Form von Schwingungen verlaufende Vorgänge sind.
Heute kennt die Wissenschaft noch eine weitere damit verbundene Eigentümlichkeit. Während des Entladevorgangs werden hochfrequente elektromagnetische Wellen, „Spherics" genannt, ausgestrahlt. Sie lassen sich

über Entfernungen von mehreren tausend Kilometern hinweg empfangen und zur Gewitterortung verwenden.
Wie aber ein Gewitter entsteht, wie sich die elektrischen Ladungen bilden und wie die Trennung von positiver und negativer Elektrizität vor sich geht, bleibt lange Zeit hindurch ein Rätsel. Zwar nehmen sich verschiedene Männer dieser Frage an, aber eine befriedigende Erklärung finden sie so schnell nicht.
Antoine Laurent *de Lavoisier* und Pierre Simon *de Laplace,* die 1780 in Frankreich durch Versuche der Entstehung der Gewitterelektrizität auf die Spur kommen wollen, finden dabei ein eigenartiges Phänomen. Beim Verdampfen von Wasser entsteht Elektrizität, und zwar ist bei einem metallenen Gefäß der Dampf positiv und das Gefäß negativ geladen. *Franklin,* der neben anderen Wissenschaftlern die Experimente wiederholt, ist der Ansicht, daß die Verdampfung Ursache der Elektrizität sei.
Dabei bleibt es lange Jahre, bis 1840 Sir William George *Armstrong* an dem Sicherheitsventil einer isoliert aufgestellten Dampflokomotive erneut auf die Erscheinung aufmerksam wird. Der dem Sicherheitsventil entströmende Dampf ist wieder positiv, die Lokomotive negativ. *Armstrong* vermutet jedoch den Ursprung der Elektrizität in der Reibung des Dampfes an den Metallteilen des Ventils. Er baut daraufhin eine Dampfelektrisiermaschine, die aber mehr ein Kuriosum bleibt und wegen ihrer umständlichen Handhabung keine Bedeutung erlangt. Eingehendere Untersuchungen von *Faraday* bestätigen dann *Armstrongs* Annahme.
Rund 150 Jahre nach der Franklinschen Arbeit, also um die Wende vom 19. zum 20. Jahrhundert, beginnt eine intensive Forschung über Ursache und Entstehung des Gewitters. Zahlreiche Wissenschaftler, darunter Physiker, Meteorologen, Geologen und Elektrotechniker, widmen sich nunmehr diesem Thema und entwickeln verschiedene Theorien. Die erste vollständige gibt ab 1917 Max *Toepler.* Sie wird im Laufe der Zeit ergänzt und verbessert, andere kommen hinzu. Eine vollkommen eindeutige Antwort gibt es eigentlich bis heute noch nicht. Im wesentlichen beruht die Gewitterbildung wohl auf Eis- und Wasserteilchen, die durch Luftströmungen im Gebiet geringer Frosttemperaturen bewegt werden. In der Wolke entsteht oberhalb der Frostgrenze eine positive, unterhalb derselben eine negative Überschußladung.
Der Entladevorgang beginnt im allgemeinen durch eine Vorentladung von der Wolke herab zur Erde. Sie erfolgt stufenweise mit kurzen Pausen von etwa 50 µs und hat die gezackte Form des Blitzes zur Folge. Erst wenn die Vorentladung die Erde erreicht hat, erscheint die stark leuchtende Hauptentladung, die wir als Blitz beobachten. Sie geht von der Erde zur Wolke zurück und weist Stromstärken von einigen hunderttausend Ampere auf.

Die Säulen der Pharaonen

Fast drei Jahrzehnte nach der Erfindung des Blitzableiters äußern 1783 *Lichtenberg* und *Michaelis* in ihrem Briefwechsel die Ansicht, schon im Altertum sei die ableitende Wirkung hoher metallischer Gebäudeteile bekannt gewesen. Sie verweisen dabei besonders auf die ehernen Säulen am Tempel zu Jerusalem, die dem Schutz gegen Blitzeinschläge gedient haben sollen.
Ihre Theorie findet bald weitere Verfechter und hält sich das restliche 19. Jahrhundert hindurch.
Auch die Ägyptologen greifen diese Fährte auf und glauben ihrerseits, im Ägypten der Pharaonen Anhaltspunkte für Blitzschutzeinrichtungen zu haben. Sie vermuten derartige Anlagen unter anderem in den metallenen Säulen und metallbeschlagenen Pylonen vor den Tempeln in Edfu, Dendera und Medinet Abu. Ja, sogar aus den Inschriften wollen sie entsprechende Hinweise herauslesen.
Moses wird ebenfalls von einigen Leuten in derartige Spekulationen einbezogen und auf Grund verschiedener Bibelstellen mit der Fähigkeit bedacht, die athmosphärische Elektrizität für seine Zwecke auszunutzen.
Um die Wende zum 20. Jahrhundert geraten dann diese Phantasievorstellungen endgültig zu Fall. Wenn wirklich einmal in den alten Zeiten der Blitz in eine Säule und nicht in den Tempel fuhr, so ist das wohl ein ganz natürlicher Vorgang und keineswegs durch Errichtung der Säulen bewußt herbeigeführt.

Gelöste und ungelöste Fragen

Ungestört von den Fragen der Blitzerscheinung geht die Erforschung der Elektrizität in der zweiten Hälfte des 18. Jahrhunderts ihren Weg. Den spielerischen Experimenten des Barock verdankt die Elektrizität ihre große Popularität unter den gebildeten Schichten der Bevölkerung, so daß nicht nur Physiker, sondern sogar Männer ganz anderer Berufsschichten die Beschäftigung mit der Elektrizität überaus erfolgreich betreiben.
Zunächst ist es das Verhalten der neuen Erscheinung, das experimentell ermittelt wird. Gesetzmäßigkeiten fehlen noch ganz, und auch über das Wesen der Elektrizität gehen die Meinungen der Wissenschaftler hin und her. *Thales* führte die Anziehungskraft des Bernsteins auf eine Seele zurück. *Gilbert* verbreitet die „Effluvia Theorie", *Dufay* die „Dualistische Theorie" von den zwei elektrischen Fluida, *Watson* den „electrical aether" und *Franklin* die „Unitarische Theorie".
Lichtenberg, Symmer und *Wilke* schließlich kehren in der zweiten Hälfte des 18. Jahrhunderts wieder zu den zwei elektrischen Fluida zurück. Auch *Coulomb* schließt sich ihr an. Man sieht, die Gelehrten sind sich keineswegs sicher.

Der Franzose *Le Monnier* untersucht 1746 in den Königlichen Gärten zu Paris die Fortpflanzungsgeschwindigkeit einer elektrischen Entladung

Wie schnell mag das elektrische Fluidum sein?

Nachdem *Gray* durch seine Versuche die Fortleitung des elektrischen Fluidums bewiesen hat, taucht auch die Frage nach der Geschwindigkeit auf, mit der dieses Fluidum entlang einer Communicationsschnur wandert. *Winkler* widmet sich ihr zum ersten Male, kommt aber infolge untauglicher Mittel zu keinem zahlenmäßigen Ergebnis und meint nur, für das Durcheilen eines im Zimmer ausgelegten Leiters sei wohl keine Zeit erforderlich.
Systematischer macht sich schon Louis-Guillaume *Le Monnier*, Professor für Botanik in Paris, an die Arbeit. Er geht 1746 in die königlichen Gärten Ludwigs XV., wo er ausreichend Platz zum Verlegen längerer Leitungen vor-

findet. Dann führt er um das Kloster von Chartreux zwei isolierte Eisendrähte von 950 Toise, etwa 1850 m Länge, herum. Die beiden Drähte haben einen gegenseitigen Abstand von rund 20 Fuß und ihre Anfänge und Enden münden an einem gemeinsamen Punkt. Hier faßt ein Helfer die beiden Drähte am Leitungsende mit je einer Hand und beobachtet dabei *Le Monnier,* der über den Leitungsanfang eine Leidener Flasche entlädt. Kaum daß der Helfer den Funken von der Flasche zum Draht überspringen sieht, verspürt er auch schon einen Schlag; nicht der geringste Augenblick vergeht. *Le Monnier* kommt daher zu der Überzeugung, die Elektrizität müsse mindestens 30mal schneller als der Schall sein.
Daraufhin bittet die Royal Society ihr Mitglied *Watson,* die Versuche mit noch größeren Entfernungen zu wiederholen. *Watson* beginnt im Juli 1747 zunächst mit einem 2800 Fuß langen, über der Erde ausgespannten Draht. Weil diese Länge immer noch nicht ausreicht, um eine merkliche Zeitdifferenz zwischen Funke und Schlag festzustellen, verlegt er den Draht auf ungefähr 8000 Fuß über die Themse hinweg, indem er ihn mit Seidenfäden unter der Westminster-Brücke aufhängt. Als Rückleitung dient das Wasser des Flusses, wobei eiserne Ketten die Verbindung zum Wasser herstellen. Wie wenig Vorstellung man sich von der wahren Geschwindigkeit der Elektrizität macht, zeigt die ganze Versuchsanordnung. Ein Helfer entlädt die Flasche, ein anderer schaut ihm dabei zu und schwenkt in dem Augenblick, in dem er den Funken springen sieht, eine Flagge. Dieses Flaggensignal ist für die andere Seite, wo einer, Kette und Draht in je einer Hand haltend, den Schlag registrieren soll, das Zeichen des Versuchsbeginns.
Mit dem Morgen des 18. Juli 1747 beginnt das große Ereignis. Charles *Cavendish,* der Präsident der Royal Society, ist der erste, der als Beobachter den Schlag entgegennimmt. Die anderen dem Versuch beiwohnenden Herren, darunter auch Dr. *Bevis* und *Watson* selbst, folgen nach. Das Ergebnis unterscheidet sich nicht von demjenigen *Le Monniers.* Die Herren kommen zu der Ansicht, die Elektrizität ist unmeßbar schnell. Hieran ändern auch die ein Jahr später von *Watson* auf Shooter's Hill bei London durchgeführten Messungen nichts, wo der Draht über zwei englische Meilen als Freileitung auf Stangen mit Armen verlegt ist.
Die Wissenschaftler sehen alsbald das Aussichtslose ihres Unterfangens ein und lassen die Frage vorerst auf sich beruhen. Erst *Wheatstone* greift sie schließlich 1834 wieder auf, gelangt aber nur zu recht ungenauen Ergebnissen. Den wirklichen Wert ermittelt dann 1852 und in den darauf folgenden Jahren der Göttinger Professor Wilhelm Eduard *Weber.* Er findet die erstaunliche Tatsache, daß die Geschwindigkeit der Elektrizität der des Lichtes gleicht und somit 300 000 km/s beträgt.

Coulomb und das erste Gesetz der Elektrizität

Lange Zeit hindurch stehen die Kraftwirkungen elektrisch geladener Körper im Vordergrund des Interesses. Ihre Erscheinungsformen werden immer wieder eingehend untersucht und beschrieben, stets aber handelt es sich nur um eine Registrierung der beobachteten Tatsachen, ein Gesetz für das Kräftespiel findet vorerst niemand.
Der erste, der eine solche Gesetzmäßigkeit entsprechend der 1666 von Sir Isaac *Newton* aufgestellten Regel für die Massenanziehung vermutet, ist der Engländer Joseph *Priestley,* Pfarrer, Chemiker und Naturphilosoph in einer Person. Er ist der älteste Sohn eines Tuchmachers, interessiert sich von frühester Jugend an für die Naturwissenschaft, studiert aber dann doch Theologie und alte Sprachen. Auf diese Weise wird er Pfarrer bei einer Sekte. Durch eine Brauerei in der Nachbarschaft lernt *Priestley* den Gärvorgang kennen und wird zu chemischen Studien angeregt. Sie bleiben nicht ohne Erfolg, denn es gelingt ihm später, sieben wichtige Gase zu entdecken. Auf dem Gebiet der Elektrizität tritt er vor allen Dingen durch sein Buch „Geschichte und gegenwärtiger Zustand der Elektricität, nebst eigenthümlichen Versuchen" hervor, das 1767 in England und 1772 in deutscher Übersetzung erscheint.
Sein Leben ist auch über die persönlichen Interessen hinaus recht wechselvoll. Mit einigen religiösen Schriften ruft er viele Gegner auf den Plan. Als er sich dann noch öffentlich zu den Zielen der französischen Revolution bekennt,

wird sein Haus in Brand gesteckt, wobei das gesamte wissenschaftliche Material an Büchern und Geräten verloren geht. Enttäuscht folgt er daraufhin 1794 seinem Sohn nach Amerika, wo er sich in Northumberland/Pa. niederläßt.

Den exakten Nachweis einer Gesetzmäßigkeit der elektrostatischen Kräfte erbringt dann der französische Ingenieur Charles Auguste *Coulomb*. *Coulomb* entstammt einer Offiziers- und Beamtenfamilie, studiert in Paris Mathematik und Naturwissenschaften und wird Ingenieur-

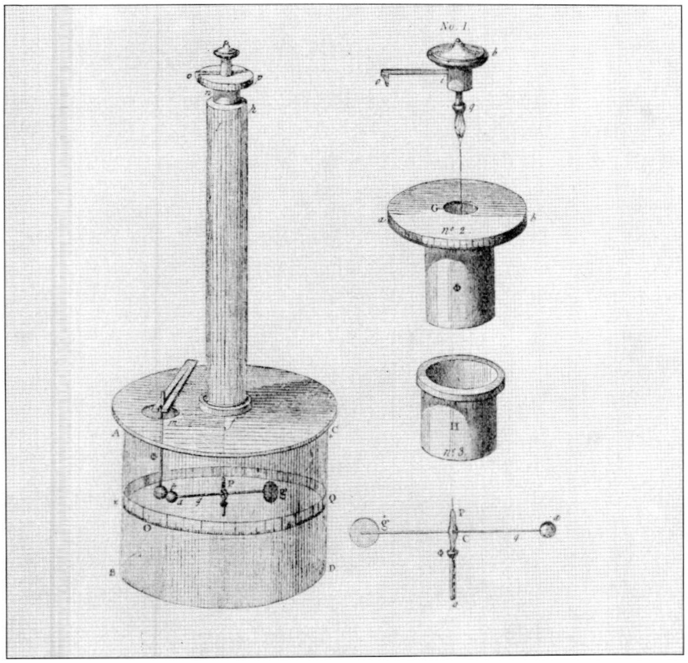

Die Coulombsche Drehwaage aus dem Jahre 1785

Offizier. Mit Ausbruch der Revolution quittiert er als Oberstleutnant des Ingenieurcorps den Dienst und zieht sich auf sein Landgut zurück. Während der Soldatenzeit kommt *Coulomb* mit dem Kompaß in enge Berührung, wo ihn die Aufhängung der Nadel besonders interessiert und zu einer Untersuchung der Torsionskraft eines belasteten Fadens führt. Auf Grund dieser Arbeit wiederum entsteht eine elektrische Drehwaage, die er 1785 in der ersten seiner sieben großen „Abhandlungen über die Elektrizität und den Magnetismus" beschreibt. Diese Waage verwendet *Coulomb* nun, um die anziehenden und abstoßenden Kräfte des elektrischen wie des magnetischen Fluidums zu prüfen und auszumessen. Die ausgeführten Messungen sind in den erwähnten „Abhandlungen" ausführlich bis in alle Einzelheiten beschrieben.

Bald merkt er, daß die abstoßenden Kräfte mit dem Quadrat des Abstandes der kleinen elektrisierten Kugeln abnehmen und schon in der zweiten, im gleichen Jahr erscheinenden „Abhandlung" kann er das vollständige „Coulombsche Gesetz", wie es heute allgemein genannt wird, mit folgenden Worten aussprechen:

„Aus den obigen Untersuchungen ergibt sich:

1. Daß sowohl die abstoßenden wie die anziehenden Wirkungen zweier elektrisierter Kugeln und folglich zweier elektrischer Moleküle im geraden Verhältnis der Dichtigkeiten des elektrischen Fluidums der beiden elektrisierten Moleküle und im umgekehrten Verhältnis des Quadrats der Entfernungen steht.

2. . . .

3. . . .

4. Daß die anziehende und abstoßende Kraft des magnetischen Fluidums genauso wie beim elektrischen Fluidum in geradem Verhältnis zu den Dichtigkeiten und im umgekehrten Verhältnis zum Quadrat der Abstände der magnetischen Moleküle steht."

Zunächst existiert noch kein Maß für die Ladung selbst. Es bleibt der Idee von *Gauß* vorbehalten, dieses Maß aus dem Coulombschen Gesetz heraus zu definieren. Die Einheit der elektrischen Ladung erhält später Coulomb zu Ehren seinen Namen.

1786 weist *Coulomb* auch auf die Schutzwirkung elektrisch leitender Käfige hin, was allerdings wieder in Vergessenheit gerät, so daß diese Einrichtung später *Faraday* zugeschrieben und nach ihm Faradayscher Käfig benannt wird. Das nicht zuletzt wohl deswegen, weil er sich laut Tagebuchaufzeichnung am 15. Januar 1836 erstmals selbst in einen solchen Käfig setzt, der aus einem metallisierten Holzwürfel von vier Meter Seitenlänge besteht. Obwohl eine Elektrisiermaschine den Käfig auf hohe Spannung bringt, kann *Faraday* weder an sich noch an den ihn umgebenden Objekten Spuren von Elektrizität wahrnehmen. Ein derartiger Käfig, wie ihn übrigens ein geschlossenes Auto darstellt, ist der ideale Schutz gegen Blitzgefahr.

Der schweigsame Gelehrte

1879 erscheint ein Buch, das die physikalische Fachwelt in Staunen versetzt. Es hat den Titel „Electrical Researches of the Honourable Henry Cavendish“, und als Herausgeber zeichnet kein Geringerer als der berühmte James Clerk *Maxwell.* Dieses Buch enthält das Lebenswerk eines Mannes, der bei seinem Ableben im Jahre 1810 zwanzig Pakete unveröffentlichter Manuskripte hinterläßt. 64 Jahre lang ruhen sie unberührt, bis sich *Maxwell* in den letzten fünf Jahren seines Lebens der Sichtung und Auswertung dieser Manuskripte annimmt.

Was dabei zutage kommt, ist eine ungeheure Überraschung. Jener im Titel des Buches zitierte Engländer Henry *Cavendish,* der schweigsame Gelehrte, besaß auf Grund seiner Arbeiten Kenntnisse auf dem Gebiet der statischen Elektrizität, die weit über das hinausgehen, was bis dahin seine Zeitgenossen an Wissen zusammengetragen haben. Sie machen ihn zu einer der hervorragendsten Persönlichkeiten, die sich in der zweiten Hälfte des 18. Jahrhunderts der exakten Erforschung der Elektrizität widmen. Nebenher arbeitet er auch noch auf den Gebieten der Chemie und der Wärmelehre.

Aus bisher ungeklärten Gründen zeigt *Cavendish* während seines Lebens wenig Neigung, die Ergebnisse seiner Arbeiten zu veröffentlichen. Es erscheinen lediglich zwei unwesentliche Manuskripte.

Ein dichter Schleier hängt auch über dem Privatleben dieses Mannes. Er entstammt einer alten angesehenen Familie, erblickt 1731 in Nizza das Licht der Welt und besucht 1749 bis 1753 das Peterhouse College zu Cambridge. Von da an lebt er einsam und zurückgezogen viele Jahre lang von den 500 £, die ihm sein Vater jährlich zur Verfügung stellt. Als Domizil dient ihm abwechselnd eines seiner drei Häuser in London.

Cavendish hat keinen Freund, empfängt in seiner Wohnung keine Fremden und trägt stets nur einfache Kleidung. Das väterliche Erbteil und das Vermögen einer Tante, das ihm später zufällt, machen ihn zu einem der reichsten Männer Englands. Bei seinem Tode hinterläßt er die erstaunliche Summe von über 1 Million £. Wegen seiner außerordentlichen Schüchternheit gegenüber dem weiblichen Dienstpersonal im Haus, das bei Strafe der Entlassung angewiesen ist, stets außerhalb seines Blickfeldes zu bleiben, bestellt er sein tägliches Essen schriftlich durch einen Zettel, den er auf den Tisch in der Halle legt.

Auch sonst spricht *Cavendish* kaum mit jemand, und wenn überhaupt, dann nur über wissenschaftliche Fragen. Diese Gespräche sind zudem äußerst knapp. Die einzige Abwechslung in seinem nur aus Arbeit bestehenden Leben bilden die Stunden im Club der Royal Society, dem er seit 1760 angehört.

Cavendishs Arbeiten über die Elektrostatik fallen vorwiegend in die Zeit von 1770 bis 1790. Ein Großteil seiner Beschäftigung gilt den „Kondensatoren“, einer anderen Form der Leidener Flasche, deren „Kapazität“ er definiert und in „inches of electricity“ mißt. *Cavendish* bestimmt dabei als Kapazität einer Kugel ihren Durchmesser in inches und schafft sich auf diese Weise einen ganzen Satz Kondensatoren von genau festliegender Größe. Diesen Satz wiederum benutzt er, um die Kapazität aller möglichen anderen Apparate zu ermitteln.

Bis in die Neuzeit hinein wurde Cavendishs Definition des Kapazitätsmaßes benutzt, es trat lediglich an die Stelle des inch das Zentimeter und an Stelle des Durchmessers der Radius, so daß eine Kugel von 1 cm Radius als Einheit der Kapazität galt, die mit 1 cm bezeichnet wurde.

Noch vor *Faraday* bestimmt *Cavendish* auch die „spezifische Kapazität“ zahlreicher Materialien, also diejenige

Größe, die wir heute Dielektrizitätskonstante nennen. Unter anderem ahnt er bereits den Potentialbegriff, definiert 1781 die Leitfähigkeit von Metallen und Salzen und bestimmt ihre relativen Werte. Darüber hinaus nimmt er einen Teil der Arbeit von *Coulomb* vorweg, indem er die elektrische Ladung eines Körpers lediglich an dessen Oberfläche bemerkt und die anziehenden bzw. abstoßenden Kräfte der Ladung umgekehrt proportional dem Quadrat ihrer Entfernungen findet. Nur weil *Cavendishs* Arbeiten durch seine Schweigsamkeit der wissenschaftlichen Welt etwa 100 Jahre vorenthalten bleiben, werden heute viele seiner Ergebnisse und Entdeckungen anderen Männern zugeschrieben.

Es gibt aber doch zwei elektrische Fluida

Obwohl *Franklins* Theorie von dem einen elektrischen Fluidum bei ihrem Erscheinen weitgehende Zustimmung findet, tauchen unter den Wissenschaftlern doch bald die ersten Zweifel daran auf. Die Wirkungsweise einer Leidener Flasche läßt sich mit ihr zwar einfach und verständlich erklären, aber es gibt einige andere Erscheinungen, die mit der unitarischen Theorie nicht in Einklang stehen. So besitzen nach ihr nur Körper mit überschüssiger elektrischer Materie, also solche, die plus-elektrisch geladen sind, eine elektrische Atmosphäre. Nur sie können sich gegenseitig abstoßen. Wie erklärt es sich also, daß auch minus-elektrisch geladene Körper einander aus dem Wege gehen?

Franklin ist ob dieser Tatsache zunächst völlig ratlos. Andere Phänomene versucht er so gut es geht mit seiner Theorie zu erklären. Manche Irrtümer verdecken dabei die wirklichen Tatbestände, und schließlich bricht das gesamte unitarische Gebäude zusammen. Nicht ganz unbeteiligt daran sind der Engländer *Symmer* und die beiden Deutschen *Aepinus* und *Wilke*.

Auch ein Franzose sträubt sich gegen die unitarische Theorie, welche nach Franklins eigenen Worten „. . . in Paris gedruckt ward – zum großen Verdruß des Abbé *Nollet*, der eben eine Theorie der Elektrizität herausgegeben hatte, die mit meinen Bemerkungen nicht wohl in Einklang zu bringen war. Anfangs hielt er die ganze Sache für eine ihm zum Ärger ersonnene Erdichtung; als er aber erfuhr, daß wirklich ein solcher *Franklin* in Amerika lebe, schrieb er einen Band Briefe, an mich adressiert, worin seine Theorie verteidigt und die Wahrheit meiner Experimente geleugnet ward." So zu lesen in *Franklins* Briefen.

Robert *Symmer* verdankt seine Beschäftigung mit diesem Thema einem merkwürdigen Zufall. Anläßlich eines Todesfalls trägt er über seine weißen wollenen Strümpfe ein zweites Paar schwarzer Seidenstrümpfe. Als später beim Ausziehen ein starkes Knistern hörbar wird und kleine Funken stieben, beschließt *Symmer*, diese Erscheinung näher zu untersuchen, zumal er etwas Ähnliches, aber in geringerem Umfang, bereits früher an seidenen Strümpfen allein festgestellt hat.

Den Winter 1758/59 verbringt er mit der Analyse verschiedener Strumpfkombinationen und findet schließlich den größten Effekt, wenn zwei seidene Strümpfe, ein weißer und ein schwarzer, übereinander gezogen sind. Diese blähen sich nach dem Ausziehen wie ein Luftballon auf. Gleichgefärbte stoßen einander ab, während weiße und schwarze gegenseitige Anziehungskräfte ausüben. *Symmer* glaubt zunächst, weil beide Strumpfpaare doch aus dem gleichen Material bestehen, einen Farbeffekt gefunden zu haben, der für das unterschiedliche elektrische Verhalten verantwortlich ist. *Nollet*, der von diesen Versuchen erfährt, wiederholt sie und kann dabei den angeblichen Farbeffekt abermals widerlegen. Nicht die Farbe selbst ist die Ursache, sondern der Farbstoff, mit dem die Strümpfe eingefärbt sind. Zum Schwarzfärben wird Gallapfeltinktur verwendet, sie ruft die entgegengesetzte, im vorliegenden Fall minus-elektrische Ladung hervor.

Gegen Ende des Jahres 1759 erklärt *Symmer* vor der Royal Society, daß es doch zwei elektrische Fluida gebe. Sie sind freilich nicht mit den uns bereits bekannten Arten von *du Fay* identisch. Nach *Symmers* Vorstellungen kommen beide Arten gleichzeitig in einem Körper vor und treten nach außen hin überhaupt nicht in Erscheinung, solange sie in gleichen Mengen vorhanden sind. Erst wenn eine der beiden Arten überwiegt, zeigt sich der betreffende Körper plus- oder minus-elektrisch geladen. Noch im gleichen Jahr findet die neue Theorie auch in den „Philosophical Transactions" ihren Niederschlag. *Lichtenberg* führt 1778 für beide Fluida, von denen er annimmt, daß es sie „wahrscheinlich" gibt, die noch heute verwendeten Bezeichnungen „positive" und „negative" Elektrizität ein, wobei die beim Reiben am Glas entstehende Elektrizität, von *Franklin* plus-elektrisch genannt, positiv heißen soll. Nach seinen eigenen Worten will er damit nicht einen Mangel oder einen Überschuss des Fluidums andeuten, sondern nur die Bezeichnungen „+" und „−" rechtfertigen.

Etwa zur gleichen Zeit gelangen auch *Aepinus* und *Wilke* über die Erscheinung der Influenz zur dualistischen Theorie der Elektrizität. Beide sind Söhne von Pastoren, die, nicht weit voneinander entfernt, an der Ostsee in Rostock und Wismar das Licht der Welt erblicken. Franz Ulrich Theodor *Aepinus* studiert in seiner Heimatstadt und ist dort bis 1755 Privatdozent. Dann erhält er einen Ruf als Professor der Astronomie an die Akademie in Berlin und zwei Jahre später einen solchen für Physik an die Kaiserliche Akademie zu St. Petersburg, dem heutigen Leningrad. Hier ist er nebenher noch Direktor des Kadettencorps und Oberaufseher der Normalschulen. Sein Hauptwerk „Tentamen Theoriae Electricitatis et Magnetismi" erscheint 1759 in St. Petersburg.

Aepinus, dessen Arbeiten weitgehend theoretisch-mathematischer Natur sind, weist nicht nur dem plus-elektrisch, sondern auch dem minus-elektrisch geladenen Körper eine Atmosphäre im Franklinschen Sinne zu. Er nennt sie „elektrischer Wirkungskreis" und kann damit manche Schwierigkeiten in der Erklärung elektrischer Vorgänge überwinden.

Darüber hinaus räumt er mit einer weiteren falschen Vorstellung auf. Seit den Untersuchungen von *Gray* im Jahre 1729 herrscht unter den Elektrikern die irrige Ansicht, es gebe bei den verschiedenen Materialien der Elektrizität gegenüber nur Leiter oder Nichtleiter, wobei alle leitenden Stoffe gleichwertig sind. *Aepinus* ist nun der erste, der diesen Irrtum wahrnimmt und ganz erhebliche Unterschiede im Leitvermögen feststellt. Da es praktisch einen stufenlosen Übergang vom Leiter zum Nichtleiter gibt, schlägt er vor, die Materialien nach ihrem Widerstand zu unterscheiden, den sie der Fortleitung der Elektrizität entgegensetzen.

Johann Karl *Wilke* aus dem damals unter schwedischer Herrschaft stehenden Wismar geht 1739 mit seinem Vater nach Stockholm, studiert in Upsala, Göttingen und Rostock, wo er *Aepinus* kennenlernt. Anschließend lebt er ebenfalls in Berlin. Hier arbeiten beide Gelehrte eine Zeitlang äußerst erfolgreich zusammen. 1759 beginnt *Wilke* mit physikalischen Vorlesungen in Stockholm und wird gleichzeitig Mitglied der Stockholmer Akademie der Wissenschaften, deren Sekretär er von 1784 bis zu seinem Tode ist.

Wilke beschäftigt sich sehr intensiv mit der Influenz, die schon kurz zuvor der Engländer John *Canton* nach der Franklinschen Theorie zu deuten versucht hat. Zum Verständnis der Influenz stelle man sich zwei metallische Körper vor. Der eine, A genannt, besitze gemäß der Symmerschen Theorie einen Überschuß des einen elektrischen Fluidums, sei also z. B. plus-elektrisch geladen, der andere mit B bezeichnete Körper enthalte beide Fluida in gleicher Menge, so daß diese nach außen hin nicht wahrnehmbar sind, er also ungeladen erscheint. Nähert man nun B dem Körper A bis er in dessen Wirkungskreis gelangt, so findet auf B eine Trennung der zunächst regellos verteilten elektrischen Fluida statt. Infolge der Anziehungskräfte wandert das minus-elektrische Fluidum in B auf die dem Körper A zugewandte Seite, während das plus-elektrische Fluidum abgestoßen wird und sich dadurch auf die A abgewandte Seite begibt. Kommt diese abgewandte Seite nun in leitende Verbindung mit der Erde, z. B. durch einen Draht, so fließt infolge der weiterhin anhaltenden Abstoßungskräfte das plus-elektrische Fluidum von B zur Erde ab. Nach Entfernen der Erdverbindung besitzt der Körper B somit einen Überschuß an minus-elektrischem Fluidum und erscheint damit minus-elektrisch geladen, also entgegengesetzt zum influenzierenden Körper A.

Diese von *Wilke* gegebene Erklärung der Influenzerscheinung hat noch heute ihre Gültigkeit, wir brauchen dazu nur die Begriffe „elektrischer Wirkungskreis" durch „elektrisches Feld" und „plus"- bzw. „minus-elektrisches

Fluidum" durch „positive" bzw. „negative elektrische Teilchen" zu ersetzen. Solange der influenzierende Körper plus-elektrisch geladen ist, stimmt diese Erklärung auch sehr schön mit der unitarischen Theorie überein. Was geschieht aber, wenn der Körper A minus-elektrisch geladen ist? Nun, *Wilke* stellt fest, daß auch dann eine Influenzwirkung ausgeübt wird, was nach *Franklin* aber gar nicht möglich sein kann. Der Körper B erscheint in diesem Fall nach der Influenzierung plus-elektrisch aufgeladen.

Wilke erbringt dadurch praktisch den Beweis für die Richtigkeit der Symmerschen Anschauung. Neben diesen Arbeiten findet er den elektrischen Wind, bringt eine Deutung der Spitzenentladung und übersetzt Franklins Briefe über die Elektrizität ins Deutsche.

Von den Ladungsmaschinen, und was Lichtenberg an ihnen entdeckt

Die nähere Kenntnis der Influenzerscheinung eröffnet der Physik ein völlig neues Gebiet der Elektrizitätserzeugung. Je nach Ursprungsladung des Körpers A ist die gewonnene Elektrizität positiv oder negativ, und, was das Erstaunliche an der Sache ist, der Aufladevorgang kann beliebig oft wiederholt werden, ohne die Ladung des Körpers A zu beeinflussen.

Aepinus weist 1759 in seinem bereits erwähnten Werk erstmals auf eine derartige Möglichkeit der Elektrizitätserzeugung hin. *Wilke* seinerseits greift die Anregung auf und stellt zwei nach diesem Prinzip arbeitende sogenannte Ladungsmaschinen her, die er 1762 der Schwedischen Akademie der Wissenschaften vorführt.

1775 verbessert *Volta* die Ladungsmaschinen und konstruiert die unter dem Namen „Elektrophor" bekannt gewordene Einrichtung, weshalb er oft als ihr Erfinder angesehen wird. Aber bereits *Lichtenberg* meint, daß er wohl nicht der Erfinder sei, weil *Wilkes* Maschinen nach dem gleichen Prinzip arbeiten.

Im Laufe des 18. Jahrhunderts entstehen dann in dem Bestreben, die erzeugte Elektrizitätsmenge zu vergrößern, weitere Abwandlungen des Elektrophors. So unter anderem 1787 der Doubler des Engländers Abraham *Bennet* und 1788 der Revolving Doubler seines Landsmannes William *Nicholson.*

Mit Beginn des 19. Jahrhunderts tritt durch die Erfindung der voltaschen Säule die gesamte Elektrostatik und mit ihr auch der Elektrophor in den Hintergrund des Interesses. Es erwacht erst wieder durch die Erfindung der Influenzmaschine in der zweiten Hälfte des 19. Jahrhunderts. Das aber wird dann, wie wir später noch sehen werden, ein für die physikalische Forschung außerordentlich wichtiger Elektrizitätserzeuger.

Zunächst aber hält der Elektrophor seinen Einzug in die physikalischen Kabinette. Unter den Männern, die sich solch ein Gerät bauen, befindet sich auch der bereits erwähnte Göttinger Professor Georg Christoph *Lichtenberg*. 1742, als 17. Kind eines Pfarrers in Ober-Ramstadt bei Darmstadt geboren, studiert er mit einem Stipendium des Landgrafen von Hessen ab 1763 in Göttingen Mathematik, Philosophie und Naturwissenschaften und widmet sich dann der wissenschaftlichen Lehre. Er wird dort zunächst außerordentlicher Professor für Mathematik und dann ab 1780 Ordinarius für Physik.

Seine Zeitgenossen fürchten ihn wegen der ihm eigenen Schlagfertigkeit, und *Goethe* sagt: „Wo Lichtenberg einen Spaß macht, ist ein Problem verborgen." Von den zahlreichen Interessengebieten zeugen seine verschiedenen Schriften. Sie reichen von der Physiognomik, der Kunst, aus dem Äußeren eines Menschen auf dessen Charakter zu schließen, über die Geheimnisse der Seele bis zur Mathematik und Elektrizität.

Auf letzterem Gebiet beschäftigt sich *Lichtenberg* ebenfalls mit dem Studium der Influenz und fertigt zu diesem Zweck im Frühjahr 1777 einen großen Harzkuchen, der fein säuberlich bearbeitet und geschliffen wird. Der Harzkuchen bildet einen Teil des von ihm hergestellten Elektrophors. Mit zwei Metern Durchmesser ist er der größte, der je bekannt geworden ist.

Einige Zeit später, der bei der Herstellung entstandene Harzstaub ruht noch auf allen Gegenständen des Zimmers und wirbelt bei jedem Luftzug durcheinander, bemerkt er durch Zufall auf der Oberfläche des Harzkuchens feine Staubfiguren. Sie treten durch Aufstreuen von weiterem Staub sehr deutlich in schönen zierlichen Formen als „unzählige Sterne, Milchstraßen und größere Sonnen" hervor. Zuerst kann sich *Lichtenberg* die Ursache der Figuren, die durch vorsichtiges Abwischen des Staubes kaum zu zerstören sind, nicht erklären. Er braucht nur

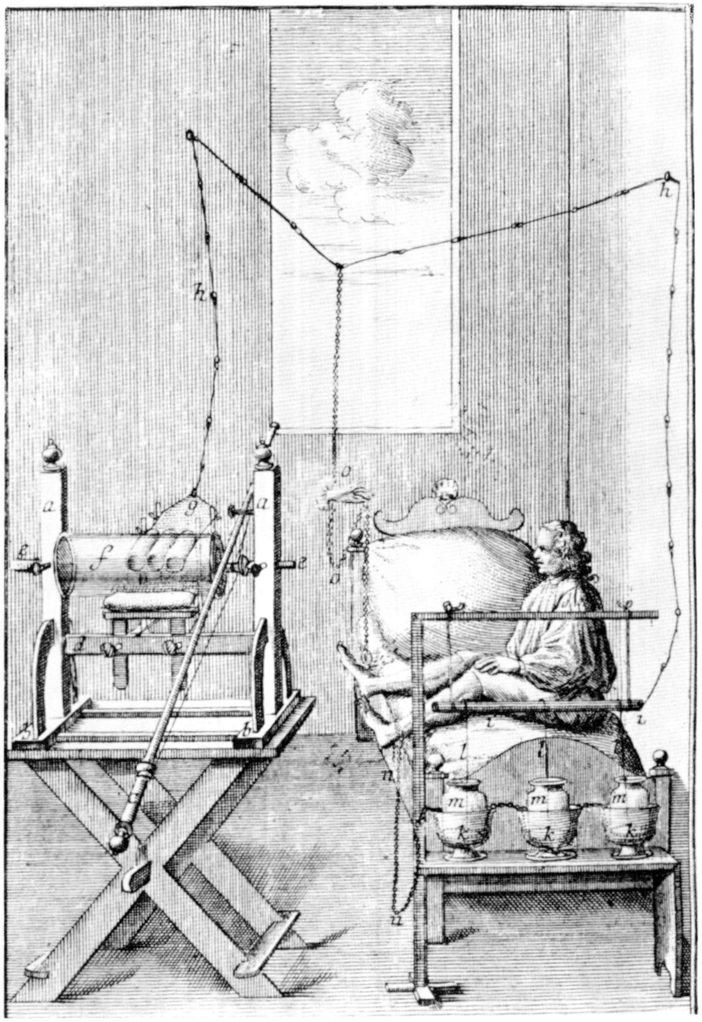

Die „Electrification", eine neue Art, Kranke zu heilen

den metallischen Deckel des Elektrophors vom Harzkuchen abzuheben, den Kuchen mit Harzstaub zu bestreuen und wie von Geisterhand geschaffen erscheinen die überaus hübschen Figuren. Da bemerkt er bei einem erneuten Versuch ein kräftiges Knistern und stellt anschließend am Ort des Knisterns besonders viele Sternchen fest. Die Ursache kann also nur in einem Übergang elektrischer Ladungen vom Deckel zum Kuchen zu finden sein.

Nunmehr zieht *Lichtenberg* auch Leidener Flaschen zur Erzeugung der Figuren heran und macht eine weitere Entdeckung. Geht eine positive Ladung über, so entstehen die bekannten Sterne, die er „Sonne" nennt, handelt es sich aber um eine negative Ladung, so erscheinen Figuren in Form konzentrischer Ringe, denen er den Namen „Möndchen" beilegt.

Lichtenberg findet auch ein Verfahren, diese später nach ihm benannten „Lichtenbergschen Figuren" zu fixieren, um sie an Freunde und hochgestellte Persönlichkeiten zu verteilen. Ein schwarzes Blatt Papier wird mit einer klebrigen Masse bestrichen und mit der klebenden Seite vorsichtig auf die Figur gedrückt. Nach dem Abheben haftet das Staubmuster mit allen seinen feinen Verästelungen auf dem Papier.

Dieses Spiel mit dem Harzstaub dient aber nicht nur dazu, reizende Sonnen und Möndchen zu erzeugen, sondern es läßt sich auf diese Weise eine winzige sonst nicht mehr meßbare Ladung anzeigen und die Polarität einer Entladung ermitteln.

Lichtenberg ist darüber hinaus noch durch die wohl erste Elektroschweißung der Welt bekannt geworden. Er führt sie in einer mit Sauerstoff gefüllten Glasglocke aus, indem er mittels eines Entladungsfunkens eine Uhrfeder an eine Messerklinge schweißt.

Die Electrification, eine neue Art, Kranke zu heilen

Schon die Medizin des Altertums bemächtigt sich zur Heilung Kranker der Schläge verschiedener Rochenarten. Freilich kennt damals noch niemand deren elektrische Ursache. Mit der Erforschung der statischen Elektrizität

lebt dieser Gedanke wieder auf, nun aber in vollem Bewußtsein der Anwendung von Elektrizität. Johann Gottlieb *Krüger,* Professor der Medizin in Halle, spricht ihn erstmals 1744 in einer „Zuschrift an seine Hörer, worinnen er ihnen seine Gedanken von der Electricität mitteilet" aus. Er glaubt, durch eine „Electrification", wie die Elektrisierung damals genannt wird, lassen sich Veränderungen im menschlichen Körper hervorrufen und dadurch wiederum Heilerfolge erzielen.
Einer seiner Schüler, Christian Gottlieb *Kratzenstein,* verfaßt im Jahr darauf eine weitere Abhandlung über die Anwendung der Elektrizität in der Medizin und gibt bei dieser Gelegenheit eine Beschreibung der notwendigen Elektrisiermaschinen und sonstiger dazu erforderlicher Einrichtungen.
Verschiedene andere Ärzte greifen diese Behandlungsmethode auf und hoffen, sie bei Nervenleiden, Ohnmacht, Gicht, Rheuma, Schlaganfall und dergleichen mehr mit Erfolg einzusetzen. Die Zeit der Medizin ohne Medikamente soll nun anbrechen. Der Patient wird während der Electrification zur Isolierung auf ein an Schnüren aufgehängtes Brett gesetzt. Später darf er wenigstens auf einem Bett sitzen oder liegen. Angenehmer wird die Behandlung dadurch sicherlich nicht, und die Heilerfolge entsprechen wohl auch kaum den gestellten Erwartungen. *Krüger* und *Kratzenstein* soll es allerdings gelungen sein, einige Lähmungserscheinungen zu heilen. Manchmal aber sind die Schmerzen nach den Schlägen auch ärger als zuvor, und der Patient verspürt keine Lust nach weiterer Electrification.
Nicht immer sind es ernsthafte Bemühungen, die Elektrizität zur Heilung von Krankheiten einzusetzen, und so bringen zahlreiche Scharlatane die wenigen wirklichen Erkenntnisse wieder in Verruf. Die Begeisterung ebbt ab, sowohl auf Seiten der Ärzte als auch der Patienten. Erst etwa 100 Jahre später beginnt erneut eine Beschäftigung der Medizin mit der Elektrizität.
Etwas abseits steht während dieser Periode der Magnetismus. Im Altertum wurde er zwar auch zur Heilung verwendet, und Anfang 1600 verfaßt der Brüsseler Edelmann Johann Baptist *van Helmont,* von Beruf Arzt und Chemiker, eine kleine Schrift über die magnetische Wundbehandlung. Von einer Anwendung größeren Umfangs läßt sich jedoch nichts berichten. *Helmonts* Schrift wird übrigens gegen seinen Willen veröffentlicht und bringt ihm einen zehnjährigen Inquisitionsprozeß ein, über dem er vergrämt stirbt.
Eine damals in der Heilkunde eingeführte magnetische Salbe bezeichnet *Guericke* in seinem großen Werk als berüchtigt und trügerisch. Ihre Wirkung bestünde nur in der Phantasie. Auch *Gilbert* wendet sich ja gegen die magnetischen Heilmittel.

Die Zeit der großen Entdeckungen

Die fließende Elektrizität

Bis zum Ende des 18. Jahrhunderts hat die Naturwissenschaft den Schleier um die Wirkungen der statischen Elektrizität weitgehend gelüftet und die Medizin sich als erstes der Anwendung der Elektrisierung bemächtigt. Von Berufs wegen sind die Ärzte daher all den Erscheinungen gegenüber besonders aufgeschlossen, die sich aus den Einwirkungen der Elektrizität auf lebende Wesen ergeben.

Verstärkt wird dieses Interesse durch die Bemühungen der Medizin und der Philosophie, ein derzeit hochaktuelles Thema, die Frage nach der Lebenskraft zu klären. Eine derartige Lebenskraft wird zwar theoretisch angenommen, beweisen läßt sie sich bisher jedoch nicht. Vielleicht aber, so denkt mancher Wissenschaftler im stillen, ist gar die Elektrizität selbst die Lebenskraft oder steht wenigstens mit ihr in Verbindung. Eine Parallele zwischen beiden ist schnell gefunden. Beide sind nicht zu sehen, wohl aber zu spüren. Die Elektrizität muß zu jener Zeit überhaupt für so manches herhalten, das unerklärlich ist.

Mitte des 18. Jahrhunderts vermuten die Naturwissenschaftler auch das Erdbeben als eine Auswirkung der im Erdinneren vorhandenen Elektrizität. Etwa 1770/1780 dient sie der Erklärung der Phlogiston-Theorie. Phlogiston, ein fettiger, 1703 von dem in Halle wirkenden Professor der Medizin Ernst *Stahl* eingeführter „Feuerstoff", soll in allen brennbaren Materialien und in Metallen enthalten sein. Bei der Verbrennung entweicht diese Substanz und vermischt sich mit der Luft oder anderen Stoffen. Aus den Metallen wird durch das Entweichen eine Säure.

Wilke vergleicht das Phlogiston mit dem elektrischen Fluidum. Ein Überschuß an Phlogiston entspricht der plus-elektrischen Ladung *Franklins,* ein Mangel bei entwichenem Phlogiston dem minus-elektrisch geladenen Körper.

Jedenfalls ist die Elektrizität nunmehr nicht nur eine Angelegenheit der Physiker und Mathematiker, sondern auch der Mediziner. Bald wird sie auch das beherrschende Thema naturphilosophischer Betrachtungen sein.

Noch während *Coulomb* experimentell das erste Gesetz der Elektrostatik ermittelt, gibt in Italien ein Arzt den Anstoß zu einem völlig neuen Zeitabschnitt in der Geschichte der Elektrizität, zur Elektrodynamik, der Lehre von der bewegten, der fließenden Elektrizität.

Über die Kräfte der Elektrizität bei der Muskelbewegung

Im Jahre 1858 wird am Balkon im zweiten Stock des Hauses Nr. 29 in der Via Ugo Bassi in Bologna eine Gedenktafel folgenden Inhalts enthüllt:

„Nei primi di settembre-dell' anno 1786 – mentre tramontava il sole – Luigi Galvani aviso i primi movimenti – delle morte rane – appese ai ferri di questa ringhiera."

(In den ersten Tagen des Septembers des Jahres 1786, während die Sonne unterging, beobachtete Luigi *Galvani* zum ersten Male die Bewegungen der an den Eisenstäben dieses Geländers aufgehängten toten Frösche.)

Diese Tafel berichtet von jenem italienischen Arzt Luigi Aloisius *Galvani,* dessen Name heute in dem Begriff der Galvanik fortlebt. Er kommt 1737 als Nachfahre einer alten Patrizierfamilie in Bologna zur Welt und studiert zuerst Theologie, wechselt dann aber zur medizinischen Fakultät über. Nach Abschluß des Studiums läßt er sich als praktischer Arzt in seiner Heimatstadt nieder, beginnt 1762 an der Universität mit Vorlesungen über Anatomie und wird 1775 Professor. Später geht er an das Istituto di Bologna und übernimmt dort das Lehramt für Anatomie und Gynäkologie, das sein verstorbener Schwiegervater innehatte.

Als *Bonaparte* Norditalien erobert, Bologna nebst anderen Gebieten aus dem Kirchenstaat löst und die Gründung der Cisalpinischen Republik veranlaßt, wird *Galvani* im April 1798 all seiner Ämter und Einkünfte enthoben, da er der neuen Republik den Treueeid verweigert. Noch im selben Jahr, kurz vor seiner Wiedereinführung in die verlorenen Ämter, schließt *Galvani* für immer die Augen.

Die Nachwelt liebt es oft, zurückliegende Ereignisse mit einem Hauch von Romantik zu umgeben, und so rankt sich auch um Galvanis Entdeckung die folgende Geschichte. Seine Ehefrau sei krank gewesen und der Arzt habe ihr Froschschenkel als Diät empfohlen. Als treuer Gatte um das Wohl seiner Frau besorgt, bereitet *Galvani* persönlich die Frösche zu. Nach dem Abhäuten der Schenkel legt er diese auf einen Tisch neben den aufgeladenen Konduktor einer Elektrisiermaschine und verläßt für einen Augenblick das Zimmer. Unterdessen will seine Frau die Schenkel zertrennen und greift zu einem kleinen Skalpiermesser, das neben der Elektrisiermaschine liegt. Während sie mit der Spitze des Messers den freiliegenden Kruralnerv des Froschschenkels berührt, kommt sie dem Konduktor zu nahe, und ein Funke springt über, wobei der Schenkel heftig zuckt. Sie macht ihren Mann sofort auf diese Erscheinung aufmerksam. Das soll am 6. November 1780 gewesen sein.

So hübsch die Geschichte klingt, hat sie doch leider den Nachteil, nicht den Tatsachen zu entsprechen. Die wirkliche Begebenheit sieht anders aus; kein treusorgender Ehegatte erscheint darin. *Galvani* beschreibt sie selbst in seiner späteren Veröffentlichung „Abhandlung über die Kräfte der Elektrizität bei der Muskelbewegung" wie folgt: „Die Sache fing so an. Ich secirte einen Frosch und präparirte ihn, . . . und legte ihn, mich alles anderen versehend, auf einen Tisch, auf dem eine Electrisirmaschine stand, . . . weit von deren Conductor getrennt und durch einen nicht gerade kurzen Zwischenraum geschieden. Wie nun der eine von den Leuten, die mir zur Hand gingen, mit der Spitze des Skalpellmessers die inneren Schenkelnerven des Frosches zufällig ganz leicht berührte, schienen sich alle Muskeln an den Gelenken wiederholt derart zusammenzuziehen, als wären sie anscheinend von heftigen tonischen Krämpfen befallen. Der andere aber, welcher uns bei Electricitätsversuchen behilflich war, glaubte bemerkt zu haben, daß sich das ereignet hätte, während dem Conductor der Maschine ein Funken entlockt wurde. Verwundert über diese neue Erscheinung, machte er mich, der ich etwas gänzlich anderes vor hatte und in Gedanken versunken war, darauf aufmerksam. Daraufhin wurde ich von einem unglaublichen Eifer und Begehren entflammt, dasselbe zu erproben und das, was darunter verborgen wäre, ans Licht zu ziehen. Ich berührte daher selbst mit der Messerspitze den einen oder den anderen Schenkelnerv und in dem Momente entlockte einer von den Anwesenden einen Funken. Die Erscheinung blieb stets dieselbe. Unfehlbar traten heftige Contractionen in den einzelnen Muskeln der Gelenke in demselben Momente ein, in dem der Funke übersprang, wie wenn das präparirte Thier vom Tetanus befallen wäre.

In dem Bedenken aber, daß diese Bewegungen mehr von der Berührung mit der Messerspitze, welche vielleicht den Reiz bewirkte, als von dem Funken herrührten, habe ich dieselben Nerven wieder auf dieselbe Weise bei anderen Fröschen mit der Messerspitze berührt und zwar stärker, doch ohne daß während dieser Zeit jemand einen Funken hervorrief. Es wurden jedoch gar keine Bewegungen bemerkbar. Dadurch bin ich zu der Ansicht gekommen, es sei vielleicht zur Hervorrufung der Erscheinung die Berührung eines Körpers und der electrische Funken zusammen erforderlich.

Deshalb habe ich die Schneide des Messers wiederum an die Nerven gesetzt und unbeweglich festgehalten, während der Funken übersprang und während die Maschine völlig ruhte. Die Erscheinung trat nur ein, während der Funken übersprang."

Die Versuche werden nun mit „Fleiß und Mühe" unter verschiedenen Bedingungen wiederholt, um die Kräfte der „künstlichen Elektrizität", also derjenigen der Elektrisiermaschine, bei der Muskelbewegung zu erforschen.

Sie erstrecken sich vom November 1780 bis zum Februar 1783. Dann taucht die Frage auf, ob wohl auch die „atmosphärische Elektrizität" entsprechende Kräfte hervorrufen kann. Zu ihrer Klärung errichtet *Galvani* einen Franklinschen Ableiter, indem er zu einem höher gelegenen Punkt des Hauses einen Eisendraht spannt. Daran hängt er bei Annäherung eines Gewitters präparierte Frösche an ihren Nerven auf. Die Füße der Frösche werden über einen weiteren eisernen Draht mit dem Wasser eines Brunnens verbunden. Die Sache verläuft ganz nach Wunsch; so oft Blitze am Himmel auftreten, geraten die Muskeln der Tiere in heftige Zuckungen. Allein schon bei drohendem Himmel oder wenn die Wolken nahe am hochgespannten Draht vorüberziehen, treten Kontraktionen auf. Mit diesen Experimenten vergeht die Zeit vom 26. April bis 17. August 1786.

Im September desselben Jahres beginnt *Galvani* eine neue, für die Zukunft entscheidende Versuchsreihe. „Nachdem wir die Kräfte der atmosphärischen Gewitterelectricität untersucht hatten, brannte unser Herz vor Begierde, auch die Macht der täglichen ruhigen Electricität zu untersuchen", berichtet er darüber im dritten Teil seiner Abhandlung. „Deshalb als ich zuweilen bemerkt hatte, wie die präparirten Frösche, welche an dem Eisengitter, welches einen hängenden Garten unseres Hauses umgab, auch mit Messinghaken im Rückenmark versehen aufgehängt waren, in die gewöhnlichen Zuckungen verfielen, nicht nur beim Blitzen sondern auch bei ruhigem und heiterem Himmel, meinte ich die Entstehung dieser Contractionen sei von den Veränderungen, welche unterdessen in der atmosphärischen Electricität vor sich gehen, herzuleiten. Daher habe ich nicht ohne Hoffnung begon-

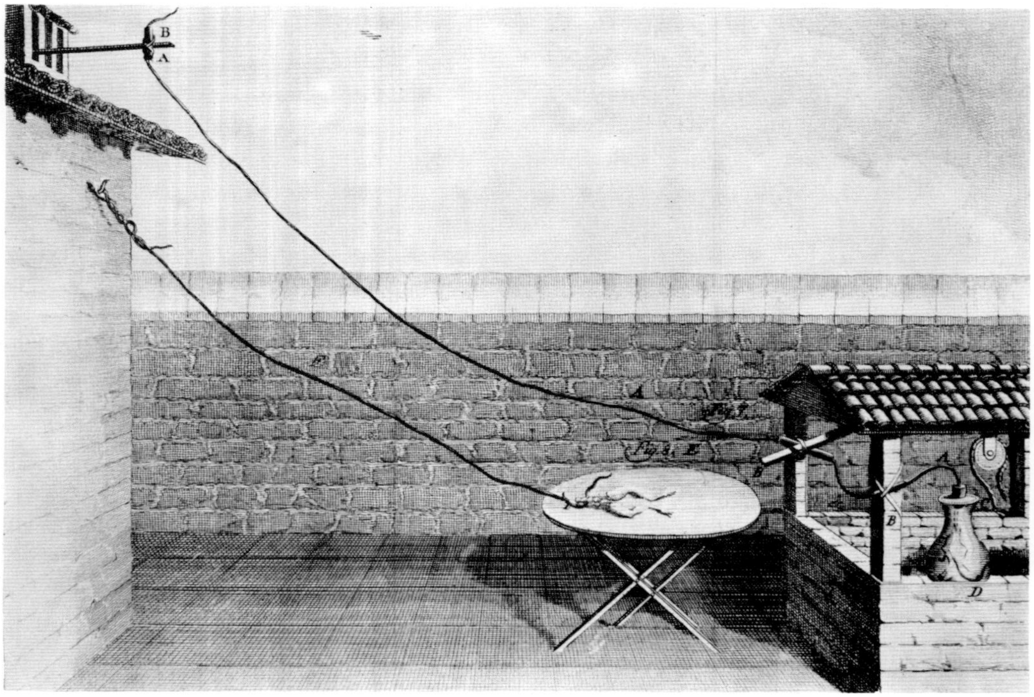

Mit dieser Anordnung untersucht *Galvani* den Einfluß der atmosphärischen Elektrizität auf die Zuckungen des Froschschenkels

nen, die Wirkungen dieser Veränderungen in diesen Muskelbewegungen sorgfältig zu erforschen und auf die eine und die andere Art darüber Experimente anzustellen. Deshalb beobachtete ich zu verschiedenen Stunden und zwar viele Tage lang dazu passend hergerichtete Thiere, aber kaum jemals trat eine Bewegung in den Muskeln ein. Schließlich, durch das vergebliche Warten ermüdet, habe ich angefangen, die ehernen Haken, welche in das Rückenmark geheftet waren, gegen das eiserne Gitter zu quetschen und zu drücken, um zu sehen, ob durch einen solchen Kunstgriff die Contractionen der Muskeln erregt würden, und ob anstatt einer Veränderung im Zustande der Atmosphäre und Electricität irgendwie sonst eine Veränderung und Wandlung von Einfluß wäre. Ich beobachtete zwar ziemlich häufig Contractionen, aber keine, welche von dem verschiedenen Zustande der Atmosphäre und der Electricität abhing."

In *Galvani* regt sich daher der Gedanke, daß vielleicht überhaupt keine atmosphärische Elektrizität erforderlich ist, um die Kontraktionen hervorzurufen, und setzt deswegen seine Arbeiten in einem geschlossenen Zimmer fort, wo er den Frosch auf eine eiserne Platte legt. Sobald er den im Rückenmark steckenden messingnen Haken gegen die Platte drückt, beginnt tatsächlich wieder das Zucken. Andere Metalle zeigen das gleiche Ergebnis, wenn auch mit gewissen Unterschieden in der Heftigkeit der Bewegung. Ist die Platte jedoch aus einem nicht leitenden Material wie Glas, Harz, Stein oder dergleichen, so bleiben die Zuckungen vollkommen aus.

„Um aber die Sache besser klar zu legen, habe ich mit dem größten Erfolge den Frosch auf eine nicht leitende Platte, nämlich aus Glas oder Harz gelegt und bald einen leitenden bald einen ganz oder nur zum Theil nicht leitenden Bogen angewendet und mit dessen einem Ende den in das Rückenmark gehefteten Haken und mit dem anderen entweder die Schenkelmuskeln oder die Füße berührt. Bei dem Versuche sahen wir bei der Anwendung des leitenden Bogens . . . Contractionen eintreten, dann aber bei der Anwendung des theils nicht leitenden Bogens . . . ausbleiben. Der leitende Bogen bestand aus einem Eisendraht, der Haken aber aus einem Messingdraht."

Hieraus zieht *Galvani* dann endgültig die Schlußfolgerung, daß den Tieren selbst Elektrizität innewohnt, und stellt die Hypothese von der „tierischen Elektrizität" auf. Diese Elektrizität entsteht nach seinen Vorstellungen im Gehirn und wird in den Muskeln gespeichert, wobei die einzelnen Muskelfasern als kleine Leidener Flaschen anzusehen sind. Die Nerven dienen als Leiter der Elektrizität.

Hier aber irrt *Galvani,* wie wir sehr bald sehen werden. Elektrizität ist dabei zweifellos im Spiel, aber sie entsteht aus ganz anderen Ursachen. Erst 11 Jahre nach Beginn dieser Untersuchungen, also 1791, veröffentlicht *Galvani* seine Ergebnisse und Vermutungen in Bologna unter dem Titel „De viribus electricitatis in motu musculari commentarius", dessen deutsche Übersetzung wir bereits oben kennengelernt haben.

Die Annahme einer tierischen Elektrizität ist zu dieser Zeit gar nicht so abwegig, wenn man bedenkt, daß *Walsh* ja kurz zuvor bei einem Zitterrochen wirklich elektrische Organe entdeckt hat. Sie ermuntern viele Forscher, sich mit der tierischen Elektrizität zu befassen und nach weiteren Erscheinungsformen zu suchen. Dabei wird an manchen Stellen wieder einmal weit über das Ziel hinaus geschossen, weil einige Mediziner die Zuckungen für ein sichtbares Zeichen der ursprünglichen Lebenskraft halten, der Elektrizität Lebenskraft erweckende Wirkungen zuschreiben oder gar die Elektrizität selbst als Lebenskraft betrachten. Nahrungsmittel werden auf elektrische Erscheinungen hin untersucht, Wein und Schokolade sollen angeblich Elektrizität enthalten und, man höre und staune, Betrunkene sollen positiv geladen sein. Es gibt aber bald eine große Zahl von Wissenschaftlern und Ärzten, die sich von diesen Anschauungen distanzieren.

Von der tierischen zur metallischen Elektrizität

Die Hypothese von der tierischen Elektrizität bewegt auch einen Landsmann *Galvanis,* den Italiener *Volta,* zu ihrem eingehenden Studium.

Alessandro *Volta,* am 18. Februar 1745 in Como geboren und dort am 5. März 1827 verstorben, ist der Sproß eines alten vornehmen Geschlechts. Von eindrucksvoller Persönlichkeit und großem Charme, vereinigt er in sich zwei

Dinge, die im allgemeinen nur selten miteinander verknüpft sind, schöpferischen Geist und Sinn für das Praktische. Er studiert Naturwissenschaft an der Universität in Como und wird 1774 Lehrer für Physik am dortigen Gymnasium. 1779 erreicht ihn ein Ruf auf den Lehrstuhl für Physik an der Universität Pavia, wo er seine großartige Entdeckung macht. 1819 zieht er sich von der Vorlesungstätigkeit zurück. Mehrere Auslandsreisen führen ihn mit den bekanntesten Physikern seiner Zeit zusammen, und zahlreiche Ehrungen werden ihm zuteil. Bereits 1792 wird er Mitglied der Royal Society, und 1810 erfolgt auf Veranlassung Napoleons seine Erhebung in den Grafenstand und die Ernennung zum Senator des Königreichs Italien.

Zu Beginn seiner Beschäftigung mit der Elektrizität stürzt sich *Volta* voller jugendlichem Elan sogleich auf deren Theorie und legt seine Gedankengänge 1763 in einem Brief an *Nollet* dar. Dieser verweist ihn jedoch erst einmal auf eigene Experimente, um dadurch die nötige Erfahrung auf dem Gebiet der Elektrizität zu sammeln. Als *Volta* sich der tierischen Elektrizität zuwendet, ist er durch die von ihm erfundene „Pistola di Volta" bereits weithin bekannt. Er hatte nämlich 1776 durch Zufall in einem alten Brunnen Zersetzungsgase von organischen Stoffen gefunden, die leicht entzündbar waren und mit Luft gemischt durch einen elektrischen Funken zur Explosion gebracht werden konnten. Daraufhin fertigte er die nach ihm benannte Pistole, die bald ein sehr beliebter Scherzartikel ist. Ihre Beschreibung findet sich in drei Briefen aus dem Jahre 1777 an den Marchese Francesco *Castelli.*

Vielleicht durch diese Pistole angeregt, stellt 1780, also vor fast 200 Jahren, *Fürstenberg* in Basel das erste elektrische Feuerzeug her. Es besteht aus einem Gefäß, in dem Zink und verdünnte Schwefelsäure Wasserstoffgas bilden. Durch Öffnen eines Hahns entweicht das Gas und wird dabei über den Funken eines Elektrophors gezündet. Die Explosionsflamme ihrerseits entzündet den Docht einer Kerze.

Bei seiner Beschäftigung mit der tierischen Elektrizität geht *Volta* von den Arbeiten *Galvanis* aus und ist hinsichtlich der Froschschenkeleffekte zunächst ganz dessen Ansicht, was ihm manche Kritik anderer Wissenschaftler einbringt. Er geht als erstes der Frage nach der Größe dieser Elektrizität auf den Grund und findet sehr bald, daß es eine „unbegreiflich geringe Elektrizität sei", die hier entsteht und die der Froschschenkel durch sein Zucken anzeigt, so als ob er ein Elektrometer wäre. „Dieses thierische Elektrometer", so berichtet er, „... übertrifft alle anderen noch so empfindlichen Elektricitätsmesser."

Seine zahlreichen Versuche mit präparierten Froschschenkeln und metallischen Schließungsbögen lassen ihn immer mehr an der Existenz einer tierischen Elektrizität zweifeln und die Ursache in den Metallen suchen. Schließlich verfällt er auf den Gedanken, den in der menschlichen Zunge frei liegenden Muskel heranzuziehen. Er legt auf die Zungenspitze ein sauberes glattes Stück Stanniol und auf die Mitte der Zunge eine Gold- oder Silbermünze so, daß sich beide Belegungen berühren. Wider Erwarten zuckt die Zunge dabei nicht zusammen, sondern sie verspürt an ihrer Spitze einen eigenartigen säuerlichen Geschmack, ganz gleich jenem, den ein aufgeladener Konduktor erzeugt. Besonders auffallend findet es *Volta,* „daß dieser Geschmack die ganze Zeit durch, solange sich nämlich das Zinn (Stanniol) und das Silber berühren, fortdauert und an Lebhaftigkeit selbst zunimmt. Dies beweist", so fährt er fort, „daß der Übergang der elektrischen Materie, von einem Orte auf den anderen unaufhörlich fortwähre."

Zwar hatte bereits 1751 der Schweizer Naturforscher *Sulzer* diesen eigenartigen Geschmack bemerkt, aber völlig anders gedeutet. *Volta* erfährt hiervon jedoch erst später. Dieser Zungenversuch bestätigt seine Vermutung und bringt ihn 1792 endgültig zu der Überzeugung, die Annahme einer tierischen Elektrizität sei unzutreffend. Am 13. September desselben Jahres berichtet *Volta* dann in einem Brief an Tiberius *Cavallo* „. . . dieses Fluidum fließt von einem Theil des Nerven oder des Muskels, sowohl innerlich in ihren leitenden Fasern, als auch äußerlich in den angebrachten metallischen Leitern, nicht in Folge eines vorhandenen Überschusses oder Mangels, sondern in Folge einer eigenen Wirkung eben dieser Metalle, sobald sie verschieden sind. Auf diese Weise habe ich ein neues Gesetz entdeckt, welches nicht so sehr ein Gesetz der thierischen Elektricität ist, als ein Gesetz der gemeinen Elektricität; dieser letzteren muß man die Mehrzahl der Erscheinungen zuschreiben, die nach Galvanis Versuchen und nach mehreren anderen, die ich selbst in Folge dieser angestellt hatte, einer wahren eigenen thierischen Elektricität anzugehören schien, was aber nicht statt hat; es sind thatsächlich Wirkungen einer sehr schwachen künstlichen Elektricität, die in einer Art und Weise erregt wird, von der man keine Ahnung hatte, durch einfache Anbringung zweier Belegungen aus verschiedenen Metallen, wie ich oben bereits andeutete und anderswo besser erläutern werde."

Zwei Jahre später steht auch der Name für die neue künstliche Elektrizität fest. In einem Bericht an den Turiner Professor Anton Maria *Vassalli* nennt *Volta* sie die „metallische Elektrizität".

Eine Säule, die unaufhörlich wirkt

1792 also hat *Volta* die Hypothese von der tierischen Elektrizität ein für allemal zu den Akten gelegt und wendet sich nun ausschließlich der Elektrizität zu, die „von den Metallen herrührt, welche irgend einen feuchten Körper oder das Wasser selbst berühren, kraft welcher Berührung das elektrische Fluidum in dem feuchten oder wässerichten Körper von eben diesen Metallen, von dem einen mehr, vom anderen weniger vorgedrängt wird". Diese Worte, die dem bereits oben zitierten ersten Brief an *Vassalli* entnommen sind, deuten schon die unterschiedliche Wirkung der verschiedenen Metalle an, und so lesen wir einige Zeilen weiter denn auch die erste von *Volta* aufgestellte „Spannungsreihe". In ihr sind die Metalle nach der spannungserzeugenden Wirkung geordnet. Je weiter zwei der Metalle innerhalb der Reihe voneinander entfernt stehen, desto größer ist diese Wirkung. *Volta* sind die Bedingungen für das Zustandekommen der metallischen Elektrizität nun vollkommen klar, und so berichtet er in einem dritten Brief an *Vassalli* vom 24. Oktober 1795, daß sich mindestens drei verschiedene Leiter berühren müssen. Sie setzen sich aus zwei ungleichen Metallen, von ihm „Leiter der ersten Klasse" genannt, und einem oder mehreren nicht metallischen, nassen Leitern, den „Leitern der zweyten Klasse", zusammen. Noch weiß er keine theoretische Erklärung für die von ihm „Galvanismus" genannte Erscheinung, aber bereits im August 1796 lesen wir einiges darüber in seinem zweiten Brief an den Professor *Gren* in Halle. Die Elektrizität entsteht an den Berührungsstellen der beiden Metalle und der Metalle mit den Flüssigkeiten, wobei der Hauptanteil in der Berührung der Metalle untereinander liegt.

Hier aber irrt *Volta*. Die Widerlegung dieser „Kontakttheorie" und die Aufdeckung der wirklichen Ursachen bleibt später *Ritter* und *Faraday* vorbehalten.

Zwei Jahre muß *Volta* noch arbeiten, bis ihm gegen Ende des Jahres 1799 die Erfindung der „Säule" gelingt, einer Anordnung, die, wie er sich ausdrückt, „unaufhörlich wirkt." Den genauen Termin der Erfindung kennen wir nicht. Die ersten Angaben darüber finden sich wiederum in einem Brief. Er wird am 20. März 1800 in Como geschrieben und ist diesmal an Sir Joseph *Banks*, den Präsidenten der Royal Society in London, gerichtet. *Banks* läßt ihn am 26. Juni desselben Jahres auf einer Sitzung der Royal Society verlesen und in den Transactions unter dem Titel „On the Electricity excited by the mere contact of conducting substances of different kinds" erscheinen.

Volta beschreibt darin die Säule mit folgenden Worten: „Ja, der Apparat, von dem ich rede, und welcher Sie zweifellos in Erstaunen versetzen wird, ist nichts, als die Anordnung einer Anzahl von guten Leitern verschiedener Art, die in bestimmter Weise aufeinander folgen. Dreißig, vierzig, sechzig oder mehr Stücke von Kupfer oder besser Silber, von denen jedes auf ein Stück Zinn, oder viel besser Zink gelegt ist, und eine gleich große Anzahl von Schichten Wasser oder irgendeiner anderen Flüssigkeit, welche besser leitet, als gewöhnliches Wasser, wie Salzwasser, Lauge usw., oder Stücke von Pappe, Leder usw., die mit diesen Flüssigkeiten gut durchtränkt sind, diese Stücke zwischen jedes Paar oder jede Verbindung von zwei verschiedenen Metallen geschaltet: eine derartige Wechselfolge in stets gleicher Ordnung der drei Arten von Leitern, das ist alles, woraus mein neues Instrument besteht, welches, wie

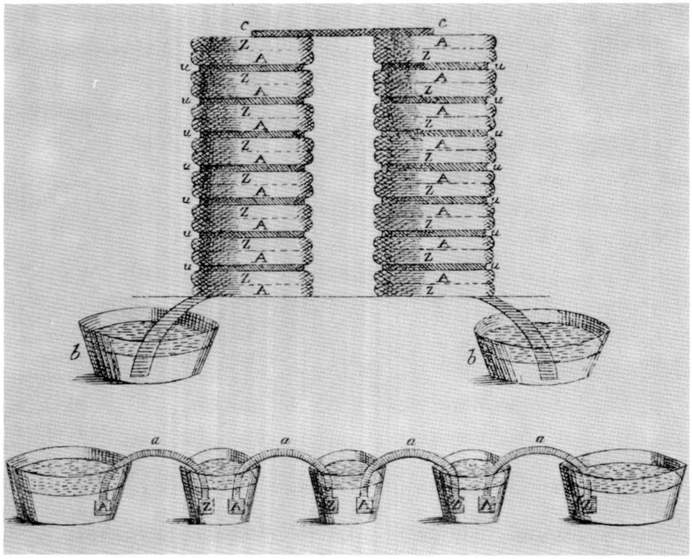

Voltas Säule (oben) und seine Tassenkrone (unten)

gesagt, die Wirkungen der Leidener Flaschen oder der elektrischen Batterien nachahmt, indem es dieselben Erschütterungen gibt, wie diese . . .“
Je mehr Gruppen dieser drei Leiter *Volta* nun aufeinander türmt, desto höher wird die von der Säule abgegebene Spannung, aber auch um so schwankender der Stapel. Eine obere Grenze für die erreichbare Spannung sieht er daher einfach nur in der Konstruktion der Säule, d. h. darin, daß „sie sich halten kann, ohne umzufallen“. In dem Bemühen, die Spannung dennoch zu vergrößern, ohne daß sie umfällt, gelangt *Volta* zur Reihenschaltung mehrerer Säulen.
Entsprechend seiner Kontakttheorie beginnt und endet der Säulenaufbau jeweils mit einem Metallplattenpaar. Daß ein solches Paar aber überflüssig ist und eine einzelne Scheibe ausreicht, stellen ein Jahr darauf *Ritter* und andere Physiker fest.

Neben der Säule findet *Volta* auch noch eine andere Anordnung, die „Tassenkrone“, wie er sie nennt. Sie besteht aus einer „. . . Reihe von mehreren Tassen oder Töpfen von beliebigem Stoffe außer Metall, . . . hölzerne Tassen, Muscheln, irdene Gefäße, besser gläserne (kleine Trinkgläser oder Becher sind die geeignetsten), die zur Hälfte mit reinem Wasser, oder besser mit Salzwasser oder Lauge gefüllt sind; man verbindet sie und bildet aus ihnen eine Art Kette mittelst ebenso vieler metallischer Bögen, von denen ein Arm . . . oder auch nur das Ende . . . welches in einen der Becher taucht, aus Kupfer, Messing oder besser aus versilbertem Kupfer ist, während der andere . . ., welcher in den folgenden Becher taucht, aus Zinn oder besser aus Zink ist.“
Die Zahl der hintereinander geschalteten Becher kann dabei 30, 40 oder mehr betragen, jedoch erfordert diese Ausführung wesentlich mehr Platz als eine Säule. Trotzdem hat die Tassenkrone ihre Bedeutung, denn aus ihren Bechern entwickeln sich bald die ersten Bauformen der galvanischen Elemente.
Überall in der physikalischen Welt wird die große Bedeutung der Säule sofort anerkannt, steht doch nun Elektrizität nicht nur als kurzzeitiger Entladevorgang, sondern stetig fließend zur Verfügung. Energie und Lebensdauer der Säule sind zwar noch gering, aber der Fortschritt ist trotzdem gewaltig. Wenn auch *Volta* ursprünglich der Ansicht ist, sein „Elektromotor“ wirke ständig und besitze eine „unerschöpfliche Ladung“, so tut das der Größe der Erfindung ebenso wenig Abtrag wie die falsche Hypothese von der Kontaktelektrizität.
Auch wir wollen dem Mechanismus der Elektrizitätserzeugung an dieser Stelle nicht weiter nachgehen und halten uns daher lieber an seine eigenen Worte aus dem ersten Brief an *Gren:* „. . . es ist vor jetzt genug, daß es geschieht, und daß dies eine allgemeine Thatsache ist.“
Als *Bonaparte,* der zu jener Zeit den Posten eines Ersten Konsuls bekleidet, von der Entdeckung der Säule erfährt, schickt er an *Volta* eine Einladung, auf Staatskosten nach Paris zu kommen. Dieser macht sich alsbald auf den Weg und hält am 7., 9. und 12. November 1801 in Gegenwart des Gastgebers drei Vorträge vor der physikalischen und mathematischen Klasse des Institute National. Im Anschluß

daran ehrt ihn *Bonaparte* durch die Verleihung einer goldenen Gedenkmünze.
Die Erfindung der Säule ist *Voltas* letzte wissenschaftliche Arbeit. Sie trägt seinen Namen um die ganze Welt und ruft ihn noch heute in der Spannungseinheit Volt in Erinnerung. Vor dieser erfolgreichen Schaffensperiode liegt die Entwicklung eines neuartigen Elektrophors und des Begriffs „Kondensator".
Im Zusammenhang mit der neuen Elektrizität tauchen alsbald die gleichen Fragen auf, die schon einmal bei der Reibungselektrizität gestellt worden sind: Läßt sie sich fortleiten?, wie groß ist ihre Geschwindigkeit? und dergleichen mehr. Versuche klären diesen Komplex sehr schnell, nur bei der Geschwindigkeit steht die Wissenschaft auch weiterhin vor einem Rätsel. Vergeblich bemüht sich *Sömmering* 1809 in München mit einem 2248 Fuß langen Draht, den er in mehreren Lagen um einen Glaszylinder gewickelt hat, eine Laufzeit festzustellen. Auch seine Leitung ist viel zu kurz, um mit den ihm zur Verfügung stehenden Mitteln das Problem zu lösen. Niemand ahnt zu dieser Zeit die extrem hohe Geschwindigkeit des elektrischen Stroms.

Elektrizität auf Abwegen

Gegen Ende des 18. Jahrhunderts wenden sich auch die Philosophen der Lösung naturwissenschaftlicher Fragen zu. Wo die Naturforscher Experimente und mathe-

Volta erläutert 1801 in Paris dem Konsul *Bonaparte* die Säule

matische Methoden einsetzen, glauben sie, mit Nachdenken das gleiche Ziel zu erreichen.
Der Begründer und geistige Führer dieser neuen naturphilosophischen Richtung ist der Deutsche Friedrich Wilhelm Joseph *Schelling*. Auf Grund seiner Persönlichkeit erringt er bereits in jungen Jahren einen beträchtlichen Einfluß und bestimmt in weitem Maße die Denkweise seiner Zeitgenossen, allerdings nur in Deutschland und in den skandinavischen Ländern. Ausgehend von dem in der Natur herrschenden Dualismus beziehen die Naturphilosophen auch die Elektrizität und den Magnetismus in ihre Betrachtungen mit ein. Beide bieten infolge der positiven und negativen Ladung bzw. des nord- und südmagnetischen Pols ein besonders anschauliches Beispiel für diesen Dualismus. Ihrer Ansicht nach sind elektrische, magnetische und chemische Kräfte sowie das Licht miteinander verknüpft. Daß zwischen Elektrizität, Magnetismus und Licht wirklich Zusammenhänge bestehen, weiß zu dieser Zeit noch niemand, denn die Betrachtungen der Naturphilosophen sind rein spekulativer Art, ohne jeden experimentellen Hintergrund.

So führt denn diese kurze Zeit des Niedergangs der deutschen Naturwissenschaft zu keinen wirklichen Erkenntnissen und bleibt für die Entwicklung der Elektrizität und des Magnetismus ohne jeden Belang.
Auch Johann Wolfgang von *Goethe* beschäftigt sich mit der Elektrizität. Bereits als Knabe bemüht er sich im Mansardenstübchen des väterlichen Hauses in Frankfurt vergebens, aus einem alten Spinnrad und einigen Arzneigläsern eine Elektrisiermaschine zu erbauen, um ihr die begehrten sprühenden Funken zu entlocken. 1802 beauftragt er *Ritter* mit der Einrichtung eines physikalischen Kabinetts in seinem Haus in Weimar. *Goethe* bleibt lange Zeit hindurch der Elektrizität verbunden und jeder seiner zahlreichen Briefpartner wußte, daß er ihm mit allen Mitteilungen über elektrische Fragen eine Freude bereiten konnte. Von systematischen Untersuchungen seinerseits wird jedoch nichts bekannt und die von ihm gegebene Definition ist rein philosophischer Art. Er meint: „Die Elektrizität ist das durchgehende, allgemein-gegenwärtige Element, das alles materielle Dasein begleitet; man kann sie sich unbefangen als Weltseele denken."

Von den chemischen Wirkungen der Elektrizität

Naturwissenschaftliche Forschung ist nie das Vorrecht einer bestimmten Nation gewesen. Von jeher sind viele kulturell hochstehende Staaten an ihr beteiligt, wobei sich allerdings die Schwerpunkte im Laufe der Jahrhunderte mehrfach verschoben haben.
Vom 17. Jahrhundert bis zur zweiten Hälfte des 19. Jahrhunderts liegt das Hauptgewicht der Erforschung der Elektrizität und des Magnetismus in Europa und wandert verschiedentlich zwischen Deutschland, England, Frankreich, Holland und Italien hin und her. Mitte des 18. Jahrhunderts taucht erstmals auch Amerika in diesem Reigen auf, um dann von der zweiten Hälfte des 19. Jahrhunderts an eine gewichtige Rolle in der Elektrotechnik zu spielen.
An der schnellen Ausbreitung und dem regen Austausch der Forschungsergebnisse sind nach wie vor der persönliche Schriftwechsel der Gelehrten untereinander, sowie die bereits früher erwähnten wissenschaftlichen Gesellschaften und nicht zuletzt die naturkundlichen bzw. physikalischen Zeitschriften maßgebend beteiligt. Die neuesten Erkenntnisse liegen auf diese Weise binnen kurzer Zeit in allen Gelehrtenstuben des In- und Auslandes vor und ermöglichen dadurch die unmittelbare Fortsetzung einer Arbeit an weit entfernten Orten.
Während in Italien *Galvani* und *Volta* den Anstoß zu der neuen Ära der fließenden Elektrizität geben, beginnen in Deutschland und England unverzüglich die Untersuchungen über die wirklichen Ursachen ihrer Erzeugung in der Säule. Sie führen schließlich zur Entdeckung der verschiedenen chemischen Wirkungen des elektrischen Stromes und letztlich zur Elektrochemie als technische Anwendung.

Teilung und Wiedervereinigung

Der erste, dem eine solche chemische Wirkung der Elektrizität auffällt, ist der bereits erwähnte Mediziner *Krüger* in Halle. Er unterzieht alle nur denkbaren Objekte einer Electrification mit der Elektrisiermaschine und bemerkt dabei 1746 die entfärbende Wirkung elektrischer Funken auf Mohnblätter. *Krüger* läßt es jedoch bei der Tatsache bewenden, ohne den Ursachen weiter nachzugehen.
43 Jahre später geben die Amsterdamer Chemiker Joan Rudolph *Deimann* und Adrian Paets van *Troostwijk* in einem Brief an *Delamétherie* bekannt, daß es ihnen gelungen sei, Wasser in „brennbare Luft und Lebenskraft", das sind Wasserstoff und Sauerstoff, zu scheiden. Sie bedienen sich dabei einer Barometerröhre mit eingeschmolzenen Platindrähten, über die durch wiederholte Funken aus einer von *Cuthbertson* gebauten Elektrisiermaschine das Wasser im Rohr in seine Bestandteile zerlegt wird.
Sobald sich im Gefäß eine ausreichende Menge Gas gebildet hat, so daß die Drähte nicht mehr in das Wasser tauchen und der Funke zwischen ihren Enden im Gas überspringt, verwandelt sich das Gemisch wieder in Wasser.
Beide deuten die Ursache der Trennung allerdings falsch; sie führen sie nicht auf die elektrischen Eigenschaften des Funkens selbst zurück, sondern auf die Wirkung des Lichts, das der Funke ausstrahlt.
Die Erscheinung der Wasserzersetzung bemerkt auch Alexander von *Humboldt,* nachdem sich im April 1796 ein Dr. *Ash* aus Oxford brieflich an ihn gewendet hat und

vorschlägt, einmal angefeuchtete Zink- und Silberplatten aufeinander zu legen; es würden dabei seltsame Veränderungen an den Platten auftreten. *Humboldt* führt diesen Versuch sogleich aus und beobachtet einen chemischen Zersetzungsvorgang. Die Zinkplatte oxydiert, während sich auf der Silberplatte ein feines weißes Gebilde zeigt, das er als Wasserstoffblasen analysiert. Er nennt den Vorgang daraufhin „Wasserzersetzung durch den Galvanismus" und zeigt ihn 1797 auch dem Jenaer Medizinstudenten Johann Wilhelm *Ritter*. Dieser ist von dem Experiment derart beeindruckt, daß er beschließt, sich fortan mit dem Galvanismus zu beschäftigen.
Aus den mehr oder weniger zufälligen Erkenntnissen wird von nun an eine systematische Forschung und *Ritter* dadurch zum Mitbegründer der wissenschaftlichen Elektrochemie. Er wiederholt zunächst in abgewandelter Form den Humboldtschen Versuch, indem er acht Wassertropfen auf eine Glasplatte bringt und in dieses Wasser zwei Streifen verschiedener Metalle steckt. Bleiben die Enden der Metallstreifen unverbunden, so ereignet sich im Wasser nichts, vereinigt er die Enden jedoch, so entsteht wiederum ein Zersetzungsprozeß. An einem Streifen bildet sich Wasserstoff, der andere oxydiert. Daraus entwickelt *Ritter* dann eine Theorie des galvanischen Stroms. Er zerlegt ebenfalls Wasser in seine beiden Bestandteile, fängt sie getrennt auf, führt sie in einem Gefäß wieder zusammen und erhält durch Verpuffen des Gasgemisches mit einem Funken das zersetzte Wasser zurück. Die Menge des zersetzten Wasser, so meint er später, ließe sich recht gut als Maß für die Stromstärke verwenden.
Aber *Ritter* zersetzt nicht nur Wasser, sondern auch alle möglichen anderen Flüssigkeiten, und gewinnt dabei erstmals Metalle auf elektrolytischem Wege, nämlich Kupfer und Silber aus einer Kupfer- bzw. Silbersalzlösung. Er erkennt darüber hinaus die Identität der statischen und der galvanischen Elektrizität und findet bei seiner Beschäftigung mit der voltaschen Säule, daß ein Plattenpaar an beiden Enden überflüssig ist. Es gibt eigentlich kaum eine chemische Wirkung des elektrischen Stromes, die *Ritter* nicht entdeckt.
Auf Grund seiner Theorie von der chemischen Ursache der Elektrizität in der Säule entspringt ein jahrelanger Streit mit *Volta*, der an der eigenen Kontakttheorie festhält. Noch in einem weiteren Punkt kann *Ritter Voltas* Anschauungen widerlegen. Die Säule wirkt gar nicht „unaufhörlich", sie hat keine „unerschöpfliche Ladung", denn es treten an ihr Ermüdungserscheinungen auf, d. h., ihre Fähigkeit, Strom abzugeben, läßt mit der Zeit nach. *Ritter* beseitigt sie, indem er die Metallstücke von Zeit zu Zeit herausnimmt und trocken abwischt.
Schließlich findet er noch etwas an der Säule, eine Gesetzmäßigkeit, die anfangs angezweifelt, später aber von *Ohm* bestätigt wird. Er stößt auf sie bei der Frage, ob sich die Aktion der Säule wohl bis ins Unendliche vergrößern läßt. Das Ergebnis faßt *Ritter* im November 1804 in einem Brief an Ludwig Wilhelm *Gilbert*, den Herausgeber der Annalen der Physik, in die Worte „. . . verhält sich der jedesmalige Effekt der Säule bei gleicher Spannung wie die

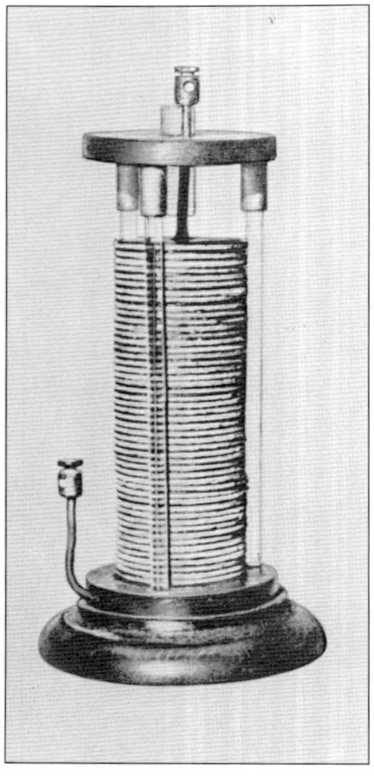

Die Rittersche Ladungssäule

Summe der Leitungen der Säule und der des schließenden Bogens."
Lange Zeit hindurch beschäftigen *Ritter* die Zersetzungsversuche, und dabei macht er neben der Abscheidung von Metallen noch eine weitere Entdeckung von großer Tragweite. Er findet die „Ladungssäule", den ersten Speicher für die Elektrizität. Eines Tages im Sommer 1801 verbindet er im Anschluß an einen Zersetzungsversuch die als Elektroden dienenden Golddrähte miteinander, nachdem er sie zuvor von der spannunggebenden Säule entfernt hat. Dabei beobachtet er eine Fortsetzung der chemischen Aktion. Sie ist allerdings wesentlich schwächer und erfolgt mit entgegengesetztem Vorzeichen. Wo sich vorher Sauerstoff entwickelte, entsteht nun Wasserstoff und umgekehrt. Andere Metalle an Stelle von Gold liefern den gleichen Effekt, mehr oder weniger stark. Das Auffallendste an der Sache ist, daß man dem Zersetzungsgefäß sogar einen Strom entnehmen kann. Er fällt zwar schnell ab, aber wenn man der Anordnung eine kleine Ruhepause gönnt, tritt erneut ein schwacher und kurzer Stromfluß auf.
Dieses Phänomen führt *Ritter* zum Bau einer solchen Ladungssäule, über deren Herstellung er folgendes vermerkt: „Man schichte 50 Kupferplatten, wovon jede etwas größer als ein Laubthaler und etwa so dick als ein Kartenblatt, mit ebenso viel kochsalznassen Pappen von ungefähr 2 Par. Quadratzoll Fläche und 1 Linie Dicke, nach der Ordnung: Kupfer, Pappe, Kupfer, Pappe, Kupfer usw. und beschließe die Reihe zuletzt ebenfalls mit Kupfer. Man wird so eine kleine Säule haben, die, sich selbst überlassen, zu keiner Zeit weder den mindesten Funken, noch Gas, noch Schlag usw. bemerken läßt."
Nach einer Aufladezeit von drei bis fünf Minuten durch eine voltasche Säule kann *Ritter* ihr nun selber Strom zur Erzeugung von Funken oder für Zersetzungsversuche entnehmen. Der erste Akkumulator der Welt ist geboren. Er hat allerdings noch die wenig gute Eigenschaft, sich selbst zu entladen, denn eine halbe bis dreiviertel Stunde nach der Aufladung, so stellt *Ritter* mit Bedauern fest, gibt er keinerlei Wirkung mehr von sich.
Wer ist nun eigentlich jener Johann Wilhelm *Ritter*, dem die Elektrochemie diese Fülle von neuen Erkenntnissen verdankt? *Ritter* kommt in Samitz/Schlesien 1776 als Sohn eines Pfarrers zur Welt. Nach Besuch des Gymnasiums erlernt er die Pharmazie in Leipzig, studiert 1796/98 Medizin und Naturwissenschaft in Jena und hält dort ein Privatkolleg über Galvanismus. Zwischendurch weilt er kurze Zeit in Weimar und Gotha. 1805 wird *Ritter* Hofrat und Professor an der Bayrischen Akademie der Wissenschaften in München, wo er 1810 an einer Lungenschwindsucht stirbt.
Er ist sehr romantisch veranlagt und steht deshalb mit vielen bekannten Dichtern, wie *Schlegel, Tieck, Novalis, Herder, Schiller* und *Goethe,* in ständiger Verbindung. Seine spätere Bekanntschaft mit dem Naturphilosophen *Schelling,* dem auch einige der erwähnten Dichter nahestehen, bringt ihm kein Glück. Er verstrickt sich von da ab in dessen spekulative Betrachtungen und scheidet dadurch für den Rest seines Lebens aus dem Kreis der ernsthaften Wissenschaftler aus. Die Zeit seiner fruchtbaren wissenschaftlichen Tätigkeit liegt zwischen 1797 und 1804. Die grundlegenden Arbeiten finden sich vorwiegend in *Gilberts* Annalen der Physik aus den Jahren 1801/1805 und in Voigts Magazin für Naturkunde.

Elektrizität schafft neue Elemente

Mit der Erfindung der Säule leitet *Volta* nicht nur das Zeitalter des Gleichstroms ein, sondern lenkt besonders das Interesse der Chemiker auf die ihnen bis dahin doch recht fern stehende Elektrizität. Das ist vor allen Dingen in England der Fall, wo schon kurze Zeit nach Bekanntwerden des Briefes an *Banks* William *Nicholson* und Antony *Carlisle* eine Säule herstellen, sie näher untersuchen und mit ihr ebenfalls Wasser zersetzen. Die große Zeit der Engländer auf dem Gebiet der Elektrochemie beginnt im Jahr darauf, als sich ihr ein bis dahin noch völlig unbekannter junger Mann namens Humphry *Davy* zuwendet, der kurz zuvor die Stellung eines Hilfslehrers an der Royal Institution angetreten hat. Jener *Davy* wird 1778 als Sohn eines Holzschnitzers in Penzance in Cornwall geboren und kommt mit 17 Jahren zu einem Apotheker in die Lehre, wo er großen Gefallen an der Chemie findet und sich ihr mit Eifer verschreibt. Das bringt ihm 1801 den erwähnten Posten eines Hilfslehrers und später eine Professur. 1812 erhält *Davy* auf Grund seiner Verdienste die Würde eines Sir, verheiratet sich, gibt danach seine Lehrstellung auf und lebt fortan als Privatmann, ausschließlich seinen wissenschaftlichen Neigungen folgend. Der Royal Institution bleibt er jedoch als Honorarprofessor verbunden. Von 1820 bis 1827 bekleidet er als Präsident der Royal Society das höchste wissenschaftliche Amt Englands. *Davy* stirbt nach einem erfolgreichen Leben 1829 in Genf.

Seine Vorlesungen sind von außerordentlicher Brillanz. Man geht nicht nur der Elektrochemie wegen zu ihm, sondern einfach, um *Davy* zu hören. Später sagt man von ihm, er wäre sicherlich einer der größten Dichter seines Jahrhunderts geworden, wenn er sich nicht der Chemie verschrieben hätte, um hier einer der größten Chemiker zu werden.

Er erweckt auf diese Weise das Interesse der höchsten englischen Gesellschaft an seinen Arbeiten und verschafft sich dadurch die nötigen finanziellen Mittel zur Durchführung seiner Versuche. *Davy* zersetzt nicht nur Wasser und bestimmt dabei das Verhältnis des entstehenden Wasserstoffs zum Sauerstoff als 2:1, sondern, was für seine Erfolge viel wesentlicher ist, auch Lösungen verschiedener Art, besonders Alkalihydroxyde.

Gegen Ausgang des Jahres 1807 schmilzt er in einem Platinlöffel Ätzkali, legt den Löffel an den Pluspol einer Säule und taucht in die flüssige Masse einen Platindraht, der mit dem Minuspol der Säule verbunden ist. Was dabei am Platindraht zum Vorschein kommt, sind kleine metallisch glänzende Kugeln, die er unter Öl aufbewahren muß, da sie sich an der Luft sofort mit Sauerstoff verbinden. *Davy* hat das erste Alkalimetall Kalium entdeckt. Hierfür erhält er den am 15. Juni 1802 von *Bonaparte* gestifteten kleinen galvanischen Preis des National-Instituts zu Paris. In analoger Weise findet er aus dem Natriumhydroxyd das Natrium.

Im nächsten Jahr unterwirft er weitere Metallsalze dieser sogenannten Schmelzflußelektrolyse und isoliert dadurch die bisher unbekannten Elemente Barium, Kalzium, Magnesium und Strontium. Außerdem entdeckt er dabei Pottasche und Soda. *Davy* entwickelt auch eine Theorie der elektrolytischen Zersetzung, wonach die Zersetzungsprodukte elektrische Ladungen besitzen sollen, die sie befähigen, zu den in die Lösung tauchenden elektrischen Anschlüsse zu wandern. Der schwedische Chemiker Jöns Jacob Freiherr von *Berzelius* korrigiert 1811 diese Theorie und baut sie weiter aus.

Der Elektrolyse verdanken wir auch die Kenntnis und die heutige weite Verbreitung des Aluminiums. Die ersten Bemühungen, Aluminium zu gewinnen, gehen ebenfalls auf *Davy* zurück. Nachdem es ihm gelungen ist, aus den Hydroxyden des Kaliums und des Natriums die Metalle rein darzustellen, versucht er das gleiche 1809 auch mit Tonerde, hinter der die Chemiker ebenfalls ein Element mit metallischer Basis vermuten. Es glückt ihm zwar nicht, das reine Metall zu erzeugen, sondern er erhält eine Legierung mit Eisen.

Für dieses neue Element führt *Davy* den Namen Aluminum ein, der sich in Nordamerika bis heute erhalten hat. Das erste reine Aluminium kann *Oersted* am 18. April 1825 der Königlich Dänischen Wissenschaftlichen Gesellschaft vorlegen. Es ist noch nicht elektrolytisch gewonnen, sondern chemisch durch Reduktion von Chloraluminium mit Kaliumamalgan und Destillation des so erhaltenen Aluminiumamalgans. Bald danach stellt auch der deutsche Chemiker Friedrich *Wöhler* reines Aluminium her, wobei er, wie aus einem Brief vom 18. Februar 1828 hervorgeht, auf *Oersteds* Arbeiten aufbaut.

Obwohl es nun gelungen ist, das Aluminium auf chemischem Wege herzustellen, und bereits seine industrielle Erzeugung beginnt, geht die Suche nach einem elektrolytischen Verfahren weiter. Sie führt 1854 nach vielen Mühen zum Erfolg. Zwei Männer, beides Professoren der Chemie, sind unabhängig voneinander daran beteiligt, der Deutsche Robert Wilhelm *Bunsen* und der Franzose Henry Etienne *Sainte-Claire Deville.*

Bunsen, der inzwischen ebenfalls Erdalkalimetalle abgeschieden hat, verwendet einen Porzellantiegel mit geschmolzenem Aluminiumnatriumchlorid. Ein zur Hälfte eintauchendes Porzellandiaphragma teilt den Tiegel in zwei Räume, in die je eine Kohleelektrode ragt. Das

Ergebnis seiner Arbeiten reicht er am 9. Juli 1854 bei der Schriftleitung von Poggendorfs Annalen ein.
Sainte-Claire Deville, der von den ersten Bemühungen *Bunsens* erfährt, greift nun seinerseits die Materie auf und erhält in Unkenntnis der weiteren Arbeiten von *Bunsen* ebenfalls Aluminium auf elektrolytischem Wege. Die von ihm verwendete Anordnung ähnelt der obigen. Anstelle des Porzellandiaphragmas benutzt er einen porösen Tonzylinder, der die zentral angeordnete Anode umgibt. Die Kathode besteht bei ihm nicht aus Kohle, sondern aus Platinstreifen. Die erste Probe seines Aluminiums legt er am 20. März des gleichen Jahres der Académie des Sciences vor, der schriftliche Bericht folgt am 14. August.
Wer von beiden nun das erste elektrolytisch erzeugte Aluminium in der Hand gehabt hat, läßt sich nicht mehr mit Sicherheit feststellen. Es liegt wieder einmal eine der berühmten Doppelentdeckungen vor, wie sie uns im Laufe der Geschichte der Elektrizität und des Magnetismus noch des öfteren begegnen werden.

Vom Buchbinder zum Naturwissenschaftler

Den Vorlesungen *Davys* an der Royal Institution lauscht im Jahre 1812 auch ein junger Buchbinderlehrling. Die Vorträge fesseln den Einundzwanzigjährigen derart, daß er seine Notizen zu Hause ausarbeitet, mit Zeichnungen versieht und sie fein säuberlich einbindet. Noch im gleichen Jahr ist seine Lehrzeit beendet, und er geht als Geselle zu einem anderen Buchbindermeister, der jedoch, ganz im Gegensatz zu seinem ersten Lehrherrn, wenig Verständnis für die privaten wissenschaftlichen Neigungen seines neuen Mitarbeiters zeigt und ihn mit Arbeit überhäuft. Daraufhin entschließt sich der angehende Meister, der Buchbinderzunft zu entsagen, und schickt seine Ausarbeitung an *Davy* mit der Bitte, ihm eine Möglichkeit wissenschaftlicher Betätigung zu geben.
Davy gefällt die Arbeit des jungen Mannes, und er verschafft ihm eine Stellung als Laborant im chemischen Labor der Royal Institution, die dieser am 1. März 1813 antritt. Damit beginnt der Aufstieg des Buchbindergesellen Michael *Faraday* zu einem der größten Physiker Englands.

Faraday wird am 22. September 1791 in Newington Butts, einem der düsteren Vororte Londons, als Sohn eines Grobschmieds geboren. Wegen der Armut seiner Eltern genießt er eine nur recht mangelhafte Schulausbildung, die sich lediglich auf die Anfangsgründe des Lesens, Schreibens und Rechnens erstreckt. Mit 13 Jahren wird er zunächst probeweise als Laufjunge zu dem Buchbinder und Papierhändler George *Riebau* gegeben, dessen Geschäft in der Nähe seines Elternhauses liegt. Hier beginnt er 1805 endgültig das Buchbinderhandwerk zu erlernen. Das ist der richtige Platz für den aufgeweckten Jungen, denn nun kommt er mit Büchern populärwissenschaftlichen Inhalts in Berührung. Er nimmt sie nach dem Einbinden mit nach Hause und liest darin bis in die späte Nacht hinein.
Sein besonderes Interesse gilt den Büchern über Chemie und Elektrizität, und er verwendet seinen gesamten nicht gerade übermäßig hohen Wochenlohn, um die Experimente nachzumachen, die er in den Büchern gelesen hat. Ein Kunde seines Lehrherrn, ein Mr. Dance, dem das naturwissenschaftliche Interesse des Jungen auffällt, verschafft ihm die Möglichkeit, jene vier Vorlesungen des berühmten *Davy* zu hören, die seinen späteren Lebensweg endgültig bestimmen sollen.
Davy merkt sehr bald, daß hinter dem ehemaligen Buchbinder ein großes naturwissenschaftliches Talent verborgen ist. Er läßt ihn daher nicht Flaschen schwenken, wie das sonst bei Laboranten üblich ist, sondern an seinen eigenen Arbeiten als Assistent teilnehmen. *Faraday* weiß dies sehr wohl zu würdigen und schreibt voller Begeisterung an einen Freund „Ich bin jetzt Naturforscher geworden und habe jetzt beständig Gelegenheit, die Natur in ihren Werken zu beobachten und die Art und Weise, wie sie die Ordnung und den Zusammenhang der Welt leitet, zu verfolgen . . .“. Er begleitet *Davy* auch auf dessen Auslandsreisen und lernt dadurch viele berühmte Gelehrte kennen.
1816 sind seine Kenntnisse in der Chemie bereits so weit fortgeschritten, daß er in der City Philosophical Society die erste eigene Vorlesung halten kann. 1821 wird er Oberinspektor der Royal Institution und heiratet. 1824 wird er als Mitglied in die Royal Society aufgenommen

und ein Jahr später zum Direktor der Royal Institution ernannt. 1831 gibt *Faraday* diese Stellung wieder auf, um Zeit für seine persönlichen wissenschaftlichen Interessen zu haben, die bei der Elektrizität und dem Magnetismus liegen. Obwohl er mit irdischen Gütern nicht sehr gesegnet ist, schlägt er das höchste wissenschaftliche Amt Englands, die Würde eines Präsidenten der Royal Society, aus. Auch Angebote aus der Wirtschaft locken ihn nicht. Er bleibt einfach Michael *Faraday* und lebt mit seiner Frau in den Räumen der Royal Institution. Schließlich wird ihm auf Drängen von Freunden eine staatliche Pension gezahlt. Infolge seiner unermüdlichen Arbeiten bricht *Faraday* 1841 zusammen und muß zur Erholung in die Schweiz. Er stirbt am 25. August 1867 in Hampton Court. Seine Arbeiten auf dem Gebiet der Elektrizität und des Magnetismus finden zunächst in den Philosophical Transactions ihren Niederschlag und werden dann von ihm zu drei Bänden „Experimental Researches in Electricity" zusammengefaßt, die in den Jahren 1839, 1844 und 1855 erscheinen und in der deutschen Übersetzung über 1400 Seiten umfassen.

Über die Elektrolyse, die Elektroden und die Ionen

Die ersten großen Erfolge erringt *Faraday* durch die Entdeckung der Induktion, doch darüber später. Hier sollen uns zunächst nur seine Arbeiten auf dem Gebiet der Elektrolyse beschäftigen, wo er sich um eine einheitliche Sprachweise bemüht und neue Begriffe prägt, die noch heute üblich sind.
Diese Begriffe werden am 31. März 1833 niedergelegt und Anfang des nächsten Jahres vor der Royal Society verlesen. Sie finden sich in der siebenten Reihe seiner

Faraday in seinem Labor im Royal Institution zu London

Experimental Researches. Er schreibt darin: „Um daher Verwirrung und Umschreibung zu vermeiden und im Interesse einer größeren Präcision der Ausdrucksweise als mir sonst möglich wäre, habe ich die Sache mit zwei Freunden reiflich überlegt und mit ihrem Beistande und ihrer Zustimmung gewisse andere Kunstausdrücke gebildet, die ich zu künftigem Gebrauch vorschlage und die ich nun definieren will."
Die neuen Begriffe leitet *Faraday* aus dem Griechischen ab und fährt dann fort „. . . Anstelle des Ausdrucks Pol schlage ich nun vor Elektrode zu gebrauchen . . .". Da die beiden Elektroden die wichtigsten Orte der chemischen Zersetzung sind, sollen sie noch voneinander unterschieden werden. Bei der Festlegung dieser Namen geht er von der Betrachtung aus, daß der Magnetismus der Erde von elektrischen Strömen herrührt, welche die Erde umkreisen und konstante Richtung haben. Nach dem damaligen Sprachgebrauch fließen sie von Ost nach West, also mit dem Lauf der Sonne. *Faraday* denkt sich den Zersetzungsapparat so aufgestellt, daß in ihm der Strom die gleiche Richtung wie der Erdstrom hat, also im Osten in den Apparat eintritt und ihn im Westen wieder verläßt. „Auf Grund dieser Vorstellung schlagen wir nun vor, die östliche Fläche (gemeint ist die Elektrode) als Anode und die westliche als Kathode zu bezeichnen".
Die Anode, abgeleitet aus der griechischen Bezeichnung für aufwärts führender Weg oder Weg vom Sonnenaufgang, ist also die Elektrode, an welcher der Strom eintritt. An der Kathode, was soviel wie abwärts führender Weg oder Weg zum Sonnenuntergang bedeutet, verläßt der Strom den Zersetzungsapparat wieder.
Weiterhin definiert *Faraday*: „Manche Körper werden direct durch den elektrischen Strom zersetzt, so daß ihre Elemente frei werden; diese schlage ich vor Elektrolyte zu nennen. Wasser ist also ein Elektrolyt."
Zum Schluß seiner Namensgebung befaßt er sich noch mit denjenigen Körpern, die während des elektrolytischen Vorgangs zu den beiden Elektroden wandern. „Zur Unterscheidung dieser Körper schlage ich vor, diejenigen, welche zur Anode des zu zersetzenden Körpers gehen Anionen, und diejenigen, welche zur Kathode gehen Kationen zu nennen, und wenn ich in die Lage komme, von beiden gemeinsam zu reden, so werde ich sie Ionen nennen."
Darüber hinaus beschäftigt sich *Faraday* auch mit der Menge der bei der Zersetzung entstehenden Produkte und stellt zunächst für Wasser fest, „. . . daß, wenn dieses der Einwirkung des elektrischen Stromes unterworfen wird, eine der durchgegangenen Elektricitätsmenge genau proportionale Menge desselben zersetzt wird . . . und . . . die Produkte der Zersetzung mit solcher Genauigkeit gesammelt werden können, daß sie einen ganz vorzüglichen und werthvollen Messer für die an ihrer Entwicklung beteiligte Elektricität bilden." Einen derartigen Messer für die Elektrizität nennt er „Volta-Elektrometer". Es spielt in den Anfangszeiten der Elektrotechnik eine wesentliche Rolle.
Faraday findet diese Proportionalität nicht nur für Wasser, sondern auch für andere Elektrolyten, und folgert daraus ganz allgemein in der gleichen Veröffentlichung „Die chemische Kraft eines elektrischen Stromes ist direct proportional der absoluten Menge der durchgegangenen Elektricität". Das ist der erste Satz des sogenannten Äquivalent-Gesetzes. Sehr bald bemerkt *Faraday* eine weitere Eigentümlichkeit. In den verschiedenen Elektrolyten scheiden sich trotz gleichen Stromes unterschiedliche Mengen ab. Zunächst scheint dies keiner erkennbaren Regel unterworfen. Schließlich aber zeigt sich, daß die zersetzten Mengen doch in einem bestimmten Verhältnis zueinander stehen, und zwar, so formuliert er daraufhin das zweite Gesetz, „die elektrochemischen Äquivalente sind gleich ihren gewöhnlichen chemischen Äquivalenten". Das heißt, von einem bestimmten Strom werden 1 g Wasserstoff, aber 8 g Sauerstoff, 23 g Natrium, 35,5 g Chlor usw. abgeschieden.

Von den magnetischen Wirkungen der Elektrizität

Von der Renaissance bis zum Ende des 18. Jahrhunderts sind es im allgemeinen die gleichen Männer, die sich mit den Fragen der Elektrizät und des Magnetismus beschäftigen, ohne zu wissen, daß zwischen beiden ein Zusammenhang besteht. Vielleicht vermuten sie ihn insgeheim, denn bereits *Cardano* und *Gilbert* stellen, wie wir gesehen haben, beide Erscheinungen einander gegenüber. Sie finden zwar in den anziehenden und abstoßenden Kräften gleiche Eigenschaften, aber das ist auch alles, was sie gemeinsam haben. Bereits in der Art der beeinflußten Stoffe zeigen sich die ersten Unterschiede. Eine ganze Reihe anderer kommt hinzu.
Dennoch gibt die Natur frühzeitig Hinweise auf einen Zusammenhang zwischen beiden Größen. Schon 1676 wird ein merkwürdiges Phänomen beobachtet; ein Blitzeinschlag beeinflußt die Kompaßnadel an Bord eines Schiffes. Das Ereignis wiederholt sich 1681. Diesmal kehrt die Nadel ihre Polarität sogar vollkommen um, so daß sie anschließend nach Süden statt nach Norden zeigt. Als der Schiffsbesatzung der Kurs mit einem Male doch etwas merkwürdig vorkommt, deckt ein Kursvergleich mit den Sternen den Fehler auf. Man fährt daraufhin mit dem umgekehrten Kompaß weiter und erreicht wohlbehalten den Bestimmungshafen Boston.
1734 magnetisiert ein Blitz eiserne Messer und Gabeln, und 1751 stellt *Franklin* die Magnetisierung einer eisernen Nadel durch den Entladungsfunken einer Leidener Flasche fest.
Zunächst aber finden alle diese Erscheinungen wenig Beachtung, und niemand vermutet hier eine magnetisierende Wirkung des elektrischen Stromes. Ein solcher Gedanke liegt für den Blitz auch noch vollkommen außerhalb der Betrachtung, da ja sein elektrischer Charakter bisher nicht bekannt ist.
Die Frage nach einem Zusammenhang zwischen der Elektrizität und dem Magnetismus bewegt erst zu Anfang des 19. Jahrhunderts ernstlich die Forscher, und viele versuchen, ihn durch den Galvanismus zu finden. „Bis dahin", schreibt *Faraday* im September 1821 in dem Entwurf einer Geschichte des Elektromagnetismus, „hatten wohl manche Physiker sich mit der Beziehung der Elektrizität zum Magnetismus befaßt und darüber theoretisirt, aber man findet in ihren Schriften sehr wenig mehr als Meinungen."

Oersted führt 1820 die Wirkungen des „electrischen Conflicts" auf die Magnetnadel vor

Der endgültige Beweis läßt aber noch zwei Jahrzehnte auf sich warten, erst der Däne *Oersted* kann ihn erbringen. Vor ihm, so wurde eine Zeitlang behauptet, habe schon 1802 der Italiener Giovanni Domenico *Romagnosi* die Ablenkung der Magnetnadel durch einen vom elektrischen Strom durchflossenen Leiter beobachtet. Da aber von ihm keine weiteren Untersuchungen in dieser Richtung bekannt sind, müssen wir annehmen, daß er, sofern er wirklich etwas ähnliches bemerkte, dessen Tragweite nicht erkannt hat.

Oersteds Versuche über die Wirkung des elektrischen Conflict's auf die Magnetnadel

Hans Christian *Oersted,* der am 14. August 1777 in Rudkoebing auf der Insel Langeland als Sohn eines Apothekers zur Welt kommt, studiert ab 1794 an der Universität zu Kopenhagen Philosophie und Medizin. 1801 wird er dort Assistent, macht Reisen durch Deutschland und Frankreich, erhält 1806 seine Berufung zum außerordentlichen und 1817 zum ordentlichen Professor für Physik. 1829 bekommt *Oersted* den Posten des Direktors der nach seinen Plänen errichteten Technischen Hochschule in Kopenhagen.
Als Philosoph ist er ein Schüler *Schellings,* läßt sich jedoch von dessen naturphilosophischen Spekulationen nicht beeinflussen und geht bei seinen Arbeiten planmäßig und experimentell vor. Die große Entdeckung erfolgt nicht, wie oft behauptet wird, durch Zufall. *Oersted* ist viele Jahre mit Untersuchungen über die Identität chemischer, elektrischer und magnetischer Kräfte beschäftigt und nimmt sich bereits 1807 vor zu ermitteln, „. . . ob Electricität in ihrem latenten Zustande irgend eine Wirkung auf den Magnet ausübt."
Den Ausgangspunkt bildet nach seiner eigenen Schilderung der Gedanke, daß die gesuchte magnetische Wirkung des Stromes außerhalb des stromführenden Leiters zu finden sei, so wie die Licht- und Wärmewirkungen ja auch in der Umgebung des diese Energie ausstrahlenden Körpers auftreten. Die Frage ist nur, wie kann eine solche Wirkung experimentell gezeigt werden?

„Die ersten Versuche über den Gegenstand, den ich aufzuklären unternehme", berichtet *Oersted* in seiner weiter unten zitierten Veröffentlichung, „sind in den Vorlesungen angestellt worden, welche ich im verflossenen Winter über Elektrizität, Galvanismus und Magnetismus gehalten habe. Aus diesen Versuchen schien zu erhellen, daß die Magnetnadel sich mittelst des galvanischen Apparates aus ihrer Lage bringen lasse, und zwar bei geschlossenem galvanischem Kreise und nicht bei offenem, wie vor mehreren Jahren einige berühmte Physiker umsonst es versucht haben."
Die ersten Ergebnisse sind infolge schwacher galvanischer Elemente noch recht undeutlich. Daher fertigt sich *Oersted* eine stärkere Stromquelle aus 20 Becherelementen an. Jetzt lassen sich die Wirkungen des „elektrischen Conflict's", so nennt *Oersted* den elektrischen Strom, da ein einheitlicher Name dafür noch vollkommen fehlt, klar erkennen. Die Nadel muß parallel zum stromdurchflossenen Draht liegen, um abgelenkt zu werden, und sie muß aus magnetischem Material sein. Nadeln aus Messing, Glas oder Gummi zeigen keinerlei Beeinflussung. Glas, Holz, Wasser und dergleichen zwischen Leiter und Nadel gebracht, heben die Wirkung des Conflict's nicht auf. Führt *Oersted* den Leiter unterhalb der Nadel vorbei statt oberhalb, so erfolgt die Ablenkung in entgegengesetzter Richtung.
Die Ergebnisse seiner Untersuchungen legt er am 21. Juni 1820 schriftlich nieder und verschickt den in lateinischer Sprache abgefaßten Bericht „Experimenta circa effectum Conflictus electrici in Acum magneticum" sofort an alle bekannten Physiker. Das Aufsehen in der wissenschaftlichen Welt ist nicht gering, liegt doch nun endgültig der Beweis für die vermuteten magnetischen Wirkungen des elektrischen Stromes vor. Daß es sich hierbei um eine der größten und wichtigsten Entdeckungen auf dem gesamten Gebiet der Elektrizität handelt, ahnt wohl zu dieser Zeit weder *Oersted* noch irgendein anderer Physiker. Ihre Bedeutung soll sich jedoch bald bei den praktischen Anwendungen des Elektromagnetismus zeigen.
Oersted aber experimentiert weiter. Er bemerkt die Abhängigkeit der magnetischen Wirkung von der Stromstärke, die Möglichkeit, das Experiment umzukehren, d. h.

einen beweglichen Stromkreis von einem feststehenden Magneten in Bewegung zu setzen und gibt schließlich auch eine Regel für die Richtung der Ablenkung. Sie ist allerdings umständlicher als die später von *Ampère* aufgestellte „Schwimmerregel“.
Oersted erhält zahlreiche Ehrungen, darunter als Ruhesitz auch ein Schloß. Er kann sich dieser Anerkennung aber nicht mehr erfreuen, denn noch ehe er dort einzieht, ereilt ihn am 9. März 1851 der Tod.

Ampère begründet die Elektrodynamik

Die Nachricht von den Oerstedschen Versuchen verbreitet sich in Windeseile über die Zentren der Wissenschaft. Zahlreiche Physiker greifen die Arbeiten auf, wiederholen und bestätigen sie. Besondere Beachtung aber findet das Thema in Frankreich, wo innerhalb von zwei Jahren intensiver Forschung die heute noch gültigen Grundlagen des Elektromagnetismus entstehen.
Das Interesse der Franzosen erwacht, als Professor Dominique François Jean *Arago*, von einer Reise zurückgekehrt, auf der Sitzung der Pariser Akademie der Wissenschaften am 4. September 1820 über die neue Erscheinung berichtet. Ihre Kenntnisse verdankt er einer Vorführung von *de la Rive* auf der Naturforscherversammlung in Genf, an der er kurz zuvor teilgenommen hat. Im Anschluß an seinen Vortrag bitten ihn die Mitglieder der Akademie, die dort gesehenen Versuche auf der nächsten Sitzung am kommenden Montag zu wiederholen.
Unter den interessierten Zuhörern jener beiden Vorträge befindet sich auch der wegen seiner mathematischen und chemischen Arbeiten bereits weithin bekannte Professor der Ecole Polytechnique und Generalinspekteur der Universitäten André-Marie *Ampère*. Von dem Bericht *Aragos* außerordentlich stark beeindruckt, läßt er alle anderen Arbeiten liegen und wendet sich umgehend der Wechselwirkung zwischen Elektrizität und Magnetismus zu, nimmt eigene Untersuchungen auf und erarbeitet innerhalb weniger Wochen die Grundlagen der Elektrodynamik. Bereits am 18. September kann er der Akademie seine erste Arbeit vorlegen. Sie beginnt mit der Einführung

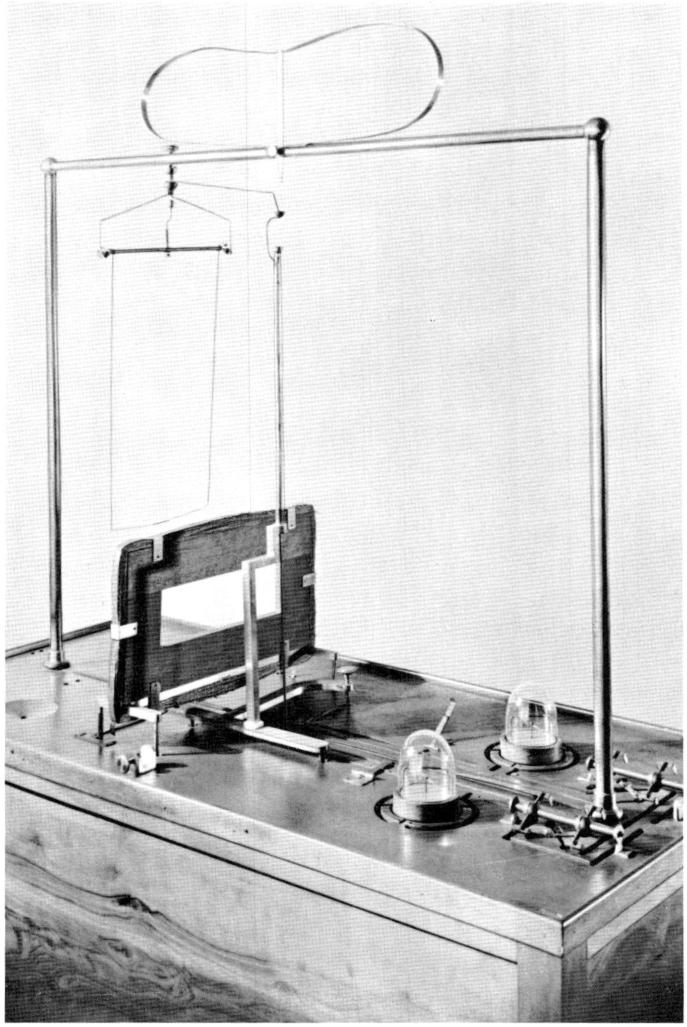

Apparate, die *Ampère* zur Untersuchung der mechanischen Wirkungen stromdurchflossener Leiter verwendete

zweier neuer Begriffe, der „tension électrique“ und dem „courant électrique“, also der elektrischen Spannung und dem elektrischen Strom. Sodann legt er in einem Stromkreis die Stromrichtung fest; sie soll vom Pluspol eines galvanischen Elements aus zum Minuspol verlaufen. Erst viel später stellt sich heraus, daß in Wirklichkeit der Strom in umgekehrter Richtung fließt.
Bis zum 6. November folgen fast auf jeder der montäglichen Sitzungen weitere Berichte. Er zeigt die Anziehung zweier Leiter mit parallelen gleichgerichteten Strömen und ihre Abstoßung bei entgegengesetzter Stromrichtung. Er zeigt die Wirkung des erdmagnetischen Feldes auf stromdurchflossene Leiter und stellt die bekannte, meist als Schwimmerregel bezeichnete Vorschrift zur Ermittlung der Ablenkungsrichtung auf, die er in folgende Worte kleidet: „Wenn man sich in Gedanken derart in Richtung des Stromes legt, daß er von den Füßen zum Kopf des Beobachters fließt und dieser das Gesicht der Nadel zuwendet, so wird der Strom ihr äußerstes nach Norden weisendes Ende stets nach links aus der normalen Lage ablenken.“
Ampère konstruiert zahlreiche Apparate, um die Untersuchungen auszuführen, darunter bereits zu Anfang ein Meßgerät, mit dem er über die Ablenkung einer drehbar gelagerten Magnetnadel die Ströme ermittelt. Er nennt es „galvanomètre“. Sehr bald merkt er aber, daß bei schwachen Strömen das erdmagnetische Feld die Messung ganz erheblich stört. Auf der Suche nach einer Möglichkeit, den Fehler auszuschalten, erfindet er 1821 das astatische Nadelpaar mit zwei Stromkreisen und zwei Nadeln entgegengesetzt gerichteter Polarität. Der Gedanke ist glänzend; wirkt das Erdfeld auf die eine Nadel im rechtsdrehenden Sinn, so versucht es die andere wegen ihrer umgekehrten Polarität nach links zu drehen. Beide Drehbewegungen heben sich auf, und der Einfluß des erdmagnetischen Feldes ist beseitigt.
Auf Grund seiner Arbeiten vermutet *Ampère* die Ursache aller magnetischen Erscheinungen in kleinen elektrischen Strömen, die stets in der Erde und in den Magneten vorhanden sind. In der Erde sollen sie durch elektrochemische Wirkungen, d. h. durch die Berührung der verschiedenen Materialien untereinander hervorgerufen werden. Die Summe aller Erdströme vereinigt er in Gedanken zu einem einzigen, dessen Richtung von Ost nach West verläuft. Wir erinnern uns, *Faraday* baut auf diesem gedachten Strom seine Definitionen der Anode und Kathode auf. Bald danach erweitert er seine Theorie des Magnetismus und gibt ihr die endgültige Form. In den magnetischen Materialien, wie Eisen, Kobalt und Nickel, kreisen um die Moleküle winzig kleine „Molekularströme“, die im Normalzustand völlig ungeordnet sind. Unter der Einwirkung eines äußeren magnetischen Feldes aber nehmen alle Ströme die gleiche Richtung an und addieren sich, so daß nun ihr eigenes magnetisches Feld in Erscheinung tritt. Verschwindet das äußere Feld, so bleibt bei Stahl die Ausrichtung der Ströme erhalten; er ist selbst zu einem Magneten geworden. Im weichen Eisen dagegen kehrt die Unordnung der Molekularströme zurück, und nach außen hin zeigt sich kein Magnetismus mehr.
Ampère kehrt damit der bisher herrschenden Theorie von den zwei magnetischen Fluida den Rücken. Seine Meinung wird jedoch nicht widerspruchslos hingenommen. Die Theorie von den Molekularströmen kommt viel zu früh, sie soll erst rund 100 Jahre später voll gewürdigt werden und ihre Bestätigung finden.
1822 gelingt es ihm, mit Hilfe zweier Stromkreise eine Drehbewegung zu erzeugen, nachdem, wie wir noch sehen werden, im Jahr zuvor *Faraday* ein Gleiches im Felde eines Magneten erreicht hat. Daraus leitet *Ampère* dann 1823 das Grundgesetz der Elektrodynamik ab, auf dem die gesamte Lehre von eben dieser Elektrodynamik beruht.
Inzwischen hat auch *Arago* eigene Versuche aufgenommen und schon am 25. September vor der Akademie bewiesen, daß der elektrische Strom nicht nur auf bereits magnetische Körper einwirkt, sondern auch in noch unmagnetischem Eisen Magnetismus hervorrufen kann. Er taucht hierzu den Schließungsdraht eines Elementes in Eisenfeilspäne. Sobald ein Strom fließt, bedeckt sich der Draht vollkommen mit den Spänen, die bei einer Unterbrechung sofort wieder abfallen.
Aragos Versuche veranlassen nun wiederum *Ampère* im Hinblick auf seine eigene Theorie von den Kreisströmen des Magnetismus den Schließungsdraht spiralförmig zu einer Spule aufzuwickeln, die er „Solenoid“ nennt. Er

verspricht sich hiervon eine verstärkte Wirkung gegenüber einem einfachen Draht. Die Hoffnung erfüllt sich auch, aber nicht nur das, die Spule verhält sich darüber hinaus, vom Strom durchflossen, genauso wie ein stabförmiger Magnet. Schließlich kann *Ampère* sogar beweisen, daß sich alle Wirkungen der Magnete auch mittels stromdurchflossener Spulen erzeugen lassen.

Ein verhängnisvoller Fehler

Im September des Jahres 1822 besucht *Ampère* seinen Kollegen Charles Gaspard *de la Rive* in Genf, wo beide ihre Erfahrungen austauschen und gemeinsam experimentieren. Sie hängen dabei auch nahe einer fast ebenen Spule einen Kupferring an einem dünnen Faden auf. Dem Ring wird ein Hufeisenmagnet genähert, so daß dessen einer Pol innerhalb und der andere außerhalb des Ringes zu liegen kommt. Sobald in der Spule ein Strom fließt, bewegt sich der Ring je nach Stromrichtung zum Magneten hin oder von ihm weg. Eine plausible Erklärung gibt es dafür zunächst nicht. Der Kupferring ist stromlos, jedenfalls ist er an kein galvanisches Element angeschlossen, also dürften eigentlich auch keine anziehenden oder abstoßenden Kräfte auftreten. Dennoch vermutet *Ampère*, daß in dem Ring Ströme vorhanden sind; sie müssen vom Spulenstrom her erregt worden sein.
Noch im selben Monat berichtet er von dieser Erscheinung vor der Pariser Akademie, wo seine Erklärung aber auf Ablehnung stößt. Die Herren Kollegen sind der Ansicht, im Kupfer des Ringes sei ein geringer Anteil Eisen vorhanden gewesen und habe die magnetischen Wirkungen hervorgerufen. *Ampère* begeht nun leider den verhängnisvollen Fehler, sich mit diesen Darlegungen zufrieden zu geben und verfolgt die Angelegenheit nicht weiter.
Erst als *Faraday* die „Induktionserscheinung“ entdeckt, und eine solche ist auch bei dem Versuch in Genf im Spiele gewesen, erinnert sich *Ampère* des damaligen Vorgangs. Aber jetzt ist es zu spät, um die Priorität der Entdeckung für sich selbst zu buchen. Das aber mindert keineswegs das Ansehen dieses großen französischen Gelehrten, der im privaten Leben nicht gerade vom Glück begünstigt ist und manchen Schicksalsschlag hinnehmen muß.
Ampère ist der Sohn eines vermögenden Seidenhändlers und wird am 22. Januar 1775 in Polémieux bei Lyon geboren. Schon als Knabe zeigt er seine großen geistigen Fähigkeiten, ist in der klassischen Literatur bestens bewandert und beginnt frühzeitig die Beschäftigung mit den Grundlagen der Physik, Mathematik, Chemie, Botanik und Philosophie. Der tragische Tod seines Vaters, der in den Revolutionswirren hingerichtet wird, trifft den Jüngling schwer. Der zweite Schicksalsschlag ereilt ihn, er ist inzwischen Gymnasialprofessor für Physik geworden, als 1803 seine über alles geliebte Frau nach knapp vierjähriger Ehe stirbt und ihn mit seinem kleinen Sohn allein läßt. In tiefer Verzweiflung beschließt er, Lyon zu verlassen und geht nach Paris, wo er Repetitor für Mathematik am Polytechnikum wird. Hier heiratet er erneut, aber diese Ehe geht bereits nach einem halben Jahr auseinander. Dann folgt seine Ernennung zum Professor und später zum Generalinspekteur der Universitäten.
Während dieser Zeit wendet sich *Ampère* von der Mathematik ab und neigt sein ganzes Interesse der Chemie zu, wo er ebenfalls Großartiges leistet. Kaum aber sind seine wesentlichen Arbeiten auf diesem Gebiet abgeschlossen, löst er sich bereits wieder davon und befaßt sich mit der Psychologie und Methaphysik, dann fesselt ihn die Logik und schließlich wechselt er 1820 abermals das Thema. Nun steht die Elektrizität und der Magnetismus im Vordergrund seiner Bemühungen, und wie wir gesehen haben, fördert er auch in dieser Disziplin binnen kürzester Zeit völlig neue und umwälzende Erkenntnisse zu Tage. Er arbeitet hierbei in einem recht bescheiden eingerichteten Labor in seiner kleinen Pariser Wohnung. 1821 zeigen sich die ersten Anzeichen einer Kehlkopfschwindsucht, die dem so überaus erfolgreichen Leben am 10. Juni 1836 ein Ende setzt.
Die Einheit des elektrischen Stromes, das Ampere, hält seinen Namen in der Technik lebendig. Sein Hauptwerk erscheint 1827 unter dem Titel: „Sur la théorie mathématique des phénomènes électrodynamiques“.
Neben *Ampère* und *Arago* befassen sich in Frankreich noch die Professoren Louis Joseph *Gay-Lussac* sowie

Jean Baptiste *Biot* und Félix *Savart* mit dem Elektromagnetismus. Die beiden letzteren verlesen am 30. Oktober 1820 vor der Akademie ihre Abhandlung über die Wirkungen der Kraft und entwickeln dabei das später nach ihnen benannte Gesetz.

Von der galvanischen Kette

Während die Physiker allenthalben in der Welt dem neuen Problem des Elektromagnetismus nachgehen, beschäftigt sich in Deutschland der Oberlehrer Georg Simon *Ohm* an einem Kölner Gymnasium mit dem eingehenden Studium der sogenannten galvanischen Kette. Diese galvanische Kette ist nichts anderes als ein gewöhnlicher Stromkreis, bestehend aus einem voltaschen Element, einem Galvanometer und einem Draht als Widerstand.

Ohms Vater ist Handwerksmeister, beschäftigt sich nebenher mit Mathematik und unterrichtet darin seine beiden Söhne Georg Simon und Martin. Georg Simon besteht 1805 die Reifeprüfung und besucht anschließend die Universität seiner Heimatstadt Erlangen. Aus Geldmangel muß er jedoch sein Studium von 1806 bis 1811 unterbrechen und verdient sich während dieser Zeit seinen Lebensunterhalt als Mathematiklehrer im Kanton Bern in der Schweiz. 1811 kann er dann das Studium der Mathematik fortsetzen, promoviert, wird Privatdozent, 1813 Mathematiklehrer in Bamberg und 1817 Oberlehrer für Physik und Mathematik an einem Gymnasium in Köln. Hier und während einer Beurlaubung nach Berlin erfolgen seine wichtigsten Arbeiten an dem heute nach ihm benannten ohmschen Gesetz. Sie beginnen zunächst mit der Ermittlung der relativen Leitfähigkeit von Metallen. Hierzu nimmt *Ohm* Drähte gleicher Dicke aus den unterschiedlichsten Materialien, schaltet sie als Widerstand in die erwähnte galvanische Kette und sucht jeweils diejenige Länge, bei der die verschiedenen Drähte gleiche Leitfähigkeit aufweisen. Dabei kommt er zu folgendem Ergebnis: Kupfer 1000, Gold 574, Silber 356, Zink 333, Messing 280, Eisen 174, Platin 171, Zinn 168 und Blei 97. Daß *Ohm* das Silber zunächst als einen schlechteren Leiter als Kupfer einstuft, liegt offenbar an einer Unrein-

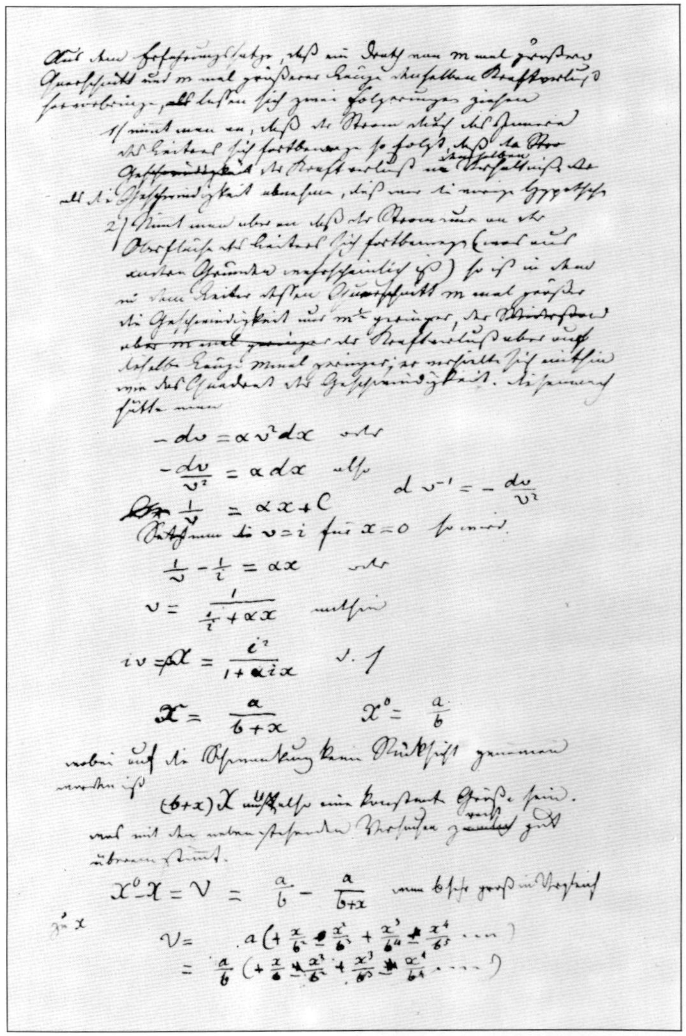

Eine Seite aus *Ohms* Versuchsprotokoll, auf der er das Ohmsche Gesetz am 11. Januar 1826 zum ersten Male niedergeschrieben hat

heit des Materials oder einer ungenauen Herstellung des Drahtes, der vielleicht nicht einheitlich dick ist.
Nicht nur das Beschaffen der benötigten gleichmäßig gezogenen Drähte ist schwierig, auch die Messungen sind zu jener Zeit ein außerordentliches Geduldsspiel. Vor allen Dingen die galvanischen Elemente bereiten *Ohm* viel Verdruß. Ihre Spannung ist nicht genügend konstant, so daß immer wieder Fehler auftauchen, die eine Wiederholung der Messungen erforderlich machen. Schließlich verwendet er, um die „Wogen der Kraft", wie er das Schwanken nennt, auszuschalten, Thermo-Elemente aus Kupfer und Wismut. Johann Christian *Poggendorf* gibt ihm den Rat, derartige Stromquellen zu verwenden.
Die Thermo-Elemente beruhen auf dem 1821 von Thomas Johann *Seebeck* entdeckten Thermoeffekt, wonach eine elektrische Spannung entsteht, wenn die Lötstelle zweier verschiedener miteinander verbundener Metalle erwärmt wird. Die Größe der Wirkung hängt dabei von der Art der Metalle und dem Temperaturunterschied der freien zu den verlöteten Enden ab. Man braucht die Temperaturdifferenz zwischen Lötstelle und freien Enden also nur auf stets gleichem Wert zu halten, dann ist auch die abgegebene Spannung konstant. Heute werden derartige Thermo-Elemente in großem Umfang zur elektrischen Temperaturmessung herangezogen.
Ohm nimmt Eis und kochendes Wasser als Bezugspunkte. Im Januar 1826 macht er dann Versuche mit Kupferdrähten unterschiedlicher Länge bei gleicher Dicke, erkennt, daß seine erste Formel nicht richtig ist und findet schließlich das nach ihm benannte Gesetz, welches aussagt, daß der Strom I in einem Leiter proportional der angelegten Spannung U und umgekehrt proportional dem Widerstand R ist.
Das Gesetz, so wie es *Ohm* niederschreibt, trägt allerdings nicht die heute jedem Schüler bekannte Form

$$I = \frac{U}{R},$$

denn festgelegte Einheiten für Strom, Spannung und Widerstand gibt es um diese Zeit nicht. Seine Formel enthält daher Ausschlagswinkel, Längenwerte und Konstanten. Alle Untersuchungen faßt er 1827 in seinem Werk „Die galvanische Kette, mathematisch bearbeitet" zusammen. Es enthält die theoretische Ableitung des Gesetzes und führt u. a. den Begriff „Gefälle" für die Spannungsdifferenz an zwei um eine Längeneinheit voneinander entfernten Punkten des Leiters ein.
Die Ehrungen erfolgen erst spät, 1833 wird *Ohm* Professor für Physik an der polytechnischen Schule in Nürnberg, 1839 deren Rektor und 1852, also zwei Jahre vor seinem Tode, ordentlicher Professor für Physik und Mathematik an der Universität in München. Heute lesen wir seinen Namen in der Einheit des elektrischen Widerstands, dem Ohm.
Sein Buch mit der Theorie der galvanischen Kette findet in der Fachwelt des Auslandes wesentlich mehr Beachtung als die im Jahr zuvor in Schweiggers Journal erschienene Abhandlung „Bestimmung des Gesetzes nach welchem Metalle die Contaktelektrizität leiten", aus der schon die experimentelle Ableitung des Gesetzes hervorgeht.
In Unkenntnis dieser ersten Veröffentlichung stellt der französische Physiker Claude Servais Mathias *Pouillet* das Ohmsche Gesetz 1836 noch einmal experimentell auf und beansprucht die Priorität für sich. Erst da erinnert sich die Fachwelt wieder jener anderen Arbeit und erkennt, daß auch *Ohm* das Gesetz bereits experimentell bewiesen und nicht nur aus einer Annahme heraus mathematisch abgeleitet hat. Auf diese Weise wird die Arbeit *Ohms* endgültig weiten Kreisen der französischen und englischen Gelehrten bekannt.
Seine Untersuchungen, die sich über mehrere Jahre erstrecken, zeigen deutlich, wie umständlich und zeitraubend Widerstandsmessungen in der ersten Hälfte des 19. Jahrhunderts sind. Schuld daran ist im wesentlichen die Unzulänglichkeit der galvanischen Elemente, über deren schwankende Spannung sich *Ohm* hinreichend beklagt.
Aber auch hier findet sich mit der Zeit eine Lösung in Form der Meßbrücke. *Wheatstone,* ein Bewunderer *Ohms,* entwickelt sie 1843 aus einer von Samuel Hunter *Christie* angegebenen Schaltung. Sie ist heute unter dem Namen Wheatstonesche Brücke in aller Welt bekannt.
Zwei weitere wichtige Gesetze über galvanische Ketten, nämlich über die Stromverteilung in mehreren parallel

liegenden Leitern und in verschiedenen miteinander verknüpften Stromkreisen stellt Gustav Robert *Kirchhoff* im Jahre 1845 auf. Auch diese Gesetze sind heute unter dem Namen ihres Schöpfers bekannt und gehören bereits zu den Grundlagen der Schulphysik.

Die erste elektromagnetische Rotation

Oersteds Entdeckung bleibt natürlich auch in England nicht unbeachtet. Hier bemüht sich der wegen seiner zahlreichen physikalischen Arbeiten bekannte und geachtete Londoner Arzt William Hyde *Wollaston* nicht nur eine elektromagnetische Ablenkung, sondern sogar eine Rotation zu erzeugen. Zwecks Durchführung der Versuche konstruiert er einen entsprechenden Apparat und erscheint damit in Begleitung *Davys* etwa Anfang des Jahres 1821 in den Räumen der Royal Institution. Das Unternehmen führt jedoch nicht zum Erfolg.
Gut ein halbes Jahr später befaßt sich *Faraday* mit der gleichen Aufgabe. Ihm ist das Glück hold. Auf Grund eigener elektromagnetischer Untersuchungen gelangt er zu der Überzeugung „. . . daß der Draht um einen Magnetpol und ein Magnetpol um den Draht rotieren muß . . .". Einige Vorversuche bestätigen seine Ansicht. Daraufhin baut er Anfang September 1821 einen „Rotationsapparat", der erstmals in der Geschichte der Naturwissenschaft durch Zusammenwirken von Elektrizität und Magnetismus eine fortlaufende Drehbewegung erzeugt. Wenn wir wollen, können wir das als Urform des Elektromotors betrachten.
Für diesen Rotationsapparat nimmt *Faraday* ein mit Quecksilber gefülltes Gefäß, in dem er mittels eines auf dem Boden liegenden Wachsstückes einen stabförmigen Dauermagneten senkrecht aufstellt, derart, daß der eine Pol etwa einen halben bis dreiviertel Zoll über die Oberfläche des Quecksilbers hinausragt. Auf der Oberfläche läßt er ein Korkstückchen schwimmen, durch das ein gerader aufrecht stehender Kupferdraht gesteckt ist, der mit seinem oberen Ende in einen Quecksilbertropfen taucht. Dieser Tropfen sitzt an einem amalgamierten Silbernäpfchen, das seinerseits an einem Messingdraht befestigt ist. Infolge der Amalgamierung kann der Tropfen nicht nach unten herabfallen, sondern haftet an dem silbernen Napf.
Messingdraht und Quecksilber im Gefäß verbindet *Faraday* nun mit den Polen einer Voltaschen Säule. Es entsteht auf diese Weise über Quecksilber, Kupferdraht, Silbernapf und Messingdraht ein geschlossener Stromkreis oder, wie man damals noch sagt, ein „Schließungskreis" für die Pole der Säule. Im Augenblick des Schließens setzt sich das Korkstückchen mit dem Kupferdraht in Bewegung und kreist um den aus dem Quecksilber herausstehenden Magnetpol. Dieser Vorgang hält solange an, wie der Strom im Kupferdraht fließt.
Die Rotation wird von ihm sofort eingehend untersucht, wobei sich zeigt, daß ihre Richtung abhängig ist von der Stromrichtung im Kupferdraht und davon, ob der Nord- oder der Südpol des Dauermagneten oben aus dem Quecksilber herausschaut. Ein Vertauschen der Stromrichtung oder der Polarität des Magneten bewirkt eine Umkehrung der Drehrichtung. Wird aber beides gleichzeitig gewechselt, so ändert sich die Drehrichtung nicht.
„Mein nächstes Ziel", schreibt *Faraday* in seinem abschließenden Bericht, „war nun, eine Rotation des Magnets um den Draht hervorzubringen". Also nimmt er wieder ein Gefäß mit Quecksilber, läßt darin den stabförmigen Magneten in aufrechter Lage schwimmen und von oben her einen Kupferdraht etwa in der Mitte des Gefäßes nahe beim Magneten eintauchen. Sobald der eine Pol der Voltaschen Säule mit dem Kupferdraht und der andere Pol mit dem Quecksilber verbunden wird, „. . . begann der obere Pol sich um den Draht zu drehen, ohne daß der untere abgewandte Pol eine Störung oder Gegenwirkung verursachte". In beiden Fällen ergeben sich gleiche Gesetzmäßigkeiten. Die Drehrichtung wird von der Richtung des Stromes und von der Polarität des Magneten bestimmt.
Von einem Instrumentenbauer läßt sich *Faraday* dann auch einen Apparat herstellen, in dem beide Rotationsvorrichtungen vereinigt und hintereinander geschaltet sind, so daß der gleiche Strom einmal den Draht um den Magneten und zum anderen den Magneten um den Draht rotieren läßt.

Etwas über eine Woche nur hat die gesamte Untersuchung gedauert. Am 11. September 1821 ist der Bericht darüber abgeschlossen und erscheint am 1. Oktober in den „Quarterly Journal of Science“. Eine Rotation an zwei Stromkreisen nachzuweisen, gelingt ihm allerdings nicht. Das erzielt, wie wir bereits wissen, ein Jahr später *Ampère*. Man hat *Faraday* eine Zeitlang vorgeworfen, er habe seine Ansichten bei *Wollaston* entlehnt und deswegen auch dessen Namen und Absichten in seinem eigenen Bericht verschwiegen. Er hat diese Unterstellung entschieden zurückgewiesen. Ein Mann von seinem Format hatte es wahrlich nicht nötig, seine Ideen woanders auszuleihen, aber Mißgunst gibt es eben überall.

Faraday setzt sich ein Ziel

Die von *Oersted* entdeckten Zusammenhänge zwischen der Elektrizität und dem Magnetismus verleiten *Faraday* zu einem kühnen Gedanken. Wenn der elektrische Strom in der Lage ist, magnetische Wirkungen hervorzurufen, so müsse eigentlich auch der umgekehrte Fall möglich sein, d. h. der Magnetismus elektrische Wirkungen erzeugen. In seinem Tagebuch aus dem Jahr 1822 steht, daß er sich vorgenommen hat, Magnetismus in Elektrizität zu verwandeln. Ja, er geht in seinen Gedankengängen sogar noch einen Schritt weiter. Magnete erzeugen in benachbartem Eisen Magnetismus und elektrische Ladungen rufen ebensolche Ladungen in benachbarten Körpern hervor; weshalb also sollte der in einem Leiter fließende elektrische Strom in einem anderen nahebei liegenden Leiter nicht ebenfalls einen Strom bewirken.
Um ständig an dieses Problem erinnert zu werden, so erzählt man, habe *Faraday* stets ein Stück gerades Eisen mit einer Drahtwicklung in der Westentasche getragen, von Zeit zu Zeit herausgenommen und sinnend betrachtet. Zwei Jahre vergehen noch, dann beginnen die Experimente, über die wir durch seine Tagebuchaufzeichnungen ausführlich unterrichtet sind. Am 28. Dezember 1824, dem ersten Experimentiertag, legt *Faraday* eine Spiralförmige Spule in Reihe mit einem galvanischen Element und einem Galvanometer. Dann steckt er einen Dauer-

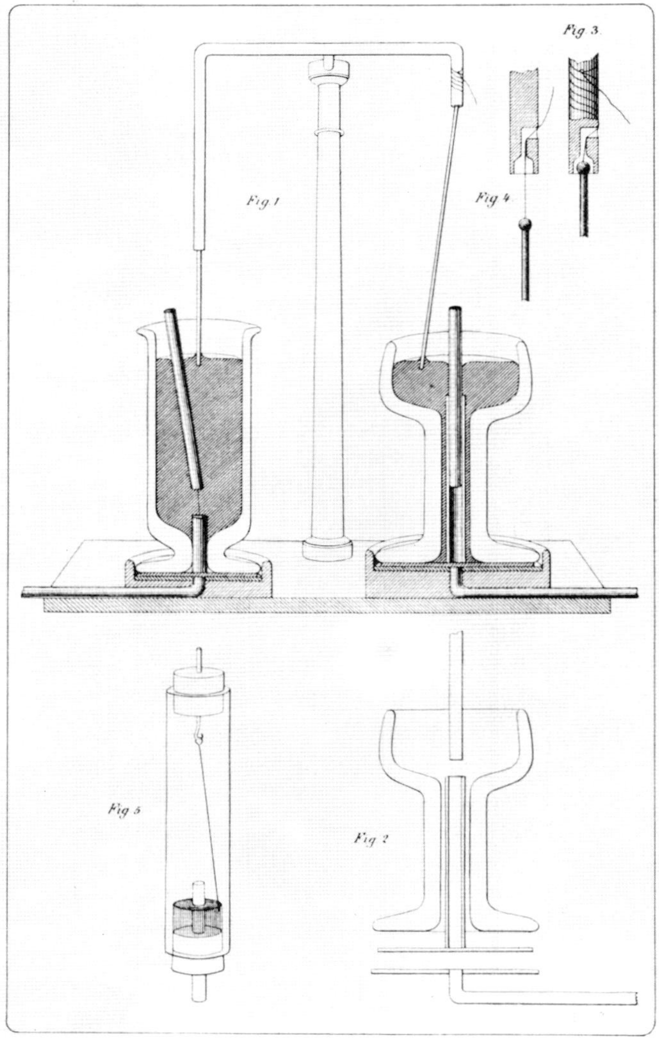

Faradays Rotationsapparat aus dem Jahre 1821, in dem der gleiche Strom einmal den Draht um den Magneten und zum anderen den Magneten um den Draht rotieren läßt

magneten in die Spule. Der Effekt aber ist gleich Null. Auch zahlreiche Varianten mit anderen Windungszahlen, Drahtstärken oder Magneten zeigen kein Ergebnis.
Am 28. und 29. November des folgenden Jahres fängt eine neue Versuchsreihe an. Diesmal verwendet *Faraday* Drähte von je fünf Fuß Länge, legt sie dicht nebeneinander aus, verbindet den einen davon mit einem Galvanometer und läßt den anderen von einem Strom durchfließen. Es zeigt sich ebenfalls keinerlei Wirkung. Vergeblich ersetzt er den stromdurchflossenen einfachen Draht durch eine Spule, in deren Achse der zweite am Galvanometer liegende Draht ruht. Vergeblich vertauscht er in dieser Anordnung auch Stromquelle und Galvanometer gegeneinander. Stets bleibt die erhoffte Beeinflussung aus.
Alle diese Versuche sind zweifellos richtig zusammengestellt, um den gewünschten Effekt zu zeigen, nur eben nicht mit Gleichstrom, wie er ihn verwendet, sondern mit Wechselstrom. Der aber ist noch unbekannt. Dennoch hätte *Faraday* beim Ein- und Ausschalten des Stromes eine Bewegung der Galvanometernadel bemerken können. Daß auch dies nicht der Fall ist, liegt wohl an zu kleinen Strömen und am Galvanometer, dessen Empfindlichkeit nicht ausreicht, die geringen Wirkungen anzuzeigen.
Nach einer längeren Pause, in der *Faraday* neue Wege sucht, nimmt er die Arbeiten 1831 wieder auf. Der 29. August ist der denkwürdige erste sogleich von Erfolg gekrönte Tag. Er berichtet darüber in seinem Tagebuch.
„2. Habe einen Eisenring machen lassen (weiches Eisen), Rundeisen und 7/8 Zoll dick und der Ring 6 Zoll im äußeren Durchmesser. Wickelte viele Windungen Kupferdraht um die eine Hälfte . . . Will diese Seite A nennen . . . Auf der anderen Seite, nur durch einen kleinen Zwischenraum getrennt, wurde Draht . . . insgesamt 60 Fuß lang . . . gewickelt, diese Seite sei B.
3. . . . Verband Drahtenden von B durch einen Kupferdraht, der . . . über eine Magnetnadel führt. Verband dann die beiden Drahtenden der A-Seite mit der Batterie; unmittelbar ein merkbarer Effekt auf der Nadel. Sie oszillierte und kehrte dann in die ursprüngliche Stellung zurück. Bei Unterbrechung der Verbindung mit der Batterie auf der A-Seite wieder ein Einfluß auf die Nadel.“

Der folgende Tag sieht ihn ebenfalls noch mit dem Ring beschäftigt. Dann überlegt er weitere Möglichkeiten und nimmt am 24. September ein zylindrisches Stück Eisen, das mit einer Spule versehen ist, deren Enden am Galvanometer liegen. Den Eisenzylinder hält er zwischen zwei Stabmagneten, die derart angeordnet sind, daß vom einen der Nord- und vom anderen der Südpol den Zylinder berührt. Die freien Enden der Stabmagnete bewegt *Faraday* hin und her, so daß sie sich nähern und entfernen und dabei den magnetischen Kreis öffnen und schließen.

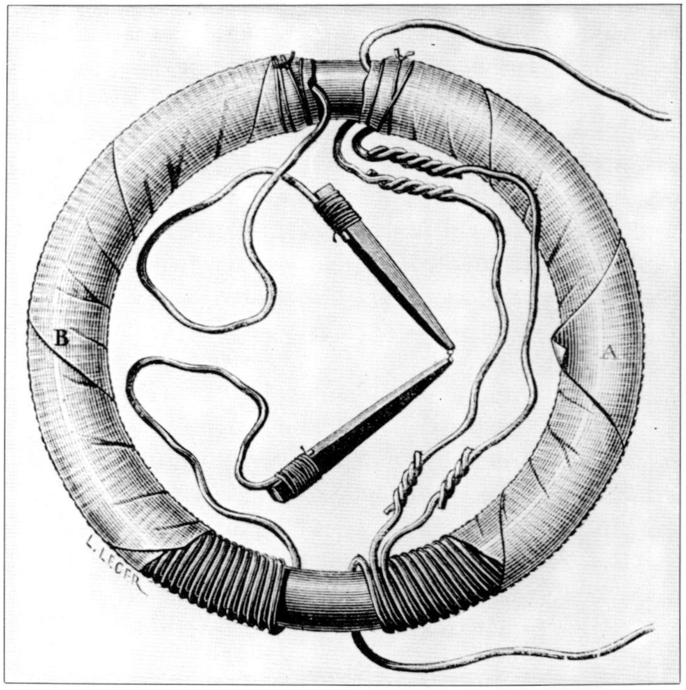

An diesem Ring entdeckt *Faraday* die Induktionserscheinung, es ist gleichzeitig der erste Transformator

Wieder zuckt die Nadel. Schließlich probiert er es am 4. Oktober noch mit zwei Wicklungen auf einem Holzstab. Die Nadel schwingt zwar auch diesmal, aber doch wesentlich schwächer als bei dem Eisenring. Immerhin erkennt er dabei eine unterschiedliche Richtung der Ablenkung beim Öffnen und Schließen des Stromkreises.
Den 17. Oktober verbringt *Faraday* mit der Untersuchung einer Spule, in die er einen zylindrischen Eisenstab mit schneller Bewegung hineinsteckt und wieder herauszieht. Die Nadel zeigt in beiden Fällen eine Ablenkung, jedoch nach verschiedenen Richtungen. Steckt der Stab in der Spule, so verharrt die Nadel in ihrer Ruhelage.
Weitere Tage des Probieren folgen, unterbrochen durch theoretische Überlegungen. Über die Versuche des 28. Oktober, bei denen der erste elektromagnetische Generator hergestellt wird, werden wir an anderer Stelle Näheres erfahren. Am 4. November, dem zehnten Experimentiertag, schließt *Faraday* die Versuchsserie ab. Das gesteckte Ziel ist erreicht, Magnetismus läßt sich in Elektrizität umwandeln. Innerhalb von neuneinhalb Wochen ist das gesamte Gebiet der Induktionserscheinung geklärt, ein glänzender Erfolg menschlichen Geistes.
Seine Erkenntnisse legt er in zwei Berichten nieder. Der erste wird am 24. November 1831, der zweite am 12. Januar des darauffolgenden Jahres vor der Royal Society verlesen. Die Veröffentlichung erfolgt dann 1832 in den Philosophical Transactions und später in der ersten und zweiten Reihe seiner „Experimental Researches in Electricity". Der Bericht beginnt mit der Einführung des Begriffs „Induktion" für die von ihm entdeckte Erscheinung. Er unterscheidet dann die „magneto-elektrische Induktion", sofern sie durch einen Dauermagneten hervorgerufen wird und die „Voltaelektrische Induktion", wenn ein zweiter stromdurchflossener Kreis die Ursache ist.
Es gibt wohl in der Naturwissenschaft kein weiteres Beispiel, in dem eine Entdeckung in so logischer und formvollendeter Weise bekannt gemacht worden ist.
Auf *Faraday* geht auch die allgemein bekannte „Dreifingerregel" zur Ermittlung der Richtung des induzierten Stromes zurück. Schließlich vermutet er sogar einen Zusammenhang zwischen dem Licht und den elektromagnetischen Erscheinungen. Er arbeitet ohne jede Mathematik und behauptet einmal scherzhaft, daß seine einzige mathematische Operation im Leben die gewesen sei, als er den Griff einer Rechenmaschine gedreht habe.

Auch Henry entdeckt die Induktion

Seit Peter *Collinson* eine Glasröhre für elektrische Versuche in die Neue Welt sandte und *Franklin* seine Entdeckung von den elektrischen Eigenschaften des Gewitters machte, ruht auch in Amerika die Beschäftigung mit der Elektrizität nicht mehr. Als daher die erste Kunde von den neuen Erkenntnissen der Elektrodynamik das Land erreicht, fällt sie bei dem Physiker Joseph *Henry* auf fruchtbaren Boden.
Henry wird 1797 in der Stadt Albany im Staate New York als Sohn eines Gerbers geboren. Der Vater stirbt früh, und Joseph kommt mit 13 Jahren zu einem Uhrmacher in die Lehre. Uhren reparieren behagt ihm gar nicht, viel lieber würde er Theater spielen oder gar Theaterstücke schreiben. Nebenbei besucht er die Schule. Eine kleine Verletzung, deretwegen er eine Zeitlang zu Hause bleiben muß, bringt den Wendepunkt in seinem Leben. Aus Langeweile liest er ein Buch, das ihm ein Untermieter seiner Eltern geschenkt hat. Es behandelt „Vorträge über experimentelle Philosophie, Astronomie und Chemie", ist besonders für die Jugend geschrieben und erweckt in ihm die Liebe zur Naturwissenschaft. Zunächst unterrichten ihn zwei Lehrer in Naturkunde, dann aber wird er als Student an der Albany-Academy aufgenommen. Seine erste Anstellung als Ingenieur zur Vermessung von Straßen befriedigt ihn ebenfalls nicht, und er entschließt sich, als Hilfslehrer an die Albany-Academy zu gehen, wo er 1826 Professor für Mathematik wird. 1832 erhält er einen Ruf an das College, die jetzige Princeton University, in New Jersey und 1846 als Erster Sekretär der soeben gegründeten „Smithsonian Institution" in Washington.
Jenes Institut, „das der Wissenschaft und ihrer Vermehrung und Verbreitung dienen soll", geht auf den Engländer James *Smithson* zurück, der 1829 in London stirbt und laut Testament eine halbe Million Dollar zur Grün-

dung dieses Instituts für den Fall bestimmt, daß sein Neffe, ohne Erben zu hinterlassen, das Zeitliche segnet. Der Fall tritt 1835 ein, und drei Jahre später bringt ein Jurist das Erbe, 106 Säcke mit je 1000 Goldsovereigns, nach Amerika. Neun Jahre lang debattiert der amerikanische Kongreß, ob die Summe zu akzeptieren sei oder nicht. Endlich entschließt man sich zur Annahme.

Aber zurück zu *Henry*. Seine meiste Zeit ist mit Lehrtätigkeit ausgefüllt, so daß ihm für eigene Arbeiten im wesentlichen nur die Semesterferien im August übrig bleiben, in denen er die große Halle des College als Labor benutzt.

Der Elektromagnet, den der englische Physiklehrer William *Sturgeon* 1825 als erster, also noch vor *Ampère,* hergestellt hat, will ihm nicht aus dem Sinn. *Sturgeon* nahm ein Stück Rundeisen, bog es in die Form eines Hufeisens, firnißte es zur Isolation und versah es mit 18 Windungen eines blanken Drahtes. Mit einem hohen Strom gespeist, ist dieser Elektromagnet einem gleichgroßen Dauermagneten weit überlegen, denn er vermag 9 Pfund, das ist etwa das 20fache seines eigenen Gewichts, zu heben.

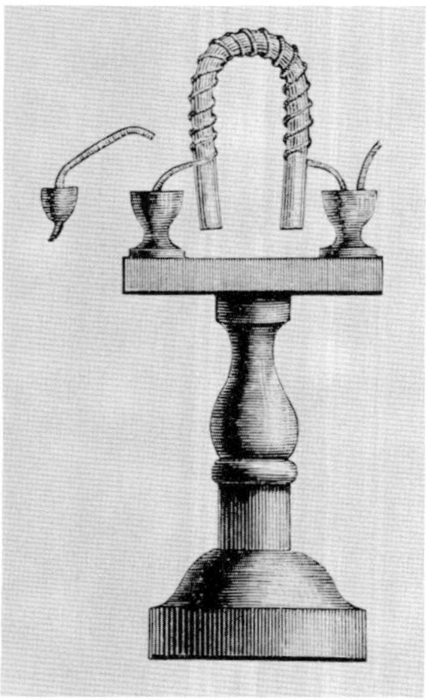

Der erste Elektromagnet der Welt von *Sturgeon* aus dem Jahre 1825

Henry überlegt nun, wie man die Wirkung eines derartigen Magneten noch weiter steigern könne und kommt dabei auf die Idee, den blanken Draht mit einer Isolation zu versehen. Damit lassen sich nun mehrere Lagen übereinander wickeln, was die Windungszahl beträchtlich erhöht. Im März 1829 ist der Gedanke ausgeführt, der Magnet hat 400 Windungen mit seideisoliertem Draht. Im Verlauf der weiteren Arbeiten unterscheidet er schließlich zwei Arten von Elektromagneten, den „Intensitätsmagnet" mit vielen Windungen eines langen dünnen Drahtes, der an einige in Serie liegende galvanische Elemente angeschlossen wird, und als Gegenstück dazu den „Quantitätsmagnet" mit zahlreichen kurzen Wicklungen, die alle parallel an einer Stromquelle liegen. *Henry* gelingt es auf diese Weise, Elektromagnete herzustellen, die das 50fache ihres eigenen Gewichts anheben hönnen. Es sind die größten ihrer Zeit.

Während er sich intensiv mit seinen Magneten beschäftigt, beobachtet er im August 1829, als der stromdurchflossene Draht einer Spule bricht, einen kräftigen Funken. *Henry* geht dem späteren Bericht seiner Tochter Mary A. zufolge dieser Entdeckung in den nächsten Semesterferien, also im August 1830, nach. Dabei nimmt er einen seiner Elektromagneten, versieht ihn in der Mitte mit einer zusätzlichen Wicklung aus dünnem Kupferdraht und legt deren Enden an ein 40 Fuß entferntes Galvanometer. Immer, wenn er den Magneten erregt, schlägt die Nadel des Galvanometers aus. *Henry* findet die Induktionserscheinung und die „Selbstinduktion", d. h. die Fähigkeit einer Spule oder eines Leiters, in sich selbst eine Spannung zu induzieren.

Die Versuche erstrecken sich noch über den August 1831 und den Juli 1832. Im Juli erscheint auch im „American Journal of Science" seine Veröffentlichung „Electrical Self-induction in a Long Helical Wire". Sie kommt gegenüber *Faraday* um gut ein halbes Jahr zu spät, dem damit die rechtliche Priorität an der Entdeckung der Induktion gebührt. Die Daten der Henryschen Arbeiten sind lediglich aus der bereits erwähnten Veröffentlichung seiner Tochter bekannt.

Ob nun diese induzierten Ströme, die ja nur als kurze Stromstöße beim Ein- und Ausschalten auftreten, in der

Lage sind, selbst wieder Ströme zu induzieren, erscheint den Wissenschaftlern zunächst fraglich. Der primäre Strom fließt vom Einschalten bis zum Ausschalten konstant, könnte also sehr wohl von anderer Art sein als der induzierte Strom. Daß nur der Wechselstrom durch Induktion getreu wiedergegeben wird, kann zu dieser Zeit niemand wissen. *Henry* aber erbringt 1838 den Beweis für die angezweifelte Identität, indem er die induzierten Ströme auf eine weitere Spule einwirken läßt, deren induzierte Ströme auf eine dritte Spule und so weiter bis zu Strömen fünfter Ordnung.
Heinrich Friedrich Emil *Lenz* gibt 1833 für die Richtung des durch die Bewegung induzierten Stromes das nach ihm benannte Gesetz an. Danach wirkt der Strom stets seiner Ursache entgegen.

Funken ungeahnter Größe

Will man mit Hilfe der Induktion nicht nur vereinzelte Stromstöße erzeugen, sondern solche von ununterbrochener Folge, so muß der primäre Gleichstrom ständig aus- und eingeschaltet werden. Der Franzose Antoine-Philibert *Masson* vollführt hierzu 1836 den ersten Schritt, indem er den primären Stromkreis mit Hilfe eines Zahnrades und einer Feder in schnellem Rhythmus öffnet und schließt.
Charles Grafton *Page* greift in Amerika den Gedanken auf und baut zwei Jahre später den ersten Funkeninduktor, eine Induktionsspule mit primärer Wicklung aus dickem Kupferdraht und einer sekundären Wicklung aus sehr dünnem Draht höherer Windungszahl. Eine äußerst sinnreiche Einrichtung, ein sogenannter Hammerunterbrecher, öffnet und schließt dabei selbsttätig einen Quecksilberkontakt. Mit diesem Apparat kann er aus einem einzigen Element viereinhalb Zoll lange Funken ziehen. Später kommt er sogar auf acht Zoll Länge.
Der Deutsche J. P. *Wagner* verbessert 1839 die Anordnung, indem er den Hammerunterbrecher mit einer Kontaktfeder aus Platin versieht und damit das Herumspritzen des Quecksilbers bei dem schnellen Schalten vermeidet. In dieser Form ist der Hammer der elektrischen Klingel fast allen bekannt.

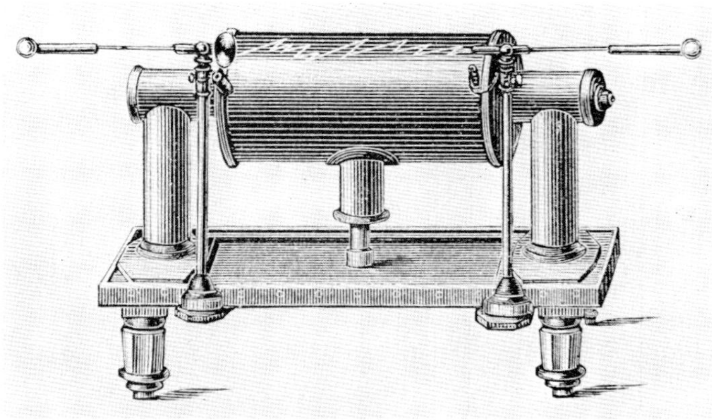

Der Appssche Funkeninduktor von der Internationalen Ausstellung für Elektrizität 1881 in Paris

Die berühmtesten Funkeninduktoren aber stellt ab 1851 der Hannoveraner Heinrich Daniel *Rühmkorff* her, der in Paris eine mechanische Werkstatt betreibt. Er versieht die Sekundärwicklung mit sehr hoher Windungszahl, deren beide Enden an zwei kugelförmige im Abstand veränderliche Elektroden geführt sind, zwischen denen die Funken überspringen. Für die Spule verwendet er einen Eisenkern mit offenem magnetischem Kreis. Über einen derartigen Funkeninduktor erzeugt *Rühmkorff* aus einer Gleichspannung von 15 V eine pulsierende Sekundärspannung von etwa 100 000 V und erreicht 1867 mit sechs Bunsen-Elementen kräftig knallende Funken von 40 cm Länge, die ungeheures Aufsehen erregen.
Den wohl größten jemals gebauten Funkeninduktor zeigt *Apps* 1881 auf der bereits erwähnten Internationalen Ausstellung für Elektrizität in Paris. Er hat die Abmessungen eines kleinen Pferdes, ist mit 450 km Draht bewickelt und kann mit 30 Grove-Elementen die für diese Zeit sensationelle Funkenlänge von 1,066 m erzeugen. Induktionsapparate spielen in der Elektromedizin jener Zeit eine wesentliche Rolle. Auch berühmte Physiker, wie *Röntgen* und *Hertz,* bedienen sich ihrer bei ihren Untersuchungen.

Fünf verschiedene Elektrizitäten – oder *ein* Elektron?

Rund 230 Jahre Erforschung der Elektrizität liegen jetzt hinter uns. Eine kurze Zeitspanne nur zu der halben Million Jahre, die der Mensch mit dieser geheimnisvollen Naturerscheinung in Berührung kommt, aber eine Zeit voller wissenschaftlicher Aktivität, deren lohnenswerte Aufgaben zahlreiche Gelehrte anlocken.

„Den Physikern", schreibt *Faraday,* „welche der Forschung mit Eifer, aber auch mit Bedächtigkeit obliegen, die bei dem Experiment die Analogie nicht außer acht lassen, gegen ihre vorgefaßten Meinungen auf der Hut sind, sich mehr vor einer Tatsache als vor einer Theorie beugen, nicht übereilt verallgemeinern und vor allem bereit sind, bei jedem Schritte ihre Meinung durch Überlegung und Versuche immer wieder durchzuprüfen, kann kein Zweig der Wissenschaft ein schöneres und ergiebigeres Entdeckungsfeld bieten als dieses. Dies zeigt sich in vollstem Maße an dem Fortschritte, welchen die Elektrizitätslehre in den letzten dreißig Jahren gemacht hat."

Aber noch etwa 60 Jahre sollen vergehen, bis die Lehre von der Elektrizität in ihren Grundzügen abgeschlossen ist und das Rätsel des einst Unfaßbaren gelöst ist.

Von den verschiedenen Elektrizitäten

Nach der Entdeckung der Induktionsströme wird es immer komplizierter mit der Elektrizität, jedenfalls hat es zunächst den Anschein. Die Wissenschaft kennt nun bereits fünf verschiedene Arten, die nach ihren Energiequellen als Voltasche, gewöhnliche, magnetoelektrische, tierische und Thermoelektrizität bezeichnet werden.

Die gewöhnliche stammt von der Elektrisiermaschine, die tierische vom Zitterrochen und die magnetoelektrische wird durch Induktion erzeugt. Die Voltasche liefert die Säule und die Thermoelektrizität der bereits erwähnte Thermoeffekt.

Sind diese fünf Elektrizitäten nun wirklich verschieden? Ganz einig sind sich die Physiker in dieser Frage nicht, denn manche, darunter auch *Davy,* bejahen es, zumindest für einige Arten. Andere wieder verneinen es. „Obwohl man demnach im allgemeinen den Eindruck von der Identität der Elektricitäten hat", sagt *Faraday* darüber in der dritten Reihe seiner „Experimental Researches in Electricity", „so sind doch offenbar die Beweise hierüber noch nicht hinlänglich klar und bestimmt, um die Billigung derer, welche ein maßgebendes Urtheil über diesen Gegenstand haben, zu erlangen."

Um die Beweise herbeizuschaffen, macht sich *Faraday* 1832 an die Arbeit, untersucht die verschiedenen Elektrizitäten und vergleicht ihre Wirkungen miteinander. Im Vordergrund der Betrachtungen steht dabei die physiologische Wirkung, d. h., der elektrische Schlag und das Muskelzucken, die magnetische Wirkung, die chemische Zersetzung, die Wärmeentwicklung im stromdurchflossenen Leiter und ferner die statischen Anziehungs- und Abstoßungskräfte.

Mit jeder der Elektrizitäten führt er die gleichen Versuche aus und ruft stets gleiche Wirkungen hervor. Es gelingt ihm dies zwar bei der Thermoelektrizität nicht in jedem Fall, aber das liegt, wie er schnell beweisen kann, nur an der geringen Intensität der zur Verfügung stehenden Quelle. Das Ergebnis seiner Experimente ist eindeutig, er faßt es in die Worte „Der allgemeine Schluß, welcher, wie ich glaube, aus dieser Summe von Thatsachen gezogen werden muß, ist der, daß alle Elektricität, welcher Quelle sie auch entstammen mag, ihrem Wesen nach identisch ist".

Damit ist diese Streitfrage ein für allemal geklärt. Es gibt nur eine Art von Elektrizität. Am 15. Dezember 1832 ist *Faradays* Bericht darüber abgeschlossen. Die Mitglieder der Royal Society vernehmen ihn am 10. und 17. Januar des folgenden Jahres.

Faradays unsichtbare Linien

Obwohl wir nun schon so vieles aus dem Leben dieses großen englischen Naturwissenschaftlers vernommen haben, müssen wir doch noch ein wenig bei ihm verweilen, denn es bleibt uns ein weiteres wichtiges Arbeitsgebiet, auf dem er ebenfalls überaus fruchtbar tätig gewesen ist, die Elektrostatik. Mit ihr finden wir auch seinen Namen in der Einheit der Kapazität, dem Farad, verknüpft.

Bereits 1835, nachdem die anderen Arbeiten im wesentlichen abgeschlossen sind, sehen wir *Faraday* mit den elektrostatischen Problemen beschäftigt. Besonders am Herzen liegt ihm die Influenzerscheinung, die er „Elektrostatische Induktion" nennt.

Die bisher allgemein übliche Anschauung von der Fernwirkung elektrischer Ladungen, wie sie *Coulomb* und andere Naturwissenschaftler vertreten, erscheint ihm nicht den Tatsachen zu entsprechen. Er vermutet vielmehr, daß an der Fortleitung der elektrostatischen Kräfte das Isoliermaterial zwischen den beiden geladenen Körpern beteiligt ist. Das hat seinen guten Grund, denn aus verschiedenen Experimenten geht eines klar hervor, die Intensität der Kräfte hängt nicht nur von der Größe der Ladung und der räumlichen Anordnung, sondern auch von der Art eben dieses Isoliermaterials ab, das er „Dielektrikum" nennt.

Zu seiner Kennzeichnung führt er den wichtigen Begriff der „spezifischen Induktionskapazität" ein. William *Thomson,* der spätere *Lord Kelvin* of Largs, gibt dieser Größe dann den Namen „Dielektrizitätskonstante", der durch die Arbeiten *Maxwells* allgemeine Verbreitung findet.

In manchen seiner Erkenntnisse betritt *Faraday,* ohne es allerdings zu wissen, die bereits von *Cavendish* begangenen Pfade. Die Experimente zeigen *Faraday* darüber hinaus noch etwas anderes, nämlich die Wirkung der elektrischen Ladung bereitet sich nicht immer geradlinig aus, wie es der Fernwirkungstheorie ohne Mithilfe eines Übertragungsmediums entspricht, sondern auch auf krummen Linien. Er nennt sie „lines of force", die „Kraftlinien". Alle von einem geladenen Körper ausgehenden Kraftlinien stellen das elektrostatische „Feld" dieses Körpers dar.

Maxwell gibt später für sie in seiner Veröffentlichung „On Faradays Lines of Force" eine plausible Erläuterung. Er schreibt: „Wenn ein Körper in gegebener Weise elektrisirt ist, so wird ein kleiner, mit positiver Elektricität geladener Körper in jeder gegebenen Lage in der Nähe des ersten Körpers eine Kraft erfahren, die ihn nach einer bestimmten Richtung treibt. Wenn der kleine Körper gleich stark negativ elektrisirt ist, wird er durch eine gleiche Kraft gerade nach der entgegengesetzten Richtung getrieben. Genau in derselben Beziehung steht ein magnetischer Körper zum Nord- oder Südpol eines kleinen Magnets.

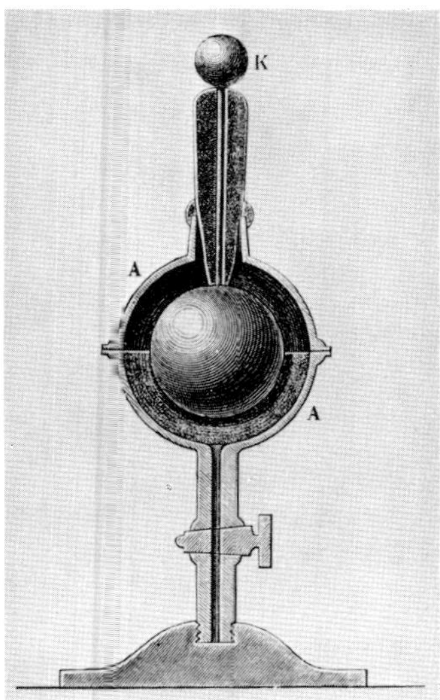

Faradays Apparat zur Messung der spezifischen Induktionskapazität

Wenn der Nordpol nach der einen, so wird der Südpol gerade nach der entgegengesetzten Richtung getrieben. Wir können daher durch jeden Punkt des Raumes eine Linie so ziehen, daß sie die Richtung der elektrischen oder magnetischen Kraft, d. h. der Kraft, welche daselbst auf ein positiv elektrisirtes Theilchen oder auf einen punktförmigen Nordpol wirkt, darstellt, oder auch die umgekehrte Richtung der Kraft auf ein negativ elektrisirtes Theilchen oder einen Südpol. Da dies für jeden Punkt des Raumes gilt, so können wir, von irgendeinem Punkte ausgehend, eine Linie so ziehen, daß ihre Richtung in jedem ihrer Punkte mit der elektrischen oder magnetischen Kraft in diesem Punkte zusammenfällt. Diese Curve wird für jeden ihrer Punkte die Richtung dieser Kraft anzeigen und sie mag deshalb Kraftlinie heißen. Wir können in derselben Weise andere Kraftlinien ziehen, bis wir den ganzen Raum mit Curven angefüllt haben, welche durch ihre Richtung die der Kraft in jedem beliebigen Punkte anzeigen."

Für seine Messungen der spezifischen Induktionskapazität verwendet *Fáraday* zwei konzentrische Hohlkugeln aus Messing, deren Zwischenraum er mit verschiedenen Medien ausfüllt. Als Vergleichsgröße dient ihm eine zweite in allen Abmessungen übereinstimmende Anordnung, die mit Luft gefüllt ist. Beide lädt er zugleich an einer gemeinsamen Stromquelle auf.

Von neuen Elektrisiermaschinen

Durch die Entdeckung der galvanischen Elektrizität werden die Probleme der Elektrostatik zunächst eine Zeitlang in den Hintergrund gedrängt. *Faraday* aber lenkt durch seine soeben geschilderten Arbeiten erneut die Aufmerksamkeit der Wissenschaftler auf sie. Im Vordergrund des Interesses stehen nun die Influenzerscheinung und die darauf beruhenden Einrichtungen zur Erzeugung von Elektrizität.

Die Ladungsmaschine von *Wilke,* der Elektrophor *Voltas* und seine zahlreichen Abwandlungen sind zwar noch keine Maschinen im üblichen Sinn, die stetige Elektrizität erzeugen, sondern eine einmal aufgebrachte Ladung wird durch verschiedene Manipulationen stufenweise vergrößert. Ideal aber wäre eine Einrichtung, die, so wie es die Säule vollbringt, stetig Elektrizität abgeben kann.

Die ersten Versuche in dieser Richtung unternimmt 1831 der Italiener *Belli.* Seine Maschinenkonstruktion ist aber noch sehr umständlich. Auch ähnliche Anordnungen anderer Physiker bleiben ohne größere Bedeutung. Die eigentliche Ära dieser später „Influenzmaschinen" genannten Einrichtungen beginnt 1860 mit dem britischen Patent Nr. 206 des Engländers Cromwell Fleetwood *Varley.* Es enthält die Urform der in den folgenden Jahren entwickelten Maschinen. Sie besteht aus einer Glasplatte

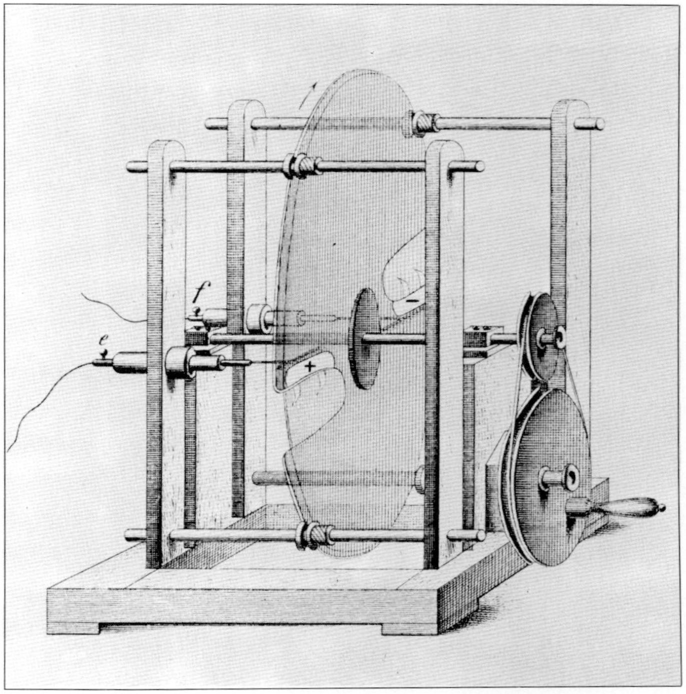

Influenzmaschine von *Holtz,* 1865

mit aufgeklebten Zinnfolien, vor der sich eine Kautschukscheibe mit metallischen Leitern bewegt. Fünf Jahre später führen W.T.B. *Holtz* und A.J.I. *Toepler* unabhängig voneinander eigene Konstruktionen vor und verdrängen damit endgültig die althergebrachte Reibungselektrisiermaschine.
Die Holtzsche Maschine, deren Läufer aus einer Glasplatte ohne metallische Beläge besteht, muß, wie der Elektrophor und alle anderen Bauformen, zu Beginn ihrer Tätigkeit von außen her erregt werden. Das kann in einfachster Weise durch einen geriebenen Glasstab geschehen. Die Erregung hält an, solange die Maschine in Betrieb ist.
Etwas Besonderes bietet die kurz vor *Holtz* von Professor *Toepler* in Dorpat gezeigte Influenzmaschine, von der er folgendes berichtet: „Eine sehr auffällige Erscheinung zeigte sich bald nach Anfertigen des Apparates. Es hat sich nämlich erwiesen, daß der Apparat, um in Thätigkeit zu gelangen, gar nicht elektrisirt zu werden braucht. Wenn er auch Wochen lang nicht gebraucht wurde, so beginnt er doch von selbst wieder zu arbeiten, wenn man nur 4 bis 5 Minuten anhaltend gedreht hat.“ Dieses Prinzip der Selbsterregung soll später noch eine ganz wesentliche Rolle spielen. In ihrer Leistung ist die Toeplersche Maschine bei gleichen Abmessungen derjenigen von *Holtz,* die etwa 10 Watt abgeben kann, unterlegen. Die Holtzsche Konstruktion wird daher für die Zukunft richtungweisend und zahlreiche Ausführungen ähnlicher Art erscheinen. Nur wenige davon aber zeigen wirkliche Fortschritte. Die wichtigsten stammen von dem Engländer James *Wimshurst* und dem Deutschen H. *Wommelsdorf,* der 1902 eine Maschine vorweisen kann, deren Leistung etwa das 20- bis 50fache der bisherigen Maschinen erreicht. Er nennt sie „Kondensatormaschine“.
Influenzmaschinen spielen in der physikalischen Forschung ihrer Zeit eine wesentliche Rolle, sind sie doch die einzigen Elektrizitätsquellen, die eine beträchtlich hohe Gleichspannung abzugeben vermögen.
Nachdem es trotz zahlreicher Bemühungen nicht gelungen ist, die Leistungen der Maschinen noch weiter zu steigern, gelten sie Anfang des 20. Jahrhunderts als veraltet und überholt. Erst die Entwicklung der Kernphysik mit ihrer Kernspaltung, zu der weit höhere Gleichspannungen als bisher üblich erforderlich sind, erweckt erneut das Interesse an den elektrostatischen Generatoren, denn noch immer gibt es keine andere Möglichkeit, derartige Spannungen zu erzeugen. In die Technik haben sie sich entgegen den Hoffnungen einiger ihrer Konstrukteure nicht eingeführt.

Zwei Gleichungen verwandeln das Bild der Physik

Mit dem schnellen Fortschritt in der Entwicklung der Elektrizitätslehre rückt auch ihre theoretische Behandlung immer mehr in den Vordergrund. Die Gelehrten bemühen sich, die experimentellen Ergebnisse in mathematische Formeln zu kleiden.
Auf das erste Gesetz der Elektrostatik von *Coulomb* folgen weitere für die Elektrodynamik, darunter die bereits erwähnten von *Ohm, Kirchhoff, Biot, Savart, Ampère* und anderen. Der Engländer James Prescott *Joule* befaßt sich mit den seit langem bekannten Wärmewirkungen des elektrischen Stromes und entwickelt 1841 das nach ihm benannte Joulsche Gesetz. Es besagt, daß die in einem Leiter vom Strom erzeugte Wärmeleistung gleich dem Produkt aus dem Widerstand dieses Leiters und dem Quadrat des ihn durchfließenden Stromes ist.
Zwei Jahre zuvor weist *Joule* auch die Sättigungserscheinung im Eisen nach und korrigiert damit endgültig eine falsche Vorstellung über das Verhalten von Eisen in elektromagnetischen Kreisen. Zwar bemerken schon früher *Lenz* und *Jacobi* bei ihren gemeinsamen Arbeiten, daß sich der Magnetismus eines Elektromagneten durch höhere Windungszahl der Erregerspule oder durch größere Ströme nicht beliebig steigern läßt. Beide deuten diesen Vorgang aber falsch und erkennen nicht die physikalische Eigenart, die dahinter verborgen ist. Exakte Untersuchungen macht dann der Freiburger Professor Johann Heinrich Jakob *Müller.* Er trägt die Verhältnisse in einem Diagramm auf und veröffentlicht 1851 die erste bekannt gewordene Magnetisierungskurve. Sie erlangt später für die Berechnung elektromagnetischer Kreise große Bedeutung.
Auch eine andere Vorstellung ist inzwischen ungültig geworden, die lange Zeit hindurch vorherrschende Zwei-

Fluida-Theorie, wie sie von *Aepinus, Symmer* und *Wilke* Mitte des 18. Jahrhunderts aufgestellt wurde. *Faradays* Untersuchungen über die elektrostatische Induktion bringen sie zu Fall. Da *Faraday* aber nur mit der symbolischen Kraftlinienvorstellung ohne jegliche Mathematik arbeitet, übernimmt W. *Thomson* 1845 die ersten Ansätze einer mathematischen Formulierung.

Dann greift jener geniale Engländer das Thema auf, der durch seine nun folgenden Arbeiten zu einem der größten Physiker der Weltgeschichte werden soll: James Clerk *Maxwell*. *Maxwell* entstammt einer alten schottischen Familie. Seine Wiege steht in Edinburgh, wo er am 13. Juni 1831 als Sohn eines Anwalts das Licht der Welt erblickt. Mit acht Jahren verliert er die Mutter und vergräbt sich in der Folgezeit immer mehr hinter Büchern. Besonders die Mathematik hat es ihm angetan und knapp 15jährig kann er bereits seine erste mathematische Schrift veröffentlichen. Ab 1847 besucht *Maxwell* die Universität in Edinburgh, studiert hier Mathematik, Physik und Chemie und darf bald selbständig experimentieren. 1850 wechselt er zum Trinity College nach Cambridge über, um sich, von Faradays „Experimental Researches" angeregt, mit der Elektrizität zu beschäftigen.

Sechs Jahre später beruft ihn das Marischal College zu Aberdeen als Professor für Physik, dann 1860 das King's College in London und schließlich übernimmt er 1871 in Cambridge den neu gegründeten Lehrstuhl für experimentelle Physik, wo er selbst dann das weltberühmte Cavendish Labor ins Leben ruft. Hier in Cambridge schließt er am 5. November 1879 für immer die Augen.

Maxwell ist der geborene Wissenschaftler. Er verbindet ein ungewöhnliches Einfühlungsvermögen in physikalische Probleme mit exzellentem mathematischem Wissen.

Mit seinen eigenen Anschauungen über die Theorie der Elektrizität tritt *Maxwell* erstmals um die Wende 1855/56 an die Öffentlichkeit. Vor der Cambridge Philosophical Society spricht er am 10. Dezember und 11. Februar über seine bereits zitierte Arbeit „On Faraday's Lines of Force", in der der Kraftlinienbegriff nun in mathematische Formeln gekleidet ist. Bereits in der Einleitung entwickelt er eine klare Vorstellung von den Forderungen, die an eine umfassende Theorie zu stellen sind. Er sagt dazu:

„Will man daher gegenwärtig eine Theorie der Elektricität und des Magnetismus aufstellen, so muß dieselbe, wenn sie erschöpfend sein soll, in die Beziehungen zwischen statischer und strömender Elektricität, sowie auch zwischen den Anziehungen und den Inductionswirkungen in beiden Zuständen Einsicht gewähren. Ferner muß sie diejenigen Gesetze, deren mathematische Form bekannt ist, in Übereinstimmung mit den bisherigen Theorien liefern und zudem die Berechnung jener Übergangsfälle ermöglichen, in denen die bekannten Formeln nicht anwendbar sind."

In den nun folgenden Jahren vervollständigt und verfeinert er seine Theorie, und es entstehen 1861/62 jene berühmten „Maxwellschen Gleichungen", die eine Beziehung zwischen der elektrischen und der magnetischen Feldstärke herstellen. Anstelle der von *Faraday* eingeführten Polarisation des Dielektrikums eines Kondensators, oder allgemeiner ausgedrückt, des Dielektrikums zweier oder mehrerer geladener Körper, setzt *Maxwell* eine „elektrische Verschiebung". Er vergleicht sie mit einem elastischen Körper, der in seine Ausgangsposition zurückspringt, sobald die von außen einwirkende Kraft verschwindet. Den bei der Verschiebung im Dielektrikum auftretenden Strom nennt er „Verschiebungsstrom". Es ist die Fortsetzung des in den Kondensator hineinfließenden „Leitungsstromes". Beide zusammen ergeben stets den in sich geschlossenen Strom eines Stromkreises. Darüber hinaus prägt er auch die Begriffe der elektrischen und magnetischen „Feldstärke".

Mit diesen Voraussetzungen kann Maxwell alle bis dahin bekannten elektrostatischen und elektrodynamischen Probleme klären. Das aber vermögen die Theorien anderer Wissenschaftler im wesentlichen auch, wenn auch auf anderem Wege. *Maxwell* jedoch gelingt es, mit seiner Theorie noch eine andere Frage zu lösen, die bereits seit Jahrhunderten die Gemüter bewegt: Was ist Licht? Die ersten, die sich darüber Gedanken machen, sind wieder einmal die alten Griechen. *Pythagoras* und andere glauben an kleine Teilchen, die auf die Pupille des Auges treffen, während *Euklid* und die Schüler *Platos* Strahlen annehmen, die sowohl vom Auge als auch vom Objekt ausgehen und in dem Augenblick, in dem sie sich treffen, Licht

hervorrufen. Um 1660 tritt dann der Bologneser Professor Francesco Maria *Grimaldi* zunächst noch zaghaft mit einer „Wellentheorie“ hervor, wobei er verschiedenen Farben bereits verschiedene Wellenlängen zuordnet. Christian *Huygens* legt dann 1678 in seiner Schrift „Traite de la lumière“ endgültig die Wellentheorie dar. Sie hält sich bis Isaac *Newton* in seinem 1704 erschienenen Werk „Optics“ wieder zur „Korpuskulartheorie“, der Theorie von den kleinen Teilchen, überwechselt. Dabei bleibt es jedoch nicht. Thomas *Young* geht rund 100 Jahre später erneut von einer Welle aus.
Beeinflußt von der persönlichen Bekanntschaft mit *Faraday* der sich ebenfalls mit Fragen des Lichts befaßt, wendet sich ihnen auch *Maxwell* zu und zieht 1865 aus seiner Theorie der Elektrizität und des Magnetismus die überraschende Schlußfolgerung einer „elektromagnetischen Welle“, die sich mit Lichtgeschwindigkeit im Raum ausbreitet und durch eine zeitliche Änderung von Strömen oder Spannungen hervorgerufen wird. Als Beispiel einer solchen Welle nimmt er sogleich das Licht selbst an. 1873 erscheint sein Hauptwerk „Treatise on Electricity and Magnetisme“, in dem die gesamte Theorie zusammengefaßt ist.
Maxwells elektromagnetische Welle, die die beiden bis dahin voneinander völlig getrennten Gebiete Licht und Elektrodynamik zusammenführt, wird nicht überall sofort mit Begeisterung aufgenommen. Kritische Stimmen werden wach, denn noch ist alles eine reine Hypothese und durch keinerlei praktische Beobachtung gestützt.
Es dauert Jahrzehnte bis dieser großartige Gedankenflug, eines der wichtigsten Ereignisse in der Physik, volle Anerkennung findet.

Über elektrodynamische Wellen im Luftraum

23 Jahre lang soll die elektromagnetische Welle eine Hypothese bleiben, bis es dem jungen deutschen Physiker Heinrich Rudolph *Hertz* gelingt, sie tatsächlich experimentell zu beweisen.
Auch *Hertz* ist der Sohn eines Anwalts. Er wird 1857 in Hamburg geboren und möchte ursprünglich Ingenieur werden. Nach Abschluß des Gymnasiums neigt er aber dann doch mehr zur theoretischen Seite und entschließt sich, ebenso wie *Maxwell,* das Studium der Physik, Mathematik und Chemie aufzunehmen, zuerst an der Universität München und ab 1878 in Berlin. Hier wird er zwei Jahre später Assistent von Professor Hermann Ludwig Ferdinand *von Helmholtz.* Seit 1883 sehen wir ihn als Privatdozent in Kiel, von wo aus er 1885 nach Karlsruhe geht, um dort an der Technischen Hochschule eine Professur für Physik zu übernehmen. Erst 32 Jahre alt, erhält er 1889 an der Universität Bonn einen Lehrstuhl für Physik. Eine chronische Krankheit bereitet seinem Leben 1894 allzu früh ein Ende.
Hertz befaßt sich zunächst mit der Maxwellschen Theorie, überarbeitet sie und stellt sie auf eine einheitliche Basis. Den allgemeinen Anlaß zur Entdeckung der elektromagnetischen Wellen gibt nach seinen eigenen Worten eine im Jahre 1879 von der Akademie der Wissenschaften zu Berlin ausgeschriebene Preisaufgabe. Gesucht wird eine Beziehung zwischen den elektrodynamischen Kräften und der dielektrischen Polarisation der Isolatoren, welche experimentell nachzuweisen ist.

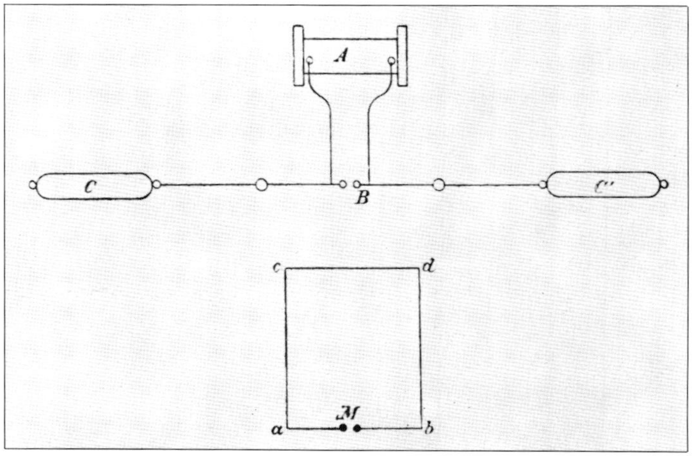

Hertzsche Versuchsanordnung aus dem Jahre 1887 mit zusätzlichen Kapazitäten am gestreckten primären Draht

Durch *Helmholtz* darauf aufmerksam gemacht, überdenkt er die Aufgabe, kommt jedoch zu dem Schluß, sie sei nicht lösbar und verzichtet auf eine Bearbeitung. Dieser Verzicht ist zwar der Preisaufgabe gegenüber endgültig, nicht aber für seine persönlichen Interessen, denn er schreibt in der Einleitung zu seinen „Untersuchungen über die Ausbreitung der elektrischen Kraft“: „Es blieb aber mein Ehrgeiz, die damals aufgegebene Lösung später dennoch auf irgendeinem neuen Wege zu finden, zugleich war meine Aufmerksamkeit geschärft für Alles, was mit elektrischen Schwingungen zusammenhing.“
Derartige elektrische Schwingungen sind zuvor von dem Kieler Physiker Berend Wilhelm *Feddersen* an dem Entladefunken von Leidener Flaschen beobachtet worden.
Daß Schwingungen auch in gestreckten Leitern mit einem freien Ende und in Drahtspiralen mit eingeschalteter Funkenstrecke auftreten, erkennt Friedrich Wilhelm *von Bezold* 1870.
Ein glücklicher Zufall läßt *Hertz* im Herbst des Jahres 1886 in der physikalischen Sammlung der Technischen Hochschule in Karlsruhe eine Einrichtung zur Untersuchung von Entladungsfunken finden, die er alsbald selbst zum Studium der Schwingungen verwendet und in der Folgezeit mehrfach abwandelt. Als Stromquelle dient ihm ein großer Rühmkorffscher Funkeninduktor von 52 cm Länge und 20 cm Durchmesser, mit dessen Funkenstrecke ein rechteckiger Drahtbügel verbunden ist, der ebenfalls eine kleine verstellbare Funkenstrecke besitzt. Sobald nun an der Funkenstrecke des Induktors ein Funke überspringt, bemerkt *Hertz* einen solchen auch an der Funkenstrecke des Drahtbügels und nennt ihn „Nebenfunken“.
Als Ursache dieser eigenartigen Erscheinung vermutet er Selbstinduktion. Um das zu beweisen, trennt er die Verbindung zwischen Bügel und Funkeninduktor und legt die eine Seite des nun freibeweglichen Bügels parallel zur Funkenstrecke des Induktors. Es treten tatsächlich wieder Nebenfunken auf, wenn auch wesentlich schwächere. Das spornt ihn zu weiteren Versuchen an und schließlich stellt er dabei fest, daß sich stärkere Funken ganz leicht erzielen lassen, wenn die induzierende Funkenstrecke mit zusätzlichen Kapazitäten versehen wird.

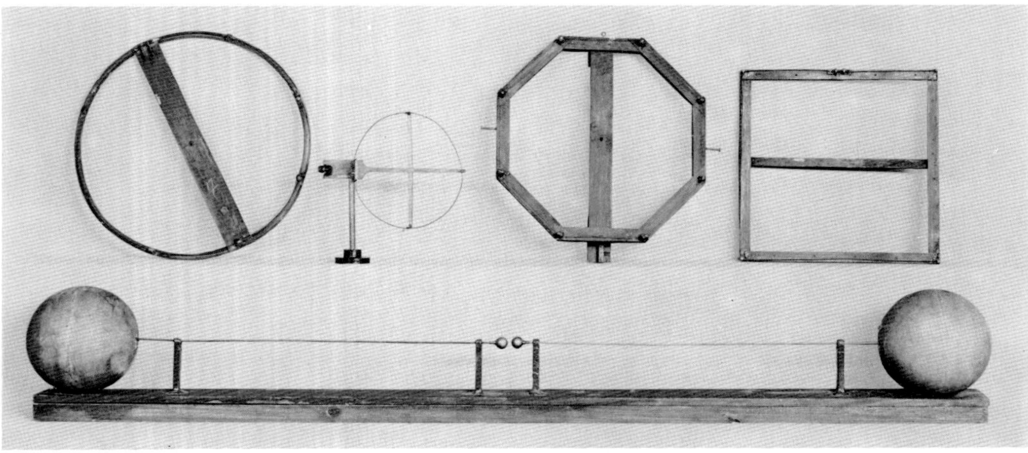

Originalapparate von *Hertz,* mit denen er die elektrodynamische Welle entdeckte

Um die Wirkungen auch über gewisse Entfernungen hinweg zu untersuchen, vergrößert *Hertz* den primären Kreis und verwendet einen gestreckten Draht von drei Metern Länge mit je einem Kondensator aus den abgenommenen Konduktoren einer Elektrisiermaschine an seinen beiden Enden. In der Mitte hat der Draht die Funkenstrecke. Der freie Drahtbügel hat die Abmessungen 80 cm × 120 cm. Ihn stellt er mehr oder weniger weit vom primären Kreis entfernt auf und beobachtet das Erscheinen der Nebenfunken.

Über die Ergebnisse berichtet er 1887 in seiner ersten Veröffentlichung zu diesem Thema: „Wurde nun die kürzeste Entfernung zwischen beiden Leitern (gemeint ist der gestreckte primäre Draht und die ihm parallel liegende Seite des Bügels) gleich 50 cm gemacht, so waren noch induzierte Funken von 2 mm Länge zu erhalten; wurde die Entfernung größer, so nahm die Funkenlänge schnell ab, doch war noch bei 1,5 m kürzester Entfernung ein regelmäßiger Funkenstrom wahrnehmbar."

Die verstärkende Wirkung zusätzlicher Kapazitäten an der Funkenstrecke führt ihn zur Ausnutzung der Resonanz, d. h. zur Abstimmung beider Kreise auf gleiche Schwingungsdauer. Der Erfolg dieser Maßnahme ist überraschend; allein durch Verändern der Kapazität des primären Kreises kann er die Länge des Nebenfunkens von Bruchteilen eines Millimeters auf 3 Millimeter erhöhen.

Im Herbst 1887 löst er auch die eingangs erwähnte Preisaufgabe, wovon er der Akademie am 10. November Mitteilung macht. Im Jahr darauf ist die Erzeugung von Nebenfunken bereits bis auf eine Entfernung von 12 m möglich. Das aber erregt am meisten sein Erstaunen, denn nach den bisherigen Anschauungen nehmen die elektrischen Kräfte ja mit dem Quadrat der Entfernung ab, sie müßten also sehr schnell unmerklich klein werden. Ganz offensichtlich ist das hier nicht der Fall. *Hertz* fragt sich daher, ob vielleicht gar nicht die Induktion, sondern eine elektrische Welle im Luftraum die Ursache der Nebenfunken ist. Noch 1888 kann er die von *Maxwell* vorhergesagte Welle nachweisen, die sich im Raum ausbreitet, die Lichtgeschwindigkeit hat und von leitenden Flächen reflektiert wird. Er nennt sie „elektrodynamische Welle".

Gerade diese Reflexionen sind es, die ihn beim Ausmessen der Wellen fast zur Verzweiflung bringen. „Entmutigt brach ich die Versuche ab", berichtet *Hertz* hierüber. Nach Wochen erst nimmt er sie wieder auf, denn eine derartige Reflexion liegt nach seinen eigenen Worten außerhalb aller Erwartungen. „Während ich die Wirkung meiner primären Schwingung in großen Entfernungen untersuche, war mir deutlich eine Art von Schattenbildung hinter leitenden Massen entgegengetreten, und diese war mir nicht sehr auffällig erschienen. Etwas später glaubte ich auch eine eigentümliche Verstärkung der Wirkung vor solchen schattengebenden Massen und vor den Wänden des Raumes zu bemerken. Als mir zuerst der Gedanke kam, daß diese Verstärkung von einer Art Reflektion der elektrischen Kraft von den leitenden Massen herrühre, schien mir derselbe fast unzulässig, so sehr wich er immerhin von der uns damals geläufigen Vorstellung einer elektrischen Kraft ab."

In einem „Über Strahlen elektrischer Kraft" genannten Sitzungsbericht der Berliner Akademie der Wissenschaften vom 13. Dezember 1888 erzählt *Hertz* dann, wie es ihm gelungen ist, an den elektrischen Wellen die gleichen Eigenschaften nachzuweisen, wie sie auch beim „Licht und der strahlenden Wärme" auftreten, d. h. neben der Reflexion auch ihre geradlinige Ausbreitung, ihre Polarisation und ihre Brechung. Die hierzu verwendete Apparatur besteht aus einem Hohlspiegel, in dessen Brennpunkt der erregende Leiter, also die Sendeantenne, liegt. Sie kann heute im Deutschen Museum besichtigt werden.

Die dabei benutzten Wellen haben eine Wellenlänge von etwa 60 cm und führen ihn zu der abschließenden Bemerkung „Nachträglich dürfen wir dieselben vielleicht auch als Lichtstrahlen von sehr großer Wellenlänge bezeichnen. Mir wenigstens erscheinen die beschriebenen Versuche in hohem Grade geeignet, Zweifel an der Identität von Licht, strahlender Wärme und elektrodynamischer Wellenbewegung zu beseitigen."

Die kürzesten Wellen, die *Hertz* bei seinen Versuchen erzeugt, haben eine Länge von 24 cm, fallen also in ein Gebiet, das wir heute mit UHF (Ultra High Frequency) bezeichnen. Mit diesen Wellen werden heute Fernsehprogramme übertragen.

Die gelehrte Welt registriert die Hertzsche Entdeckung zunächst nur als das, was sie im Augenblick ist, als eine hervorragende wissenschaftliche Leistung zum Beweis der Maxwellschen Hypothese. Sie honoriert sie mit dem bereits erwähnten Lehrstuhl in Bonn. *Hertz* selbst ist vom Echo seiner Arbeiten überrascht und vermerkt: „Sie haben einen Beifall gefunden, welcher meine Erwartungen übertraf.“
Die wahre Bedeutung der elektromagnetischen Welle und die damit verknüpften Folgen für die gesamte Nachrichtentechnik sieht zu dieser Zeit niemand voraus, weder ihr Entdecker noch irgendein anderer.

Des Rätsels Lösung

Mit Riesenschritten nähert sich die Lehre von der Elektrizität im 19. Jahrhundert der Klärung aller noch offenen Probleme. Zu ihnen gehört auch die seit langem brennende Frage nach dem Wesen der Elektrizität.
Rein spekulativ deutet *Franklin* bereits 1747 den ersten Schritt zu ihrer Lösung an, als er in seiner Unitarischen Theorie eine elektrische Materie annimmt, die aus ungewöhnlich feinen Partikeln besteht und den ganzen Raum ausfüllt. Praktisch gibt es allerdings zu jener Zeit keinerlei Hinweise oder gar Beweise einer derartigen Teilchenstruktur.
Die ersten Anzeichen für das Vorhandensein geladener Teilchen liefert die Elektrolyse. Schon *Ritter* erwähnt 1800, daß bei dem Zersetzungsprozeß konstante Ladungen von positiver und negativer Elektrizität zu den Anschlußdrähten wandern. Bei *Faraday* begegnet uns die gleiche Anschauung wieder. Er belegt 1833 den Ladungsträger mit dem Namen „Ion“. Es ist ein Elementarteilchen mit unveränderlicher elektrischer Ladung.
Dreizehn Jahre später faßt Wilhelm Eduard *Weber* auch die Leitung der Elektrizität in Metallen als eine Wanderung elektrisch positiver und negativer Teilchen auf, die er „Atome“ nennt und die eine Wechselwirkung aufeinander ausüben. Diese „atomistische Theorie“ wird von ihm 1871 noch erweitert. Beide Teilchen, die er jetzt $+e$ und $-e$ nennt, haben nach seinen Vorstellungen nur eine ganz geringe Masse unterschiedlicher Größe. Ihre Masse ist so winzig klein, daß sie gegenüber der ponderablen, d. h. der wägbaren Masse der Moleküle, vernachlässigt werden kann.
Im Gegensatz zu den in der Folgezeit ermittelten tatsächlichen Verhältnissen nimmt *Weber* die Masse des negativen Teilchens größer als die des positiven Teilchens an. Dabei soll sich das positive auf einer winzigen kreisförmigen Bahn um das negative herum bewegen. Auch hierbei zeigen sich später die genau entgegengesetzten Verhältnisse.
Mit dieser Theorie gelingt es ihm, zahlreiche spezielle Probleme der Elektrizitätslehre zu klären. Jedes ponderable „Molekül“, so nennt er das, was wir heute mit Atom bezeichnen, enthält stets die gleiche Anzahl beider Teilchen. Es muß dabei aber von jeder Sorte nicht nur eines vorhanden sein, das ist nur beim Wasserstoff der Fall. Alle anderen enthalten mehrere, und zwar eine dem Atomgewicht des Elements entsprechende Anzahl.
Weber stellt auf diese Weise das Atommodell der modernen Physik auf, nur sind bei ihm die Vorzeichen umgekehrt. Das aber kann er zu seiner Zeit noch nicht entscheiden.
Andere Physiker befassen sich in den folgenden Jahren ebenfalls mit dieser Theorie und gelangen im wesentlichen zu gleichen Ergebnissen. Unter ihnen befinden sich auch der uns bereits bekannte Physiker *Helmholtz* und der Engländer G. Johnstone *Stoney*. Letzterer führt 1895 für das von *Weber* „Atom“ genannte Teilchen den Namen „Elektron“ ein.
Im gleichen Jahr schließlich veröffentlicht der holländische Professor und spätere Nobelpreisträger für Physik Hendrik Antoon *Lorentz* seine „Elektronentheorie“, in der er die Maxwellsche Theorie, die ursprünglich auf der Basis eines den ganzen Raum füllenden Äthers beruht, auf eine Elektronenbewegung zurückführt. Er selbst spricht dabei zwar noch nicht von Elektronen, sondern von Ionen, meint aber eindeutig die Weberschen Atome, also die Elektronen. Der Begriff des Elektrons setzt sich nur langsam in der physikalischen Ausdrucksweise aller Länder durch.
Lorentz kann nun sämtliche bekannten Eigenschaften des Lichts und der elektromagnetischen Wellen aus seiner

Theorie ableiten. Zwei Jahre später schlägt die wahre Geburtsstunde des Elektrons. Ausgangspunkt sind die 1859 von Julius *Plücker* entdeckten „Kathodenstrahlen". Eingehende Untersuchungen dieser Strahlen fördern ungewöhnliche, noch nie dagewesene Eigenschaften zu Tage. Sie lassen sich durch elektrische und magnetische Felder ablenken und haben negative elektrische Ladung. Daraus entsteht die Vorstellung, daß die Strahlen korpuskularer Natur sein müssen, d. h. aus kleinen elektrisch geladenen Teilchen, eben jenen Elektronen, bestehen. Einmal auf die Spur des Elektrons gebracht, geben die Wissenschaftler keine Ruhe mehr, bis sie den Nachweis seiner Existenz endgültig in den Händen haben. Das gelingt mehreren Forschern gleichzeitig, darunter dem Engländer Joseph John *Thomson* und den Deutschen Emil *Wiechert* und Wilhelm *Wien*. Sie messen 1897 die spezifische Ladung der Teilchen und berechnen daraus wiederum ihre Masse. Ein Zweifel an dem Vorhandensein der Ladungsträger ist somit von keiner Seite mehr möglich.
Von nun an bemühen sich zahlreiche Gelehrte, die Ladung des Elektrons absolut zu bestimmen. Hierbei tritt besonders Robert Andrews *Millikan* hervor, Professor an der Universität Chicago und späterer Direktor des Norman Bridge Institutes für Physik in Pasadena/Calif. 1923 erhält er für diese und andere Arbeiten den Nobelpreis für Physik.
Damit aber noch nicht genug. 1925 schreiben der holländische Physiker Samuel Abraham *Goudsmit* und der ebenfalls holländische, später nach Amerika gehende Physiker George Eugene *Uhlenbeck* dem Elektron auf Grund ihrer Erfahrungen eine rotierende Bewegung zu. Durch diesen sogenannten Spin wird es zu einem winzigen Magneten und bestätigt damit die 100 Jahre alte Ampèresche Theorie von den Molekularströmen. Auf diese Weise sind sowohl die Elektrizität als auch der Magnetismus auf die Eigenschaften winzig kleiner Elementarteilchen zurückgeführt, deren Ladung

$e = 1{,}602 \cdot 10^{-19}$ C

und deren Ruhemasse

$m_0 = 9{,}035 \cdot 10^{-28}$ g

beträgt.
Mit dem Ausklang des 19. Jahrhunderts gilt die Lehre von der Elektrizität und dem Magnetismus im wesentlichen als abgeschlossen. Der Mechanismus des elektrischen Stromes in Metallen, Flüssigkeiten und Gasen ist geklärt, das Elektron geboren.
Dreihundert Jahre unermüdlicher Forschungsarbeit haben der Natur ein Geheimnis entrissen, das unfaßbar schien. Perioden der Ruhe und Zeiten ungestümen Vordrängens wechseln einander ab. Zufällige Entdeckungen vermischen sich mit systematisch gewonnenen Erkenntnissen auf diesem Triumphzug des menschlichen Geistes.
Bei der Erforschung der Naturgesetze allein aber bleibt es nicht. Der Mensch will die gewonnenen Erkenntnisse auch zu seinem Nutzen verwenden, und so entsteht aus der Elektrizitätslehre die Elektrotechnik, die heute unser tägliches Leben beherrscht und ohne die wir uns ein Dasein nicht mehr vorstellen können.

Ein neues Zeitalter beginnt

Von der voltaschen Säule zur Knopfzelle

Solange nur die statische Elektrizität bekannt ist und die von Hand oder über Treteinrichtung betätigte Elektrisiermaschine die einzige Elektrizitätsquelle von Bedeutung darstellt, kann an eine Anwendung größeren Umfangs nicht gedacht werden. Dennoch setzen Mitte des 18. Jahrhunderts die ersten Versuche ein, die Elektrizität in den Dienst der Menschheit zu stellen, aber sie bleiben im wesentlichen auf den Einsatz in der Medizin beschränkt und hier nur mit mehr oder weniger zweifelhaftem Erfolg. Vorschläge, die Elektrizität zur Übermittlung von Nachrichten heranzuziehen, tauchen um diese Zeit zwar ebenfalls auf, jedoch gelangen sie in den nächsten Jahrzehnten nicht über das Experimentierstadium hinaus.
Ein grundlegender Wandel der Situation tritt mit der Erfindung der voltaschen Säule ein, von der sich die wissenschaftliche Welt bald wesentlich mehr elektrische Energie verspricht, als bisher jemals zur Verfügung gestanden hat. Wenn auch manche der hochgesteckten Erwartungen vorläufig nicht in Erfüllung gehen, so veranlassen die Nachfolger der Säule, die galvanischen Elemente, doch schon frühzeitig in der Galvanotechnik die erste technische Anwendung der Elektrizität.
Trotz mancher Schwierigkeiten werden das galvanische Element, heute oft Batterie genannt, und der Nachfolger der Ritterschen Ladungssäule, der Akkumulator, bald ein unentbehrliches Instrument der Elektrotechnik. Beide behaupten in ständig verbesserter Form bis in die Gegenwart unangefochten ihren Platz.
Zahlreiche Namen sind mit ihrer geschichtlichen Entwicklung verknüpft; nur wenige davon berühmt geworden und einem Kreis von Fachleuten bekannt, die meisten völlig vergessen. Einige aber wollen wir uns in das Gedächtnis zurückrufen.

Aus der voltaschen Säule wird das galvanische Element . . .

Als *Volta* die Säule erfindet, ahnt er noch nicht, welche Folgen er damit heraufbeschwört, daß er der Physik ein völlig neues Gebiet eröffnet und den Grundstein zu einer bereits 100 Jahre später alle Welt umspannenden Technik legt.
Natürlich ist die Säule etwas völlig Ungewöhnliches, das wird von sämtlichen Physikern sofort anerkannt. Sie stellt ja die erste gleichmäßig fließende Elektrizitätsquelle dar, vielleicht aber mit einer anderen Art von Elektrizität, wie einige zunächst glauben. Gewiß, gleichmäßig im heutigen Sinne ist sie noch lange nicht, denn ihre Spannung schwankt mit der Zeit und mit der Belastung. Auch ist ihre Energie vorerst gering und darüber hinaus die Lebensdauer nicht sehr groß.
Viele Forscher, darunter *Ritter, Davy* und *Faraday,* verwenden die neue Energiequelle fortan für ihre Untersuchungen, wobei *Ritter* alsbald die Silberplatten durch solche aus dem billigeren Kupfer ersetzt. Weitere Bestrebungen zu ihrer Vervollkommnung werden wach und konzentrieren sich vor allen Dingen auf eine Untersuchung der verschiedenen Materialien hinsichtlich ihrer Eignung. Sehr schnell gelingt es, nicht nur die abgegebene Spannung durch Vermehrung der Plattenzahl, sondern auch den Strom durch eine Vergrößerung der Plattenoberfläche zu erhöhen.

Durch den Bau großer Säulen wird besonders der Engländer *Pepys* bekannt. Er stellt in den ersten Jahren des 19. Jahrhunderts eine solche aus 60 Paar Zink- und Kupferplatten von je sechs Fuß im Quadrat her. 1808 fertigt er für die Royal Institution die größte wohl jemals gebaute Säulengruppe. Dieses Monstrum besteht aus 2000 Plattenpaaren und hat eine Gesamtoberfläche von 128 000 Quadratinches, was etwa 82,6 m^2 entspricht.
Auch *Ritter* steht hierin nicht zurück, er bringt es auf eine Säule mit 224 Plattenpaaren.
Trotz dieser imposanten Exemplare tritt der Säulenaufbau sehr bald in den Hintergrund und wird durch die ebenfalls von *Volta* angegebene Tassenform ersetzt. Das „galvanische Element" umfaßt nun ein Glasgefäß, welches mit dem Elektrolyten gefüllt ist, in den zwei Elektroden aus verschiedenen Materialien eintauchen. Aber auch hierbei zeigt sich trotz vieler Mühen zunächst nicht der gewünschte Erfolg einer höheren Konstanz des Elementes. Schon bei der Säule stellt sich *Ritter* die Frage nach der Ursache des schnellen Sinkens der Spannung. Nähere Untersuchungen zeigen ihm, daß eine Erscheinung an den Elektroden dafür verantwortlich ist, die wir Polarisation nennen. Er bemerkt nämlich, wie sich infolge der chemischen Reaktion an der positiven kupfernen Elektrode Wasserstoff bildet, der den Stromfluß in der Säule bzw. im Element hemmt und ihn schließlich völlig zum Erliegen bringt. *Ritter* weiß sich zu helfen; er nimmt die Metallstücke der Säule einfach von Zeit zu Zeit heraus und wischt sie trocken ab. Allerdings sind seine Bemühungen nur von geringem Erfolg. Viel günstiger wäre es daher, die Polarisation überhaupt zu verhindern oder wenigstens stark zu verzögern, also Oxydationsmittel, sogenannte Depolisatoren, vorzusehen, welche die entsprechenden Gase absorbieren.
Das gelingt schließlich 1836 dem Engländer John Frederic *Daniell*, Professor der Chemie am King's College in London. Er geht von der einfachen Zink-Kupferzelle mit nur einem Elektrolyten ab und teilt das später nach ihm benannte Element durch einen porösen Abschluß aus Ochsengurgel in zwei Teile. Der eine davon ist mit verdünnter Schwefelsäure gefüllt, in den eine Elektrode aus Zinn taucht, der andere enthält Kupfersulfat mit einer kupfernen Elektrode. Sechs Stunden lang vermag dieses Daniell-Element bereits einen konstanten Strom abzugeben, eine beachtliche Steigerung. J. P. *Gassiot* ersetzt kurz danach die Ochsengurgel durch einen porösen Tonzylinder. In dieser Form ist es lange Zeit hindurch in Gebrauch.
Wenige Jahre später, 1839, tritt ein anderer Engländer, der Jurist und Naturwissenschaftler Sir William Robert *Grove* mit einem weiteren Element hervor, das ebenso konstant wie das Daniellsche ist, aber bedeutend höhere Ströme liefert. Eine Tonzelle trennt die Kombination Salpetersäure – Platinelektrode von der Schwefelsäure mit der amalgamierten Zinkplatte. Trotz seiner für damalige Verhältnisse guten elektrischen Eigenschaften hat es einen beträchtlichen Nachteil in der teuren Platinelektrode. Diesen Nachteil versucht im Jahr darauf der Engländer *Cooper* zu umgehen, indem er eine Kohleplatte anstelle des Platins verwendet. Kohle als positive Elektrode, und zwar eine besondere Art, ein Gemisch aus Steinkohle und Koks, verwendet 1841 auch der deutsche Chemiker *Bunsen*. Sein Element wird weithin bekannt und gern benutzt.

Das Element von *Bunsen* mit positiver Elektrode aus Kohle

Alle diese nassen Elemente mit den stark oxydierenden Säuren sind allerdings wenig robust und haben in der praktischen Anwendung ihre Tücken. Sie bestehen aus einem leicht zerbrechlichen oben offenen Glasgefäß und entwickeln ätzende Dämpfe. Sie verlangen wegen der aggressiven Säure äußerste Vorsicht beim Handhaben, und bereits im unbenutzten Zustand löst sich ihre negative Elektrode langsam auf. Letzterem versucht man teilweise dadurch zu begegnen, daß die Elektroden über eine kleine Hebevorrichtung bei Nichtgebrauch aus dem Elektrolyten herausgezogen werden.
Der Anwendungsbereich der galvanischen Elemente beschränkt sich daher zunächst im wesentlichen auf das Labor und andere feste Standorte, wo ein sachkundiges Personal zu ihrer Pflege zur Verfügung steht. Das ist unter anderem in der Telegraphie der Fall, für deren schnelles Aufblühen die Elemente neben den Telegraphenapparaten selbst die Voraussetzung sind. Hier finden sie demzufolge in zahlreichen Varianten eine weite, ständig wachsende Verbreitung und veranlassen den Beginn ihrer industriellen Fertigung.
Nicht nur Ingenieure, auch offizielle Stellen bemühen sich um ihren Einsatz. 1852 stiftet die französische Regierung einen Preis von 50 000 Francs für eine Entdeckung, die ihre Anwendung in der Industrie zum Heizen und Beleuchten oder in der Chemie oder der praktischen Heilkunde ermöglicht.
Infolge der ständigen Anstrengungen zur Vervollkommnung der galvanischen Elemente gibt es Mitte des 19. Jahrhunderts neben den genannten Ausführungen noch unzählige andere Formen. Sie haben allerdings nur selten Vorteile. Eine wirkliche Verbesserung, und zwar von ganz erheblicher Bedeutung, bringt erst wieder das Leclanché-Element.

Galvanisches Element mit Hebevorrichtung zum Trennen von Elektroden und Elektrolyt bei Nichtgebrauch

. . . und aus dem nassen galvanischen Element die Trockenbatterie

Die Trockenbatterie, so wie wir sie heute in vielen tragbaren Geräten verwenden, wird 1866 in Brüssel, zunächst ebenfalls in Form eines nassen Elements, erstmals in Gebrauch genommen. Ihr Schöpfer ist Georges *Leclanché.* 1839 in Parmain in Frankreich geboren, studiert er an der Ecole Centrale des Arts et Manufactures in Paris, macht dort 1860 sein Abschlußexamen und tritt anschließend in den Dienst der Eisenbahngesellschaft Compagnie de Chemin de Fer de l'Est. Hier befaßt er sich mit dem elektrischen Signalwesen und den dazu erforderlichen galvanischen Elementen. Wegen einer Konspiration gegen Napoleon III. wird *Leclanché* 1863 aus Frankreich ausgewiesen und geht nach Belgien, wo er sich in Brüssel niederläßt. Dort widmet er sich vorwiegend der Verbesserung der Elemente und macht wahrscheinlich 1866, genau wissen wir den Termin nicht, die großartige Erfindung des später nach ihm benannten Braunstein-Elements. Bereits *Volta* hatte beobachtet, daß Braunstein, ein Man-

ganmineral, und Zink, als Elektroden verwendet, eine hohe Spannung ergeben. Diese Tatsache legt *Leclanché* der eigenen Entwicklung zugrunde. In seiner ursprünglichen Form benutzt er als Behälter ein rechteckiges Glasgefäß, das mit konzentrierter Salmiaklösung gefüllt ist. In die Mitte des Gefäßes setzt er einen porösen Tonzylinder und in diesen wiederum einen Kohlestab, der am oberen Ende die positive Anschlußklemme trägt. Sodann schüttet er in den Raum zwischen der Tonzelle und dem Kohlestab ein Gemisch aus pulverisiertem Braunstein und Kohlestücken. Ein Zinkstab, der in die Salmiaklösung taucht, bildet die negative Elektrode.
Der große Fortschritt dieses Elementes gegenüber allen anderen bisher bekannten Ausführungen liegt in seinem chemisch einfachen Aufbau, d. h. in der Verwendung nur eines einzigen Elektrolyten und des Braunsteins als Depolisator. Braunstein löst sich im Elektrolyt nicht auf und verleiht dem Element dadurch eine wesentlich größere Lebensdauer. Selbst nach vielen Wochen kann *Leclanché* keine Veränderung in der Fähigkeit, Strom abzugeben, feststellen. Das aber ist bisher einmalig. Er erkennt sofort die Bedeutung seiner Erfindung und nutzt sie gewerblich aus, zumal die Elemente wegen des preiswerten Braunsteins auch billig herzustellen sind.
Auf der Pariser Weltausstellung 1867 wird das neue Element erstmals dem breiten Publikum vorgeführt. Im Jahr darauf finden wir in der Zeitschrift Les Mondes auch eine Beschreibung. Wegen seiner überragenden Eigenschaften findet das Braunstein-Element in der Fachwelt großen Anklang, und die Zahl der von ihm gefertigten Elemente steigt rapide an. 20 000 Stück sind es nach seinen eigenen Angaben in den Jahren 1866 und 1867, eine Serienfertigung beachtlichen Ausmaßes für damalige Verhältnisse.
Zehn Jahre nach der Erfindung gibt *Leclanché* eine bedeutende Verbesserung seines Elements bekannt. Er preßt nun das Braunstein-Kohlegemisch zu rechteckigen Platten, die er beidseitig der ebenfalls plattenförmigen Kohleelektrode anordnet. Der Tonzylinder wird dadurch hinfällig.
Andere Männer nehmen sich der Weiterentwicklung ebenfalls an, und so fällt auch bald der Glasbehälter fort, indem die ursprünglich stabförmige Zinkelektrode als Becher hergestellt wird, der gleichzeitig als Gefäß dient. Das einzige, das nun noch störend im Betrieb wirkt, ist der flüssige Elektrolyt. Ihn zu beseitigen, ist das Ziel der Zukunft.
An sich ist die Idee, ein trockenes Element zu schaffen, gar nicht mehr neu. Bald nach *Voltas* Entdeckung, nämlich schon 1803, beschreibt *Hachette,* Professor der Ecole Polytechnique in Paris, vor dem Institute Nationale eine trockene Säule. 1812 bemüht sich auch der Veroneser Professor für Physik Giuseppe *Zamboni,* eine solche herzustellen. Dann versucht man es, den Elektrolyten verschiedener Elemente mit Sand oder Sägespänen zu binden, und schließlich nimmt der Mainzer Augenarzt D. *Gaßner* 1886 Gips zu Hilfe.

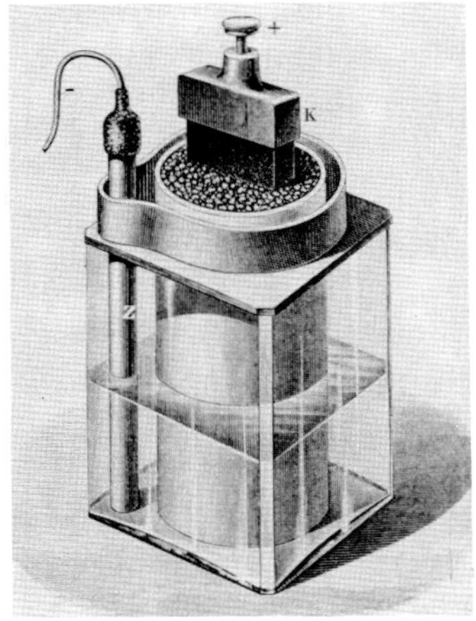

Das Braunstein-Element von *Leclanché* in seiner ersten Form um 1866

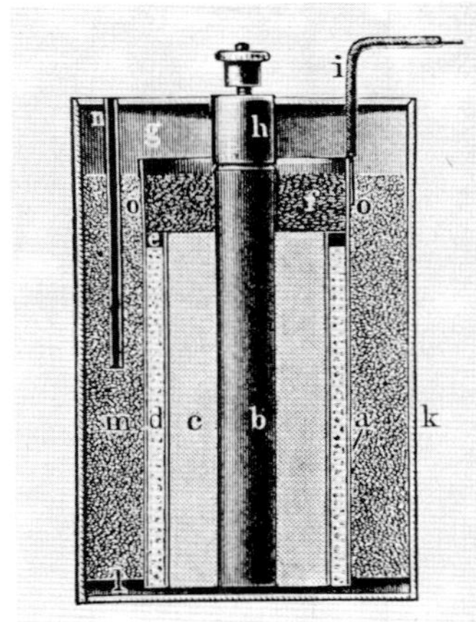

Hellesen macht den Elektrolyten des Leclanché-Elements durch Zusätze zu einer weichen Masse und schafft damit die Grundform des Trockenelements

Alle diese Ausführungen befriedigen aber nicht, und die Suche nach einer zweckmäßigeren Lösung geht weiter. Erst als *Hellesen* 1887 das Leclanché-Element heranzieht und den Elektrolyten durch Zusätze zu einer weichen Masse macht, kommt man der Sache näher. Knapp ein Jahrzehnt später faßt dann der Deutsche Paul *Schmidt* den Gedanken, Weizenmehl zum Eindicken zu verwenden. Nun gibt es eine in tragbaren Geräten brauchbare Form, und die Batterie, wie wir sie heute noch verwenden, ist in ihren Grundzügen geboren. Taschenlampen, bis dahin nur als Spielerei betrachtet, werden von nun an ein wirkliches Gebrauchsgut.

Wir haben es bereits gesagt, nicht alle an die galvanischen Elemente geknüpften Hoffnungen gehen in Erfüllung. Sämtliche Versuche, sie als Energiequelle bei größerem Leistungsbedarf einzusetzen, schlagen fehl, gleichgültig, ob es sich um den elektrischen Antrieb von Booten oder um die ersten elektrischen Eisenbahnen handelt. Auch zur Straßenbeleuchtung sind sie, wie 1844 *Deleuil* in Paris und fünf Jahre später *Jacobi* in St. Petersburg mit Bedauern feststellen müssen, nicht geeignet. Lediglich bei kurzzeitig währender Festbeleuchtung anläßlich besonderer Ereignisse, erfüllen sie recht und schlecht ihren Zweck. Strom aus Batterien, in größeren Mengen bezogen, ist in jenen Jahren ein teures Vergnügen, und es entsteht das Schlagwort „Zink ist teurer als Kohle“, d. h. es ist wirtschaftlicher, Kohle in einer Dampfmaschine zu verfeuern und damit Arbeit zu verrichten, als eine Batterie mit Zinkelektroden zu verwenden. Als wirklich großes Anwendungsgebiet der Batterie bleibt also nur der Bereich geringen elektrischen Energiebedarfs. Das ist hauptsächlich die bereits erwähnte Telegraphie sowie die Telephonie und das Signalwesen.

Auf dem weiteren recht wechselvollen Weg des galvanischen Elements geht auch hiervon wieder ein Teil an den Akkumulator verloren, und mancher prophezeit nach der Erfindung der Dynamomaschine überhaupt das Ende der Elemente und sieht sie in naher Zukunft zusammen mit der Elektrisiermaschine nur noch in den Museen stehen. Was die Elemente anbetrifft, haben jene Propheten unrecht. Auch nach der Einführung der Dynamomaschine ist und bleibt es als kleine leicht transportable elektrische Energiequelle unerreicht und viel begehrt. Die Einführung des Rundfunks erhöht in der sogenannten Anodenbatterie den Bedarf weiterhin, bis gegen Ende der 20er Jahre der netzbetriebene Rundfunkapparat die Nachfrage reduziert. Als aber der kleine tragbare Transistorempfänger in den 50er Jahren auf dem Markt erscheint, erobert sich die Batterie dieses alte Anwendungsgebiet zurück. Darüber hinaus sind Batterien heute in Industrie und Forschung wie auch in Haushalt und Hobby unumgänglich.

Im Laufe der Zeit werden an den Batterien verschiedene Verbesserungen vorgenommen, die aber nicht nur konstruktiver oder fertigungstechnischer Natur sind und neben der klassischen zylindrischen Form in den letzten Jahrzehnten auch die „Platten- und Knopfzelle“ hervorbringen, sondern auch die Lebensdauer weiter erhöhen und durch Stahlummantelung Betriebssicherheit und Lagerfähigkeit verbessern.

100 Jahre nach seiner Erfindung liegt das Leclanché-Element unter allen gefertigten Batterietypen noch immer weitaus an der Spitze und zeugt von der glücklichen Idee seines Urhebers.

Nur ein geringer Prozentsatz der Produktion verteilt sich auf neuere Entwicklungen, vor allen Dingen auf die alkalische Zink-Quecksilberoxidzelle und die alkalische Zink-Braunsteinzelle. Der Gedanke, einen alkalischen Elektrolyten zu verwenden, ist bereits alt. Er taucht erstmals 1880 auf, als der Franzose E. *Reynier* ein verbessertes Daniell-Element veröffentlicht. Weitere Vorschläge aus dem Anfang des 20. Jahrhunderts führen aber infolge zahlreicher Schwierigkeiten vorerst nicht zu einem brauchbaren Ergebnis. Die wirklich anwendbare Ausführung kommt dann aus Amerika, wo 1947 S. *Ruben* ein Patent auf eine Quecksilberoxidzelle anmeldet. Bald danach erscheint auch die alkalische Braunsteinzelle im Handel. Sie hat den Vorteil, sich unter gewissen Bedingungen mehrmals wieder aufladen zu lassen. Hierzu gesellt sich schließlich noch die Silberoxidzelle.

Wir finden diese modernen Kleinstzellen unter anderem in elektrischen Armbanduhren, in Belichtungsmessern für Foto- und Filmapparate und in den Antrieben der Schmalfilmkameras.

Batterieraum aus dem Jahre 1882, sämtliche Elemente sind mit Hebevorrichtungen versehen

Bevor wir die Historie der galvanischen Elemente endgültig abschließen, lassen Sie uns noch kurz eine Sonderform streifen, die für die Meßtechnik unentbehrlich ist, das Normal-Element. Es hat nicht, wie alle anderen Elemente, die Aufgabe, Leistung abzugeben, sondern es soll eine hochkonstante und genau definierte Spannung liefern.
Das bekannteste und heute ausschließlich verwendete ist das Cadmium-Element von E. *Weston* aus dem Jahre 1892. Durch sein H-förmiges Glasgefäß, das übrigens schon vorher von Lord *Rayleigh* eingeführt wird, hebt es sich auch konstruktiv von den üblichen Elementen ab.
Es ist jedoch nicht das erste seiner Art. Voran gehen bereits Abwandlungen des Daniell-Elements mit einigermaßen konstanten Werten. Das erste Normal-Element, das als solches international anerkannt wird, entsteht 1873 und stammt von dem Engländer Latimer *Clark*. Damit es überall in gleicher Qualität herstellbar ist, werden genaue Vorschriften zu seiner Fertigung veröffentlicht. Das Bessere aber ist stets des Guten Feind, und so wird das Clark-Element später vom Weston-Element verdrängt.

Vom Speichern elektrischer Energie

Angeregt durch das ständig wachsende Bedürfnis nach Elektrizität, beginnt parallel zur Batterie, dem sogenannten Primär-Element, auch die Entwicklung des Akkumulators, des Sekundär-Elements. Sekundär deswegen genannt, weil es seine Energie nicht selbst erzeugt, sondern erst einmal in sich aufnehmen muß, um sie dann, aus zweiter Hand sozusagen, wieder von sich zu geben.

Der Begriff des Akkumulators ist aus dem lateinischen Wort accumulare abgeleitet, was soviel wie speichern, anhäufen oder sammeln bedeutet, und taucht bereits kurz nach der Erfindung der Leidener Flasche auf. Zunächst aber wohl mehr im Sinne einer Verstärkung der Elektrizität, der ursprünglichen Aufgabe der Flasche. 1758 äußert dann *Wilke* den Gedanken, Elektrizität in der Flasche zu sammeln und für längere Zeit aufzubewahren. Später, im Jahre 1777, gibt er dies sogar als ihre Hauptaufgabe an. Sie erfüllt sie im Rahmen der statischen Elektrizität und der damals gestellten Anforderungen recht gut, denn es geht dabei ja nicht um Wochen oder Monate, sondern höchstens um Stunden oder Tage. Darüber hinaus ist die Sache auch dadurch recht einfach, daß die gesamte Ladung einer Flasche mit einem einzigen Stromstoß in Bruchteilen einer Sekunde entnommen wird. Fragen der Konstanz der Entladung sind also überhaupt noch nicht akut. Das ändert sich erst mit der fließenden Elektrizität. Was liegt näher als auch hierfür einen Speicher zu schaffen, der, einmal aufgeladen, die Elektrizität möglichst lange in sich aufbewahrt und sie dann stetig wieder abgibt.

Den Weg zu einem derartigen Speicher kennen wir bereits. *Ritter* findet ihn rein zufällig bei seinen elektrochemischen Zersetzungsversuchen und baut daraufhin 1803 die Ladungssäule, das erste Sekundär-Element der Welt. Er gibt auch eine Erklärung ihrer Wirkungsweise, die allerdings falsch ist. Da ihm keine großen finanziellen Mittel zur Verfügung stehen, bleibt die Angelegenheit vorerst liegen. Die Wissenschaftler konzentrieren wohl ihr Interesse auf die chemischen Vorgänge in der Ladungssäule, befassen sich aber nicht mit ihrer Weiterentwicklung.

Von Wichtigkeit für den technischen Fortschritt wird daher erst wieder eine Veröffentlichung aus dem Jahre 1854. In Pasewalk, einem kleinen pommerschen Garnisonstädtchen, beschäftigt sich Anfang der 50er Jahre der Militärarzt Wilhelm Josef *Sinsteden* in seinen Mußestunden mit magnetelektrischen Maschinen. Er ist auf der Suche nach einer neuen Stromquelle für die Telegraphie. Bei dieser Gelegenheit widmet er sich auch den chemischen Wirkungen der Maschinenströme in Zersetzungsapparaten und beobachtet die Polarisation. Als Versuchseinrichtung dient ihm ein Glasgefäß mit angesäuertem Wasser, in das er zunächst Platinplatten als Elektroden taucht. Im weiteren Verlauf der Untersuchungen ersetzt er das Platin durch Silber, Blei und Nickel.

Wenn *Sinsteden* ein derartiges Zersetzungsgefäß mit dem Strom einer Maschine auflädt, so erhält er nach seinem oben genannten Bericht in den „Annalen der Physik und Chemie“ einen Elektrizitätsspeicher, der „Wasser zersetzte, Funken gab und 1 Zoll lange Eisen- und Platindrähte glühend machte und durchschmolz“. Weiterhin heißt es darin „Die Ladung der Säule erhält sich 15 Minuten lang in ziemlich gleichbleibender Stärke“.

Bei dieser Gelegenheit bemerkt *Sinsteden* außerdem eine eigenartige Verfärbung der Elektrodenoberfläche, die bei der Entladung des Zersetzungsgefäßes wieder rückgängig gemacht wird.

Planté entdeckt das Formieren

Der Elektrizitätsspeicher mit bleiernen Elektroden, also der Bleiakkumulator, wie wir ihn heute nennen, findet zunächst wenig Beachtung, zumal auch *Sinsteden* selbst sich in der Folgezeit nicht mehr mit ihm beschäftigt. Er sieht die Lösung der neuen Stromquelle für die Telegraphie schließlich in seiner magnetelektrischen Maschine. Damit wäre das Sekundärelement wahrscheinlich wieder für längere Zeit in der Versenkung verschwunden, wenn nicht *Jacobi* seinen Einsatz in den immer größer werdenden Telegraphenämtern befürwortet hätte und dadurch den Franzosen Gaston Raimond *Planté* veranlaßt, sich ihm zuzuwenden. Dieser untersucht erst einmal die von *Sinsteden* verwendeten Plattenmaterialien und stellt dabei fest, daß Blei gegenüber Platin nicht nur billiger, sondern auch technisch weitaus vorteilhafter ist. Nach mancherlei Versuchen fertigt er dann 1859 einen Speicher an, der aus neun Elementen mit einer Gesamtoberfläche der Platten von 10 m^2 besteht. Um die räumlichen Abmessungen trotz der gewaltigen Oberfläche so gering wie möglich zu halten, entwickelt *Planté* eine besondere Konstruktion. Anstelle der stabilen Platten aus Blei verwendet er Blei-

blech, das er auf einem dünnen Hohlzylinder zu einer Rolle aufwickelt. Zur Isolation der einzelnen Lagen gegeneinander kommt dazwischen ein Leinenstreifen.
Nachdem die Einrichtung fertig ist, legt *Planté* je drei Zellen parallel und verbindet sie zur Aufladung mit fünf in Reihe geschalteten Bunsen-Elementen. Bereits wenige Minuten später kann er den Zellen kräftige Funken entnehmen. Am 26. März 1860 führt er sie den Mitgliedern der Akademie in Paris vor.
Da die verdünnte Schwefelsäure die Stoffisolation zwischen den Blechen aber bald zerstört, geht er 1868 zu einem Hartgummigefäß mit Rillen auf der Innenseite über, in die er sechs Bleiplatten einschiebt. Aber auch diese Konstruktion erscheint ihm in der Praxis unzweckmäßig, weil sich der Aufladevorgang infolge des undurchsichtigen Gehäuses nun nicht mehr beobachten läßt. Das aber ist notwendig, denn seine zahlreichen eingehenden Untersuchungen zeigen ihm, daß die Fähigkeit einer jeden Zelle, Elektrizität aufzunehmen, begrenzt ist. Nach einer gewissen Ladezeit perlen in immer stärker werdendem Maße Gasbläschen an die Oberfläche der Säure. Eine längere Aufladung über diesen Punkt hinaus wird sinnlos, da die Grenze der Aufnahmefähigkeit erreicht ist und jede weitere hineingesteckte Energie sich nur noch in Gas verwandelt.
Daneben bemerkt *Planté* noch eine andere für die Praxis außerordentlich wichtige Erscheinung. Je öfter er nämlich mit einem Sekundär-Element experimentiert, d. h. je öfter er es auflädt und dann wieder entlädt, desto mehr Energie läßt sich von Mal zu Mal in ihm speichern. Das bringt ihn auf den Gedanken, diesen Effekt bewußt auszunutzen und die Platten zu formieren.
Mehrere Monate hindurch läßt er seine Sekundärelemente immer wieder den gleichen Zyklus des Ladens und Entladens durchlaufen und erreicht dabei, daß sich eine dicke Schicht wirksamen Bleioxids auf der Anode bildet, jener braunen Schicht, die bereits *Sinsteden* beobachtet hat. Das Formierungsverfahren ist allerdings umständlich und damit auch teuer, zumal für das Aufladen galvanische Elemente verwendet werden.
Planté führt mit Hilfe seines Akkumulators auch ein interessantes anderes Experiment vor. Er zeigt die Umkehrbarkeit eines Prozesses, indem er zunächst den Akkumulator mit Hilfe einer elektrischen Maschine auflädt und dann die Maschine über den gleichen Akkumulator wieder antreibt.
Seine Arbeiten bleiben lange Zeit unbeachtet. Erst als er sich selbst wieder in Erinnerung bringt und seine Erfahrungen 1879 in einem Buch „Recherches sur l'Electricité" zusammenfaßt und darin ausführlich auf Konstruktion, Theorie und Anwendung eingeht, wird die Welt auf den Akkumulator aufmerksam. Lediglich *Jacobi,* der ja von Anfang an seinen Einsatz in der Telegraphie befürwortet, macht bereits 1860 einen ersten praktischen Versuch, indem er ihn anstelle der galvanischen Elemente zur Stromlieferung auf einer Telegraphenlinie in St. Petersburg verwendet.
Aus dem Leben *Plantés* ist nur wenig bekannt. Er wird 1834 in Orthez im Département Basses Pyrenées geboren. 1850 ist er Préparateur, eine Art Vorlesungsassistent am Conservatoire des Arts et Métiers in Paris. Ein Jahrzehnt später erhält er eine Professur für Physik an der Association Polytechnique. Diese Stellung muß er allerdings aus gesundheitlichen Gründen zwei Jahre später wieder aufgeben und lebt fortan als Privatmann. 1881, acht Jahre vor seinem Tode, erkennt die Akademie seine Verdienste um den Akkumulator an und ehrt ihn mit einem Preis.

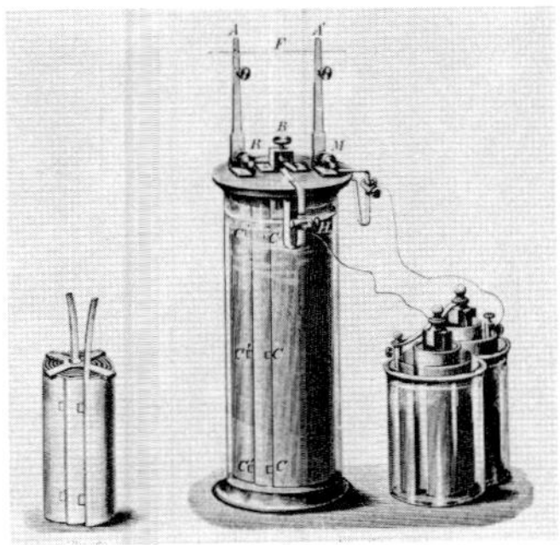

Akkumulator von *Planté*; links die zu einem Zylinder aufgewickelte Elektrode aus Bleiblech, rechts beim Formieren über zwei in Reihe geschaltete Bunsen-Elemente

Der Akkumulator wird fabrikationsreif

Nachdem der Akkumulator in das Blickfeld der Öffentlichkeit gerückt ist, erscheinen vielerorts Vorschläge zu seiner Verbesserung. Wenige davon sind von Bedeutung. Der wichtigste stammt von Camille Alphonse *Faure*. Er glaubt an die große Zukunft des Akkumulators, sieht aber in der langen Formierungszeit ein beträchtliches Hindernis für seinen praktischen Einsatz. Er sagt sich daher, wenn die Kapazität in so wesentlichem Maße von der wirksamen Schicht Bleioxid auf der positiven Platte abhängt, warum dann dieses Oxid nicht gleich auftragen, statt es erst durch einen langwierigen und kostspieligen Weg im Akkumulator selbst herauszuformieren. Er bedeckt daher seine Platten von vornherein mit Bleioxid oder Bleisalz und kürzt damit die eigentliche Formierungszeit ganz wesentlich ab.
Zur Auswertung seiner zum Patent angemeldeten Idee gründet er in London 1882 The Faure Electric Accumulator Co. Ltd. und beginnt bald mit der Herstellung der Akkumulatoren. Um das Patent gibt es übrigens in den 90er Jahren zahlreiche Prozesse, da mit ihm praktisch alle Bauarten von Sekundär-Elementen geschützt sind.
Inzwischen lernt der Luxemburger Henri *Tudor* während seines Ingenieurstudiums in Paris den Akkumulator von *Planté* und dessen Herstellungsweise kennen. Auch ihm behagt die lange Formierungszeit nicht, und er beschließt, unter Mitarbeit seines Bruders Hubert, die Verfahren von *Planté* und *Faure* miteinander zu kombinieren, d. h. die rillenförmige Bleiplatte erst etwas zu formieren und dann die Rillen mit dem aktiven Material zu belegen. 1883 stellt *Tudor* in seinem elterlichen Wohnsitz, dem Gut Rosport in Luxemburg, einen derartigen Akkumulator zu Beleuchtungszwecken auf, wo er lange Zeit hindurch ohne Störungen arbeitet. Das ermutigt den jungen Mann, ebenfalls die gewerbliche Herstellung aufzunehmen, und er beginnt in Rosport mit der Produktion der sehr schnell berühmt werdenden Tudor-Akkumulatoren.
Bereits 1886 kann er als erster in Europa eine Reihe seiner Akkumulatoren in dem Elektrizitätswerk Echternach als Puffer für die Gleichstromgeneratoren installieren. Damit wird dem Akkumulator zeitweilig ein großes Anwendungsgebiet erschlossen, in dem er wichtige Aufgaben zu erfüllen hat. Er liefert in Spitzenzeiten zusätzliche Energie und deckt während der Nachtstunden, wo in den Anfangszeiten der elektrischen Zentralstationen die Maschinen noch ruhen, allein den meist nur geringen Bedarf. Darüber hinaus übernimmt er bei Ausfall der Maschinen die Stromlieferung.
Die günstige Zusammenarbeit der Tudorschen Akkumulatoren mit den Dynamomaschinen in Echternach stellt nicht nur ein wichtiges Ereignis in der Geschichte der elektrischen Energieversorgung dar, sondern führt auch den Kaufmann Adolph *Müller* endgültig zur Beschäftigung mit den Sekundärelementen. *Müller*, an technischen Dingen stets lebhaft interessiert, ist bei einer Kölner Firma für elektrische Beleuchtungsanlagen tätig und kennt aus eigener Erfahrung die Schwächen der derzeitig gefertigten Akkumulatoren recht genau. Um so skeptischer vernimmt er 1885 den Bericht eines Elektrikers aus Trier, der ihm wahre Wunderdinge von einem Akkumulator erzählt, den ein Verwandter in Luxemburg erfunden haben soll.
Er geht der Sache aber trotzdem nach und reist nach Rosport, wo *Tudor* ihm die eigene Anlage vorführt. *Müller* ist schon dort stark beeindruckt und wird vollends durch Echternach von der Qualität der Tudorschen Zellen überzeugt. Sein Entschluß steht fest, er verläßt seinen bisherigen

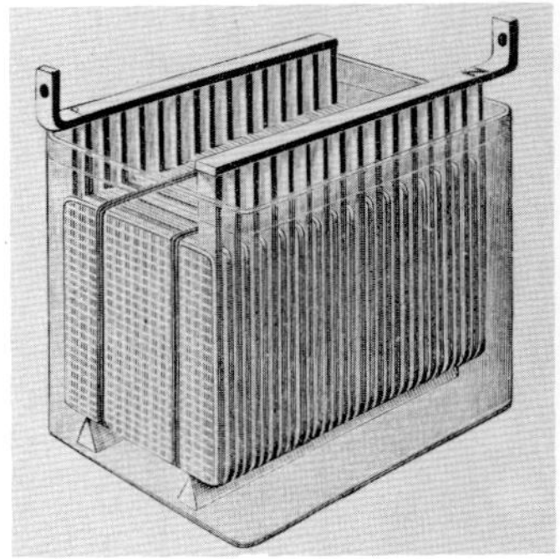

Akkumulator der Electrical Power Storage Company von 1887

Dienstherrn und übernimmt die Generalvertretung für *Tudor* in Deutschland und anderen Ländern mit Sitz in Hagen.

Die Nachfrage nach Tudorschen Akkumulatoren ist groß. Um sie zu decken, beschließt *Müller* eine eigene Fertigung und gründet am 27. Dezember 1887 die Firma Büsche u. Müller, deren Name bald in Accumulatoren-Fabrik Tudorschen Systems Müller & Einbeck umgeändert wird. *Tudor* fährt für ein Jahr nach Hagen und überwacht den Beginn der Fertigung. Aus dem Unternehmen geht 1890 die Accumulatoren-Fabrik Aktiengesellschaft, kurz AFA genannt, hervor und nach manchen Erweiterungen die heutige Varta-Aktiengesellschaft.

Überall entstehen nun weitere Fertigungsstätten für Akkumulatoren, besonders nachdem das Patent von *Faure* erloschen ist.

Konstruktive Änderungen, vor allen Dingen in der Plattenform, sowie die Verwendung neuer Baustoffe vervollkommnen den Bleiakkumulator im Laufe der Jahre, so daß heute für jeden Verwendungszweck spezielle Bauarten zur Verfügung stehen, die den teilweise recht unterschiedlichen Anforderungen der Verbraucher gerecht werden.

Obwohl sich der Bleiakkumulator nach Überstehen aller Kinderkrankheiten in der stürmisch voranschreitenden Elektrotechnik bewährt, befaßt sich der Schwede W. *Jungner* um die Jahrhundertwende mit der Entwicklung eines sogenannten alkalischen Akkumulators.

Er beginnt seine Arbeiten mit Silber und Cadmium als Elektroden und ersetzt schließlich das Silber durch Nickel. Etwa zur gleichen Zeit nimmt sich auch *Edison* dieses Themas an, verwendet anfangs Kupfer und Cadmium und endet nach vielerlei Versuchen beim sogenannten Stahlakkumulator. Bei ihm besteht das Gefäß aus vernickeltem Stahlblech, die positive Platte aus Nickel und die negative aus Eisen. Der Elektrolyt ist eine Kalilauge, daher auch der Name alkalischer Akkumulator. *Edison* bringt den Stahlakkumulator bis zur Fertigungsreife und beginnt seine Herstellung. Er bemüht sich auch bereits um eine gasdichte Ausführung, was für transportable Verwendung von Bedeutung ist.

Sigmund *Bergmann*, von der großen Erfindung seines Freundes *Edison* überzeugt, beschließt, den Stahlakkumulator in Lizenz herzustellen und gründet 1905 die Firma Deutsche Edison-Akkumulatoren-Compagny G. m. b. H. (DEAC), die acht Jahre später von der AFA übernommen wird.

Vorerst eignet sich der Stahlakkumulator noch nicht für größere Leistungen, aber in kleinen elektrischen Geräten mit wiederaufladbarer Stromquelle, wie Rasierapparate, Blitzgeräte, Taschenlampen und Rundfunkgeräte sind wir schon fast alle mit ihm in Berührung gekommen.

Eine andere Form des alkalischen Akkumulators, der Silber-Zink-Akkumulator, hat in jüngster Zeit eine besonders wichtige Aufgabe erfüllt. Er versorgte am 21. Juli 1969 die Lebenserhaltungsgeräte der Astronauten Neil Armstrong und Edwin Aldrin bei ihrem Mondspaziergang mit Energie.

Von den ersten Anwendungen der primären und sekundären Elemente

Von Anfang an werden dem Akkumulator viele Sympathien entgegengebracht, glaubt man doch, mit ihm über eine größere Kraftquelle zu verfügen, die an beliebiger Stelle eingesetzt werden kann. Daß die bald auftretenden Schwierigkeiten im Dauergebrauch bei einigen die Begeisterung in das Gegenteil umschlagen läßt, hindert aber tatkräftige Ingenieure nicht, nach immer neuen Anwendungsbereichen Ausschau zu halten.

Gustave *Trouvé* läßt 1881 auf der Seine in Paris das erste von einem Akkumulator gespeiste Elektroboot fahren und hat damit mehr Erfolg als 43 Jahre zuvor *Jacobi* mit seinem batteriegetriebenen Boot auf der Newa. 1883 läuft die erste akkumulatorbetriebene Straßenbahn in Brüssel und 1886 fliegt ein langgestreckter Ballon mit Elektroantrieb und Akkumulator von Meudon nach Paris und zurück.

Es folgen die Telegraphie, die Eisenbahn, wo eine Akkumulatorenanlage 1882 erstmals für den dauernden Betrieb einer Zugbeleuchtung auf der Strecke von London nach Brighton installiert wird und, last not least, die elektrischen Automobile. Auch hier geht anfangs nicht alles nach Wunsch, aber ein gutes Jahrzehnt später, 1892, kann die Société pour la transmission de la force par l'électricité die ersten sich wirklich bewährenden elektrischen Droschken

einsetzen. 1899 wird die erste ihrer Art in Berlin zugelassen, und um die Jahrhunderwende laufen bereits über 300 Taxen mit Elektromotor und Akkumulator in New York. Die Stadt Washington besitzt sogar schon Omnibusse mit gleichem Antrieb. 1909 führt die Deutsche Post das Elektromobil ein, jenes langsam fahrende Vehikel für Pakete, das sich wohl am längsten gehalten hat und noch manchem Leser aus eigener Anschauung her bekannt ist. Auch heute findet das Auto mit elektrischem Antrieb, da es geräuschlos fährt und keine Abgase hinterläßt, in den USA und einigen europäischen Ländern wieder das Interesse der Konstrukteure.
Eines der wichtigsten Einsatzgebiete des Akkumulators in den 90er Jahren liegt, wie bereits erwähnt, in den Elektrizitätswerken. Während 1890 in Deutschland erst 10 % aller Zentralen mit ihm ausgerüstet sind, liegt ihre Zahl 1897 bereits bei 60 %. Die Hoffnung, bald alle Kraftwerke zu erobern, erfüllt sich mit dem Aufkommen des Wechselstroms und des Drehstroms nicht mehr. Die neuen Stromarten bringen einen jähen Wandel.
Auch bei den galvanischen Elementen schlägt in der ersten Zeit so mancher enthusiastische Versuch ihrer praktischen Anwendung fehl. Einfach deswegen, weil den Elementen viel zuviel abverlangt wird. Erst als man die Grenzen ihrer Leistungsfähigkeit erkennt, finden sie den ihnen gebührenden Platz.
Mit der Verbesserung der galvanischen Elemente erwacht auch das Interesse an einer nutzbringenden Anwendung der chemischen Wirkungen des elektrischen Stromes. Den ersten Anreiz dazu bietet das Galvanisieren. Seine Anfänge gehen auf eine Entdeckung des englischen Arztes William Hyde *Wollaston* zurück. Dieser beschäftigt sich 1801 mit der neuen fließenden Elektrizität und experimentiert dabei auch mit der von *Volta* angegebenen Tassenkrone. Dabei fällt ihm eines Tages eine eigenartige Erscheinung auf. Ein Stück Silber, das er, verbunden mit einem Stück Zinn, in Kupfersulfatlösung taucht, überzieht sich langsam mit einer glänzenden Kupferschicht. Nach dem Herausnehmen aus dem Bad haftet die Schicht fest auf ihrer Unterlage.
Noch ist diese Verkupferung ein Kind des Zufalls, aber die Arbeiten von *Faraday* und *Ritter* erlauben es bald, derartige galvanische Überzüge bewußt in der gewünschten Art herbeizuführen. Luigi Valentino *Brugnatelli,* ein Schüler *Voltas,* vergoldet 1805 erstmals auf galvanischem Wege silberne Medaillen mit Hilfe einer Goldlösung. Dieses Verfahren ist wesentlich einfacher als die bis dahin üblichen Methoden des Aufklebens von Goldplättchen oder der Feuervergoldung mit Hilfe aufgestrichenen Goldamalgans. Es führt daher schnell zur ersten industriellen Nutzung der Elektrizität.
Den Auftakt hierzu dürfte der Engländer George Richards *Elkington* zusammen mit seinem Vetter Henry *Elkington* in Burmingham gegeben haben, wo beide eine Fabrik für Brillen und Bijouteriewaren betreiben. Anfang des Jahres 1840 entschließen sie sich, neben den althergebrachten Verfahren auch die galvanische Vergoldung und Versilberung einzuführen. Sie melden infolgedessen ein Patent darauf an, haben aber vorerst noch gar kein entsprechendes Verfahren in der Hand, das für eine Fertigung geeignet erscheint. Das ist damals in England möglich, weil für das Einreichen der detaillierten Beschreibung eine Frist von sechs Monaten besteht. So hoffen nun die beiden *Elkingtons,* daß sich innerhalb dieser Zeitspanne die geeignete Methode findet. Und sie haben Glück. Der englische Chirurg John *Wright,* der sich in seinen Mußestunden mit Chemie befaßt, entdeckt eine Cyanverbindung mit Gold und Silber, die sich auch als Elektrolyt für galvanische Überzüge verwenden läßt. Er verkauft die Lösungsformel an die *Elkingtons,* die sie ihrerseits noch rechtzeitig in die Patentanmeldung eintragen können und in ihrer Fabrik mit der galvanischen Vergoldung und Versilberung beginnen. Als Stromquelle dienen ihnen galvanische Elemente. Das Geschäft floriert, Lizenzen werden an andere Firmen vergeben, und bald ist Burmingham das Zentrum Englands für die Galvanotechnik.
Sie bleibt aber nicht auf England beschränkt. Ihr Pionier in Frankreich ist Auguste *de la Rive,* dem 1840 in Paris goldene Überzüge auf Kupfer und Messing gelingen und der dafür 3000 Francs von der Pariser Akademie erhält. In Deutschland findet *Siemens* 1841 ebenfalls ein elektrolytisches Vergoldungsverfahren. Er sitzt zu dieser Zeit als junger Offizier wegen eines Duellvergehens in der Zitadelle von Magdeburg in Festungshaft. Das ist längst nicht

so tragisch, wie es sich anhört, denn erstens dauert so etwas erfahrungsgemäß nicht lange und zweitens kann er sich vorher ausreichend mit Chemikalien eindecken und hat nun die nötige Muße für chemische und elektrolytische Versuche.

Galvanische Vergoldung oder Versilberung ist für Deutschland noch völlig neu, und so kann *Siemens* sein Verfahren sofort für 40 Louisdor an einen ortsansässigen Juwelier verkaufen, der schnurstracks in die Zitadelle kommt, als er von dem Ereignis erfährt. *Siemens* berichtet darüber in seinen Lebenserinnerungen, daß es wohl eine der größten Freuden seines Lebens gewesen sei, als er einen einfachen neusilbernen Teelöffel in reinstem Golde glänzend aus dem elektrolytischen Bade hervorgezogen habe. Da es nichts Besseres gibt, erfüllen die galvanischen Elemente in den ersten Jahren der Galvanotechnik ihren Zweck, verschwinden hier jedoch vollkommen mit der Einführung der elektrischen Maschinen, die ihrerseits im 20. Jahrhundert wieder vom Gleichrichter verdrängt werden.

Über Telegraphie und Telegraphen

Aischylos berichtet in seinem Agamemnon-Drama, daß die Nachricht vom Falle Trojas in einer einzigen Nacht die Entfernung von 450 km durcheilte. Heute, wo Nachrichten in Bruchteilen von Sekunden den Erdball umkreisen, in Sekundenschnelle zum Mond hinaufwandern oder von dort zu uns kommen, erscheint diese Zahl keiner Erwähnung mehr wert.
Dennoch war es für die Zeit um 1200 v. Chr. ein Rekord an Geschwindigkeit, der technischer Hilfsmittel bedurfte und erst um die Wende vom 18. zum 19. Jahrhundert merklich unterboten werden soll.
Schon frühzeitig erwacht im Menschen der Wunsch nach einer schnellen Nachrichtenübermittlung über größere Entfernungen hinweg. Mit dem Entstehen der ersten Großreiche wird dieser Wunsch zur zwingenden Notwendigkeit. Sehr bald lernt der Mensch, sich dafür physikalischer Hilfsmittel zu bedienen, die den Boten an Schnelligkeit weit überlegen sind, und es entstehen die ersten optischen Nachrichtensysteme.
Griechen und Perser verwenden Feuerzeichen in Form von Fackeln. Sie finden auch im Falle Trojas Anwendung, wo längs des Weges neun Stationen zum Empfang und zur Weitergabe der Nachricht aufgestellt sind. Die Römer benutzen anfangs ebenfalls Fackeln. Vegetius *Renatus* berichtet dann um 400 n. Chr. in seinem Werk „De re militari" von optischen Systemen, die mit Balken arbeiten, welche längs des Limes an Kastellen und Wachttürmen in verschiedenen Stellungen aufgehängt werden.
Dieses Balkensystem greift dann der Franzose Claude *Chappe* 1791 wieder auf und entwickelt einen optischen Telegraphen, der weite Verbreitung findet und in mehreren Ländern Abwandlungen erfährt. Mit ihm gelingt am 15. August 1794 auf der Strecke Paris – Lille, das sind rund 270 km, die Übertragung eines Zeichens in nur zwei Minuten. 22 Zwischenstationen bewältigen die damals enorme Leistung.
Im Zusammenhang mit diesem Verfahren der Nachrichtenübermittlung tauchen 1793 auch die Begriffe Telegraphie und Telegraph auf, abgeleitet aus dem griechischen tele = fern und graphein = schreiben. Die übermittelte Nachricht heißt zunächst etwas umständlich tele-

Optischer Telegraph von *Chappe* auf dem Louvre in Paris um 1800

graphische Depesche. Ein Amerikaner namens E. P. *Smith* findet das zu lang und schlägt am 6. April 1852 in der Zeitung Albany Evening Post das Wort „Telegramm" vor, „um", wie er sich ausdrückt, „die Nötigung zu vermeiden, zwei Worte, die oft vorkommen, zu gebrauchen, wo eines genügen würde".
Bis Mitte des 19. Jahrhunderts beherrschen die optischen Telegraphen das Feld, ihre letzten Linien in Frankreich und Preußen werden 1855 bzw. 1853 eingestellt. Der elektrische Telegraph hat sie endgültig abgelöst.

C. M. schreibt einen Brief

Anfang Februar des Jahres 1753 erhält der Herausgeber des Scots Magazine einen für die Technikgeschichte äußerst interessanten Brief. Dieses Schreiben kommt aus Renfrew in Schottland, ist mit dem 1. des Monats datiert und trägt als Unterschrift nur die beiden Buchstaben *C. M.* Es ist niemals vollends geklärt worden, wer sich hinter jener Abkürzung verbirgt. Vermutungen weisen auf einen Mann namens Charles *Marshall* hin.
Der unbekannte Briefschreiber möchte jene in den vorangegangenen Jahren durch die Versuche von *Gray, Watson* und anderen Wissenschaftlern bewiesenen Eigenschaften der Elektrizität, nämlich Fortleitung über größere Entfernungen und unmeßbar schnelle Ausbreitung vom einen Ende der Leitung zum anderen, zur Übermittlung von Nachrichten heranziehen.
Der Brief wird bereits in der Ausgabe vom 17. Februar der Zeitschrift abgedruckt. Wir lesen darin folgende ausführliche Beschreibung der Anlage: „. . . Zwischen zwei gegebenen Orten sei eine Reihe von Drähten in gleicher Anzahl wie die Buchstaben des Alphabets horizontal und parallel zueinander in 1 Zoll Abstand ausgespannt. Alle 20 Yards seien sie mittels Glas oder Harzkitt an stabilen Stützen befestigt, damit sie nicht die Erde oder andere Gegenstände berühren und nicht durch ihr eigenes Gewicht zerreißen. 6 Zoll von ihrem Ende entfernt seien die Drähte an einer Glasstütze befestigt. . . . Am Ende der Drähte hänge 1 Zoll unter ihnen (an einem leitenden Faden) eine elektrische Kugel . . ., und etwa $^1/_6$ oder $^1/_8$ Zoll unterhalb der Kugeln lege man die Buchstaben des Alphabets, die auf Papierstückchen oder irgendeine andere Substanz geschrieben sind, die leicht genug ist, um von der elektrisierten Kugel angezogen zu werden. Man richte es so ein, daß jeder an seinen Platz zurückfällt, wenn er nicht mehr angezogen wird."
Soll nun mit einem Freunde korrespondiert werden, so berührt der Gebende die Drähte in der Reihenfolge der entsprechenden Buchstaben mit einem geriebenen Glasstab oder dergleichen. Der Partner am anderen Ende der Leitung notiert die Buchstaben in der Reihenfolge des Angezogenwerdens auf einem Blatt Papier.
C. M. gibt noch eine Variante seines Apparates an, indem er die Papierstückchen durch unterschiedlich abgestimmte Glocken ersetzt, die über Funken erregt werden sollen. Große Beachtung findet er mit seinem Vorschlag nicht, und es ist unbekannt, ob er jemals selbst eine derartige Einrichtung hergestellt hat.
Erst 21 Jahre später hören wir von dem Schweizer Physiker und Mathematiker Georges Louis *Lesage* in Genf, daß er sich mit dem gleichen Thema befaßt, 24 Drähte spannt, über jeden einen Buchstaben des Alphabets schreibt und zur Kennzeichnung des übertragenen Buchstabens ein unter dem jeweiligen Drahtende liegendes Goldplättchen durch Aufladung anzieht. Um das Ableiten der Elektrizität durch atmosphärische Einflüsse zu vermeiden, denkt *Lesage* auch an eine unterirdische Verlegung der Leitungen. Sie sollen in einem glasierten Tonrohr untergebracht werden, das in bestimmten Abständen Zwischenwände aus Glas oder Ton besitzt. Diese Wände haben 24 Löcher, durch welche die Drähte einzeln geführt sind.
Auch jener *C. M.* hat bereits an eine solche Ableitung gedacht und vorgeschlagen, die Leiter mit Harz zu isolieren, damit sich nicht „irgendwelche Teile des elektrischen Feuers mit der Atmosphäre mischen". 1782 reist *Lesage* nach Berlin, um Friedrich dem Großen seinen Telegraphen anzubieten. Aber er hat kein Glück. Der Aufwand an Leitungen ist einfach zu groß.
Weitere Systeme ähnlicher Art erleiden das gleiche Schicksal, darunter auch das des Deutschen *Reisser* aus dem Jahre 1794. Wirklich in Betrieb sind nur zwei Telegraphenanlagen des Spaniers Francisco *Salvá*, die eine ab

1796 in Barcelona auf dem Gelände der Akademie und die andere 1796/98 auf der etwa 50 km langen Strecke von Madrid nach Aranjuez. *Salvá* verwendet nur 22 Buchstaben des Alphabets und für jeden eine Hin- und Rückleitung. Die Leitungsführung erfolgt unterirdisch. Er umgibt die einzelnen Drähte mit Harz bzw. wachsgetränktem Papier, verseilt alle miteinander und verlegt so das wohl erste mehradrige Kabel in der Geschichte der Elektrotechnik. Als Elektrizitätsquelle dient ihm eine besonders große extra angefertigte Elektrisiermaschine.
Anfangs benutzt *Salvá* für seine Telegraphie eine recht drastische Form der Anzeige. Er nimmt 22 Männer. Jeder von ihnen bekommt die Enden einer Doppelleitung in die Hand und muß immer dann, wenn er einen Schlag verspürt, den ihm zugeteilten Buchstaben ausrufen. Später geht er zu humaneren Anzeigemethoden über und läßt zwischen den Leitungsenden Funken springen.
Es fehlt natürlich nicht an Bemühungen, mit weniger als einem Leiter je Buchstabe auszukommen. Das bedeutet zwar eine Reduzierung des Materialaufwands, verlangt aber eine Verschlüsselung jedes Buchstabens, d. h. seine Darstellung als Kombination von Zeichen oder mittels irgendeiner anderen Methode. Der italienische Naturwissenschaftler Joseph *Bozolus* und sein gebürtiger Landsmann, der in England lebende Tiberius *Cavallo,* verwenden zu diesem Zweck 1767 bzw. 1795 eine Aneinanderreihung von Funken mit unterschiedlich langen Pausen, die sie über eine einzige Doppelleitung schicken.
Eine gänzlich andere Idee zur Verschlüsselung der Buchstaben hat 1790 der Franzose *Chappe,* der sich zuerst dem elektrostatischen Telegraphen zuwendet und dann, als diese Versuche scheitern, den optischen Telegraphen entwickelt. Seine Lösung ist besonders interessant, weil sie bereits gewisse Prinzipien der in späteren Jahren konstruierten Zeigertelegraphen vorwegnimmt. *Chappe* greift auf mechanische Hilfsmittel zurück. Er gibt den beiden Partnern am Ende einer Doppelleitung je eine Art Uhr in die Hand. Beide Uhren sind gleich, haben ein Zifferblatt mit den Ziffern 0 bis 9 und nur einen einzigen Zeiger. Sie werden sorgfältig synchronisiert, d. h. in ihrem Lauf und in ihrer Zeigerstellung genau aufeinander abgestimmt, so daß beide Zeiger im gleichen Augenblick stets auf der gleichen Ziffer stehen. Will der gebende Partner nun die Ziffer 3 übertragen, so wartet er, bis der Zeiger seiner eigenen Uhr auf 3 steht, dann entlädt er eine Leidener Flasche über die Leitung. Der empfangende Partner beobachtet seine Uhr und bemerkt den Entladefunken genau in dem Augenblick, wo auch bei ihm der Zeiger die 3 angibt.
Da *Chappe* aber Schwierigkeiten mit der Isolation der Drähte hat und auch die Synchronisierung der Uhren nicht so ganz einfach ist, gibt er die Versuche dann doch wieder auf.
26 Jahre danach macht der Engländer Francis *Ronalds* noch einmal den verzweifelten Vorstoß, dem elektrostatischen Telegraphen Eingang in die Praxis zu verschaffen. Er wendet das gleiche Kodierungsverfahren an wie *Chappe,* nur der konstruktive Aufbau ist etwas anders. *Ronalds* nimmt ebenfalls eine Uhr und befestigt an dem Sekundenzeiger eine runde in 20 gleiche Teile aufgeteilte Scheibe mit Ziffern, Buchstaben und Kommandos. Diese Scheibe läßt er sich hinter einem Fenster bewegen. Die Scheiben der beiden Uhren werden wieder miteinander

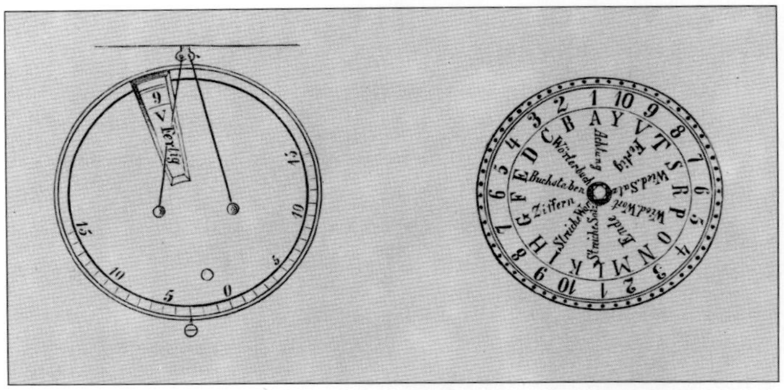

Empfänger des von *Ronalds* 1816 gefertigten elektrostatischen Telegraphen; links feststehende Scheibe mit Fenster und davorhängenden Holundermarkkugeln, rechts die am Sekundenzeiger einer Uhr befestigte Scheibe mit den Zeichen

synchronisiert, so daß stets auf der Sende- und Empfangsseite das gleiche Zeichen im Fenster sichtbar ist.
Die Anzeige der Entladung erfolgt nicht über Funken, sondern durch die gegenseitige Abstoßung zweier Holundermarkkugeln, die vor dem Fenster aufgehängt sind.
Ronalds stellt im Garten seines Hauses in Upper Mall, Hammersmith, umfangreiche Versuche mit einer unterirdischen Telegraphenleitung an. Ein Stück des damals verlegten Kabels wird über 100 Jahre später im Garten seines ehemaligen Hauses entdeckt. Man kann es heute im Science Museum in London besichtigen.
Trotz großer Bemühungen findet *Ronalds* weder auf privater Seite noch auf seiten der britischen Admiralität Interesse für sein Projekt. Die Admiralität ist schon versorgt, sie hat den optischen Telegraphen.
Damit wird wieder eine der zahlreichen Hoffnungen zunichte. Manche davon, so auch die des Genfer Physikers Louis *Odier,* sind allerdings weit optimistischer, als es den physikalischen Gegebenheiten der Zeit entspricht. Er schwärmt bereits 1773 in einem Brief von einem Telegraphen, der ihn mit der ganzen Welt bis hinein nach China und der Mongolei in Verbindung bringen soll.
Inzwischen ist aber die statische Elektrizität von der galvanischen in den Hintergrund gedrängt worden. Damit verschwindet der elektrostatische Telegraph endgültig von der Bildfläche. Wenn er auch nie eine praktische Bedeutung erlangt hat, so bleibt er doch von geschichtlichem Interesse, weil mit ihm erstmals die Idee einer Anwendung von Elektrizität für die Nachrichtenübermittlung verknüpft ist und gleichzeitig das später so wichtige Prinzip der Synchronisation von Geber und Empfänger ausgesprochen wird.

Sömmering und der chemische Telegraph

Fließende Elektrizität ist das Zauberwort des beginnenden 19. Jahrhunderts. Kurz nach deren Entdeckung werden die wasserzersetzenden Wirkungen der neuen Art von Elektrizität bekannt, und nur wenige Jahre später taucht

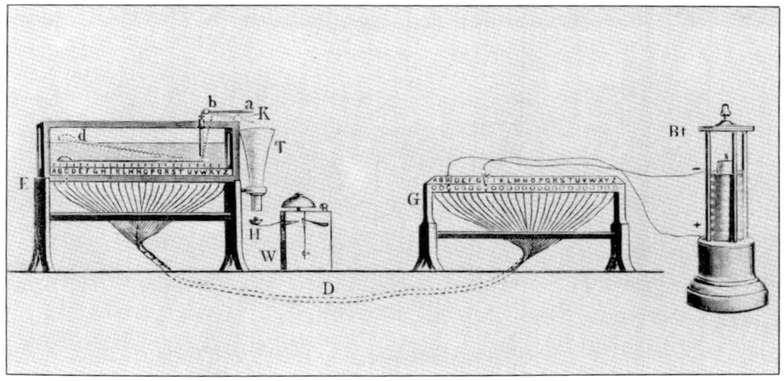

Der elektrochemische Telegraph von *Sömmering*; links der Empfänger mit Anrufwecker, in der Mitte der Geber, rechts die Stromquelle in Form einer Voltaschen Säule

schon der erste auf eben dieser Wasserzersetzung mit Voltaschen Säulen beruhende Telegraph auf.
Der uns bereits begegnete Spanier *Salvá* beschreibt ihn 1804 in Barcelona anläßlich eines Vortrags vor der dortigen Akademie der Wissenschaften. Die bei der Zersetzung aufsteigenden Gasblasen bilden das Signal für den übertragenen Buchstaben. Der Inhalt des Vortrags gelangt jedoch nicht über den Kreis der Zuhörer hinaus und bleibt damit weitgehend unbekannt.
Mehr Glück, jedenfalls in dieser Hinsicht, hat der Deutsche Samuel Thomas *von Sömmering* in München. Er ist königlicher Leibarzt und sehr an naturwissenschaftlichen Fragen interessiert. Bereits während seines Studiums in Göttingen befaßt er sich nebenbei mit Mathematik und Physik.
Angeregt durch die kriegerischen Ereignisse des Jahres 1808, bei denen der Chappesche Telegraph auf französischer Seite eine bedeutende Rolle spielt, wendet sich der König von Bayern im Juli 1809 an die Akademie mit dem Auftrag, einen optischen Telegraphen zu entwerfen. *Sömmering,* der zu dieser Zeit Präsident der Akademie ist, entscheidet sich aber für eine elektrische Einrichtung

und beginnt sogleich mit der Arbeit. Schon Ende August ist das erste Modell fertig. Auf einem kleinen Holzbänkchen ruht ein Glasgefäß mit angesäuertem Wasser, in das durch den Boden hindurch 35 Drähte tauchen. 25 davon für die Buchstaben, 10 für die Ziffern. Von diesem Empfänger spannt er die Drähte zu einer weiteren Bank, dem Geber, wo sie in kleinen Kupfermünzen enden.
Zum Betrieb des Telegraphen werden jeweils 2 Drähte mit den Polen einer Voltaschen Säule verbunden, wobei sich an dem einen im Gefäß dann Wasserstoff-, am anderen Sauerstoffbläschen abscheiden. Dabei findet *Sömmering* sehr schnell heraus, daß sich mit dem Telegraphen sogar zwei Buchstaben gleichzeitig übertragen lassen. Er braucht dazu nur einmal die Regel festzulegen, daß dort, wo die größere Menge Wasserstoff entsteht, der erste Buchstabe sein soll und an der Elektrode mit der Sauerstoffabscheidung der zweite.
Wenige Wochen später führt er der Akademie ein Modell vor, mit dem man bald 700 m und 1812 sogar 3000 m überbrücken kann. Auch an eine Anrufvorrichtung denkt *Sömmering.* Sie besteht anfangs aus einem kleinen Schaufelrad, das durch aufsteigende Gasblasen in Bewegung gesetzt wird. Dann fertigt er ein akustisches Signal, bei dem die Zersetzungsgase einen Hebelarm bewegen, der seinerseits eine Kugel auf den Auslösemechanismus eines Weckers rollen läßt.
Durch zahlreiche Vorführungen in verschiedenen Städten wird der Telegraph zwar weithin bekannt und verbreitet den Gedanken an eine elektrische Telegraphie, aber einführen läßt er sich nicht. Dem stehen vor allem wieder die vielen Leitungen mit ihrem hohen Kostenaufwand entgegen. *Sömmering* weiß das wohl selbst, denn er reduziert 1811 die anfangs 35 Drähte auf 27, indem er die Ziffern wegläßt und neben den Buchstaben nur einen Draht für den Punkt und ein Wiederholungszeichen verwendet.
Seine Fortsetzung findet der Sömmeringsche Telegraph fast ein halbes Jahrhundert später in den chemischen Schreibtelegraphen von Alexander *Bain,* Wilhelm *Gintl* und Emil *Stöhrer.* Bei ihnen ist der Papierstreifen mit einer chemischen Flüssigkeit getränkt, die sich bei Stromdurchgang zersetzt und farbige Spuren hinterläßt. Aber auch diese Geräte bleiben ohne praktische Bedeutung.

Die Geburtsstunde des elektromagnetischen Telegraphen

Wie wir bereits in einem der vorangehenden Kapitel gesehen haben, sind es vorwiegend französische Naturwissenschaftler, die sich sogleich mit dem von *Oersted* entdeckten Elektromagnetismus befassen. Daher ist es fast selbstverständlich, wenn auch die ersten Anwendungen der neuen Erscheinung aus Frankreich kommen. Unter ihnen finden wir sogar schon den Hinweis auf einen elektromagnetischen Telegraphen.
Der bekannte französische Mathematiker Pierre Simon *Laplace* beobachtet bei eigenen Versuchen, daß es zur Ablenkung der Magnetnadel keine Rolle spielt, wie lang die Leitung zwischen Stromquelle und Schleife um die Nadel herum ist, sie also sehr wohl auch aus der Ferne abgelenkt werden kann. Er macht daraufhin den Vorschlag, 26 Nadeln zum Übertragen von Buchstaben zu verwenden.
Ampère greift die Idee bald auf und berichtet 1820 vor der Pariser Akademie über einen derartigen Telegraphen. Infolge anderer Arbeiten kommt er jedoch über das Versuchsstadium nicht hinaus. Praktisch ausgeführt wird ein solcher erst 10 Jahre später durch William *Ritchie* in England, der zur Reduzierung des Leitungsaufwands eine gemeinsame Rückleitung vorsieht. Er verwendet analog zu *Ampère* anfangs 24 Nadeln. Später fügt er 6 weitere für besondere Zeichen hinzu. Dieser Apparat ist sogar eine Zeitlang in Betrieb.
Sein größter Nachteil liegt wie immer in der Zahl der Leitungen. Das bemerkt auch der in Reval geborene Baron Pavel Lwowitsch *Schilling von Canstadt,* ein Mitglied der russischen Botschaft in München. Er ist bereits seit langem mit der elektrischen Telegraphie vertraut. Über seine Verbindung zu *Sömmering* lernt er dessen chemischen Telegraphen kennen und nimmt sogar 1812 ein Exemplar mit nach St. Petersburg, um es der russischen Regierung vorzuführen. Durch *Sömmering* erfährt er auch von der Oerstedschen Entdeckung und davon, daß Johann Salomo Christoff *Schweigger* den Multiplikator erfunden hat, jene Einrichtung, bei der die stromführende Leitung mehrfach um die Nadel geschlungen wird, wodurch der Strom eine vervielfachte Wirkung auf die Nadel ausübt.

Schilling führt zwei wesentliche Verbesserungen ein. Erstens verwendet er anstelle der einfachen Schleife den Multiplikator und erhöht damit die Empfindlichkeit der Anordnung; zweitens reduziert er den Leitungsaufwand, indem er nur 5 Magnetnadeln benutzt. Diese Nadeln sind an feinen Fäden aufgehängt, und jeder Faden trägt zusätzlich ein kleines Pappscheibchen, das auf der einen Seite weiß und auf der anderen schwarz gefärbt ist. Je nachdem ob die Leitung stromlos oder stromdurchflossen ist, sieht der Beobachter eine der beiden möglichen Stellungen der Scheibe d. h. ihre weiße oder ihre schwarze Seite. Die fünf Scheiben mit ihren zwei Stellungen ergeben, was sich leicht berechnen oder auch ausprobieren läßt, 32 verschiedene Zustände des Gesamtsystems, z. B.

● O O O O, ● ● O O O oder O ● O ● O usw.

Jedem Buchstaben bzw. jeder Ziffer wird nun eine derartige Kombination von schwarzen und weißen Scheiben fest zugeteilt. *Schilling* kommt also mit fünf Leitungen und einer Rückleitung aus. Er ahnt freilich noch nicht, daß dieses Fünfersystem später einmal eine wichtige Rolle spielen soll.
Da der Zar Nikolaus einen Erlaß herausgegeben hat, wonach es in Rußland untersagt ist, irgend etwas über Telegraphie zu veröffentlichen, wendet sich *Schilling* nach Bonn, wo er 1835 seinen Fünfnadeltelegraphen der Naturforscherversammlung mit großem Erfolg vorführt. Daraufhin wird er im Mai 1837 vom Zaren mit dem Bau einer Telegraphenleitung zwischen Kronstadt an der finnischen Grenze und St. Petersburg beauftragt. Es ist ihm nicht mehr vergönnt, sie auszuführen, denn im August des gleichen Jahres stirbt er.

Gauß und Weber legen eine Telegraphenleitung

Auf seiner Reise nach Bonn macht *Schilling* in Göttingen Rast und besucht dort die beiden deutschen Gelehrten Carl Friedrich *Gauß* und Wilhelm Eduard *Weber*. Hierbei wird natürlich auch über Telegraphen gesprochen, und die beiden führen ihm ihren eigenen Telegraphenapparat vor. Er ist eigentlich gar nicht zu diesem Zweck erbaut worden, denn sie wollten die Arbeiten *Ohms* überprüfen und haben deshalb, wie *Gauß* in einem Brief vom 20. November 1833 berichtet, „. . . eine galvanische Kette zwischen der Sternwarte und dem physikalischen Kabinett durch Drähte in der Luft über die Häuser hinweg, oben zum Johannisturme hinauf und wieder herab gezogen".
Die ganze Drahtlänge beträgt etwa 8000 Fuß. Der Magistrat der Stadt erteilt auf Antrag *Webers,* nicht ohne sich vorher über Art und Aufgabe der Anlage zu vergewissern, noch nachträglich die Genehmigung und läßt „. . . die auf dem Johannisturme gemachten Vorrichtungen zu magnetisch galvanischen Beobachtungen bis auf weiteres geschehen". 1834 wird die Leitung sogar noch von der Sternwarte bis zum magnetischen Observatorium auf insgesamt rund 9000 Fuß verlängert, und in den Göttinger gelehrten Anzeigen erscheint die erste Mitteilung über den Telegraphen in der Öffentlichkeit.
An jedem Ende der Leitung steht als Empfänger wiederum ein Multiplikator, allerdings von ganz wesentlich größeren Abmessungen als bei *Schilling.* Allein die aus einem Stabmagneten bestehende Nadel wiegt etwa $^1/_2$ kg, bei der geänderten Ausführung des Jahres 1834 sogar 12,5 kg. Letztere ist 1,21 m lang und hat an ihrer Aufhängung einen kleinen Spiegel. Mit seiner Hilfe werden die geringen Ausschläge über ein Fernrohr an einer Skala abgelesen.
Bereits kurz vor Ostern 1833 wird die für meßtechnische Aufgaben errichtete Anlage zweckentfremdet und zur Übermittlung von Nachrichten eingesetzt. „Michelmann kommt", soll der Inhalt des ersten Telegramms gelautet haben.
Als Stromquelle dient in der ersten Zeit ein galvanisches Element, dessen Strom in verschiedenen Richtungen auf die Leitung gegeben wird. „Ich habe" (zu diesem Zweck) schreibt *Gauß* in dem oben erwähnten Brief, „eine einfache Vorrichtung ausgedacht, wodurch ich augenblicklich die Richtung des Stromes umkehren kann, die ich einen Kommutator nenne."
1836 ersetzt er dann das galvanische Element durch eine Induktionsspule, die auf zwei großen Magnetstäben hin und her geschoben wird.

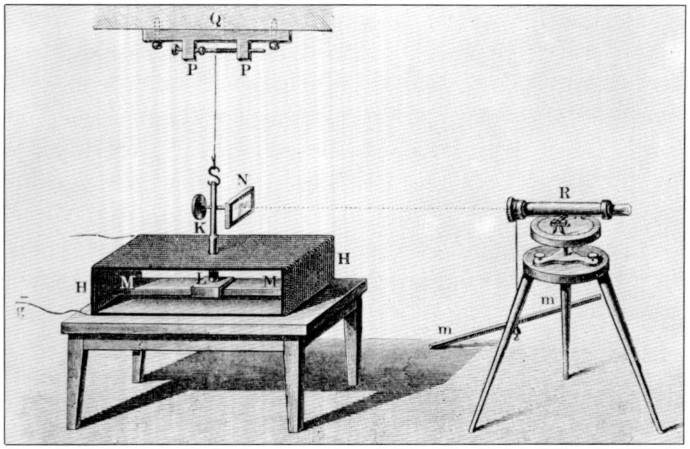

Empfänger (Multiplikator) nebst Ablesefernrohr des elektromagnetischen Telegraphen von *Gauß* und *Weber* aus dem Jahre 1837

Die Verschlüsselung der Buchstaben geschieht binär, und zwar durch den Ausschlag der Magnetnadel nach rechts oder links, wobei ein Buchstabe aus einem oder mehreren dieser Signale „rechts" bzw. „links" besteht. Im Prinzip funktioniert die Sache recht gut, die Telegraphiergeschwindigkeit ist allerdings sehr gering, da die Nadel keine Dämpfung besitzt und die einzelnen Signale eines Buchstabens nacheinander auf die Leitung gegeben werden müssen.

Schilling ist in dieser Hinsicht mit seinen fünf Leitungen schneller, denn er kann die Signale eines Buchstabens gleichzeitig senden. Somit ist es nicht weiter erstaunlich, wenn *Gauß* und *Weber* nur auf zwei Buchstaben pro Minute kommen. Die Induktionsspule als Geber und eine zusätzliche Dämpfung an der Nadel erhöhen die Geschwindigkeit immerhin auf sieben Buchstaben. Trotz allem ist die Anlage bis 1838 regelmäßig in Betrieb. Erst nachdem *Weber* als einer der Göttinger Sieben aus politischen Gründen seines Amtes enthoben wird, verkommt die Leitung und wird sieben Jahre später vom Blitz zerstört.

Beide Gelehrte sind sich der Bedeutung der Telegraphie auf elektrischem Wege bewußt, erkennen aber auch die Mängel der eigenen Einrichtung. Weil andere Arbeiten ihre Zeit voll und ganz in Anspruch nehmen, wendet sich *Gauß* 1836 an Carl August *von Steinheil* und überträgt ihm die Weiterentwicklung. *Steinheil,* am meisten bekannt durch seine Arbeiten auf optischem Gebiet und die von ihm gegründeten optischen Werke, verkleinert die Anordnung, baut zunächst einen akustischen Empfänger, bei dem Glockenzeichen die Signale wiedergeben, und dann einen Schreibtelegraphen, über den wir später noch Näheres erfahren werden. Von besonderer Bedeutung aber ist die Einführung der Erde als Rückleiter.

Erstaunlicherweise hat bisher niemand an eine solche Möglichkeit gedacht, obwohl die Tatsache, daß Erde und Wasser Reibungselektrizität fortleiten, bereits seit fast 100 Jahren bekannt ist und bald nach Erfindung der Säule die gleiche Erscheinung auch für galvanische Elektrizität bewiesen wird. Den Anstoß zur praktischen Ausnutzung der Erdleitung gibt dann, so seltsam es klingen mag, die erste am 7. Dezember 1836 eröffnete deutsche Eisenbahnlinie Nürnberg–Fürth.

Gauß vermutet nämlich, daß sich die Gleise der Bahn als Telegraphenleitung verwenden lassen. *Steinheil* greift den Gedanken auf und unternimmt 1838 entsprechende Versuche. Er errichtet längs der Bahn eine Telegraphenlinie, bei der die beiden Schienen als Leiter dienen. Die Sache klappt aber nicht, weil die Schienen weder gegeneinander noch gegen Erde ausreichend isoliert sind. Daraufhin verlegt er einen Draht als Freileitung und verwendet eine der Schienen als Rückleitung. Das geht ausgezeichnet. Es geht aber auch dann noch, als die Schiene einmal unterbrochen wird. Nun verzichtet *Steinheil* ganz auf sie und schaltet direkt die Erde als Rückleiter ein.

Gemeinsame Arbeit führt zum Ziel

Am 6. März 1836 führt der Heidelberger Professor *Munke* in seiner Vorlesung einen Schillingschen Telegraphenapparat vor. Unter den Zuhörern befindet sich auch ein Engländer names William Fothergill *Cooke,* Arzt in der

indischen Armee. *Cooke,* der sich bisher kaum mit Physik oder Elektrizität beschäftigt hat, erkennt die wirtschaftliche Bedeutung eines ausgedehnten Netzes elektrischer Telegraphen und beschließt die Einführung der elektrischen Telegraphie in England. Nach seiner Rückkehr in die Heimat gibt er den Arztberuf auf und beginnt voller Eifer mit dem Entwurf verschiedener Telegraphenmodelle. Wegen etlicher Mißerfolge wendet er sich schließlich an *Faraday,* der ihn seinerseits an *Wheatstone* verweist. Mit ihm nimmt er im Februar 1837 die Verbindung auf.
Charles *Wheatstone,* als Sohn eines Instrumentenhändlers 1802 bei Gloucester geboren, ist derzeit Professor der Physik am King's College in London. Er beschäftigt sich vorwiegend mit Akustik, wobei wohl das Geschäft seines Vaters und seine eigene Tätigkeit in jungen Jahren in einer Fabrik musikalischer Instrumente nicht ganz ohne Einfluß geblieben sind. Der Besuch von *Cooke* bedeutet den Wendepunkt seines Lebens. Nachdem er sich bereits vorher beiläufig für elektrische Telegraphie interessiert hat, wendet er sich nun vollends der Elektrizität zu, und beide beschließen, auf dem Gebiet der elektrischen Telegraphie zusammenzuarbeiten. Wenn es dabei auch einige Male zu Zwistigkeiten über die Bedeutung des eigenen Anteils an der gemeinsamen Arbeit kommt, so ist sie für die Entwicklung der Telegraphie jedoch sehr fruchtbar.
Der erste Erfolg zeigt sich bald. Es ist ein Fünfnadeltelegraph besonderer Konstruktion, bei dem die Nadeln nicht horizontal schwingen, wie bisher üblich, sondern in einer gemeinsamen vertikalen Ebene. Diese Ebene hat die Form eines Rhombus und enthält gitterartig angeordnet die Buchstaben des Alphabets. Über eine kleine Tastatur an der Vorderseite des Gerätes lassen sich die Nadeln nach rechts oder links ablenken. Im Betrieb geschieht dies stets für zwei Nadeln gleichzeitig, und zwar in entgegengesetzter Richtung, so daß sich ihre Verlängerungen in einem Punkt schneiden, der durch den zu übertragenden Buchstaben gekennzeichnet ist.
Geber und Empfänger sind gleich aufgebaut. Das Erlernen eines besonderen Schlüssels ist infolge der sinnreichen Anordnung der Nadeln und Buchstaben nicht erforderlich. Im Juni reichen sie ihr erstes Caveat und im Dezember die Patentbeschreibung dazu ein.

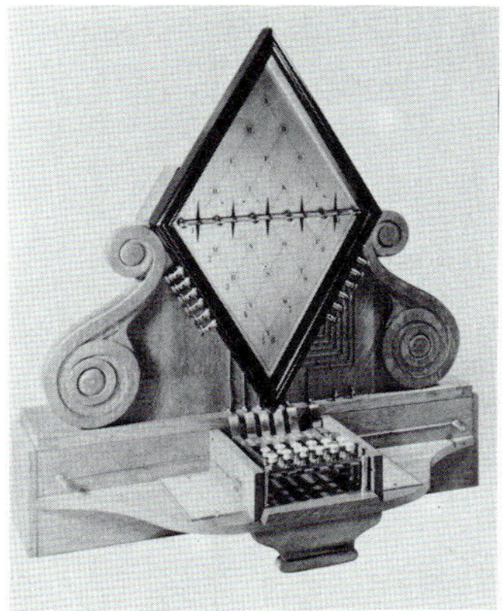

Nachbildung des 1837 von *Cooke* und *Wheatstone* erbauten Fünfnadeltelegraphen, von 1839 bis 1843 bei der Great Western Railway in Betrieb

Der Anfang des 19. Jahrhunderts beschert der Menschheit eine weitere große Erfindung, die Eisenbahn. Seit George *Stephensons* berühmte „Rocket“ 1829 im ersten Lokomotivwettrennen der Welt zischend und feuerspeiend davonrauschte, erobert sich jenes Dampfroß die Welt, und in den 30er Jahren entstehen überall reguläre Eisenbahnlinien. Sie erwecken wiederum das Bedürfnis nach einer schnellen Nachrichtenverbindung, um Ankünfte und Abfahrten der Züge entfernten Stationen mitzuteilen. Hierfür wäre der elektrische Telegraph das Richtige. *Cooke* und *Wheatstone* machen daher am 28. Juli 1837 ihren ersten Versuch mit dem neuen Telegraphen zwischen den Stationen Euston und Camden Town der London and North Western Railway Co. *Cooke* sitzt am Telegraph in Camden Town und *Wheatstone* allein in einem winzigen Raum in Euston. Als die Nadeln des Telegraphen über knapp zwei Meilen hinweg leise zu klicken beginnen und die von *Cooke* gesendete Nachricht Buchstabe für Buchstabe ankommt, begreift *Wheatstone* vollends die Bedeutung dieser Erfindung.
Die Bemühungen, den Telegraphen bei den Eisenbahnen in England und Deutschland einzuführen, schlagen allerdings fehl, nicht weil die Technik versagt, sondern zum Teil der hohen Kosten wegen, aber auch, weil der Nutzen

einer solchen Anlage noch nicht voll anerkannt wird. 1838 gelingt es dann *Cooke,* die Herren der Great-Western-Eisenbahn von der Notwendigkeit eines Bahntelegraphen zu überzeugen, und im Juli des folgenden Jahres kann die Linie von der Londoner Paddington-Station nach West Drayton über 13 Meilen hinweg mit einem Fünfnadeltelegraphen eröffnet werden.
Sie bewährt sich so gut, daß 1842 eine Verlängerung erfolgt. Im gleichen Jahr ersetzt *Cooke* den Fünfnadeltelegraphen durch einen solchen mit nur zwei Nadeln. Die Anlagenkosten werden damit herabgesetzt, und das Eis ist gebrochen; weitere Eisenbahngesellschaften folgen dem Beispiel der Great Western.
Obwohl in Paddington eine Besichtigung veranstaltet wird und das Publikum gegen Zahlung eines Schillings das technische Wunderwerk bestaunen kann, bleibt die breite Öffentlichkeit vorerst von der elektrischen Telegraphie unberührt. Das ändert sich schlagartig mit jenem Ereignis des Jahres 1842, das die Bedeutung des Telegraphen auch für andere Zwecke als die der Durchgabe von Zugmeldungen deutlich vor Augen führt. Der elektrische Telegraph fängt einen Mörder.
In der Nähe von Slough wird eine Frau in ihrem eigenen Hause umgebracht. Passanten sehen, wie der Mörder das Haus verläßt und zum Bahnhof eilt. Dort besteigt er einen Zug in Richtung Paddington. Der Beamte auf dem Bahnhof erfaßt sogleich die Situation, eilt zu seinem Telegraphenapparat und gibt eine Beschreibung des Täters nach London, wo dieser beim Verlassen des Zuges zu seinem allergrößten Erstaunen verhaftet wird.
Fast wäre es schiefgegangen, denn die Personalbeschreibung enthält den Hinweis, daß der Täter wie ein Quaker gekleidet sei. Nun hat der Telegraph aber kein Q, und der Beamte hilft sich, indem er dafür KW telegraphiert. Das Wort Kwaker wird aber in Paddington nicht sogleich verstanden. Nach der Verurteilung und Hinrichtung des Mörders heißt es im Volksmund, er sei „vom elektrischen Telegraphen gehängt worden“. Noch aber ist das Telegraphennetz viel zu klein, um es für eine allgemeine Verbrecherbekämpfung einzusetzen.

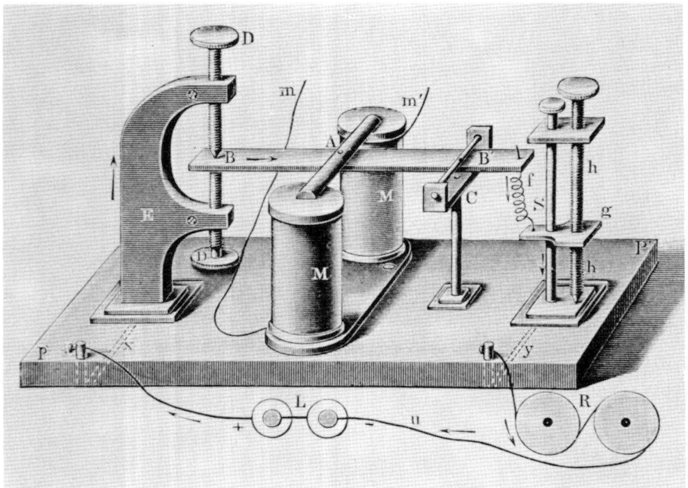

Ein Relais aus dem ersten Jahrzehnt dieses Jahrhunderts mit angedeutetem Stromkreis

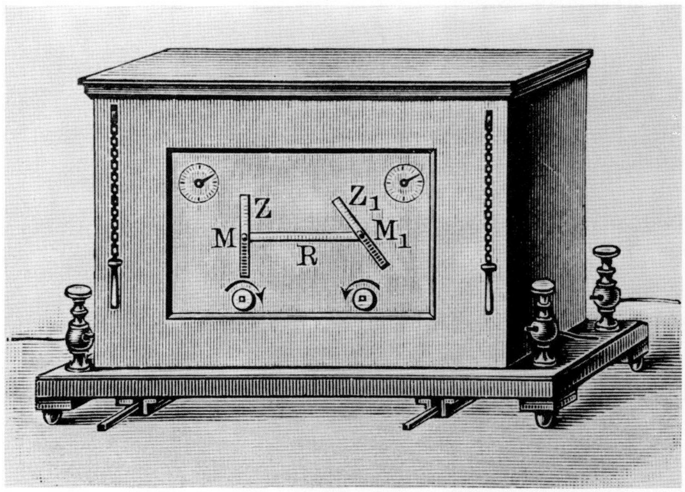

Der in seiner Zeichensprache dem optischen Balkentelegraphen angepaßte Nadeltelegraph von *Bréguet*

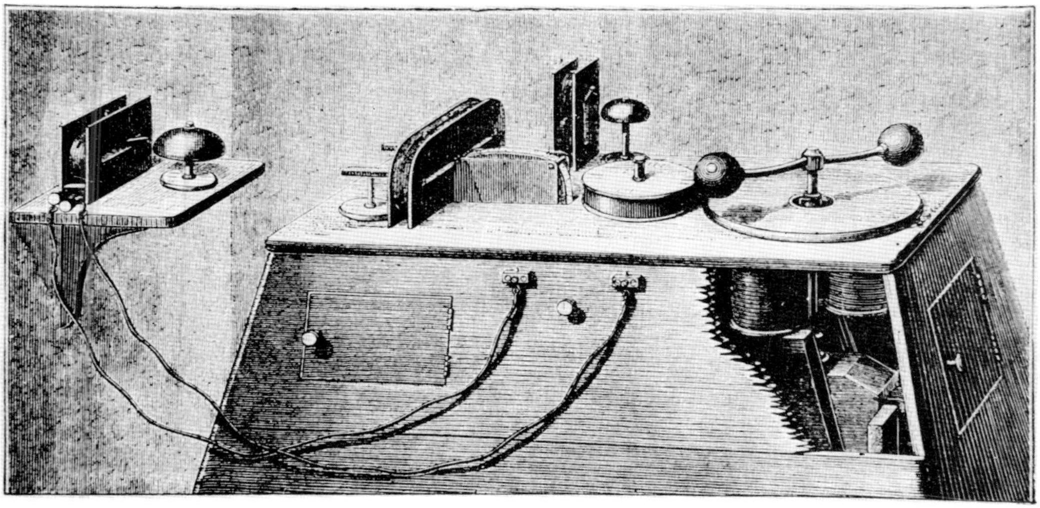

Hauptstation des schreibenden Nadeltelegraphen von *Steinheil* in der Münchener Akademie 1836. Der Empfänger mit seinen beiden Nadeln und dem Schreibstift steht auf der linken Seite des Pultes

Mit dem Wachsen der Eisenbahnlinien werden auch die Telegraphenlinien länger. Leider aber zeigt es sich bald, daß bisher gut funktionierende Verbindungen nach ihrer Verlängerung nicht immer einwandfrei arbeiten. Es treten Unsicherheiten in der Zeichenübertragung auf. Die geringe zum Telegraphieren verwendete Leistung reicht infolge der zunehmenden Leitungslänge für ein sicheres Ansprechen des Empfängers nicht mehr aus. Die Reichweite ist begrenzt.
Hier schafft *Wheatstone* einen Ausweg, indem er das Relais erfindet, jene Einrichtung, die am Empfangsort oder auf Zwischenstationen in die Leitung gelegt wird und mit der geringen ankommenden Energie einen Stromkreis größerer Leistung einschaltet. Dieses sozusagen verstärkende Element ist von ganz wesentlicher Bedeutung für die Ausbreitung der Telegraphie.
Schließlich faßt in Frankreich, dem Land der optischen Telegraphie, die Direktion des Chappeschen Telegraphen 1843 dann doch den Entschluß, wenigstens eine elektrische Telegraphenlinie für Versuche einzurichten. Es kommt dafür aber nur ein Apparat in Frage, der die gleiche Zeichensprache hat wie das optische Balkensystem. Dieses ist dem gesamten Telegraphiepersonal bekannt und umlernen soll es bei einer Umstellung nicht.
Zwei Jahre später ist ein derartiger elektromagnetischer Telegraph fertig. Louis *Bréguet,* von Beruf Uhrmacher und Konstrukteur zahlreicher physikalischer Apparate, hat ihn zusammen mit Antoine-Philibert *Masson,* Professor an der Ecole Centrale, gebaut. *Bréguet* löst das Problem auf eine ihm vertraute Weise. Er verwendet zwei mit je einem elektromagnetischen Hemmwerk versehene Uhrwerke, auf deren Achse jeweils eine kleine Nadel sitzt, deren eine Hälfte schwarz gefärbt ist. Sie symbolisiert die Arme des Chappeschen Telegraphen. Jede dieser Nadeln kann acht verschiedene Stellungen einnehmen.
Als Geber dient ein Kurbelapparat, der ebenfalls dem des optischen Telegraphen entlehnt ist. Die Erprobung erfolgt im Jahr darauf bei Rouen.
Mit ihm haben wir auch bereits das Gebiet des eigentlichen Nadeltelegraphen verlassen, dessen Ära ohnehin zu Ende ist.

Eine Staffelei wird zum Telegraphen

Nachdem der Nadeltelegraph die Nützlichkeit einer elektrischen Telegraphie eindeutig bewiesen hat, beginnt überall eine eifrige Entwicklungstätigkeit und die Suche nach schnelleren und einfacher zu handhabenden Geräten. Als Folge davon entstehen Mitte der 30er Jahre fast gleichzeitig drei neue unterschiedliche Systeme, die längere Zeit nebeneinander herlaufen und in einer Vielzahl von Varianten auf den Markt kommen:
der Schreibtelegraph, der Zeigertelegraph und der Drucktelegraph. Alle sind sie an dem enormen Aufschwung, den die Telegraphie in den folgenden Jahrzehnten nimmt, beteiligt.

Morses erster 1837 mit Hilfe einer Staffelei erbauten Telegraph

Beginnen wollen wir den Reigen mit dem Schreibtelegraphen, denn mit ihm verbindet sich ein Mann, dessen Name noch heute für viele der Inbegriff des Telegraphierens ist, Samuel Finley Breese *Morse. Morse* ist zwar nicht der erste, der einen schreibenden Telegraphen baut, aber sein System findet in Amerika und in der übrigen Welt weite Verbreitung, und die dazugehörige Kodierung der Zeichen, das Morsealphabet, ist mit gewissen Abwandlungen noch heute gültig.
Ihm um etwa ein Jahr voran geht *Steinheil* in München, der sich bekanntlich mit der Verbesserung des Telegraphen von *Gauß* und *Weber* beschäftigt. Er stellt 1836 einen Telegraphen her, bei dem zwei nebeneinander sitzende, mit Farbe gefüllte Zeichenstifte bestimmte Punktkombinationen auf einen Papierstreifen schreiben. Betätigt werden die Stifte durch unterschiedliche Stromrichtung im Multiplikator. Das System ist einfach und schließt durch sein niedergeschriebenes Telegramm Irrtümer bei der Entzifferung weitgehend aus.
Auf Befehl des Königs von Bayern legt *Steinheil* 1837 in München eine Versuchsleitung von 37 500 Fuß Länge, das sind knapp 11 km. Sie hat vier Stationen, je eine in der Akademie, in seiner Privatwohnung, in der Werkstatt des physikalischen Labors und in der Sternwarte zu Bogenhausen. Hier probiert er seine Telegraphenapparate aus. Sie funktionieren über Erwarten gut und gestatten eine Telegraphiergeschwindigkeit von etwa 6 Wörtern in der Minute, finden aber dennoch keine Verbreitung.
Morse ist kein Wissenschaftler wie *Steinheil,* ja nicht einmal technisch vorgebildet, sondern Kunstmaler. Sein Geburtshaus steht in Charlestown/Mass., wo er 1791 als Sohn eines Geistlichen zur Welt kommt. Nach der Schulausbildung begibt er sich 1805 auf die Yale Universität. Hier findet er Spaß an der Malerei, geht von 1811 bis 1815 nach England und wird ein Schüler des dort lebenden amerikanischen Malers Benjamin West. Zurückgekehrt nach Amerika, lebt er recht und schlecht von seinen Bildern, die zwar künstlerisch anerkannt, aber dennoch wenig gekauft werden.

1829 besucht *Morse* zum zweiten Mal die Alte Welt und lebt drei Jahre in Paris. Dann treibt ihn die Sehnsucht wieder in die Heimat, und er schifft sich 1832 auf der „Sully“ ein. Während der sechswöchigen Überfahrt bleibt ihm viel Zeit zu Diskussionen mit den anderen Passagieren. Dabei kommt das Gespräch auch auf die Elektrizität und den Elektromagnetismus. Ein junger Mann berichtet von den Vorlesungen über Elektrizität, die er in Paris gehört hat. *Morse* ist fasziniert. Ein Elektromagnet zeigt also durch seine Anziehungskraft an, daß Strom in ihm vorhanden ist. Wenn es nun gelänge, ihn über größere Entfernungen hinweg zu betätigen, so müßten sich doch mit ihm auch Zeichen geben lassen. Der Gedanke daran fesselt ihn vollends.
In New York angekommen, läßt er die Malerei stehen und liegen, gibt 300 $, die er für ein Gemälde bereits im voraus erhalten hat, zurück und konzentriert sich ganz auf die Idee des elektromagnetischen Telegraphen. Seine Ernennung zum Professor für Kunstgeschichte an der Universität in New York verschafft ihm 1835 das nötige Geld für Versuche. Ein Chemiker, Professor Leonard D. *Gale*, unterstützt ihn dabei und macht ihn mit *Henrys* Arbeiten bekannt.
Im Februar 1837 schreibt der amerikanische Kongreß einen Wettbewerb auf einen mechanisch-optischen Telegraphen aus. Letzter Tag für die Einreichung des Entwurfs ist der 1. Oktober. *Morse* beschließt seine Beteiligung mit dem elektrischen Telegraphen. Anfang September übergibt er einer Zeitung eine kurze Notiz über die neue Erfindung mit dem Bemerken, sie könne in seiner Wohnung besichtigt werden. Zwecks Vorführung des Gerätes spannt er im Zimmer Leitungsdraht von 1700 Fuß Länge aus. Der Empfänger ist noch recht primitiv. Er besteht aus einer seiner Staffeleien, an der mittels Blattfeder ein Holzpendel mit eisernem Schreibgriffel aufgehängt ist. Ein Elektromagnet lenkt den Griffel aus, so daß er in dem unter ihm fortbewegten Papierstreifen eine Zickzackschrift eindrückt.
Der Vorführung des Gerätes wohnt auch Alfred *Vail* bei, der Inhaber einer Maschinenfabrik. Ihm fallen natürlich die erheblichen konstruktiven Mängel sofort auf, und er kommt mit *Morse* überein, in seiner Fabrik ein ver-

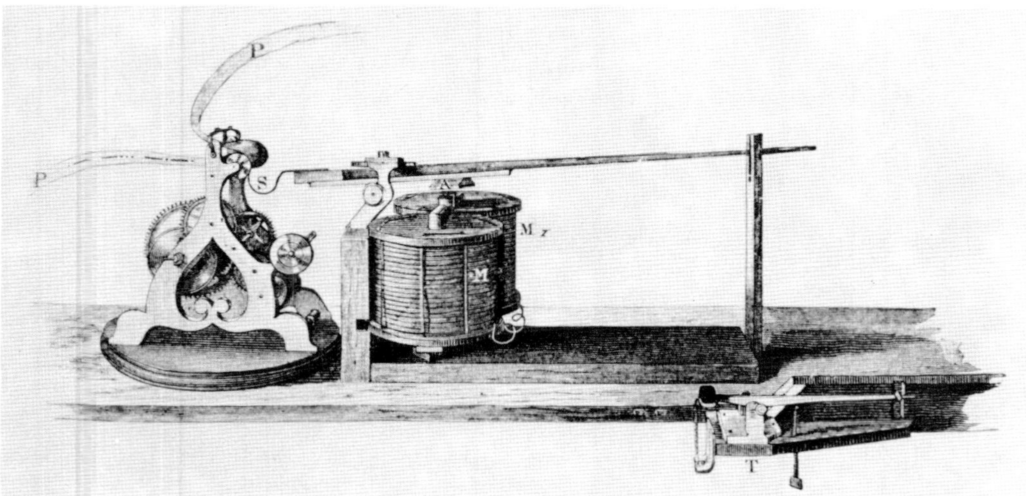

Der von *Vail* verbesserte Morsetelegraph aus dem Jahre 1844

Fig. 428. In einem Telegraphenbureau. Ankunft der Depesche.

Ansicht eines Telegraphenbureaus im Jahre 1863

bessertes Exemplar herzustellen. Außerdem wird ein Patent darauf angemeldet. Auch den von *Morse* entworfenen Geber, eine Leiste mit kurzen und langen Spitzen, die unter einem Hebelarm mit Kontakt durchgeschoben wird, verbessert *Vail*.

Der neue Telegraph ist in seiner mechanischen Konstruktion zwar wesentlich gefälliger und zweckentsprechender als die Staffelei, aber hinsichtlich der elektrischen Dimensionierung immer noch recht unbeholfen. *Morse* ist nämlich der Ansicht, daß der elektrische Leiter, also die Leitung selbst und die Wicklung des Magneten, stets gleichen Durchmesser haben müssen. Infolgedessen bekommt der Elektromagnet erhebliche Dimensionen und wiegt nicht weniger als 158 Pfund.

1838 wird der Telegraph den Mitgliedern des Kongresses vorgestellt, woraufhin eine Kommission das Gerät überprüft und für weitere Versuche die Bewilligung von 30 000 $ vorschlägt. Nach langem Hin und Her mit vielen heftigen Diskussionen wird die Summe im März 1843 endlich für den Bau einer Telegraphenlinie zwischen Washington und Baltimore zugesagt. Sie wird sofort als Kabelleitung in Angriff genommen. Als sich aber im Laufe der Arbeiten ein Fehler am Kabel zeigt, läßt *Morse* die bereits fertigen neun Meilen wieder herausnehmen, und die Verlegung erfolgt oberirdisch als Doppelleitung. Nach knapp 14 Monaten fieberhafter Tätigkeit überspannen zwei Adern blanken Kupferdrahts die rund 40 Meilen zwischen den beiden Städten, und am 24. Mai 1844 kann er vom Capitol aus an *Vail* in Baltimore mit 6 Wörtern in der Minute das erste Telegramm „What hath God Wrought" (Was doch Gott vermochte) übermitteln.

Aus dem überall als Querulanten betrachteten *Morse* wird über Nacht der große Held. Ab 1. April 1845 dient die Leitung als erste Telegraphenlinie der Welt öffentlichen Zwecken.

Für die Verschlüsselung des Textes gedenkt *Morse* zuerst ein Wörterbuch aufzustellen, bei dem bestimmte Begriffe durch eine Kombination der Ziffern 0 bis 9 dargestellt sind. Die Ziffern selbst bilden kurze oder lange Stromimpulse. Das erscheint aber *Vail* zu umständlich, und er schlägt vor, jedem Buchstaben eine bestimmte Punkt-Strich-Kombination zuzuordnen. Der am häufigsten in der Sprache vorkommende Buchstabe soll dabei das kürzeste Zeichen, den Punkt, erhalten. Auf diese Weise entsteht das Morsealphabet. Andere Staaten wandeln es später ihrer Sprache gemäß ab, was sich aber dann im internationalen Verkehr als äußerst hinderlich erweist. Daraufhin einigen sich die Länder auf ein einheitliches Alphabet, das heute noch üblich ist.

Die Zickzackschrift wird von *Morse* bald aufgegeben, Punkte und Striche nun direkt auf das Papier gedrückt, später mit Tinte geschrieben. Auch der Geber erfährt verschiedene Abwandlungen, von denen am Ende nur die einfache Morsetaste, der „Stromschlüssel", wie man ihn damals nennt, übrigbleibt.

Morses eigene Bemühungen in den Jahren 1838 und 1845 zur Einführung seines Telegraphen in Europa schlagen fehl. In England wird ihm sogar das Patent darauf versagt. Erst dem Amerikaner William *Robinson,* der ohne Ermächtigung von *Morse* 1847 zwei Apparate mit nach Europa nimmt, gelingt es nach vergeblichen Versuchen in England und Frankreich wenigstens in Deutschland Interesse daran zu erwecken. Hier errichtet er im Auftrage einer privaten Gesellschaft, der Hamburger Elektromagnetischen Telegraphen-Compagnie, zwischen Hamburg und Cuxhaven die erste Telegraphenleitung Europas nach dem Morsesystem. Sie wird am 15. Oktober 1848 in Betrieb genommen.

Zu dieser Zeit sind in Amerika bereits über 1000 Meilen Telegraphenleitung fertig und über 6000 Meilen nach dem Morsesystem im Bau. Die längste davon umfaßt die Strecke Portland/Maine nach New Orleans mit mehr als 1500 Meilen.

In Deutschland verdrängt der Morseapparat in kürzester Frist alle Zeigertelegraphen und die älteren Drucktelegraphen.

Morse bleibt allerdings mit seinem schreibenden Telegraphen nicht allein. Eine Zeitlang gilt es nämlich als sehr schwierig, das Morsealphabet zu erlernen, und die Bemühungen konzentrieren sich daher unter anderem auch auf einen Telegraphen, der die menschliche Schrift direkt kopieren kann, der jedoch ohne Bedeutung bleibt.

Eine alte Idee setzt sich durch

Wir haben bereits gehört, daß *Cooke* nach jener Vorführung des Schillingschen Telegraphen in Heidelberg selbst mit dem Bau von Telegraphenapparaten beginnt. Unter den ersten nicht recht gelungenen Modellen des Jahres 1836 befindet sich auch eine Ausführung, bei der das bereits früher von *Chappe* und *Ronalds* verwendete System mit Buchstabenscheibe wieder auftaucht. Diesmal rotiert nicht die Scheibe, sondern vor ihr ein Zeiger. *Cooke* scheitert dabei an dem nicht exakt erzielbaren Synchronismus der Zeiger von Geber und Empfänger.

Im Rahmen der gemeinsamen Arbeiten knüpft *Wheatstone* an diese Idee an und entwickelt 1839 den ersten brauchbaren Zeigertelegraphen. Er nimmt ein Holzrad, teilt dessen Umfang in gleiche Abschnitte auf und versieht jeden zweiten davon mit einem kleinen Kupferplättchen. Auf dem so hergerichteten Rand des Rades läßt er eine Feder schleifen, die immer dann, wenn sie eine der Platten berührt, den Stromkreis der Telegraphenleitung schließt und einen Stromimpuls zum gleich aufgebauten Empfänger sendet.

Vor dem Holzrad bringt *Wheatstone* eine feststehende Pappscheibe an, die derart mit den Buchstaben des Alphabets versehen ist, daß auf jeden der Abschnitte ein Buchstabe entfällt. Weiterhin bewegt sich vor der Pappscheibe ein Zeiger, der fest mit der Achse des Holzrades verbunden ist. Dreht man nun die hölzerne Kontaktscheibe, so wird der Stromkreis der Telegraphenleitung mehrmals geöffnet und geschlossen, was auf der Empfangsseite den Anker eines Elektromagneten in Bewegung setzt, der über eine Hemmvorrichtung mit Uhrwerk Holzrad und Zeiger des Empfängers schrittweise fortbewegt. Wandert also der Zeiger des Senders um fünf Buchstaben vorwärts, so folgt ihm der des Empfängers augenblicklich nach. Zur Synchronisation müssen also nur beide Zeiger einmal aufeinander abgestimmt werden.

Der Zeigertelegraph wird 1840 patentrechtlich geschützt. Gleichzeitig wandelt ihn *Wheatstone* ab, läßt den Zeiger weg, verbindet die Buchstabenscheibe fest mit dem Impulsrad und ordnet sie hinter einem Fenster an. Beide Ausführungen werden unter dem Namen ABC-Telegraph weithin bekannt und gelangen im Laufe der Zeit durch zahlreiche konstruktive Verbesserungen zur höchsten Vollkommenheit. Sie werden in großem Umfang bei der englischen Post eingesetzt, wo sie bis zum ersten Weltkrieg ihren Dienst verrichten. Die letzten Exemplare verschwinden sogar erst 1920 aus abgelegeneren Stationen.

Einen derartigen Wheatstoneschen Zeigertelegraphen lernt 1846 in Deutschland auch der Leutnant Werner Ernst *Siemens* kennen. Im Elternhause eines befreundeten Offiziers kann er einigen Inbetriebsetzungsversuchen beiwohnen, die allerdings nicht zur Zufriedenheit verlaufen. Er macht sich daher Gedanken über die Ursache

Wheatstones ABC-Telegraph in der Form von 1858.

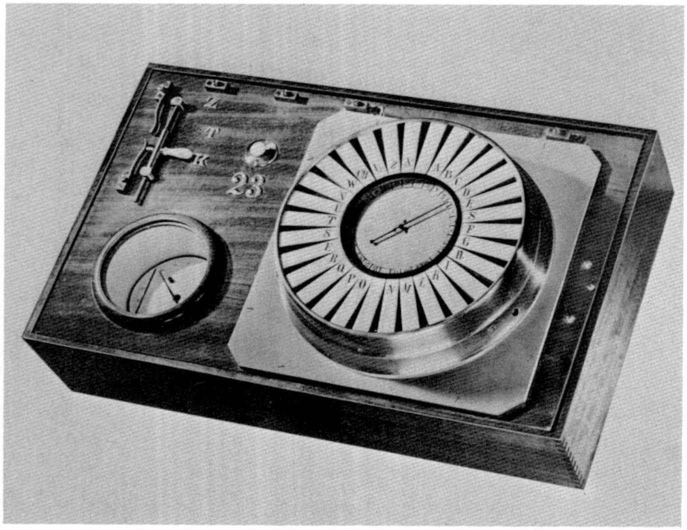

1846 entwirft der Leutnant W. *Siemens* seinen ersten „Zeigertelegraphen" mit Selbsthemmung. Hier eine viel verwendete Ausführung aus dem Jahre 1847

des Mißerfolgs, erkennt gewisse technische Mängel und beginnt mit dem Entwurf eines verbesserten Modells. Ein junger Mechaniker namens Johann Georg *Halske,* dem *Siemens* den Bau seiner eigenen Ausführung anträgt, hegt zunächst starke Zweifel an der Funktionsfähigkeit des Entwurfs. Als *Siemens* ihm dann bald darauf ein aus Zigarrenkisten, Weißblech und Eisenstückchen selbst gebasteltes Gerät vorführt, ist er begeistert und beginnt sofort mit der Herstellung der ersten Zeigertelegraphen. Sie haben kein Uhrwerk mehr wie ihre Vorgänger, sondern der Anker eines Elektromagneten bewegt durch Selbstunterbrechung den Zeiger schrittweise vorwärts. Sobald nun der Stromkreis auf der Sendeseite geschlossen wird, beginnt der Zeiger des hier stehenden Telegraphen seinen Umlauf und mit ihm synchron der des Empfangsgerätes. Um die Ziffernscheibe herum befindet sich ein Kranz von Tasten, die je einem Zeichen zugeordnet sind. Wird eine der Tasten am Geber gedrückt, bleiben beide Zeiger, sobald sie an dem betreffenden Buchstaben ankommen, stehen.

Im Laufe des Jahres 1847 reift in *Siemens* der Entschluß, sich voll und ganz der Telegraphie zuzuwenden. *Halske* erklärt sich zu einer Vereinigung bereit und überläßt seine bisherige Firma Boetticher & Halske dem Kompagnon. Am 1. Oktober 1847 gründen beide die Telegraphen-Bauanstalt von Siemens & Halske und nehmen in der Schöneberger Straße in Berlin die Fertigung von Zeigertelegraphen, Läutewerken und anderen Geräten auf.

Der Vetter, Justizrat Georg *Siemens,* leiht 6000 Taler zur Einrichtung der Werkstatt. Das ist die Geburtsstunde jenes elektrotechnischen Weltunternehmens, das heute den Namen Siemens AG trägt.

Werner *Siemens* ist zu diesem Zeitpunkt 30 Jahre alt. Sein Geburtshaus steht in Lenthe bei Hannover, wo er am 13. Dezember 1816 als Sohn eines Domänenpächters das Licht der Welt erblickt. Bereits bei dem Besuch des Gymnasiums in Lübeck kommen seine technischen Neigungen zum Vorschein. 1834 tritt er in die preußische Armee ein und absolviert dort eine Artillerie- und Ingenieurschule. 1837 erhält er sein Leutnantspatent.

Nebenbei befaßt sich Siemens weiterhin mit Naturwissenschaft und Technik, macht Erfindungen aller Art und entdeckt 1847, daß Guttapercha, von dem sein Bruder Wilhelm aus England der Kuriosität halber eine Probe geschickt hatte, ein vorzüglicher Isolierstoff für Kabel ist. Werner erfindet auch gleich eine Presse, mit der das Material nahtlos um den Leiter gelegt werden kann. 1849 nimmt er seinen Abschied vom Militär und widmet sich von nun ab ausschließlich der Firma, die bald über alle Erwartungen hinaus anwächst und von einem handwerklichen Betrieb zur respektablen Maschinenfabrik emporstrebt. Es entstehen Firmengründungen in St. Petersburg und London, die unter der Leitung seiner Brüder Karl bzw. Wilhelm stehen, sowie Filialen in Wien, Paris und Tiflis.

Halske sieht dieser Entwicklung mit gemischten Gefühlen entgegen. Sie ist zwar erfreulich, aber sie liegt ihm, der 1814 als Sohn eines Kaufmanns in Hamburg geboren wird, nicht. Er beherrscht meisterhaft das erlernte Mechanikerhandwerk, der Großbetrieb jedoch ist ihm fremd, und so scheidet er 1867 in freundlichem Einvernehmen wieder aus der gemeinsamen Firma aus.

Werner *Siemens* werden im Laufe seines Lebens zahlreiche Ehrungen zuteil, darunter auch vier Jahre vor seinem Tode, 1888, die Erhebung in den erblichen Adelsstand. Seine Verdienste um die Elektrotechnik liegen nicht nur auf dem Gebiet der Telegraphie, sondern auch in anderen Bereichen, aber darüber später mehr.

In Frankreich begegnet uns unter den Konstrukteuren von Zeigertelegraphen wiederum *Bréguet*. Er baut 1849 einen solchen mit Uhrwerk und elektromagnetischem Hemmwerk, der bei den meisten der dortigen Eisenbahngesellschaften Eingang findet.

Die Telegraphiergeschwindigkeit der Zeigertelegraphen ist, durch ihr Prinzip bedingt, relativ gering. Der Zeiger hat im günstigsten Fall nur einen Schritt auszuführen, muß aber, da er sich stets in der gleichen Richtung fortbewegt, im ungünstigsten Fall einen vollen Umlauf machen. Dieser dauert beim Zeigertelegraphen von *Siemens* beispielsweise zwei Sekunden. Ungeachtet dessen begründet der Zeigertelegraph auf dem europäischen Kontinent die elektrische Telegraphie, und wir finden ihn in zahllosen Exemplaren bei den Telegraphengesellschaften, bei der Eisenbahn und bei der Polizei.

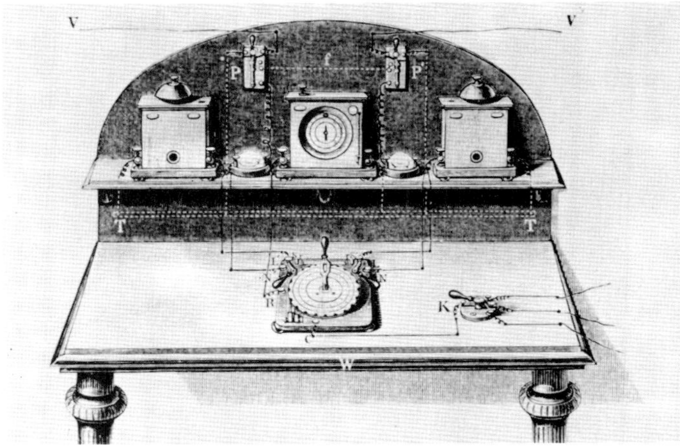

Zwischenstation für zwei Leitungen mit Zeigertelegraph von *Bréguet* 1849

Nur eine halbe Stunde für 11 000 Kilometer

Hand in Hand mit der Entwicklung der Telegraphenapparate geht auch der Ausbau der Telegraphennetze. In Amerika, wo *Morse* am 24. Mai 1844 die erste Linie in Betrieb genommen hat, leistet der Telegraph bereits am folgenden Tage anläßlich eines Parteitags der Demokraten gute Dienste. New York und zahlreiche andere Städte schlagen sofort die Einrichtung eines Telegraphennetzes vor, das sich nun in schneller Folge vom Osten des amerikanischen Kontinents zum Westen hin ausbreitet. 1847 erreicht die Telegraphenleitung Pittsburgh, und 1848 ist Florida der einzige Staat östlich des Mississippi, der noch keinen Anschluß an das Netz besitzt. Politiker und Zeitungsleute wissen die neue Erfindung sehr wohl zu schätzen. Nach und nach entstehen in Amerika über 40 Telegraphengesellschaften, deren Netze das ganze Land überspannen. Später schließen sie sich zur „Western Union Telegraph Company“ zusammen, dem heute größten Unternehmen des Telegraphendienstes in den USA.

In Deutschland baut *Siemens* 1848 die damals längste

Telegraphenlinie Europas von Berlin nach Frankfurt. Anlaß dazu ist die im März des folgenden Jahres in Frankfurt abgehaltene Kaiserwahl. Die Linie wird bis Eisenach längs der bereits fertigen Eisenbahnstrecke unterirdisch und von da ab oberirdisch verlegt. Anfang 1849 erfolgt die Inbetriebnahme, und das Ergebnis der Wahl vom 28. März kann noch in der gleichen Stunde nach Berlin gemeldet werden.

Der Bau weiterer Kabellinien beginnt, aber das Unheil kündet sich bereits auf der Frankfurter Strecke an. Die Vulkanisierung des Guttapercha, die man zur Erhöhung der mechanischen Festigkeit der Isolierung vorgenommen hatte, zeigt sich als Fehlgriff. Hinzu kommt die aus Kostenersparnis nur geringe Verlegungstiefe. Kurz und gut, es treten bald hier wie auch auf den anderen inzwischen fertiggestellten Verbindungen sich ständig mehrende Unterbrechungen auf.

Sie haben eine Beschwerde des von Paul Julius *Reuter* 1849 in Aachen eröffneten Reuters Telegraphenbüro zur Folge und bringen die junge Firma in ernste Schwierigkeiten. *Reuter,* der eigentlich Israel Beer Josaphat heißt, ist durch einen von ihm unterhaltenen Kurier- und Brieftaubendienst bereits vor der Eröffnung seines Telegraphenbüros mit der Nachrichtenübermittlung vertraut. 1851 schließt er das Aachener Büro und geht nach London, wo er Reuters Telegram Company, die heutige Reuters Limited gründet.

Im Laufe der Jahre werden auch in Europa die Telegraphenlinien immer länger und wachsen über Ländergrenzen und Kontinente hinweg. Besonders England ist seines weitverzweigten Imperiums wegen an einer schnellen Ausbreitung interessiert. Es beginnt daher 1862 mit einer Kabelverbindung nach Indien, der wichtigsten seiner Kolonien. Die Leitung kommt auch zustande, ist aber, da von verschiedenen Regierungen erbaut und in einigen Ländern kaum gepflegt, in der meisten Zeit unbrauchbar. Wenn sie wirklich einmal funktioniert, dann benötigen die Telegramme oft Wochen und kommen dann noch vollkommen verstümmelt an.

An dieser Misere sind sowohl technische als auch personelle Gegebenheiten schuld. Es kann nur auf relativ kurzen Strecken durchgehend telegraphiert werden. Die Nachricht muß daher oftmals an den Zwischenstationen vom Telegraphenbeamten empfangen und erneut auf den folgenden Leitungsabschnitt gegeben werden, und das noch dazu in einer für russische, persische oder türkische Beamte unbekannten Sprache. Kein Wunder also, wenn die empfangenen Meldungen unverständlich sind und eine unter einheitlicher Verwaltung stehende Verbindung dringend notwendig erscheint.

Am 8. April 1868 wird The Indo-European Telegraph Company ins Leben gerufen, die eine neue Linie von Thorn über Warschau, Shitomir, Odessa, Kertsch, Tiflis, Djulfa nach Teheran errichten soll. Das sind etwa 4 700 km Doppelleitung. Die betroffenen Regierungen erklären sich schließlich nach manchen, zum Teil schwierigen Verhandlungen über die Gebührenabgaben einverstanden. Preußen will den auf sein Gebiet entfallenden norddeutschen Streckenabschnitt selber bauen. In Emden besteht dann Anschluß an ein Seekabel nach England und in Teheran an das bereits vorhandene britisch-indische Netz über Buschir, Karachi und Agra nach Kalkutta. Siemens & Halske sowie deren Tochtergesellschaften in England und Rußland erhalten den Bauauftrag.

Noch im gleichen Jahr beginnen die Arbeiten, bei denen sich im Laufe der Zeit erhebliche Probleme offenbaren. Etwa 70 000 Maste, für Polen und Rußland aus Holz, für Persien aus Eisen, müssen hergestellt und herangebracht werden. Besonders der Transport nach Persien, wo neben den Masten auch 10 000 Zentner Leitungsdraht erforderlich sind, bereitet die meiste Sorge. Es gibt kaum eine Beförderungsart, die dabei nicht ausgenutzt wird. Per Schiff geht das Material von England nach St. Petersburg, dann mit der Bahn bis Nischni-Nowgorod. Hier wird es auf Flußkähne umgeladen und schwimmt die Wolga abwärts zum Kaspischen Meer. Dort kommt es abermals auf ein Schiff, fährt über das Meer hinweg, um schließlich auf dem Rücken von Maultieren das Elbursgebirge und die anschließende Iranische Hochebene zu überqueren. Schwierigkeiten gibt es darüber hinaus auch mit den Arbeitskräften und besonders in Persien mit gewissen Leuten, die durch Geld und Geschenke dazu bewogen werden müssen, den Bau der Leitung nicht zu hindern. Nach vielen Mühen ist er dann Anfang 1870 abgeschlos-

sen. Nun beginnt das Einüben des Bedienungspersonals längs der Verbindung.
Am 12. April 1870 ist es soweit, das erste öffentliche Telegramm geht von London auf eine 11 000 km lange Reise nach Kalkutta. Eine Stunde und fünf Minuten später hat auch die Antwort ein Viertel des Erdballs umkreist.
Nach rund 11wöchigem Verkehr zerstört Anfang Juli ein Erdbeben das im Schwarzen Meer verlegte Kabelstück. Es wird durch eine Landlinie ersetzt, und zu Beginn des folgenden Jahres geht die Indo-Europäische Telegraphenlinie wieder in Betrieb. Sie verrichtet bis 1931 ihren Dienst, Teilstrecken tun es noch heute.
Die schnelle Ausbreitung der zwischenstaatlichen Telegraphie erfordert gewisse internationale Vereinbarungen zur reibungslosen Abwicklung des Verkehrs. Die französische Regierung unter Napoleon III. lädt daher 1864 alle europäischen Staaten mit Ausnahme Englands, wo sich die Telegraphie noch in privater Hand befindet, nach Paris ein, um hier gemeinsam ein einheitliches europäisches Telegraphenwesen zu errichten. Hier wird am 17. Mai 1865 zwischen 20 Staaten, darunter 7 deutschen, der erste internationale Telegraphenvertrag geschlossen. Aus ihm entsteht später die heute in Genf sitzende Union Internationale des Télécommunications (UIT). 1878 umfaßt das Telegraphennetz der Erde ohne Eisenbahntelegraphenlinien und ohne Unterseekabel die beträchtliche Länge von 2 329 341 km. Davon sind 717 351 km oberirdisch verlegt. 43 781 Telegraphenstationen sind angeschlossen.

Das große Wagnis

Soll die Telegraphie alle Länder und Kontinente miteinander verbinden, so darf sie an den Küsten nicht haltmachen, sondern muß auch breite Gewässer und Meere überbrücken. In England wird diese Notwendigkeit am ehesten spürbar. *Wheatstones* Vorschlag aus dem Jahre 1840, England durch ein Seekabel zwischen Dover und Calais mit dem Kontinent zu verbinden, kommt allerdings noch verfrüht, denn es gibt vorerst kein geeignetes Isoliermaterial für ein unter Wasser liegendes Kabel.

Verlegung des Seekabels zwischen Dover und Kap Gris Nez im August 1850 mit dem Dampfer „Goliath" durch die Gebrüder *Brett*

Als aber das Guttapercha auf dem Markt erscheint, das alle Voraussetzungen hierzu bietet, bemühen sich die Gebrüder John Watkins und Jacob *Brett* um eine solche Verbindung. Sie verlegen 1850 mit Hilfe des Raddampfers „Goliath" zwischen Dover und Kap Gris Nez einen mit Guttapercha umpreßten Kupferdraht von 1,8 mm Durchmesser, der alle 100 m durch Bleiplatten beschwert wird. Dieses erste Seekabel der Welt ist am 28. August fertig, hält jedoch nur bis zum darauf folgenden Tag. Angeblich hat es ein Fischer an der französischen Küste zufällig mit seinem Netz heraufgeholt, für ein Seeungeheuer gehalten und zerhackt. Wahrscheinlich aber wurde es an der felsigen Küste zerrieben.
Ein zweiter Versuch im Jahr darauf bringt mehr Erfolg. Das neue Kabel ist mit Stahldrähten bewehrt und eröffnet am 19. Oktober den Telegraphenverkehr zwischen England und dem Kontinent. Die Begeisterung ist überall groß, und im Laufe der nächsten Jahre werden zahlreiche weitere Seekabel verlegt, die aber nicht immer von langer Betriebsfähigkeit sind.

Wenn also ein Kabel im Meer verlegt werden kann, warum dann nicht auch Amerika und Europa telegraphisch miteinander verbinden? Diesen Gedanken fassen in England die Gebrüder *Brett* und annähernd zur gleichen Zeit ein geschäftstüchtiger Amerikaner namens Cyrus West *Field.* Zunächst einmal befragt er 1854 *Morse,* ob über ein so langes Kabel überhaupt eine Telegraphie möglich sei. Gleichzeitig zieht er Erkundigungen wegen der Tiefenverhältnisse des Meeres bei einem Leutnant *Maury* ein, der als Sachverständiger für diese Fragen gilt. Als beide das Vorhaben bejahen, allerdings, wie sich bald zeigen wird, in Unkenntnis der wirklichen Schwierigkeiten, gründet *Field* die New York-Newfoundland and London Telegraph Company. Ihr läßt er sich auf 50 Jahre das alleinige Recht sichern, auf Neufundland und Labrador Seekabel zu landen. Dann beginnt er mit der Vollendung des Kabels New York–St. Johns, das bereits bis Kap Breton auf Neuschottland fertig ist. Ein erster Versuch, die Cabotstraße zwischen Kap Breton und Neufundland mit einem in England gekauften 130 km langen Seekabel zu überbrücken, scheitert 1850 wegen heftiger Stürme. Der zweite Versuch im Juli des folgenden Jahres gelingt ohne ernste Störung. Nun kann das eigentliche Unternehmen, das wohl größte Wagnis in der Geschichte der Telegraphie, beginnen.
Field glaubt sich gut gerüstet, denn sowohl Leutnant *Maury* als auch *Morse* haben ja das Unternehmen als ausführbar bezeichnet und eine Auslotung der Meerestiefen, die Kapitän *Dayman* vornimmt, zeigt sehr günstige Ergebnisse. Zwischen Neufundland und Irland befindet sich eine Hochebene im Meer, die keinerlei steile Berge oder Vertiefungen aufweist, an denen sich das Kabel zerreiben könnte. Die Aussichten auf ein gutes Gelingen sind groß, aber wie sollte alles doch ganz anders kommen. Zunächst einmal gründet *Field* 1856 in England zusammen mit John *Brett,* Charles *Bright* und anderen eine weitere Gesellschaft zur Finanzierung des Vorhabens, die Atlantic Telegraph Company. Ihre Aktien in Höhe von 250 000 £ sind schnell an den Mann gebracht, sodann wird bei der Firma Glass, Elliot and Company in Greenwich das Kabel mit einer Gesamtlänge von 4650 km bestellt. Es besteht aus sieben Kupferadern von je 0,7 mm Durchmesser, die von drei Lagen Guttapercha und einer Lage teergetränktem Hanf umgeben sind. Als mechanischen Schutz erhält das Ganze eine Bewehrung von 18 Eisenlitzen zu je sieben Drähten. Damit es im Meerwasser nicht rostet, wird es schließlich noch mit Teer, Pech und Leinöl bestrichen.
Die Regierungen Englands und Amerikas einigen sich über ein gemeinsames Verlegen des Kabels, zu welchem Zweck jede Marine ihr größtes Schiff zur Verfügung stellt. Allein die Herstellung des Kabels in 5 Monaten ist eine technische Leistung ersten Ranges. Über 20 000 Meilen Kupferdraht, mehr als 380 000 Meilen Eisendraht müssen gezogen und 300 Tonnen Guttapercha zubereitet werden. Im Juni 1857 ist das Kabel fertig und wird je zur Hälfte auf der britischen „Agamemnon" und der amerikanischen „Niagara" verladen.
Der ursprüngliche Plan sieht vor, daß beide Schiffe sich mitten im Atlantik treffen, die Kabelhälften miteinander verbinden und nach entgegengesetzten Seiten hin mit der Verlegung beginnen. Er wird im letzten Augenblick geändert. Nun soll die „Niagara" an der irischen Küste anfangen und wenn ihre Hälfte ausgelegt ist, die „Agamemnon" die Arbeit fortsetzen.
Am 3. August 1857 verlassen fünf Schiffe den Hafen von Valentia, die beiden Kabelschiffe, je ein Begleitschiff und das Leitschiff „Cyklop". Infolge der erheblichen Eisenmenge an Bord der Kabelschiffe zeigt deren Kompaß nicht mehr richtig an, so daß ein genauer Kurs unmöglich ist. Die „Cyklop" fährt daher voraus und gibt die Richtung an. Zunächst wird vor Land ein Stück dicken Küstenkabels verlegt, aber schon dabei passiert das erste Unglück. Die Maschine zum Ablassen des Kabels funktioniert nicht richtig, das Kabel rutscht von der Führungsrolle und reißt. Man kann es Gott sei Dank wieder auffischen, verspleißen und mit der Arbeit fortfahren. Dann kommt der Augenblick, wo das Küstenkabel mit dem Tiefseekabel verbunden werden muß. Trotz aller Vorsichtsmaßnahmen reißt die Verbindungsstelle. Aus Sicherheitsgründen hat man aber beide Enden mit einem Seil verbunden. Der Schaden ist daher schnell repariert. In den nächsten Tagen geht alles glatt, das Kabel läuft Meter für Meter gleichmäßig über die Rollen und ver-

schwindet im Meer. Am 10. August steigt die Tiefe von etwa 900 m rapide auf 3200 m an, und gegen 6 Uhr morgens rutscht das Kabel abermals von der Rolle. Die „Niagara“ kann noch rechtzeitig angehalten werden, bevor das Kabel zerreißt. Um 9 Uhr derselbe Vorgang, abermals hält das Kabel stand. Dennoch scheint es einen Schaden davongetragen zu haben, denn die telegraphische Verbindung, die seit Beginn der Aktion über den verlegten Teil zwischen der „Niagara“ und dem Festland aufrechterhalten wird, bricht plötzlich ab.
Trotz aller Bemühungen erscheinen um 11.30 Uhr nur einzelne schwache Zeichen. Am nächsten Tag, die Uhr zeigt 3 Uhr morgens, und *Bright,* der verantwortliche Ingenieur, hält seine Nachtruhe, steigt die Kabelspannung über Erwarten stark an. Die Schiffsgeschwindigkeit wird zwar sofort herabgesetzt, aber diesmal vergebens. 50 Minuten später reißt das Kabel und versinkt in 3750 m Tiefe. Alle ausgelegten 618 km sind verloren, denn wieder auffischen läßt es sich trotz verschiedener Versuche nicht.
Da die gefertigte Kabellänge eine gewisse Reserve beinhaltet, greift man nun auf den ursprünglichen Plan zurück, verbindet die beiden Kabelenden auf der „Agamemnon“ und der „Niagara“ miteinander und startet in entgegengesetzter Richtung. Eine Weile geht alles gut, dann reißt das Kabel an Bord der „Agamemnon“. Damit ist das Schicksal der ersten Expedition besiegelt, für einen weiteren Versuch reicht der Kabelvorrat nicht mehr aus.
Die Schiffe kehren heim, aber niemand denkt an eine Aufgabe des Unternehmens. Ersatz für die verlorene Kabellänge wird bestellt, verbesserte Kabelverlegemaschinen beschafft und von *Thomson* ein empfindliches Spiegelgalvanometer entwickelt, das auf kleinste Ströme anspricht.
Nachdem im Frühjahr 1858 in der Biskaya tüchtig geübt worden ist, beginnt die zweite Expedition. Alle fünf Schiffe treffen sich im Juni in der Mitte des Atlantiks. Beinahe wäre das Unternehmen schon, bevor es recht begonnen hat, gescheitert, denn die „Niagara“ gerät bei der Anfahrt in einen furchtbaren Sturm, dem sie nur mit Mühe und Not erheblich beschädigt entrinnen kann. Diesmal ist ein Verlegen gemäß dem ersten Plan vorgesehen und nachdem beide Kabelenden einwandfrei miteinander verspleißt sind, fahren die Schiffe nach beiden Richtungen davon. Wieder ist das Unternehmen vom Pech verfolgt; das Kabel reißt einmal, es reißt ein zweites Mal. Beim dritten Mal entschließt sich die Leitung des Unternehmens, heimzufahren.
Kurze Zeit danach startet der dritte Versuch. Von Queenstown aus geht es am 17. Juli in See und am 29., nach Verbindung der beiden Kabelenden, dampft die „Niagara“ nach Amerika und die „Agamemnon“ nach England. Auf der „Niagara“ verläuft diesmal alles fast ohne Schwierigkeiten, und sie erreicht am 5. August Neufundland, wo sie ihr Kabel wohlbehalten landen kann. Die „Agamemnon“ ist nicht so glücklich dran, sie kommt in einen Sturm, und auf ihr entdecken die Techniker eines Morgens zum Entsetzen der gesamten Mannschaft einen Fehler im Kabel, und zwar an einer Stelle, die in 20 Minuten über Bord laufen wird. In großer Hast erfolgt die Reparatur des schadhaften Stücks. Zu allem Unglück versagt auch noch die telegraphische Verbindung mit der „Niagara“. *Thomson* bemüht sich umsonst, der Leitung irgendwelche Zeichen zu entlocken. Was bleibt anderes übrig, als das fehlerhafte Stück gänzlich zu entfernen. Die „Agamemnon“ wird angehalten, das Kabel zerschnitten und neu verbunden. Dann läßt man es langsam wieder ablaufen. Dieses gewagte Manöver gelingt, aber was hat es genutzt, die telegraphische Verbindung ist trotzdem noch nicht wiederhergestellt. Schon reift der Entschluß, vollends aufzugeben, als die heiß ersehnten Zeichen plötzlich klar und deutlich wieder ankommen.
Am 5. August erreicht auch die „Agamemnon“ ihren Zielpunkt an der irischen Küste und kann das Kabel an Land bringen. Der Jubel auf beiden Seiten des Ozeans, kennt keine Grenzen, und Königin Viktoria und der amerikanische Präsident James Buchanan tauschen am 17. August 1858 Glückwunschtelegramme untereinander aus.
Die Freude ist allerdings nur von kurzer Dauer, Störungen machen sich bemerkbar, und am 3. September versagt die Verbindung für immer. Einige tausend Worte sind in beiden Richtungen über das Kabel telegraphiert worden und haben gezeigt, wie bedeutungsvoll eine derartige telegraphische Verbindung beider Kontinente miteinander ist.

Field und seine Mitarbeiter aber geben die Hoffnung, den Atlantik doch noch für immer zu überbrücken, nicht auf. Ein Komitee, dem unter anderem auch *Thomson* und *Wheatstone* angehören, legt eine neue Kabelkonstruktion fest, und zum Verlegen wird die „Great Eastern" bestimmt, das zu jener Zeit größte Schiff der Welt. Es lief 1858 vom Stapel, ist aus Eisen erbaut und hat die für damals phantastische Größe von 18 915 BRT. Seine Länge beträgt 211 m und seine Breite 25 m. Sechsmal hat es in den Jahren 1860 bis 1863 den Atlantik überquert. Dann wird es wegen seiner Betriebskosten, die ebenso gewaltig wie die Abmessungen sind, außer Dienst gestellt. Nach weiterer Verwendung als Kabelleger und Kohlendampfer naht 1889 ihr Ende auf dem Schiffsfriedhof.
Das erste Unternehmen mit der „Great Eastern" im Sommer 1865 mißrät ebenfalls. Nachdem 1186 Meilen Kabel ausgelegt sind, zerreißt es. Nochmals werden 600 000 £ für ein neues Kabel flüssiggemacht. Am 30. Juni 1866 fährt die „Great Eastern" abermals aus. An Bord befindet sich wieder *Thomson,* während in Valentia auf Irland *Clark* und C. F. *Varley* zurückbleiben und die telegraphische Verbindung aufrechterhalten. Nach 14 Tagen ist das Werk ohne nennenswerte Störungen vollbracht. Einige Tage später gelingt es sogar, das Ende des im Jahr zuvor zerbrochenen Kabels auf dem Meeresgrund zu finden, aus der Tiefe zu heben und fertig auszulegen. Nun gibt es gleich zwei telegraphische Verbindungen zwischen der Alten und der Neuen Welt, die von Dauer sind. Das große Wagnis hat sich im Endeffekt doch gelohnt und spornt zur Verlegung weiterer Kabel in den nächsten Jahren an. Obwohl ein Telegramm von 25 Worten die für jene Zeit phantastische Summe von 100 $ kostet, floriert das Geschäft, und die Gesellschaft kann ab 1869 Gewinne abwerfen.
Es ist an der Zeit, jenen Mann vorzustellen, der durch seine hervorragenden elektrotechnischen Kenntnisse einen erheblichen Anteil zum Gelingen des Werkes beigesteuert hat, William *Thomson,* den späteren *Lord Kelvin* of Largs. Er wird 1824 in Belfast als Sohn eines Mathematikprofessors geboren, der seine sechs Kinder frühzeitig in Englisch, Mathematik und Geographie unterrichtet. Mit nicht ganz 17 Jahren geht *Thomson* auf das Peterhouse College zu Cambridge und ist bereits mit 22 Jahren Professor für Physik an der Universität Glasgow. Hier hält er 1846 seine erste Vorlesung von einem Manuskript, das ihn während der 50 Jahre seiner Lehrtätigkeit begleiten soll und dessen Ende er niemals erreicht, weil er wegen des großen Interesses seiner Studenten das Pensum einer Vorlesungsstunde immer wieder auf zwei oder gar drei Stunden ausdehnt.
Seine wissenschaftlichen Arbeiten liegen neben der Elektrotechnik auf dem Gebiet der Wärmelehre und der Geophysik. Ehrungen von allen Seiten werden ihm zuteil, darunter die Präsidentschaft der Royal Society von 1890 bis 1895. 1907 stirbt *Lord Kelvin* und wird in der Westminster Abtei begraben, wo die großen Männer Englands ruhen.

Vom schreibenden zum druckenden Telegraphen

Inzwischen sind die Zeigertelegraphen in großer Zahl verbreitet, denn sie arbeiten zuverlässig und lassen sich leicht bedienen, im Notfall sogar ohne große Übung, weil jeder, der des Lesens kundig ist, mit ihnen arbeiten kann. Dennoch wird es vielfach als Mangel empfunden, daß sie die Nachricht nicht in schriftlicher Form anliefern.
Schon *Steinheil* hat dies erkannt und daher 1836 den bereits erwähnten schreibenden Telegraphen gefertigt. Auch *Morses* Gerät liefert von Anfang an das Telegramm in schriftlicher Form. Bei beiden Apparaten werden die Buchstaben des Alphabets jedoch nicht direkt niedergeschrieben, sondern verschlüsselt durch Kombination von Punkten bzw. Punkten und Strichen. Damit kann die Nachricht aber nicht von jedem gelesen werden, was geschultes Personal erfordert und auch Fehlerquellen bei der Übermittlung in sich birgt. Alles dies wäre überwunden, wenn sich ein Telegraph herstellen ließe, der direkt Buchstaben niederschreibt.
An diese Aufgabe wagt sich Alfred *Vail* und fertigt 1837 den ersten Drucktelegraphen der Welt. Er ist allerdings außerordentlich verwickelt, neigt demgemäß leicht zu Störungen und ist wenig leistungsfähig. Vier Jahre später baut auch *Wheatstone* ein derartiges Gerät, indem er die

Zeichenscheibe seines Zeigertelegraphen durch ein Typenrad mit erhabenen Buchstaben ersetzt. Hat das Typenrad bei seiner Umdrehung die dem zu sendenden Zeichen entsprechende Stellung erreicht, so schlägt ein kleiner Hammer über ein Auslösesignal gegen die betreffende Type und druckt dabei den Buchstaben auf einem Blatt Papier ab. Auch dieser Telegraph bürgert sich nicht ein.
Mehr Erfolg hat schon *Siemens* bei seinem 1850 ebenfalls aus dem Zeigertelegraphen entwickelten Typendrucker. Hier, wie auch bei verschiedenen anderen Modellen aus den 40er Jahren von A. *Bain,* W. *Fardely,* R. E. *House* usw., muß aber das Typenrad zum Abdruck des jeweiligen Buchstabens angehalten werden. Die Telegraphiergeschwindigkeit ist daher nicht größer als die des Zeigertelegraphen.
Dieses Übel sucht der 1831 in London geborene David Edward *Hughes* dadurch zu umgehen, daß er den Druck bei laufendem Typenrad vornimmt. Der Plan für den bald weltberühmten Hughesapparat entsteht am Bordstown College in Kentucky, wo *Hughes,* in jungen Jahren mit seinen Eltern nach Amerika ausgewandert, 1850 eine

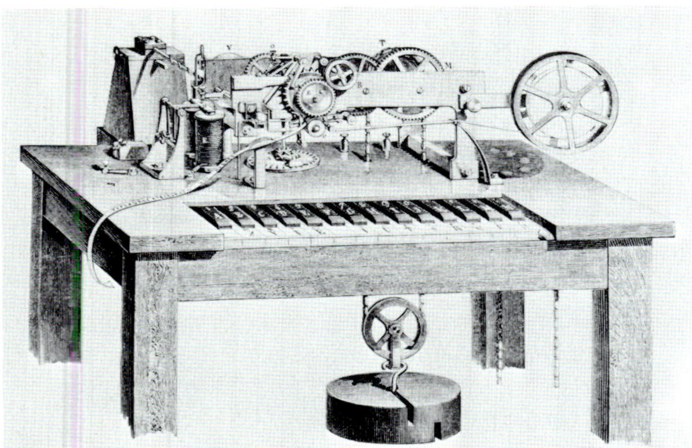

Typendrucker von *Hughes* aus dem Jahre 1865; unten das schwere Gewicht zum Betätigen des Uhrwerks

Anstellung als Lehrer für Musik und bald danach auch für Physik und Mathematik erhält. 1855 gibt er seine Erfindung bekannt.
Die erste Ausführungsform enthält noch zwei Antriebswerke; eines bewegt das ständig laufende Typenrad, das andere die Druckvorrichtung. Die 1856 patentierte Form hat dann nur noch ein mit schwerem Gewicht versehenes Uhrwerk. Zum Senden dient eine Tastatur, die, vielleicht bedingt durch seine Beschäftigung mit der Musik, ähnlich wie beim Klavier, abwechselnd schwarze und weiße Tasten besitzt. Sender und Empfänger sind zu einer Einheit vereinigt, und der sendende Apparat druckt das Telegramm zur Kontrolle mit.
Nach dem Verkauf des amerikanischen Patents reist *Hughes* nach Europa, um auch dort seinen Drucktelegraphen bekanntzumachen. In England, wo er ihn zuerst anbietet, hat er wenig Glück. In Frankreich dagegen zahlt ihm 1861 die Staatstelegraphen-Verwaltung nach einjähriger Erprobung 200 000 Francs. Gustave *Froment,* der bereits durch einen Zeigertelegraphen bekanntgeworden ist, übernimmt in seiner Werkstatt die Fertigung.
Nun beginnt der Siegeszug des Hughesapparates. 1862 führen ihn Italien, 1863 dann doch England, 1866 Preußen und Rußland und später weitere Länder ein. 1868 schließlich, auf dem Internationalen Telegraphen-Kongreß in Wien, wird er für den internationalen Verkehr zugelassen, mit dem Ergebnis, daß er bereits fünf Jahre danach in fast allen wichtigen Telegraphenlinien Europas vertreten ist und hier über 50 Jahre lang Millionen von Telegrammen befördert.
Im Laufe der Zeit erfährt der Hughesapparat zahlreiche konstruktive Verbesserungen, und um die Jahrhundertwende wird auch sein Uhrwerk durch einen Elektromotor ersetzt, der das gesamte Räderwerk in Gang hält. Das ständige Aufziehen des Uhrwerks mit seinem etwa 60 kg schweren Gewicht hat sich besonders lästig und ermüdend gezeigt, als in den 80er Jahren die Weiblichkeit in Frankreich ihren Einzug in die Telegraphenämter hält. Zunächst versucht man hier, das Gewicht mechanisch über Dampfmaschinen, Gasmotoren oder dergleichen anzuheben. Infolge der Transmissionswellen sieht der Raum dann mehr nach einer Werkstatt als nach einem Telegraphenamt aus.

Die Vorzüge dieses Telegraphen gegenüber allen anderen Systemen liegen in der hohen Telegraphiergeschwindigkeit. Während es bei *Cooke* und *Wheatstone* nur 400 Wörter je Stunde sind, bringt es der Morseapparat bereits auf 800 Wörter in der Stunde. Der Drucktelegraph von *Hughes* aber schafft in der gleichen Zeit bis zu 2400 Worte. In Anbetracht dieses Erfolges gibt *Siemens* seine Bemühungen um einen eigenen schnellen Telegraphen 1865 auf, kauft das Herstellungsrecht des Hughesapparates für 15 000 Taler an und beginnt mit seiner Fabrikation.

Endstation Fernschreiber

Die weitere Entwicklung der Telegraphie wird vor allen Dingen von wirtschaftlichen Gesichtspunkten beeinflußt, denn inzwischen ist das Telephon erfunden worden, das besonders im Nahbereich die Aufgabe der Nachrichtenübermittlung an sich zieht. Dem Telegraphen verbleibt daher vorwiegend der Weitverkehr. Nun sind Telegraphenleitungen aber außerordentlich kostspielig, und sie müssen aus diesem Grunde so viele Telegramme befördern, wie technisch durchführbar ist.
Dazu bieten sich zwei Möglichkeiten an; weitere Erhöhung der Telegraphiergeschwindigkeit und mehrfache Ausnutzung der vorhandenen Leitungen. Beide Wege werden von den Ingenieuren gleichzeitig beschritten.
Der erste Weg führt von *Wheatstones* Idee, die Morsezeichen nicht mehr von Hand mit der Taste, sondern über Lochstreifen und entsprechende Geber zu senden, zum Schnelltelegraphen. Die bekanntesten Ausführungen dieser Art, die teilweise auch das empfangene Telegramm in Form eines Lochstreifens liefern, sind das Schnellmorsegerät von *Wheatstone* selbst aus dem Jahre 1867, das 1500 Zeichen in der Minute verarbeiten kann, der 1888 von Chancy G. *Wright* in Chicago entwickelte automatische Telegraph, der 1901 entstehende Telegraph des Australiers Donald *Murray* sowie der Schnelltelegraph von Siemens & Halske vom Jahre 1913 mit maximal 1000 Zeichen je Minute.

Der zweite Weg führt zur Mehrfachtelegraphie. Er beginnt 1853, als der österreichische Telegrapheningenieur Wilhelm *Gintl* durch eine besondere Schaltung den gleichzeitigen Telegraphenverkehr in beiden Richtungen ermöglicht, den sogenannten Duplex-Betrieb, und auf der Strecke Wien–Prag Versuche anstellt. *Bosscha* in Leiden weitet ihn 1855 zum Quadruplex-Betrieb aus, bei dem zwei Sender zugleich in jeder Richtung arbeiten können. Im gleichen Jahr taucht noch ein ganz anderes Verfahren zur Mehrfachausnützung der Leitungen auf. Ein Unbekannter veröffentlicht den Vorschlag, die Leitung in schneller Folge nacheinander auf mehrere Telegraphenapparate umzuschalten. Praktische Arbeiten zur Verwirklichung dieses Multiplex-Betriebes unternehmen unter anderem *Wheatstone,* Moses G. *Farmer* und Patrick B. *Delany.*
Den ersten brauchbaren Mehrfachtelegraphen aber entwickelt nach langjährigen Versuchen der französische Telegraphenbeamte Jean Maurice Émile *Baudot.* Sein Plan wird 1874 vom Minister der Post und Telegraphie angenommen, 1875 ein Modell gebaut und 1877 der Versuchsbetrieb aufgenommen. Er führt zu einem vollen Erfolg. Bald darauf wird dieser neue, mit einem Fünfer-Code arbeitende Telegraph auf den von Paris ausgehenden großen internationalen Linien nach Rom, Wien, Berlin, London usw. eingesetzt, wo er teilweise den Hughesapparat verdrängt.
Baudot wird nicht nur zum Ritter der Ehrenlegion ernannt, sondern 1926 erhält ihm zu Ehren auch die Einheit der Telegraphiergeschwindigkeit die Bezeichnung Baud.
Zu den besten Apparaten dieser Art zählt auch der amerikanische Western-Union-Multiplex von *Murray* aus dem Jahre 1914, der in seinen Grundzügen dem Baudot-Telegraphen entspricht. Sie bilden bis zum Ende der 30er Jahre ein wichtiges Glied der internationalen Telegraphie und stehen in zahlreichen Telegraphenämtern zusammen mit anderen Geräten. So besitzt z. B. das Telegraphenamt in Frankfurt a. M. 1924 87 Morse-, 135 Hughes- und 5 Baudot-Apparate.
Alle bisher erwähnten Telegraphieverfahren arbeiten mit Gleichstrom. Die Verwendung von Wechselstrom schlägt um 1868 der Engländer E. *Gray* vor. Er kann jedoch

Mehrfachtelegraph von *Baudot* von 1888

Blattdrucker der C. Lorenz AG von 1905

kein brauchbares Gerät herstellen. Der Franzose E. J. P. *Mercadier* greift den Gedanken wieder auf und will 1890 mehrere Telegramme gleichzeitig durch Wechselstrom verschiedener Frequenz übertragen, wobei die Empfänger auf jeweils eine dieser Frequenzen abgestimmt sind. Sein Verfahren kommt Ende des 19. Jahrhunderts auf einigen von Paris nach Südfrankreich verlaufenden Linien zum Einsatz, wird aber später wegen zu vieler gegenseitiger Störungen wieder aufgegeben.
Die Trennung der einzelnen Frequenzen voneinander macht erhebliche Schwierigkeiten, und erst die Entwicklung des Röhrenverstärkers, vor allem aber der Siebketten durch K. W. *Wagner* 1915 in Deutschland und zur gleichen Zeit von G. A. *Campbell* in Amerika, schafft die Voraussetzung für den Bau erfolgreicher Wechselstrom-Telegraphie-Systeme ab Mitte der 20er Jahre. Hierbei kann eine Doppelleitung bis zu 24 Kanäle umfassen.
Neben diese an Leitungen gebundene Telegraphie tritt mit der Entwicklung der Funktechnik, über die wir in späteren Kapiteln noch Näheres hören werden, auch die drahtlose Telegraphie, anfangs mit langen Wellen, dann ab Ende der 20er Jahre auf kurzen Wellen im Bereich von etwa 3 bis 30 MHz.
Beide Wege, der Schnelltelegraph und die Mehrfachtelegraphie, münden gemeinsam in der modernen Fernschreibtechnik. Während die ersten Schnelldrucker nur einen Papierstreifen mit dem Text des Telegramms liefern, tauchen Anfang des 20. Jahrhunderts, von *Murray* und Frederic George *Creed* entwickelt, auch Blattschreiber ähnlich einer Schreibmaschine auf. Der Text wird dabei zunächst auf Lochstreifen empfangen und dieser Streifen dann in den Schreiber gegeben, wo er über eine Mechanik die Typen der Maschine zum Anschlag bringt. *Creed* und *Murray* arbeiten für eine kurze Zeit zusammen, gehen dann aber wieder auseinander, und *Creed* gründet in Croyden bei London eine eigene Firma, die Creed & Co Ltd. Engineers.
Auch Versuche, den Lochstreifen zu umgehen und den Text gleich niederzuschreiben, werden bald unternommen. An diesen Arbeiten sind vor allen Dingen *Murray* und *Krumm* in Amerika beteiligt. Letzterer gründet 1907 gemeinsam mit *Morton* die Morkrum Company. Aus ihr geht dann durch Vereinigung mit der Kleinschmidt Electric Company die Morkum-Kleinschmidt Corporation in Chicago hervor, die spätere Teletype Corporation.
Bisher müssen Sender und Empfänger aller Drucktelegraphen in striktem Gleichlauf miteinander stehen, was nicht nur ihren Konstrukteuren manche harte Nuß zu knacken gibt, sondern auch eine beim Telephon längst übliche Verbindung beliebiger Apparate unmöglich macht. Die Frage des Gleichlaufs wird damit auf die Dauer gesehen fast zu einer Existenzfrage des Telegraphen.
Da taucht zu Beginn des ersten Weltkriegs ein grundsätzlich neues System auf. Die Morkrum-Kleinschmidt Corp. bringt einen Drucktelegraphen heraus, den sie Teletype nennt. Bei ihm ist das Synchronisierungsprinzip in viel einfacherer Weise gelöst, denn Sender und Empfänger werden nur während der Übertragung eines einzigen Zeichens an ihre Antriebsmotoren gekuppelt. Das setzt keinen so exakten Gleichlauf voraus, und kleine Differenzen stören nicht mehr, da sie sich über die gesamten Buchstaben des Textes hinweg nicht addieren können. Etwa zur gleichen Zeit entsteht dieses vereinfachte Prinzip auch bei Creed & Co. sowie bei Siemens & Halske, und es ist heute kaum zu sagen, in wessen Entwicklungslabor der umwälzende Gedanke zum ersten Male gefaßt wurde.

Erstes von Siemens & Halske 1933 errichtetes öffentliches Fernschreibamt. Die Ämter in Berlin und Hamburg waren gleich eingerichtet

Lorenz-Fernschreiber aus dem Jahre 1926

Ansicht eines modernen Fernschreibers

Dieses sogenannte Start-Stop-System verdrängt nach und nach alle anderen Telegraphenapparate. Die deutsche Post führt den von der C. Lorenz Aktiengesellschaft in Lizenz gebauten Teletype in ihren Telegraphenbetrieb ein.
Der Fernschreiber, wie der nach dem Start-Stop-Prinzip arbeitende Telegraph heute allgemein genannt wird, stellt die gesamte Telegraphie auf eine völlig neue Basis. Wegen der vereinfachten Gleichlaufbedingungen können nun über eine Vermittlung, sogar im Selbstwählverkehr, auch die Apparate beliebiger Teilnehmer miteinander verbunden werden. Der Aufbau eines weltweiten Fernschreibnetzes beginnt.
In Deutschland wird am 16. Oktober 1933 der erste von Siemens & Halske eingerichtete öffentliche Fernschreibdienst mit sieben Teilnehmern in Berlin und fünf in Hamburg aufgenommen. 1967 umfaßt das Weltfernschreibnetz rund 240 000 Teilnehmer, davon allein in Deutschland 60 000. 120 000 Teilnehmer in 27 Ländern können von hier aus direkt angewählt werden.
Bestehen im ersten Jahrhundert der elektrischen Telegraphie die übermittelten Nachrichten fast ausschließlich aus persönlichen oder geschäftlichen Mitteilungen von Mensch zu Mensch, so rückt in den letzten Jahrzehnten mit dem Begriff der Fernwirktechnik eine neue Form der Telegraphie in den Vordergrund. Bei ihr geht es um die Verbindung zwischen einem Menschen und einer technischen Anlage oder im weitesten Sinne bei der Datenverarbeitung sogar nur noch zwischen zwei technischen Anlagen. Die übertragenen Zeichen sind keine Nachricht im üblichen Sinne mehr, sondern sind Informationen in Form von Meßwerten, Meldungen, technischen Daten und Steuerbefehlen. Als Übertragungswege kommen Leitungen und drahtlose Verbindungen in Frage. Besonderes Augenmerk wird dabei neben einer schnellen auf eine fehlerfreie Übermittlung der Information gerichtet. Das hat die Entwicklung besonderer prüfbarer und damit fehlererkennender Codierungsverfahren zur Folge gehabt. Im Rahmen der ständig zunehmenden Automatisierung wird dieser junge Zweig der Telegraphie in den nächsten Jahrzehnten noch erheblich an Bedeutung gewinnen.

Vom Wunder des elektrischen Lichts

Die Sehnsucht des Menschen nach dem Licht ist uralt, und Licht spielt vom ersten Tage der Menschheit an eine wesentliche Rolle. Es wird zum Symbol des Wohlbehagens und schließlich zu dem des Lebens schlechthin. Die alten Griechen sagen daher nicht, der Mensch „stirbt", sondern er „verliert das Licht". Auch wir sprechen ja heute noch vom „Erlöschen des Lebenslichtes".

Die wichtigste Lichtquelle auf unserem Erdball ist die Sonne. Ihrer großen Bedeutung wegen für Mensch und Tier gelangt sie bei zahlreichen Völkern des Altertums zu göttlicher Verehrung. Auf Grund physikalischer Gesetze können ihre Strahlen die Erdkugel jedoch immer nur auf der ihr zugewandten Seite erhellen, und somit entsteht infolge der Erddrehung in ständig wechselndem Rhythmus Tag und Nacht.

Seit der Mensch das Feuer beherrscht, bemüht er sich, die Nächte aufzuhellen. An die Stelle des brennenden Holzscheites tritt schon frühzeitig die Leuchte für künstliches Licht. Die älteste bisher bekanntgewordene Ausführung stammt aus einer Höhle im Vézère-Tal in Frankreich. Forscher fanden dort primitive Talglampen aus rötlichem Kieselstein, deren Alter mindestens auf 15 000 Jahre geschätzt wird. Über Öllampen, Fackeln, Kerzen, Petroleum- und Gaslampen führt uns der Weg in der Historie der Beleuchtung zum elektrischen Licht, das alles andere weit in den Schatten stellt und in seinen Anfängen vielfach als Wunder der modernen Wissenschaft angesehen wird.

Das elektrische Licht gibt schließlich auch den Anstoß zum Bau öffentlicher Elektrizitätswerke und begründet damit die heute alle Länder umspannende Elektrizitätsversorgung.

Davy erzeugt eine leitende Lichtkette

Seit Beginn der elektrostatischen Periode ist es bekannt, daß elektrisch geladene Körper Funken erzeugen. Wie wir bereits wissen, bemerkt *Leibniz* sie erstmals an einer ihm von *Guericke* gesandten Schwefelkugel. Später machen zahlreiche andere Gelehrte an ihren Elektrisiermaschinen dieselbe Wahrnehmung, und *Franklin* gelangt durch sie zu der Überzeugung, daß Blitze eine elektrische Erscheinung sind.

Noch im Jahr der Entdeckung der galvanischen Elektrizität erzeugt *Davy* auch mit ihr Funken, und zwar sowohl zwischen Metallen als auch zwischen Kohlestücken. Allerdings sind sie infolge der nur schwachen Voltaschen Säulen, von denen ihm auch nicht allzu viele zur Verfügung stehen, klein und unscheinbar. Aber 1808 besitzt er schon eine Säule von 500 Plattenpaaren und kann am 15. Dezember vor der Royal Society über „. . . eine leitende Lichtkette von beinah einem Zoll in der Länge . . ." berichten, die er mit purpurner Flamme zwischen zwei Kohlestückchen beobachtet hat.

Freunde und Gönner geben Geld für die Anschaffung einer noch größeren Energiequelle, woraufhin *Pepys* seine Säulengruppe von 2000 Plattenpaaren herstellt. Mit dieser für damalige Verhältnisse enormen Stromquelle gelingt es ihm dann, im Juni 1810 einen anhaltenden Lichtstrom von 4 Zoll hervorzurufen. Er gibt ihm in seinem Lehrbuch „Elements of Chemical Philosophie" den Namen „Arch of light".

Ein derartiger Lichtbogen ist für die Physiker jener Zeit von doppeltem Interesse, denn einmal erzeugt er außer-

ordentlich hohe, bis dahin noch nie erreichte Temperaturen, zum anderen strahlt er ein Licht aus, so hell, wie man es nur von der Sonne her gewöhnt ist. Beide Eigenschaften spielen später eine wichtige Rolle, nämlich beim Schmelzen von Metallen und in der Beleuchtungstechnik. 1820 erreicht *Davy* mit Holzkohlestiften bereits eine Brenndauer von mehreren Minuten, und am 28. Juli des gleichen Jahres zeigt *de la Rive* auf der Versammlung der Allgemeinen schweizerischen Gesellschaft für Naturwissenschaften in Genf ein, wie es im Bericht darüber heißt, „dauerndes so kräftiges Licht", daß alle Zuschauer geblendet werden. Es ist übrigens die gleiche Versammlung, auf der er auch *Oersteds* Experiment über den Elektromagnetismus vorführt, von dem *Arago* später in Paris berichtet.
Wegen der noch geringen Leistungen der Stromquellen hat der Lichtbogen zunächst nur physikalische Bedeutung, und das anfängliche große Interesse erlahmt sehr bald, erwacht aber erneut mit der Verbesserung der Elemente um 1840. Größe und Helligkeit des Lichtbogens können nun merklich erhöht werden, aber an seiner Brenndauer läßt sich wegen der schnell verbrauchten Elektroden aus Holzkohlestäbchen vorerst nur wenig ändern.
Erst als der französische Physiker Jean Bernard Léon *Foucault* vorschlägt, die in dem Bunsen-Element enthaltene Retortenkohle auch für das Bogenlicht zu verwenden, rückt die elektrische Beleuchtung in greifbare Nähe.
Deleuil wagt dann auch 1844 den ersten öffentlichen Versuch auf dem Place de la Concorde in Paris. Obwohl die Lampen wiederholt ausgehen, wenn die Kohlestifte nicht rechtzeitig von Hand nachgestellt werden, ist das Publikum äußerst angetan und strömt in Massen herbei.
Die fehlende Regelung der Stifte und die bald erschöpften galvanischen Elemente offenbaren aber, daß die technischen Voraussetzungen für einen dauernden Einsatz noch nicht geschaffen sind. Auch Moritz Herrmann *von Jacobi,* Professor und Staatsrat in St. Petersburg, hat fünf Jahre später mit seiner Straßenbeleuchtung über Bogenlampen kaum mehr Erfolg. Immerhin aber beweisen beide Unternehmungen, daß das Bogenlicht der bis dahin üblichen Gasbeleuchtung mindestens gleichwertig, wenn nicht sogar überlegen ist. Außerdem bewegen sie die Physiker zur Entwicklung geregelter Lampen.
William Edward *Staite* in England versucht das Nachführen der Kohlestifte zunächst einmal mechanisch über eine Feder, was sich jedoch nicht recht bewährt. Die glückliche Idee, den Strom in der Bogenlampe selbst zum Regeln des Elektrodenabstands heranzuziehen, hat neben ihm auch *Foucault,* der 1848 den ersten brauchbaren Regler herstellt. Bei ihm werden beide Kohlestäbe gleichzeitig bewegt. *Duboscq* bringt dann noch einige Verbesserungen an, und im gleichen Jahr wird abermals in Paris der öffentliche Versuch einer elektrischen Beleuchtung unternommen. Diesmal erlebt die Theaterwelt einen besonderen Höhepunkt, denn in der großen Oper dient das Bogenlicht zur Effektbeleuchtung, und zwar als Sonne in Giacomo Meyerbeers Oper „Der Prophet". Die Zuschauer sind hellauf begeistert, eine derart helle und damit realistisch wirkende Sonne hat es auf der Bühne noch nie gegeben.

1844 wagt *Deleuil* erstmals die Beleuchtung eines öffentlichen Platzes, des Place de la Concorde in Paris, mit Bogenlicht

Signale in der Nacht

Mitte des 19. Jahrhunderts reift in Form der elektrischen Maschine eine andere, wesentlich leistungsfähigere, elektrische Energiequelle heran. Sie könnte dem Bogenlicht

endgültig zum Durchbruch verhelfen, aber vorläufig halten es die Fachleute für völlig unmöglich, eine Bogenlampe aus magnetelektrischen Maschinen zu speisen. Sie unternehmen nicht einmal den Versuch dazu, bis ihnen 1855 der englische Chemiker Frederick Hale *Holmes* auf der Pariser Weltausstellung das Gegenteil beweist. Eine von ihm selbst gebaute Maschine liefert den Strom einer hell strahlenden Bogenlampe. Die Fachwelt kommt aus dem Staunen nicht heraus, und ein Zeitgenosse nichtenglischer Herkunft soll geäußert haben „Nur ein Narr oder ein Engländer hätte so etwas für möglich halten können".
Die Engländer sind es auch, die die weitere Initiative ergreifen. Als Seefahrernation liegt ihnen die Sicherheit des Schiffsverkehrs besonders am Herzen, und gerade hier ist eine starke Lichtquelle begehrt, deren Signale bei Nacht den Schiffen den Weg weisen. Leuchttürme gibt es schon im Altertum. Der erste, von Sostratos von Knidos auf der Insel Pharos vor Alexandria erbaute und 279 v. Chr. vollendete, zählt sogar zu den Sieben Weltwundern. Er ist 113 m hoch, und sein Feuerbrand soll etwa 36 km weit sichtbar gewesen sein. An die Stelle des brennenden Holzes tritt im Laufe der Zeit Rüböl, dann Petroleum und Leuchtgas.
Aber alles das ist dunkel gegenüber dem Licht einer Bogenlampe. Kein Wunder also, wenn sich das Interesse sofort auf sie konzentriert und entsprechende Versuche aufgenommen werden. Sie setzen im Frühjahr 1857 unter *Holmes'* Leitung auf dem Leuchtturm in Blackwell ein. *Faraday* wird als Sachverständiger zu Rate gezogen und kommt nach eingehender Prüfung zu einem günstigen Ergebnis; er schlägt den praktischen Betrieb vor. Dieser beginnt im Herbst des nächsten Jahres auf dem Leuchtturm in South Foreland und im Februar 1862 auch auf Kap Dungeness. Die Generatoren stammen sämtlich von *Holmes* und werden direkt mit Dampfmaschinen gekuppelt. Anfangs sind die Betriebsergebnisse recht gut, und eine Kalkulation ergibt trotz des wesentlich helleren Lichts nur 10 % höhere Kosten als bei Verwendung von Öl. Auf die Dauer aber zeigen sich dann doch zahlreiche Ausfälle, namentlich auf seiten der Generatoren, so daß das Interesse an einer elektrischen Beleuchtung in England fast völlig erlahmt.

Inzwischen sind auch die Kreise der französischen Seefahrt aufmerksam geworden und veranlassen die Aufnahme entsprechender Arbeiten. Die ersten mit Maschinen der Alliance Gesellschaft ausgerüstete Anlage nimmt am 26. Dezember 1863 auf dem Südleuchtturm von Kap La Hève bei Le Havre den Betrieb auf. Die guten Resultate führen 1865 auch zum Umbau des Nordleuchtturms. Die Anlage von La Hève ist dadurch das modernste Leuchtfeuer der Welt und bei gutem Wetter 50 km weit zu sehen. Es ist in Aufbau und Einrichtung ein Meisterwerk der Technik. Zwischen beiden Türmen liegt das Maschinenhaus, es enthält für jeden Leuchtturm eine 5-PS-Dampfmaschine und zwei Alliance-Generatoren. Normalerweise ist nur jeweils eine Maschine in Betrieb, die andere dient der Reserve und wird außerdem bei diesigem Wetter zugeschaltet. Auch von dem Leuchtsystem ist aus Sicherheitsgründen auf jedem Turm ein zweites Exemplar vorhanden.
Im Februar 1869 wird in Frankreich eine zweite Leuchtturmanlage fertiggestellt. Sie steht an der engsten Stelle des Ärmelkanals am Kap Gris Nez. Im gleichen Jahr fol-

Modell des 1863 bis 1865 errichteten Leuchtfeuers bei Kap La Hève

gen noch Leuchttürme in Odessa und anläßlich der feierlichen Eröffnung des Sues-Kanals am 16. November in Port Said.
Übrigens ist der von Ferdinand *Lesseps* erbaute Sues-Kanal nicht der erste, der die Landenge zwischen dem Roten und dem Mittelmeer durchschneidet. Schon um 604 v. Chr. beginnt der *Pharao Necho II.* mit dem Bau eines Kanals, läßt die Arbeiten aber dann wieder liegen. Beendet wird er erst unter *König Dareios I.* von Persien um 517 v. Chr. Danach ist er viele Jahrhunderte hindurch in Betrieb, bis ihn der *Kalif Mansur* 768 aus militärischen Gründen teilweise zuschütten läßt.

Jablochkoffsche Kerzen um 1885

Die Teilung des elektrischen Lichts

Neben der Regelung des Elektrodenabstands gibt es im Zusammenhang mit der Bogenlampe noch ein anderes Problem, das den Fachleuten erhebliches Kopfzerbrechen bereitet. Sie nennen es „Teilung des elektrischen Lichts" und füllen damit diverse Spalten der technischen Zeitschriften.
Das auf einen Punkt konzentrierte Bogenlicht ist so außerordentlich hell, daß es das Auge blendet und aus diesem Grunde für die Beleuchtung von Wohnräumen ausscheidet. Die Ingenieure suchen nun nach Mitteln und Wegen, die die Helligkeit herabsetzen, das Licht also teilen, um es auch für den häuslichen Gebrauch nutzbar zu machen.
Solange Gleichstrom zum Speisen verwendet wird, läßt sich immer nur eine Lampe an den Generator legen, da bei einer Reihenschaltung sämtliche gleichzeitig erlöschen, wenn nur eine ausfällt. Wechselstrom bringt zwar insofern einen Fortschritt, daß der ungleichmäßige Abbrand der beiden Kohlestifte, bedingt dadurch, daß sich die an der positiven Kohle herausgerissenen Teilchen an der negativen niederschlagen, infolge des ständigen Wechsels der Polarität nicht mehr auftritt. Das Problem der Teilung wird dadurch aber noch nicht gelöst.
Da taucht 1876 der in Paris lebende Russe Pawel Nikolajewitsch *Jablochkoff* mit einer völlig neuen Konstruktion auf, der sogenannten Kerze. Sie ist höchst einfach im Aufbau und besteht aus zwei parallel liegenden Kohlestäben, die durch eine dünne Kalkschicht voneinander getrennt sind. Die Kerze brennt nur mit Wechselstrom, und das Verblüffende an ihr ist, sie benötigt keine Regelung. Infolge des Wechselstroms brennen nämlich beide Kohlen gleichmäßig herunter, wobei der Kalk langsam abschmilzt. Das Aufsehen ist entsprechend groß.
Jablochkoff gelingt es mit seiner Kerze auch, das lange diskutierte Problem der Teilung des Lichts zu lösen, indem er mehrere von ihnen an eine Spannungsquelle legt. Er verwendet dazu „Induktionsrollen", das sind kleine Transformatoren mit offenem Eisenkern, deren Primärwicklung er sämtlich in Reihe schaltet, während der sekundäre Kreis eine oder mehrere Kerzen in Reihe speist.
Die Anwendung der Kerzen läßt dann auch nicht lange auf sich warten. Der Louvre in Paris erhält 80 davon, und im Winter 1877/78 erstrahlt die Avenue de l'Opera und der angrenzende Platz im Licht von 54 Jablochkoff-Kerzen. England folgt etwas später mit einer versuchsweisen Beleuchtung des Büros der Times, des Billingsgate Fischmarkts, des Themseufers und des Holborn-Viadukts. Auch in Deutschland ist das Publikum von dem neuen Licht berauscht, als zwei Berliner Firmen, J. Michaelis und W. Spindler, ihre Geschäftslokale sowie die Hauptpost ihren Saal mit Kerzen beleuchten lassen.
Die Jablochkoff-Kerze hat aber nicht nur Vorteile, nachteilig an ihr ist, daß sie nur etwa $1^1/_4$ Stunden brennt. Deswegen werden meist drei davon in einem Lampengehäuse

vereinigt und bei Verbrauch der einen, anfangs von Hand, später automatisch, auf die nächste umgeschaltet. Nachteilig ist auch, daß sie sich nicht aus- und wieder einschalten läßt, sondern, einmal in Betrieb genommen, herunterbrennen muß. Dies alles führt letztlich wieder von der Kerze weg und läßt sie nach und nach aus dem Blickfeld verschwinden, als Friedrich *von Hefner-Alteneck* 1878 bei Siemens & Halske die Differentialbogenlampe entwickelt. Sie reguliert nicht nur den Lichtbogen, sondern sie dient ebenfalls der Teilung des Lichts, da infolge ihrer besonderen Schaltung der Strom bei Ausfall der Lampe weiterfließt und somit die Reihenschaltung mehrerer möglich ist. Darüber hinaus gestattet sie wieder die Verwendung von Gleichstrom, womit das durch den Wechselstrom bedingte Flimmern des Lichts aufhört.

Diese neue Lampe wird in 12 Exemplaren 1879 erstmals zur Beleuchtung der Kaiserpassage in Berlin verwendet. Damit beginnt auch in Deutschland, begleitet von reger Entwicklungstätigkeit, der Einsatz des Bogenlichts in größerem Umfang. Es folgen Bahnhöfe, Geschäftshäuser, Fabriken und Hafenanlagen. Das Reichstagsgebäude erhält elektrisches Licht, der Potsdamer Platz und die Leipziger Straße werden 1882 versuchsweise durch Bogenlampen erhellt, und seit dem 30. August 1888 erstrahlt auch die Prachtstraße Berlins, Unter den Linden, im gleißenden Licht von 108 Lampen. Obwohl die Investitionen hierzu dreimal so hoch sind wie eine Verbesserung der ursprünglich vorhandenen Gasbeleuchtung, muß das Gas doch dem elektrischen Licht weichen. Der bald aufflackernde Kampf zwischen Gas und Elektrizität kündigt sich an.

Die Differentialbogenlampe erfreut nicht nur die Berliner, sondern auch die Passagiere der „City of Berlin". Sie bezeugen dies in einem gemeinsamen Schreiben vom 13. Dezember 1879 an die Times, dessen Anfang hier stellvertretend für die allgemeine Ansicht über das elektrische Licht wiedergegeben sei. „Die Unterzeichneten Cajüten-Passagiere, welche auf dem Dampfer City of Berlin, Kapitän James Kennedy, am 4. Dezember 1879 von Liverpool nach New-York reisten, wollten hiermit ihrer lebhaften und dankbaren Anerkennung Ausdruck geben, für das erfolgreiche Unternehmen der Inman-

Beleuchtung des Potsdamer Platzes in Berlin 1882 mit Differential-Bogenlampen

Dampfschiff-Compagnie, nämlich für die Ausnützung der elektrischen Beleuchtung dieses Wunders der modernen Wissenschaft, zur Bequemlichkeit und zum Vergnügen der Passagiere."
London bleibt mit seiner öffentlichen elektrischen Straßenbeleuchtung zunächst weit hinter den anderen Hauptstädten Europas zurück. Wie wir uns erinnern, werden zwar mit den Jablochkoff-Kerzen die ersten Versuche unternommen. Da sie nach Ansicht der Experten aber hinter den Erwartungen zurückbleiben und $7^1/_2$mal soviel kosten wie die alte Gasbeleuchtung, stellt man die Versuche bald wieder ein. Sie ruhen dann volle neun Jahre, bis die Stadtverwaltung 1890 einen Vertrag mit zwei Gesellschaften zur Beleuchtung der City mit Bogenlampen abschließt. Im Juni des folgenden Jahres beginnt der probeweise und kurz darauf der endgültige Betrieb in der Queen Victoria Street als erster Straße Londons. 1890 erhalten auch Moskau und St. Petersburg in zaristischen Palästen, Verwaltungsgebäuden, Läden und dergleichen elektrisches Bogenlicht.
Die Kunde vom neuen elektrischen Licht dringt auch bis nach Hammerfest, der nördlichsten Stadt der Welt. Hier ist infolge der anhaltenden Dunkelheit im Winter eine gute Straßenbeleuchtung besonders wichtig. Die bald installierte elektrische Beleuchtungsanlage brennt von ihrer Inbetriebnahme am 18. November 1890 bis zum 23. Januar 1891 ununterbrochen und bewährt sich dabei ausgezeichnet.

Der Sonnenleuchtturm

In den 60er Jahren erwacht in Amerika ebenfalls das Interesse an der elektrischen Beleuchtung. Der führende Mann unter den zahllosen Konstrukteuren wird Charles F. *Brush* aus Cleveland, der auch die Generatoren selber herstellt. Er fertigt hiervon neben der üblichen Art zum Anschluß einer einzigen Bogenlampe noch eine weitere mit vier getrennten Wicklungen, an die sich je eine Lampe anschließen läßt. Wir wissen, daß er von der ersten Art einen Satz, bestehend aus Lampe und Generator, 1877 an Nicholas *Longworth* in Cincinnati verkauft und mehrere der zweiten Art im gleichen Jahr an ein Geschäftshaus in Philadelphia. Dessen Inhaber, John *Wanamaker*, hat richtig kalkuliert, die Bürger strömen in Massen herbei, weil jeder an der Sehenswürdigkeit teilhaben will.
Schnell erobert sich das Bogenlicht auch die Straßen der amerikanischen Städte. Cleveland im Staate Ohio erhält 1879 eine Anlage von *Brush*. New York, Philadelphia, Baltimore, Cincinnati und viele andere große und kleine Städte folgen alsbald nach. Die Lampen werden zunächst in der üblichen Weise längs der Straße aufgestellt. Bedingt durch die beträchtlichen Kosten für Leitungen und Leitungsverlegung taucht um 1880 bei den Amerikanern der Gedanke auf, die Beleuchtung ganzer Städte von wenigen hohen Türmen aus vorzunehmen, die an ihrer Spitze mehrere Bogenlampen tragen.
Vorbild sind der Madison und der Union Square in New York, wo zur Beleuchtung beider Plätze inzwischen je ein 35 m langer Mast mit sechs Bogenlampen von *Brush* errichtet worden ist. Die Stadt San José in Kalifornien stellt daraufhin 1882 eine sich nach oben hin stark verjüngende Pyramide von 60 m Höhe auf, deren obere Plattform sechs Lampen zur Beleuchtung der Straßen enthält. Nachdem sich diese Einrichtung bewährt hat, sollen fünf weitere Türme über die Stadt verteilt werden und sämtliche Straßen mit Licht versorgen.
Die Stadtväter von Denver/Colo. entschließen sich zu vier eisernen, 90 m hohen und 1500 m voneinander entfernten Säulen. Infolge zu schwachen Bogenlichts ist hier das Ergebnis wenig befriedigend. Auch Washington unternimmt 1884 Versuche, die vom Capitol strahlenförmig ausgehenden Alleen durch Bogenlampen mit großen Reflektoren, die rund um die Kuppel des Capitols angeordnet sind, mit Licht zu versorgen. Die größte Anlage dieser Art dürfte Detroit mit 400 Bogenlampen auf 90 Türmen besessen haben.
Im Endeffekt aber setzt sich die Beleuchtung ganzer Städte von zentralen Punkten aus nicht durch. Dennoch greift die Idee der Turmbeleuchtung für kurze Zeit auch nach Europa über.
Nach Beendigung der Internationalen Ausstellung für Elektrizität in Paris im Jahre 1881 trägt der Ingenieur *Sébillot* an den Architekten J. *Bourdais* den Plan heran,

Die Stadt San José in den USA errichtet 1882 einen 60 m hohen Turm zur Beleuchtung der Straßen mit Bogenlicht

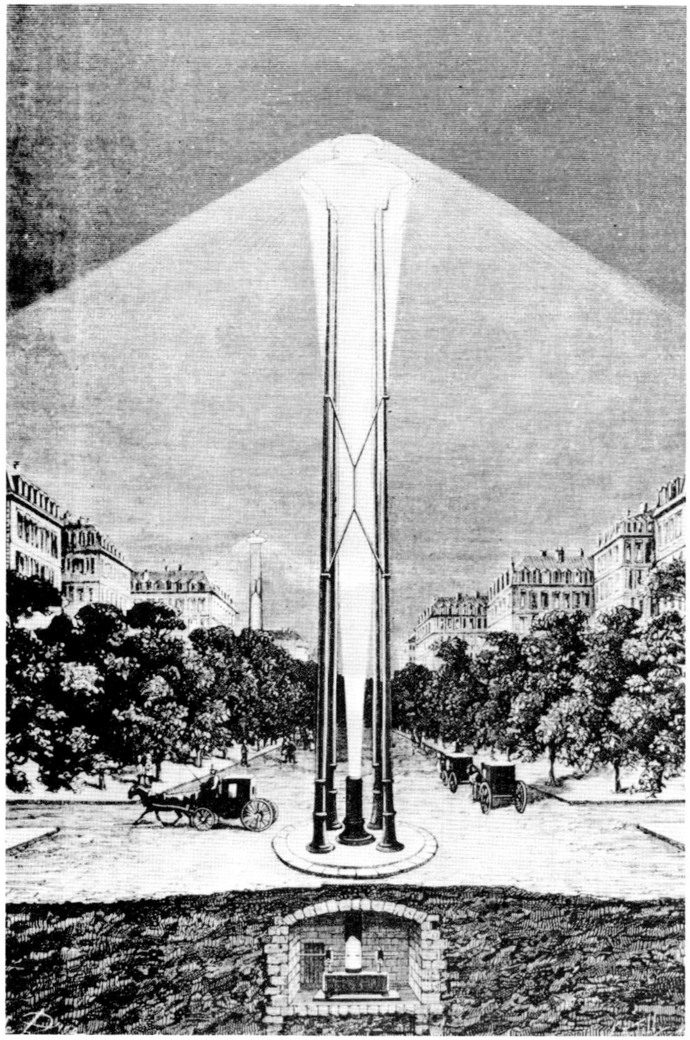

Ein Herr *Partz* möchte das Bogenlicht 1882 wie einen Springbrunnen aus der Erde sprudeln lassen und dann an der Spitze eines hohen Gestells über einen Spiegel auf die Straßen zurückwerfen

die 1889 in Paris stattfindende Weltausstellung mit einer besonderen Attraktion zu versehen. Die Stadt soll nach amerikanischem Vorbild von einem Turm beleuchtet werden, der in seiner Höhe alles Bekannte weit übertrifft. Ein gigantisches Bauwerk aus Stein, das 360 m aufwärts in den Himmel ragt, wird geplant. In seinem quadratischen Sockel mit sechs Stockwerken ist ein Museum für Elektrizität vorgesehen, und innerhalb der darauf stehenden Säule sollen Räume für physikalische Versuche untergebracht werden. Oben enthält der Turm eine Plattform von 35 m Durchmesser als Aussichtsterrasse für 1000 Besucher und darüber die Beleuchtungseinrichtung mit etwa 100 Bogenlampen, deren Strahlen, über Parabolspiegel gebündelt, dem Sonnenlicht ähnlich, in die Straßen fallen. Die Spitze krönt eine Statue. Als Aufstellungsort kommt der geometrische Mittelpunkt von Paris in Frage, also etwa der Pont Neuf.
1885 tauchen noch zwei weitere Entwürfe auf. Der eine stammt von der Ingenieur-Gruppe *Eiffel, Nouguier, Köchlin* und dem Architekten *Souvestre* und hat einen 300 m hohen Turm aus eisernem Gitterwerk zum Inhalt. Den anderen liefern *Bourdais* und der Konteradmiral *Serre,* der den Turm gleichzeitig als Beobachtungsposten militärischen Zwecken nutzbar machen möchte.
Aus preislichen Gründen fällt der Entschluß für das „Sonnenleuchtturm" genannte Projekt 1887 auf den stählernen Entwurf, dessen Baukosten mit 4,5 Millionen Francs veranschlagt werden. Die Stadt stellt das Bauland kostenlos zur Verfügung. Damit verdankt der im Herzen von Paris stehende Eiffelturm, das seinerzeit höchste Bauwerk der Welt, seine Entstehung der Elektrizität. Eine Tatsache, die sicherlich nur wenigen bekannt ist.

Bourdais Entwurf des steinernen sogenannten Sonnenleuchtturms für Paris aus dem Jahre 1881. Der Entwurf wird 1887 zugunsten des heutigen Eiffelturms verworfen

Die Sorgen der Stadtväter

Die Stadtväter teilen nicht in allen Fällen die Begeisterung der Bürger über die strahlende Helligkeit des elektrischen Bogenlichts. Das hat seinen ganz realen Grund, denn mit den Bogenlampen allein und mit den Leitungen ist es nicht getan. Elektrizitätswerke gibt es bisher nicht, und so müssen stets erst Kraftstationen errichtet werden, die den erforderlichen Strom erzeugen. Gasanstalten dagegen sind schon in den meisten größeren und auch in vielen kleineren Städten vorhanden. Darüber hinaus sehen die Gasanstalten in dem Bogenlicht einen gefährlichen Konkurrenten erwachsen und versuchen alles in ihren Kräften stehende, um die Errichtung von elektrischen Beleuch-

tungsanlagen zu verhindern, was in den Stadtverordnetensitzungen zu manchen heftigen Diskussionen führt. Oftmals befinden sich die Gasanstalten sogar in städtischem Besitz, so daß die Städte auf diese Weise eine eigene Konkurrenz hochziehen.
Aber nicht genug damit, auch die Leitungsführung macht erheblichen Ärger. Die Versorgungsleitungen werden anfangs überirdisch in den Straßen verlegt, was besonders in den amerikanischen Städten zusammen mit den Telegraphen- und Telephonleitungen zu einem furchtbaren Drahtgewirr führt.
1889 kommt es aus diesem Grunde in New York zu rigorosen Maßnahmen. Zunächst erhalten die Telephon- und Telegraphengesellschaften die Aufforderung, ihre Leitungen in dafür von der Stadt vorbereitete Kanäle zu verlegen. Dann ergeht das gleiche Ansinnen an die Lichtgesellschaften, die darüber hinaus weder neue Leitungen oberirdisch anlegen noch alte ausbessern dürfen. Damit aber ist nichts gewonnen, im Gegenteil, die Leitungen bleiben hängen und verlottern nach und nach. Einige dadurch hervorgerufene Unfälle schlachtet die Presse in sensationell aufgemachten Artikeln weidlich aus. Sie bewegen den New Yorker Bürgermeister Grant schließlich, ein Exempel zu statuieren und die bereits bei den Nachrichtenleitungen begonnene Aktion, über die wir an anderer Stelle noch einiges hören werden, auch auf die Lichtleitungen auszudehnen. Eines Morgens rücken Arbeiterkolonnen mit Äxten bewaffnet an und fällen die Leitungsmasten. Die Lichtgesellschaften schalten daraufhin den Strom für mehrere Tage ab und erwirken gleichzeitig vom Gericht einen Einhaltebefehl. Während dieser Tage der Ruhe werden die Leitungen schleunigst wieder ausgebessert.
Kurze Zeit danach hebt das Appellationsgericht den Einhaltebefehl wieder auf, und im Dezember 1889 geht das Umlegen der Masten weiter. Die Arbeiterkolonnen begeben sich zuerst in die Nähe der Kraftstationen, kappen dort sämtliche Leitungen ohne Rücksicht darauf, ob gut oder schlecht, und machen sich dann über die Pfähle her. Bald ist es geschafft, New York liegt in tiefem Dunkel. 7000 bis 8000 Bogenlampen, die die Stadt erhellten, sind bis auf etwa 10 % erloschen.
Für die neuen Anlagen werden von den Elektrizitätswerken die Stromkosten zunächst erst einmal um 20 % erhöht, was sie mit gestiegenen Betriebskosten durch die unterirdischen Leitungen begründen. Gleichzeitig machen die Gesellschaften ihrer Konkurrenz untereinander ein Ende, indem sie die Stadt unter sich aufteilen. Das wiederum gefällt der Stadtverwaltung nicht, die ja gerne den einen gegen den anderen ausspielen möchte, und sie beschließt, anstelle der Bogenlampen Gasbeleuchtung zu verwenden.
Allen diesen Streitigkeiten zum Trotz kennt der Siegeszug des elektrischen Lichts keinen Halt mehr, nicht zuletzt auch deswegen, weil inzwischen die Glühlampe auf dem Kampffeld erschienen ist, bei der das Problem der Teilung des elektrischen Lichts entfällt und dadurch die Wohnräume erschließt, wofür das Bogenlicht infolge seiner enormen Helligkeit ungeeignet ist

Ein Prozeß informiert die Nachwelt

Als Erfinder der Glühlampe wird allgemein *Edison* angesehen. Das entspricht jedoch nicht ganz den Tatsachen. Es gibt einige Vorgänger, die sich mit mehr oder weniger glücklicher Hand bemühen, die bereits seit der Elektrostatik bekannte Eigenschaft des Glühens stromdurchflossener Leiter zur Erzeugung von Licht heranzuziehen. Und es gibt sogar einen Mann, dem gerichtlich die Priorität der Erfindung zuerkannt worden ist.
Den ältesten Vorschlag macht 1838 der Belgier *Jobart* in Brüssel, der Kohlestäbchen in einem teilweise evakuierten Glasgefäß glühen läßt. Zwei Jahre danach ersetzt der Engländer *Grove* den Kohlestab durch eine dicke Platinwendel, die er in verschiedene Gase einschließt. Ein weiteres Jahr später verstärkt Frederico *de Moleyn* aus Chaltenham in England das Licht der Platinwendel, indem er pulverisierte Kohle auf die glühende Spirale rieseln läßt. Dieser Effekt ist wegen des begrenzten Vorrats an Pulver natürlich nicht von langer Dauer. Daher hat auch seine Glühlampe wie die der Vorgänger nur physikalische Bedeutung.

Ein wenig besser ist schon diejenige des Amerikaners J. W. *Starr* aus Cincinnati, der anfangs Platindraht und dann Kohle als Glühkörper verwendet. Auf diese Ausführung nimmt sein Mitarbeiter Edward Augustin *King* 1845 in England ein Patent. Im darauffolgenden Jahr führt *Starr* in London einen Kandelaber aus 26 Lampen vor, mit dem er nicht nur bei dem Publikum, sondern auch bei *Faraday* großes Interesse erweckt. Es ist ihm nicht vergönnt, die Arbeit fortzusetzen, denn einen Tag nach seiner Abreise mit *King* aus England findet man ihn tot in seinem Bett.

Es zeigt sich bei all den Versuchen, daß die Kohlestäbchen in der bisher üblichen Art als Glühkörper wenig geeignet sind, da sie noch eine große Menge Sauerstoff enthalten, die auch im luftleeren Raum zum schnellen Verbrennen führt.

Jobart, Staite und *Petrie* konzentrieren ihr Interesse daher in der zweiten Hälfte der 40er Jahre auf ein besser geeignetes Material für den Glühkörper. Der Ingenieur des belgischen Corps de Mines, *de Changy,* ein Schüler *Jobarts,* führt dessen Ideen weiter und versucht es mit Retortenkohle und Platinspirale. 1858 meldet er auch ein Patent in Zusammenhang mit dem Glühlicht an. Das aber schmälert sein Ansehen bei der französischen Akademie, die daraufhin erklärt, „. . . daß er den Namen eines Wissenschaftlers nicht mehr verdiene, weil er aus der Wissenschaft eine Erwerbsquelle machen wolle“.

Obgleich also an mehreren Stellen gearbeitet wird, kommen die Bemühungen über Versuchsobjekte nicht hinaus. Die erste Glühlampe, die wirklich brauchbar ist und es schon auf eine Brenndauer von mehreren 100 Stunden bringt, stammt von dem Deutschen Heinrich *Goebel,* der 1818 in Springe bei Hannover geboren wird. Er erlernt das Uhrmacher- und Optikerhandwerk und eröffnet in seiner Heimatstadt eine Werkstatt. Die politischen Unruhen des Jahres 1848 bewegen ihn zu einer Auswanderung nach Amerika, wo er sich in der Monroe Street in New York mit einem Ladengeschäft als Optiker und Mechaniker niederläßt.

Hier beschäftigt sich *Goebel* nebenbei auch mit dem Bogenlicht, das er zum Mißfallen der Polizei auf dem Dache seines Hauses aufstellt. Wegen der befürchteten Feuergefahr muß er die Versuche jedoch abbrechen und bemüht sich daraufhin jahrelang um eine weniger gefährliche elektrische Lampe. 1854 ist sie fertig. Sie besteht aus einer verkohlten Bambusfaser in einem luftleeren Barometerrohr und wird von einer Reihe galvanischer Elemente gespeist. Er beleuchtet damit sein Schaufenster, die Nähmaschine seiner Tochter, die Uhr im Schlafzimmer und verschiedene andere Gegenstände, vor allen Dingen aber einen Wagen mit Fernrohr zur Beobachtung der Sterne. Mit diesem Wagen fährt *Goebel* in der Zeit von etwa 1855 bis 1860 auf den Straßen und Plätzen von New York herum und erregt die Neugier der Passanten. Es ist uns nicht bekannt, wie viele Lampen hergestellt wurden, verkauft hat er sie jedenfalls nicht. Im Laufe der Zeit geraten seine Versuche wieder vollkommen in Vergessenheit. Erst in seinem Todesjahr 1893 wird *Goebel* von einem amerikanischem Gericht als Erfinder der Glühlampe anerkannt. Das hat folgenden Grund:

Die Inhaber der Edison-Glühlampenpatente haben nämlich gegen verschiedene andere Glühlampenhersteller einen Prozeß wegen der Verletzung ihrer Patente angestrengt. Eine der beschuldigten Firmen, die Beacon Vacuum Pump and Electric Company in Boston, behauptet nun, sie verletze gar nicht die Edison-Patente, da sie selbst ja nach dem Verfahren von *Goebel* arbeite. Niemand außer der beklagten Partei hat den Namen *Goebel* je

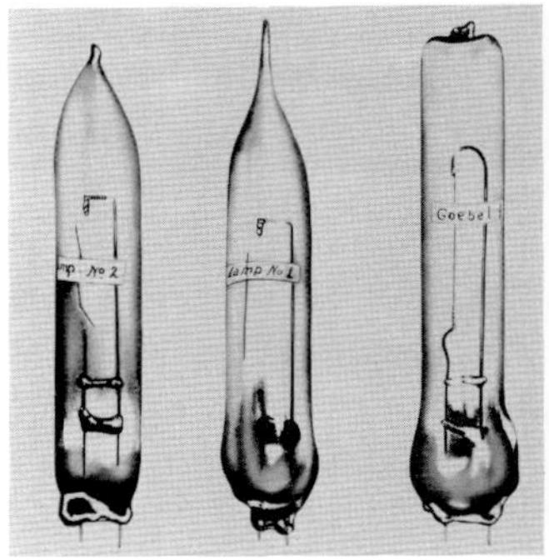

Drei von *Goebel* hergestellte Glühlampen, wie sie im Patentprozeß 1893 vorliegen

gehört, und alte Lampen vorweisen kann sie auch nicht. Das ganze Argument sieht also eher nach einem Bluff als nach einer Tatsache aus, allerdings nur bis zu dem Augenblick, wo der nun 75jährige persönlich erscheint und vor einem Sachverständigenausschuß noch einmal seine Lampe fertigt.
Nur durch diesen Prozeß, über den die Presse ausführlich berichtet, haben wir überhaupt Kenntnis von seinem Leben und seinen Arbeiten. Er selbst hat nie etwas darüber veröffentlicht. Aber auch wenn er die Reklametrommel gerührt hätte, zum Einsatz größeren Umfangs wäre es infolge der galvanischen Elemente als Energiequelle wohl kaum gekommen.

Der Zauberer von Menlo Park

Etwa 20 Jahre hindurch ist es völlig still um das Glühlicht, *Goebels* Arbeiten sind unbekannt geblieben, und das elektrische Bogenlicht, das gerade im Kommen ist, verdrängt mit seiner strahlenden Helle jede Aufmerksamkeit für das kleine, bisher doch noch recht trübselige Glühlämpchen. Zum endgültigen Leben erwacht es erst mit der Einführung elektrischer Maschinen.
Die Arbeiten werden anfangs der 70er Jahre in Rußland wieder aufgegriffen, wo sich besonders A. *de Lodyguine* mit ihr beschäftigt. Er entwickelt 1874 eine Lampe mit glühenden Kohlestäbchen, die recht erfolgreich ist und unter anderem in der St. Petersburger Werft installiert wird. Die russische Akademie der Wissenschaften verleiht ihm dafür den Lomonossow-Preis.
Gegen Ende der 70er Jahre treten dann mit *Swan* und *Edison* jene beiden Männer hervor, denen wir die Einführung der Glühlampe in unser tägliches Leben verdanken.
Joseph Wilson *Swan* beginnt seinen Lebensweg 1828 in Sunderland, wo sein Vater Schiffsanker herstellt und vertreibt. Nach dem Schulbesuch geht er bei einem Apotheker in die Lehre. Als die beiden Inhaber der Apotheke drei Jahre später sterben und er dadurch aus seinem Lehrvertrag entlassen wird, schließt sich *Swan* im Alter von 18 Jahren mit seinem Freund *Mawson* zusammen, und beide begründen eine chemische Fabrik in Newcastle on Tyne, die über Erwarten gut einschlägt. In der Bibliothek der Stadt kommt *Swan* beim Studium wissenschaftlicher Bücher auch mit der Frage des elektrischen Lichts in Berührung und lernt die Arbeiten von *Starr* und *Staite* kennen. Bald darauf beginnt *Swan* mit eigenen Versuchen. Er wickelt schmale, mit verschiedenen Materialien getränkte Papierstreifen zu Spiralen auf, taucht sie in Kohlepulver und bäckt sie bei hohen Temperaturen.
Nach längeren Versuchsreihen ist er in der Lage, feine Kohlefäden herzustellen, die trotz ihrer Biegsamkeit fest wie Metalle sind. Er montiert sie in Glasflaschen, aus denen anschließend die Luft entfernt wird. Obwohl die Voraussetzungen für eine brauchbare Glühlampe vielversprechend sind, bleiben alle Bemühungen ohne sichtbare Erfolge. Sie scheitern nicht an der Art des Glühfadens, sondern am unzureichenden Vakuum in den Glasgefäßen. Enttäuscht wendet sich *Swan* daher 1860 wieder seinen anderen zwischendurch begonnenen Arbeiten auf dem Gebiet der Photographie zu.
Fünf Jahre später erfindet Hermann *Sprengel* die auf dem Wasserstrahlprinzip beruhende Luftpumpe und schafft damit die Grundlage für eine erfolgreiche Fortsetzung der Versuche, die *Swan* dann 1875 wiederaufnimmt. Nach abermals 3 Jahren ist es soweit. Am 18. Dezember 1878 kann er der Newcastle Chemical Society eine von ihm gefertigte Glühlampe im Betrieb vorführen. Sie

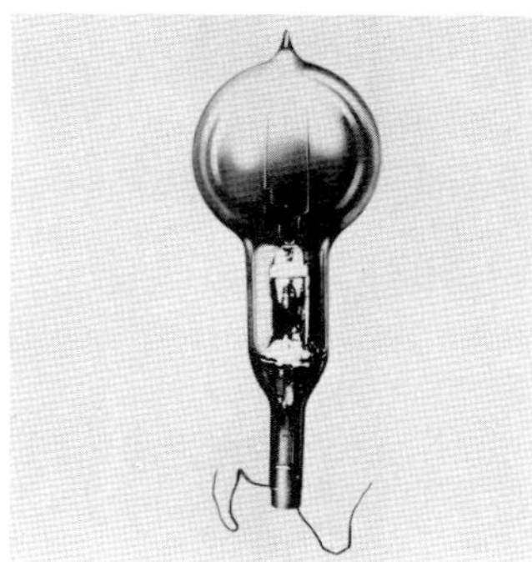

Edisons erste Glühlampe, die längere Zeit brennt, nämlich vom 19. bis zum 21. Oktober 1879

besteht aus einem röhrenförmigen Glaskörper und enthält einen Kohlefaden von 1/25 inch Durchmesser. Bald darauf kehrt er wieder zu der bereits 1860 verwendeten U-förmigen Anordnung des Glühfadens zurück und läßt sich diese 1880 patentieren. Zur technischen Ausnutzung des Patentes gründet er im Jahr darauf die Swan United Electric Light Company. Die erste Anlage entsteht in seinem eigenen Haus. Andere folgen, und im Herbst 1881 erhält auch das Savoy Theater in London eine elektrische Beleuchtung mit der damals ungeheuren Zahl von 1200 Glühlampen.

Während *Swan* mit seinen Versuchen kurz vor dem Ziel steht, nimmt in Amerika Thomas Alva *Edison,* der als Erfinder zahlloser Dinge berühmt geworden ist, die Entwicklung einer Glühlampe auf. Zur Durchführung der erforderlichen Versuche wird 1878 The Edison Electric Light Company mit einem Kapital von 300 000 $ gegründet, und er beginnt mit der ihm eigenen Zielstrebigkeit die Arbeit. Die ersten Experimente mit verkohltem Papier und mit metallenen Glühfäden schlagen fehl. Nun konzentriert er sich auf die Suche nach einem geeigneten Material und wendet seine Aufmerksamkeit den natürlichen Fasern von Gräsern, Bäumen und anderen Pflanzen zu. 6000 verschiedene Faserarten sollen seine Mitarbeiter aus allen Teilen der Welt herangeschafft haben. Nachdem etwa 40 000 $ erfolglos verbraucht sind, gelingt es ihm Mitte Oktober 1879, eine Lampe mit verkohltem Baumwollfaden herzustellen, die 45 Stunden lang brennt. Das ist gegenüber den vier Minuten der ersten Exemplare schon ein erfreulicher Fortschritt, und so meldet er am 4. des folgenden Monats sein erstes und Anfang des kommenden Jahres sein zweites Glühlampen-Patent an. Bald beträgt die Lebensdauer einer Lampe 100 Betriebsstunden und mehr, und *Edison* kann in den Räumen seines Labors in Menlo Park/N. J. die fabrikmäßige Fertigung der Lampen aufnehmen.

Die ersten serienmäßig hergestellten Exemplare sind nicht gerade billig, sie kosten ihn selbst 1,25 $. Als cleverer Geschäftsmann aber weiß er, daß eine neue Sache sich nur dann in größerem Umfang durchsetzt, wenn sie für jedermann erschwinglich ist, und daß mit dem Steigen der Produktion die Erfahrung wächst und die Eigenkosten sinken. Also setzt er den Verkaufspreis mit 0,40 $ an und behält recht. 1884 ist der Herstellungspreis auf 0,37 $ gesunken und im Jahr darauf der Umsatz derart groß, daß die Verluste der vorangegangenen Jahre wieder ausgeglichen werden können.

Edison erkennt auch, daß es mit der Glühlampe allein nicht getan ist, sie muß ja irgendwie mit Strom versorgt werden. Daher entwickelt er zusammen mit seinem Mitarbeiter *Bergmann* gleichzeitig ein vollständiges zur Beleuchtung gehörendes System von Schaltern, Sicherungen und Lampenfassungen. Auch der heute noch verwendete Schraubsockel der Glühlampe, der Edison-Sockel, stammt von ihm. *Swan* verwendet kein Schraubgewinde, sondern eine Bajonettfassung.

Da es ihm nie an Ideen fehlt, seine Erfindungen mit großem Pomp der Öffentlichkeit vorzuführen, gibt er am Silvesterabend des Jahres 1879 in Menlo Park eine Galavorstellung der Glühlampe. Häuser und Straßen des Dorfes erstrahlen in ihrem Licht, und aus allen Richtungen strömen die Amerikaner in Kutschen und Sonderzügen herbei, um dieses große Ereignis mit eigenen Augen zu erleben. Am 31. Oktober 1884 veranstaltet er noch einmal eine große Show. Im Triumphzug des elektrischen Lichts läßt er 250 seiner Arbeiter durch die Straßen von New York marschieren. Jeder von ihnen trägt auf dem Kopf einen Helm mit einer elektrischen Glühlampe. Den Strom dazu erzeugt eine Dampfmaschine mit Generator, die, von Pferden gezogen, im Zuge mitgeführt wird.

Die New Yorker nennen ihn daraufhin den Zauberer von Menlo Park. Er selbst ist in diesem Punkt etwas anderer Ansicht, glaubt nicht an das Zaubern und sagt einmal: „Zum erfolgreichen Erfinden gehören 1 % Inspiration und 99 % Transpiration.“ Das können wir ihm getrost glauben, denn er ist ein unermüdlicher Arbeiter, der sich selber keine Ruhe gönnt, der keine Zeit kennt und oft nur wenige Stunden auf einem Tisch in den Laborräumen schläft. Als Kopfkissen dienen ihm nur einige Bücher. Auch seinen 40 bis 50 Mitarbeitern geht es nicht viel besser. Jeder von ihnen darf nur vier bis sechs Stunden schlafen. Ein Mann achtet genau darauf und benachrichtigt die Männer, wenn ihre Schlafenszeit herannaht.

Sein gesamtes Wissen hat sich *Edison* praktisch selbst erarbeitet, denn die Schulbank drückt er nur für drei Monate, im übrigen unterrichtet ihn seine Mutter, die ihm am 11. Februar 1847 in Milan/O. das Leben schenkt. Mit 12 Jahren wird er Zeitungsjunge und ab 15 verdient er seinen Lebensunterhalt als Telegraphenbeamter in verschiedenen Städten. 1868 beginnt dann seine Erfindertätigkeit mit einem ersten Patent. Bis zum April des Jahres 1928 soll deren Zahl auf 1033 anwachsen. 1927 wird *Edison* Mitglied der National Academy of Sciences. Vier Jahre später, am 18. Oktober 1931, stirbt er als einer der größten Erfinder, fast schon zu einer legendären Gestalt geworden, in West Orange/N. J.
Beachtlich ist nicht nur die Zahl seiner Patente, sondern auch die Zahl der von ihm in Amerika und Europa gegründeten Firmen. 1890 faßt er alle amerikanischen mit Ausnahme der zuerst gegründeten Edison Electric Light Co. zur Edison General Electric Company zusammen. Aus ihr entsteht 1892 unter Einschluß der Erstgründung und der Thomson-Houston Electric Company die General Electric Company, heute der größte Elektrokonzern der Welt.

Das Edison-Licht auf der ersten Internationalen Ausstellung für Elektrizität 1881 in Paris

Die Glühlampe erobert die Welt

Mit *Edisons* erstem Auftrag, der Beleuchtungsanlage für den Überseedampfer „Columbia“, der Oregon Railway and Navigation Company im Jahre 1880, beginnt in Amerika der Siegeszug des elektrischen Glühlichts. Von England und Amerika aus erobert es sich die Welt. Maßgebend daran beteiligt ist die 1881 in Paris stattfindende Internationale Ausstellung für Elektrizität. Hier gibt es neben vielen anderen elektrotechnischen Errungenschaften auch 1000 Glühlampen von *Edison* zu sehen, darunter ein Exemplar, das, mit einem Schalter versehen, vom Publikum ein- und ausgeschaltet werden kann. Zu Hunderten stehen die Besucher an dieser Sensation Schlange, um wenigstens einmal selbst den „Hahn“ zu betätigen. Unter den Besuchern dieser Ausstellung, die für die Elektrotechnik in Europa eine besondere Rolle spielen soll, befindet sich auch der deutsche Ingenieur Emil *Rathenau.* Er ist von der Wirkung des elektrischen Glühlichts stark beeindruckt, erkennt seine Entwicklungsmöglichkeiten und bemüht sich kurz entschlossen um eine Lizenz auf *Edisons* Patente. Dieser hat die Rechte jedoch bereits der Compagnie Continentale Edison in Paris übertragen, und so bringt *Rathenau* 1882 zunächst nur eine auf ein Jahr befristete Gelegenheits-Gesellschaft zum Bau elektrischer Installationen zuwege. Das Material dazu steuert die Pariser Gesellschaft bei. Nachdem dieses eine Jahr erfolgreich vergangen ist, gründet er am 19. April 1883 die Deutsche Edison-Gesellschaft für angewandte Elektricität, die nun selbst Glühlampen, Fassungen, Beleuchtungskörper und Schalter herstellt. Darüber hinaus errichtet sie auch „Zentralstationen“, so heißen elektrische Kraftwerke in der Anfangszeit. Siemens & Halske liefert vertragsgemäß Generatoren, Motoren, Kabel und dergleichen. 1887 werden die Verträge mit *Edison* und *Siemens* wieder gelöst. Gleichzeitig erfolgt eine Namensänderung in Allgemeine Elektricitäts-Gesellschaft (AEG). Sie ist heute als AEG-Telefunken der zweitgrößte deutsche Elektrokonzern.
Kurz nach der Ausstellung in Paris hält die Glühlampe ihren Einzug in Deutschland. Die erste Anlage erstrahlt Weihnachten 1881 auf dem alten Bahnhof in Straßburg im

K. Residenz-Theater.

München, Freitag den 25. Mai 1883.

Zum ersten Male bei elektrischer Beleuchtung.

Wie es Euch gefällt.

Lustspiel in drei Aufzügen von **Shakespeare,**
nach A. W. von Schlegels Uebersetzung für die hiesige Bühne bearbeitet von Carl Jenke.
Musik von Robert von Hornstein.
In Scene gesetzt vom K. Regisseur Herrn Richter.

Personen:

Der Herzog in Verbannung	Herr Brulliot	Adam, Dennis, Diener Oliviers	Herr Bausewein
Rosalinde, seine Tochter	Fräulein Bland		Herr Nachreiner
Friedrich, Bruder des Herzogs und Usurpator des Landes	Herr Herz	Probstein, Narr, in Friedrichs Diensten	Herr Possart
		Charles, Ringer, in Friedrichs Diensten	Herr Tomschitz
Celia, seine Tochter	Fräulein Werner	Olivarius, Vikar	Herr Lang
Amiens, Edelleute, Begleiter des verbannten Herzogs	Herr Schneider	Phöbe, Schäferin	Fräulein Dandler
Jaques,	Herr Richter	Corinnus, Schäfer	Herr Pfadisch
Adalbert,	Herr Fuchs	Silvius, Schäfer	Herr Häusser
Lebeau, am Hofe Friedrichs	Herr L. Dahn	Käthchen, ein Bauernmädchen	Frau Ramlo
Lothar,	Herr Leigh	Wilhelm, ein Bauernbursche	Herr Davideit
Marcel,	Herr Thoms	Erster Page des Herzogs	Fräulein Herzog
Heribert,	Herr Buich	Zweiter Page des Herzogs	Fräulein Blank
Olivier, Söhne des Freiherrn Roland de Bois	Herr Knorr	Edelleute, Pagen, Herolde, Gefolge, Schäfer, Landleute.	
Jakob,	Herr v. Pindo	Ort der Handlung:	
Orlando,	Herr Kainz	Anfangs im Hofe des Freiherrlich de Bois'schen Schlosses, dann theils am Hofe Friedrichs, theils in den Ardennen.	

Hierauf:

Neu einstudirt:

Der Blumen Rache.

Phantastisches Ballet in einem Aufzuge nach dem gleichbenannten Freiligrath'schen Gedichte von G. Ambrogio.
Musik von Robert von Hornstein.
In Scene gesetzt vom K. Balletmeister Herrn Fenzl.

Personen:

Asad, ein indischer Prinz	Herr Caren	Die Blumenfee	Fräulein Spegele
Sittah, seine Favoritin	Fräulein Alleich	Odalisken. Mohren. Blumengeister.	

Die Solotänze werden ausgeführt von den Fräulein Alleich, Spegele, Mayr und Kilian.

Ballet-Programme sind zu 10 Pf. an der Kasse zu haben.

Preise der Plätze:

Ein Parketsitz	3 M. – Pf.	Ein Platz im II. Rang	2 M. — Pf.
Ein Platz in einer Parterreloge	3 M. — Pf.	Ein Platz im III. Rang	1 M. — Pf.
Ein Platz im I. Rang	3 M. 50 Pf.	Steh-Parterre	1 M. — Pf.
		Amphitheater	— M. 50 Pf.

Die Kasse wird um **halb sieben** Uhr geöffnet.

Anfang um 7 Uhr, Ende gegen 1/2 11 Uhr.

Der freie Eintritt ist Niemand gestattet.

Samstag den 26. Mai: (Im K. Hof- und Nationaltheater (**31.** Vorstellung im Jahres-Abonnement der Abtheilung **III.** statt **II.**) **Elytia,** von Hermann Lingg. Hierauf: **Echtes Gold wird klar im Feuer.** Sprichwort von Emanuel Geibel. Zum Schluß: **Im Bunde der Dritte,** Charakterbild von Paul Heyse.
Aus dem Repertoir-Entwurfe: Sonntag 27. Hofth. **Die Stumme von Portici.** Rei Th.: **Ein Lustspiel.**
Unpäßlich vom Opernpersonal: Herr Mayer. Fräulein Keil.
Der einzelne Anzeiger kostet 10 Pf. Kgl. Hof- und Universitätsbuchdruckerei von Dr. C. Wolf & Sohn.

Theaterzettel von 1883 mit der Ankündigung elektrischer Beleuchtung

Elsaß, und am 2. Februar des folgenden Jahres kann der Schwäbische Merkur die Ankunft der ersten Glühlampe des Systems Edison in Stuttgart berichten, wo Paul *Reisser* in seinem Haus eine elektrische Beleuchtung installieren läßt. Das Publikum pilgert auch hier in Scharen herbei. Nun sorgt die Deutsche Edison-Gesellschaft für die weitere Ausbreitung in Deutschland. Sie kann 1883 bereits 27 Anlagen mit etwa 5000 Glühlampen installieren. Darunter auch drei Anlagen auf Schiffen des Norddeutschen Lloyd. Gewaltig steigen die Produktionszahlen der Lampen an. Rechnet die Deutsche Edison-Gesellschaft beim Bau ihrer Fabrik in der Schlegelstraße in Berlin 1884 noch mit einer Jahresproduktion von 150 000 Stück, so reicht das bald nicht mehr aus. Sie wächst und wird zur größten Glühlampenfabrik Europas. 1891 beträgt ihr Ausstoß bereits 1 Million.

In Österreich, wo F. W. *Schindler* sie als erster 1884 in der Spinnerei seiner Eltern in Kennelbach einführt, hat die Lampe 1885 einen besonderen Erlaß des Handelsministeriums zur Folge. Es legt darin fest, daß Maschinen und Einrichtungen der elektrischen Beleuchtung auch sonntags trotz der allgemeinen Ruhe in Betrieb sein dürfen.

Das Hauptanwendungsgebiet der Glühlampe wird die Beleuchtung von Wohn- und Geschäftsräumen, von Theatern, wo sie die hohe Brandgefahr der Gaslampen beseitigt, und von Eisenbahnwagen, in denen um 1850 Licht noch Luxus ist. Hier wird zunächst auf der Lokomotive oder im Gepäckwagen eine Dampfmaschine oder Turbine mit Generator aufgestellt, bis dann später jeder Wagen seinen eigenen von der Achse angetriebenen Stromerzeu-

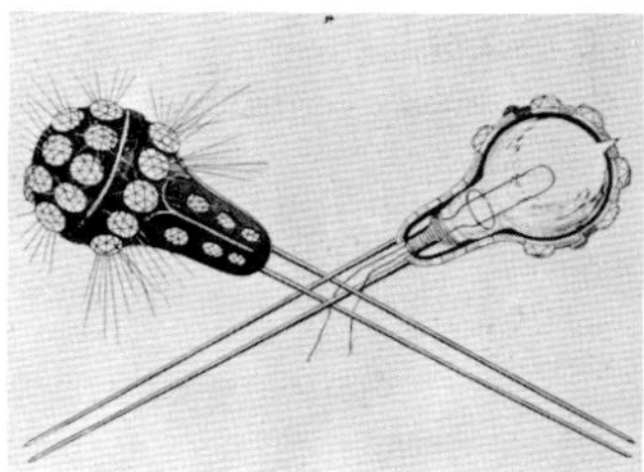

Höhepunkt einer Damenfrisur sind 1888 elektrisch beleuchtete Haarnadeln

Aus einer Anzeige der Allgemeinen Elektricitäts-Gesellschaft von 1891

Leuchterfigur für elektrisches Licht (1891)

ger erhält. Versuche, sie auch zur Straßenbeleuchtung einzusetzen, die unter anderem an dem bereits bekannten Holborn-Viadukt und in der Kochstraße in Berlin unternommen werden, fallen infolge ihrer geringen Helligkeit nicht zur Zufriedenheit aus.
Somit macht die Glühlampe dem Bogenlicht kaum Konkurrenz. Wer die Lampe aber zu spüren bekommt, sind die Gasanstalten, besonders als der Preis für eine Lampe von ursprünglich 20 Mark auf 5 bis 6 Mark und schließlich noch weiter sinkt. Es entspinnt sich ein erbitterter Kampf zwischen den Elektrizitätswerken und den Gasanstalten, der bis in das 20. Jahrhundert hinein anhält und von beiden Seiten nicht immer mit fairen Mitteln ausgetragen wird. Selbst 1912, wo in Deutschland nach zeitgenössischen Schätzungen etwa 68 Mill. Glühlampen, 25,8 Mill. Gaslampen und 23 Mill. Petroleumlampen in Betrieb sind, wird das elektrische Licht noch immer als Luxuslicht hingestellt.
Einen erbitterten Kampf führt auch *Edison* gegen seine eigenen Konkurrenten im Glühlampengeschäft, wo er sowohl in Amerika als auch in Europa zahlreiche Patentprozesse gegen andere Hersteller anstrengt. Obwohl er bzw. seine Gesellschaften keine Kosten scheuen und ein Heer von Sachverständigen aufbieten, sind sie für ihn nicht immer erfolgreich, wie wir bereits im Falle der Beacon Vacuum Pump and Electric Co. gesehen haben. In Europa beginnt die Fehde mit einem Angriff gegen die Swan United Electric Light Co. Sie endet durch Vereinigung beider Parteien zur Edison and Swan United Electric Light Company Ltd. Weitere Kämpfe verhindern

aber nicht, daß an immer neuen Stellen die Entwicklung und Fertigung von Glühlampen und ihrem Zubehör aufgenommen wird. Auf diese Weise verdanken viele Firmen ihre Entstehung der Glühlampe, darunter auch ein anderes heute weltbekanntes Unternehmen, die N. V. Philips' Gloeilampenfabrieken in Eindhoven in Holland. Sie beginnen 1891 auf die Initiative von Gerard *Philips* als Offene Handelsgesellschaft Philips & Co. *Philips* experimentiert schon seit einigen Jahren in einer Waschküche mit Glühlampen. Nun scheinen sie für eine Fabrikation reif. Der Vater, ein Bankier, gibt das nötige Geld, und nach anfänglichen Schwierigkeiten ist die Gesellschaft um die Jahrhundertwende der drittgrößte Glühlampenerzeuger des europäischen Kontinents.

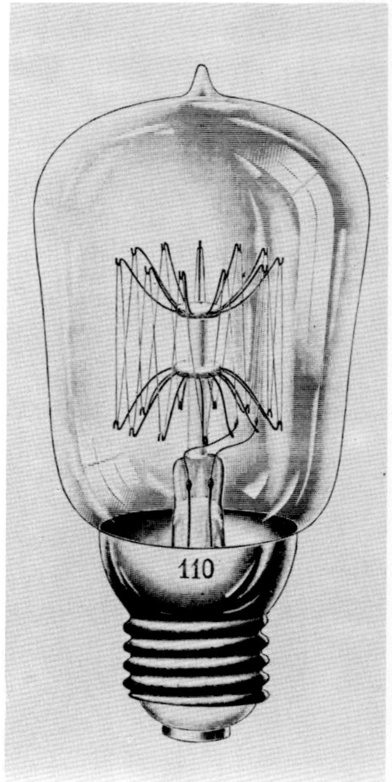

Eine Tantallampe mit dem für sie charakteristischen im Zickzack aufgehängten langen Glühfaden

Aus dem Kohlefaden wird die metallene Doppelwendel

Während sich die Glühlampe unter zahlreichen im Blickfeld der Öffentlichkeit ausgetragenen Streitigkeiten die Welt erobert und auf dem besten Wege ist, der erste Massenartikel der Elektrotechnik zu werden, arbeiten abseits des Trubels die Wissenschaftler in ihren Labors an der Weiterentwicklung.

Zwei Ziele stehen dabei im Vordergrund, längere Lebensdauer und größere Helligkeit. Beide lassen sich nicht ohne weiteres miteinander verbinden, denn größere Helligkeit bedeutet höhere Glühtemperatur des Fadens und das wiederum erhöhte Gefahr des Durchbrennens. Die Lebensdauer beträgt in der Anfangszeit der Produktion nur einige hundert Stunden. Vereinzelte Exemplare bringen es auf 1000 und mehr, und 1888 wird von Bord des amerikanischen Marineschiffes „Trenton", wo man über die Brenndauer aller Lampen genau Buch führt, berichtet, daß eine von ihnen sogar 9700 Stunden lang ihr Licht gespendet hat. Aber das ist eine Ausnahme.

Als es nahezu zwei Jahrzehnte hindurch nicht gelingt, irgendeine grundlegende Verbesserung der Kohlefadenlampe vorzunehmen, greift die Allgemeine Elektricitäts-Gesellschaft gegen Ende des Jahrhunderts den Gedanken des Göttinger Professors und späteren Nobelpreisträgers für Chemie Walther Hermann *Nernst* auf, Magnesiumoxide oder ähnliche Stoffe, die den Strom nur bei hohen Temperaturen leiten, als Leuchtkörper zu verwenden. 1901 sind die langwierigen Versuche abgeschlossen, und die Fertigung der Nernstlampe beginnt. Sie ist in ihrem Aufbau wesentlich komplizierter als die normale Glühlampe, denn sie erfordert eine zusätzliche Einrichtung zum Vorheizen des kleinen, nur etwa 20 bis 30 mm langen Glühkörpers. Obwohl die Nernstlampe eine merklich höhere Lichtausbeute hat und sogar in freier Luft brennt, ist ihre Blütezeit nur kurz. Lediglich als Lichtquelle für Projektionszwecke kann sie sich ein Vierteljahrhundert halten.

Fast gleichzeitig mit ihr erscheint die von dem österreichischen Chemiker Carl Freiherr *Auer von Welsbach* geschaffene Osmiumlampe im Handel. Sie ist die erste

handelsübliche Metallfadenlampe und leitet die endgültige Abkehr vom Kohlefaden ein. Mit der Osmiumlampe lassen sich auch kleine Lichteinheiten zum Anschluß an Akkumulatoren und Batterien herstellen. Einige Nachteile, nicht zuletzt der hohe Preis von 4 Mark, das ist achtmal so viel wie die in Massen gefertigte Kohlefadenlampe, verschaffen ihr aber keinen großen Absatz.
Jetzt setzt eine verstärkte Suche nach weiteren geeigneten Metallen ein, und bald gelingt es dem Chemiker Werner *von Bolton*, reines Tantal zu dünnen Fäden auszuziehen, die Otto *Feuerlein* bei Siemens & Halske zur Tantallampe verarbeitet. Sie steht dem Verbraucher ab 1905 zur Verfügung. Charakteristisch für sie ist der lange dünne, im Zickzack aufgehängte Tantalfaden, dessen Unterbringung in dem doch recht kleinen Glaskörper manche Schwierigkeit bereitet. Ein solcher Faden hat bei 220 V Anschlußspannung immerhin eine Länge von fast 1 m.
Aber die Tantallampe eignet sich nur für Gleichstrom, weil infolge von Materialänderungen bei Wechselstrom der Faden spröde wird und bricht.
Der entscheidende Fortschritt kommt im Frühjahr 1906 abermals aus Deutschland. Es ist die sogenannte Osram-Lampe. Ihr Name, abgeleitet aus den Silben Os und ram der Metalle Osmium und Wolfram, deutet bereits den Übergang zum Wolfram an. Damit sind sämtliche bisher gefertigten Lampen überholt. Versuche, das Wolfram als Glühfaden einzusetzen, werden zwar auch an anderer Stelle gemacht und gehen bereits auf *Lodyguine* zurück, der 1893 Platin mit Wolfram überzieht, aber sie führen entweder gar nicht zum Erfolg oder jedenfalls nicht vor der Osram-Lampe zur Fertigungsreife.
Der Name Osram wird seines Erfolges wegen auch für die 1919 gegründete Osram GmbH Kommanditgesellschaft gewählt, in die die Allgemeine Elektricitäts-Gesellschaft, Siemens & Halske sowie die Deutsche Gasglühlicht AG ihre Glühlampenfabrikation einbringen und die heute zu den größten Glühlampenherstellern der Welt zählt.
Unabhängig von den bisherigen Erfolgen wird in den Laboratorien emsig weitergearbeitet, und 1913 glauben die Ingenieure der Allgemeinen Elektricitäts-Gesellschaft etwas Neues zu bieten, eine gasgefüllte Lampe, bei der der Wolframfaden zu einer engen Wendel aufgewickelt ist. Sie sind gerade mit der Anfertigung der Patentschrift beschäftigt, da kommt aus den USA die Nachricht, daß ihnen Irving *Langmuir* bei der General Electric Co. den Rang abgelaufen hat, indem er wenige Tage zuvor eine gleiche Patentanmeldung einreichte.
20 Jahre später, als die Wissenschaftler kaum noch eine wesentliche Verbesserung für Glühlampen erwarten, kommt aus Holland die Nachricht von der Doppelwendellampe mit Argon-Stickstoff-Füllung, heute kurz D-Lampe genannt. Einen solchen Glühfaden, bei dem der bereits gewendelte Draht nochmals zu einer Wendel aufgewickelt ist, hatte Osram 1926 erstmals für eine 12-V-Autosucherlampe verwendet. Er bringt eine wesentliche Steigerung der Lichtausbeute.
Neben der Vervollkommnung des Glühfadens konzentrieren sich die Entwicklungsarbeiten auch auf die Gasfüllung des Kolbens. Sie führen 1936 zu der mit dem Edelgas Krypton angereicherten Kryptonlampe. Bald nach dem 2. Weltkrieg taucht der Gedanke auf, den Füllgasen Halogene zuzusetzen, um die Schwärzung des Glaskolbens durch Niederschlag verdampften Wolframs zu vermeiden. Er führt aber erst Ende der 50er Jahre bei der General Electric Co. in Form der Jod-Quarzlampe zum Erfolg.
Derartige Halogen-Glühlampen sind wesentlich kleiner als normale Glühlampen und erobern sich in kurzer Zeit ein gewisses Anwendungsgebiet. Wir finden sie heute unter anderem bereits zur Flugplatzbeleuchtung, in Projektionsgeräten, als Film- und Fotoleuchte und, hier wohl am meisten bekannt, an Kraftfahrzeugen.

Von anderen elektrischen Lichtquellen

Licht läßt sich auf elektrischem Wege nicht nur mit Bogen- oder Glühlampen erzeugen, sondern auch durch Entladungsvorgänge in Gasen, eine Erscheinung, die bereits Otto *von Guericke* um 1660 als Glimmen an seiner Schwefelkugel beobachtet. Wie wir uns sicherlich noch erinnern, stellt *Picard* 1675 etwas Ähnliches an einem bewegten, mit Quecksilber gefüllten Barometerrohr

fest. *Hauksbee* deutet es 30 Jahre später als eine Wirkung der Reibungselektrizität. *Winkler* nutzt dann diesen Effekt 1742 bewußt aus, indem er Elektrizität durch ein buchstabenförmig gebogenes evakuiertes und etwas Quecksilber enthaltendes Glasrohr leitet.
Diese Versuche befriedigen aber vorerst nur die Freude am naturwissenschaftlichen Experiment. Bemühungen um eine praktische Anwendung setzen dann Ende der 70er Jahre des vorigen Jahrhunderts ein. Sie führen zwar zu verschiedenen Patenten, aber zu keiner brauchbaren Lösung. Erst Leo *Arons* beschreibt 1892 in Berlin eine mit Quecksilberdampf gefüllte Gasentladungslampe, die wenigstens in wissenschaftlichen Untersuchungen Eingang findet. Für die allgemeine Beleuchtung ist sie wegen ihres unangenehmen Lichts jedoch nicht geeignet, denn es verfälscht alle Farben, und die Menschen sehen in ihrem Schein wie Leichen aus.
Um 1910 setzen dann Versuche zur Mischung mit Glühlicht ein. Die heute übliche Form der Lichtverbesserung durch Leuchtstoffe geht in ihrer grundlegenden Idee bereits auf das Jahr 1902 zurück. Sie findet sich nicht nur in der Quecksilberdampf-Hochdrucklampe, sondern auch in der als Leuchtstofflampe bezeichneten Niederdrucklampe moderner Büro- und Wohnraumbeleuchtungen.
Eine völlig andere Richtung verfolgt der Amerikaner D. McFarlan *Moore*. Er führt dem American Institute of Electrical Engineers 1896 einen mit 27 Vakuumröhren beleuchteten Saal vor, verläßt jedoch später das Vakuum wieder und geht zu einer Stickstoffüllung über. Mit diesem Moore-Licht werden Anfang des 20. Jahrhunderts verschiedene Anlagen in den USA und in Europa errichtet, einzelne sogar noch in den 30er Jahren.
Unbeeinflußt von den sonstigen Entwicklungsrichtungen findet die Quecksilberdampflampe weiterhin das Interesse der Fachleute; und den Grundstein für die gegenwärtig zur Beleuchtung von Straßen, Werften, großen Fabrikhallen und dergleichen übliche Hochdruckausführung legen R. *Küch* und T. *Retschinsky* 1906 bei der Firma W. C. Heraeus in Hanau mit der Einführung des Quarzkolbens. Sehr schnell stellt es sich heraus, daß diese neue Lampe neben dem sichtbaren Licht sogar noch die medizinisch wirksame ultraviolette Strahlung abgibt. Das führt bald darauf in Hanau zur Fertigung der Höhensonne, die nicht nur in Arztpraxen und Krankenhäusern Eingang findet, sondern wegen der zusätzlichen bräunenden Eigenschaften der UV-Strahlung heute auch in zahlreichen Haushalten anzutreffen ist.
In Amerika befaßt sich seit der Jahrhundertwende P. *Cooper-Hewitt* mit der Gasentladung und arbeitet nicht nur auf dem Gebiet der Quecksilberdampflampe, sondern erhält 1904 auch ein Patent auf Entladungslampen mit Edelgasfüllung. Eine dieser Varianten, die Neonröhre, setzt der Franzose G. *Claude* zum ersten Male 1910 auf dem Pariser Automobilsalon ein. Sie dient von Anfang an der Leuchtwerbung und taucht heute zusammen mit der Leuchtstoffröhre die Geschäftsstraßen in aller Welt zu abendlicher Stunde in ein Meer von Licht und Farbe.
Wie trostlos die Welt ohne die Fülle des künstlichen Lichts sein kann, hat die Verdunkelung im letzten Kriege ausreichend bewiesen.

Aus der Geschichte des Telephons

Die Leser der in Paris erscheinenden Zeitschrift L'Illustration finden in der Ausgabe vom 26. August 1854 eine Abhandlung unter dem Titel „Transmission de la parole" (Übertragung der Sprache), der sie zu ihrem Erstaunen folgendes entnehmen können:
„Stellen Sie sich vor, daß man nahe bei einer beweglichen Platte spricht, die genügend biegsam ist, um keine der Schwingungen, die durch die Sprache hervorgebracht werden, zu verlieren; daß diese Platte die Verbindung mit einer Batterie wechselweise herstellt und unterbricht, so können Sie in gewissem Abstand eine andere Platte haben, die zur gleichen Zeit exakt die gleichen Schwingungen vollführen wird."
Knapp fünf Wochen später werden auch die Deutschen von der Frankfurter Zeitschrift Didaskalia über diesen Gedankengang informiert. Was damals gewiß noch einer großen Vorstellungskraft bedurfte, ist heute selbstverständlich. Wir sprechen täglich gegen eine solche Platte und vernehmen täglich aus ihr die Worte eines anderen Menschen, der sich vielleicht im gleichen Haus, in der gleichen Stadt, aber auch ebensogut Hunderte oder gar Tausende Kilometer von uns entfernt aufhält.
Das Telephon ist im Geschäftsleben und in der privaten Sphäre zu einem unentbehrlichen Gegenstand geworden, und kaum jemand weiß heute, daß es obige Worte sind, die den Gedanken, die menschliche Stimme mit Hilfe der Elektrizität zu übertragen, zum ersten Male klar und deutlich aussprechen.
Wir haben bewußt „mit Hilfe der Elektrizität" gesagt, denn die allererste Einrichtung, die es ermöglicht, Sprache oder andere Töne über kurze Entfernungen hinweg fortzuleiten, ist zweifellos das von Robert *Hooke* 1667 erfundene Schnur- oder Draht-Telephon, das heute noch teilweise als Spielzeug verwendet wird.

Sie kommen zu früh

Der Gedanke an eine Übertragung der menschlichen Stimme auf elektrischem Wege taucht auf, nachdem die Wissenschaftler festgestellt haben, daß die Elektrizität in der Lage ist, Töne hervorzurufen. Die Kenntnis dieser Eigenschaft verdanken wir dem aus Salem/Mass. gebürtigen amerikanischen Arzt und Professor der Chemie Charles Grafton *Page,* der sie im Jahre 1837 rein zufällig an einem Hufeisenmagneten bemerkt. *Page,* der gern elektromagnetische Experimente unternimmt, legt zwischen die Schenkel eines Hufeisenmagnets eine Drahtspirale und bemerkt dabei, daß die Anordnung immer dann einen Ton von sich gibt, wenn er den Strom in der Spirale aus- und einschaltet. Er nennt diese merkwürdige Erscheinung „galvanische Musik".
Sie inspiriert andere Physiker zu ähnlichen Versuchen, und zehn Jahre später kann Wilhelm *Wertheim* in Paris einem in der Mitte eingespannten und in einer Spule steckenden Eisenstab sogar konstante Töne entlocken, indem er den Strom der Spule in schneller Folge ein- und ausschaltet. Zunächst aber geht es der Wissenschaft einzig und allein um die Art der dabei im Eisen auftretenden Schwingungen und um ihre Gesetzmäßigkeit. Seitenblicke auf eine praktische Anwendung liegen noch völlig fern, bis dann 1854 jener Artikel in der Zeitschrift L'Illustration erscheint, mit dem wir dieses Kapitel eingeleitet haben.

Sein Verfasser ist Charles *Bourseul,* ein Telegraphenbeamter in Paris mit besonderer Leidenschaft für die Mathematik. Durch seine Beschäftigung mit der Telegraphie gelangt *Bourseul* eines Tages zu der Frage, ob es wohl möglich sei, nicht nur die Zeichen des Alphabets elektrisch über große Entfernungen hinwegzuleiten, sondern auch die menschliche Sprache.
Die Lösung deutet er in den zitierten Zeilen an. Es fehlt freilich noch etwas Wichtiges, nämlich die Angabe, wie die Schwingungen der elastischen Platte in Stromstöße und diese im Empfänger wieder in Schwingungen verwandelt werden sollen. Die von ihm im weiteren Verlauf des Berichtes erwähnten Versuche scheinen trotz eines verheißungsvollen Anfangs keinen Erfolg gehabt zu haben. So gerät die ganze Angelegenheit wieder in Vergessenheit.
Etwa zur gleichen Zeit beschäftigt sich in Italien der in Aosta lebende Mechaniker Innocenzo *Manzetti* mit dem Bau eines automatischen Flötenspielers. Nachdem dieses Kunstwerk fertig ist, will er ihm auch die Sprache eines Menschen verleihen, die elektrisch übertragen werden soll. 1865 erscheinen in der französischen Zeitung L'Indépendant und in mehreren italienischen Blättern die ersten Berichte von einer Vorführung des neuen sprechenden Apparates. Nähere Angaben finden sich hier ebensowenig wie in anderen Nachrichten oder Briefen. Wir wissen nur so viel, daß der „künstliche Mund des Herrn *Manzetti*" jede Lautstärke wiedergegeben haben soll. Und wenn ein begeisterter Landsmann den neuen Apparat nicht nur zum Telephonieren, sondern auch zum Übertragen von Reden in alle Hauptstädte Europas verwenden will, so eilt sein südländisches Temperament den Tatsachen sicherlich um einiges voraus.
Fest steht aber, daß Anfang des Jahres 1880 zwei Amerikaner bei der Witwe des inzwischen verstorbenen *Manzetti* erscheinen, um das Erfinderrecht anzukaufen. Ein entsprechender Vertrag, der ihnen sämtliche Modelle und Unterlagen in die Hand gibt, kommt auch am 7. Februar zustande. Danach werden der Witwe 10 000 Francs für den Fall versprochen, daß es gelingen sollte, *Manzettis* Priorität in der Erfindung des Telephons zu beweisen. Dieser Versuch, falls er überhaupt unternommen worden ist, scheint mißglückt zu sein.

Die Nachricht von der Erfindung *Manzettis* spricht sich schnell herum, und am 19. August 1865 berichtet auch die in New York in italienischer Sprache erscheinende Zeitung Ecco d'Italia darüber. Sie informiert einen anderen Italiener, den in Clifton bei New York lebenden Antonio Sante Giuseppe *Meucci. Meucci,* der schon mit vielerlei Dingen seinen Lebensunterhalt verdient hat, befaßt sich ebenfalls mit der Übertragung der menschlichen Stimme. Er erhebt in einem Schreiben vom 13. Oktober an die Zeitung Il Commercio di Genova sofort Anspruch auf die eigene Priorität.
Wie die erste Ausführung des Telephons aussieht, das er nach eigenen Angaben während seiner Tätigkeit in Havanna, also zwischen 1835 und 1850, erfindet, wissen wir nicht genau. Die diesbezüglichen eigenen Angaben erlauben keine Vorstellung der Wirkungsweise. Auf jeden Fall kommt *Meucci* später zu einer anderen Konstruktion. Aber auch sie schwebt im dunkeln, denn der Text des Caveats, eines vorläufig nicht veröffentlichten Schutzanspruchs, den er am 28. Dezember 1871 beim amerikanischen Patentamt auf die Erfindung eintragen läßt, gibt darüber keine erschöpfende Auskunft. Lediglich die beigegebene Zeichnung soll auf eine elektromagnetische Form, ähnlich der von *Bell,* hingewiesen haben. Sie ist leider nicht mehr im Original vorhanden, denn die diesbezüglichen Akten des amerikanischen Patentamtes sind bereits vernichtet. Somit bleibt manches im unklaren.
Als *Meucci* 1872 bei einer Explosion schwer verletzt wird, gerät er in finanzielle Not, so daß seine Frau die von ihm gefertigten Modelle verkaufen und er selbst schließlich 1875 das Caveat fallenlassen muß.
Damit ist keinem der genannten Männer ein wirklicher Erfolg vergönnt. Sie kommen mit ihren Erfindungen einfach zu früh.

Er nennt es Telephon

Während also von den bisher erwähnten Vorläufern des Telephons bedauerlicherweise keine Modelle mehr erhalten geblieben sind, finden wir in Friedrichsdorf, einem kleinen Ort am Rande von Frankfurt a. M., die vollständige Sammlung eines anderen Erfinders, der sich seit 1860 ebenfalls mit der Fortleitung der Sprache beschäftigt. Es ist Johann Philip *Reis,* der 1834 in Gelnhausen bei Hanau geborene Sohn eines Bäckermeisters. In seiner Lehrzeit bei einem Frankfurter Farbengeschäft nimmt *Reis* Privatunterricht in Mathematik, Physik und Chemie, besucht ab 1854 die höhere Gewerbeschule und wird 1858 Lehrer am Garnierschen Institut in Friedrichsdorf. Hier befaßt er sich in seiner Freizeit mit der Funktion des menschlichen Ohrs und experimentiert nebenher mit der Elektrizität. Beide Beschäftigungen bringen ihn auf den Gedanken der Telephonie.

Über die ersten tastenden Versuche berichtet später Albert *Saberly,* der zu dieser Zeit Schüler von *Reis* ist, folgendes: „Eines Tages brachte Reis von Frankfurt ein Modell mit – die Nachbildung eines menschlichen Ohrs in Holz geschnitzt, mit Trommelfell und Hämmerchen. Reis wollte praktisch versuchen, was ihn seit einiger Zeit unausgesetzt beschäftigte; der Ton, das Wort, welches das Gehörsystem des Menschen aufnimmt, sollten auch in dieses hölzerne Ohr dringen – aber dort nicht verhallen, sondern durch den galvanischen Strom auf eine Entfernung fortgetragen und an der Endstation reproducirt werden. Von der Sprechstation (vom hölzernen Ohr respektive vom Hämmerchen) aus wurde die Leitung nach einem hinteren Zimmer geführt; hier befand sich der Hörapparat, welcher zur Verstärkung des Tons auf einer Geige angebracht war, die als Resonanzboden diente. Die Leitung wurde geschlossen, die Batterie in Thätigkeit gesetzt, und dann schärfte mir Reis ein, genau zu horchen und auf einer Tafel niederzuschreiben, was ich vernehmen würde."

Zunächst aber ist außer Rauschen und Knattern kein Ton hörbar. *Reis* setzt die Versuche mit geänderten Modellen fort, bis ihm endlich das Glück winkt und *Sabarly* mit den Worten „Ich habe was gehört, ich hab's verstanden, Herr Reis" zur Tür hereinstürzen kann. Die auf der Tafel notierten Buchstaben stimmen mit dem Gesprochenen genau überein. Dann wird die Leitung verlängert und geht vom Zimmer über den Hof und ein Hintergebäude bis zum Garten, wo der Schüler mit Geigenkasten und Schiefertafel in den Ästen eines Pflaumenbaumes sitzt, um der geheimnisvollen Stimme zu lauschen.

Jene erste Konstruktion, das aus Eichenholz geschnitzte Ohr, dessen Trommelfell und Gehörknöchelchen aus einer Membrane von Schweinsdarm mit elektrischem Kontakt besteht, verläßt *Reis* sehr bald. Er entwirft in unermüdlicher Arbeit verschiedene andere Ausführungen und kommt schließlich zu der endgültigen Form. Der Geber besteht aus einem Holzkasten mit rundem Loch, über das eine Membrane aus Schweinsdarm gespannt ist. Auf ihren Mittelpunkt ist ein kleines Platinplättchen ge-

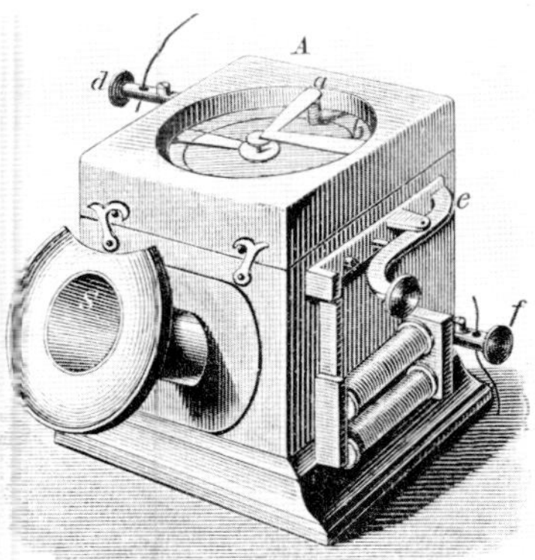

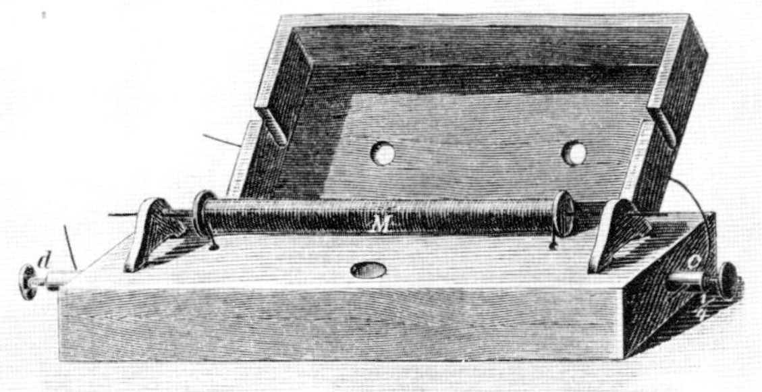

Das Telephon von *Reis,* so wie es der Mechanikus *Albert* in Frankfurt 1863 zum Verkauf anbietet, links Geber, rechts Empfänger

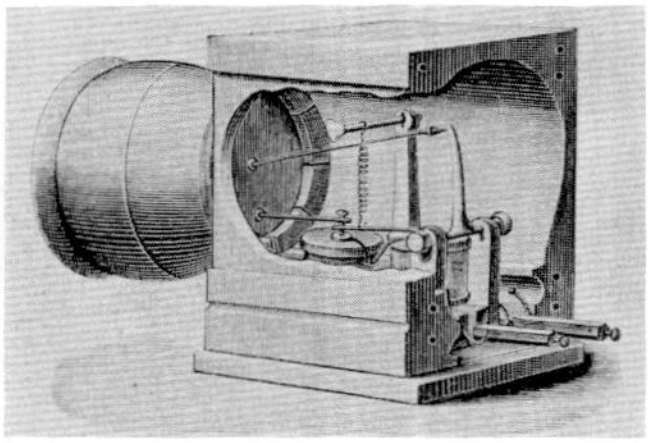

Diesen Apparat fertigt *House* 1868 an und merkt nicht, daß sich damit auch Sprache übertragen läßt

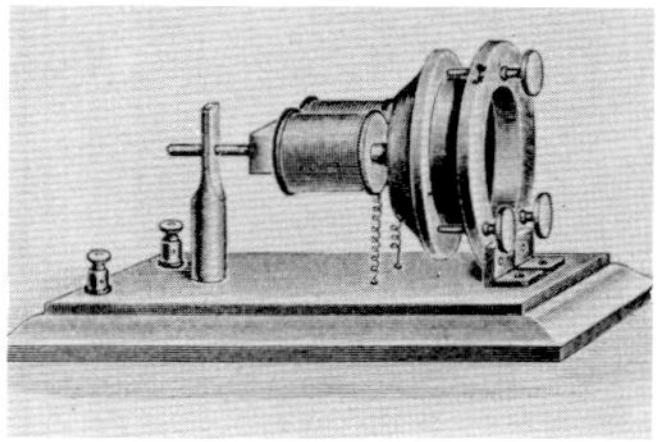

Das Bellsche Telephon von der Centennial Exposition 1876 in Philadelphia

klebt, das über ein feines Kupferband mit einer Batterie verbunden wird. Auf dem Plättchen ruht unter leichtem Druck ein Hebel mit Platinspitze, der den zweiten Anschluß des Gebers bildet.
Auch der Empfänger hat inzwischen seine Form gewandelt, aus dem Geigenkasten als Resonanzboden ist ein hölzerner Kasten mit Deckel geworden. Das elektrische Prinzip aber bleibt gleich. Ein dünner Eisendraht, *Reis* verwendet eine Stricknadel, sitzt innerhalb einer Spule und wird von ihr zum Tönen angeregt.
Die verschiedenen Modelle baut *Reis* nicht selbst, sondern läßt sie nach seinen Entwürfen von dem Frankfurter Mechanikus J. Wilhelm *Albert* herstellen, der auch den Vertrieb der endgültigen Ausführung übernimmt.
„Hiermit bin ich so frei, Ihnen umstehenden Prospektus zu übersenden, mit der Bitte, demselben Ihre geneigte Aufmerksamkeit schenken zu wollen. Dasselbe betrifft den sehr interessanten Apparat von Herrn Reis zur Reproduktion der Töne durch Galvanismus, das Telephon. Diese Apparate, welche durch mich zu beziehen sind, habe stets in meinem Magazine zur geneigten Ansicht aufgestellt . . .“, heißt es dazu in einem Prospekt vom August 1863. Der Verkaufspreis beträgt je nach Ausführung 14 und 21 Gulden.
Inzwischen hat *Reis* am 26. Oktober 1861 vor dem Physikalischen Verein zu Frankfurt einen Vortrag „Über Telephonie durch galvanischen Strom“ gehalten und darin mit den Worten „. . . so gebe ich meinem Instrumente den Namen Telephon“ auch die Bezeichnung für die neue Erfindung festgelegt.
Das Interesse der Öffentlichkeit aber ist gering. Die Frankfurter bezweifeln jede praktische Bedeutung einer solchen Einrichtung. Der österreichische Kaiser und Zar Alexander II. von Rußland betrachten das Telephon zwar mit Neugier, lassen es aber dabei bewenden, und Poggendorfs Annalen der Physik, die damals führende physikalische Zeitschrift in Deutschland, lehnt eine Veröffentlichung darüber ab. Enttäuscht stirbt *Reis* wenige Tage nach Vollendung des 40. Lebensjahres an einem Lungenleiden.

Zwei Seelen – ein Gedanke

Das eigentliche Zeitalter der Telephonie beginnt mit jenem denkwürdigen 14. Februar 1876, an dem beim amerikanischen Patentamt zwei Schutzanmeldungen ähnlichen Inhalts eingehen. Sie befassen sich beide mit der Übertragung musikalischer Töne oder Sprachlaute und beschreiben beide eine elektromagnetische Einrichtung. Die erste mit dem Titel „Verbesserungen auf dem Gebiet der Telegraphie“ stammt von Alexander Graham *Bell,* die zwei Stunden später eingereicht ist von Elisha *Gray* und hat die Bezeichnung „Übermittlung von Sprechlauten auf telegraphischem Wege“. Wie vorauszusehen, gewinnt *Bell* das Rennen, und *Gray* hat das Nachsehen und den Ärger. Wenn wir uns in diesem Zusammenhang ein Patent von Royal E. *House* aus dem Jahre 1868 ansehen, so finden wir in ihm bereits das elektromagnetische Prinzip des Telephons vorweggenommen. Allerdings merkt *House,* der bei seinem Gerät an eine Verwendung in der Telegraphie denkt, nicht, daß sich mit ihm auch Sprache übertragen läßt, und zwar, wie man erst später feststellt, viel besser und deutlicher als bei dem anfänglichen Modell von *Bell.* Geber und Empfänger von *House* sind identisch. Das beim Patentamt der Vereinigten Staaten hinterlegte Original verbrennt, als das Amt in Flammen aufgeht.

Bell und *Gray* gelangen vermutlich über die gleichen Versuche zum Telephon, denn sie beschäftigen sich beide um 1873 mit einer bereits 1860 von dem Franzosen *Laborde* benutzten Einrichtung. Dieser hatte seinerzeit sechs auf die Tonleiter abgestimmte Eisenstäbe frei schwingend vor den Polen ebensovieler Elektromagnete angeordnet und sie durch Wechselströme entsprechender Frequenz zum Tönen angeregt.
Gray, der 1835 in Barnesville/O. zur Welt kommt und fünf Jahre am Oberlin-College Physik studiert, beschäftigt sich schon frühzeitig mit technischen Dingen und benutzt als Knabe bei seinen zahlreichen Versuchen oft Geräte des Haushalts, die hinterher allerdings meist für ihre eigentlichen Zwecke nicht mehr verwendbar sind. Er wird zunächst Lehrer für Physik und Elektrizitätslehre am Oberlin-College, dann am Ripon-College und erwirbt im Laufe seines Lebens zahlreiche Patente. Sein besonderes Interesse gilt stets der Elektrizität.
Beeinflußt durch die Experimente eines Neffen, befaßt sich *Gray* mit der elektromagnetischen Tonerzeugung von *Laborde* und führt 1874 eine darauf basierende Anordnung zur Übertragung von Musikstücken vor. Er benutzt hierzu 15 im Bereich von zwei Oktaven abgestimmte Federn. Mit dieser Einrichtung soll im gleichen Jahr auf der Strecke Chicago – Detroit über 457 km hinweg Musik übertragen worden sein. Darüber hinaus wird eine solche Einrichtung auch auf der Telegraphenlinie New York – Philadelphia eingesetzt, wo sich mit ihr über eine einzige Leitung acht Telegramme gleichzeitig übertragen lassen.
Der Schritt vom einzelnen Ton zur Sprache liegt nun nicht mehr fern. Die Hauptschwierigkeit besteht allerdings darin, die Schallschwingungen auf irgendeinem Wege in Stromschwankungen umzusetzen. *Gray* löst sie in der erwähnten Patentanmeldung bereits durch das Mikrophon-Prinzip. In einem mit Flüssigkeit gefüllten Glasgefäß bringt er zwei Elektroden an. Die eine liegt am Boden des Gefäßes, die an einer Membrane befestigte andere taucht als Stift von oben her in die Flüssigkeit. Durch die Schallwellen gerät die Membrane in Schwingungen und bewegt dabei den Stift hin und her, was eine Änderung des Widerstands in der Flüssigkeitsstrecke zwischen beiden Elektroden und damit auch eine Stromänderung im äußeren Stromkreis zur Folge hat.
Für den Empfänger greift *Gray* auf die Versuche mit den Federn zurück und ordnet an ihrer Stelle vor dem Elektromagneten eine mit einem Eisenstückchen versehene Membrane an. Zur Erhöhung der Wirkung besitzen Geber und Empfänger einen kleinen Schalltrichter. Obwohl *Gray* das Telephon bisher nur auf dem Papier entworfen hat, beschreibt er seine Wirkungsweise ausführlich in der Anmeldung. Leider ist es wegen der Flüssigkeit im Geber für den praktischen Gebrauch wenig geeignet. Daran, den Empfänger auch als Geber zu benutzen, denkt er nicht.
Diesen Weg beschreitet aber der 1847 in Edinburgh in Schottland geborene, nun an der Universität Boston tätige Professor der Stimmphysiologie, Alexander Graham *Bell*. Zunächst ebenfalls bemüht, mit Hilfe abgestimmter Federn mehrere Telegramme gleichzeitig über eine Leitung zu befördern, gibt er 1875 seinem Assistenten Thomas A. *Watson* die Unterlagen zur Herstellung eines harmonischen Telegraphen, der unter anderem auch die menschliche Sprache übertragen soll. Gleichzeitig beginnt er, den Text seiner Patentschrift aufzusetzen, und kommt mit ihrer Einreichung *Gray* um die erwähnten zwei Stunden zuvor.
Bereits am 7. März 1876 wird das Patent unter der Nummer 174465 erteilt. Es enthält neben Einrichtungen zur Telegraphie ein von ihm einfach Apparat genanntes Telephon, dessen Geber und Empfänger gleich sind. Sie bestehen in Anlehnung an die Telegraphieversuche aus einer einseitig eingespannten Feder, die als Anker vor den Polen eines Elektromagneten angeordnet ist. Am freien Ende der Feder befindet sich ein dünner Metallstift, der leicht an eine Membrane anstößt, die ihrerseits über den Rand eines Schalltrichters gespannt ist. Zwei derartige Apparate werden über eine Batterie miteinander verbunden. Nach seinen eigenen Angaben arbeitet diese Anordnung wenig befriedigend, und so ersetzt er bald darauf die Feder durch ein Metallstückchen, das er auf die Membrane klebt.
Am 10. März 1876 gelingt völlig unbeabsichtigt die erste Übertragung eines vollständigen Satzes. *Bell*, der versehentlich Säure verschüttet hat, ruft seinen in der Nähe

vermuteten Assistenten mit den Worten „Mr. Watson, come here, I want you!“. *Watson,* der sich in diesem Augenblick aber in einem anderen Raum aufhält, hört die Worte jedoch über das zu Versuchen aufgebaute Telephon und eilt herbei.
Die schnelle Weiterentwicklung des Telephons ist nur dem Umstand zu verdanken, daß *Bells* Verlobte, M. Hubbarth, und deren Vater ihn drängen, seine Erfindung auf der in Kürze in Philadelphia stattfindenden Centennial Exposition auszustellen. Hier steht es wochenlang unbeachtet in der Ecke eines Pavillons, bis die Preisrichter kommen, die alle ausgestellten Gegenstände prüfen. Von diesem denkwürdigen Augenblick gibt es folgende Geschichte: Während die Preisrichter das Telephon ohne großes Interesse besehen, naht der Kaiser Dom Pedro II. von Brasilien, läßt sich die Erfindung in Anwesenheit von Sir William *Thomson* vorführen und sagt erschrocken: „Mein Gott, es spricht.“ Von jetzt an steht das Telephon im Brennpunkt des Interesses der Ausstellungsbesucher.

Die Neue Welt marschiert voran . . .

Bell widmet nun seine ganze Kraft der Weiterentwicklung des Telephons und kann bereits am 10. August 1876 das erste Ferngespräch der Welt führen, indem er in Paris/Ontario den Stimmen seines Vaters und Onkels aus dem 8 Meilen entfernten Brantford/Ontario lauscht. Als auch die am 9. Oktober zwischen Boston und Cambridgeport/Mass. durchgeführten Versuche einer gegenseitigen Verständigung ebenso wie eine Reihe weiterer zur Zufriedenheit verlaufen, gründet er 1877 zusammen mit *Watson* und einer Gruppe junger Männer unter dem Namen Bell Telephone Company die erste Telephongesellschaft der Welt. Aus ihr wird 1879 die National Bell Telephone Company und 1880 die American Bell Telephone Company. Sie wiederum geht 1899 in den Besitz der American Telephone and Telegraph Company über, die heute den größten Teil des inneramerikanischen Telephonverkehrs abwickelt.
Im Mai 1877 gibt *Bell* seinem Telephon die bekannte Form des Stielhörers und erkennt hieran auch sehr bald, daß der zunächst verwendete Elektromagnet durch einen Dauermagneten ersetzt werden kann. Die ersten Ausführungen sind mit einem Membrandurchmesser von 20 cm zwar noch recht unförmig, bilden aber eine durchaus brauchbare Form.
Die Ansichten des amerikanischen Bürgers bei den Vorführungen des Telephons sind geteilt. Einige sehen die Sache als Schwindel an und vermuten dahinter einen Bauchredner, andere wieder halten sie für nicht so wichtig. In der Anfangszeit hat die Bell Gesellschaft daher gegen zahlreiche Widerstände und manches Vorurteil zu kämpfen, und es mutet uns heute seltsam an, wenn hier wie auch später in Europa die Vorzüge eines Telephons mit warmen Worten unter genauer Beschreibung zahlreicher Anwendungsmöglichkeiten angepriesen werden müssen. Andererseits aber gibt es auch Amerikaner, die die Wichtigkeit des neuen, so überaus einfachen Apparates sofort begreifen, zwei davon erwerben und eine Telephonleitung in ihren Häusern oder Fabriken legen lassen.
Am 17. Mai 1877 entsteht in der Washington Street in Boston/Mass. versuchsweise die erste, noch private Vermittlungsstelle mit ungefähr fünf Leitungen, und am 28. Januar 1878 eröffnet das erste öffentliche Fernsprechamt der Welt in New Haven/Conn. mit 21 Teilnehmern den Betrieb. Drei Tage später folgt Meriden/Conn. und nach weiteren 17 Tagen San Francisco.
Langsam weicht auch die Zurückhaltung der Bevölkerung. Vor allen Dingen die Geschäftswelt beginnt die Vorteile einer schnellen mündlichen Nachrichtenübermittlung zu nutzen. Dadurch zeigen sich bereits im Jahr darauf wesentliche Fortschritte, und die Zahl der Sprechstellen steigt in Chicago auf 1200, in San Francisco auf 2000 und in New York sogar auf 4000. 1880 sind 50 000 Telephone in Amerika in Gebrauch, und die neun über die verschiedenen Stadtviertel von Chicago verteilten Ämter vermitteln im Durchschnitt täglich 7400 Gespräche. Um die Jahrhundertwende ist die Zahl der Fernsprecher in Amerika auf rund 2 200 000 angewachsen.
Jeder Fernsprecher besitzt in der ersten Zeit zwei der Bellschen Stielhörer, wovon der eine, in einem an der Wand hängenden Holzkasten fest eingebaut, die Sprache

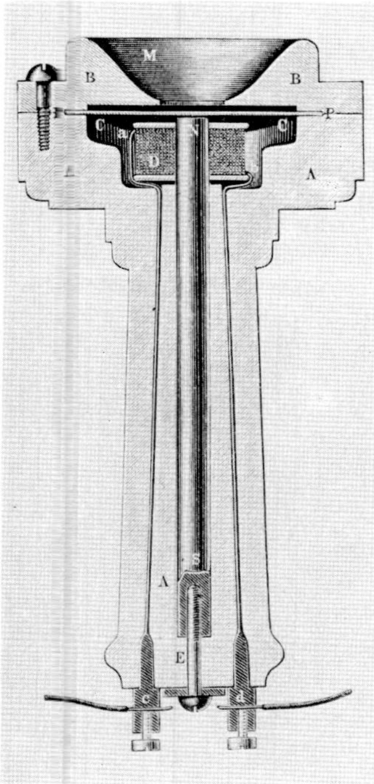

Im Mai 1877 gibt dann *Bell* seinem Telephon die bekannte Form des sogenannten Stielhörers

Ein Wandtelephon aus dem ersten Jahrzehnt dieses Jahrhunderts mit Mikrophon, Kurbelinduktor und Anrufwecker

aufnimmt, während der andere, über eine Leitung lose mit dem Apparat verbunden, dem Hören dient. Bei Nichtgebrauch hängt der Hörer an dem aus dem Holzgehäuse hervorstehenden Haken eines Hebelarms. Dieser Hebelarm erfüllt gleichzeitig die Funktion eines Schalters. Wird er vom Gewicht des Hörers nach unten gezogen, so legt er das Läutewerk an die Telephonleitung, geht er bei Abnahme des Hörers nach oben, sind Geber und Hörer angeschlossen.

Das im Gehäuse vorhandene galvanische Element liefert den Strom für das Läutewerk. Diese Aufgabe übernimmt später der Kurbelinduktor, ein kleiner handbetriebener Wechselstromgenerator.

Es ist nicht gerade bequem, mit dieser Einrichtung längere Zeit zu telephonieren, denn ein Hörer wiegt bei 167 mm Länge und 72 mm Durchmesser fast 1 kg. Heute haben wir beim Telephonieren keine 300 g mehr in der Hand, und das für Geber und Hörer zusammen.

Als sich die ersten finanziellen Erfolge der Bell Gesellschaft einstellen und ihre Vorherrschaft auf Grund des Bell-Patentes sichtbar wird, beginnt in Amerika eine Kette von Patentprozessen, die schließlich auf über 100 anwächst. Hinzu kommt, daß eine Reihe von Wissenschaftlern dazu neigt, *Reis* und *Meucci*, zumindest aber *Gray* als Erfinder des Telephons anzusehen, da dieser bereits in seiner Anmeldung davon spricht, „die Töne der menschlichen Stimme durch eine Telegraphenleitung zu übertragen . . . so daß wirkliche Unterhaltungen zwischen zwei weit voneinander entfernten Personen geführt werden können", während *Bell* ein Verfahren der Telegraphie beansprucht und die Stimmübertragung nur beiläufig erwähnt.

Im September 1885 wird die Regierung der Vereinigten Staaten in einer Petition gebeten, die Angelegenheit zu untersuchen. Demzufolge beginnt am 23. März 1886 im Gerichtshof zu Columbus/O. ein Prozeß, der sogar das politische Leben der Vereinigten Staaten erschüttert. Die Anklageschrift fordert die Priorität für *Gray*. Nach drei Jahren turbulenter Verhandlungen, bei denen es an Beschuldigungen des Meineides, der Bestechung und anderer Delikte nicht mangelt, endet das Ganze schließlich durch einen Vergleich.

Im Laufe der verschiedenen Prozesse werden auch noch die Namen weiterer Männer mit der Erfindung des Telephons in Verbindung gebracht, darunter James W. *McDonough* und Alfred G. *Holcomb*, von denen wir wenigstens wissen, daß sie entsprechende Geräte hergestellt haben, nur ist der Termin ihrer Erfindung nicht mehr eindeutig festzulegen.

. . . aber die Alte Welt folgt ihr nach

Vom Herbst 1877 ab bereist der frisch vermählte *Bell* zusammen mit seiner Frau für ein Jahr England und Schottland, um hier ebenfalls sein Telephon vorzuführen. Bei dieser Gelegenheit erhält er auch eine Audienz bei der Königin Victoria, die daraufhin zwei der Apparate erwerben möchte. Das englische post office will jedoch vorerst nicht das mit der Einführung einer derart neuen Erfindung verbundene Risiko übernehmen, und so kommt es zur Gründung einer privaten Telephongesellschaft, der Telephone Company Ltd. Sie eröffnet im August 1879 in London mit acht Anschlüssen die erste Fernsprechvermittlung auf europäischem Boden. Andere Gesellschaften folgen im Laufe der Zeit, bis dann am 1. Januar 1912 das englische Fernsprechwesen in staatliche Regie übergeht.

Kaum hat *Bell* seine Reise durch England begonnen, da gelangt die Zeitschrift Scientific American vom 6. Oktober 1877 nach Deutschland und bringt die erste ausführliche Nachricht über das Telephon nach hier. Generalpostmeister Heinrich *von Stephan* zeigt sofort Interesse und bemüht sich schriftlich um die Übersendung einiger dieser Bellschen Apparate. Aber noch bevor eine Antwort aus Amerika eintrifft, überreicht ihm der Vorsteher des Londoner Haupttelegraphen-Amtes, ein gebürtiger Deutscher, zwei Apparate als Geschenk. Am Tage darauf, dem 25. Oktober 1877, beginnen auf Anordnung *Stephans* sogleich Versuche, zunächst im General-Telegraphenamt in Berlin, dann in der Stadt über etwa 2 km und schließlich am 30. Oktober von Berlin nach Schöneberg, einem inzwischen längst eingemeindeten Vorort. Weiter geht es auf Telegraphenleitungen über 61 km hinweg bis nach Brandenburg. Überall zeigt sich eine gute Verständigung. Ein Versuch, bis Magdeburg auf 142 km Entfernung zu telephonieren, scheitert dagegen, denn die Reichweite des Bellschen Telephons ist überschritten. Es kommen nur noch schwache, meist unverständliche Laute an. Gleichzeitig erhält Siemens & Halske den Auftrag, weitere Exemplare des Telephons anzufertigen.

Den Berlinern bleiben diese Versuche natürlich nicht verborgen, sie erwecken ihre Neugier und das Verlangen, ebenfalls ein Paar dieser geheimnisvollen Apparate zu besitzen. *Siemens* gibt zunächst einige davon an Geschäftsfreunde ab, das Stück für 5 Mark. Dann aber setzt eine Flut von Bestellungen ein. „„. . . Die Telephone machen jetzt alles verdreht", schreibt er an seine Brüder. Im November sind es schon 200 Paare, die er täglich fertigt, und einmal steigt ihre Zahl sogar auf 700 Telephone an. Es dürfte zum Weihnachtsfest des Jahres 1877 manchen Berliner Weihnachtsbaum gegeben haben, unter dem als besondere Überraschung für jung und alt ein Paar Telephone und eine Rolle Draht liegen.

Am 5. November richtet die Post mit dem offiziell Fernsprecher genannten Telephon zwischen dem General-Postamt und dem General-Telegraphenamt in Berlin eine interne Fernsprechleitung ein, und sieben Tage später wird die erste öffentliche Fernsprechverbindung Deutschlands von Friedrichsfelde nach Lichtenberg bei Berlin dem Betrieb übergeben.

Sie hat aber nur einen Teilnehmer an jedem Ende und dient nicht der normalen Abwicklung von Gesprächen, sondern der Beförderung von Telegrammen, die von den Postbeamten durchgesagt werden. Damit sorgt der Fernsprecher in Deutschland kurioserweise zunächst für eine weitere Verbreitung der Telegraphie, und 25 Jahre nach der Einführung des Fernsprechers in Deutschland gibt es bereits über 11 000 Postanstalten, die ihren Telegraphieverkehr auf diese Weise bewältigen.

Die Idee ist gar nicht so abwegig, wie es vielleicht im ersten Augenblick erscheinen mag, denn die Einrichtung von Telegraphenstationen kostet schon von der apparativen Ausrüstung her viel Geld und verlangt darüber hinaus geschultes Personal, so daß sich der Aufwand für kleinere Orte mit nur wenigen Telegrammen nicht lohnt. Ein Telephon aber ist wesentlich billiger, und zum Sprechen benötigt niemand eine besondere Ausbildung.

Nebenher plant die Deutsche Reichstelegraphenverwaltung, in deren Bereich die telephonische Nachrichtenübermittlung von Anfang an fällt, auch den direkten Gesprächsverkehr. Zunächst aber besteht dafür in der Bevölkerung wenig Neigung, und einem Aufruf von 1880 zur Teilnahme an einem Fernsprechnetz in Berlin folgen nur einige Meldungen. Daraufhin wird Emil *Rathenau* als

Werber angestellt und bringt mit Mühe und Not bis zur versuchsweisen Eröffnung des Amtes am 12. Januar 1881 acht Teilnehmer zusammen. Die endgültige Inbetriebnahme erfolgt dann am 1. April mit immerhin 48 Anschlüssen. Bis Ende des Jahres sind sie auf 458 angewachsen. 1886 wird der 5000. und 1889 der 10 000. Teilnehmer verzeichnet.
Im gleichen Jahr wie in Berlin wird auch in Paris das erste öffentliche Fernsprechamt Frankreichs eingerichtet. Die Franzosen kommen mit dem Bellschen Telephon durch eine 1878 in Paris stattfindende Ausstellung in Berührung, schenken ihm dort aber wenig Aufmerksamkeit. Die französische Telegraphenverwaltung ist ebenso wie die englische Post nicht geneigt, irgendein Risiko mit der neuen Erfindung einzugehen, und vergibt daher Konzessionen an verschiedene private Gesellschaften, die sie allerdings 1889 wieder zurückzieht, um das gesamte Telephonwesen zu verstaatlichen. Im übrigen liegen die Verhältnisse ähnlich wie in den anderen Ländern. Nach anfänglichen Anlaufschwierigkeiten breitet sich das Telephon rasch aus, und im Juli 1882 rangiert Frankreich mit 2620 Teilnehmern nach England und vor Deutschland an zweiter Stelle in Europa.
Weitere Ämter werden 1881 in Hamburg, Stockholm und Wien eingerichtet. Rußland folgt zwei Jahre später mit St. Petersburg und Moskau.
1880 erobert sich das Telephon auch die Schweiz, als in Zürich von privater Hand das zweite europäische Fernsprechnetz eingerichtet wird. Noch im gleichen Jahr haben sangesfreudige Eidgenossen einen glänzenden Gedanken. Sie wollen ihre Baseler Freunde mit Hilfe der neuen Errungenschaft an den Darbietungen eines Sängerfestes in Zürich teilhaben lassen. Es kommt zur ersten telephonischen Musikübertragung der Welt. Sie wird bald sehr beliebt und bildet auf den großen elektrotechnischen Ausstellungen der 80er und 90er Jahre einen besonderen Anziehungspunkt für die Besucher. Ein zeitgenössisches Urteil meint zur Qualität dieser Übertragungen, daß „die Instrumentalmusik gut herauskommt, der Gesang aber zu wünschen übrig läßt“. Mit heutigen Maßstäben wollen wir dieses Urteil lieber nicht messen.
Bei der Musikübertragung auf den Ausstellungen bleibt es nicht. Im Jahre 1891 etabliert sich in Paris eine Théatrophone genannte Gesellschaft, die den Teilnehmern des städtischen Fernsprechnetzes in den Abendstunden Theaterübertragungen anbietet. Den Telephonbesitzern steht es frei, welche der Aufführungen in den vertraglich angeschlossenen Theatern sie in ihrer Wohnung verfolgen wollen. Die monatliche Grundgebühr beträgt 15 Francs, und für jede Übertragung zahlt man noch einmal die gleiche Summe. In Gaststätten und Cafés können die Pariser gegen Einwurf eines Geldstücks das von der Gesellschaft übermittelte Musikprogramm hören. Gesellschaft und Gaststättenbesitzer fahren dabei nicht schlecht.
Ein Jahr später richtet Albert *Puskàs* in Budapest eine telephonische Zeitung, die Telefon Hirmondo, ein. Sie liefert gegen eine jährliche Zahlung von etwa 30 Mark täglich von 9.30 bis 22.00 Uhr Nachrichten. Damit der Hörer die Wichtigkeit der nachfolgenden Meldung erkennt, kündet sie ein mehr oder weniger langer Summerton an. Abends gibt es zur Unterhaltung Konzerte und Theaterdarbietungen. Diese Einrichtung ist sehr beliebt, und *Puskàs* verzeichnet zeitweise 20 000 Abonnenten. Sie wird bis 1924 mit Kopfhörern betrieben und dann auf Lautsprecher mit kleinem Röhrenverstärker umgestellt. Eine ähnliche Zeitung, der Telephone Harald, entsteht gegen Ende 1911 auch in New York, wo sie, anfangs verspottet, ebenfalls schnell an Abnehmern gewinnt.

Das Fräulein vom Amt

Eine schöne und praktische Sache das Telephonieren, sagt sich eines Tages ein geschäftiger Journalist in Boston, aber was nützt es, wenn nur immer zwei Partner miteinander sprechen können. Einen zentralen Schaltraum müßte es geben, in dem die Leitungen aller Telephonapparate eines Ortes zusammenlaufen und wo man jeden Teilnehmer mit jedem beliebigen anderen verbinden kann. Wie wir bereits wissen, wird diese Idee zunächst versuchsweise und dann 1878 im ersten öffentlichen Vermittlungsamt in New Haven/Conn. in die Tat umgesetzt. Die Vermittlungseinrichtung besteht anfangs aus einem System sich kreuzender Schienen, die einfach in der gewünschten

Weise miteinander verbunden werden. Auf die Dauer scheint dies jedoch nicht die richtige Lösung zu sein, denn bei einem größeren Teilnehmerkreis nehmen diese „Kreuzschienen" viel Platz in Anspruch. Sie werden darum bald darauf durch Vermittlungsschränke mit Schnüren ersetzt. In ihnen mündet die Leitung eines jeden Teilnehmers an einer Signalvorrichtung, der sogenannten Klappe, und an einer Klinke genannten Steckbuchse.
Die Vermittlung eines Gespräches benötigt einige Zeit, aber die hat man ja damals noch. Der Teilnehmer ruft zunächst das Amt, indem er den an seinem Fernsprecher vorhandenen Druckknopf betätigt oder in späteren Ausführungen die Kurbel dreht. Dadurch fällt im Amt die ihm zugeordnete Klappe herab und zeigt seinen Vermittlungswunsch an. Der Vermittlungsbeamte nimmt eine lose Vermittlungsschnur, mit einem Stöpsel an jedem Ende, führt den einen Stöpsel in die Klinke seines eigenen Abfrageapparates und den zweiten in die Klinke des Anrufers. Nun fragt er nach der gewünschten Nummer, sagt dann „bitte rufen" und zieht den Stöpsel aus seiner Klinke heraus und steckt ihn in die Klinke des verlangten Anschlusses. Damit ist die Verbindung hergestellt. Ist das Gespräch beendet, betätigt der anrufende Teilnehmer erneut die Rufvorrichtung und die vom Beamten inzwischen geschlossene Klappe fällt abermals. Das ist für ihn das Zeichen, die Verbindung durch Herausziehen der Stöpsel aus den Klinken zu trennen.
Derartige Vermittlungseinrichtungen entstehen im Laufe der Zeit in zahlreichen Varianten vom einfachen Holztisch mit aufgesetztem Regal bis zum vollständigen Schrank. In Amerika findet in den 80er Jahren auch das von *Mann* und *Law* entwickelte Law-System weite Verbreitung, bei dem die gesamte Vermittlungseinrichtung in der Platte eines Tisches untergebracht ist. Der Vermittlungsdienst wird anfangs von Männern wahrgenommen, aber bereits 1878 erobert sich das erste Fräulein vom Amt in Amerika diesen Platz.
Da die Vermittlungsschränke im allgemeinen nur für ungefähr 50 Anschlüsse eingerichtet sind, reichen sie mit dem Anwachsen der Teilnehmerzahl bald nicht mehr aus. Weitere Schränke müssen aufgestellt werden. Das aber hat einen erheblichen Nachteil, denn es ereignet sich

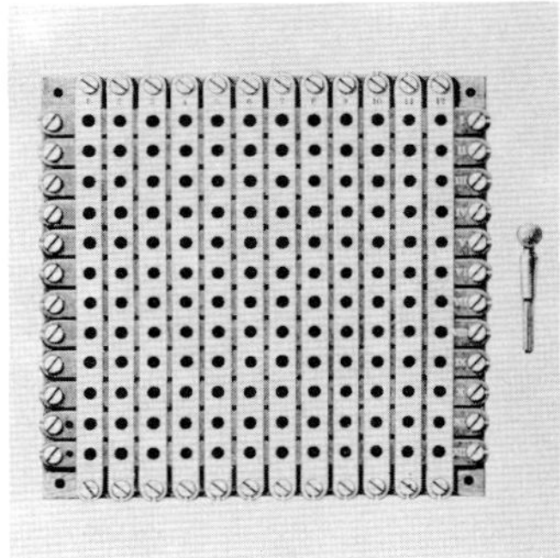

Kreuzschienenumschalter aus den Anfängen der Vermittlungstechnik, rechts daneben der Stöpsel zum Herstellen der Verbindung

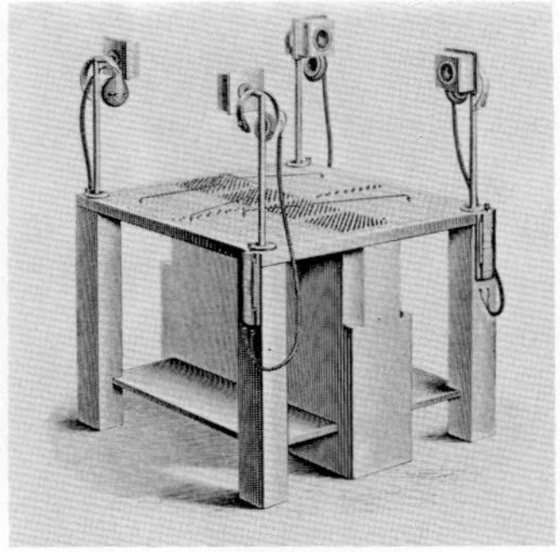

In Tischform konstruierte Vermittlung des Law-Systems

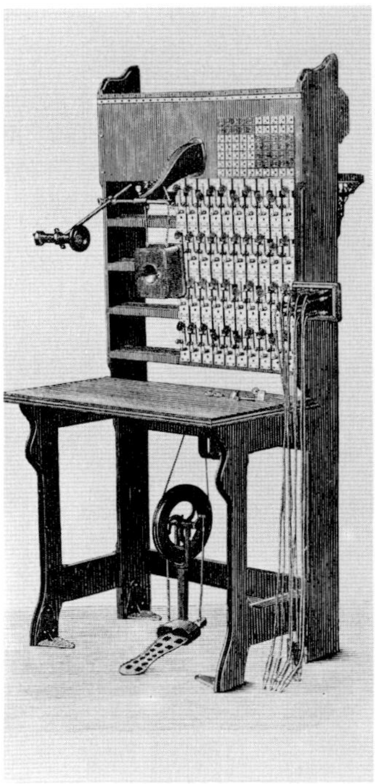

Ein Vermittlungsschrank der Bell Telephone Co. aus dem Jahre 1880

immer häufiger, daß die Leitung des Anrufers und die des gewünschten Teilnehmers nicht mehr auf dem gleichen Schrank enden. Solange nur wenige davon dicht nebeneinander stehen, läßt sich die Verbindung von der Klinke des einen Schrankes zu der des anderen noch ohne Schwierigkeiten bewerkstelligen.
Eines Tages aber ist ihre Zahl so groß, daß wegen der weiten Abstände eine direkte Vermittlung von Klinke zu Klinke nicht mehr möglich ist. Das Fräulein vom Amt verbindet daher den Anrufer zunächst mit dem Schrank, auf dem der gewünschte Teilnehmer endet, und teilt dann der dort tätigen Kollegin durch Zuruf die Nummer des verlangten Anschlusses mit. Der in der ersten Zeit noch recht ruhige und nur während der Tagesstunden durchgeführte Betrieb in den Ämtern wird hiermit immer lauter und turbulenter. Das Stimmengewirr läßt die Damen schließlich in Schreikrämpfe verfallen. Amerika macht diese schlechten Erfahrungen zuerst, und so kommt es auch hier zu einer weiteren wichtigen Erfindung auf dem Gebiet der Vermittlungstechnik. Leroy B. *Firman* gibt 1879 das Vielfachsystem an und setzt es erstmals im Chicagoer Amt ein.
Das System des Vielfachbetriebs findet auf Grund seiner Vorteile schnell Anklang und wird 1887 auch in Deutschland im Stuttgarter Amt eingeführt. Bei ihm sind die Leitungen sämtlicher Teilnehmer an alle im Amt vorhandenen Schränke geführt, wo sie jeweils in einer Vermittlungsklinke enden. Aber nur auf einem der Schränke besitzen sie eine Abfrageklinke und das Anrufzeichen, dessen elektromagnetisch betätigte Klappe übrigens 1887 nach einem Vorschlag des Amerikaners Joseph J. *O'Connel* durch eine kleine Glühlampe ersetzt wird. Nur eine der Damen kann auf diese Weise den Gesprächswunsch entgegennehmen und ihn an ihrem eigenen Schrank erfüllen, wobei sie vorher prüft, ob der verlangte Teilnehmer bereits besetzt ist. Das Ende des Gesprächs muß der Anrufer noch weiterhin dem Amt mitteilen. Das vermutlich erste selbsttätige Schlußzeichen der Welt erfindet 1890 *Altheller*. Es wird im Amt von Rostock verwendet.
Über die Größe der Ämter am Ende des ersten Jahrzehnts öffentlichen Fernsprechverkehrs kann man sich beim Betrachten des 1888 im Bau befindlichen Amtes von New York eine Vorstellung machen. Es ist für 10 000 Anschlüsse bemessen und erhält 44 Vermittlungsschränke, die zusammen eine Länge von etwa 300 englischen Fuß haben, das sind rund 90 m.

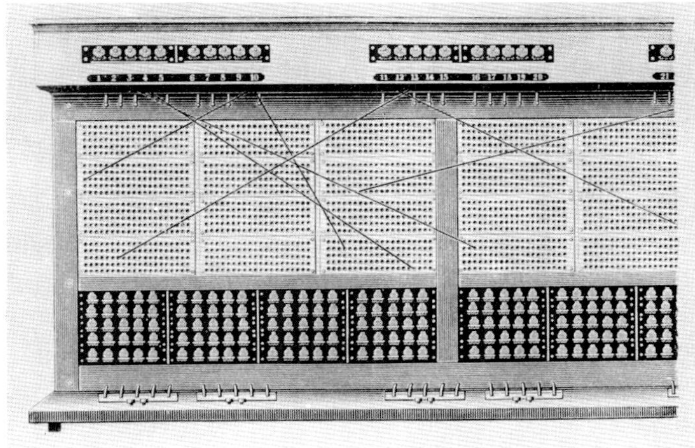

Ein Vielfachumschalter der Western Electric Co. von 1883

Die ständige Ausdehnung der Ortsnetze wirft neben der Frage der Vermittlungseinrichtungen noch ein anderes Problem auf, das der Telephonleitungen. Sie werden in der Anfangszeit als Einfachleitung oberirdisch in den Straßen der Städte verlegt, und ihre Anzahl wächst proportional der Zahl der Anschlüsse. Auf den Ämtern, wo alle diese Leitungen an einem Haus zusammenlaufen, entstehen nach und nach wahre Kunstwerke von hölzernen und stählernen Türmen, um ihre Fülle aufzunehmen.
Infolge des Vorsprungs, den die USA auf dem Gebiet der Telephonie in dieser Zeit hat, taucht auch dieses Problem hier zuerst in vollem Umfang auf. Verschärft wird es noch durch die Existenz verschiedener Telephongesellschaften, die eifersüchtig darüber wachen, daß auf den eigenen Masten keine Leitungen der Konkurrenz befestigt werden. Sie zwingen sich dadurch gegenseitig, parallel zu einer bereits vorhandenen Linie eine neue Mastenreihe

aufzustellen, auch wenn auf der anderen noch ausreichend Platz zur Verfügung steht.
Das Gewirr von Masten und Drähten nimmt am Ende derart überhand, daß 1884 im Staat New York ein Gesetz verabschiedet wird, wonach in Städten über 500 000 Einwohnern Telegraphen- und Telephonleitungen bis zum 1. November 1885 unterirdisch verlegt werden müssen. Die Frage, wie das zu geschehen hat, ist jedoch erst gegen Ende des Jahres 1886 geklärt, woraufhin die Stadt New York nun in den Straßen Kanäle aushebt. Sie bleiben aber vorläufig leer. Einige der Gesellschaften „bereiten sich vor", andere fangen nach und nach mit der Einbettung ihrer Leitungen an, lassen aber die alten auf den Masten hängen. Als auch eine Warnung nichts fruchtet, beginnt Bürgermeister *Grant* am 16. April 1889 in den Straßen, in denen Kanäle vorhanden sind, die Masten einfach umzuschlagen. Dieser Aktion fallen in den ersten Tagen bereits 70 km Draht zum Opfer. Da das so gut geht und das Gesetz inzwischen auch auf die Lichtleitungen ausgedehnt worden ist, müssen bald darauf auch die Lichtmasten daran glauben. In Europa läßt man es soweit gar nicht erst kommen; hier beginnt frühzeitig die Verlegung von Telephonkabeln.

Weiter und weiter spannt sich das Netz

Kaum hat das Telephon über einige Meter hinweg seine ersten verständlichen Worte von sich gegeben, da wagt *Bell* bereits größere Entfernungen. Wie wir gesehen

Dicht nebeneinander sitzen die „Fräuleins vom Amt" an den Vermittlungsschränken des Fernsprechamts Berlin-Moabit im Jahre 1906

haben, gelingen die 1876 über acht und 16 Meilen durchgeführten Versuche auch recht gut, aber ein weiteres Unternehmen vom 3. Dezember, die 143 Meilen von Boston/Mass. nach North Conway/N. H. zu überbrücken, schlägt fehl. Ähnliche Erfahrungen macht im Jahr darauf ja auch die Deutsche Reichspost auf der Strecke Berlin–Magdeburg. Offensichtlich sind der Reichweite des Telephons durch die Einfachheit der technischen Mittel Grenzen gesetzt, die bei etwa 80 km liegen. Eine Erscheinung, die der Fachmann heute Dämpfung der Leitung nennt, ist die Ursache. Sie schwächt die geringen, durch Induktion erzeugten Sprechspannungen mit dem Anwachsen der Leitungslänge immer weiter ab, bis der am Leitungsende ankommende Rest nur noch unverständliche Laute hervorbringt. Es gilt also, Mittel und Wege zu finden, die diese Grenze beseitigen oder doch möglichst weit hinausschieben.

Den ersten Fortschritt in dieser Hinsicht bringt die Erfindung eines neuen Gebers, des Mikrophons, oder wie man anfangs dazu sagt, des Transmitters. *Grays* Patentanmeldung enthält zwar bereits eine derartige Anordnung, nur ist sie wegen der darin verwendeten Flüssigkeit für den allgemeinen Gebrauch ungeeignet. Eine zweckmäßigere taucht erst auf, als *Berliner, Blake* und *Edison* 1877 in Amerika fast gleichzeitig einen Transmitter zum Patent anmelden und ihnen ein Jahr später Robert *Lüdtge* in Deutschland und *Hughes* in England folgen. Zwischen *Berliner* und *Edison* kommt es wieder einmal in den USA zu einem Rattenschwanz von Patentstreitigkeiten, die erst 1897 vom obersten Gerichtshof mit den Worten „Es besteht zu Recht" zugunsten *Berliners* entschieden werden.

Alle diese Transmitter beruhen auf einer Kontaktanordnung von Metall zu Metall bzw. zu Kohle, deren Übergangswiderstand sich im Rhythmus der Sprachschwingungen ändert. Den empfindlichsten erzielt zweifellos *Hughes* mit seiner am 9. Mai 1878 vor der Royal Society gezeigten Anordnung Kohleplatte – Kohlestift. Er gibt ihm auch den heute üblichen Namen „microphone".

Die Einführung des Mikrophons als Geber in den Fernsprechdienst, sie erfolgt in Amerika ab 1878, setzt ein galvanisches Element im Sprechkreis voraus, das wesentlich höhere Sprechströme liefert als die Induktion im Bellschen Telephon. Es wird vorerst als Ortsbatterie im Apparat des Teilnehmers untergebracht. Wegen der umständlichen Wartung der vielen damals noch nassen Elemente fernab der Vermittlung setzt sich diese Lösung auf die Dauer nicht durch, und als erste gehen die Amerikaner zum Zentralbatteriesystem über, bei dem nur noch wenige Elemente im Amt aufgestellt sind.

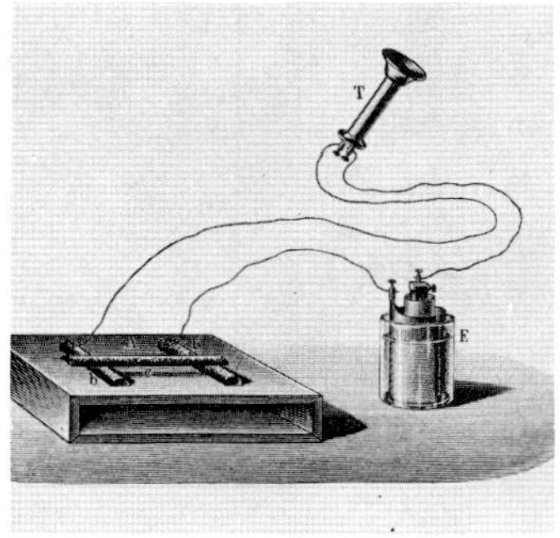

Erste Ausführung des Mikrophons von *Hughes* 1878 mit übereinandergelegten Kohlestiften

Französisches Tischtelephon von 1882. Die große Platte zwischen den Säulen ist das Hughessche Mikrophon

Der andere Weg zur Vergrößerung der Reichweite führt über die Leitung selbst. Hier wird nach dem Vorbild der Telegraphie zunächst die Erde als Rückleiter verwendet. Eine Verbesserung bringt bereits der Übergang vom verzinkten Eisendraht zum Bronzedraht. Er kann aber nicht die durch Nachbarleitungen oder atmosphärische Einflüsse hervorgerufenen Störungen beseitigen. Daher schlägt John Joseph *Carty* 1883 in den USA Doppelleitungen für den Telephonverkehr vor, die *Münch* 1885 in Deutschland zur weiteren Unterdrückung der Störungen in bestimmten Abständen kreuzt.

Auf Grund dieser Entwicklungen wachsen die Telephonleitungen, nachdem sie bereits 1880 zwischen Detroit und

Windsor in Kanada erstmals die Grenze eines Landes überquert haben, in den 80er und 90er Jahren rasch von Stadt zu Stadt und bilden ein immer dichter werdendes Netz.
Einige Naturereignisse, darunter ein gewaltiger Schneesturm am 26. Dezember 1886 in England, der von 550 Telegraphen- und Telephonlinien 544 unterbricht, führen zu der Einsicht, daß Fernleitungen besser unterirdisch als Kabel verlegt werden, wo sie dem Unbill der Witterung nicht mehr ausgesetzt sind. Nun haben Leitungen ihre besonderen Gesetzmäßigkeiten, nach denen sie elektrische Signale fortleiten. Der englische Physiker Oliver *Heaviside* untersucht sie und macht dabei 1893 eine seltsame Feststellung. Die Dämpfung eines Kabels läßt sich durch künstliche Erhöhung der Induktivität herabsetzen. Das hatte vor ihm zwar schon der Franzose *Vaschy* ermittelt, war aber nicht beachtet worden, weil dieser Gedanke den bisherigen Anschauungen, wonach Induktivität und Kapazität eines Kabels so klein wie möglich gehalten werden müssen, völlig widersprach.

15 000 km – kein Problem

Ein Mann aber läßt sich durch diesen Widerspruch nicht irritieren; der in Serbien als Hirtenjunge aufgewachsene Michael Idvorsky *Pupin.* 15jährig verläßt er seine Heimat und erreicht mit 5 Cent in der Tasche New York. Hier verdient er sich auf alle erdenkliche Weise Geld und studiert schließlich am Columbus College, in Cambridge und in Berlin. *Pupin* greift die Anregung *Heavisides,* Induktionsspulen in die Leitung zu legen, auf. Ein über 100 Jahre altes Buch, die Analytische Mechanik des berühmten Mathematikers Joseph Louis *Lagrange,* das er 1884 in einem Pariser Antiquariat gekauft hat, liefert ihm das Rüstzeug. Er stellt Berechnungen und vier Jahre währende Versuche an, als deren Ergebnis er im März 1899, die später nach ihm benannte Pupinspule, zum Patent anmeldet. Die American Telephone and Telegraph Co. zahlt ihm 1901 für dieses Patent die beachtliche Summe von einer halben Million $ und setzt es sogleich in die Tat um. Noch heute sind Pupinspulen unentbehrlich.

Eine andere Möglichkeit, die Kabelinduktivität zu erhöhen, entwickelt 1901 der dänische Ingenieur Karl Emil *Krarup.* Er konzentriert die Induktivität nicht wie Pupin durch seine Spule an bestimmten Punkten, sondern verteilt sie gleichmäßig über das gesamte Kabel, indem er es mit Eisendraht umwickelt. Die Versuche dazu macht er am Physikalischen Institut der Universität Würzburg. Da dieses Krarupkabel aber in der Herstellung teurer zu stehen kommt als ein normales mit Pupinspulen, setzt es sich auf die Dauer nicht in größerem Umfang durch.
Die Einführung der Pupinspule erweitert den Aktionsradius des Telephons um ein beträchtliches Stück, hebt aber die Begrenzung in der Reichweite nicht völlig auf. Die Telegraphie hat es in dieser Hinsicht einfacher, sie hat im Relais ein verstärkendes Element. Einen Verstärker für die Fernsprechtechnik herzustellen ist aber viel schwieriger, denn die Nachricht besteht hier aus Stromschwankungen unterschiedlicher Größe und Frequenz, die nicht verfälscht werden dürfen, wenn die Verständlichkeit erhalten bleiben soll.
In dem Bemühen, einen solchen Verstärker herzustellen, kommt H. E. *Schreeve* 1904 auf die Idee, ein Telephon in die Leitung zu legen, „das sich selbst ins Ohr ruft", wie man damals scherzhaft sagt. Es besteht aus der Kombination eines Fernhörers mit einem Mikrophon, wobei beide eine gemeinsame Membrane haben. Diese offiziell Repeater genannte Anordnung wird in Amerika mit Erfolg eingesetzt und ist teilweise noch 1917 in Betrieb.
Auch ein anderer von S. G. *Brown* 1909 ersonnener mechanischer Fernsprechverstärker hätte wahrscheinlich in Europa größere Anwendung gefunden, wenn nicht 3 Jahre zuvor durch Robert *von Lieben* in Österreich und Lee *de Forest* in Amerika eine andere grundlegende Erfindung gemacht worden wäre, die die gesamte Nachrichtentechnik auf ein völlig neues Fundament stellt, die Elektronenröhre. *Von Lieben* weist in seiner „Kathodenstrahlenrelais" genannten Patentschrift bereits auf die Anwendung in der Telephonie über große Entfernungen hin.
Damit ist der Weg zur Verstärkung beliebiger Frequenzen offen. Nach eingehenden Verbesserungen durch I. *Langmuir,* H. *Rukop,* W. *Schottky* und anderen in den Jahren 1913/15 ist die Röhre für den praktischen Einsatz aus-

gereift und ermöglicht bereits im ersten Weltkrieg Ferngespräche über 3 000 km hinweg.
Heute sind derartige Verstärker so zuverlässig, daß sie im Zuge von Seekabeln mit auf den Meeresgrund versenkt werden. Als 1956, 100 Jahre nach der Verlegung des ersten atlantischen Telegraphenkabels, die beiden ersten Fernsprechkabel den Atlantik durchqueren, verschwinden mit ihnen und den Pupinspulen auch 51 Röhrenverstärker im Meer, wo sie nun in teilweise 3 500 m Tiefe ruhen und 20 Jahre lang ihren Dienst verrichten sollen. Jedes der beiden Kabel dient einer Gesprächsrichtung und besitzt zur Mehrfachausnutzung 36 Kanäle. Über sie hinweg beträgt die Entfernung Frankfurt – New York 7 500 km. Da aber innerhalb der beiden Kontinente weitere Leitungen angeschlossen werden können, hat die größte vorkommende Länge einer Gesprächsverbindung mehr als 15 000 km.
Um derartige Entfernungen zu überbrücken, sind hohe Investitionen für die Leitungen erforderlich. Es leuchtet ein, daß man zur besseren Ausnutzung über sie gleichzeitig mehrere Gespräche führen möchte. Was sich bei der Telegraphie bewährt hat, sollte auch hier möglich sein, eine Mehrfach- oder Vielfachtelephonie.
Die ersten Schritte dazu machen 1882 Frank *Jacob* und François *van Rysselberghe. Jacob* gibt eine Schaltung an, die es erlaubt, über zwei Doppelleitungen gleichzeitig drei bis vier Gespräche zu führen, während *van Rysselberghe* über eine Doppelleitung telegraphiert und telephoniert. Die wirkliche Vielfachausnutzung der Leitungen beginnt aber erst mit der 1909 von E. *Ruhmer* vorgeführten Wechselstrom-Telephonie, bei der jeder Sprechkreis einem höherfrequenten Wechselstrom als Träger der Nachricht zugeordnet wird. Mehrere dieser Träger durchlaufen gemeinsam die in sogenannte elektrische Kanäle aufgeteilte Leitung, werden am Empfangsort wieder voneinander getrennt und dann in hörbare Schwingungen zurückverwandelt.
Weitere Versuche von G. O. *Squier* 1911 in Washington führen schließlich nach Vervollkommnung der Hochfrequenz-Technik in den Jahren 1920 und 1921 in Deutschland zur ersten Anwendung der Hochfrequenz-Telephonie auf Freileitungen. Rund zehn Jahre später folgt das gleiche Verfahren auf Kabeln, wo es heute keine Schwierigkeit bereitet, 1200 Kanäle unterzubringen. Ohne die Trägerfrequenztechnik wäre der gewaltige Fernsprechweitverkehr der heutigen Zeit nicht mehr zu bewältigen.
Mit der Entwicklung der drahtlosen Nachrichtentechnik entsteht eine weitere Möglichkeit der Fortleitung telephonischer Gespräche. Sie führt Mitte der 30er Jahre zu den sogenannten Richtfunkstrecken, die im Meter- und Dezimeterwellenbereich arbeiten. Mit ihrer Hilfe baut die Telefunkengesellschaft bereits 1940 ein ausgedehntes Nachrichtennetz auf, das vom Nordkap bis Nordafrika und von der Atlantikküste bis an das Schwarze Meer reicht.
Einen entscheidenden Impuls erhält die Richtfunktechnik 1945 durch den Vorschlag von Arthur C. *Clarke,* künstliche Satelliten zur Nachrichtenübermittlung heranzuziehen. 13 Jahre danach, am 18. Dezember 1958, halten die Nachrichtensatelliten mit dem Start von Score Einzug in die Geschichte der Elektrotechnik. Score kann zwar nur erst auf Magnetband gespeicherte Nachrichten auf Befehl hin ausstrahlen, aber schon 1962 erscheinen die in Europa weithin bekannten Telstar-Satelliten am Himmel, die nun als Relaisstationen ohne Zwischenspeicherung Sprache und Fernsehen von Amerika nach Europa und umgekehrt übertragen.
Die Vorarbeiten für eine kommerzielle Nutzung der Nachrichtensatelliten sind damit geleistet und führen noch im Oktober 1962 zur Gründung der Communications Satellite Corporation (Comsat). Ihr erster Satellit, Early Bird, startet am 6. April 1965, um, noch jetzt über dem Atlantik stehend, 240 Sprechkreise oder einen Fernsehkanal zu übertragen. Inzwischen ist bei den neueren Satelliten der Intelsat-Serie die Zahl der Sprechkreise auf 1000 angewachsen, 5000 sollen es in Zukunft sein.

Strowger greift zur Tat

Gerade drei Monate ist das Fräulein vom Amt im Dienst, da melden M. D. und Th. E. *Connolly* zusammen mit Th. J. *McTighe* das erste Patent auf eine automatische Vermittlungseinrichtung an. Sie zeigen sie auch 1881 in Paris und inspirieren damit weitere Erfinder. Aber alle

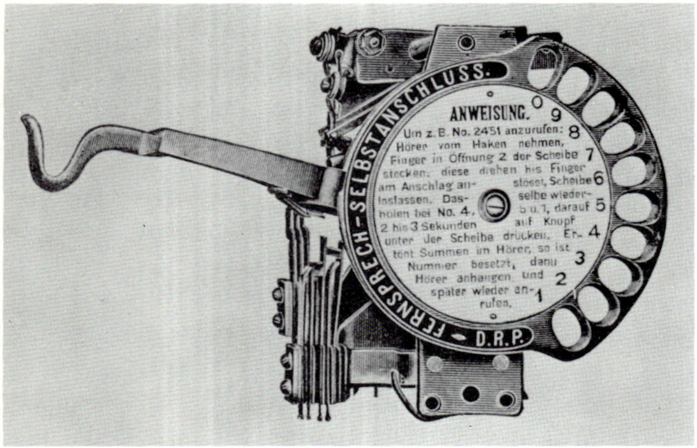

In der Anfangszeit der Selbstwähltechnik steht auf der Wählscheibe eine genaue Gebrauchsanweisung

Zur Ausnutzung seiner Patente gründet *Strowger* 1892 zusammen mit einem Neffen die Strowger Automatic Telephone Company, aus der nach mehrmaligem Namenswechsel 1902 die Automatic Electric Company hervorgeht, die heute unter der Abkürzung Autelco bekannt ist.
Das erste automatische Wählamt der Welt eröffnet am 3. November 1892 in La Porte/Ind. mit dem Klaviersaitenwähler den Verkehr. Es enthält 80 Anschlußmöglichkeiten, von denen zunächst nur 55 belegt sind, arbeitet aber wenig befriedigend, so daß man ihm eine Zukunft nur für kleinere Anlagen voraussagt. Zu jedem Teilnehmer müssen fünf Leitungen geführt werden, und die Nummernwahl erfolgt über Tasten, z. B. die 53 durch fünfmaliges Drücken einer Zehnertaste und dreimaliges Betätigen der Einertaste. Wenn man bedenkt, daß bei der Nummer 99

diese Konstruktionen sind überaus kompliziert, erst zehn Jahre später taucht der Mann auf, dem wir die Einführung des Selbstwählverkehrs verdanken, Almon B. *Strowger* aus Cansas City.
Verärgert über die vielen Fehlvermittlungen im Amt, greift er zur Tat und entwickelt ebenfalls eine automatische Vermittlungseinrichtung, die er sich 1889 zusammen mit A. C. *Keith* als sogenannten Klaviersaitenwähler und 1891 als Hebdrehwähler patentieren läßt. Nach einigen Verbesserungen hat dieser Wähler 1895 die klassische Form, so wie sie über Jahrzehnte hinweg in aller Welt verwendet wird.
Sie besteht aus einem hundertteiligen Kontaktfeld mit zehn Reihen zu je zehn Kontakten. Jeder dieser Kontakte ist mit der Leitung eines Teilnehmers verbunden. Über das Feld hinweg bewegt sich von zwei Elektromagneten angetrieben ein Kontaktarm, der z. B. bei Anwahl der Nummer 56 zuerst fünf Schritte nach oben zur Reihe fünf und hier sechs Schritte in die Reihe hinein zum Kontakt sechs macht. Nach Gesprächsende läuft der Wählarm den gleichen Weg zurück in seine Ausgangslage.

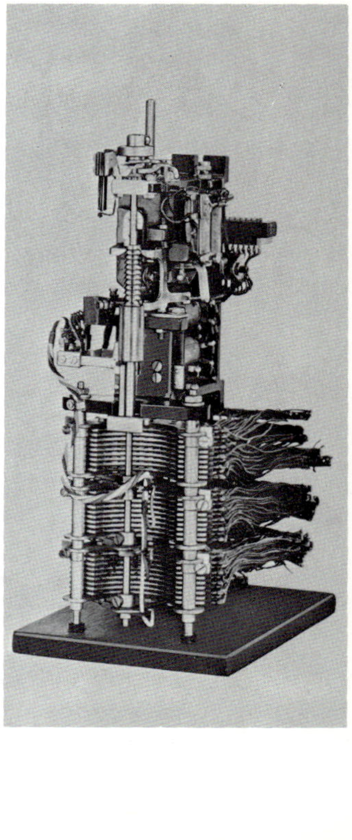

Ein Strowger-Wähler aus dem Jahre 1910

So stellt sich der französische Zeichner *Robida* in seinem Werk „Le Vingtième Siècle" 1883 ein öffentliches Telephon des Jahres 1952 vor

achtzehnmal auf die Tasten gedrückt werden muß, so ist dieses Verfahren doch recht umständlich. An seine Stelle tritt daher 1895 die heute noch übliche Nummernscheibe. Vielleicht aber dauert es nicht mehr lange und wir haben wiederum Tasten an unserem Fernsprecher. Dann jedoch zehn Stück mit der Bezeichnung 1 bis 0.

Ein kleines Amt mit Hebdrehwählern wird erstmals 1893 auf der Chicagoer Weltausstellung gezeigt und fünf Jahre später in Augusta/Ga. dem praktischen Betrieb übergeben. Weitere folgen, darunter 1900 das Amt in New Bedford/Mass., das bereits für 10 000 Teilnehmer berechnet ist. Vorerst sind allerdings nur 900 angeschlossen. 1904 hat das derzeit größte automatische Amt in Gran Rapids/Mich. bereits 5 300 Anschlüsse.

Kurz nach der Eröffnung des ersten Hebdrehwähleramtes in Amerika wagt die Strowger-Gesellschaft den Sprung nach Europa und stellt in London ein kleines Amt aus. Das General Post Office bezweifelt aber die Verwendbarkeit in größerem Umfange.

Die Deutsche Post dagegen steht der Sache nicht so ablehnend gegenüber und beabsichtigt 1894, ein kleines Amt mit 20 Anschlüssen zu bestellen. Es wird aber erst sehr viel später geliefert und am 21. Mai 1900 als postinterne Versuchsanlage mit etwa 400 Teilnehmern eingesetzt. An seine Stelle tritt im Herbst 1903 ein größeres Amt, und als auch dieses zwei Jahre lang zur Zufriedenheit arbeitet, beschließt die Post, das neu zu errichtende Amt in Hildesheim als erstes europäisches mit automatischen Wähleinrichtungen für 1 200 Anschlüsse zu versehen.

In der Nacht vom 9. zum 10. Juli 1908 können die ersten selbstgewählten Gespräche geführt werden. Am Morgen des 10. Juli aber, als der Hauptverkehr einsetzt, gibt es erhebliche Aufregung. Zahlreiche Sicherungen schlagen durch, und die Wähler bleiben hängen. Die Ingenieure stehen vor einem Rätsel. Den Gedanken jedoch, wieder zur Handvermittlung zurückzukehren, lehnen sie rundweg ab. Nach einem Tag intensiver Fehlersuche ist es geschafft, die Geburtsstunde des Selbstwählverkehrs in Europa hat geschlagen.

Die Bevölkerung gewöhnt sich bald an die neue Art zu telephonieren. In München allerdings kommt es 1910 in

der Handelskammer zu heftigen Debatten, als bekannt wird, daß das städtische Netz ebenfalls auf automatischen Verkehr umgestellt werden soll. Das wichtigste Gegenargument heißt: „Chefs und hochbezahlte Beamte können ihre Zeit nicht damit verlieren, die Arbeit der Telephonfräuleins zu übernehmen und die Vermittlung herstellen, indem sie die Stellscheibe drehen."
Erst relativ spät, nämlich 1922, beginnt die Umstellung in Berlin im Amt Zehlendorf.
Inzwischen haben sich auch andere europäische Länder dem Selbstwählverkehr zugewandt. Holland übergibt 1911 in Amsterdam und England 1912 in Epsom sein erstes öffentliches Selbstwählamt dem Verkehr. 1927 sind in Deutschland 25 % der rund 1 600 000 Hauptanschlüsse auf Selbstwählverkehr umgestellt, in den USA zwar zahlenmäßig mehr, nämlich 2 000 000, bezogen auf die Summe der Teilnehmer aber erst 15 %.
Diese Zahlen lassen bereits ahnen, welche gewaltigen Investitionen damit verbunden sind, denn der Austausch aller Vermittlungsschränke gegen Wählergestelle allein genügt nicht. Auch jeder Teilnehmer muß einen neuen Fernsprechapparat mit Wählscheibe erhalten. Um wenigstens teilweise in den Genuß des automatischen Verkehrs zu kommen und die Kosten über einen längeren Zeitraum zu verteilen, erscheint als Zwischenlösung das sogenannte halbautomatische Amt. Hier behält der Teilnehmer vorerst seinen alten Apparat mit Kurbelinduktor. Das Fräulein vom Amt fragt den Anrufer wie bei der Handvermittlung über Stöpsel ab und verbindet ihn dann ihrerseits durch eine Wählscheibe mit dem gewünschten Gesprächspartner.
1907 werden in den Vereinigten Staaten die ersten Automanuals, wie sie dort heißen, gebaut, und 1950 gibt es noch immer sieben derartige Vermittlungen. In Europa finden sie keine weite Verbreitung.
Ihre Auferstehung erlebt die halbautomatische Vermittlung 1963 mit der Eröffnung der atlantischen Fernsprechwählverbindung. Hier ist wegen der unterschiedlichen Wählverfahren, in Europa meist Wähler mit je 100 Anschlüssen, in Amerika auch solche mit 200 und 500, ein vollautomatischer Betrieb nicht ohne weiteres möglich. Nur die Damen im Fernamt besitzen vorerst eine entsprechende Wähleinrichtung. Sieben Jahre später können dann die deutschen Fernsprechteilnehmer ihre Gesprächspartner in den USA ebenfalls direkt anwählen.
Die Wähleinrichtungen werden im Zuge der Weiterentwicklung kleiner, es erscheinen abgewandelte Konstruktionsprinzipien, darunter der Viereck- und der Motorwähler, bis dann durch die Herstellung neuer elektronischer Bauelemente der Gedanke auftaucht, den elektromechanischen Wähler vollends zu verlassen.
Die systematische Beschäftigung der Fernmeldeingenieure mit den aus der Rechnertechnik kommenden Bauelementen und Schaltungen beginnt Anfang der 50er Jahre bei der Bell-Gesellschaft in Amerika und führt hier zunächst zum halbelektronischen Vermittlungssystem, bei dem noch mechanische Kontakte die Verbindung herstellen, ihre Ansteuerung aber bereits elektronisch erfolgt.
Bald darauf werden die Versuche auch in Deutschland und Frankreich aufgegriffen, wo im Laufe der 60er Jahre in einigen kleineren Ämtern die Erprobung beginnt.
Im November 1960 sind die Arbeiten auf dem Gebiet der vollelektronischen Vermittlung bei den Bell-Laboratorien so weit fortgeschritten, daß das erste Amt dieser Art in der Welt mit einigen hundert Anschlüssen in Morris/Ill. seinen probeweisen Betrieb aufnehmen kann. Im Rahmen dieser Entwicklungsarbeiten taucht auch das alte Kreuzschienensystem der ersten Handämter wieder auf, nur mit dem Unterschied, daß die Anordnung wesentlich kleiner ist als früher und die Verbindung zwischen den Schienen nicht mehr durch das Fräulein vom Amt, sondern über elektronische und elektromechanische Elemente vorgenommen wird. Es währt sicher nicht mehr lange, und die Elektronik wird sich auch dieses Gebiet endgültig erobert haben, den Platzbedarf in den Fernmeldeämtern merklich verringern und die Zeit für den Aufbau einer Gesprächsverbindung verkürzen.

Neue Wünsche – neue Ideen

Schallplatte, Tonband, Tonfilm – wer kennt sie nicht, jene Errungenschaften der Technik, die Millionen von Menschen in ihren Bann gezogen haben und denen Tausende von Künstlern ihren weltweiten Ruhm verdanken.
Der Wunsch nach einer Schallspeicherung entspringt dem Gedanken, die menschliche Sprache aufzuzeichnen und sie zu beliebiger Zeit an beliebigem Ort wiederzugeben. Obwohl der Impuls dazu von dem soeben erfundenen Telephon kommt, dessen Schallübertragung von Anfang an auf elektrischem Wege geschieht, beginnt die Speicherung zunächst rein mechanisch. *Edisons* Phonograph bedient sich der Elektrizität sogar niemals, *Berliners* Grammophon erst 37 Jahre nach seiner Erfindung. Anders liegen die Dinge beim Tonband und beim Tonfilm. Sie bemächtigen sich sogleich elektrischer Verfahren und kommen darin dem Grammophon zuvor.
Wir haben hier zwar eine Historie der Elektrotechnik vor uns, glauben aber doch, daß die Vorgeschichte der mechanischen Tonaufzeichnung und Wiedergabe interessant genug ist, um sie kurz zu streifen. Sie beginnt zugleich an zwei mehrere tausend Kilometer voneinander entfernten Orten.

Edison, Berliner und die Sprechmaschinen

Am 30. April 1877 erscheint bei der Academie des Sciences in Paris ein Mann namens Charles *Cros* und übergibt einen verschlossenen Briefumschlag. Das ist an sich nichts Ungewöhnliches, denn zahlreiche Männer vor ihm haben den gleichen Weg beschritten, um die Priorität einer wissenschaftlichen Arbeit oder einer Entdeckung zu wahren. Ungewöhnlich aber ist der Inhalt des Briefes. Wie sich bei seiner Öffnung auf der Sitzung der Academie vom 3. Dezember herausstellt, enthält er ein Verfahren, das mit Hilfe einer runden Platte Schallwellen aufzeichnen und wiedergeben soll.
Die Aufzeichnung von Schwingungen ist zu dieser Zeit zwar nicht mehr neu, sie wird wohl erstmals 1807 von dem englischen Physiker Thomas *Young* vorgeschlagen. Während dieser dabei nur an mechanische Schwingungen fester Körper denkt, die er mit Hilfe eines Schreibstiftes

Das erste Versuchsmodell des Edisonschen Phonographen 1877

Berliners Gramophone in seiner ersten Form 1887. Die Aufzeichnung geschieht auf der Unterseite der Glasplatte

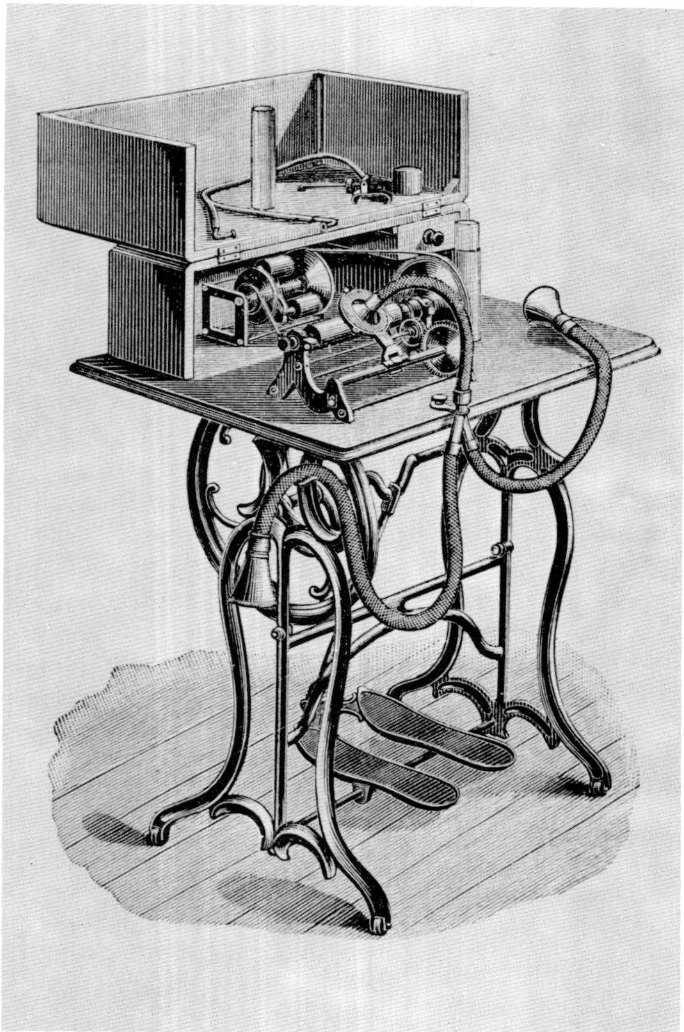

Tainters Graphophone mit Tretantrieb aus dem Jahre 1888

und eines beweglichen Papierstreifens registrieren will, erweitert E. L. W. *Scott* das Verfahren 1857 auch auf Schallschwingungen. An dessen Versuche knüpft *Cros* an und benutzt zur Aufnahme der Schallwellen eine Membrane, deren Bewegung er über einen an ihr befestigten Stift in die berußte Oberfläche einer runden Scheibe gräbt. Membrane und Stift werden dazu spiralförmig über die Scheibe geführt.

Nun aber kommt das Überraschende an dem Verfahren. Mit Hilfe der vor kurzem erfundenen photomechanischen Mittel soll die Aufzeichnung kopiert und als erhöhte oder vertiefte Spur in ein widerstandsfähiges Material geätzt werden. Eine Membrane mit Schalltrichter und Stift tastet die so erhaltene Scheibe ab und gibt die aufgezeichneten Töne beliebig oft wieder. *Cros* weist in seinem Schreiben auch darauf hin, daß an Stelle der Scheibe ebensogut eine Walze genommen werden kann. Leider ist es ihm allem Anschein nach nicht geglückt, eine derartigeParléophone genannte Einrichtung herzustellen.

Das aber erreicht zur gleichen Zeit und vollkommen unabhängig von ihm der uns bereits hinlänglich bekannte *Edison.* Im Auftrage der Western Union Telegraph Company befaßt er sich 1877 mit dem Bellschen Telephon, um einige Verbesserungen anzubringen. Da es ihm infolge eines Hörfehlers nicht möglich ist, alle Schwingungen, die das Telephon von sich gibt, wahrzunehmen, läßt er von seinem Werkmeister John *Kruesi* auf die Membrane des Hörers eine kleine Nadel löten, so daß er auch die feinsten Vibrationen mit dem Finger erfassen kann.

Am 18. Juli geht *Edison* dazu über, die Bewegung der Nadel auf Wachspapier aufzuzeichnen, und notiert in seinem Labortagebuch, daß es ihm auch gelingen werde, die menschliche Stimme festzuhalten und jederzeit zu reproduzieren.

Einige Wochen später nimmt er die Membrane, zieht an deren Nadelspitze einen mit Paraffin übergossenen Papierstreifen vorbei und ruft „Hallo“ gegen die Platte. Dann bewegt er den Streifen mit der gleichen Geschwindigkeit noch einmal an der Nadel vorüber und lauscht, das Ohr dicht an der Membrane, gespannt auf das Ergebnis. Schwach, aber doch vernehmbar, tönt es ihm „Hallo“ entgegen.

Edison 1888 mit seinem Neuen Phonographen mit nunmehr wesentlichen Verbesserungen

Noch am gleichen Abend, dem 12. August 1877, entwirft *Edison* eine Sprechmaschine und übergibt tags darauf *Kruesi* die Zeichnung. Voller Erwarten nimmt er 30 Stunden später seinen Phonograph entgegen. Er besteht aus einer Walze mit Handkurbel, einer Membrane mit Nadel und einem Schalltrichter. Als Schallträger dient ein auf die Walze gespanntes Stanniolblatt. Die Begeisterung im Labor in Menlo Park ist groß, als der soeben aufgesprochene Anfang eines alten Volkslieds „Mary had a little lamb . . .“ etwas blechern wieder aus dem Trichter hervorkommt.

In Windeseile verbreitet sich die Neuigkeit in New York. Noch im gleichen Jahr beantragt *Edison* für seinen Phonographen in England und den USA einen Patentschutz. Die Spieldauer beträgt etwa eine Minute. Stets darauf bedacht, seine Erfindungen auch in bare Münze umzusetzen, gründet er 1878 die Edison Speaking Phonograph Company. Währenddessen läuft der Phonograph durch die Lande, aber nicht überall glaubt man an eine derartige Erfindung und betrachtet sie auf beiden Seiten des Ozeans mit Mißtrauen. Auch die Mitglieder der Pariser Academie des Sciences lassen sich erst nach wiederholten Sprechversuchen davon überzeugen, daß kein Bauchredner sie foppt, sondern die Stimme wirklich aus diesem merkwürdigen Apparat kommt.

Infolge anderer Arbeiten, im Vordergrund steht die Glühlampe, flaut das Interesse *Edisons* zunächst ab, so daß sich andere Männer, darunter Chichester *Bell* und ein Engländer Charles Sumner *Tainter*, der Verbesserung widmen. Ihr Graphophone wird in der Zeitschrift Harper's Weekly vom 17. Juli 1886 ausführlich beschrieben. Der Antrieb der Walze erfolgt nicht mehr mit einer Handkurbel, sondern über das Trittbrett einer gewöhnlichen Nähmaschine, und die starre Membrane mit Stift ist durch eine federnde mit Saphir ersetzt. Zum Aufsprechen dient eine lange Röhre mit Mundstück, während das Abhören über ebensolche Röhre mit zwei Ohrenstöpseln geschieht. Das Graphophon wird ab 1887 als Diktiergerät hergestellt und auch von den Mitgliedern des amerikanischen Kongresses verwendet. Es besitzt sogar schon eine Start- und Stoptaste.

Inzwischen haben die Möglichkeiten der Schallkonservierung noch weitere Männer auf den Plan gerufen. Von ihnen erzielt der 1870 nach Amerika ausgewanderte Hannoveraner Emil *Berliner* ungeahnte Erfolge. Von Anfang an darauf bedacht, nicht nur Sprache, sondern vor allen Dingen Musik zu speichern, stellt er wesentlich höhere Anforderungen an die Wiedergabequalität.

Das Ergebnis seiner ab 1883 währenden Bemühungen ist jenes weltberühmte, im September 1887 zum Patent angemeldete Gerät, dem er den Namen „Gramophone" gibt. Es ähnelt in gewisser Beziehung dem Vorschlag von *Cros*. Eine berußte Glasscheibe wird durch eine Handkurbel in Drehung versetzt und gleichzeitig mit ihrem Mittelpunkt geradlinig verschoben, so daß eine feststehende Membrane mit ihrer Nadel eine spiralförmige Tonrille in die Rußschicht zeichnet. Obwohl die Schicht vor dem Wiederabspielen gehärtet wird, läßt sich die Aufzeichnung nur wenige Male verwenden. Aus diesem Grund ersetzt *Berliner* die Glasplatte bald darauf durch eine solche aus Zink mit Wachsüberzug und ätzt die Tonrille nach der Aufnahme in die Zinkplatte ein. Sie ist nun bereits des öfteren abspielbar.

Aber auch damit gibt er sich noch nicht zufrieden, denn wenn die Schallplatte einmal in die Haushalte eindringen soll, dann müssen von einer Aufnahme beliebig viele Kopien herstellbar sein. Also fertigt er zunächst von der Zinkplatte ein Negativ und formt dieses in der gewünschten Anzahl in Hartgummi ab. Die Geburtsstunde der heute noch begehrten Schallplatte hat geschlagen. Später tritt an die Stelle des Hartgummis Schellack mit gewissen Füllmaterialien.

Damit ist *Berliner* dem Verfahren von *Edison* um einen gewaltigen Schritt voraus, dessen Zylinder sich nicht vervielfältigen läßt und der nach vier- bis fünfmaligem Abspielen bereits einen merklichen Qualitätsverlust aufweist. Darüber hinaus ist die Tonwiedergabe bei *Berliner* von vornherein wesentlich besser, weil er ein neuartiges Aufzeichnungsverfahren verwendet.

Während sich bei *Edison* der Schreibstift auf und ab bewegt und damit eine Tonrille herstellt, die unterschiedlich tief ist, sogenannte Tiefenschrift, geht Berliner zur Seitenschrift über. Bei ihr wird die Nadel von den Schallwellen mehr oder weniger weit seitlich ausgelenkt, bildet also eine kleine Wellenlinie, die überall gleich tief ist. Bei großen Lautstärken hat die Spitze freies Spiel nach beiden Seiten und kann nicht durch das Wachs hindurch auf die Unterlage stoßen und dadurch Verzerrungen hervorrufen. Das erste Lied, das von einer Schallplatte ertönt, ist „Twinkle, twinkle, little star". *Berliner* nimmt es selber auf. Am 16. Mai 1888 findet im Franklin Institute in Philadelphia die öffentliche Vorführung des Grammophons statt.

Durch die Erfolge von *Tainter* und *Berliner* wieder aufgerüttelt, entwickelt *Edison* 1888 innerhalb kürzester Frist seinen Neuen Phonograph. Die Walze hat eine Wachsschicht zur Aufzeichnung der Tonspur und statt der Handkurbel einen batteriegespeisten Elektromotor, den er aber bald durch ein Federwerk ersetzt. Zusammen mit einigen bespielten Walzen schickt ihn *Edison* auf die Reise nach Europa. Die Engländer, die ihn im Londoner Kristallpalast hören, erklären beglückt, daß es gelungen sei „die Sprache gefangen zu nehmen". Kaiser Wilhelm II. läßt sich ihn mehrfach vorführen und rezitiert selbst vor dem Trichter die ersten Worte des Faustmonologs, die im Tonfall unverkennbar auch prompt wieder daraus hervorkommen.

Nachdem *Edison* überall kräftig die Reklametrommel gerührt hat, belebt sich der Absatz, und der Phonograph findet ebenfalls als Diktiergerät Eingang und wird in San Francisco sogar im Fernsprechdienst eingesetzt, wo er, falls die angerufene Nummer besetzt ist, mit eintöniger Stimme „Besetzt, bitte später rufen" sagt. Die Teilnehmer, die den wahren Sachverhalt nicht kennen, beschweren sich daraufhin laufend bei der Leitung des Amtes über den sturen Beamten, der auf keine Frage antwortet

und nur immer sein Sprüchlein sagt. Man muß schließlich den Phonographen wieder entfernen.
Aber auch *Berliner* bleibt nicht untätig, besucht die alte Heimat, um dort sein Grammophon einzuführen, und gründet 1895 in Philadelphia die Berliner Gramophone Company. Ihr folgen zur Versorgung des europäischen Marktes 1898 die Gramophone Company in London für den Vertrieb der von Eldridge R. *Johnson* in Camden/N. J. gefertigten Geräte und im Dezember des gleichen Jahres die Deutsche Grammophon Gesellschaft in Hannover zum Pressen der Platten.
Von nun an erobert sich das Grammophon die Welt, es wird in Europa bald so populär, daß der als Schutzmarke eingetragene Name Grammophon bis in die jüngste Zeit hinein zum Inbegriff der Sprechmaschine oder, wie wir heute sagen, des Plattenspielers avanciert.
Es gibt übrigens mehrere derartige Beispiele in der Elektrotechnik. Kaum eine Hausfrau wird wissen, daß der von ihr meist mit Fön bezeichnete Haartrockner einst ein Warenzeichen der Allgemeinen Elektricitäts-Gesellschaft war. Ähnlich liegen die Dinge bei der Höhensonne.
Wenn mit einer Sache Geld zu verdienen ist und noch dazu zwei verschiedene Verfahren auf dem Markt sind, so bleibt ein gegenseitiger Kampf nicht aus. Er wird zunächst in den amerikanischen Zeitungen ausgetragen, wo die Walzenfabrikanten an der Schallplatte und die Plattenhersteller an der Walze kein gutes Haar lassen.
1898 kommt der große Krach endgültig zum Ausbruch. Er beginnt mit einem Patentstreit von *Tainters* American Graphophone Company gegen *Berliner*. Der Zankapfel ist die sogenannte schwingende Nadel, die *Tainter* zusammen mit *Bell* erfunden hat und die *Berliner* angeblich in seinem Grammophon in ähnlicher Art verwendet. Aus der Nadel wird die Lawine eines rigorosen Wirtschaftskrieges unter den amerikanischen Sprechmaschinen-Herstellern. Eine moralische Berechtigung hat dieser Kampf kaum. Am Ende des Streites aber ist *Berliner* völlig aus dem Geschäft ausgebootet. Er darf zeitweise seine eigene Erfindung in Amerika nicht mehr verkaufen, und die Verwendung des Wortes Gramophone wird ihm und *Johnson*, der inzwischen eine eigene Firma gegründet hat, verboten. Damit verschwindet der Name Gramophone endgültig aus dem amerikanischen Sprachgebrauch. *Johnson* nennt sein Gerät daraufhin kurz entschlossen Victor und seine Firma 1901 Victor Talking Machine Company. An ihr beteiligt er *Berliner*, der nervlich am Ende seiner Kräfte steht. *Johnson* ist derweilen auch technisch tätig gewesen und hat ein neues Plattenherstellungsverfahren entwickelt, das mit geringen Abweichungen noch heute üblich ist. Der Ton wird hierbei in eine Wachsplatte geschnitten, diese dann durch Graphit elektrisch leitend gemacht und auf galvanischem Wege ein Kupferabzug hergestellt. Dieser Abzug dient als Negativ zum Pressen der Platten.
Edison sieht den Vorsprung der Schallplatte und bemüht sich verzweifelt, das Rennen zu gewinnen. Er bringt 1908 den Amberol Zylinder auf den Markt, der doppelt soviel Rillen hat wie sein Vorgänger und nun ebenfalls vier Minuten Spieldauer wie die Schallplatte aufweist. Aber auch der letzte Versuch *Edisons* vom Jahre 1912, der Blue Amberol Zylinder, der sich dreitausendmal ohne merkliche Verschlechterung der Tonqualität abspielen läßt, kann den Tod der Walze nicht mehr aufhalten. Ihre Fertigung läuft zwar in Amerika noch bis 1929, aber bereits 1913 erkennt *Edison* die Aussichtslosigkeit seiner Bemühungen und beginnt selber mit der Herstellung von Schallplatten und deren Abspielgeräten.

Ein neuer Klang berauscht die Welt

Von der Technik aus gesehen ereignet sich im ersten Jahrzehnt des 20. Jahrhunderts recht wenig auf dem Gebiet des Grammophons. Die einzige Sensation ist die doppelseitig bespielte Schallplatte, die unter dem Namen Odeon 1904 auf der Leipziger Messe von der Firma International Talking Machine GmbH vorgestellt wird.
Ansonsten bemühen sich die Ingenieure, die Schalldose, das ist die Membrane mit der Nadel und die Form des Trichters, technisch Horn genannt, zu verbessern. Obwohl hier durch die Arbeiten von A. G. *Webster* um 1919 wesentliche Verbesserungen an der Tonabstrahlung durch den Trichter erzielt werden, naht doch das Ende des rein mechanischen Aufnahme- und Wiedergabeverfahrens.
Die Elektrizität hält ihren Einzug. Sie überrundet alles

bisher Dagewesene und erzielt eine Tonqualität, wie sie selbst Fachleute nicht für möglich gehalten haben.
Die ersten Arbeiten auf diesem Gebiet beginnen 1915 in den Räumen der Bell Telephone Laboratories. Sie werden durch den Eintritt Amerikas in den ersten Weltkrieg unterbrochen, aber bald nach Friedensschluß unter der Leitung von Joseph P. *Maxfield* wieder aufgegriffen. Aus der bisher üblichen Probiermethode, in Amerika cut and try genannt, entsteht eine exakte wissenschaftliche Arbeitsweise. Beeinflußt vom gerade im Entstehen begriffenen Rundfunk, widmet man sich zunächst der elektrischen Schallaufnahme und verbessert gleichzeitig nochmals die Abspieldose und den Trichter.
Eines Tages ist es soweit, die ersten elektrisch bespielten Schallplatten sind da. Besonders überraschend ist der volle Klang von Orchestermusik. Während bisher das Orchester bei der Aufnahme dicht gedrängt vor dem langen Trichter sitzen mußte, der den Schall auffing, kann es nun seine normale Gruppierung einnehmen, und das Mikrophon erfaßt den vollen Raumton, wie er in jedem Konzertsaal durch die Reflexion an den Wänden hervorgerufen wird.
Die Western Electric Company, in deren Besitz die Rechte an der Erfindung liegen, bietet sie 1924 *Johnson* zur alleinigen Benutzung an. Dieser aber, nach seinem Nervenzusammenbruch des Schallplattengeschäfts überdrüssig, ist nicht mehr so recht bei der Sache, zögert und macht damit den Fehler seines Lebens. Daraufhin gelangt die amerikanische Columbia Company in den Genuß des neuen Verfahrens. Über Lizenzen ziehen weitere Firmen nach, und im Mai 1925 gründet die englische Gramophone Company in Berlin eine neue Firma zur elektrischen Aufnahme von Schallplatten, die Electrola.
Nachdem Chester W. *Rice* und Edward W. *Kellog* 1925 bei der General Electric Company den elektrodynamischen Lautsprecher entwickelt haben und die Radio Corporation of America mit einem elektromagnetischen Tonabnehmer hervorgetreten ist, öffnet sich auch der Weg zur elektrischen Wiedergabe der Schallplatte. Noch im Herbst des gleichen Jahres bringt die Brunswick-Balke-Collender Company in Chicago unter dem Namen Panatrope die erste elektrische Wiedergabeanlage auf den Markt. Europäische Firmen ziehen bald nach.
Das elektrische Verfahren verleiht der in den tanzwütigen goldenen zwanziger Jahren ohnehin schon beliebten Schallplatte einen ungeheuren Aufschwung. Allein der heute noch bekannte Schlager Valencia wird in den Jahren 1927/29 in 22 Millionen Exemplaren über die ganze Welt verbreitet.
Mit dem elektrischen Abspielverfahren verschwindet auch das über mehr als 30 Jahre hinweg vor jeder neuen Plattenseite aufzuziehende Uhrwerk und weicht dem kleinen Elektromotor.
Drei und eine viertel Minute spielt die 25-cm-Schellackplatte bei 78 U/min, das reicht für einen Schlager ohne weiteres aus, nicht aber für klassische Musik. Auch ihre größere Schwester mit 30 cm Durchmesser faßt noch

In dieser Form erobert sich das Grammophon die Welt und verdrängt den Phonographen vollends

In den zwanziger Jahren werden die ersten Versuche mit zwei Schalldosen zur stereophonen Musikwiedergabe unternommen

immer zu wenig, um das Abbrechen mitten in einem Satz zu verhindern. Für die musikalische Untermalung von Stummfilmen gibt es zwar eine Ausführung, die 15 Minuten lang erklingt, aber wegen ihres Durchmessers von 40 cm scheidet sie für den Hausgebrauch aus. Was bleibt anderes übrig, als den bei der 25- oder 30-cm-Platte vorhandenen Platz besser auszunutzen.
An diese Aufgabe wagen sich H. A. *Frederick* und H. C. *Harrison* bei der Bell-Gesellschaft. Sie entwickeln eine 30-cm-Kunststoffplatte aus Cellulose-Acetat, die keine Füllstoffe wie beim Schellack enthält und damit sehr feine Tonrillen erlaubt. Ihre Spielzeit beträgt etwa 15 Minuten bei $33^1/_3$ U/min. Allerdings läßt sich die neue Platte auf den gängigen Plattenspielern nicht mehr verwenden, weil diese ja nur für 78 U/min eingerichtet sind und darüber hinaus ein besonders leichter Tonarm von etwa 5 bis 25 g Auflagegewicht erforderlich ist.
Im September 1931 tritt die Radio Corporation of America mit der Entwicklung an die Öffentlichkeit. Der Zeitpunkt aber ist wegen der schlechten Wirtschaftslage äußerst ungünstig, und somit fällt die Entscheidung, die Fertigung vorerst nicht aufzunehmen. Daß die Langspielplatte 17 Jahre schlummern wird, bevor sie sich auf den Plattenspielern der Musikliebhaber dreht, ahnt zu diesem Zeitpunkt sicherlich niemand.
Eine Verlängerung der Spieldauer läßt sich nicht nur durch feinere Tonrillen, sondern auch durch dichteres Aneinanderrücken der Rillen erreichen. Bisher ist ihr gegenseitiger Abstand recht großzügig gewählt, um bei den höchsten vorkommenden Lautstärken ein Berühren der seitlich ausgelenkten Spuren auf jeden Fall zu vermeiden. Wird nun dieser Abstand veränderlich gemacht, d. h. an lauten Stellen groß, an leisen klein, so läßt sich ebenfalls mehr Musik auf der Platte unterbringen. Dieser variable Rillenabstand wird schon 1928 in Erwägung gezogen, kommt aber verfrüht und gerät längere Zeit in Vergessenheit, bis Eduard *Rhein* in Deutschland 1942 an seine Verwirklichung geht und acht Jahre später die Füllschrift vorlegt.
Die große Stunde der Langspielplatte schlägt 1948. In aller Stille haben in Amerika Mitte der 40er Jahre die Columbia Co. und die Radio Corporation of America (RCA), in deren Besitz *Johnsons* Victor Talking Machine Company 1929 übergegangen ist, mit ihrer Entwicklung begonnen. Kurz nacheinander erscheinen sie auf dem Markt, die Microgroove-Platte der Columbia und die Victorgroove der RCA. Die erste hat 30 cm Durchmesser und ist für $33^1/_3$ U/min, die zweite nur 17 cm bei 45 U/min. Ihre Spieldauer beträgt 22 bzw. 8 Minuten. Beide benötigen einen leichten Tonarm mit Saphirspitze, die nicht mehr wie bei der Nadel nach jeder zweiten Plattenseite ausgewechselt werden muß. So erfreulich der damit erzielte technische Fortschritt ist, aber wenn der Amerikaner nun alle auf dem Markt vorhandenen Plattenarten abspielen will, dann benötigt er drei verschiedene Plattenspieler. Mit der Zeit ändert sich auch das, die mehrtourigen Geräte erscheinen.
Zehn Jahre sind der alten Schellackplatte noch vergönnt, dann verschwindet sie endgültig aus der Produktion, nicht aber aus den Discotheken der Musikfreunde, wo noch heute manche von ihnen mit berühmten Stimmen und Orchestern sorgsam gehütet werden.
Beste Tonqualität, keine Nadelgeräusche, lange Spieldauer, wir sollten annehmen, das Höchstmaß an technischer Perfektion sei jetzt erreicht. Dennoch sind die Toningenieure nicht restlos zufrieden. Aber warum? Nun, der Mensch hat bekanntlich zwei Ohren, und nur dadurch vermag er räumlich zu hören. Dabei spielen verschiedene Dinge mit, z. B. der Lautstärkeunterschied. Das linke Ohr nimmt eine auf der linken Seite befindliche Geige lauter wahr als das rechte Ohr. Dann der Laufzeitunterschied. Der Ton der Geige kommt am linken Ohr eher als am rechten an. Und die Klangfarbe. Sie wird im vorliegenden Fall vom linken Ohr heller, vom rechten dunkler empfunden. So winzig klein diese Unterschiede auch sind, wir bemerken sie unbewußt doch und leiten daraus die örtliche Lage der Tonquelle ab. Diese Erscheinung aber verschwindet bei der monoralen Schallplatte, wie sie bisher üblich ist, denn sie besitzt nur einen Tonkanal. Soll auch die Schallplatte ein räumliches Klangbild erzeugen, so ist ein stereophones Aufzeichnungs- und Wiedergabeverfahren notwendig, wozu zwei Tonkanäle erforderlich sind.
Die ersten Versuche einer räumlichen Musikdarbietung liegen bereits vor dem ersten Weltkrieg und werden 1912

in Deutschland von W. *Ohnesorge* durchgeführt. Er überträgt auf telephonischem Wege eine Aufführung der Königlichen Oper in Berlin zum Palais des Kronprinzen, wozu auf der Bühne und im Orchester mehrere Mikrophongruppen und in gleicher Anordnung mehrere lautsprechende Telephone im Palais aufgestellt sind. Eine weitere stereophone Übertragung erfolgt anläßlich einer Opernsendung des Berliner Rundfunks im Jahre 1924. Die Zuhörer empfangen den einen Kanal drahtlos, den anderen über eine Leitung und sind erstaunt über die realistische Darbietung.

Am 24. Juni 1970 stellen AEG-Telefunken und Teldec die Bildplatte vor, eine extrem dünne und flexible PVC-Folie, in die Bild- und Tonsignale eingepreßt sind. Sie werden mit Hilfe eines Bildplattenspielers und eines Fernsehgerätes wiedergegeben

Die Schallplatte hat zu dieser Zeit noch andere Probleme, sie beginnt ja gerade erst die gemeinsamen Schritte mit der Elektrizität. Experimente einer stereophonen Schallaufzeichnung setzen zwar bereits 1931 ein, bleiben jedoch ohne nachhaltigen Erfolg. Auch ein von K. de *Boer* 1940 angegebenes Verfahren, beide Tonspuren in zwei getrennten Rillen aufzuzeichnen und über einen zweiarmigen Tonabnehmer mit zwei Aufnahmesystemen abzutasten, bürgert sich nicht ein, weil dadurch die Spieldauer der Platte auf die Hälfte reduziert wird.
Die Entwicklungsarbeiten gehen weiter, und von 1956 bis 1958 erscheinen in den USA nacheinander drei verschiedene Stereoverfahren. Diesmal kommt es zu keinem Konkurrenzkampf.
Die Firmen einigen sich auf ein gemeinsames System, bei dem beide Tonkanäle in einer Rille vereinigt sind und bei dem sich die Platten auch monoral wiedergeben lassen.
Eine weitere Verbesserung der Tonqualität gelingt der Telefunken-Decca (Teldec) Schallplatten-Gesellschaft mbH 1963 durch das Royal Sound genannte Verfahren, das die beim Abspielen auftretenden Verzerrungen bereits beim Schneidevorgang durch entsprechende Vorverzerrungen ausgleicht.
Das Verfahren der Stereophonie führt die Schallplatte zu höchster Vollkommenheit und ermöglicht heute in der Hi-Fi-Technik über hochwertige Plattenspieler, Verstärker und Lautsprecher eine überaus naturgetreue Musikwiedergabe.
Mit einem lachenden und einem weinenden Auge betrachtet der Schallplattenfreund die neue Errungenschaft, denn wieder einmal steht er vor der Tatsache, daß sein Plattenspieler und seine Platten technisch überholt sind.
Kaum ist dieser Punkt erreicht, da dringt die Platte bereits in ein weiteres Anwendungsgebiet ein, das der Bildaufzeichnung. Was der Schotte John Logie *Baird* bereits 1927 in seiner Phonovision mit der Aufzeichnung von 30zeiligen

Fernsehbildern beginnt, dann aber lange Zeit hindurch für eine gute Bildwiedergabe als undurchführbar gilt, ist Wirklichkeit geworden. Am 24. Juni 1970 findet in Berlin die Weltpremiere der Bildplatte statt, die in Gemeinschaftsarbeit der Firmen AEG-Telefunken und Teldec entstanden ist und einer Fernsehsendung vergleichbare Bilder liefert. Ihre Schöpfer sind die Ingenieure E. *Schüller,* H. *Redlich,* G. *Dickopp* und H. J. *Klemp.* Das Plattenmaterial besteht aus einer PVC-Folie, in die Bild- und Tonspur mit einer Dichte von 120 bis 140 Rillen pro Millimeter in Tiefenschrift eingeschnitten sind. Die Folie rotiert mit 1500 U/min und wird dabei elektromechanisch abgetastet, wobei aber nicht wie bei der normalen Schallplatte die Bewegung des Abtastdiamanten erfaßt wird, sondern die an seiner Spitze auftretende Druckschwankung. Ihre Spieldauer liegt bei 30 cm Plattendurchmesser zur Zeit bei 12 Minuten. Lange brauchen wir nicht mehr warten, bis die Künstler in Bild und Ton vor uns stehen, wann und sooft wir wollen. Wir brauchen dazu nur noch die Bildplatte auf den Video-Plattenspieler zu legen.

Unsichtbare Tonspuren

Während *Berliner* in den Vereinigten Staaten an der Entwicklung seines Grammophons arbeitet, befaßt sich in Frankreich *Janet* mit magnetischen Versuchen. Er möchte einen Eisendraht nicht wie bisher üblich der Länge nach magnetisieren, sondern senkrecht zu dessen Achse. Der Draht, der sonst vollkommen magnetisch wird, zeigt diesmal nur eine eng begrenzte magnetische Zone auf seiner Oberfläche. Dies verleitet *Janet* zu dem Gedanken, durch Aneinanderreihen vieler solcher Zonen Töne oder auch Sprache auf der Drahtoberfläche zu speichern. Es bleibt aber bei den gedanklichen Betrachtungen, denn ein Gerät, mit dem dies geschehen kann, gibt er nicht an. Das finden wir dann in der Zeitschrift The Electrical World vom 8. September 1888.
In ihr veröffentlicht ein gewisser Oberlin *Smith* einen Beitrag „Some possible forms of phonograph", der neben zwei Verbesserungsvorschlägen für die Edisonsche Tiefenschrift das Prinzip des heute weitverbreiteten Tonbandgerätes in allen wesentlichen Einzelheiten beschreibt. Als Tonträger gibt *Smith* Stahldraht, Stahlband oder Baumwollfäden mit eingearbeitetem Stahlstaub an. Dieser Träger läuft von einer Vorratsrolle zu einer Aufwickelrolle und wird dabei von Hand oder über ein Federwerk transportiert. Zwischen den Rollen liegt eine Spule, die, vom Strom eines Mikrophonkreises oder eines Bellschen Hörers durchflossen, den Tonträger im Rhythmus der Schallwellen magnetisiert. Das Wiedergabegerät zeigt den gleichen Aufbau wie das Aufnahmegerät und hat im Spulenkreis einen Hörer.
Smith überschaut die Wirkungsweise seines Gerätes sehr genau, ob er aber nur theoretische Betrachtungen anstellt, auch Versuche unternimmt oder gar ein solches Gerät herstellt, wissen wir nicht. Seine Veröffentlichung wird leider von den Zeitgenossen übersehen und gerät in Vergessenheit. Erst zehn Jahre später taucht die Idee erneut auf. Dieses Mal nicht nur auf dem Papier, sondern neben den Patentschriften in verschiedenen europäischen Ländern und den USA auch als ausgeführtes Gerät unter dem Namen Telegraphon, welches nach seiner Patentschrift „die merkwürdige Tatsache" erfüllt, „daß man mit dem Telephon ohne störende Nebengeräusche das wiederhört, was man in dasselbe hineingesprochen hat".
Der Däne Valdemar *Poulsen,* ein Angestellter der Kopenhagener Telephongesellschaft, entwickelt es nach seinem Entwurf zusammen mit P. O. *Pedersen.* Es wird 1900 auf der Pariser Weltausstellung mit einem Grand Prix ausgezeichnet.
Ob *Poulsen* den Artikel von *Smith* gekannt hat, ist nicht erwiesen. Die ersten Ausführungsformen, darunter die in Paris gezeigten, entsprechen jedenfalls nicht den Smithschen Angaben, sie ähneln eher dem Edisonschen Phonographen. Der Tonträger, ein 1 mm dicker Stahldraht, läuft nämlich nicht von Rolle zu Rolle, sondern ist spiralförmig auf eine Walze von 25 bis 40 cm Länge und ungefähr 13 cm Durchmesser gewickelt. An die Stelle der einfachen Aufsprechspule tritt bei *Poulsen* ein Elektromagnet, und als Antrieb dient kein Federwerk, sondern ein kleiner Elektromotor.

Das sogenannte Telegraphon von *Poulsen* aus dem Jahre 1898, ein Vorläufer des heutigen Tonbandgeräts

In eifriger Arbeit gelingt es ihm, die anfangs mit 20 m/s recht hohe Aufzeichnungsgeschwindigkeit bereits bis zur Weltausstellung auf 2 m/s zu verringern, und neben Walze und Stahldraht treten bald auch Rolle und Stahlband. Weil jedermann seine eigene Sprache damit aufnehmen kann, bringt die Öffentlichkeit dem Telegraphon zunächst reges Interesse entgegen, so daß in verschiedenen Ländern die Fertigung aufgenommen wird. *Poulsen* selbst gründet mit einigen Amerikanern 1903 The American Telegraphone Company. Die großen Hoffnungen der Hersteller erfüllen sich aber nicht. Da sie keine mit Musik oder Gesang bespielte Bänder herstellen, fällt gerade der Umstand fort, der dem Phonographen und dem Grammophon die Tür eines jeden Haushalts öffnet. Von einer gewissen Verbreitung in Europa als Diktiergerät abgesehen, kann es sich daher nirgends in wesentlichem Umfang einführen.

Seinen wohl größten Einsatz dürfte das Telegraphon 1908 anläßlich eines Techniker-Kongresses in Kopenhagen erleben, wo in Ermangelung geeigneter fremdsprachlicher Stenographen sämtliche Reden mit zwei wechselweise arbeitenden Geräten aufgenommen werden. Jedes Gerät hat eine Rolle mit 1 km Draht und läuft 10 Minuten, so daß für die 40 Stunden Vortragsdauer insgesamt 250 km Tonträger erforderlich sind.

Dieser erhebliche Materialverbrauch und noch einige andere technische Mängel, wie geringe Lautstärke und Verzerrungen bei der Wiedergabe, lassen das Magnettonverfahren nach und nach aus dem Blickfeld verschwinden. Neuen Aufschwung erhält es erst wieder durch die vom Rundfunk kommende Verstärkertechnik, die ja auch beim Grammophon einen gewaltigen Umschwung herbeiführt.

Der deutsche Physiker Kurt *Stille* nimmt sich der Sache mit großem Erfolg an, und ab 1923 beginnt die Fertigung der neuen Stahltonmaschinen bei der Vox-Gesellschaft. Sie geht später an Mix & Genest über. Auf Grund seiner Arbeiten entstehen nacheinander das Echophone, der Dailygraph und als letztes das Textophon. Sie finden in Deutschland weite Anwendung.

Stilles Versuche, das Magnettonverfahren auch beim Film einzuführen, bringen ihn mit Louis *Blattner* in England in Verbindung, der alle Rechte erwirbt, die British Blattnerphone Ltd. gründet und 1929/30 das Blattnerphone herausbringt. Der Film aber findet wenig Gefallen daran, und so landet es bei der British Broadcasting Corporation, die unter anderem 1932 die historische Weihnachtsansprache König Georgs I. damit aufnimmt und über ihre Sender ausstrahlt.

Der noch immer als Tonträger verwendete Stahldraht, inzwischen bis auf einen Durchmesser von 0,03 mm zusammengeschrumpft, erweist sich ebenso wie das Stahlband letzten Endes nicht als ideal. Wegen ihrer federnden Eigenschaften schnurren beide leicht von der Rolle ab, und im Falle eines Bruches lassen sie sich nur durch Schweißen wieder verbinden. Es setzten daher bereits frühzeitig Überlegungen ein, andere Materialien für den Tonträger zu finden. Den Vorschlag von *Smith* kennen wir ja bereits. Er findet sich 1921 bei dem Russen *Nasa-*

rischwily und 1927 im amerikanischen Patent von J. A. *O'Neill* in ähnlicher Form wieder. Beide sehen eine biegsame Unterlage aus Papier vor, die mit einer magnetisierbaren Schicht versehen ist.
Papier oder das zähere Zelluloid verwendet auch der Deutsche Fritz *Pfleumer* in seinem Patent von 1928. Nach zahlreichen Versuchen gelingt es ihm, die Unterlage mit einer gleichmäßigen Schicht von Carbonyleisenpulver zu versehen, so daß er 1932 die ersten Bänder vorführen kann. Ihre Oberfläche ist allerdings noch recht rauh und erinnert eigentlich mehr an Schmirgelpapier. Das aber hält die Allgemeine Elektricitäts-Gesellschaft nicht ab, mit *Pfleumer* vertragliche Bindungen einzugehen. Eine intensive Entwicklungstätigkeit beginnt, in deren Verlauf es zu einer Arbeitsteilung kommt. Die Badische Anilin- & Soda-Fabrik, damals zur IG Farbenindustrie AG gehörend, übernimmt die weitere Vervollkommnung und spätere Herstellung der Bänder, die Allgemeine Elektricitäts-Gesellschaft den Geräteteil.
Zwei wesentliche Verbesserungen kennzeichnen den weiteren Weg des Tonbandgerätes: die Erfindung des Ringkopfes mit seiner punktförmigen Aufzeichnung im Jahre 1933 durch Eduard *Schüller* und zwei Jahre später die Verwendung des viel feineren Magnetit an Stelle des Carbonyleisens.
Im August 1935 ist die Entwicklung so weit abgeschlossen, daß das neue Tonbandgerät unter dem heute weltbekannten Namen Magnetophon auf der Berliner Rundfunkausstellung vorgeführt werden kann. Es ist eine Sensation, und das Hervorstechende an ihm die Tatsache, daß nicht nur Sprache, sondern auch Musik in ausgezeichneter Qualität wiedergegeben wird. Der Frequenzbereich umfaßt bei

Eine Ansprache wird im November 1933 im Kabelwerk Oberspree der Allgemeinen Elektricitäts-Gesellschaft auf Platte und Tonband mitgeschnitten. Das Tonbandgerät (rechts) ist noch ein Labormuster. Unter den Mitwirkenden finden wir als fünften von links E. *Schüller*

einer Bandgeschwindigkeit von 1 m/s 50 bis 6000 Hz. Das ist zwar noch wenig gegenüber den heutigen Hi-Fi-Heimtonbandgeräten mit 40 bis 18 000 Hz bei 19 cm/s, aber zu jener Zeit mehr, als der Rundfunk übertragen kann. Als dann noch 1940 H. J. *von Braunmühl* und W. *Weber* durch einen Schaltfehler zufällig die hochfrequente Vormagnetisierung entdecken, die das etwas störende Rauschen des Bandes unterdrückt, ist die magnetische Tonaufzeichnung allen anderen Verfahren der Schallspeicherung voraus. Der Rundfunk entschließt sich nun, seine Aufzeichnungen nur noch auf Tonband vorzunehmen. Auch Schallplatten und Tonfilme werden bald auf dem Umweg über das Band hergestellt.
Außerhalb der deutschen Grenzen findet diese Entwicklung zunächst kaum Beachtung. Die Amerikaner, denen 1935 ein Magnetophon vorgeführt wird, belächeln es mitleidig, sie erkennen nicht die darin verborgenen technischen Möglichkeiten. Erst nach dem zweiten Weltkrieg tritt das Tonband mit um so größerer Geschwindigkeit auch in den anderen Ländern seinen Triumphzug an. Es dringt nicht nur in die Studios der Rundfunkanstalten, sondern in zahlenmäßig weit größerem Umfang in die Wohnungen ein, wo es als tragbares Gerät zu einem vielbegehrten Hobby wird. Entscheidenden Anteil daran hat die im Zuge der Weiterentwicklung von Bandmaterial und elektronischem Teil ständig abnehmende Bandgeschwindigkeit bis auf 4,75 cm/s sowie die Einführung der Zwei- und Vierspurtechnik, womit auch der stereophonen Aufnahme und Wiedergabe der Weg geöffnet ist.
Als bespielte Tonbandkassette, zunächst in Amerika und dann in Europa von Philips auf den Markt gebracht, macht das Band der Schallplatte Konkurrenz.

Ein derartiges Magnetophon stellte die Allgemeine Elektricitäts-Gesellschaft im August 1935 auf der Berliner Rundfunkausstellung vor

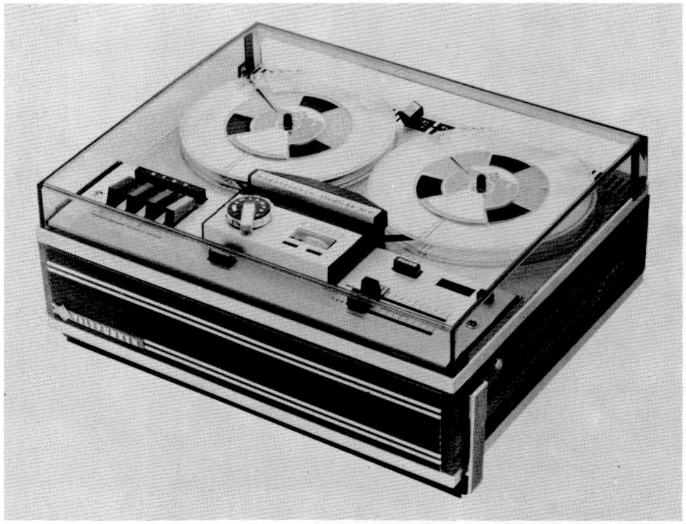

Das Magnetophon in seiner heutigen Form als Vierspur-Heimtonbandgerät mit HiFi-Qualität und einem Frequenzbereich von 40 bis 18 000 Hz bei 19 cm/s

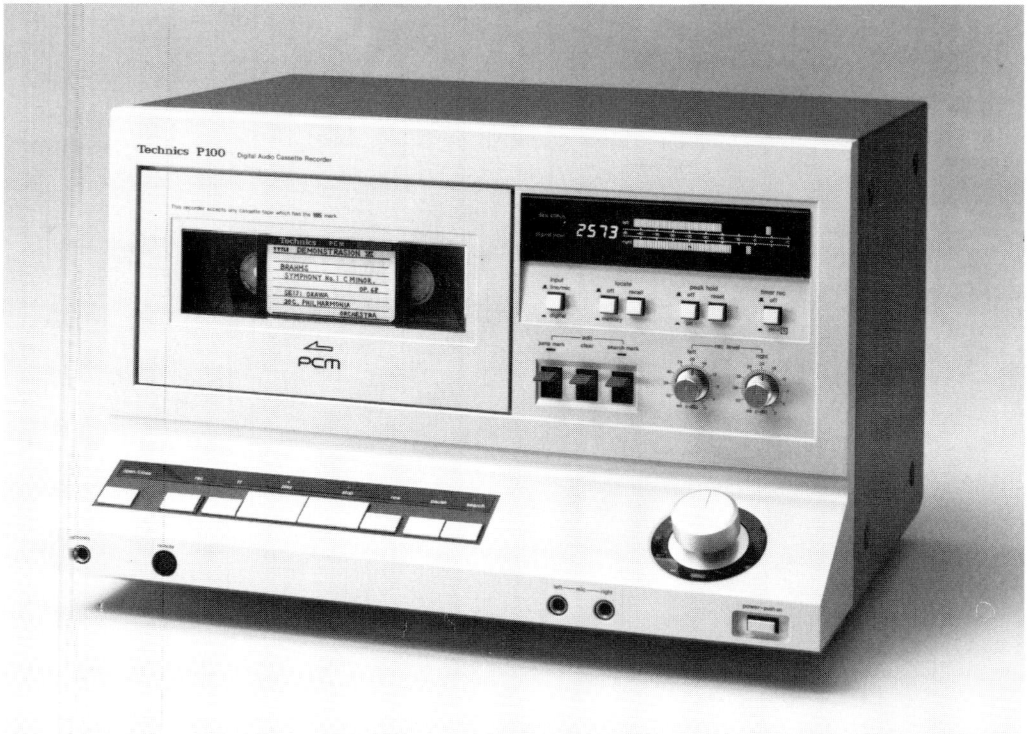

Audio-Kassettenrecorder der Firma Technics in neuester Technik. Die Aufzeichnung der Tonfrequenzen erfolgt nicht mehr analog, sondern digital nach dem Verfahren der Pulscodemodulation (PCM). Die Wiedergabe kann jedoch über jede normale HiFi-Anlage erfolgen.

Inzwischen hat das magnetische Aufzeichnungsverfahren weitere Einsatzmöglichkeiten gefunden. Es dient u.a. beim Fernsehen der Bildaufzeichnung und in den elektronischen Rechenanlagen der Speicherung von Daten, wobei neben das Magnetband die Magnetplatte und Magnettrommel getreten sind.
Die Versuche, Bilder auf magnetischem Wege aufzuzeichnen, beginnen in Amerika Anfang der 50er Jahre. Grundsätzlich handelt es sich dabei um das gleiche Prinzip wie bei der Tonspeicherung, nämlich um das Aufzeichnen von Schwingungen. Der Unterschied, und damit auch die Schwierigkeit, liegt allein in der Art der zu speichernden Informationen, d.h. in ihrer Frequenzbandbreite. Beträgt bei einem Tonbandgerät das aufzuzeichnende Frequenzband etwa 20 Hz ... 15 kHz, so sind bei der Bildaufzeichnung je nach geforderter Bildqualität 10 Hz ... 3,5 MHz oder maximal 10 Hz ... 5 MHz erforderlich. Praktisch bedeutet dies, daß wesentlich höhere Aufzeichnungs- und Ablaufgeschwindigkeiten notwendig sind. Da es hierbei jedoch nur auf die Relativbewegung zwischen Band und Magnetkopf ankommt, also gleichgültig ist, ob sich nur das Band bewegt und der Kopf ruht oder beides in Bewegung ist, entstehen im Laufe der Jahre verschiedene Verfahren der Bildaufzeichnung.
1953 kann dann die RCA der Fachwelt das erste Aufnahme- und Wiedergabegerät vorstellen. Es eignet sich zur Speicherung von Schwarzweiß- und Farbbildern und arbeitet in der gleichen Weise wie das Tonbandgerät, d.h. die Bildspur verläuft längs des Magnetbandes, wobei sich dieses mit einer Geschwindigkeit von 30 feet/s, das sind rund

9,15 m/s, an dem feststehenden Kopf vorbeibewegt. Sein Frequenzband reicht bis 3 MHz. Infolge der hohen Bandgeschwindigkeit ist die Laufzeit mit etwa 4 min noch recht kurz, und wegen der Röhrenbestückung erfordert es zu seiner Unterbringung 3 Schränke. Auf jeden Fall aber beweist das Gerät die Möglichkeit einer magnetischen Bildaufzeichnung.
3 Jahre später bringt die Firma Ampex Corp. ein bereits mit Transistoren ausgerüstetes Gerät auf den Markt, das vier mit 15000 U/min rotierende Magnetköpfe besitzt. Sie zeichnen die Bildspur quer zur Laufrichtung des Bandes auf, also ähnlich den ganz dicht beieinanderliegenden Sprossen einer Leiter. Die Bandgeschwindigkeit beträgt nur noch 19 cm/s und 38 cm/s, was eine ganz erhebliche Verlängerung der Laufzeit bedeutet. Das Ampex-Gerät findet daher sehr schnell Eingang in die Fernsehstudios.

Ein drittes, sozusagen zwischen den beiden anderen liegendes Verfahren läßt sich E. *Schüller* 1955 patentieren, es ist die sogenannte „Schrägschrift“. Sie erfordert keinen so hohen technischen Aufwand wie das Ampex-Gerät und ist daher später auch in Heim-Videorecordern anzutreffen.
Bei diesem Verfahren bewegen sich Band und Kopf, wobei die Bildspur schräg über das Band läuft. Die ersten Geräte nach dem Schrägschriftverfahren stellt die japanische Firma Thoshiba 1959 vor.
Ab 1962 beginnt der Videorecorder zunächst in Amerika und ab Ende der 60er Jahre auch in Europa langsam das traute Heim zu erobern. Wir können nunmehr interessante Fernsehsendungen speichern, entweder um sie öfter einmal anzusehen oder einfach weil wir zum Zeitpunkt der Sendung verhindert sind. Wir können aber auch mit Hilfe einer Videokamera unsere eigenen Filme drehen.

Komplettes Panasonic-Video-Programm NV-3000 mit Kamera, Aufzeichnungsgerät und Timer für Hobby und Schulung

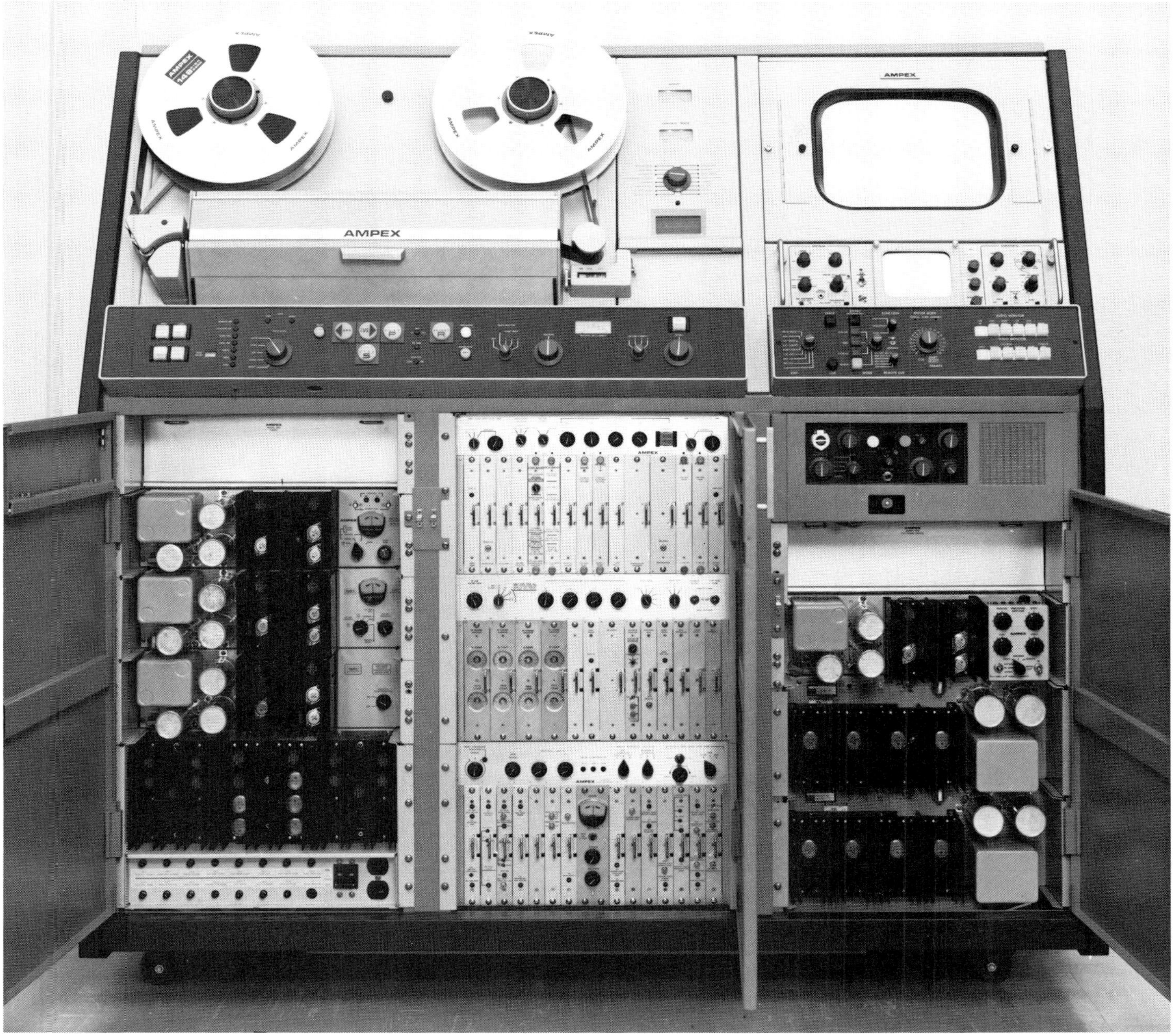

Video-Aufzeichnungsanlage VR-2000 aus dem Jahre 1964

Die Schallplatte dreht sich bereits auf Tausenden und aber Tausenden von Grammophonen in aller Welt und vermittelt immer wieder von neuem die Stimmen der großen Stars aus Oper, Operette und Schlager. Die gefeierten Lieblinge des Films aber sind noch stumm. Sie bleiben es trotz jenes 17. September 1922, an dem drei Männer im Berliner Alhambra-Theater die Zuschauer mit ihrem ausgereiften Tonfilm überraschen, bis 1928.
Die ersten Anfänge eines sprechenden Bildes liegen allerdings schon wesentlich weiter zurück. Sie führen uns wieder einmal in jene legendären Räume von Menlo Park, wo *Edison,* in der Absicht, lebende Bilder herzustellen, 1889 die Filmkamera, den Kinetograph, erfunden hat und sich nun mit dem Gedanken trägt, diese Bilder auch singen und sprechen zu lassen. Das wäre ein schöner Anwendungszweck für seinen Phonographen, dessen Absatz er gern erhöhen möchte. Während *Edison* auf Reisen ist, beginnt sein Assistent William Kennedy Laurie *Dickson* die Versuche und kann ihm nach seiner Rückkehr am 6. Oktober 1889 einen auf Zelluloid gebannten Mitarbeiter vorführen, der ehrerbietig den Hut zieht und dazu von der Walze aus sagt „Guten Morgen, Herr Edison, wie gefällt Ihnen der Kinetograph?".
Natürlich findet das sprechende Bild bei allen Beteiligten in Menlo Park großen Beifall. Schwierigkeiten macht allerdings noch die Synchronisation von Bild und Ton. Ihr nimmt sich *Edison* bei Gelegenheit an und führt später mit seinem Cinetophone tönende Filmstreifen vor, die er selber produziert. Damit der Eindruck einer sprechenden Person auch möglichst echt wirkt, steht der Phonograph hinter der Bildwand, und die Synchronisation mit dem Projektor erfolgt über Seilzüge, die durch den Saal gehen.
Die Nachricht von *Edisons* lebenden Bildern gelangt schnell nach Europa, und als die Gebrüder August und Louis *Lumière* aus Lyon mit ihrem 1895 erfundenen Cinématographe große Erfolge erringen, erwacht auch hier das Interesse am tönenden Bild. Zwei Männer sind es vor allem, die diese Aufgabe mit Erfolg lösen: der Franzose Léon *Gaumont* mit seinem Chronophone und der Deutsche Oskar *Meßter* mit dem Biophon. *Gaumont*

Tonapparat von *Meßters* erstem Tonfilmgerät, dem Biophon aus dem Jahre 1910

Nadeltonfilm-Projektor von *Gaumont.* Der Plattenspieler ist bereits fest an den Projektor angebaut, und Tonabnahme und Tonübertragung erfolgen elektrisch zu den Lautsprechern hinter der Leinwand. Die senkrechte Achse kuppelt Bild-und Tonmaschine miteinander

zeigt sein Verfahren erstmals 1902 einem kleinen Kreis von Wissenschaftlern und stellt es dann acht Jahre später in verbesserter Form der Öffentlichkeit vor. Zur Tonerzeugung dient der Phonograph. Die Deutschen erleben ihre erste Tonfilmvorführung am 29. August 1903 im Rahmen eines Varietéprogramms des Berliner Apollo-Theaters. *Meßter* verwendet von Anfang an die Schallplatte und läßt zur Erhöhung der Lautstärke fünf Grammophone gleichzeitig laufen.
Die vorgeführten Filmstreifen haben überall eine auf die Walze bzw. Schallplatte abgestimmte Spieldauer von rund drei Minuten. Nach *Meßters* Schätzungen werden in Deutschland bis zum Jahre 1913 etwa 1500 solcher Streifen hergestellt und in zahlreichen Kopien an die rund 500 mit einem Biophon ausgestatteten Kinematographen-Theater verteilt, wo sie ein dankbares Publikum finden, das sich diese Sensation nirgends entgehen läßt.
Irgendwann einmal aber schwindet die Zugkraft auch der größten Sensation, zumal inzwischen der künstlerische stumme Spielfilm das Feld erobert. Damit geht kurz vor Ausbruch des ersten Weltkriegs diese Ära des Tonfilms oder besser gesagt des Tonbildes zu Ende. Sie hat mit der Elektrizität noch relativ wenig zu tun. Der Ton wird auf mechanisch-akustischem Wege wiedergegeben, lediglich die Synchronisation und der Antrieb von Projektor und Grammophon bzw. Phonograph werden teilweise elektrisch vorgenommen.
Gegen Ende des Krieges, in dem leider andere Dinge wichtiger sind als sprechende Bilder, lebt der Gedanke an den Tonfilm wieder auf, denn die inzwischen erfundene Elektronenröhre mit ihren Verstärkerschaltungen eröffnet völlig neue Aspekte, setzt aber eine elektrische Tonaufnahme und Wiedergabe voraus. Zwei derartige Einrichtungen sind bereits vorhanden. Die eine kennen wir schon, es ist das Telegraphon von *Poulsen,* die andere das Photographophon des deutschen Physikers Ernst *Ruhmer.* *Ruhmer* entwickelt das sogenannte Lichtton-Verfahren und macht sich dabei die von dem englischen Physiker William *Duddell* untersuchte Erscheinung des tönenden Lichtbogens zunutze. Er variiert dessen Helligkeit über ein Mikrophon im Takte der Sprachschwingung und bildet ihn mit Hilfe einer Zylinderlinse als schmalen Strich auf einem gleichmäßig bewegten Filmstreifen ab. Nach dem Entwickeln enthält der Film die aufgezeichneten Schallwellen als fortlaufendes Band mit Streifen unterschiedlicher Schwärzung, die wie die Sprossen einer Leiter aufeinander folgen. Daher der Name Intensitäts- oder Sprossenschrift. Nun läßt *Ruhmer* den Film mit gleicher Geschwindigkeit ablaufen, durchleuchtet ihn dabei und fängt das durchfallende Licht mit einer Photozelle auf. Ein schmaler Schlitz im Strahlengang sorgt dafür, daß bei der Wiedergabe stets ein gleich großes Filmstückchen wie bei der Aufzeichnung erfaßt wird. Die Photozelle wandelt die Helligkeitsschwankungen in entsprechende Stromschwankungen um, die sich ihrerseits über ein Telephon abhören lassen.

Erster Lichttonfilm-Projektor der Triergon-Gemeinschaft 1922, wegen seines massiven Aufbaus die „Eisenkiste" genannt

„Für praktische Zwecke", schreibt *Ruhmer* in seiner Veröffentlichung aus dem Jahre 1901, „soll zunächst die Verwendung des Photographophons in Verbindung mit dem Kinematographen, wobei auf einem und demselben Film die Bewegungen und die Musik resp. Sprache festgehalten werden können, ins Auge gefaßt werden." Mit diesen Worten legt er das Prinzip fest, nach dem noch heute Tonfilme hergestellt werden. An den technischen Einzelheiten hat sich natürlich manches geändert. Durch seinen frühen Tod ist es ihm leider nicht mehr vergönnt, das Lichttonverfahren praktisch auszunutzen.
Versuche in dieser Richtung beginnt 1911 der Schwede Sven Ason *Berglund,* der auch die sogenannte Zackenschrift entwickelt, bei der die Tonspur nicht mehr in voller Breite geschwärzt ist, sondern aus einem gleichmäßig schwarzen, gezackten und einem glasklaren Teil besteht. Die Tonaufzeichnung steckt hier in der Form und in dem Abstand der Zacken. Unterbrochen durch den Weltkrieg kann er erst zehn Jahre später seine Ergebnisse vorführen.
Inzwischen haben sich in Deutschland der Physiker Jo *Engel,* der Schlosser Joseph *Massolle* und der Mechaniker Hans *Vogt* auf Anregung des letzteren zu einer Erfindergemeinschaft zusammengeschlossen, die sie Triergon nennen. Ihr Ziel ist ein Tonfilm höchster Qualität. Es gelingt ihnen, in der Firma C. Lorenz A. G. einen Geldgeber zu finden, und so entsteht 1919 in Berlin die Gesellschaft Laboratorium für Kinematographie. Die drei gehen völlig planmäßig vor und entwickeln in unermüdlicher Arbeit alle erforderlichen Elemente vom Mikrophon bis zum Lautsprecher in einer für ihre Zwecke geeigneten Form.

Tonfilmatelier der Triergon-Gemeinschaft um 1923, rechts der Verstärker mit dem angebauten trichterförmigen, von den Erfindern Kathodophon genannten Mikrophon

Am 22. Februar 1920 vernehmen sie das erste auf dem Film gespeicherte Wort und knapp ein Jahr danach können sie schon Bild und Ton völlig synchron vorführen. Noch sind beide aus Gründen der Tonqualität auf getrennten Streifen mit unterschiedlicher Ablaufgeschwindigkeit enthalten. Nachdem auch das Problem der gleichen Geschwindigkeit gelöst ist, beginnen im Sommer 1922 die Aufnahmen für die eingangs erwähnte zweistündige Premiere im Alhambra-Theater. Tonspur und Bildstreifen sind für die Vorführung auf einen gemeinsamen Film kopiert.

Die Fachwelt ist nicht nur über die exakte Synchronisation, sondern auch über die hohe Tonqualität erstaunt, und man sollte annehmen, die Filmindustrie greift mit offenen Händen danach. Aber ganz im Gegenteil, sie und die Filmtheaterbesitzer bekämpfen den Tonfilm mit allerlei fadenscheinigen Argumenten. Auch ein vollständiger Spielfilm, „Das Leben auf dem Dorfe", den die Erfinder 1923 herstellen, kann nicht überzeugen. Die Inflation in Deutschland tut ihr übriges, und damit ruht der Tonfilm abermals.

Manchmal geht die Technik seltsame Wege, wofür allerdings nicht immer die Technik selbst, sondern oft wirtschaftliche oder andere Gesichtspunkte maßgebend sind. Obwohl nun mit dem Lichtton ein Verfahren erstaunlich hoher Tonqualität vorliegt, gibt nicht er den Anstoß für die endgültige Einführung des Tonfilms, sondern, so unwahrscheinlich das klingt, die Schallplatte.

Ausschlaggebend ist die Uraufführung des Films „Don Juan" am 5. August 1926, zu der die New Yorker ihr Philharmonisches Orchester hören. Es sitzt aber nicht im Kino, sondern die Filmproduzenten Warner Brothers haben den stumm gedrehten Film nachträglich mit Schallplattenmusik untermalt. Sie verwenden dazu das von der Western Electric Co. entwickelte Vitaphone-Verfahren, dessen Platten einen Durchmesser von 40 cm haben und bei 33 1/3 U/min 15 Minuten laufen, was genau der Länge eines Aktes entspricht. Da nach jedem Akt sowieso eine Pause eintritt, weil die Filmrolle gewechselt werden muß, bleibt genügend Zeit, auch die Schallplatte ohne störende Unterbrechung des Films auszutauschen. Die Vorführungen werden ein überwältigender Erfolg. Als dann im Jahr darauf der sogleich mit Musik und Sprache gedrehte Film „The Jazz Singer" über die Leinwand flimmert und Tausende die Stimme Al Jolsons vernehmen, ist ganz New York aus dem Häuschen. Das Eis ist gebrochen, und die Traumfabrik Hollywood stürzt sich nun auf den Tonfilm.

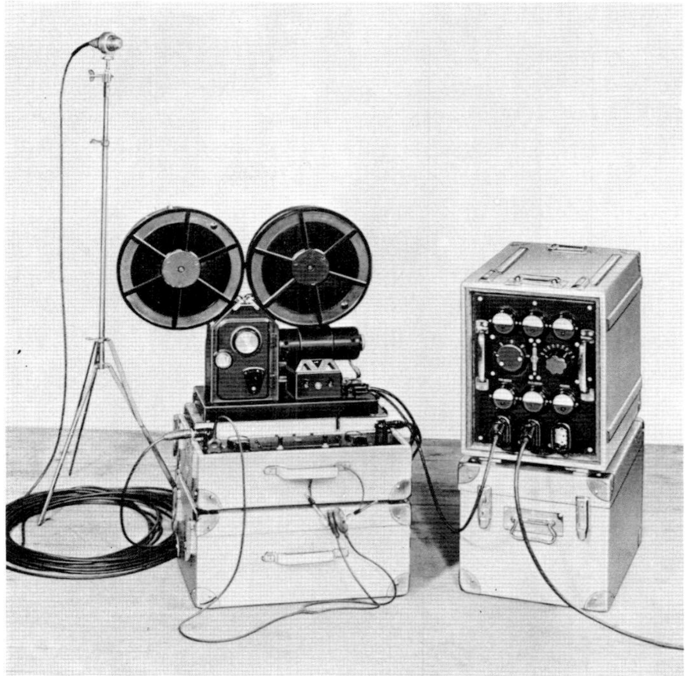

Eine Tonfilm-Aufnahmeapparatur der Klangfilm GmbH aus der Zeit um 1929

Aber auch in Deutschland ist die Zeit nicht stehengeblieben. Verschiedene Firmen, darunter die Allgemeine Elektricitäts-Gesellschaft und Siemens & Halske, die bereits mit der Entwicklung von Tonfilmaufnahme- und Wiedergabeverfahren beschäftigt sind, schließen sich 1928 zur Tonbildsyndikat A. G. (Tobis) und zur Klangfilm GmbH zusammen. Beide vereinigen sich im folgenden Jahr. Es beginnt auch hier die Produktion von Tonfilmen, und zwar sofort nach dem Lichttonverfahren. Der erste

deutsche Tonfilm, „Melodie des Herzens“, mit Willi Fritsch zieht noch 1929 über die Leinwand. Ein Jahr danach beginnt Marlene Dietrich in „Der blaue Engel“ ihre große Filmkarriere.
In England wird 1929 der stumm begonnene Film „Blackwell“ der British International Pictures mit Anny Ondra in der Hauptrolle während der Dreharbeiten auf Ton umgestellt und ein Teil der bereits fertigen Szenen ein zweites Mal als Tonfilm gedreht. Erst sechs Minuten nach Beginn des Films fällt das erste Wort.
Der Stummfilm ist tot, die Schallplatte als Tonträger für den Film stirbt ebenfalls aus und übrig bleibt allein der Lichtton.
1940 bemächtigt sich seiner auch die Stereophonie in Walt Disneys „Fantasia“. Nach dem zweiten Weltkrieg kommt der inzwischen in Deutschland zur höchsten Vollkommenheit entwickelte Magnetton nach Amerika, wo 1951 die ersten Versuche einsetzen, auch ihn für den Tonfilm nutzbar zu machen. Zusammen mit neuen Verfahren der Bildtechnik entstehen in den Jahren 1952 und 1953 die Breitwandsysteme Cinerama und CinemaScope, die beide den Magnetton verwenden. Sie vermitteln über mehrere Tonkanäle die Illusion des räumlichen Tons und des Wanderns eines Geräusches von einer Seite des Raumes zur anderen in überraschend realistischer Weise.
Diese Verfahren verlangen aber umfangreiche elektroakustische Einrichtungen und überdimensionale Leinwände, so daß sie nur speziell dafür eingerichteten Lichtspielhäusern vorbehalten bleiben. Für den normalen Tonfilm setzt sich das Magnettonverfahren nicht durch. Immer beliebter aber wird es beim Schmalfilm, wo nun auch der Amateur seine Bilder sprechen lassen kann.

Aufstieg zur Weltmacht Elektrotechnik

Und sie bewegt sich doch

Die Elektrizität, zu Beginn des 19. Jahrhunderts nur eine den Wissenschaftler interessierende Naturerscheinung mit noch zahlreichen ungelösten Fragen, ist 100 Jahre später auf dem besten Wege, die alles beherrschende Energieform zu werden. Drei Ereignisse spielen dabei eine wesentliche Rolle: die Entdeckung der fließenden Elektrizität duch *Volta,* die des Elektromagnetismus durch *Oersted* und die von *Faraday* gefundene Induktion.
Führt die Voltasche Säule in ihrer Weiterentwicklung zum galvanischen Element, das sich zwar ein weites Anwendungsfeld erobert, aber mit wirtschaftlichen Mitteln nur geringe Energiemengen liefert, so bewirken *Faradays* und *Oersteds* Arbeiten den Bau elektrischer Maschinen. Mit ihnen steht nicht nur eine Energiequelle ungeahnter Größe in Form des Generators zur Verfügung, sondern daneben als Motor erstmals eine Einrichtung, die mit Hilfe der Elektrizität nutzbringende Arbeit verrichtet.
Wenn wir auch gesehen haben, daß der erste industrielle Einsatz der Elektrizität von den galvanischen Elementen ausgeht, so läßt doch nur die elektrische Maschine an eine Anwendung größeren Umfangs denken, und sie ist es, die der Elektrizität innerhalb eines halben Jahrhunderts die Vormachtstellung sichert.
Wie immer in der Technik erfolgt ihre Entwicklung nicht von heute auf morgen, sondern erfordert von der Urform bis zum betriebssicheren Modell eine längere Zeitspanne. Sie zu verfolgen sei die Aufgabe dieses Kapitels. Versetzen wir uns also in Gedanken nach London und wenden unseren Blick Michael *Faraday* zu, der 1821 mit seinem Rotationsapparat das Grundprinzip des Motors schafft und soeben die von ihm gefundene Umwandlung von Magnetismus in Elektrizität mit allen ihren als Induktionserscheinung bekannten Folgerungen untersucht.

Faraday entdeckt auch den Generator

Noch während *Faraday* mit der Untersuchung der Induktion beschäftigt ist, schwebt ihm der Bau einer neuartigen auf eben dieser Erscheinung beruhenden Elektrisiermaschine vor.
Am 28. Oktober 1831 beginnt er mit der Herstellung des ersten Modells. Ein im Labor des Royal Institution vorhandener Magnet erscheint ihm für diese Zwecke gerade recht. Um den Luftspalt zwischen den Polen zu verringern und gleichzeitig die Kraftlinien zu konzentrieren, versieht er die Pole mit zusätzlichen Eisenstückchen. In dem Luftspalt hängt er sodann eine frei drehbare, auf einer Achse befestigte Kupferscheibe von 12 Zoll Durchmesser und $^{1}/_{5}$ Zoll Dicke auf. Der Rand der Scheibe wird von ihm sorgfältig amalgamiert, damit sich ein guter Kontakt mit einem darauf schleifenden Stromabnehmer aus Blei oder Kupfer ergibt. Zwei Drähte, der eine am Stromabnehmer befestigt, der andere lose, aber elektrisch leitend um die Achse der Scheibe gewickelt, sind mit den Klemmen eines für unsere Verhältnisse recht primitiven Galvanometers verbunden. Es besteht aus zwei magnetisierten Nähnadeln, die über einen trockenen Strohhalm astatisch miteinander verbunden und an einem Seidenfaden aufgehängt sind. Die Nadeln bewegen sich im Inneren einer Spule mit 18 Windungen. Über die ganze Anordnung stülpt er eine Glasglocke, damit kein Luftzug die Messung stört.

Nachdem alles hergerichtet ist, beginnt *Faraday* die Scheibe zu drehen und beobachtet dabei das Galvanometer. Es bestätigt seine Vermutung, denn auch die Nadeln bewegen sich und ihr Ausschlag wird desto größer, je höher die Drehgeschwindigkeit ist. Der Effekt verschwindet, sobald er die Scheibe wieder anhält. Die Einrichtung liefert also tatsächlich einen elektrischen Strom und stellt somit die von ihm angestrebte neuartige Elektrisiermaschine auf elektromagnetischer Basis dar.

Weitere Untersuchungen ergeben, daß eine Umkehr der Drehrichtung auch eine Umkehr der Stromrichtung zur Folge hat und daß anstelle des Dauermagneten auch ein Elektromagnet treten kann. Im Anschluß an die Versuche bemüht sich *Faraday* auch um eine Erklärung dieser Erscheinung. Die Ergebnisse sind zusammen mit den Arbeiten über die Induktion in einem Bericht an die Royal Society niedergelegt und werden dort am 24. November 1831 verlesen. Wir finden sie in der ersten Reihe seiner „Experimental Researches in Electricity".

Die neue Maschine bekommt von ihm den Namen magnetoelectric machine, womit er bereits den prinzipiellen Unterschied zur electrical machine andeutet, unter der die gewöhnliche Elektrisiermaschine verstanden wird. *Faraday* ist über diese Entdeckung hoch erfreut und bringt dies in einem langen Brief an seinen Freund R. *Phillips* zum Ausdruck.

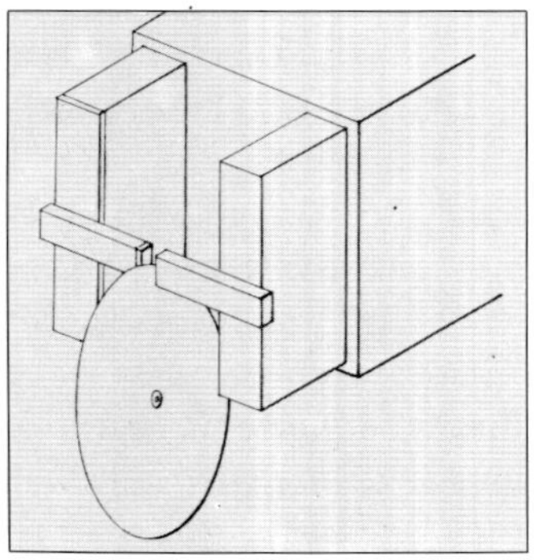

Die Faradaysche Scheibe aus dem Jahre 1831

Die Faradaysche Scheibe, wie dieser Generator meist genannt wird, stellt die Urform der sogenannten Unipolarmaschine dar. Sie liefert von vornherein einen Gleichstrom und befindet sich damit ganz im Gegensatz zu allen anderen Gleichstrommaschinen, die zunächst Wechselstrom erzeugen, der erst durch einen Stromwender zum Gleichstrom wird. Alle späteren Anstrengungen, eine technisch brauchbare Unipolarmaschine zu konstruieren und damit den Stromwender zu umgehen, scheitern.

Auch die Faradaysche Scheibe wird ebenso wie der Rotationsapparat sehr bald ein begehrtes Studienobjekt anderer Physiker. Die Entwicklung der ersten regulären elektrischen Maschinen geht aber nicht von ihr aus, sondern von einer Anordnung, die Salvatore *dal Negro,* der Inhaber des physikalischen Lehrstuhls an der Universität Padua, 1830 herstellt.

Um seinen Studenten die Umwandlung elektromagnetischer Energie in Energie der Bewegung vorzuführen, hängt er einen Dauermagneten frei pendelnd zwischen den Polen eines Elektromagneten auf. Wird dieses Pendel von ihm angestoßen, so polt es beim Hin- und Herschwingen über einen Kontakt die Stromrichtung im Elektromagneten selbsttätig um und hält sich infolge der dadurch wechselnden elektromagnetischen Anziehungskraft ständig in Bewegung. Zwei Jahre später beschreitet er auch den umgekehrten Weg, indem er einen kleinen Wagen mit vier Stabmagneten hin- und herfährt und dabei die Magnete am Umkehrpunkt der Bewegung in vier parallel geschaltete Spulen tauchen läßt, wo sie eine Spannung induzieren.

Der Brief von P. M.

Schon einmal im Laufe dieser Geschichte der Elektrizität ist uns der Brief eines Unbekannten begegnet. Damals nannte sich der Absender C. M. und beschrieb einen Telegraphen. Diesmal ist der Brief mit P. M. unterzeichnet und gelangt Ende Juli 1832 in die Hände von *Faraday.* Er enthält den Vorschlag, eine magnetelektrische Maschine mit rotierender Bewegung herzustellen. Die Konstruktion wird ebenfalls angegeben und sieht sechs Hufeisenmagnete

Generator von *Pixii*
1832/33

vor, die in gleichen Abständen auf dem Umfang einer kreisförmigen Scheibe angeordnet sind. Die Scheibe vermag sich zu drehen und ihr gegenüber sitzt ein gleiches System von festen Spulen mit oder ohne Eisenkern.
Der Inhalt des Briefes wird von *Faraday* sogleich veröffentlicht, das vorgeschlagene Prinzip von ihm jedoch nicht weiter verfolgt.
Wer dieser mysteriöse P. M. ist, der uns nochmals in einem Brief vom 18. März 1833 an den Herausgeber des Philosophical Magazine begegnet, wo er eine Verbesserung seiner Maschine angibt, ließ sich nicht mehr vollends klären. Ebenso bleibt es ein Geheimnis, ob P. M. eine solche Maschine selbst angefertigt hat.
Damit gelangt der Pariser Instrumentenmacher Hippolyte *Pixii* in den Verdienst, die erste Maschine dieser Art herzustellen. Über sie berichtet Jean Nicolas Pierre *Hachette* Anfang September 1832 vor der Pariser Académie des Sciences, daß ein 21 cm langer Hufeisenmagnet von 30 Pfund Gewicht senkrecht aufgestellt ist und durch ein Kegelradgetriebe in Drehung versetzt werden kann. Oberhalb seiner Pole befindet sich ein ebenfalls hufeisenförmiger, aber feststehender Eisenstab mit einer Wicklung aus 50 m Draht. Seine Enden sind nach unten gerichtet und nur wenige Millimeter von den Polen des Dauermagneten entfernt. Dieser Generator liefert beim Betätigen der Handkurbel eine Wechselspannung.
Weil aber außer Funkenerzeugung zu dieser Zeit niemand etwas mit Wechselspannung anzufangen weiß, versieht *Pixii* seine Maschine alsbald mit einem Umschalter, so daß sich mit ihrem Gleichstrom Wasser zersetzen läßt.
Zwei Monate später, in der Sitzung vom 29. Oktober, lernen die Mitglieder der Pariser Académie auch diese von *Ampère* vorgeführte Version der Pixiischen Maschine kennen und betrachten sie mit großer Bewunderung. Das Institut de France verleiht dem Erfinder eine Goldmedaille. Für Demonstrationszwecke wird die Maschine von *Pixii* in größeren Stückzahlen hergestellt.
Da es bei der Elektrizitätserzeugung durch Induktion gleichgültig ist, ob, wie im Falle *Pixii,* die Spule feststeht und sich der Dauermagnet bewegt oder umgekehrt der Magnet ruht und die Spule wandert, wählt der englische Physiker William *Ritchie,* Professor an der Universität London, den umgekehrten Weg. Er führt der Royal Society am 21. März 1833 einen Generator vor, bei dem der Dauermagnet feststeht und vier um 90 Grad versetzte, auf einem Holzring angeordnete Spulen um die Achse des Ringes rotieren. Die technische Bedeutung dieser Maschine liegt nicht so sehr in der geänderten Anordnung Spule – Magnet, sondern vielmehr darin, daß hier erstmals ein Kommutator zur Stromabnahme Verwendung findet. Infolge der Rotation der Spulen können ihre Wicklungsenden nicht fest mit den Anschlußklemmen verbunden werden, sondern schleifen auf zwei Kontaktsegmenten. Die Maschine liefert auf diese Weise einen Gleichstrom. *Ritchie* macht außerdem den bemerkenswerten Vorschlag, den Dauermagneten durch einen Elektromagneten zu ersetzen, die Maschine also elektrisch zu erregen.

Noch im gleichen Jahr lernen die Londoner einen weiteren Generator kennen. Er stammt von dem in Amerika geborenen Mechaniker Joseph *Saxton,* der zwischen 1828 und 1837 in England lebt und seine Maschine in der Adelaide Street Gallery ausstellt. Sie besitzt ein ruhendes Magnetsystem und ein rotierendes, dicht beieinander liegendes Spulenpaar. Da kein Stromwender vorhanden ist, liefert sie Wechselstrom.
Wenn wir hier bereits von Motoren bzw. Generatoren sprechen, uns also der heute üblichen Begriffe bedienen, so tun wir dies einfach der Übersichtlichkeit wegen, denn beide erhalten zunächst recht verschiedene Namen. In jedem Land, in jeder Gegend nennt man sie anders, und so finden sich in der Literatur des 19. Jahrhunderts unter anderem folgende Bezeichnungen für den Generator: Magnetelektrische Maschine, Elektromagnetische Batterie, Magnetelektrisiermaschine, Rotationsapparat, Elektrischer Induktor usw. Entsprechend heißt der Motor: Elektromagnetische Maschine, Triebmaschine, Elektromagnetischer Rotationsapparat, Rotations-Magnetelektromotor und dergleichen mehr.

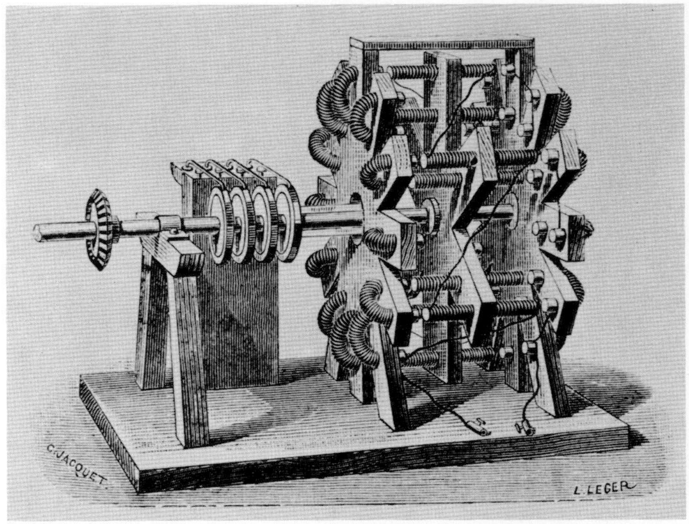

Diesen Bootsmotor konstruierte *Jacobi* 1838 für seine Versuche auf der Newa

Ungenutzte Erkenntnisse

Sosehr die Begriffe in der Anfangszeit auch auseinandergehen, die Hoffnung, die die neuen Apparate erwecken, ist überall gleich groß und lockt die Physiker an. Aber die Früchte am Baum der Erkenntnis hängen hoch, und vorerst läuft nicht alles so, wie es die Begeisterung erhofft. Die nächsten 20 Jahre bleiben daher ohne sichtbare Erfolge. Solange der Generator noch von Hand gedreht werden muß, ist er kaum mehr als eine physikalische Spielerei. Erst als die Dampfmaschine diese Arbeit übernimmt, wendet sich das Blatt. Der erste, der einen derartigen Versuch unternimmt, dürfte der englische Chemiker John Steven *Woolrich* gewesen sein. Er besitzt in Birmingham eine galvanische Fabrik, befaßt sich aber auch mit dem Bau elektrischer Maschinen und läßt sich ihre Anwendung in der Galvanotechnik 1842 patentieren. Da seine Maschinen im Laufe der Zeit immer größer werden, sind sie bald von Menschenkraft nicht mehr zu bewegen. Deshalb stellt er schließlich in seinem Betrieb eine Dampfmaschine auf und treibt damit mehrere Generatoren an.
Auch dem Elektromotor fehlt es vorläufig am wichtigsten, nämlich an einer ausreichenden Energiequelle. Das merkt *von Jacobi* in St. Petersburg recht deutlich, als er 1838 den Versuch unternimmt, ein Boot auf der Newa mit einem Elektromotor anzutreiben. Es gelingt ihm zwar, einen Motor herzustellen, der immerhin die für damalige Verhältnisse beachtliche Leistung von knapp 1 PS abgibt und dem Boot mit einem Dutzend Personen eine Geschwindigkeit von 4 km/h verleiht, aber im Endeffekt scheitert er doch. Die 64 Platin-Zink-Elemente, aus denen er seinen Antrieb speist, sind den an sie gestellten Anforderungen einfach nicht gewachsen.
Zur gleichen Zeit etwa verbindet der in London lebende Mechaniker M. Edward *Clarke* die Klemmen eines Motors

mit denen eines Generators und weist damit den Weg in die Zukunft. Kaum einer seiner Zeitgenossen aber beachtet diese Möglichkeit der Kraftübertragung.
Es wird in all den Jahren zwar viel probiert und konstruiert, aber was in den Maschinen eigentlich vor sich geht, darüber herrscht allenthalben noch ziemliche Unklarheit. Theoretische Betrachtungen fehlen fast ganz, und zahlreiche für das Verständnis und die Verbesserung wichtige Grundlagen sind noch unbekannt, wenig erforscht oder ungenutzt. Obwohl bereits *Ritchie* und F. *Watkins* 1833 den remanenten Magnetismus entdecken, *Joule* 1839 die Sättigungserscheinung im Eisen nachweist und *Sturgeon* 1837 erstmals an Stelle des bisher bei Induktionsspulen üblichen massiven Eisenkerns ein Bündel aus isoliertem Eisendraht verwendet und damit die Verluste herabsetzt, finden alle diese Erkenntnisse erst viel später Eingang in den Elektromaschinenbau.
Die allgemeinen Bestrebungen laufen erst mal darauf hinaus, die Leistungsfähigkeit der Maschinen zu erhöhen. Wenn auch der unbekannte P. M. bereits in seinem Brief auf die Verwendung mehrerer Magnete hingewiesen hatte, so war dieser Umstand bisher doch überhaupt nicht beachtet worden. Erst der Leipziger Mechaniker Emil *Stöhrer,* Sohn eines Arztes, verwirklicht diesen Gedanken und fertigt im Jahre 1843 eine sechspolige Maschine an, indem er drei hufeisenförmige Dauermagnete derart anordnet, daß ihre Pole ein regelmäßiges Sechseck bilden. Die Spulen, sechs an der Zahl, sind ebenfalls in Form eines Sechsecks um eine Welle herum gruppiert. Bei Versuchen mit diesem Generator stellt *Stöhrer* dann sehr bald fest, daß eine wesentlich größere Spannung entsteht, wenn er alle Spulen hintereinander schaltet, er ihr aber einen größeren Strom entnehmen kann, wenn die Spulen parallel liegen.
Damit ist der erste Schritt zur Erhöhung der Leistung getan. Der nächste liegt im Ersatz der damals noch recht unzulänglichen Dauermagnete durch Elektromagnete. *Page* verstärkt 1838 das Feld der Dauermagnete durch eine zusätzliche stromdurchflossene Spule. 13 Jahre später macht dann *Sinsteden* den revolutionierenden Vorschlag, als Erregerstromquelle überhaupt keine galvanischen Elemente, sondern eine weitere elektrische Maschine zu verwenden. Die Erregermaschine ist damit geboren, auch wenn er selbst diesen Gedanken nicht ausführt.
Der Vorschlag regt aber den zur Zeit in England lebenden Dänen Sören *Hjorth* zu folgenschweren Experimenten an. Er erregt eine von ihm gebaute Maschine zunächst von einer Batterie, schaltet dann versuchsweise die Batterie ab und entnimmt den Erregerstrom der Maschine selbst. Dabei fällt ihm eine eigenartige Erscheinung auf. Der zunächst noch recht schwache von der Maschine gelieferte Strom nimmt innerhalb kürzester Zeit bis zur Grenze ihrer

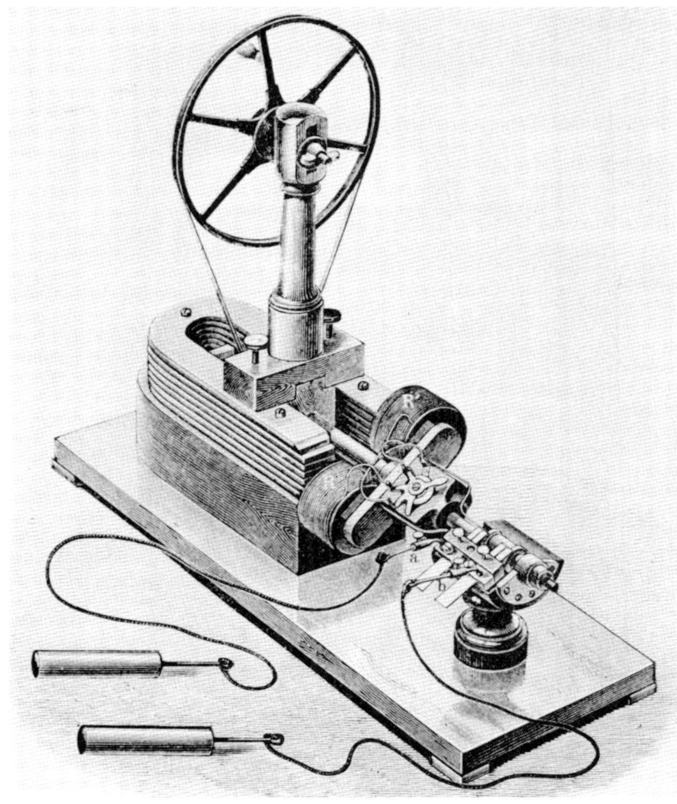

Eine zweipolige Maschine mit Kommutator von *Stöhrer*

Leistungsfähigkeit zu. *Hjorth* entdeckt damit das Prinzip des induktiven Aufschaukelns, das von außerordentlicher Bedeutung für die Maschinen werden soll.
Im Mai 1852 hinterlegt er in Kopenhagen die Beschreibung einer solchen Maschine mit zusätzlicher Selbsterregung und meldet sie 1854 in England zum Patent an. Dann aber verfolgt er seltsamerweise diese vielversprechende Angelegenheit nicht weiter.

Immer wieder neue Vorschläge

Bis in die zweite Hälfte der 40er Jahre des vorigen Jahrhunderts hinein werden elektrische Maschinen, von wenigen Ausnahmen abgesehen, eigentlich als physikalische Spielerei betrachtet und bestenfalls zur Demonstration elektromagnetischer Vorgänge verwendet. Dann aber setzt ein Umschwung ein, denn nun nehmen sich die Ingenieure ihrer an. Die Folge davon ist, daß zahlreiche Namen von Erfindern und Konstrukteuren auftauchen, von denen aber nur wenigen wirkliche Erfolge beschieden sind. Manche legen überhaupt nur Zeichnungen und Beschreibungen vor und kommen über den Entwurf nicht hinaus. Andere wieder halten an der hin- und hergehenden Bewegung *dal Negros* fest. Zu ihnen gehört auch der uns bereits bekannte *Page,* der als erster in Amerika elektrische Maschinen anfertigt und im Laufe der Zeit zu einer anerkannten Autorität auf diesem Gebiet wird.
Während es bei den bisherigen Konstruktionen üblich ist, die Elektromagnete in axialer Richtung auf einem Kranz oder einer Scheibe zu befestigen, läßt sich der englische Ingenieur Thomas *Allan* 1852 eine mehrpolige Maschine patentieren, bei der die Elektromagnete radial um eine Achse herum wie die Speichen eines Rades angeordnet sind.
In zunehmendem Maße wird nun auch von einem Patentschutz der Konstruktionen Gebrauch gemacht. Nur in Preußen ist das anfangs nicht möglich, weil man hier eine Maschine nicht als Ganzes, sondern lediglich in ihren Einzelteilen betrachtet.
Die Ära wirklich brauchbarer, größerer elektrischer Maschinen setzt mit den Entwürfen des Belgiers Florise

Nach den Plänen von *Nollet* um 1885 erbauter Generator der Société L'Alliance

Nollet ein. Nach einem Studium der Naturwissenschaften übt er zunächst den Apothekerberuf aus, wird 1835 Professor für Physik an der Universität Brüssel und ab 1840 an der dortigen Ecole Militaire. Hier beginnt er 1849 auch seine Beschäftigung mit elektrischen Maschinen, als er eine bereits länger bekannte Idee wieder aufgreift, nämlich Wasser in Wasserstoff und Sauerstoff zu zerlegen, um daraus Knallgas für Beleuchtungszwecke zu gewinnen. Als *Nollet* im Januar 1853 stirbt, sind nur die Pläne der von ihm konstruierten Maschinen vorhanden. Sie zeigen eine größere Anzahl hufeisenförmiger Dauermagnete, die derart sternförmig angeordnet sind, daß ihre Pole nach der Achse der Maschine zeigen und einen zylindrischen Hohlraum bilden. In ihm bewegen sich die kranzförmig an der Achse befestigten Spulen.

Die Pläne gehen in den Besitz einer zweifelhaften englisch-französischen Gesellschaft über, die ebenfalls dem Knallgas nachjagt. Wie erwartet, platzt das Projekt, und das Ansehen der gerade erst zu diesem Zweck in Paris gegründeten Société L'Alliance leidet beträchtlich. Auguste *Berlioz* gelingt es, den Ruf der Gesellschaft wiederherzustellen, indem er die Produktion von elektrischen Beleuchtungsanlagen mit Nolletschen Generatoren aufnimmt. Sie werden durch die elektrischen Leuchtfeuer von Le Havre und Cap Gris Nez weltberühmt. Auch die Generatoren des Engländers *Holmes* zeigen in ihren ersten Ausführungen große Ähnlichkeit mit den Alliance-Maschinen. Das ist nicht weiter verwunderlich, denn er ist eine Zeitlang Mitarbeiter dieser Gesellschaft. Später geht er mit seinen Konstruktionen eigene Wege und erzielt nach anfänglichen Schwierigkeiten ebenfalls beachtliche Erfolge mit seinen Leuchtfeuern an der englischen Küste. Zwei seiner Generatoren auf Souther Point laufen 33 Jahre lang, eine bemerkenswerte Leistung. Beide, die Société L'Alliance und *Holmes,* erwerben sich dadurch große Verdienste um die Entwicklung der Starkstromtechnik. Daß ihre Konstruktionen dennoch bald wieder anderen Bauarten weichen müssen, liegt in der steten Weiterentwicklung der Technik begründet. Eine solche Weiterentwicklung ist der Doppel-T-Anker von Werner *Siemens.*

Den Anstoß zu seiner Entwicklung gibt das Eisenbahnsignalwesen. Die deutschen Eisenbahnen wollen längs ihrer Linien Läutewerke aufstellen. Da Versuche aber zeigen, daß galvanische Elemente als Stromquelle wenig geeignet sind, beschließt *Siemens* die Entwicklung eines kleinen Generators. Im Mai 1856 kann er seinem Bruder William in London brieflich von einer ganz neuen und sehr zweckmäßigen Konstruktion berichten. Sie weicht tatsächlich von den bisher üblichen mehr oder weniger unbeholfenen Bauformen vollkommen ab. Sie ist langgestreckt und hat nur einen geringen Durchmesser, was wesentlich kleinere Kräfte für ihren Antrieb erfordert. Ihr Anker ruht zwischen den Polen mehrerer aneinander gereihter Stahlmagnete und besteht aus einem zylindrischen Weicheisenstück, in das an zwei diametral gegenüber liegenden Stellen des Umfangs parallel zur Achse

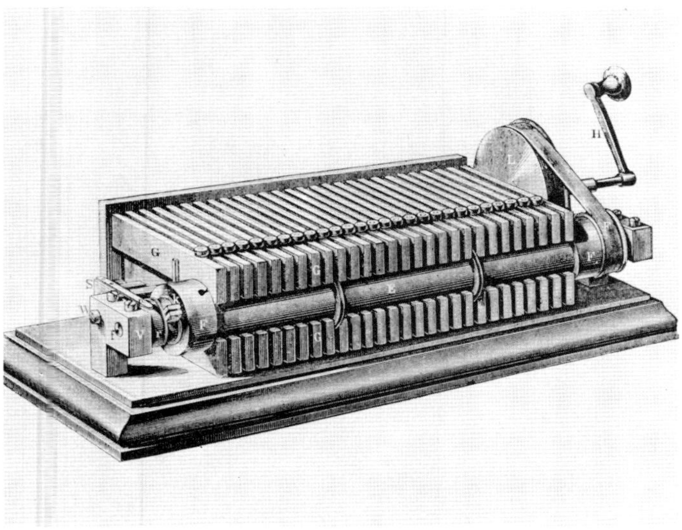

Doppel-T-Ankermaschine von *Siemens* 1856

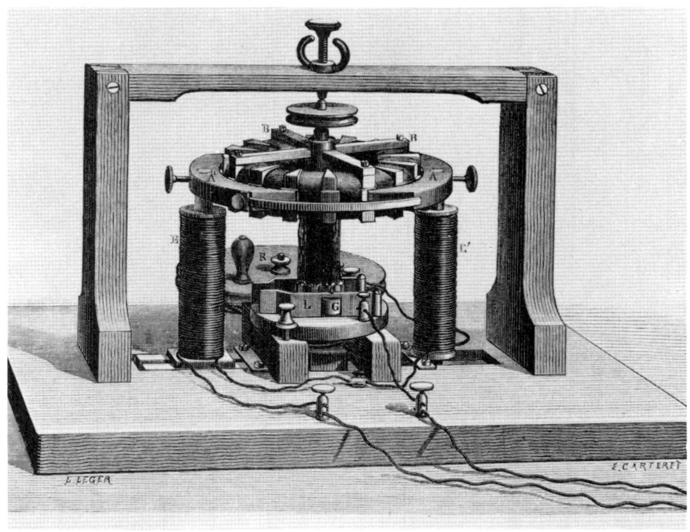

Pacinottis Maschine mit Ringanker

tiefe Nuten eingefräst sind. Der Querschnitt bildet also ein doppeltes T. Die Nuten sind dann mit der Wicklung gefüllt.
Ein Antrag auf Patentschutz wird in Preußen aus den oben erwähnten Gründen abgelehnt. Der Doppel-T-Anker verdrängt alsbald die anderen Bauformen und wird bis in die Neuzeit hinein als Lichtmaschine bei Kraftfahrzeugen verwendet.
Im gleichen Jahr, in dem *Siemens* den Doppel-T-Anker erfindet, beginnt an der Universität in Pisa ein junger Mann mit dem Studium der Physik. Es ist Antonio *Pacinotti,* der Sohn eines Professors. Er wird 1862 Assistent der Astronomie in Florenz und übernimmt schließlich nach dem Tode seines Vaters dessen Lehrstuhl in Pisa.
Als er sich, erst 17jährig, mit elektrischen Maschinen befaßt, fällt auch ihm eine Erscheinung auf, die schon von anderen beobachtet worden ist. Die von einem Elektromotor abgegebene Drehbewegung ist nicht gleichmäßig, sondern der rotierende Teil, Anker oder Läufer genannt, bewegt sich infolge der einzelnen Spulen nur ruckweise vorwärts, wobei allerdings infolge der Masse des Ankers ein gewisser Ausgleich stattfindet.
Auf Grund dieser Feststellung beschließt *Pacinotti,* sämtliche Spulen des Ankers durch eine einzige zu ersetzen, die, gleichmäßig und in sich geschlossen, auf einen ringförmigen Eisenkern gewickelt ist. In der Ringebene an seiner Außenseite befestigt er zwei um 180° versetzte Dauermagnete. Die Stromzuführung zu der Ringwicklung bewerkstelligt er über je eine Messingfeder zwischen den Schenkeln der Magnete, die auf der blanken Wicklung schleift.
Am 10. Januar 1859 unternimmt *Pacinotti* die ersten Versuche mit dem neuen Modell. Es läuft sofort beim Einschalten an. Beflügelt von dem Erfolg macht er sich bald an den Entwurf einer größeren Ausführung, die dann im April 1860 entsteht. Der Ring besteht nun aus 16 Zähnen, in die er jeweils einen Teil der Ankerwicklung legt. Die 16 Verbindungsstellen führen zu den 16 Segmenten eines Kollektors. Der drehbar gelagerte Ring bewegt sich zwischen den gegenüberliegenden Polen eines starken Elektromagneten, der den feststehenden Teil der Maschine, den Ständer, darstellt. Zwei um 180° versetzte Rollen schleifen auf den Kollektorsegmenten und führen der Maschine den Strom zu. Die Wicklungen von Ständer und Läufer sind hintereinander geschaltet.
Dieser Ringanker verleiht der Maschine nicht nur einen wesentlich gleichmäßigeren Lauf, sondern von Hand gedreht, liefert sie auch eine nur wenig pulsierende Gleichspannung. Noch im selben Jahr ist eine Beschreibung der Maschine fertiggestellt, wird von ihm aber erst 1863 veröffentlicht.
In der nächsten Zeit unternimmt *Pacinotti* verschiedene Reisen und besucht im Sommer 1865 in Paris auch die in Fachkreisen geschätzte Firma Froment, wo er in Gegenwart ihres Werkmeisters *Gramme* das Prinzip seines Ringankers eingehend erläutert.
Trotz vieler Bemühungen gelingt es ihm nicht, ein allgemeines Interesse daran zu erwecken. Erst *Gramme* wird diese Bauart nach der Erfindung des elektrodynamischen Prinzips in die Praxis einführen.

Dreimal elektrodynamisches Prinzip

Nicht immer werden bedeutende physikalische Erkenntnisse kurz nach ihrer Enthüllung auch praktisch verwendet oder gar zu einer glücklichen Lösung miteinander verknüpft. Manchmal schwebt ein Problem jahrelang in der Luft, bis es dann plötzlich, oft sogar an mehreren Stellen gleichzeitig, hervorbricht und der Technik einen entscheidenden Impuls erteilt. Ein Beispiel hierfür ist die Entdeckung des elektrodynamischen Prinzips im Jahre 1866.
Die beiden Voraussetzungen, der remanente Magnetismus und das induktive Aufschaukeln, sind seit 33 bzw. 15 Jahren bekannt, aber bisher wenig oder gar nicht beachtet worden. Vielleicht sind sie auch wieder in Vergessenheit geraten, denn nur so ist es zu erklären, daß *Faraday* noch 1863 auf eine briefliche Anfrage hin mit einem glatten Nein statt mit einem Ja geantwortet hat.
Der Briefschreiber, Charles T. *Whitmell,* ist noch ein Schüler. Er möchte wissen, ob es möglich sei, eine Maschine mit Feldspulen, die zunächst aus einer Batterie gespeist wird, nach Abschalten derselben auch mit ihrem

eigenen Strom zu erregen. Was *Faraday* hier verneint, ist drei Jahre später weiteren Kreisen geläufig.
Zum Übergang auf das elektrodynamische Prinzip fehlt nur noch ein kleiner Schritt, nämlich die Anfangserregung aus Batterien gänzlich wegzulassen und dafür den in jedem Eisen vorhandenen remanenten Magnetismus heranzuziehen. Mag dieser Schritt auch physikalisch gesehen noch so winzig sein, für die Technik ist er von großer Tragweite. Drei Männer sind ihn unabhängig voneinander gegangen, *Siemens, Wheatstone* und *Varley*.
Den letzten Anstoß dazu gibt sicherlich die kurz zuvor von *Holtz* veröffentlichte neue Elektrisiermaschine mit Selbsterregung, denn alle drei betrachten ihre Entdeckung als ein elektromagnetisches Analogon zu dieser elektrostatisch wirkenden Influenzmaschine.
Werner *Siemens* ist der erste, der mit diesem Prinzip hervortritt. Im Herbst des Jahres 1866, mit dem Bau von Minenzündmaschinen beschäftigt, steht er vor der Frage, wie sich wohl der Dauermagnet zur Erzeugung des Feldes ersetzen lasse. Die Möglichkeit der elektrischen Erregung über Batterien oder eine zweite Maschine sind ihm zwar bekannt, aber letzten Endes benötigt die Erregermaschine noch immer einen Dauermagneten oder den von der Batterie gespeisten Elektromagneten.
Noch ist ihm die Lösung des Problems nicht klar, und so läßt er vorerst einmal von seinem Werkmeister Carl *Müller* eine Doppel-T-Ankermaschine mit Feldspulen an Stelle der sonst üblichen Dauermagnete fertigen. Den genauen Termin kennen wir nicht. *Siemens* selbst spricht nur immer vom Herbst des Jahres 1866. *Müller* berichtet später, daß er den Auftrag zwischen dem 16. und dem 20. September erhalten habe.
Nach ihrer Fertigstellung betreibt *Siemens* die Maschine zunächst als Motor, indem er Anker und Feldspule hintereinander an eine Batterie legt. Dann bewegt er sie von Hand in entgegengesetzter Richtung. Die Maschine gibt wie erwartet eine Spannung ab, sie tut es auch dann noch, als er die Batterie abschaltet. Dann hält er sie einen Augenblick an und dreht erneut den Anker. Sogar nach diesem kurzen Stillstand bemerkt er eine kleine Spannung an ihren Klemmen, die sich ohne Batterie sehr schnell aufschaukelt und den gleichen Wert wie zuvor erreicht.
Die Ursache, so vermutet *Siemens*, kann nur der im Eisen von der vorherigen Magnetisierung zurückgebliebene remanente Magnetismus sein. Wie sich bald darauf herausstellt, ist ein solcher Magnetismus infolge des magnetischen Erdfeldes stets in geringem, aber vollkommen ausreichendem Maße im Eisen vorhanden. Damit ist die bisher geübte Praxis der Anfangserregung über Batterien ein für allemal hinfällig geworden. Eine Maschine erregt sich stets von selbst.
Siemens erkennt vom ersten Tage an die außerordentlich große technische Bedeutung seiner Entdeckung, deren ältestes schriftliches Dokument ein Brief vom 4. Dezember 1866 an seinen Bruder William ist.
Noch im Dezember führt er die Maschine einem Kreis befreundeter Physiker in Berlin vor, die von der Entdeckung äußerst überrascht sind. Einer der anwesenden Herren, Professor Heinrich Gustav *Magnus*, erbietet sich sogleich, eine Beschreibung davon der Berliner Akademie der Wissenschaften vorzulegen. Infolge der Weihnachtsferien kann er die von *Siemens* verfaßte Abhandlung

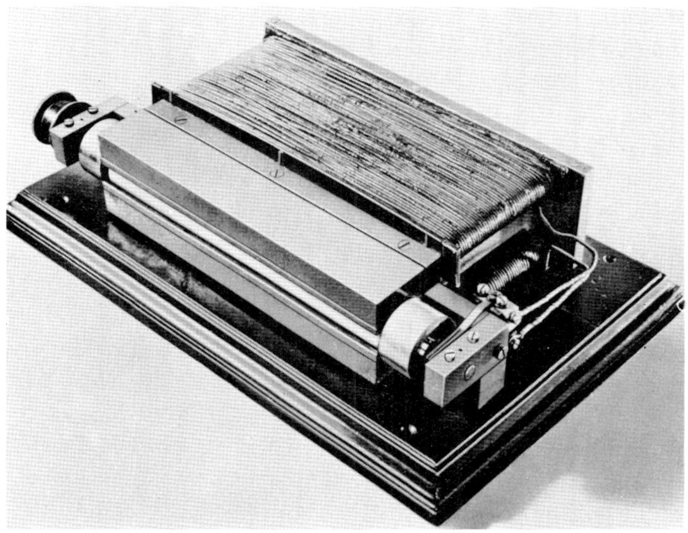

Die erste Dynamomaschine von *Siemens* 1866

„Über die Umwandlung von Arbeitskraft in electrischen Strom ohne Anwendung permanenter Magnete“ dort aber erst am 17. Januar 1867 verlesen. Sie schließt mit den Worten: „Der Technik sind gegenwärtig die Mittel gegeben, elektrische Ströme von unbegrenzter Stärke überall da zu erzeugen, wo Arbeitskraft disponibel ist.“ Die neue Erscheinung nennt *Siemens* dynamoelektrisches Prinzip. Eine danach gefertigte Maschine heißt bald darauf Dynamomaschine oder kurz Dynamo.
Sogleich werden mehrere dieser Dynamos hergestellt und einer davon auf der Pariser Weltausstellung gezeigt. Am 31. Januar beantragt *Siemens* ein englisches Patent auf das neue Prinzip, und zur gleichen Zeit meldet William im Auftrag seines Bruders einen Vortrag bei der Royal Society an.
Zwei Wochen danach, am 14. Februar, tritt die Royal Society zu ihrer nächsten Sitzung zusammen. Zahlreiche Wissenschaftler sind anwesend, um sich zwei aller Voraussicht nach interessante Vorträge anzuhören. Als erster spricht William *Siemens* und berichtet über die Entdeckung in Berlin. Ihm folgt Charles *Wheatstone,* der seine Anmeldung etwas später vorgenommen hat. Er spricht zum Thema „On the augmentation of the power of a magnet by the reaction thereon of currents induced by the magnet itself“ (Über die Verstärkung der Kraft eines Magneten durch die Reaktion der von ihm selbst erzeugten induzierten Ströme).
Es handelt sich gleichfalls um eine Neuerung auf dem Gebiet der elektrischen Maschinen, und zwar, wie sich zum Erstaunen aller Zuhörer schnell herausstellt, ebenfalls um das elektrodynamische Prinzip, das er durch den remanenten Magnetismus und das induktive Aufschaukeln von Strom und Magnetfeld klar umreißt.
Wheatstone, der uns durch seine Arbeiten auf dem Gebiet der Telegraphie bestens bekannt ist, beschäftigt sich seit längerer Zeit auch mit der Konstruktion elektrischer Maschinen. Wir wissen heute nicht mehr, welche Gedankengänge ihn zur Entdeckung des Prinzips geführt haben. Lediglich sein Schwiegersohn Roberts *Sabine,* der auch sein Mitarbeiter ist, datiert den Bau der Maschine auf die Zeit zwischen Juli und August 1866. Der Londoner Mechaniker *Stroh* stellt sie her. Der Ständer besteht aus

Wheatstones Dynamomaschine, ebenfalls 1866 erbaut

Ringanker-Maschine von *Gramme*

einem 15 Zoll langen und $^1/_2$ Zoll dicken hufeisenförmigen Elektromagneten. Der Anker hat Doppel-T-Form.
Im Gegensatz zur Dynamomaschine von Siemens, bei der Anker und Feld in Reihe liegen, sind beide Wicklungen parallel geschaltet, die daher anders dimensioniert sind. Daraus erklärt es sich auch, daß beide, *Siemens* sowohl wie *Wheatstone,* als sie mit ihrer eigenen Maschine die Schaltung des anderen ausprobieren, keine befriedigenden Ergebnisse erzielen. Auf diese Weise erhalten vorerst alle deutschen Dynamomaschinen eine Reihenschlußwicklung, alle englischen aber eine Nebenschlußwicklung.
Von dem dritten Erfinder der Dynamomaschine, dem englischen Telegrapheningenieur Samuel Alfred *Varley,* erfährt die wissenschaftliche Welt erst Mitte 1867, als eine von ihm am 24. Dezember 1866 eingereichte Patentanmeldung nach der in England streng befolgten Frist von einem halben Jahr bekanntgemacht wird. Auch er ist wahrscheinlich von der selbst erregten Influenzmaschine beeinflußt, zumal sein Bruder Cromwell Fleetwood *Varley* eine solche entwickelt hat. Eigenartigerweise kennen wir auch hier den Erbauer der Maschine. Es ist A. *Salsbury,* der sie nach *Varleys* eigenen Angaben Ende September, Anfang Oktober 1866 fertigt.
Varley selbst kann sich aber der Größe der Entdeckung kaum bewußt gewesen sein, denn sonst hätte er nicht

später noch Maschinen mit Dauermagnet und zusätzlichen Feldspulen entworfen.

Probieren geht nicht über Studieren

Die Vorträge in Berlin und London sorgen für ein schnelles Bekanntwerden des neuen Prinzips. Sie lassen die Ingenieure hellhörig werden, denn nun sollen nach *Siemens'* eigenen Worten der Technik Mittel und Wege zur Verfügung stehen, um elektrische Ströme unbegrenzter Stärke zu erzeugen. Daß das nicht ganz so schnell geht, wie manche Maschinenhersteller annehmen, zeigt sich bald. Einige von ihnen geben daher die Experimente, die nichts einbringen, nach gewisser Zeit wieder auf, andere halten durch. *Siemens* glaubt, daß noch Jahre vergehen werden, bevor die Versuchskosten gedeckt sind. Zu den Unerschütterlichen gehört auch der uns bereits begegnete Zénobe Théophile *Gramme,* ein gebürtiger Belgier. Er erlernt zunächst das Tischlerhandwerk, be-

Maschine mit Trommelanker von *Hefner-Alteneck*

sucht ab 1849 in Lüttich Abendkurse der Ecole industrielle und begibt sich dann auf Wanderschaft. Bei der Société L'Alliance, wo er als Modelltischler arbeitet, erfolgt seine Bekanntschaft mit elektrischen Maschinen. Da *Gramme* großen Gefallen an ihnen findet, widmet er sich dem Studium der Physik und gründet 1871 zusammen mit H. *Fontaine* eine Firma, die Société des machines magnéto-électriques Gramme, zur Fabrikation elektrischer Maschinen. Sie genießt bald einen guten Ruf. Sein besonderes Verdienst liegt in der Verbindung des Pacinottischen Ringankers mit dem elektrodynamischen Prinzip. Es gelingt ihm die Konstruktion außerordentlich guter und bewährter Maschinen.
Eine weitere Verbesserung bringt 1872 Friedrich *von Hefner-Alteneck,* der zu dieser Zeit Dirigent der Abteilung für Konstruktionen bei Siemens & Halske ist, mit dem von ihm erfundenen Trommelanker. Er bewickelt einen zylindrischen Eisenkern gleichmäßig mit mehreren Spulen, deren Windungen alle parallel zur Achse des Zylinders liegen und sich an den Stirnseiten kreuzen. Während sich diese Wicklung anfangs noch losgelöst vom massiven Eisenkern allein dreht, verschwindet sie später in Nuten genannten Vertiefungen des Ankereisens und wird in den nächsten 25 Jahren zur grundlegenden Bauform.
Ende der 70er Jahre hält dann auch in Amerika die Dynamomaschine ihren Einzug, wo zunächst *Brush* und *Edison* sowie 1882 die soeben von Edwin J. *Houston* und Elihu *Thomson* gegründete Thomson-Houston Electric Company die Fertigung aufnehmen. Damit gehört rund 15 Jahre nach der Entdeckung des elektrodynamischen Prinzips die Dynamomaschine zum festen Fabrikationsprogramm der großen und zahlreichen kleinen Elektrofirmen.
Eine der kleinen Firmen ist um diese Zeit noch die von dem Mechaniker Johann Sigmund *Schuckert* 1873 in seiner Heimatstadt Nürnberg gegründete Werkstatt. Bald vergrößert sie sich derart, daß er nach einem Teilhaber Ausschau hält und 1884 zusammen mit Alexander *Wacker,* dem späteren Begründer der Wacker-Chemie GmbH, die Kommanditgesellschaft Schuckert & Co bildet. Aus ihr entsteht 1893 die Elektrizitäts-Aktiengesellschaft vormals Schuckert & Co, die nun bereits zu den größten Firmen

der Elektrotechnik in Deutschland zählt. Eine Fusion mit der Siemens & Halske A. G. ruft 1903 die Siemens-Schuckert Werke A. G. ins Leben, einen Teil der heutigen Siemens A. G.
Eines fällt uns auf, wenn wir in den elektrotechnischen Zeitschriften der 80er Jahre blättern. Es gibt unzählige, zum Teil sogar recht unterschiedliche Bauformen elektrischer Maschinen. Das hat seine Ursache in den noch weitgehend unbekannten theoretischen Grundlagen. Jeder Konstrukteur verfährt nach eigenem Gutdünken, gerade so, wie es ihm am günstigsten erscheint, und *von Hefner-Alteneck* meint einmal, es sei Glückssache, eine neue Dynamomaschine zu bauen. Daß dies nicht immer gutgeht, kann man sich denken, und so fängt der Ärger bereits mit der unerklärlich hohen Erwärmung des Eisens an.
Siemens vermutet ihren Ursprung in der Ummagnetisierung des Eisens durch den in der Maschine fließenden Wechselstrom, d. h. in der später Hysteresis genannten Erscheinung. Daß der wirkliche Grund aber Wirbelströme sind, stellt sich erst viel später heraus, obwohl *Foucault* sie bereits 1855 experimentell nachweisen kann. Auch das Mittel zu ihrer Vermeidung, die Unterteilung des Eisens, ist seit langem bekannt. Vorerst aber verwenden die Ingenieure für den magnetisch aktiven Teil der Maschine noch immer einen massiven Eisenkörper, erhitzen ihre Köpfe auf der Suche nach den Ursachen der Wärme und versuchen, diese durch Wasserkühlung abzuleiten.
Auch als die Erkenntnis von der notwendigen Unterteilung des Eisens um 1875 endgültig in das Bewußtsein der Maschinenhersteller eindringt, passieren noch immer Fehler, weil hier und da das Verständnis für die physikalischen Vorgänge fehlt.
Schuckert z. B. unterteilt das Eisen anfangs in genau der falschen Richtung, nämlich senkrecht zu den Kraftlinien statt in ihrer Richtung. Das fällt erst auf, als eine andere Firma den Schuckertschen Generator zum Vorbild nimmt und dieser nach Änderung des Eisens eine zweieinhalbmal so hohe Spannung liefert.
Es ist überhaupt schwierig, von vornherein zu sagen, welche Spannung ein Generator abgeben wird. Die Ingenieure helfen sich, indem sie einem neuen Modell zunächst eine Versuchswicklung geben, das Verhalten der Maschine sodann durch Messung ermitteln und aus den Meßdaten die endgültige Wicklung errechnen. Da sich auch beim Motor die Drehzahl nicht genau vorausbestimmen läßt, wird einfach die Riemenscheibe zuletzt hergestellt und deren Durchmesser dann so gewählt, daß die angetriebene Einrichtung mit der gewünschten Drehzahl läuft.
Ein Irrtum, der jahrelang hindurch den Elektromaschinenbau beherrscht, ist die Ansicht vom „schönen und glänzenden Bürstenfeuer", das als erforderlich für einen guten Lauf gilt und sich in manchem Protokoll unter dem Vermerk „Maschine funkt gut" niederschlägt. Als man schließlich merkt, daß die Funken den Kollektor beschädigen und die Bürsten verbrennen, beginnt die Aufklärung ihrer Ursache. Im Rahmen dieser Arbeiten entdeckt James *Swinburne* 1890 die sogenannte Ankerrückwirkung, ursprünglich Armaturreaktion genannt, und gibt theoretisch untermauert als Abhilfe die bereits von anderer Seite vorgeschlagenen Wendepole und die Kompensationswicklung an.
Die meßtechnischen Untersuchungen bringen zwar schon einen Fortschritt im Entwurf neuer Maschinentypen, aber erst die theoretische Betrachtung der magnetischen Verhältnisse beseitigt die Unsicherheit vollends. Maßgebend daran beteiligt sind die Gebrüder John und Edward *Hopkinson* aus England sowie der Österreicher Gisbert *Kapp,* die 1886 eine erste Theorie magnetischer Kreise liefern und damit den Grundstein für alle zukünftigen Arbeiten legen.
In unermüdlicher Arbeit werden die einzelnen Bauteile der Maschinen systematisch untersucht und verbessert. All dieser Aufwand aber lohnt sich vielfach, wie der schnelle Aufschwung der elektrischen Antriebe in den 90er Jahren beweist.

Vom Gleichstrom zum Wechselstrom

Wenn wir bisher nur immer von Gleichstrommaschinen gesprochen haben, so hat das seinen geschichtlichen

Grund. Wechselstrom, wie er ja zunächst im Generator induziert wird, ist für die Anwendung lange Zeit hindurch uninteressant. Das wird verständlich, wenn wir berücksichtigen, daß für den Motor in der Anfangszeit als Energiequelle nur galvanische Elemente zur Verfügung stehen und der Generator sein Hauptanwendungsgebiet zunächst in der Galvanotechnik findet, wo ebenfalls nur Gleichstrom in Frage kommt. Was sollte man also mit Wechselstrommaschinen? Daß sich zwei Maschinen miteinander verbinden lassen und der Generator den Motor speisen kann, kommt den Ingenieuren trotz des bereits 1835 von *Clark* ausgeführten Versuches erst sehr viel später zum Bewußtsein.

Einer der wenigen, die wirklich am Wechselstrom interessiert sind, ist *Jablochkoff,* der ihn für seine Kerze benötigt. Er regt daher *Gramme* und *Siemens* an, Wechselstrommaschinen herzustellen. Beide nehmen auch die Fertigung auf.

Darüber hinaus aber besteht kein zwingender Grund, den sich bewährenden Gleichstrom durch eine andere Stromart zu ersetzen, zumal sie komplizierter als der Gleichstrom ist und die dafür gültigen Gesetze sich nicht ohne weiteres auf Wechselstrom übertragen lassen. Außerdem zeigt der Gleichstrommotor auch ein günstigeres Betriebsverhalten als der aus der Umkehrung des Wechselstromgenerators zunächst entstehende Wechselstrom-Synchronmotor, so genannt, weil bei ihm der Anker synchron mit dem Wechselfeld im Ständer umläuft.

Wechselstrommaschinen werden daher in der Anfangszeit ihrer Entwicklung vorwiegend als Generatoren für Beleuchtungszwecke hergestellt. Diese Situation ändert sich aber grundlegend, als Versuche unternommen werden, die elektrische Energie über größere Entfernungen zu übertragen. Hier zeigt es sich bald, daß der Gleichstrom versagt

Es scheint so, als ob nun die große Zeit des Wechselstroms beginnt, des einphasigen Wechselstroms wohlbemerkt, denn etwas anderes ist bisher ja nicht bekannt. Da taucht eine dritte Größe auf, der mehrphasige Wechselstrom, und hier wieder besonders der dreiphasige, für den von *Dolivo-Dobrowolsky* 1889 den Namen Drehstrom prägt.

Die Geschichte des mehrphasigen Wechselstroms beginnt Ende der 70er Jahre des vorigen Jahrhunderts, als sich in England Walter *Baily,* vermutlich durch die Beobachtung von *Arago* aus dem Jahre 1824 angeregt, mit der Erzeugung eines rotierenden magnetischen Feldes beschäftigt. *Baily* fertigt zu diesem Zweck ein kleines Modell, das aus vier im Kreis angeordneten aufrecht stehenden hufeisenförmigen Elektromagneten besteht, und ordnet über deren Polen eine runde drehbare Kupferscheibe an. Dann legt er die Magnete durch einen Umschalter abwechselnd paarweise an eine Gleichspannung und erzeugt dadurch ein Magnetfeld, das im Rhythmus des Umschaltens ruckweise vorwärts schreitet und im Kreis herumwandert. Genauso wie der drehende Magnet bei den Experimenten von *Arago* versetzt auch hier das drehende Magnetfeld, das sogenannte Drehfeld, die Kupferscheibe infolge der darin induzierten Ströme in Bewegung. Dieses kleine Modell ist nichts anderes als die Urform des heute in Millionen von Exemplaren verbreiteten mehrphasigen Asynchronmotors.

Baily führt sein Modell, dessen Magnete etwa 10 cm hoch sind und dessen Scheibe einen Durchmesser von rund 6 cm hat, in London am 28. Juni 1879 einem Kreis von Wissenschaftlern vor. Die Herren sind an der Sache aber nicht weiter interessiert, und auch *Baily* betrachtet sie mehr als eine physikalische Spielerei und geht ihr nicht weiter nach.

Ohne Kenntnis dieser Arbeiten kommt acht Jahre später in Italien der Professor für Physik Gallileo *Ferraris* auf eine ähnliche Idee. Er möchte ein Drehfeld durch zwei mit Wechselstrom gespeiste Spulen erzeugen. Kaum ist der Gedanke ausgereift, begibt er sich auch schon an die Herstellung eines entsprechenden Modells. Hierzu ordnet er die beiden rechteckförmigen Spulen im rechten Winkel zueinander an und befestigt in ihrem Inneren ein drehbar gelagertes Stück Kupfer.

Bereits die ersten Versuche mit diesem kleinen Motor beweisen die Richtigkeit der gedanklichen Betrachtung. Das Kupferstück dreht sich. Erst drei Jahre danach, am 18. März 1888, berichtet *Ferraris* vor der Königlichen Akademie der Wissenschaften in Turin von seinen Arbeiten. Kurz danach liegt der Vortrag auch in gedruckter

Form vor. An die Möglichkeit einer industriellen Verwirklichung seiner Idee in Form eines leistungsfähigen Motors glaubt er nicht. Die Westinghouse Electric Co. scheint allerdings anderer Ansicht zu sein, denn sie bemüht sich um sein Einverständnis für eine amerikanische Patentanmeldung. *Ferraris* jedoch zögert, und als er dann endlich zustimmt, ist es zu spät. *Tesla* hat ihm den Rang abgelaufen.

Vergebliches Bemühen

Nicola *Tesla,* in Kroatien geboren, wird nach einem Studium der Mathematik und Physik am Polytechnikum in Graz und an der Universität Prag Mitarbeiter der österreichischen Telegraphenverwaltung. Bereits während der Studienzeit regt ihn das Bürstenfeuer einer Grammeschen Maschine dazu an, einen Motor ohne Kollektor zu bauen, bei dem dieses scheußliche Feuerwerk nicht mehr auftreten kann. Sein Professor bemüht sich vergebens, ihn von einer solchen seiner Meinung nach undurchführbaren Idee abzubringen. *Tesla* aber grübelt tagaus und tagein, bis er 1882 während eines Spaziergangs mit einem Schulkameraden die Lösung findet und sie in den Sand zeichnet.
Sofort begibt er sich an die Arbeit und entwickelt innerhalb von zwei Monaten einen kleinen zweiphasigen Motor und einen ebensolchen Generator. Begeistert sieht er, wie sich der Motor, vom Generator mit Strom versorgt, zu drehen beginnt. Die Begeisterung ist allerdings nur einseitig, denn als er seine Erfindung 1883 in Paris den Herren der Compagnie Continentale Edison vorführt, zeigt niemand Interesse daran. Nachdem auch noch andere Vorführungen ohne Ergebnis verlaufen, wendet *Tesla* der Alten Welt den Rücken und geht nach Amerika.
Hier spricht er bei *Edison* in der Hoffnung vor, daß dieser die Bedeutung seiner Arbeiten erkennt. Aber auch das ist ein Fehlschlag. *Edison* ist zeit seines Lebens ein Verfechter des Gleichstroms, zeigt sich nicht nur *Tesla* gegenüber abwehrend, sondern sträubt sich anläßlich eines Besuchs in Berlin im September 1889 auch, den neuen Drehstrommotor der Allgemeinen Elektricitäts-Gesellschaft anzusehen, und äußert bei dieser Gelegenheit „Nein, nein, Wechselstrom ist ein Unding, hat keine Zukunft, ich will nichts von Wechselstrom wissen noch hören!“. Irren ist eben menschlich. Es folgen für *Tesla* einige bittere Jahre, in denen er sich den Lebensunterhalt teilweise als Erdarbeiter verdienen muß.
Im Oktober 1887 meldet er schließlich die ersten Patente in Amerika an. In aller Welt bekannt werden die Arbeiten dann durch seinen Vortrag vom 16. Mai 1888 vor dem American Institute of Electrical Engineers. Etwa einen Monat danach erhält er in seinem Labor in New York den Besuch eines Mannes, der in Amerika auf Grund einer eigenen Erfindung bereits weithin bekannt ist. Dieser Besucher stellt sich als George *Westinghouse* vor, ist Erfinder der Druckluftbremse und Inhaber der 1886 gegründeten Westinghouse Electric Co. Seine Vorfahren, sie hießen damals noch von Wistinghausen, sind 1755 aus Deutschland eingewandert. Entscheidend für sein Leben wird ein Eisenbahnunglück. Der Zug, in dem er fährt, stößt infolge Versagens der Bremsen mit einem anderen Zug zusammen. Tote und Verletzte bewegen ihn, sich eingehend mit der Bremsung von Eisenbahnzügen zu beschäftigen.

Nachbildung der von *Ferraris* für seine Drehfeldversuche 1885 verwendeten Apparate

Nachbildung des von *Tesla* 1887 erbauten Induktionsmotors

1867 ist die neue Druckluftbremse fertig, und er geht voller Stolz zu Cornelius *Vanderbilt,* dem Eisenbahnkönig. Der Erfolg des Gespräches ist jedoch enttäuschend, denn *Vanderbilt* sagt: „Wenn ich Sie recht verstanden habe, junger Mann, wollen Sie meine Eisenbahnzüge mit Wind stoppen. Ich habe keine Zeit, mir solchen Unsinn anzuhören". Unversehens steht der junge Mann wieder vor der Tür des Allgewaltigen. Wenige Jahre später aber sind auch die Züge des Herrn *Vanderbilt* mit der Druckluftbremse ausgestattet.
Anschließend wendet sich *Westinghouse* dem elektrischen Signalwesen der Bahnen zu, denn auch das dient der Sicherheit des Zugverkehrs. Daraus entsteht die bereits genannte Westinghouse Electric Co. 1895 vereinigt er drei seiner Firmen zur Westinghouse Electric and Manufacturing Co, die uns später noch als Verfechter des Wechsel- bzw. Drehstroms in Amerika begegnen wird. Aus ihr entsteht die heutige Westinghouse Electric Corporation, der zweitgrößte Elektrokonzern Amerikas.
Der Grund des Besuchs bei *Tesla* sind dessen 40 Patente des neuen Mehrphasensystems, für die *Westinghouse* die stolze Summe von 1 Million $ auf den Tisch legt. Man wird sich einig, *Tesla* erhält noch zusätzlich für jedes PS der hergestellten Maschinen 1 $ und wird für die Dauer eines Jahres gegen ein hohes Gehalt als Berater angestellt. Alle Bemühungen aber sind vergebens. Nach Ablauf dieses Jahres gibt es noch immer keinen fabrikationsreifen Motor und 1890 werden die Arbeiten daran ganz eingestellt.
Tesla geht in sein New Yorker Labor zurück und wendet sich bald anderen, wesentlich erfolgreicheren Arbeiten zu. Am 13. März 1895 brennt das Labor vollständig nieder, alle Modelle seiner zweiphasigen Motoren und sämtliche Aufzeichnungen darüber gehen für immer verloren. Auf Vorschlag ihres Chefingenieurs Benjamin Garver *Lamme* nimmt die Westinghouse-Gesellschaft die Arbeiten am Mehrphasenmotor wieder auf. Sie führen schließlich auch zum Asynchronmotor mit Käfigläufer, aber, wie *Lamme* mit Bedauern feststellen muß, über ein Jahr später als die Arbeiten von Michael von *Dolivo-Dobrowolsky* bei der Allgemeinen Elektricitäts-Gesellschaft.

Statt zwei Phasen drei

Das ganze Problem des Mehrphasenstromes rückt in den 80er Jahren des 19. Jahrhunderts in den Vordergrund des Interesses und wird an mehreren Stellen aufgegriffen. In Amerika ist es neben *Tesla* noch Charles Schenk *Bradley,* der verschiedene Patente auf diesem Gebiet einreicht. Darunter 1888 eines, das den zweiphasigen Asynchronmotor mit Kurzschlußkäfig im Ständer enthält, und ein anderes, das ein dreiphasiges System betrifft, mit Generator, Synchron- und Asynchronmotor. Obwohl die auf dem Papier fixierten Entwürfe ohne weiteres brauchbar sind, denkt er nicht an eine Herstellung der Maschinen. Ganz im Gegensatz zu ihm steht Friedrich August *Haselwander,* der Inhaber einer kleinen Elektrowerkstatt in Offenburg. Anläßlich der Reparatur eines Gleichstrommotors stellt er sich Anfang 1887 die Frage, warum die Elektrotechniker den in der Maschine erzeugten Wechselstrom so selten direkt verwenden, sondern ihn meist erst über einen Kollektor gleichrichten. Würde man nämlich die drei Ankerwicklungen des vorliegenden Motors mit ihren offenen Enden zu drei Schleifringen führen und zwei derartige Maschinen über drei Leitungen miteinander verbinden, so müßte die eine, als Generator angetrieben, drei phasenverschobene Wechselströme liefern und die zweite als Motor laufen.
Im August macht sich *Haselwander* an die Arbeit, um eine derartige Maschine herzustellen. Am 12. Oktober

Drehstrommaschine von *Haselwander,* erbaut August/September 1887

kann er sie in der Offenburger Hutfabrik von August *Adrian* in Betrieb setzen, wo sie Drehstrom für Beleuchtungszwecke liefert.
Im März des folgenden Jahres unternimmt er mit zwei Maschinen den ersten, wenn auch noch kleinen Versuch einer Drehstrom-Kraftübertragung, der zur vollen Zufriedenheit ausfällt. Der Plan einer größeren Übertragung aber scheitert zuerst am Geld und dann am Einspruch der Post.
Haselwander ist überhaupt vom Pech verfolgt. Einmal steht seinen Versuchen die Post im Wege, zum anderen wird die Patentanmeldung eines vollständigen Drehstrom-Kraftübertragungssystems vom Generator über Transformator bis zum Motor durch die Schuld seines Anwalts verzögert und trägt somit erst das Eingangsdatum vom 21. Juni 1888. Dann versteht der Prüfer im Patentamt die Sache vermutlich nicht richtig und verlangt eine Neuanmeldung. Sie erfolgt am 30. Juni 1889 und führt auch zum Patent, aber dessen erster Anspruch wird 1891 wieder für nichtig erklärt. Um die Früchte seiner Arbeit gebracht, zieht sich *Haselwander* verbittert zurück. Wenn auch sein erster Drehstrom-Generator auf der Internationalen Elektrotechnischen Ausstellung 1891 in Frankfurt gezeigt wird, so ist nicht er die Sensation dieser Ausstellung, sondern die Drehstrom-Kraftübertragung Lauffen-Frankfurt mit dem an sie angeschlossenen Drehstrom-Asynchronmotor des Chefelektrikers der Allgemeinen Elektricitäts-Gesellschaft Michael *von Dolivo-Dobrowolsky*.
Mit Kurzschlußversuchen an Gleichstrommaschinen beschäftigt, stößt *Dolivo-Dobrowolsky* bei der Verfolgung des technischen Schrifttums auf die von *Ferraris* 1888 veröffentlichte Theorie der mehrphasigen Ströme. Sie führt ihn auf den Gedanken, doch einmal selbst einen solchen kurzgeschlossenen Anker in dem erwähnten rotierenden Feld laufen zu lassen. Da ihm aber die Anordnung zweier gekreuzter Spulen, wie sie *Ferraris* verwendet, nicht sinnvoll erscheint, wählt er eine gleichmäßig über den Ständer verteilte Wicklung und teilt sie in drei Phasen auf. An eine Patentanmeldung möchte die Allgemeine Elektricitäts-Gesellschaft erst dann herangehen, „wenn aus den Versuchen etwas werden würde".
Also gibt er sogleich einen entsprechenden Versuchsmotor in Auftrag. Er ist Anfang des Jahres 1889 fertig. Sein Anker besteht aus einem massiven Eisenzylinder von 75 mm Durchmesser und 75 mm Länge mit 24 Nuten, in die je ein Kupferstab eingebettet ist. Die beiden Stirnseiten der Stäbe sind über eine Kupferplatte gut leitend miteinander verbunden. Die Feldwicklung ist in 24 Nuten des Ständers untergebracht. Sofort beim Einschalten läuft der kleine Motor an, und das Bewundernswerte an ihm ist, er entwickelt trotz seiner geringen Leistung von nur etwa $^1/_{10}$ bis $^1/_8$ PS ein so großes Drehmoment, daß er sich nicht von Hand abbremsen und auch kaum am Anlauf hindern läßt.
Nun holt die Allgemeine Elektricitäts-Gesellschaft die Patentanmeldung nach. Sie erfolgt am 8. März 1889 auf

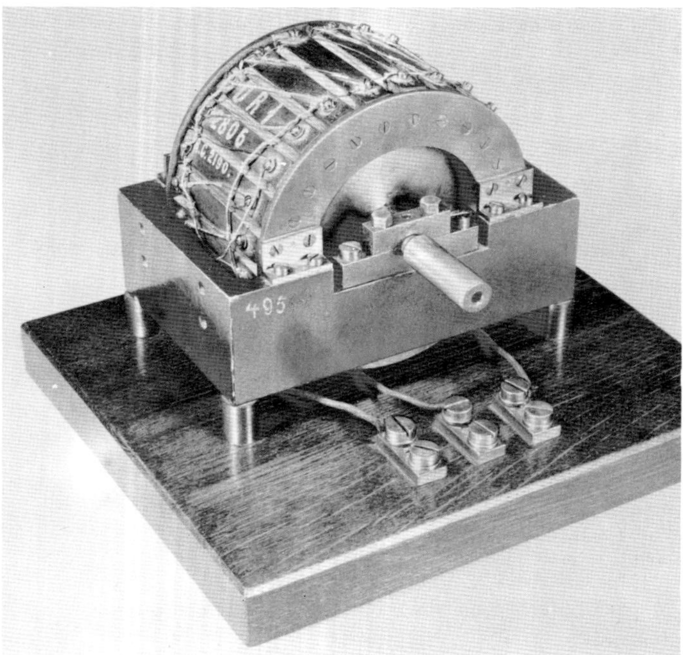

Erster Drehstrom-Asynchronmotor von *Dolivo-Dobrowolsky* aus dem Jahre 1889

einen Anker für Wechselstrom-Motoren. Daß dieser Drehstrom-Asynchronmotor mit Kurzschlußläufer einmal der meist gebrauchte Motor sein wird, lassen sich damals alle Beteiligten sicherlich nicht träumen.
Um die Wende vom 19. zum 20. Jahrhundert steht die Überlegenheit des Drehstroms für die öffentliche Energieversorgung eindeutig fest und die entsprechenden elektrischen Maschinen liegen in ihren wesentlichen Ausführungen vor. Die weitere Entwicklung bringt eine ständige Verbesserung der elektrischen und konstruktiven Daten, eine Abnahme des Gewichts und eine erhöhte Betriebssicherheit. Während ein Drehstrommotor im Jahre 1891 noch 88 kg je kW abgegebener Leistung wiegt, liegt diese Zahl heute bei etwa 7,5 kg je kW. Darüber hinaus werden Motoren mit immer größerer Leistung hergestellt.
Ähnliche Verhältnisse herrschen auch bei den Generatoren, wo mit dem unaufhörlichen Anwachsen des Energiebedarfs auch die Leistung der Maschineneinheiten zunimmt. Geben die ersten ihrer Art nur wenige Kilowatt ab, so sind es in den 90er Jahren bereits an die 1000 kW. Im Verlauf der weiteren Entfaltung spielt, wie wir im nächsten Kapitel noch sehen werden, der Übergang von der Dampfmaschine zur Dampfturbine als Antrieb eine bedeutende Rolle. Er ermöglicht nicht nur die gewünschte Leistungssteigerung, sondern bringt infolge der hohen Turbinendrehzahl auch eine völlig neue Bauweise der angekuppelten Generatoren mit sich. Es entsteht der Turbogenerator mit seiner langgestreckten Form. Für ihn erfindet Ch. E. L. *Brown* 1901 den heute überall verwendeten Walzenturboläufer, bei dem die Erregerspulen in Nuten verteilt untergebracht sind.
Zu Beginn der 30er Jahre erreicht die Maschinenleistung mit fast 100 000 kW die Grenze des technisch Möglichen bei normaler Luftkühlung. Obwohl bereits im September 1915 ein Deutscher namens Max *Schuler* ein Patent auf die Wasserstoffkühlung erhält, findet sie endlich über 20 Jahre später im amerikanischen Kraftwerk Millers Ford Station in Dayton/O. ihre Anwendung. Hier geht am 12. Oktober 1937 der erste wasserstoffgekühlte Turbogenerator der Welt in Betrieb. Er entstammt den Werken der General Electric Company und hat eine Leistung von 25 Megawatt. Dank dieser Kühlmethode steigt die Leistung weiterhin an und erreicht 1965 bei der amerikanischen Firma Allis Chalmers die ungeahnte Größe von 1000 Megawatt.
Die Ingenieure haben ihren Blick aber nicht nur auf die großen Maschinen gerichtet, auch kleine und kleinste Motoren entstehen und werden heute in Millionen Stückzahlen gefertigt. Blicken wir uns nur einmal im eigenen Heim um, so werden wir mit Erstaunen feststellen, wie viele Elektromotoren dort bereits Eingang gefunden haben. Es sind mit Sicherheit mehr, als wir im ersten Augenblick schätzen. Wir finden sie in Kühlschränken, Waschmaschinen, Staubsaugern, Haushaltsmaschinen, Handmixern, Kaffeemühlen, elektrischen Uhren, Haartrocknern, Elektrorasierern, Tonbandgeräten, Plattenspielern, Geschirrspülautomaten, Schmalfilmkameras, Film- und Diaprojektoren, nicht zuletzt in der Modelleisenbahn und so manchem anderen mehr.

Elektrizität verwandelt die Welt

Heute durchziehen Hochspannungsleitungen Länder und Kontinente, tragen elektrische Energie tausende Kilometer weit über Berge und Täler, über Flüsse und Meerengen, und unter den Straßen der Städte liegen zahllose Kabel, die diese Energie an Fabriken, Büros und an jeden Haushalt verteilen. Für unsere Generation ist das selbstverständlich, vor 100 Jahren aber gab es von alledem noch nichts. Wer sich Elektrizität zu irgendeinem Zweck nutzbar machen wollte, der mußte mit galvanischen Elementen, Akkumulatoren oder einem eigenen Generator vorlieb nehmen. Das aber waren, von Physikern und Ingenieuren abgesehen, nur wenige; im täglichen Leben fehlte die Elektrizität noch völlig.

Der grundlegende Wandel tritt erst mit der Erfindung der Glühlampe und der Entwicklung leistungsfähiger elektrischer Maschinen ein. Beide gehen, wie wir nun schon wissen, einander parallel und führen zur öffentlichen Elektrizitätsversorgung, die, einmal begonnen, in wenigen Jahrzehnten lawinenartig anschwillt.

Die Elektrizität verwandelt die Welt.

Strom für jedermann

Wieder einmal führt uns der Weg in der Geschichte der Elektrotechnik nach Menlo Park, wo *Edison* seine zahlreichen Ideen in die Tat umsetzt. Diesmal geht es ihm darum, die mit viel Mühe und großen Kosten entwickelte Glühlampe zu einem lukrativen Geschäft zu machen. Er ist ja stets auf finanzielle Ausbeute seiner Erfindungen bedacht und macht auch nie einen Hehl daraus. Als ihn eines Tages eine Zeitung mit dem Titel „Wissenschaftler“ belegt, erklärt er ganz offen: „Faraday war ein Wissenschaftler. Er arbeitete nicht für Geld, er hatte keine Zeit dazu. Ich dagegen bin ein Erfinder. Bei mir ist der Dollar das Maß der Dinge“.

Absetzen kann *Edison* seine Glühlampe freilich nur dann in größeren Stückzahlen, wenn sie neben der Industrie und den öffentlichen Gebäuden vor allen Dingen im Haushalt Eingang findet. Das aber setzt voraus, daß der Strom zu ihrem Betrieb von jedermann bezogen werden kann. Eine solche Möglichkeit gibt es bisher jedoch nicht, denn wer eine elektrische Beleuchtung haben will, muß seinen eigenen kleinen Generator aufstellen und natürlich dazu auch eine Antriebsmaschine, also eine sogenannte Einzelanlage errichten.

In Anbetracht dieser Situation entschließt sich *Edison,* selber Kraftwerke zu bauen und den erzeugten Strom gegen bare Münze zu verkaufen. Er beginnt an zwei Stellen, im Herzen New Yorks, in der Pearl Street Nr. 255/57 und über seine Agenten in London am Ostende des uns bereits bekannten Holborn Viadukts.

Die Pearl Street Station, wie das Werk in New York genannt wird, ist in der Hälfte eines vierstöckigen Hauses untergebracht. Das Erdgeschoß enthält vier Babcock & Wilcox-Dampfkessel, in der ersten Etage stehen sechs Porter-Allen-Dampfmaschinen zu je 125 PS und sechs Jumbo-Gleichstromgeneratoren von 110 V. In der zweiten Etage sind die Feldregler der Generatoren untergebracht und die dritte beherbergt ein Lampenkontrollfeld mit 1000 Glühlampen.

Mit gleicher Einrichtung wird auch die Holborn Viaduct Station versehen. Allerdings hat sie zunächst nur $^1/_6$ der Leistung, nämlich nur einen Jumbo und nur eine Porter-

Allen-Dampfmaschine. Dafür gebührt ihr die Ehre, das erste öffentliche Dampfkraftwerk der Welt zu sein, denn sie geht einige Monate vor der New Yorker Station in Betrieb, die vom 4. September 1882 an ihren Strom liefert.
In New York sind schon einen Monat später 1284 Glühlampen angeschlossen und zu Beginn des nächsten Jahres ist ihre Zahl bereits auf 3477 angewachsen. Die weitere Nachfrage ist so groß, daß die Edison Electric Light Co. mit der Lieferung von Glühlampen nicht nachkommen kann. Das versorgte Stadtgebiet umfaßt schließlich eine Quadratmeile, wozu zweiadrige Kabel in einer Länge von 18 Meilen verlegt sind.
Dieser verheißungsvolle Anfang findet am 2. Januar 1890 ein jähes Ende, als die gesamte Pearl Street Station durch Feuer zerstört wird. Lediglich ein Jumbo-Generator kann einigermaßen unbeschädigt geborgen werden.
Andere Städte Amerikas folgen rasch dem Beispiel New Yorks, und bereits 1885 ist Illinois auf den Straßen und in den Geschäfts- und Privathäusern fast vollständig elektrisch beleuchtet. In England erscheint 1882 als sogenannter Electric Lighting Act die erste gesetzliche Verfügung zur elektrischen Energieerzeugung. Sie unterstellt das gesamte Zulassungswesen für Elektrizitätswerke dem Board of Trade, das seinerseits Konzessionen vergibt.
Während *Edison* seine Pearl Street Station von vornherein auf einen größeren Abnehmerkreis bemißt, beginnt in Deutschland die Versorgung zunächst in kleinerem Umfang und entwickelt sich aus einer Einzelanlage. Wie wir bei der Geschichte der Glühlampe gesehen haben, läßt *Reisser* im Frühjahr 1882 in seinem Haus in Stuttgart eine elektrische Beleuchtungsanlage installieren. Sie findet unter der Bevölkerung derart großen Anklang, daß bald von anderer Seite der Wunsch geäußert wird, ebenfalls

Die Pearl Street Station in New York mit ihren Jumbo-Generatoren nimmt *Edison* 1882 in Betrieb

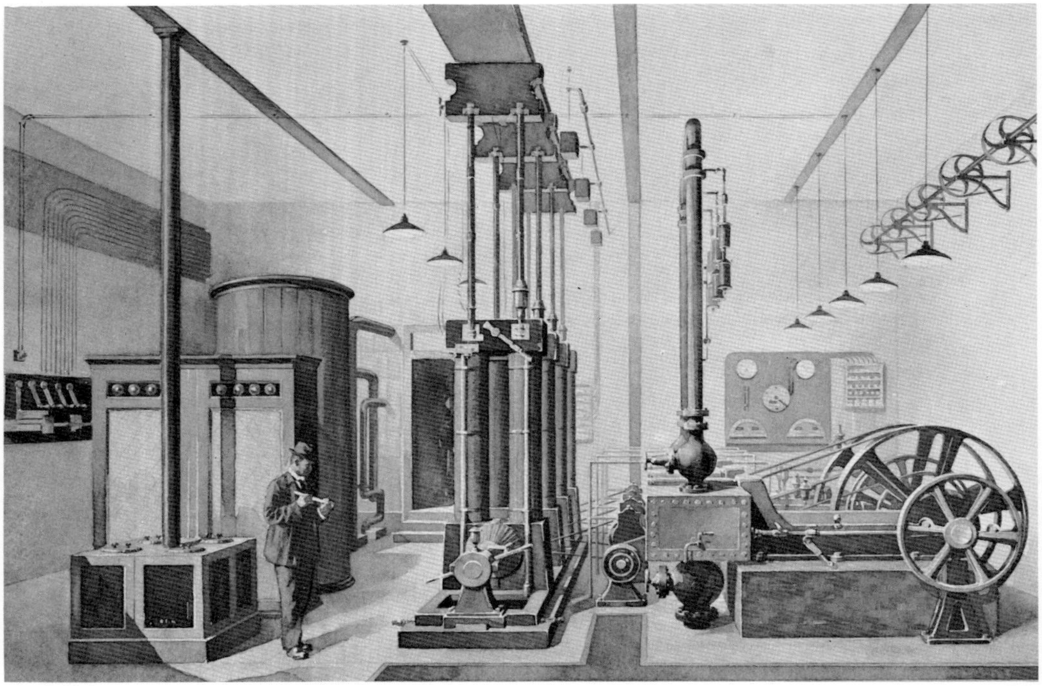

Zentrale in der Friedrichstraße 85 in Berlin, errichtet 1884 von der Deutschen Edison-Gesellschaft

Strom zu beziehen, und so schließen sich im Oktober ein benachbartes Ladengeschäft und das Postamt mit über 60 Glühlampen an. Im Januar 1883 folgt das königliche Schloß, und ein weiteres Jahr später sind es 700 Glühlampen, vier Bogenlampen und zwei Motoren, die ihren Strom aus der Reisserschen Anlage entnehmen.
Rathenau, der Schöpfer der Deutschen Edison-Gesellschaft, die er zu dem Zweck gründet, „elektrische Anlagen zur gewerblichen Verwertung des Edisonschen Glühlichts zu schaffen und zu betreiben", erkennt sehr bald, daß der Bau von Einzelanlagen nicht das alleinige Ziel seiner jungen Firma sein kann. Die Zukunft liegt vielmehr in der Errichtung von Zentralen zur Versorgung größerer Gebiete. Als sich hierfür eine noch dazu besonders werbewirksame Gelegenheit bietet, packt er zu. Der Union-Club in der Schadowstraße und die Ressource von 1794 in der Dorotheenstraße, die beide im gesellschaftlichen Leben Berlins eine große Rolle spielen, wollen in ihren Räumen elektrisches Licht einführen. Da sie nahe beieinander liegen, errichtet die Deutsche Edison-Gesellschaft 1883 zu ihrer Versorgung eine gemeinsame Station. Dampfmaschine und Generator werden in den Nebenräumen des Union-Clubs aufgestellt und etwa 500 Glühlampen angeschlossen.
Die feierliche Einweihung wird zu einem großen gesellschaftlichen Ereignis, verläuft allerdings nicht ohne Komplikationen. Während die Gäste, von denen viele noch nie zuvor elektrisches Licht gesehen haben, den Fortschritt der Technik bewundern, bemerkt *Rathenau* plötzlich ein Flackern und Dunklerwerden der Lampen. Er eilt in die Station, um die Ursache zu ermitteln. Dort weiß man schon, woran es liegt. Die Lager der Dampfmaschine sind heiß gelaufen. So steht denn *Rathenau,* wie er später einmal schmunzelnd erzählt hat, den Rest der Nacht, wie der

Arzt am Bett eines fiebernden Kranken, neben der Dampfmaschine, um ihre Lager mit Eis zu kühlen. Mit dem Eis, das eigentlich anderen angenehmeren Zwecken hätte dienen sollen.
Weitere Stationen in Berlin folgen 1884 in der Friedrichstraße mit sieben Generatoren von insgesamt 100 kW für 1800 Glühlampen und 18 Bogenlampen sowie 1885 in der Markgrafenstraße. Hier liefern zwölf Generatoren bei 110 V bereits eine Leistung von 540 kW. Einen beachtlichen Schritt vorwärts bilden die 1889 bzw. 1890 in der Spandauer- und der Mauerstraße errichteten Zentralen mit ihren 1000-PS-Dampfmaschinen und direkter Kupplung der Generatoren.
Sämtliche Anlagen werden von der Deutschen Edison-Gesellschaft bzw. ihrer Nachfolgerin, der Allgemeinen Elektricitäts-Gesellschaft geplant und errichtet. Sie liefert auch die Glühlampen mit ihren Fassungen, wobei Siemens & Halske Generatoren, Transformatoren und deren technische Einrichtungen beisteuert. 1894 lösen beide Firmen ihre vertraglichen Bindungen. Rund 75 Jahre später, am 1. April 1969, legen sie ihre Aktivitäten auf dem Kraftwerks- und Transformatorenbau abermals zusammen und gründen gemeinsam die Kraftwerk Union AG und die Transformatoren Union AG.
In Italien erhält Mailand 1883 sein erstes öffentliches Elektrizitätswerk und in Österreich ein Jahr später Wien.

Verdienst wird klein geschrieben

Neben den technischen Fragen bei der Errichtung der ersten Kraftwerke spielt auch deren örtliche Lage und ihre Rentabilität eine wesentliche Rolle. Wegen des in der Anfangszeit ausschließlich verwendeten Gleichstroms und der damit verbundenen niedrigen, den Lampen angepaßten Verteilerspannung, bleibt keine andere Wahl, als die

Das Café Bauer in Berlin im Glanz der neuen 1884 installierten elektrischen Beleuchtung. Den Strom liefert die Zentrale in der Friedrichstraße

Das Kraftwerk Mauerstraße im Jahre 1891 mit seinen 1000-PS-Dampfmaschinen und direkt gekuppelten Generatoren

Kraftwerke mitten in die bebauten und dicht besiedelten Gebiete der Städte zu stellen. Das führt teilweise zu Schwierigkeiten mit den Behörden, die ja die Konzessionen vergeben. Auch die Bevölkerung sträubt sich dagegen, denn sie befürchtet eine Belästigung durch Rauch und Ruß oder Feuer- und Explosionsgefahr. Alles dies läßt sich schließlich noch lösen, schwieriger aber ist es, die Kraftwerke ökonomisch zu betreiben.
Solange nur Einzelanlagen vorhanden sind, ist die Frage nach den Stromkosten von untergeordneter Bedeutung. In dem Augenblick aber, wo ein Kraftwerk elektrische Energie an verschiedene Abnehmer verkauft, muß die bezogene Menge gemessen und berechnet werden. Eine Möglichkeit der Messung gibt es zwar bereits in dem 1880 von *Edison* entwickelten elektrolytischen Zähler. Er wird wegen seiner umständlichen Handhabung in Europa aber vorerst kaum verwendet.
Die Abrechnung des Stromes erfolgt daher in der Anfangszeit zu einem Pauschalpreis, der sich nach der Zahl der Lampen richtet. Mit der Zeit tauchen dann andere, bessere Zählerkonstruktionen auf. Der heute in jedem Haushalt vorhandene Induktionszähler geht auf das Jahr 1887 zurück, wo ihn der Schweizer Ingenieur François *Borel* und kurz danach *Ferraris* angeben.
Die wirtschaftliche Lage der ersten Kraftwerke ist nicht gerade gut; Verdienst muß daher klein geschrieben werden. Die Ursache liegt im Abnehmerkreis, denn der gelieferte Strom dient, von einigen wenigen Motoren abgesehen, bis in das letzte Jahrzehnt des 19. Jahrhunderts hinein ausschließlich der Beleuchtung. Man nennt ihn damals aus diesem Grunde vielfach Lichtstrom. Das aber bedeutet nur wenige Stunden wirklichen Bedarfs, den Rest des Tages stehen die teueren Anlagen still oder laufen annähernd leer.
Eine Verbesserung dieser Verhältnisse bringt der Akkumulator, der allmählich zur Pufferung in den Kraftwerken aufgestellt wird und in der betriebsschwachen Zeit den verlangten Strom allein liefert. Die erste derartige Anlage in Echternach haben wir bereits kennengelernt. Trotz allem liegt der Strompreis recht hoch und beträgt teilweise eine Mark je Kilowattstunde. Er verschafft damit dem elektrischen Licht den zweifelhaften Ruf einer Luxusbeleuchtung, was wiederum der allgemeinen Einführung im Wege steht.
Es kommt deshalb zu einer schweren Krise der Elektrizitätsversorgung und hat den Anschein, als würde so manche Edison-Gesellschaft in der Welt zusammenbrechen. Die Börsenkurse der amerikanischen Gesellschaften fallen von 3000 bis auf 30. Schuld an dieser Entwicklung sind neben den hohen Kosten sicherlich auch die technischen Mängel in den Antriebsmaschinen der Generatoren. Die Generatoren verlangen höhere Drehzahlen als sonst in der Technik üblich, und das vertragen die Dampfmaschinen auf die Dauer nicht.
Der englische Ingenieur Charles Algernon *Parsons* kennt dieses Problem nur zu gut, um weiterhin an der Dampfmaschine festzuhalten. Er bemüht sich daher um einen völlig neuen Typ von Antriebsmaschinen und erhält nach einigen Jahren intensiver Arbeit 1884 zwei grundlegende englische Patente. Das eine beinhaltet die Dampfturbine, das andere ihre Anwendung zum Antrieb elektrischer Generatoren, mit denen sie direkt gekuppelt werden sollen.
In aller Stille entsteht 1883 in Gateshead die erste Versuchsausführung einer solchen Turbine mit 6 PS Leistung und eines schnellaufenden Generators, der 75 A Gleichstrom bei 110 V abgibt. 1885 zeigt er sie der staunenden Fachwelt auf der Inventions Exhibition in London. Noch im gleichen Jahr gehen die beiden ersten Anlagen mit je 16 kW bei den Phoenix-Mühlen in Newcastle on Tyne in Betrieb und speisen dort die elektrische Beleuchtung.
Zur Herstellung der Turbinen gründet *Parsons* 1890 eine eigene Firma, die C. A. Parsons and Co. Sie liefert 1898 auch die beiden ersten Turbinen des Kontinents von je 1000 kW nach Deutschland, wo sie im Kraftwerk Elberfeld aufgestellt werden.
Mit Beginn des 20. Jahrhunderts setzt sich die Turbine immer mehr durch und verdrängt die Dampfmaschine vollkommen, da diese mit der stetigen Leistungssteigerung der Generatoren sowieso an der oberen Grenze ihrer Leistungsfähigkeit angekommen ist. Heute sind in den Dampfkraftwerken nur noch Turbinen zusammen mit den bereits im vorangehenden Kapitel erwähnten Turbogeneratoren anzutreffen.

Infolge der schlechten Geschäfte suchen die Kraftwerksgesellschaften nach neuen Wegen für den Absatz ihres Stromes und stoßen dabei auf die Frage, warum eigentlich nur Lichtstrom verkauft werden soll, es gibt doch auch elektrische Motoren. Also könnte man die Kasse dadurch aufbessern, daß in den flauen Tagesstunden Kraftstrom für Motoren abgegeben wird. Die anlaufende Werbung für elektrischen Antrieb führt langsam aber sicher zum Erfolg. Während in den USA 1887 erst etwa 2000 Motoren an die öffentlichen Kraftwerke angeschlossen sind, steigt ihre Zahl 1889 bereits auf 18000 an. In Deutschland wird der Strom 1885 fast ausschließlich für Beleuchtungszwecke verwendet. Auch 1890 sind es noch immerhin 96 %, aber 1900 ist der Anteil mit 53 % auf wenig mehr als die Hälfte gesunken.

Blick in die große Halle der Internationalen Ausstellung für Elektrizität in Paris 1881

Von verschiedenen Begleitumständen

Mit der Einführung der öffentlichen Elektrizitätsversorgung beginnt der enorme Aufschwung der Elektrotechnik. Er bringt nicht nur der Elektroindustrie gewaltige Zuwachsraten, sondern wirkt auf Grund der überall verfügbar werdenden elektrischen Energie und der ausgereiften elektromotorischen Antriebe in gleichem Maße auch auf andere Industriezweige ein. Darüber hinaus tritt die Elektrizität nun auch in die Dienste des Haushalts. Auf die elektrische Beleuchtung folgen in den 80er Jahren die ersten elektrischen Haushaltsgeräte. Sie nutzen in Herden, Bügeleisen, Heizöfen, Haartrocknern, Tauchsiedern, Schnellkochern und vielem anderem mehr die Wärmewirkung des Stromes aus oder ersetzen sogar in Näh- und Waschmaschinen die menschliche Arbeitskraft durch Elektromotoren. Auf der Weltausstellung 1893 in Chicago steht bereits ein vollelektrisch eingerichtetes Haus und findet bei den Damen ungeteilte Anerkennung.
Auch auf anderen Gebieten kündet sich der große Wandel an. Es entstehen Fachzeitschriften, die ausschließlich den Problemen der Elektrotechnik gewidmet sind und teilweise bis in die heutige Zeit hinein eine führende Rolle spielen. Zu ihnen gehört in Deutschland die Elektrotechnische Zeitschrift.

Gleichzeitig löst sich die aufstrebende Elektrotechnik aus der Physik, deren Teilgebiet sie bisher gewesen ist, und bildet eine eigene wissenschaftliche Disziplin. Das äußert sich vor allem an den akademischen Ausbildungsstätten. Die polytechnischen Schulen, wie die Technischen Hochschulen anfangs heißen, nehmen zu den bereits teilweise laufenden Vorlesungen über Telegraphie und Telephonie nun auch Vorlesungen über elektrische Beleuchtung und elektrische Kraftmaschinen auf. Das Polytechnikum in Darmstadt gründet am 1. November 1882 als erstes in Deutschland eine eigene Fakultät für Elektrotechnik und richtet gleichzeitig einen entsprechenden Lehrstuhl ein, an den Erasmus *Kittler* als Lehrer berufen wird. Hochschulen und Universitäten anderer Länder folgen dem deutschen Beispiel.

Solange nur Fachleute mit der Elektrizität in Berührung kommen, ist die Frage nach der Sicherheit elektrischer Anlagen sekundärer Art. Das ändert sich jedoch schlagartig, als elektrische Einrichtungen auch in öffentlichen Gebäuden und Privathäusern Eingang finden, denn hier kann man vom Benutzer nicht die notwendige Vorsicht erwarten. Die Anlagen müssen so errichtet werden, daß jegliche Gefahr der Berührung stromführender Teile ausgeschlossen ist. Aus diesem Grunde erlassen die Städtischen Elektricitäts-Werke in Berlin 1884 die ersten Installationsvorschriften Deutschlands. Um deren Einheitlichkeit zu wahren, entsteht 1893 der Verband Deutscher Elektrotechniker, der im Laufe der Jahre ein allgemeingültiges Werk von Sicherheitsvorschriften herausgibt, die teilweise in anderen Ländern zum Vorbild genommen werden.
Der Aufschwung der Elektrotechnik fördert auch noch etwas anderes, das internationale Ausstellungswesen. Die Idee, internationale Ausstellungen zu veranstalten und auch mit technischen Gütern zu beschicken, taucht um 1850 auf. Kurz danach öffnet 1851 in London die erste Weltausstellung ihre Pforten. Auf ihr sind bereits Telegraphenapparate, Meßeinrichtungen und elektrische Läutewerke zu sehen. Nachdem sich diese Art der Schaustellung außerordentlich bewährt hat und zu einem internationalen Ereignis ersten Ranges aufgestiegen ist, wird sie zu einer festen Einrichtung.
Weil bei den Weltausstellungen die elektrischen Geräte jedoch nur immer einen Teil der gezeigten Objekte bilden, erwacht in den Kreisen der Elektrotechniker sehr bald der Wunsch nach eigenen Veranstaltungen. *Cochery,* der französische Minister für Post und Telegraphie, ergreift die Initiative und ruft 1881 in Paris als erste ihrer Art die Internationale Ausstellung für Elektrizität ins Leben. Jeder mit Rang und Namen auf dem Gebiet der Elektrotechnik, aber auch mancher unbekannte Ingenieur, pilgert dorthin, wo 1768 Aussteller aus 15 Ländern ihre neuesten Errungenschaften präsentieren. *Edison* zeigt 1000 seiner Glühlampen, *Pacinotti* die Ringankermaschine, Straßenzüge erstrahlen im nächtlichen Scheine Jablochkoffscher Kerzen und *Siemens* führt eine 400 m lange Straßenbahn vor. Dies und vieles andere mehr sind Dinge, die selbst Fachleute vorher in den wenigsten Fällen zu Gesicht bekommen haben. Der Eindruck für sie ist überwältigend, vom breiten Publikum, das hier zum ersten Male mit der Elektrotechnik in Berührung kommt, ganz zu schweigen.
Ähnliche Veranstaltungen folgen um die Jahreswende 1881/82 in London, dann 1882 in München und im Jahr darauf gleich drei in Wien, London und Königsberg. 1884 eröffnet auch Amerika seine erste elektrotechnische Fachausstellung in Philadelphia, nicht weit von der Stelle entfernt, an der Benjamin *Franklin* 130 Jahre zuvor seinen Drachen hatte steigen lassen.

Strom in die Ferne

Auf der ersten elektrotechnischen Fachausstellung in Paris tritt auch ein französischer Ingenieur mit Namen Marcel *Depréz* hervor. Er zeigt eine elektrische Kraftübertragung mit Gleichstrom auf eine Entfernung von 1800 m und äußert in einem Vortrag dazu die Ansicht, daß sich beliebig große Kräfte über beliebige Entfernungen übertragen lassen, wenn nur die Spannung hoch genug gewählt wird. Die Fachwelt ist allerdings von diesem Optimismus nicht beseelt und bezweifelt eine derartige Möglichkeit. Einer der Ausstellungsbesucher aber glaubt an sie, der junge Deutsche Oskar *von Miller.* Für ihn, den Sohn eines Erzgießers, der Maschinenbau studiert und dann in der bayrischen Regierung tätig ist, wird die Kraftübertragung *Depréz'* richtungsweisend für das ganze Leben.
Auf eigenen Wunsch schickt ihn die Regierung nach Paris. Er ist nicht nur von dem Gesehenen, sondern auch von den Ideen, die *Depréz* in seinem Vortrag entwickelt, stark beeindruckt. Zurückgekehrt nach Deutschland, verfaßt er einen ausführlichen Bericht, der die Möglichkeit einer elektrischen Energieübertragung voll und ganz bejaht. Gleichzeitig setzt er sich mit großer Begeisterung dafür ein, in seiner Heimatstadt München ebenfalls eine elektrotechnische Ausstellung zu veranstalten und dabei eine Kraftübertragung vorzuführen. Die bayrischen Behörden sind einverstanden. *Depréz* erklärt sich ebenfalls bereit mitzuwirken, aber die Industrie zeigt zunächst

Generator in Miesbach zur Kraftübertragung Miesbach – München 1882 durch *Depréz*

Die ersten im Rahmen elektrotechnischer Ausstellungen veranstalteten Kraftübertragungen liefern meist, wie hier in München, Energie zum Antrieb der Pumpe eines künstlichen Wasserfalls

wenig Interesse, bis auf *Rathenau,* der sofort tatkräftige Unterstützung zusagt. Nach anfänglichen Schwierigkeiten kann die erste Internationale Elektrizitäts-Ausstellung auf deutschem Boden dann doch am 16. September 1882 um 19.30 Uhr ihre Tore im Münchener Glaspalast öffnen.

Hauptanziehungspunkte sind die von *Rathenaus* Gelegenheits-Gesellschaft installierte elektrische Beleuchtung, eine telephonische Musikübertragung und die Fernübertragung elektrischer Energie. *Depréz* und *von Miller* stellen zu diesem Zweck in einem alten Kohlenbergwerk in Miesbach, 57 km von München entfernt, eine Dampfmaschine und einen Gleichstromgenerator von etwa 2 PS auf. Über dünne eiserne Telegraphendrähte leiten sie den Strom zur Ausstellung, wo er die Pumpe eines Wasserfalls speist.

Die Übertragungsspannung liegt mit 1500 bis 2000 V für damalige Verhältnisse recht hoch, so daß es nach einiger Zeit zu Überschlägen an den Maschinen kommt. Wenn auch infolge der dünnen Leitung hohe Verluste bei der Übertragung auftreten und in München nur 22 % der in Miesbach erzeugten Leistung ankommen, so ist dieser Versuch doch der Anfang der elektrischen Energieübertragung und ein großer Erfolg für die beiden Initiatoren. Oskar *von Miller* hat später einmal dazu berichtet: „Als ich das Zeichen gab, als der Motor sich zu drehen anfing,

als die Zentrifugalpumpe wirkte und der Wasserfall zu rauschen begann, entstand eine Begeisterung, von der man sich heute keinen Begriff mehr macht. In echt französischer Art umarmte mich Marcel Depréz, wir gingen in die Restauration, ließen Champagner kommen und sandten ein Glückwunschtelegramm an die Akademie der Wissenschaften."
Auf der Ausstellung zeigt auch *Schuckert* eine Kraftübertragung von Hirschau zum Glaspalast über 5 km hinweg. Er verwendet eine Gleichspannung von 700 V.
Beflügelt von dem Erfolg in München, widmet sich *Depréz* voll und ganz der Übertragung elektrischer Energie und unternimmt 1885 zwischen Creil und Paris den ersten Großversuch. Ein Lokomotivschuppen im Bahnhof Creil dient ihm als Kraftwerk. Hier bringt er den Generator und zwei 100-PS-Güterzuglokomotiven zu seinem Antrieb unter. Die Fernleitung besteht aus isoliertem fingerdickem Kupferdraht und verläuft über bereits vorhandene Telegraphenstangen. Sie endet 56 km weiter am Bahnhof La Chapelle in Paris. Als Übertragungsspannung sind 6000 V vorgesehen. Am 22. Oktober beginnen die Versuche mit mehreren kleinen Motoren, die dann im weiteren Verlauf durch zwei große ersetzt werden. Nach kurzer Zeit muß *Depréz* das Experiment unterbrechen, weil der Generator unzulässig hohe Temperaturen annimmt. Eine nähere Untersuchung zeigt, daß es bei der Herstellung des Generators versäumt worden ist, die Bolzen, die die isolierten Bleche des magnetischen Kreises zusammenhalten, ebenfalls zu isolieren, so daß sich hierüber die gefürchteten Wirbelströme bilden können. Der Schaden ist bald behoben.
Die erheblichen Kosten des Unternehmens in Höhe von 680 000 Mark trägt der Bankier *Rothschild*. Auf seinen Wunsch hin überprüft eine wissenschaftliche Kommission im Mai 1886 die bisherigen Ergebnisse und stellt einen Wirkungsgrad von 40 bis 45 % fest. Das gesteckte Ziel von 50 % hat *Depréz* zwar nicht ganz erreicht, aber das liegt weniger an der Übertragung selbst, sondern vielmehr an den verwendeten elektrischen Maschinen, die nicht mehr ganz dem letzten Stand der Technik entsprechen.
Außerhalb der Versuchszeiten findet die in La Chapelle ankommende Energie zum Antrieb einer Drehbank, eines Hammers und eines Aufzugs nutzbringende Anwendung.
Für seine Verdienste wird *Depréz* 1883 zum Ritter der Ehrenlegion ernannt, 1886 Mitglied der Académie des Sciences und 1890 Professor der Elektrizität am Conservatoire des Arts et Métiers in Paris.
Wenn auch die Maschinenfabrik Oerlikon in der Schweiz 1886 zwischen Kriegsstetten und dem 8 km entfernten Solothurn mit einer Gleichspannung von 2500 V einen Wirkungsgrad von etwa 75 % erreicht, so tauchen doch bald Zweifel auf, ob der Gleichstrom auf die Dauer für die Zwecke der Fernübertragung geeignet sei. Theoretische Betrachtungen zeigen nämlich, daß die Verhältnisse desto günstiger werden, je höher die Übertragungsspannung ist, eine Tatsache, die ja bereits *Depréz* 1881 richtig erkannt hat. Nun gibt es aber für den Gleichstrom keinerlei Möglichkeit, die im Generator erzeugte Spannung am Anfang der Fernleitung heraufzusetzen und an ihrem Ende wieder auf einen brauchbaren Wert zu vermindern. Das ist ihr schwerwiegender Nachteil.
Der Schweizer Ingenieur René *Thury* bemüht sich, diese Klippe zu umgehen, indem er 1887 das sogenannte Gleichstrom-Seriensystem entwickelt, bei dem mehrere Generatoren hintereinander geschaltet sind. Die Übertragungsspannung wird von ihm entgegen den sonst üblichen Gepflogenheiten nicht konstant gehalten, sondern richtet sich nach der jeweiligen Belastung, und wird durch Zu- oder Abschalten von Generatoren eingestellt.
Noch im gleichen Jahr kann *Thury* die erste Versuchsanlage dem praktischen Betrieb übergeben. Zwei Generatoren von je 2200 V im Kraftwerk Isoverde versorgen über eine 27 km lange Leitung verschiedene Fabriken und Mühlen in Genua mit Strom. Im Endausbau sind drei Kraftwerke in Reihe geschaltet, und die Spannung auf der Fernleitung beträgt bei voller Belastung etwa 12 000 V.
Die größte Anlage nach dem Gleichstrom-Seriensystem dürfte wohl in Moûtier in Frankreich gestanden haben. Sie wird 1906 fertig und versorgt über 360 km hinweg Lyon mit elektrischer Energie. Anfangs sind vier Generatoren mit je 14 200 V und 75 A aufgestellt. Später kommen zwei weitere Kraftwerke hinzu, so daß die Übertragungsspannung 100 000 V erreicht. Obwohl diese Anlage lange Zeit hindurch zur Zufriedenheit arbeitet,

Einer der heiß umstrittenen sogenannten Sekundärgeneratoren von *Gaulard* und *Gibbs* um 1885

sie wird sogar 1927 noch durch den Einbau leistungsfähigerer Generatoren modernisiert, führt sich das Gleichstrom-Seriensystem nicht ein. Der Wechselstrom hat den Gleichstrom inzwischen abgelöst.

Der Transformator, eine neue Erfindung?

Nachdem die ersten Zweifel an der Brauchbarkeit des Gleichstroms für die Zwecke der Fernübertragung wach geworden sind, stehen die Ingenieure vor der Frage, was an seiner Stelle verwendet werden könne. Ihr Blick fällt dabei zwangsläufig auf den bisher eigentlich recht stiefmütterlich behandelten Wechselstrom. Läßt er sich aber beliebig herauf- und herabsetzen? Nun, in der Praxis gibt es die dafür geeignete Einrichtung, den Transformator, zwar noch nicht, theoretisch existiert sie jedoch schon seit rund 50 Jahren. *Faraday* entdeckt nämlich 1831 mit der Induktion auch ihre Grundlagen.
Wir erinnern uns vielleicht, daß er bei seinen Versuchen einen ringförmigen geschlossenen Eisenkern mit zwei getrennten Wicklungen verwendet. Die eine davon, die sogenannte Primärwicklung, legt er an eine Batterie und erzeugt durch Ein- und Ausschalten des Stromes Stromstöße, die auch in der anderen, der Sekundärwicklung, wahrnehmbar sind. Das ist der erste Transformator in der Geschichte der Elektrizität.
Page wandelt die Faradaysche Anordnung 1835 ab, indem er nur eine Wicklung mit verschiedenen Anzapfungen verwendet und damit die Schaltung angibt, die wir als Spartransformator bezeichnen.
Zunächst aber heißt der Transformator noch Induktionsspule und wird, mit einem offenen Eisenkern ausgestattet, nur zur Funkenerzeugung verwendet. Die Physiker erkennen sehr schnell, daß die Funken desto größer sind, je höher die Windungszahl der Sekundärwicklung im Verhältnis zur Primärwicklung ist.
So vergehen eine Reihe von Jahren, in denen sich Wissenschaftler und Ingenieure unbewußt des Transformatorprinzips bedienen. *Jablochkoff* setzt die Induktionsspule dann bei seiner Kerze auch für Wechselstrom ein, verwendet aber in beiden Wicklungen gleiche Windungszahl, nutzt also die transformatorische Wirkung nicht aus.
Auf sie wird erstmals eindeutig von *Depréz* und J. *Carpentier* in ihrem englischen Patent Nr. 4128 vom 24. September 1881 hingewiesen, das eine Energieübertragung mit Wechselstrom betrifft. Die Anmelder wollen „Ströme beträchtlicher Stärke mit geringen Verlusten auf größere Entfernungen nutzbar machen, indem der starke Strom durch eine Induktionsspule in hochgespannten Strom und an entfernter Station durch eine zweite Induktionsspule wieder in starken Strom zurückverwandelt wird." Einem Bearbeiter des amerikanischen Patentamtes erscheint ein solches Vorhaben völlig unwahrscheinlich, und er lehnt 1883 das amerikanische Patentgesuch der beiden ab, „. . . weil es doch nicht möglich sei, aus der Sekundärwicklung einen größeren Strom zu entnehmen als ihn die Primärwicklung erhalten habe".
Von einer ausgeführten Wechselstromanlage hören wir aber bei *Depréz* nichts. Während er sich weiterhin mit dem Gleichstrom beschäftigt, bereiten aber der Franzose Lucien *Gaulard* und der Engländer John Dixon *Gibbs* eine Wechselstrom-Kraftübertragung vor und zeigen den dafür entwickelten Sekundärgenerator 1883 auf der Elektrotechnischen Ausstellung im Westminster Aquarium in London, wo an ihn Glühlampen, Jablochkoffsche Kerzen und ein Motor angeschlossen sind.
Obwohl der Sekundärgenerator eigentlich nichts anderes darstellt als die von *Jablochkoff* verwendete Induktionsspule in vergrößerter Ausführung mit unterschiedlicher

primärer und sekundärer Windungszahl, erregt er in der Fachwelt zunächst großes Aufsehen. Die neue Londoner U-Bahn erhält sofort eine derartige Anlage für die Beleuchtung von vier Bahnhöfen.
Als es *Gaulard* 1884 anläßlich der Elektrizitätsausstellung in Turin gelingt, die Bahnhöfe von Turin, Venaria Reale und Lanzo über eine 80 km lange Fernleitungsschleife und Sekundärgeneratoren mit Licht zu versorgen, und als dann noch eine Kommission einen Wirkungsgrad von 88 bis 89% feststellt, offenbart sich deutlich die Überlegenheit des Wechselstroms.
Bald danach aber entspinnen sich in der Fachwelt lebhafte Debatten über den Wert des Systems von *Gaulard* und *Gibbs,* denn der Sekundärgenerator zeigt infolge seines offenen Eisenkerns beträchtliche Mängel, deren Ursachen aber wegen der Unkenntnis der wahren Vorgänge im Transformator noch recht unklar sind.
Zu den Besuchern der Turiner Ausstellung zählt auch Max *Déri,* ein Ingenieur der 1844 gegründeten Budapester Firma Ganz & Co. Er verfaßt nach seiner Rückkehr einen ausführlichen Bericht über den Sekundärgenerator und regt die Firma zum Kauf eines Exemplars an. Sie beschafft es auch und beauftragt einen anderen Mitarbeiter namens Titus *Bláthy* mit der eingehenden Untersuchung. *Bláthy* nimmt zunächst einmal die Faradayschen Arbeiten über die Induktion in die Hand und erkennt bei ihrem Studium sehr schnell, daß ein geschlossener Eisenring viel günstiger sein müsse, als der offene magnetische Kreis des Sekundärgenerators. Sofort läßt er eine solche Induktionsspule mit ringförmigem Kern aus gebündeltem Eisendraht herstellen. Primär- und Sekundärwicklung sind gleichmäßig über den ganzen Kern verteilt.
Für die konstruktive Durchbildung der neuen Bauform wird als Dritter im Bunde Carl *Zipernowsky* hinzugezogen. Als *Déri* dann noch vorschlägt, sämtliche derartigen Induktionsspulen in einem elektrischen Versorgungsnetz nicht mehr in Reihe, sondern parallel zu schalten, ist ihr neues System fertig. Mit ihm treten sie gegen Ende des Jahres 1884 hervor und erhalten 1885 ihre ersten Patente in Deutschland und in Österreich. Hier taucht auch erstmals der vom Team geprägte Begriff Transformator auf.

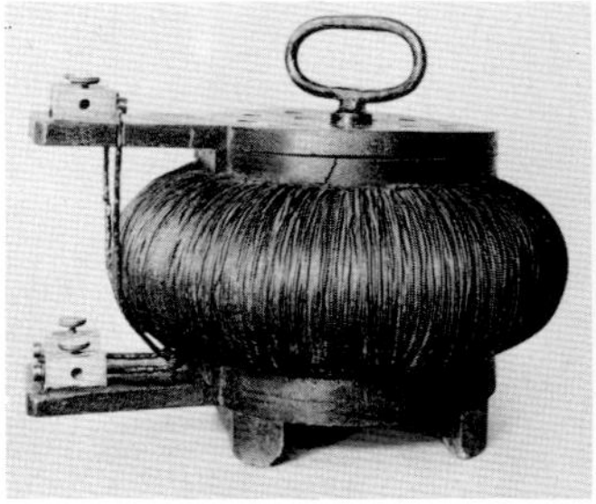

Einer der ersten Transformatoren von *Déri, Bláthy* und *Zipernowsky* 1885

Bereits im Februar 1885 errichten sie eine kleine Versuchsanlage im Technologischen Gewerbemuseum in Wien und anläßlich der ungarischen Nationalausstellung im Sommer des gleichen Jahres in Budapest eine große Anlage mit 75 parallel geschalteten Transformatoren, die 1067 Glühlampen der Ausstellungsbeleuchtung speisen. Die erste große Anlage in einem öffentlichen Elektrizitätswerk wird 1886 in Rom fertig. Sie hat eine Leistung von etwa 1500 kW.
Bald nach der Erteilung der ersten Transformatoren-Patente bezeichnen *Gaulard* und *Gibbs* das Trio in Budapest als Nachahmer und Verletzer ihrer eigenen Patente und bahnen in mehreren Ländern Patentprozesse an. Sie bringen den Urhebern zwar in Deutschland einen Teilerfolg, in England und Österreich aber den Verlust ihrer eigenen Patente.
Diese Situation der unterschiedlichen Urteilsfindung kennzeichnet recht gut die damals noch in vielen Fragen herrschende Unsicherheit. Infolgedessen gehen vorerst auch in wissenschaftlichen Kreisen die Ansichten darüber auseinander, wer nun der wirkliche Erfinder des Transformators sei. Betrachten wir aber die ganze Angelegenheit von der heutigen Sicht aus, so müssen wir sagen, daß weder *Gaulard* und *Gibbs* noch *Bláthy, Déri* und *Zipernowsky* die geistigen Urheber sind. Physikalisch gesehen verwendet *Faraday* zum ersten Male die Anordnung eines Transformators. In die Technik jedoch führen ihn die drei Budapester Ingenieure ein. Sie erwerben sich zusammen mit *Gaulard* und *Gibbs* große Verdienste um die Anwendung des Wechselstroms, und Ganz & Co. kann für sich verbuchen, die erste Firma zu sein, die Trans-

formatoren herstellt. Sie liefert bis zur Jahrhundertwende mehr als 10 000 Stück.

Gleichstrom kontra Wechselstrom

Bis 1888 beherrscht der Gleichstrom eindeutig das Feld, dann aber drängt infolge des Transformators der Wechselstrom nach vorn und entfacht überall in den technisch fortschrittlichen Ländern einen harten Streit der Fachleute um die Frage Gleichstrom oder Wechselstrom. Diese jedoch sind sich in der Beurteilung der Sachlage alles andere als einig.
Mitten in diesen Streit hinein platzt der Engländer R. E. B. *Crompton* mit einer neuen, von ihm entwickelten Gleichstromanlage, die er Batterie-Transformatorsystem nennt. Mit einem Transformator hat es allerdings nicht das mindeste zu tun, denn es besteht aus Akkumulatoren, die an verschiedenen Stellen einer Stadt aufgestellt werden sollen und, alle in Reihe geschaltet, von einer Zentrale aus aufgeladen werden. Diese Akkumulatoren speisen dann kleine lokale Netze um ihren Aufstellungsort herum. Am 12. April 1888 hält *Crompton* vor der Society of Telegraph-Engineers and Electricians, dem späteren Institute of Electrical Engineers, in London einen Vortrag über sein System. Es führt zu ungewöhnlich erregten Debatten über die Zweckmäßigkeit der verschiedenen Stromarten, zu deren Fortsetzung drei weitere außerordentliche Sitzungen anberaumt werden müssen. Sie sind als „Transformatorenschlacht" der Society of Telegraph-Engineers and Electricians in die technische Literatur eingegangen. Es ist nicht weiter verwunderlich, wenn sich auf Grund dieser Situation die elektrotechnische Industrie in zwei Lager spaltet. In Europa sind Siemens & Halske sowie die verschiedenen Edison-Gesellschaften die Vertreter des Gleichstroms. Den Wechselstrom haben die Allgemeine Elektricitäts-Gesellschaft und Ganz & Co. auf ihre Fahnen geschrieben. Amerika steht hinter Europa nicht zurück. Hier wird der Kampf vorwiegend zwischen der Edison General Electric Co. als Vertreter des Gleichstroms und der Westinghouse Electric Co. als Verfechter des Wechselstroms ausgetragen.

Der Höhepunkt dieses Streites jenseits des Ozeans ist das makaberste Kapitel in der Geschichte der Elektrotechnik. Infolge fehlender Sicherheitsmaßnahmen treten in der Anfangszeit beim Umgang mit den hohen Wechselspannungen zahlreiche zum Teil tödliche Unfälle auf. Um die Gefährlichkeit des Wechselstroms recht drastisch zu beweisen, wird ein Gesetzentwurf eingebracht, wonach die Hinrichtung zum Tode verurteilter Verbrecher nicht mehr durch Erhängen, sondern mit Hilfe des elektrischen Stromes erfolgen soll. 1888 wird das Gesetz im Staate New York verabschiedet. Da die Firma Westinghouse jedoch nicht bereit ist, den erforderlichen Wechselstromgenerator zu liefern, entspinnt sich ein erbitterter Kampf, in dem die amerikanische Presse kräftig mitwirkt. Der auf 1889 festgesetzte Termin des Inkrafttretens muß mehrmals verschoben werden.
Im Endeffekt schlägt der Kampf der Systeme jedoch wie ein Bumerang zurück, denn von der Bevölkerung wird jetzt nicht nur der Wechselstrom, sondern die Elektrizität überhaupt, als äußerst gefährlich empfunden. Das wiederum ist nicht im Sinne der streitenden Parteien, und so hat plötzlich niemand mehr Interesse an der elektrischen Hinrichtung. Die Geister aber, die sie heraufbeschworen, lassen sich nicht mehr vertreiben, und das Unvermeidliche nimmt am 6. August 1890 morgens um 6.40 Uhr im Gefängnis zu Auburn mit einem grauenhaften Mißerfolg seinen Anfang. Später siedelt der elektrische Stuhl nach Sing-Sing über, wo er noch heute steht.
Ungeachtet dessen aber breitet sich der Wechselstrom aus, was dann zur Folge hat, daß in manchen Städten unterschiedliche Stromversorgungssysteme nebeneinander existieren. Ein typisches Beispiel ist Paris, wo 1889 die öffentliche Elektrizitätsversorgung beginnt und bald aus drei verschiedenen Gleichstrom-Systemen mit 110, 220 und 440 V und einem Wechselstrom-System mit 3000 V besteht. Einige wenige derartige Fälle hat es noch bis in die Zeit nach dem zweiten Weltkrieg gegeben.
Der große Pionier des Wechselstroms in England ist Sebastian Ziani *de Ferranti,* der Sohn eines aus Italien eingewanderten Photographen. Nach dem Collegebesuch beginnt er seine berufliche Tätigkeit 1881 im Labor von

Dampfmaschine und Generatoren des von *Ferranti* 1887/1889 erbauten ersten Großkraftwerks der Welt in Deptford

William *Siemens* in Charlton. Bereits im darauffolgenden Jahr gründet er mit Alfred *Thompson* und Francis *Ince* seine erste Firma, die Ferranti, Thompson and Ince, Ltd., zur Herstellung von Wechselstrom-Beleuchtungsanlagen. Da er zu diesem Zeitpunkt erst 18 Jahre alt ist, muß sein Vater für ihn den Vertrag unterschreiben.
Auf sein Betreiben hin wird die 1883 errichtete und bereits stark überlastete Grosvenor-Gallery-Station, die ihre Energie über Sekundärgeneratoren an die Verbraucher verteilt, 1886 auf zwei von ihm gefertigte Wechselstromgeneratoren von je 400 kW umgestellt. Die Energieverteilung erfolgt über Hochspannungsleitungen von 2400 V und jeder Abnehmer erhält einen eigenen Transformator, der sekundär 100 V liefert.
Berühmtheit aber erlangt *Ferranti,* oft der Edison Englands genannt, durch den Bau des ersten Großkraftwerks der Welt in Deptford bei London. Es ist gleichzeitig das erste Dampfkraftwerk, das nicht mehr inmitten des Verbraucherschwerpunktes, sondern wegen des günstigeren Transports der Kohle, am Wasserweg errichtet wird. Die Arbeiten beginnen 1887. Zwei Stromerzeuger von je 1500 PS kommen zur Aufstellung und sollen ihre Energie mit 10 000 V über ein Kabel in das Zentrum von London liefern, wo die Verteilung mit 2500 und 100 V erfolgt. Außerdem werden zwei kleinere Generatoren mit 2400 V aufgestellt. Kabel, Transformatoren und Schaltanlagen entwickelt *Ferranti* eigens für diesen Zweck. Mitte 1889 steht die Anlage unter Dampf, aber die Kabel zeigen sich den Anforderungen nicht gewachsen, so daß sie durch eine neue Konstruktion ersetzt werden müssen und die endgültige Inbetriebnahme erst am 16. Februar 1891 erfolgen kann. Die neuen Kabel sind dann teilweise über

Außenansicht des Kraftwerks Deptford

30 Jahre in Betrieb und die letzten Anlagenteile des Ferranti-Systems werden am 24. November 1933 stillgelegt
Ferrantis ursprünglicher Plan sieht auch die Montage von zwei 10 000 PS starken Dampfmaschinen vor, an die je ein gewaltiger Generator von 500 Tonnen Gewicht und 46 Fuß Läuferdurchmesser gekuppelt werden soll. Sie kommen aber nicht mehr zum Einsatz, weil Turbinen die Dampfmaschinen ablösen.
Auf die Dauer kann auch die Wechselstromtechnik nicht nur vom Probieren leben, exakte theoretische Betrachtungen der Vorgänge sind notwendig, und so lassen Sie uns hier wenigstens des Mannes gedenken, der als Hauptbegründer der Wechselstromtheorie gilt, Karl August Rudolf *Steinmetz.* In Breslau geboren, zeigt sich bereits auf dem Gymnasium seine große naturwissenschaftliche Begabung, denn er, ein buckliges und schwächliches Kind, ist seinen Mitschülern in Mathematik haushoch überlegen. Durch ein Studium der Mathematik, Chemie, Physik, Astronomie, Medizin und des Maschinenbaus verschafft er sich ein vielseitiges Wissen.
Sozialistische Tätigkeiten zwingen ihn, Deutschland zu verlassen. Er geht nach Zürich und von hier 1889 kurz entschlossen nach Amerika, wo er, der Sprache nicht mächtig, ohne Geld, nur mit einigen Empfehlungsschreiben und einer für viele unverständlichen Doktorarbeit in der Tasche, bei einer kleinen Firma Arbeit findet. Von jetzt an nennt er sich Charles Proteus *Steinmetz.* Bei der Übernahme seines Arbeitgebers durch die General Electric Co. wandert auch *Steinmetz* mit und kann sich nun vollkommen der theoretischen Untersuchung der Wechselströme widmen. 1901 erscheint sein berühmtes dreibändiges

Kraftwerk in Lauffen 1891 mit der Schalttafel und dem Drehstrom-Generator der Maschinenfabrik Oerlikon

100-PS-Drehstrommotor der Allgemeinen Elektricitäts-Gesellschaft für den Pumpenantrieb des künstlichen Wasserfalls auf der Ausstellung in Frankfurt 1891

Werk „Theory and Calculation of Alternating Current Phenomena", das so theoretisch gehalten ist, daß es zunächst auf allgemeines Unverständnis stößt. Es dauert lange, bis die Fachwelt den Wert dieses Buches begreift. Die General Electric Co. aber weiß, was sie an einem solchen Mitarbeiter hat, und schafft für ihn den Posten eines beratenden Ingenieurs, den sämtliche Mitarbeiter anstandslos respektieren, zumal *Steinmetz* wirklich auf alle Fragen eine Antwort weiß und deshalb bald scherzhaft „Oberster Gerichtshof für technische Probleme" genannt wird. Für Dinge der Verwaltung hat er wenig Sinn und seine Eigenwilligkeiten werden geflissentlich übersehen. Als eines Morgens mit der Einführung eines Rauchverbots in gewissen Teilen des Werkes auch in seinem Bereich das Schild „no smoking" prangt, zückt er, der als starker Raucher bekannt ist, den Bleistift, schreibt darunter „no Steinmetz" und geht wieder nach Hause. Stillschweigend wird das Schild entfernt.

Die Entscheidung fällt

Trotz der einwandfreien Arbeitsweise der ersten Wechselstrom-Kraftwerke gelangt die Streitfrage Gleichstrom oder Wechselstrom erst allmählich zu einer Lösung. Sie nähert sich ihrem Höhepunkt, als die Stadt Frankfurt 1889 den Entschluß faßt, ein Kraftwerk zu errichten, und dabei ebenfalls vor der Frage nach der Stromart steht. Ihrem Oberbürgermeister *Miquel* fällt die Entscheidung schwer, denn wie kann er als Laie das beurteilen, was nicht einmal die Fachleute mit Sicherheit sagen können. Also beschließt er, eine wissenschaftliche Kommission zur Begutachtung des Falles einzusetzen. Aber auch sie kommt nicht zum Ziel. Nun tritt der Inhaber der Frankfurter Zeitung, der Stadtrat Leopold *Sonnemann,* mit dem Vorschlag hervor, in Frankfurt eine Ausstellung zu veranstalten, auf der die verschiedenen Systeme praktisch vorgeführt werden sollen, um dann an Hand der Ergebnisse das beste System

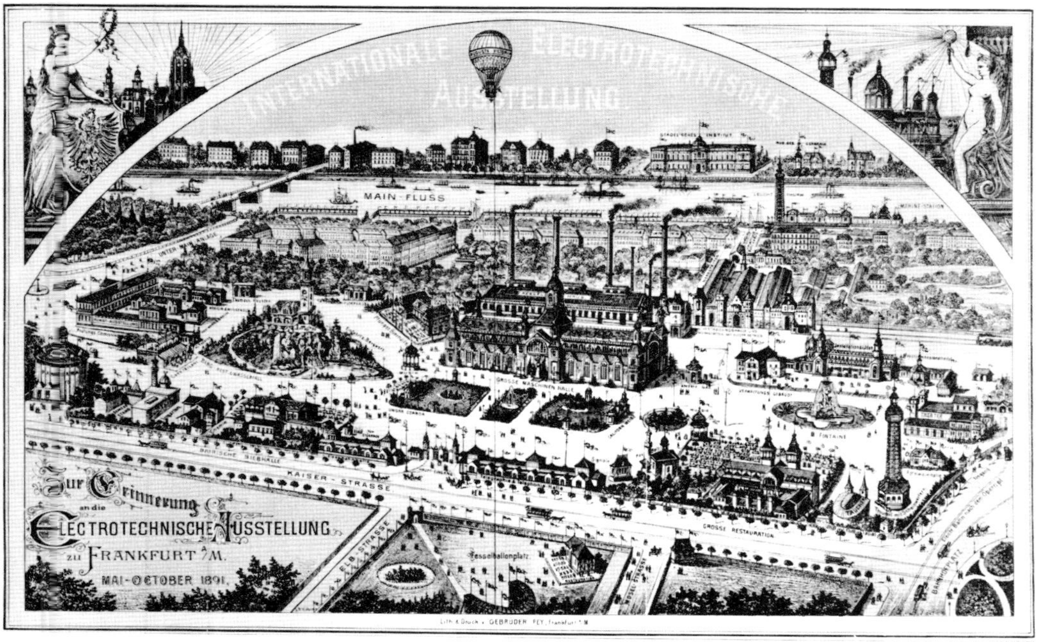

Das Gelände der Internationalen Elektrotechnischen Ausstellung 1891 in Frankfurt/Main an der Kaiserstraße

zu finden. Der Vorschlag erhält allgemeine Zustimmung, und so kommt es 1891 zu der Internationalen Elektrotechnischen Ausstellung. Ihre Organisation übernimmt der bereits in diesen Dingen erfahrene Oskar *von Miller,* der sogleich mit der Ausstellung eine Wechselstrom-Kraftübertragung großen Stils verbinden möchte. Als Kraftwerk bietet sich dafür das der Portland-Cement-Werke in Lauffen am Neckar an, dessen Erweiterung ohnehin für die Stromversorgung der Stadt Heilbronn vorgesehen ist.

Die Allgemeine Elektricitäts-Gesellschaft, deren Vorstandsmitglied *von Miller* fünf Jahre hindurch gewesen ist, greift die Idee auf und beschließt, das Projekt mit dem von ihr seit kurzem bearbeiteten mehrphasigen Wechselstrom, dem Drehstrom, auszuführen. Zur Teilung der nicht gerade geringen Kosten dieses Vorhabens veranlaßt *von Miller* auch die Mitwirkung der Schweizer Maschinenfabrik Oerlikon, bei der sich der Ingenieur Charles *Brown* ebenfalls mit den Fragen des Drehstroms beschäftigt.

Anfang April 1890 kommt eine Vereinbarung aller Mitwirkenden zustande, wonach in Lauffen ein Generator von 300 PS 40periodigen Drehstrom erzeugt, der, über Transformatoren von 100 kW auf etwa 15 bis 25 kV herauftransformiert, nach Frankfurt übertragen wird. Hier erfolgt auf der Ausstellung eine Umwandlung der Hochspannung auf die Betriebswerte der angeschlossenen 1000 Glühlampen und der Maschinen, deren größte ein 100-PS-Motor zum Antrieb einer Pumpe ist. Die Pumpe ihrerseits wird den bei Ausstellungen sehr beliebten Wasserfall speisen. Die Allgemeine Elektricitäts-Gesellschaft übernimmt die Projektierung der ganzen Anlage, den Bau der Motoren und eines Teils der Transformatoren, während die Maschinenfabrik Oerlikon den Rest der Transformatoren und den Generator fertigt sowie die Montage in Lauffen vornimmt. Draht und Isolatoren steuern andere Firmen bei, und die Postverwaltung übernimmt das Verlegen der 175 km langen Fernleitung.

Bald nach seinem Bekanntwerden erregt das Unternehmen wegen der gewählten Übertragungsspannung großes Aufsehen und löst zahlreiche Erörterungen in der Fachpresse aus, denn in Deutschland gelten bereits 10000 V als wahnsinnig hohe Spannung. *Steinmetz* in Amerika hält zwar noch 30000 V für möglich, muß dafür aber die höhnische Zurückweisung seiner Fachgenossen einstecken. Im allgemeinen wird das ganze Projekt als technische Unmöglichkeit angesehen.

Die Zeit der Ausführung ist äußerst knapp bemessen, und bei der Eröffnung der Ausstellung im Mai 1891 ist die Anlage noch nicht fertig, erst am 12. September findet ihre offizielle Einweihung statt. Die Besucher der Ausstellung stehen fasziniert vor den Wundern der Elektrotechnik. Sie wollen nicht so recht begreifen, daß durch drei dünne Drähte von fern her eine derart große Leistung nach Frankfurt fließt.

Das Ereignis wird von allen Beteiligten im Restaurant Zum Tatzelwurm gebührend gefeiert. Wie die Fama berichtet, überbrücken viele schöne Reden, lange und kurze, den Abend, die schließlich in vorgerückter Stunde vom Drehwurm und vom Tatzelstrom handeln. Letzterer hat sich aber nur diese eine Nacht behaupten können.

Aus aller Herren Länder strömen sachkundige Besucher herbei, um dieses ungewöhnliche technische Ereignis und noch viele andere interessante Dinge in persönlichen Augenschein zu nehmen. Als die Ausstellung am 19. Oktober ihre Pforten schließt, zählt man insgesamt 1174732 Besucher. Die Anlage in Lauffen findet anschließend zur Stromversorgung von Heilbronn Verwendung, das damit als erste Stadt der Welt ein Drehstromnetz erhält.

Der Frankfurter Magistrat aber schiebt die Entscheidung über die Stromart seines eigenen Kraftwerks noch zwei Jahre hinaus und wählt dann Wechselstrom. Den Auftrag vergibt er an ein noch junges schweizerisches Unternehmen, die Kommanditgesellschaft Brown, Boveri & Cie. in Baden. Ihre Begründer sind der uns bereits bekannte Ch. E. L. *Brown*, der Sohn eines aus England eingewanderten Konstrukteurs, und der Ingenieur Walter *Boveri*, der Sohn eines Bamberger Arztes. Beide begegnen einander bei der Maschinenfabrik Oerlikon, wo sie in der Entwicklung elektrischer Maschinen tätig sind, und machen sich am 2. Oktober 1891 selbständig. Das nötige Geld stellt der Seidenindustrielle C. *Baumann* zur Verfügung.

Ihr erster großer Auftrag ist jenes Frankfurter Elektrizitätswerk. Mit seiner Annahme verpflichten sie sich auch, ein technisches Büro und eine Reparaturwerkstatt in Frankfurt zu errichten. Daraus geht im Juni 1900 die deutsche Brown, Boveri & Cie in Mannheim hervor. Das junge Unternehmen gewinnt sehr schnell eine angesehene Stellung auf dem Gebiet der elektrischen Maschinen und Transformatoren und zählt heute zu den großen weltbekannten Elektrokonzernen.

Inzwischen entstehen auch in Amerika die ersten Wechselstrom-Kraftübertragungen, und gleichzeitig reift ein großes Projekt heran, die Ausnutzung der Niagarafälle. Seit langem schon reizen die donnernden Wasser des Niagara zwischen Erie- und Ontariosee, deren nutzlos den Berg hinunterfließende Energie auf 50 Millionen PS geschätzt wird, die Ingenieure. Die bisher ungelöste Frage aber ist die Fortleitung der an Ort und Stelle nicht voll verwendbaren Energien. Eine 1889 zur Bearbeitung dieses Problems aus hervorragenden Gelehrten der Alten und Neuen Welt gebildete Kommission veranstaltet ein Preisausschreiben für die Vorlage geeigneter Projekte. Aus allen Teilen Europas und den USA laufen Vorschläge ein, darunter auch 1892 das Konzept einer Drehstrom-Übertragung nach Buffalo von der Maschinenfabrik Oerlikon. Aber keiner der vielen Pläne findet Zustimmung.

Im Sommer 1893 endlich kündet die von der Kommission ins Leben gerufene Cataract Construction Co an, daß sie sich für zweiphasigen Wechselstrom entschieden habe. Die in den Generatoren erzeugte Spannung von 2400 V soll in der Umgebung direkt verwendet und für die Fernübertragung auf 10000 bis 20000 V herauftransformiert werden. Noch während der Planungsarbeiten erfolgt die Umstellung der Fernübertragung auf Drehstrom. Die Arbeiten schreiten munter voran, und schon im Januar 1894 kann der erste Generator versuchsweise angelassen werden.

Ein Jahr danach sind bereits drei der insgesamt vorgesehenen zehn Generatoren von je 5000 PS in Betrieb. 1896 ist auch die 36 km lange Fernleitung nach Buffalo

fertiggestellt, und die dortige Straßenbahn fährt nun mit Strom aus den Wassern des Niagara.
Die günstigen Energieverhältnisse locken sehr bald zahlreiche Industriebetriebe in die Nähe der Fälle, und es entsteht das erste mit elektrischer Kraft versorgte Industriegebiet Amerikas.

Immer mehr Energie

Das Experiment Lauffen–Frankfurt beweist endgültig die Möglichkeit der elektrischen Kraftübertragung auf große Entfernungen, und *Rathenau* behält allen Spöttern zum Trotz recht, als er anläßlich des ersten Einschaltens der Anlage spontan äußert, „... was heute auf 175 km und mit 16000 V Spannung gelingt, wird gewiß in wenigen Jahren mit 100000 V auf weit riesigere Entfernungen ein Leichtes sein ...". Das ursprünglich als technisch undurchführbar angesehene Projekt leitet den Ausbau eines weitgespannten Drehstrom-Energieversorgungsnetzes ein. Neben den städtischen Zentralen entstehen in steigendem Maße sogenannte Überlandwerke, die nicht mehr in den dicht besiedelten Wohngebieten, sondern abseits, meist am Ort der natürlichen Energiequellen Kohle und Wasser, errichtet werden.
Begünstigt vom Fortschritt der Technik gewinnt neben der elektrischen Beleuchtung und der Elektrochemie auch die Anwendung des elektrischen Stromes für Kraftzwecke an Bedeutung. Anfangs ist es das Kleingewerbe, das sich nicht wie die großen Fabriken eigene Dampfmaschinen oder Gasmotoren als Kraftquelle leisten kann und deshalb dankbar nach dem einfach zu handhabenden und relativ billigen Elektromotor greift. Dann kommen als weitere Verbraucher die elektrischen Bahnen hinzu, und schließlich geht auch die Großindustrie von der Eigenversorgung ab und schließt sich der öffentlichen Stromversorgung an.
Der Energiebedarf wächst dadurch von Jahr zu Jahr in ungeahnter Weise und zwingt zum Bau immer wieder neuer, ständig größer werdender Kraftwerke und Maschineneinheiten. Ist 1900 noch ein von der Allgemeinen Elektricitäts-Gesellschaft auf der Pariser Weltausstellung gezeigter Drehstromgenerator für die Kraftwerke Oberspree und Moabit in Berlin mit seinen 3000 kW der größte seiner Zeit, so nimmt bereits drei Jahre später die General Electric Company im Fisk-Street-Kraftwerk von Chicago einen solchen von 5000 kW in Betrieb. Er wird schon von einer Turbine angetrieben.
Bis zum ersten Weltkrieg steigern sich die Turbinengrößen und damit auch die der angekuppelten Turbogeneratoren in Amerika auf 30000 kW. Nun beginnt der Bau von Großkraftwerken, deren Leistungen die 100000-kW-Grenze sehr bald überschreiten. 90000 kW sind es bereits 1914 im größten Kraftwerk Amerikas, in New York, und während des ersten Weltkriegs erreicht das Großkraftwerk Golpa-Zschornewitz im mitteldeutschen Braunkohlengebiet durch eine Erweiterung 128000 kW. Damit ist es eine Zeitlang das größte Wärmekraftwerk der Welt, wird dann jedoch 1919 vom Goldenberg-Kraftwerk bei Köln mit 190000 kW überrundet.
Im Zuge des weiteren Ausbaus erhält Golpa-Zschornewitz 1929 zwei Turbogeneratoren von 85 MW. Sie erhöhen die Gesamtleistung auf 440000 kW. Das Kraftwerk verbraucht täglich die imposante Kohlenmenge von 11000 Tonnen, zu deren Transport 85 Güterzüge erforderlich sind. Damit ist der Leistungssteigerung aber noch immer keine Grenze gesetzt. Der weiterhin wachsende Bedarf an elektrischer Energie führt schließlich 1965 bei der Firma Allis Chalmers in den USA zu dem bereits erwähnten Zweiwellen-Turbosatz von 1000 MW für das Kraftwerk Ravenswood, New York, und 1968 im Dampfkraftwerk Frimmersdorf bei Köln zu einer Gesamtleistung von 2300 MW.
Neben den Dampfkraftwerken entstehen bereits frühzeitig auch die ersten Wasserkraftwerke, zunächst in der Ebene an den Flußläufen und dann im Gebirge. Ihre Zahl vermehrt sich schnell. Besonders in den engen Gebirgstälern, wo die Wassermassen teilweise in mehreren Höhenlagen hintereinander zu großen Speicherseen aufgestaut werden, entstehen im Laufe der Zeit gewaltige Betonmauern, die den Wassern den Weg in die Tiefe verwehren. Die höchste der Welt wird in den Jahren 1954/61 im Gletschertal der Dixence in den Walliser Alpen errichtet. Sie erhebt sich vor dem staunenden Betrachter zu der

mächtigen Höhe von 284 m. Ihre Krone liegt 2365 m über dem Meeresspiegel und ist bei einer Länge von 700 m 22 m breit.
Die Leistungen moderner Wasserkraftwerke sind nicht weniger eindrucksvoll als die der Dampfkraftwerke, ja, sie überragen diese zum Teil sogar um mehr als das Doppelte. Das größte der Welt, das ab 1967 stufenweise in Betrieb genommene Krasnoyarsk-Werk, liegt in der UdSSR und wird nach seiner Vollendung 6000 MW liefern, dicht gefolgt vom Grand-Coulee-Werk in den USA aus dem Jahre 1941 mit 5574 MW.
Natürliche Wasserkräfte stehen aber nicht nur durch den Lauf der Flüsse von der Quelle abwärts zum Meer zur Verfügung, auch das Meer selbst bietet durch die Gezeiten erhebliche Energiemengen an. Der Mensch verstand es bereits frühzeitig, diese Energie für Mühlen und andere Zwecke nutzbar zu machen. Zur Elektrizitätserzeugung möchte sie erstmals 1912 der deutsche Ingenieur Emil F. G. *Pein* heranziehen. Weil die Fachwelt dem damals Elektroflutwerk genannten Projekt aber skeptisch gegenübersteht, kommt es im Jahr darauf nur zu einer kleinen versuchsweise erbauten Anlage.
Rund 50 Jahre verstreichen, bis die Franzosen das Thema erneut aufgreifen und es im Mündungsgebiet der Rance bei Saint Malo endgültig verwirklichen. Die Arbeiten an diesem Gezeitengroßkraftwerk beginnen 1961. 1966 laufen die ersten der insgesamt 24 Rohrturbinen zu je 10 kW an. Als nächste folgen die Russen 1968 in der Bucht von Kislaja Guba in der Barentssee. Sie wollen sogar noch vier weitere Gezeitenkraftwerke bauen.
Inzwischen bahnt sich abseits der Elektrotechnik eine Entwicklung an, die für die Menschheit ungeahnte Folgen haben soll. Sie nimmt ihren Ausgang in Deutschland, wo die Physiker Otto *Hahn* und Fritz *Strassmann* 1938 die Kernspaltung entdecken und damit das Atomzeitalter begründen. Ihre Arbeiten werden in Amerika sofort aufgegriffen und fortgeführt, und am 2. Dezember 1942 gelingt es dem italienischen Physiker Enrico *Fermi* in Chicago den ersten Kernreaktor der Welt in Betrieb zu nehmen. In ihm wird die bei der Spaltung freiwerdende kinetische Energie der Atome kontrolliert in Wärme umgesetzt. Dient dieser Reaktor nur Versuchszwecken, so setzen die Russen die Kernenergie Ende Juni 1954 zur Elektrizitätserzeugung ein. Noch ist die von ihnen erreichte Leistung mit 5000 kW zwar energiewirtschaftlich ohne Bedeutung, aber die Welt steht am Anfang eines neuen Weges, der bereits zwei Jahre später zum Atomgroßkraftwerk in Calder Hall führt. Hier kann die englische Königin am 17. Oktober 1956 in feierlichem Akt die erste Ausbaustufe des mit 180 MW projektierten Werkes auf das Verbundnetz schalten. Die Ära der Atomkraftwerke beginnt. Frankreich, Italien und die USA folgen innerhalb weniger Jahre. Das erste deutsche Großkraftwerk mit einer Leistung von 250 MW stellt die Allgemeine Elektricitäts-Gesellschaft 1966 in Gundremmingen fertig, nachdem sie bereits sechs Jahre zuvor in Kahl am Main zusammen mit der General Electric Co ein 15-MW-Kernkraftwerk für Versuchszwecke errichtet hat.

Mit Hilfe dieser Apparate gelang *Hahn* und *Strassmann* im Dezember 1938 in Berlin die Spaltung schwerer Atomkerne. Sie legten damit den Grundstein für die Ausnutzung der Atomenergie

Inzwischen ist die Leistung der deutschen Kernkraftwerke weiter angestiegen. Sie umfaßt u. a. bei den neu hinzugekommenen Kraftwerken Würgassen 670 MW, Brunsbüttel 805 MW, Philipsburg 900 MW und Biblis am Rhein I und II 1260 MW bzw. 1300 MW.
Welch ungeheure Energiemengen damit zur Verfügung stehen, mögen folgende Zahlen vor Augen führen:
1 Gramm Kohlenstoff zu CO_2 verbrannt liefert eine Energie von 0,01 kWh, 1 Gramm Uran 235 aber vollständig gespalten die unvergleichlich größere Menge von 22800 kWh.
Die enorme Leistungssteigerung der Kraftwerke stellt auch an die Fernübertragung erhöhte Anforderungen, denn je mehr Energie verlangt und erzeugt wird, desto mehr muß auch vom Generator zum Verbraucher transportiert werden. Somit unterliegen nicht nur die Kraftwerke selbst einem stetigen Wandel, sondern auch die Übertragungsspannungen passen sich den geänderten Verhältnissen an.
Die in Frankfurt 1891 noch als wahnsinnig hoch bezeichneten 10 kV werden kurz danach überall als brauchbar akzeptiert. Zwölf Jahre später laufen in Amerika an einer 40-kV-Leitung bereits Versuche mit 80 kV, und 1908 sind auf der 80 km langen Fernleitung vom Kraftwerk Croton-Dam nach Grand Rapids/Mich. die von *Rathenau* 17 Jahre zuvor prophezeiten 100 000 V sogar noch um 10 000 V überschritten. In Europa wird diese Spannung erstmals 1912 zwischen Lauchhammer und Riesa eingesetzt. Im Jahr darauf erreichen die Amerikaner auf der 240 Meilen langen Leitung von Big Creek nach Los

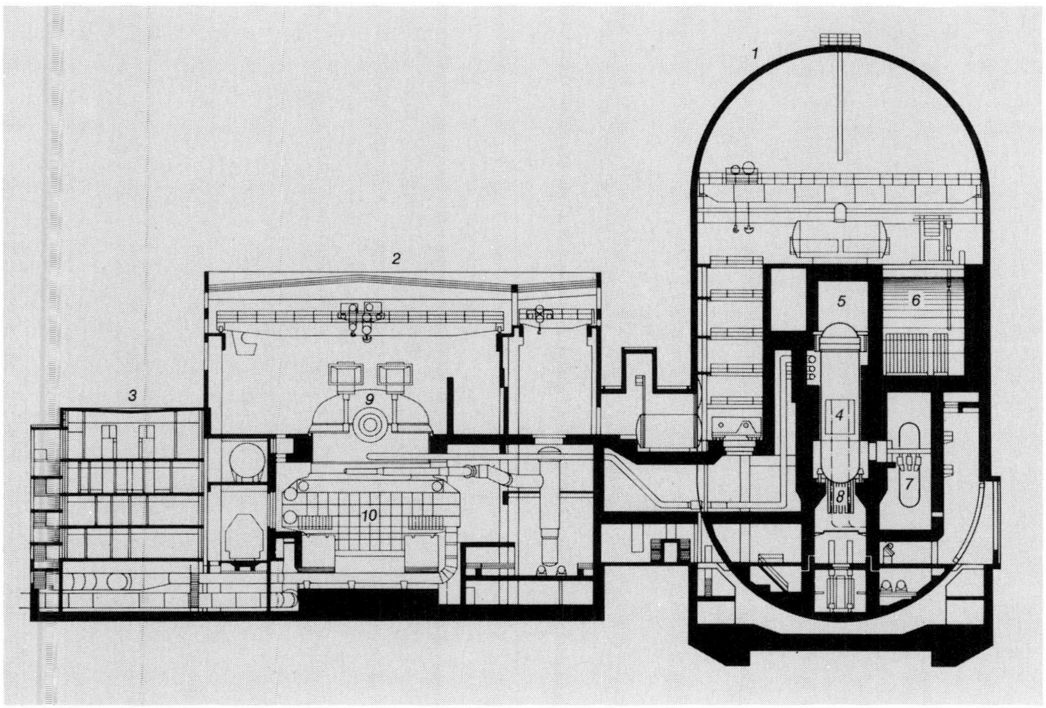

Schnitt durch Reaktorgebäude, Maschinenhaus und Betriebsgebäude des Kernkraftwerks Gundremmingen

1 Reaktorgebäude
2 Maschinenhaus
3 Betriebsgebäude
4 Reaktor
5 Flutraum
6 Brennstoff-Lagerbecken
7 Zwangsumlaufsystem
8 Steuerstabantriebe
9 Turbosatz
10 Kondensator

Angeles 150 kV und 1923 auf der gleichen Strecke 220 kV.
Damit aber ist noch immer keine Grenze des technisch Möglichen erreicht. 1950 kommen in Schweden 380 kV zum Einsatz, 1952 sind es 420 kV, und 1965 fließt zum ersten Male in der Welt elektrische Energie mit 735 kV vom Manicouagan River in Kanada nach Montreal. Wer hätte das vor fast 75 Jahren in Frankfurt für möglich gehalten?
Wer aber hätte damals auch geahnt, daß der soeben in der Energieübertragung zum Tode verurteilte Gleichstrom wieder aufersteht? Die technischen Voraussetzungen dafür schafft der amerikanische Ingenieur Peter *Cooper-Hewitt* mit der Erfindung des Quecksilberdampf-Gleichrichters zwar schon im Jahre 1902, aber noch drei Jahrzehnte sollen vergehen, bis dieser Gleichrichter technisch ausgereift ist, und die Allgemeine Elektricitäts-Gesellschaft das Modell einer Hochspannungs-Gleichstrom-Übertragung vorführen kann.
Hierbei bleibt die Erzeugung der Energie und ihre Verteilung an die Verbraucher nach wie vor dem Drehstrom vorbehalten, lediglich die Übertragung selbst erfolgt mit Gleichstrom. Zu diesem Zweck wird der Drehstrom auf der Erzeugerseite über Transformatoren und Gleichrichter zu hochgespanntem Gleichstrom gemacht und auf der Abnehmerseite über Wechselrichter und Transformatoren wieder in Drehstrom niederer Spannung zurückverwandelt.
Das Experiment der Allgemeinen Elektricitäts-Gesellschaft erweckt auch im Ausland reges Interesse, und 1936 folgt ihr die General Electric Company mit einer 27 km langen Versuchsleitung zwischen Schenectady und Mechanics Ville, bei der 5 kW mit 30 kV übertragen werden.
Die erste Anlage großen Stils, die auch im Rahmen der öffentlichen Energieversorgung arbeiten soll, wird 1941 in Deutschland begonnen. Der Plan sieht die Übertragung von 60 MW bei 400 kV zwischen dem Kraftwerk Elbe bei Dessau und Berlin vor. Infolge des Krieges geraten die Arbeiten aber immer mehr in Verzug. Die Anlage wird zwar fertiggestellt, kann aber nicht mehr in Betrieb genommen werden. Seit 1950 läuft die gleiche Anlage als Hochspannungs-Gleichstrom-Übertragung Kashira–Moskau.
Damit ist der Startschuß für eine Reihe weiterer Anlagen in der Welt gegeben. Die Ansichten *Dolivo-Dobrowolskys,* der 1919 in einer Veröffentlichung schreibt, „. . . daß für größere elektrische Systeme der Wechselstrom ohne Zweifel durch Gleichstrom ersetzt wird“, scheinen sich zu bewahrheiten. Selten nur führen die Wege in der Technik zurück, sollte es beim Gleichstrom vielleicht der Fall sein?
Vorerst aber noch beherrscht der Drehstrom die zahllosen Fernleitungen, die wie ein mächtiges Spinnennetz Ebenen, Flüsse und Gebirge überqueren und überall und zu jeder Zeit elektrische Energie in ausreichender Menge zur Verfügung stellen. Ein Ausfall des Stromes ist heute selten, ganz besonders, wenn er die Ausmaße des Netzzusammenbruchs von 1965 in den USA und Kanada annimmt. Vielleicht erinnern wir uns noch an jenen 9. November, als in den zehn Bundesstaaten New York, Connecticut, Massachusetts, Rhode Island, Pennsylvania, Maine, New Jersey, Ontario, New Hampshire und Vermont sowie den kanadischen Provinzen Toronto und Ottawa mitten im Berufsverkehr die Energiezufuhr versagte. Allein in New York sind etwa 850 000 Fahrgäste im unterirdischen Netz der Bahnen eingeschlossen oder schweben in luftiger Höhe auf den Brücken der Hochbahn. Die Verkehrsampeln fallen aus, Aufzüge bleiben stehen und alles ist in stockdunkle Nacht gehüllt. Für Stunden sind zahllose Errungenschaften der Technik wertlos, und manchem der Betroffenen dürfte dabei so recht bewußt geworden sein, welche eminent wichtige Rolle die Elektrizität in unserem heutigen Leben spielt.

Von unsichtbarer Kraft getrieben

Wann und wo der Mensch zum ersten Male den Wagen verwendet hat, können wir heute nicht mehr mit Sicherheit sagen. Seine Anfänge verlieren sich wie bei so manchem anderen auch im Dämmerlicht der Vorgeschichte und werden wohl für immer darin verborgen bleiben. Die ältesten bekannt gewordenen Hinweise stammen aus dem Zweistromland Mesopotamien, wo ihn die Sumerer schon etwa 3500 v. Chr. als schweren vierrädrigen Streitwagen benutzen. Von nun an läßt sich der Weg des Wagens auf zahlreichen Gebrauchs- und Kunstgegenständen, auf Wandreliefs und Mosaiken durch die Geschichte der verschiedenen Völker verfolgen. Er dient nicht nur dem Kampf, den Göttern und Königen als Gefährt, sondern auch der Jagd und in zunehmendem Maße dem Transport von Menschen und Gütern aller Art.

Von Anfang an setzt der Mensch nicht seine eigene Kraft, sondern die von Pferden, Eseln oder gehörnten Tieren zur Fortbewegung des Wagens ein. Rund 5000 Jahre hindurch bleibt dieser Zustand unverändert, bis der französische Militäringenieur Nicolas Josef *Cugnot* 1769 die Idee eines Dampfwagens verwirklicht. Er findet besonders in England Anklang, wo es in den dreißiger Jahren des 19. Jahrhunderts zu einem regelrechten Linienverkehr von dampfbetriebenen Straßenfahrzeugen kommt, die etwa 20 Personen befördern können. Von da ab ist der Weg zur Eisenbahn nicht mehr weit, und was hier eine

Die erste elektrische Eisenbahn von Siemens auf der Gewerbeausstellung in Berlin 1879. Sie befördert in der Zeit vom 31. Mai bis 30. September 86 398 Fahrgäste

Die erste elektrische Straßenbahn der Welt in Lichterfelde bei Berlin im Jahre 1881 hat noch keine Oberleitung, sondern Stromversorgung über die Schienen

Dampfmaschine vermag, warum sollte das nicht auch ein Elektromotor bewerkstelligen?

Aller Anfang ist schwer

Vor der obigen Frage steht 1835 auch der junge Grobschmied Thomas *Davenport* aus Brandon/Vt. beim Betrachten eines von ihm gefertigten Elektromotors. Noch im gleichen Jahr stellt er eine kleine batteriebetriebene Modellokomotive her und läßt sie über einen Herren *Coombs* 1838 in der Adelaide-Galery in London vorführen. Hier fährt sie auf einem Kreis von 43 Fuß Umfang herum und erreicht mit ihren 73 Pfund Gewicht eine Geschwindigkeit von mehr als zwei englischen Meilen in der Stunde. Vom positiven Ausgang seiner Versuche überzeugt, gründet *Davenport* eine Gesellschaft zur Anwendung des Elektromagnetismus auf die Eisenbahn. Die ersehnten Geldgeber für größere Projekte aber bleiben aus.
Während das Davenportsche Bähnchen in London seine Kreise zieht, hängt der Schotte Robert *Davidson* aus Aberdeen den gleichen Ideen nach und befaßt sich mit dem Bau einer großen elektrischen Lokomotive. Sie wird 16 Fuß lang, sieben Fuß breit und wiegt fünf Tonnen. Aus einigen Eisen-Zink-Elementen gespeist, erreicht er mit ihr auf der Edinburgh-Glasgower-Eisenbahn bei einer Last von sechs Tonnen die immerhin beachtliche Geschwindigkeit von vier englischen Meilen pro Stunde.
„. . . nach dem Erfolg dieses Versuches", heißt es in einer Veröffentlichung des Edinburgh Evening Courant, „darf man große Hoffnung hegen, daß die Zeit nicht mehr ferne ist, wo durch die elektromagnetische Kraft die Anwendung des Dampfes entweder überflüssig gemacht wird, oder der Dampf dadurch wenigstens eine mächtige Hülfskraft erhält."
Die Hoffnungen aber werden schnell zunichte, weil eine Gruppe von Lokomotivführern und Heizern in Perth das Ende ihrer Beschäftigung fürchtet und die schöne Lokomotive kurzerhand zerstört.
Ebenfalls nicht in Erfüllung gehen die Erwartungen des Frankfurter Mechanikers J. P. *Wagner*, der 1836 mit der Herstellung elektrischer Maschinen beginnt und sich nach verschiedenen Verbesserungen auf Grund eines Preisausschreibens des deutschen Bundestages an eine elektrische Lokomotive wagt. Bei der Probefahrt am 12. Mai 1844 geht der Motor jedoch entzwei, so daß ihm der Preis in Höhe von 100000 Gulden nicht zugesprochen werden kann.
Auch weiteren amerikanischen Pionieren der elektrischen Bahn bleibt ein dauerhafter Erfolg versagt. *Farmer* kann zwar 1847 mit seiner Lokomotive, die einen kleinen Wagen zieht, zwei Personen befördern, und *Page* mit finanzieller Unterstützung des Kongresses 1851 auf dem Abschnitt Washington – Bladensburg/Md der Washington & Baltimore Railroad eine kleine 16 PS starke Lokomotive fahren lassen, die die 5 Meilen in 39 Minuten durcheilt. Aber es machen sich doch die damals noch herrschenden Mängel an den Maschinen störend bemerkbar, so daß der Kongreß keine weiteren Mittel bewilligt. Das größte Hindernis allerdings sind die Stromquellen in Form der galvanischen Elemente. Ihr geringes Leistungsvermögen macht einen regulären elektrischen Bahnbetrieb unmöglich, und so zieht denn 1864 der deutsche Bundestag sein Preisausschreiben wieder zurück.
Nahezu 30 Jahre hindurch ruhen die Bemühungen, bis sie mit der Erfindung der Dynamomaschine neuen Auftrieb erhalten. Mit ihr zeigen sich dann auch sogleich die ersten praktischen Erfolge, als Werner *Siemens* 1879 auf der Berliner Gewerbeausstellung eine elektrisch angetriebene Bahn vorführt, die ihre Energie nicht mehr aus einer mitgeführten Batterie, sondern von einem stationären 150 V-Gleichstromgenerator über eine dritte zwischen den Gleisen verlegte Schiene bezieht. Diese kleine Eisenbahn besteht aus einer Lokomotive von etwa 3 PS, auf der der Lokführer rittlings sitzt und drei Wagen für je sechs Personen. Sie erfreut sich außerordentlich regen Zuspruchs und befördert während der Dauer der Ausstellung vom 31. Mai bis zum 30. September 86 398 Fahrgäste mit einer Geschwindigkeit von 7 km je Stunde über die rund 300 m lange Strecke. Die Stromzuführung ist zwar noch recht primitiv auf einer einfachen Holzschwelle befestigt, aber sie stellt etwas völlig Neuartiges dar und löst das bisher so schwierige Problem der Energiequelle auf elegante Weise.

Wie kaum anders zu erwarten, beginnt auch bald darauf *Edison* die Beschäftigung mit elektrisch angetriebenen Schienenfahrzeugen und fertigt ebenfalls eine kleine Lokomotive mit einem seiner Beleuchtungsdynamos als Motor an. Im Frühjahr 1880 legt er in Menlo Park eine 1,6 km lange Gleisschleife an und fährt auf ihr die Besucher herum. Danach auftauchende Projekte, einige Teile der Northern Pacific Railroad zu elektrifizieren, zerschlagen sich aber, so daß *Edison* sein Interesse wieder anderen Dingen zuwendet.

Das Kraftwerk der Frankfurt-Offenbacher Straßenbahn mit zwei über Riemen angetriebenen Generatoren

Ein neues Problem taucht auf

Als sich die Bevölkerung der Städte im 19. Jahrhundert zusehends vergrößert und die Siedlungsgebiete immer weiter über den oft Jahrhunderte alten, eng bebauten Kern in die Umgebung hinauswachsen, entsteht ein völlig neues Problem, das des innerstädtischen Verkehrs. Seine Geschichte beginnt in Paris, wo 1819 erstmals Pferdeomnibusse zur öffentlichen Personenbeförderung eingesetzt werden. Aus diesen, zunächst ohne Schienen laufenden Wagen, geht die Pferdeeisenbahn hervor, deren Anblick uns von den Bildern der guten alten Zeit her noch recht geläufig ist.

Die Pferdeeisenbahn macht ihre Jungfernfahrt 1832 in New York und erobert sich gegen manchen Widerstand in den Stadtverwaltungen nach und nach auch die Straßen der europäischen Großstädte. Mehrere Jahrzehnte hindurch bleibt diese gemütlich dahinzuckelnde Pferdebahn unangefochten, bis sich mit jenem 12. Mai 1881, an dem in Berlin die erste elektrische Straßenbahn den Probeverkehr aufnimmt, auch ihr Ende ankündigt.

Der Mann, der diesen Tag in die Geschichte der Technik eingehen läßt, ist *Siemens*. Nach dem gelungenen Versuch auf der Gewerbeausstellung entwirft er zunächst eine elektrische Hochbahn für die Berliner Friedrichstraße und unternimmt dann kurze Zeit später ein weiteres Experiment, indem er den Bahnhof der Anhaltischen Eisenbahn mit der Kadettenanstalt in Lichterfelde durch eine zu ebener Erde fahrenden Bahn verbindet.

Zu diesem Zweck wird zwischen den Achsen eines kleinen 20 Personen fassenden Eisenbahnwagens ein 5,5 PS starker Motor befestigt, durch einen Spiralfedertrieb mit den Rädern verbunden und über die isoliert angebrachten Räder von den Schienen aus mit einer Gleichspannung von 180 V versorgt.

Am staunenden Publikum vorüber fährt die Straßenbahn Frankfurt – Offenbach und zieht dabei zwei kleine Kontaktschiffchen hinter sich her, die in den aus geschlitzten Rohren bestehenden Oberleitungen entlanggleiten

Wartende Fahrgäste sehen dem „Auftanken“ einer Akkumulator-Straßenbahn an ihrer Endstation zu

Vier Tage nach der ersten Probefahrt ist die offizielle Eröffnung der 2,5 km langen Strecke. Das Erstaunen unter der Bevölkerung ist groß, als das Wägelchen, von unsichtbarer Kraft getrieben, mit einer Geschwindigkeit von gut 30 km in der Stunde davonrauscht. Die Behörden lassen allerdings dann nur eine maximale Geschwindigkeit von 20 km/h zu, was in Anbetracht der dicht beieinanderliegenden 26 Haltestellen im regulären Betrieb sowieso kaum erreicht werden kann. Anfangs fährt nur ein Wagen, der sich aber so großer Beliebtheit bei den Berlinern erfreut, daß schon im Januar des folgenden Jahres ein zweiter Wagen eingesetzt werden muß.
Der einzige Nachteil dieses neuen Verkehrsmittels ist die Stromzuführung über die Schienen. Holzschwellen und Erdboden sind auf die Dauer gesehen keine besonders günstige Isolation, und an den Bahnübergängen scheuen die Pferde oder stürzen wie vom Blitz getroffen zu Boden, wenn sie beide Schienen gleichzeitig berühren. Das bessert sich, als die Gleise an den Übergängen stromlos gemacht werden, so daß die Bahn mit Schwung darüber hinwegfahren muß.
Nur für die Berliner Jungen ist diese Art ideal. Sie entdecken sehr schnell ein neues Spiel, indem sie Draht über die Schienen legen und sich freuen, wenn er unter Glühen und Funkensprühen wegschmilzt. Auf diese Weise verschwindet binnen kurzer Zeit ein ganzer Drahtzaun in der Nähe der Strecke.
Um diesem Übel vollends abzuhelfen, zeigt *Siemens* auf der Internationalen Ausstellung für Elektrizität 1881 in Paris eine Straßenbahn mit doppelter Oberleitung, auf der ein kleiner Kontaktwagen rollt, den die Bahn über ein Kabel nach sich zieht.
In Anbetracht des technischen und auch finanziellen Erfolges der Lichterfelder Bahn, entschließen sich einige Gemeinden zur Einführung ebensolcher Verkehrsmittel. Siemens & Halske kann daher in der ersten Hälfte der 80er Jahre unter anderem die Linie Charlottenburg – Spandauer Bock mit Oberleitungen und Kontaktwagen sowie die Strecken Mödling – Hinterbrühl bei Wien und Frankfurt/Main – Offenbach erbauen, die Oberleitungen aus geschlitzten Rohren haben, in denen ein kleines Kontaktschiffchen entlanggleitet.
Diese Bahnen verlaufen meist außerhalb der Stadtkerne, verbinden benachbarte Orte und liegen infolgedessen mehr oder weniger auf freiem Gelände. In den Straßen selbst wollen die Stadtväter vorerst keine Oberleitungen haben, weil sie dadurch eine Verschandelung des Straßenbildes befürchten und die Masten den Verkehr behindern oder gar Teile der Leitung herabfallen könnten. Es entsteht vor allen Dingen in Berlin und Wien ein endloses Palaver der Behörden. In London wird 1891 sogar ein Erlaß des Board of Trade verabschiedet, wonach Oberleitungen nur in Ausnahmefällen zugelassen sind.
Inzwischen kehrt *Reckenzaun* in Deutschland wieder zu der ursprünglichen Form der Stromversorgung zurück, bei der jeder Wagen seine eigene Stromquelle mit sich führt, und beginnt 1883 Versuche mit Akkumulator-Straßenbahnen, die ab 1885 in Berlin im öffentlichen Verkehr fortgesetzt werden. Weil manche Städte hierin eine Lösung des leidigen Oberleitungsproblems sehen, schließen sich London, Birmingham, Rom, St. Petersburg, Paris, Hagen, Hannover und andere dem Berliner Beispiel an und führen ebenfalls derartige Bahnen ein. Die Ergebnisse aber sind fast überall unbefriedigend, denn die Fahrstrecke ist gering und an den Endstationen entstehen infolge der bei jedem Halt notwendigen Aufladung län-

gere Wartezeiten. Das Gastspiel der Akkumulator-Straßenbahn ist daher nur kurz.
Die erste Straßenbahn Amerikas, die 1884 durch East Cleveland/O. rollt und von Edward M. *Bentley* und Walter H. *Knight* erbaut worden ist, bezieht zwar ihren Strom von außen über eine dritte Schiene, aber sie bewährt sich auch nicht. Die dritte Schiene ist nämlich in einem Schlitz in der Mitte des Gleises verlegt, was bei Regenwetter oftmals zu Kurzschlüssen führt. Nach einem Jahr wird die Bahn wieder auf Pferdebetrieb umgestellt. Trotzdem beginnt Siemens & Halske 1889 die Straßenbahn in Budapest ebenfalls mit einer doppelpoligen unterirdischen Stromzuführung auszustatten.

Glanzvoller Aufstieg – ruhmloses Ende?

Wirklich zum Durchbruch gelangt die Straßenbahn überall in der Welt aber erst mit der endgültigen Einführung der Oberleitung und weil die mittelgroßen Städte nicht ganz so kritisch in dieser Frage sind wie die Metropolen, kann die Allgemeine Elektricitäts-Gesellschaft ihre erste Straßenbahn 1891 in Halle sogleich mit Oberleitung errichten. Sie verwendet das System eines Amerikaners namens Frank J. *Sprague,* der sich in seiner Heimat große Verdienste um die elektrische Straßenbahn erwirbt und deshalb dort als ihr Pionier angesehen wird.
Die Frage, wie einem fahrenden Wagen der Strom zugeführt werden soll, bereitet nämlich auch jenseits des Ozeans viel Kopfzerbrechen. Hier sind ebenso wie in Europa einige Fachleute der Ansicht, daß ein schleifender Kontakt so wie wir ihn heute überall am Scheren- oder Bügelstromabnehmer der Straßen- und Fernbahnen vorfinden, für einen dünnen Oberleitungsdraht ungeeignet sei. John C. *Henry* verwendet daher 1884 für die erste amerikanische Oberleitungsstraßenbahn ebenfalls einen kleinen Wagen, „Troller" genannt, der auf den beiden Drähten entlang läuft. Leo *Daft* und Charles J. *van Depoele* gehen ähnlich vor. Die Lösung aber, die sich dann für Jahrzehnte behauptet und vereinzelt noch in den 60er Jahren, z. B. in Hamburg, anzutreffen war, findet *Sprague:* eine Stange mit einem Rad, das an der Unterseite der einpoligen Oberleitung entlangrollt. Den zweiten Pol bilden dabei die Schienen.
Als Angehöriger der amerikanischen Marine lernt *Sprague* 1882 anläßlich der Elektrotechnischen Ausstellung im Londoner Kristallpalast auch die dampfbetriebene U-Bahn kennen. Ihre Rauchbelästigung führt ihn auf das Thema des elektrischen Antriebs. Nach den USA zurückgekehrt, scheidet er aus dem Dienst der Marine aus, arbeitet eine Zeitlang bei *Edison* und gründet dann ein eigenes Unternehmen, die Sprague Electric Railway & Motor Co.
Seine erste große Straßenbahn errichtet *Sprague* 1887/88 in Richmond/Va. Die Auftraggeber verlangen von ihm die Fertigstellung des Kraftwerks, des vollständigen Oberleitungssystems und der elektrischen Ausrüstung von 40 Wagen innerhalb 90 Tagen. Er schafft es nicht ganz in dieser Zeit, zumal anfangs wegen eines stark ansteigenden Streckenstücks Schwierigkeiten mit den Motoren auftreten. Immerhin können am 7. Januar 1888 die ersten neun Wagen in Betrieb genommen werden. Die Bahn ist mit neun Meilen Streckenlänge damals die bedeutendste ihrer Art und wird in Amerika zum Vorbild.
Der Antrieb eines jeden Wagens besteht aus zwei Gleichstrommotoren, die *Sprague* erstmals direkt auf die Achsen setzt und über Zahnräder ankuppelt. Er gibt ihnen damit die noch heute übliche charakteristische Gestalt, denn bisher verwendeten die amerikanischen Konstrukteure im allgemeinen nur einen Motor normaler Bauart, den sie einfach auf die Plattform des Wagens stellen, von wo er über Ketten die Räder bewegt. Bis zu 30 Wagen verkehren in Richmond gleichzeitig.
Wenn auch dieser Bahn bereits andere in Appleton/Wis., Lima/O., Mansfield/O., Scranton/Pa., Detroit/Mich. usw. vorangegangen sind, so weist doch sie derart viele Neuerungen auf, daß mit ihr das eigentliche Zeitalter der elektrischen Straßenbahn in Amerika beginnt. Von nun an geht es mit wahrhaft atemberaubender Geschwindigkeit voran. 1890 besitzt Boston, das erst im Jahr zuvor die Elektrifizierung der Pferdebahn auf der Westend Street Linie begonnen hat, mit 385 km bereits das längste Straßenbahnnetz der Welt. Berlin bringt es zu dieser Zeit mit 179 km nur auf knapp die Hälfte, Budapest hat 55 km und London überhaupt noch keine Straßenbahn. In ganz

Amerika sind es zu dieser Zeit 1260 Meilen und 12 Jahre später 22 000 Meilen. Nach weiteren 15 Jahren hat sich diese Länge verdoppelt und Chicago kann mit etwa 1000 Meilen das größte Straßenbahnnetz vorweisen, das es je in einer Stadt gegeben hat.
Die kürzeste Bauzeit aber erlebt zweifellos 1897 eine 4 km lange Straßenbahn in Bound Brook, wo sich zwei Gesellschaften um die Konzession bewerben. Aus Angst, die Konkurrenz könne ihr zuvorkommen, erscheint eine der beiden Gesellschaften eines Samstags Nachmittags mit 550 Arbeitern und dem nötigen Baumaterial in Sonderzügen auf dem Bahnhof der Stadt. Kurz vor Mitternacht ist alles ausgeladen und um 01 Uhr des folgenden Sonntags beginnt das Aufpflügen der Straßen und das Verlegen der Schwellen. Zügig folgen Schienen, Masten und Oberleitung. Parallel dazu wird noch eine 30 m lange Fachwerkbrücke errichtet. Um 23 Uhr fährt der erste Wagen, und die Bewohner von Bound Brook sperren Mund und Nase auf.
Mit der elektrischen Straßenbahn, die, von wenigen Ausnahmen abgesehen, bis in die heutige Zeit Gleichstrom in Höhe von etwa 500 bis 700 V verwendet, ist das Problem des innerstädtischen Verkehrs in vielen Fällen auf Jahrzehnte hinaus gelöst. Die Fahrgäste wissen die Annehmlichkeit des neuen, in Deutschland kurz Elektrische oder Tram genannten Gefährts wohl zu schätzen. Ist es doch dreimal so schnell wie die alte Pferdebahn, hat in den Abendstunden statt der Petroleumlampen angenehmes elektrisches Licht und kann im Winter sogar beheizt werden.
Die Wagen sind daher besonders in Amerika, wo es keine Beschränkung der Fahrgastzahlen gibt, während der Hauptverkehrszeiten ständig überfüllt. Da hier der Schaffner gleichzeitig Zugführer ist und die Bahn auf Verlan-

Straßenbahn in Halle, 1891 nach dem System Sprague von der Allgemeinen Elektricitäts-Gesellschaft erbaut

gen an jeder Straßenecke hält, hat er kaum Zeit, in der drangvollen Enge zu kassieren. Es wird daher um 1908 von verschiedenen Straßenbahngesellschaften der sogenannte Pay-as-you-enter-car eingeführt, bei dem der Schaffner an der hinteren, der Eingangstür, sitzt, an der jeder Fahrgast beim Einsteigen vorbeigehen und zahlen muß.
Trotz allem, der Verkehr nimmt weiter zu. Die sich rapide vermehrenden Kraftfahrzeuge versperren der an die Gleise gebundenen Straßenbahn den Weg, so daß sie auch mit den inzwischen eingeführten größeren und schnelleren, zum Teil sogar zweistöckigen Wagen den Anforderungen nicht mehr gerecht wird. Die Ausdehnung der Straßenbahn erreicht in den frühen 20er Jahren den Höhepunkt, dann gehen ihre Netze vor allen Dingen in Amerika und England immer mehr zurück. 1960 schließlich ist die nur noch als unrentables Verkehrshindernis betrachtete Straßenbahn hier sang- und klanglos aus den meisten Städten wieder vollkommen verschwunden; darunter auch in Chicago, der Stadt mit dem einst längsten Schienenstrang. Nur in wenigen Städten gilt sie noch als Hauptverkehrsmittel.
Ein ähnliches Schicksal erleidet die Straßenbahn etwas später auch in den verschiedenen Hauptstädten des europäischen Kontinents. Die Städte mittlerer Größe aber sehen in ihr noch immer ein wichtiges Glied unter den Beförderungsmitteln und so werden wir das vertraute Bild der modernen gelben, roten, blauen oder grünen Großraum- und Gelenkwagen hier manches weitere Jahrzehnt vor Augen haben.
In jüngster Zeit beginnen verschiedene europäische Straßenbahngesellschaften ihre Linien an wichtigen Verkehrsknotenpunkten oder in stark frequentierten Straßen unter die Erde zu verbannen. Dieser Gedanke ist gar nicht mehr

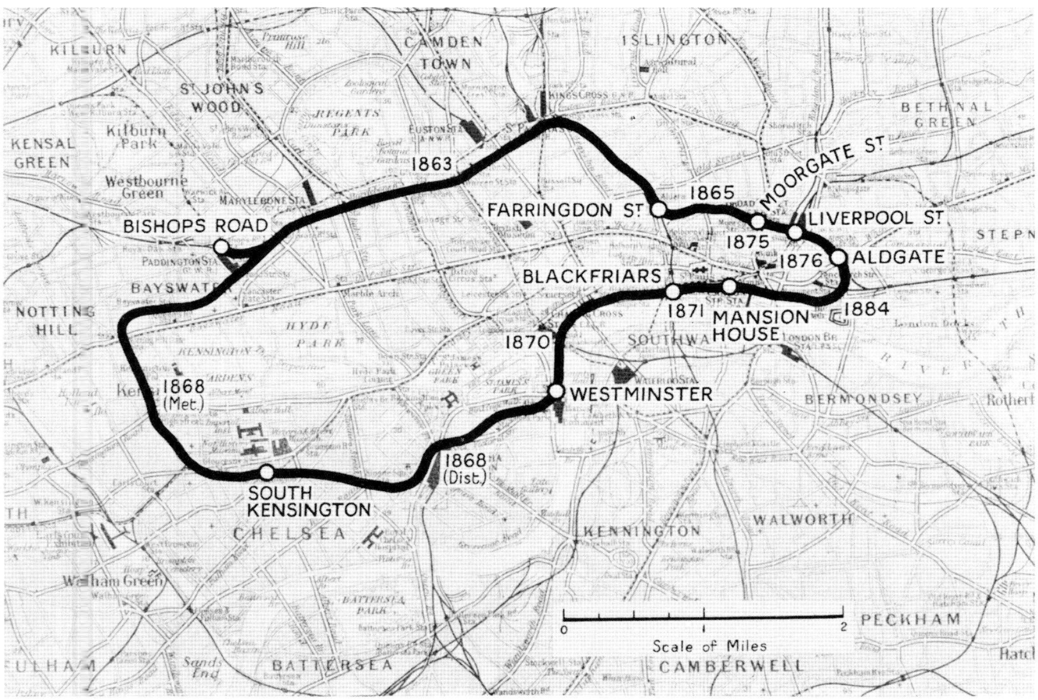

Aus der ersten U-Bahnlinie der Welt in London entsteht im Laufe von 21 Jahren ein Ring, die heutige Circle Line. Sie wird 1905 von Dampf auf elektrischen Betrieb umgestellt

neu, denn schon 1898 legt Boston eine Straßenbahnlinie an, die auf ihrem Weg für rund 2 km unter der Erdoberfläche verschwindet. Damit aber sind wir bereits beim Thema des nächsten Abschnitts.

Die erste elektrische U-Bahnlokomotive der Welt für die am 18. Dezember 1890 eingeweihte City and South London Railway

Pearson hat eine Idee

Am 9. Januar 1863 gleicht die Farringdon Street in London einem riesigen Festplatz. Musikkapellen spielen, Festreden werden gehalten, und es wird gegessen und getrunken. Ein großes Ereignis steht bevor, die erste unterirdische Bahn der Welt, die Metropolitan railway soll tags darauf dem Verkehr übergeben werden. Damit findet eine 20 Jahre alte Idee ihre Verwirklichung.
Um die Mitte des 19. Jahrhunderts, als in den großen Städten noch Pferdeomnibusse und als neueste Errungenschaft auf Schienen geführte Pferdebahnen geruhsam ihres Weges ziehen, tritt der städtische Rechtsberater Charles *Pearson* in London mit einem eigenartigen Projekt hervor. Er möchte den innerstädtischen Verkehr nicht mehr auf den Straßen, sondern durch eine Bahn unterhalb deren Oberfläche abwickeln.
Die Londoner Stadtväter sehen sich plötzlich einer revolutionierenden Idee gegenüber und beraten volle zehn Jahre, bis sie dann 1853 endgültig die Genehmigung zum Bau einer 6,5 km langen unterirdischen Bahn zwischen der Farringdon Street und dem Bishop's Road erteilen. 1860 rücken die Arbeitskräfte an, heben tiefe Einschnitte in den Straßen aus, verlegen zwei Gleise und decken das Ganze anschließend wieder ab. Jedes Gleis besteht aus drei Schienen, denn neben der neuen Bahn, die eine Spurweite von 1435 mm haben wird, soll die Strecke auch von den Zügen der Great Western Eisenbahn befahren werden, deren Spur aber 2100 mm breit ist.
Am Tage der Eröffnung stauen sich die Menschen zu Tausenden an den Bahnhöfen, um das zu erleben, was bisher noch niemandem vergönnt gewesen ist, mit einer Dampfbahn unter der Erde zu fahren. 30 000, aus London und der Umgebung herbeigeeilt, haben dieses Glück am ersten Tage. Unzählige andere müssen zurückstehen, da die Wagen sie nicht alle fassen können. 850 £ klingen am Abend des Eröffnungstages in den Kassen.
In den nächsten zwei Jahren wird die Linie über ihren Endpunkt in der Farringdon Street hinaus bis zur Moorgate Street verlängert. Eine zweite Strecke, die District Railway folgt 1868. Beide Linien wachsen bis 1884 zu einem Ring zusammen, der heutigen Circle Line.
Die anfängliche Begeisterung der Londoner für ihre neue U-Bahn läßt aber sehr bald merklich nach. Ursache ist die starke Rauchbelästigung der Fahrgäste. Eine dritte Linie, die City and South London Railway wird daher nicht mehr als Dampfbahn, sondern als Kabelbahn geplant und 1886 begonnen. Begünstigt durch die Erfolge mit elektrischen Straßenbahnen ergeht noch während der Bauzeit an Siemens & Halske der Auftrag, die Linie auf elektrischen Antrieb umzustellen. Anstatt des ursprünglich vorgesehenen Kabelstrangs wird eine dritte Schiene zwischen den Gleisen verlegt und mit 500 V Gleichspannung eingespeist.
Am 18. Dezember 1890 morgens 6.53 Uhr verläßt der erste elektrische U-Bahnzug der Welt mit einer Lokomotive und drei Personenwagen die Station Stockwell und fährt mit 32 km pro Stunde in Richtung King Williams Street. Die offizielle Einweihung nimmt der Prince of Wales, der spätere König Edward VII., vor.
Diese Bahn, die sich sehr schnell bewährt, stellt mit ihren zwei auf den Radachsen der Lokomotive montierten 50-PS-Motoren nicht nur in elektrischer Hinsicht eine

besondere Leistung dar, auch bergmännisch zeugt sie von großem Können, denn ihre Gleise verlaufen in zwei getrennten röhrenförmigen Tunnels 12 bis 18 m unterhalb der Erdoberfläche und unterqueren sogar die Themse. Ihre Wagen heißen im Volksmund bald Gummizelle, da sie klein und, weil es unter der Erde ja nichts zu sehen gibt, auch ohne Fenster sind. Das aber macht sie bei den Londonern nicht unbeliebt, und bereits 1894 und 1895 werden zwei weitere Linien begonnen und leiten den Ausbau eines stetig wachsenden Netzes ein, das heute mit etwa 390 km das größte der Welt ist.
Dem Londoner Beispiel folgend, beginnt ein gutes Jahrzehnt später auch Liverpool mit dem Bau einer teilweise unterirdisch verlaufenden Bahn. Diese sogenannte Mersey-Tunnelbahn nach Birkenhaed wird 1886 eröffnet, steht aber wegen des Dampfbetriebs beim Publikum ebenfalls nicht in hoher Gunst. Das ändert sich erst mit ihrer Elektrifizierung im Jahre 1903.
Als Dritter im Bunde baut die Stadt Glasgow 1891 eine 10,4 km lange U-Bahnschleife. Sie wird jedoch als Kabelbahn ausgeführt und ist vom Pech verfolgt. Sehr spät, nämlich erst 1935, erfolgt ihre Umstellung auf elektrischen Antrieb.

Über Englands Grenzen hinaus

Der Pioniergeist der Engländer bleibt natürlich nicht ohne Auswirkung auf den europäischen Kontinent. Auch in Deutschland werden Stimmen laut, die auf den ständig wachsenden Straßenverkehr hinweisen und die Verlegung eines Teils davon in eine andere Ebene für notwendig erachten. *Siemens* schlägt daher 1880 die bereits erwähnte Hochbahn in der Berliner Friedrichstraße vor, hat damit aber ebensowenig Erfolg wie die Allgemeine Elektricitäts-Gesellschaft elf Jahre später mit ihrem U-Bahn-Projekt. Sind die Bedenken der städtischen Sachverständigen bei der U-Bahn gegen den sandigen Untergrund gerichtet, so zielen sie bei der Hochbahn auf eine Belästigung der Anwohner.
Budapest, die glänzende Metropole im Osten Europas, dagegen steht den Fragen des Verkehrs weit aufgeschlossener gegenüber. Sie plant zunächst ein weiträumiges Straßenbahnnetz. Weil aber die beliebte Andrássystraße sich immer mehr zur Promenade der Budapester Bevölkerung entwickelt, wäre eine Straßenbahn hier eher hinderlich als von Vorteil. Die Stadt beschließt deshalb, diese Straße mit einer Unterpflasterbahn zu versehen. Es

Ein Zug der City and South London Railway in späteren Jahren. Die Wagen haben nunmehr auch Fenster

Entwurf einer elektrischen Hochbahn für die Berliner Friedrichstraße aus dem Jahre 1880

wird die erste U-Bahn des Kontinents. Ihre Kosten sind mit 3,6 Millionen Gulden veranschlagt. Die elektrische Ausrüstung liefert wiederum Siemens & Halske.
Im August 1894 beginnen die Arbeiten mit feierlichem Spatenstich an der 3,75 km langen Strecke von der Donau zum Stadtpark. Sie sind Anfang 1896 abgeschlossen, so daß der Betrieb am 2. Mai aufgenommen werden kann. Elf Stationen säumen die damals Franz-Joseph-Untergrundbahn genannte Linie, von denen die beiden letzten, Zoo und Stadtpark, oberirdisch liegen. Die eigenartig geformten vierachsigen und mit Drehgestellen ausgerüsteten Wagen beziehen den Gleichstrom für ihre beiden 20 PS starken Motoren aus einer Oberleitung mit 320 V. Sie existiert noch heute in unveränderter Form und wird noch immer von den fast 75 Jahre alten Wagen befahren. Eines Tages wird auch deren letzte Stunde schlagen, und wir wollen hoffen, daß dann einige dieser ehrwürdigen Zeugen früher Elektrotechnik in den Technischen Museen der Nachwelt erhalten bleiben. Die neue unterirdische Bahn beweist auch in Budapest ihre Vorteile. Sie ist unabhängig vom anderen Verkehr und dank des elektrischen Antriebs schnell, sicher und bequem. 4 217 485 Personen nutzen diese Annehmlichkeit im ersten Jahre ihres Bestehens aus.
Als nächste Stadt beginnt Paris 1898 mit dem Bau seiner Métropolitain, für die sogleich fünf Linien mit einer Gesamtlänge von 65 km vorgesehen werden. Nach zwei Jahren emsiger Arbeit ist die Linie 1 mit 14 km fertig, und ab 19. Juli verkehren die Züge zwischen Porte Maillot im Westen und Porte de Vincennes im Osten der Stadt. Jeder der kleinen 7,5 m langen zweiachsigen Wagen ist mit zwei Motoren von je 120 PS wesentlich leistungsstärker als die bisherigen Bahnen. Die Stromzuführung erfolgt über eine dritte Schiene neben dem Gleis. Sie wird die Standardausführung für alle weiteren U-Bahnen.
Ab 1957 beginnt die Métro auf einigen Linien mit der Einführung gummibereifter Züge, die auf Beton- oder Holzspuren außerhalb der Gleise laufen. Die weiterhin vorhandenen Stahlräder der Wagen berühren die Schienen nicht, sondern sind nur für den Notfall gedacht, wenn ein Reifen platzen sollte. Derartige Wagen gibt es nur noch bei der U-Bahn in Montreal. Heute steht Paris mit

Die 1896 in Betrieb genommene erste U-Bahnlinie des Kontinents in Budapest existiert noch heute in unveränderter Form und wird von nunmehr 75 Jahre alten Triebwagen befahren. Neu hinzugekommen ist nach dem zweiten Weltkrieg der Anhängewagen

Eröffnungsfahrt der Berliner Hoch- und Untergrundbahn am 18. Februar 1902

169 km Streckenlänge an dritter Stelle in der Welt. Nachdem die erste Hochbahn bei der Berliner Stadtverwaltung auf wenig Gegenliebe gestoßen ist, legt *Siemens* zehn Jahre später einen zweiten Plan vor. Dieser enthält ein vollständiges Hochbahnnetz, auf dem aus mehreren Motorwagen zusammengesetzte Züge mit maximal 50 km in der Stunde verkehren sollen. Nach langem Hin und Her wird die erste Linie von der Warschauer Brücke nach dem Bahnhof Zoo mit Abzweigung zum Potsdamer Platz unter der Bedingung genehmigt, daß die beiden Bahnhöfe Wittenbergplatz und Zoo sowie der Abzweigbahnhof unter der Erde liegen.

Die Bauarbeiten beginnen 1897, und seit dem 18. Februar 1902 verkehren die Züge auf dem Teilstück Strahlauer Tor – Potsdamer Platz. Nach weiteren fünf Monaten ist die gesamte Linie fertig und im Dezember sogar bis zum Knie, dem heutigen Ernst-Reuter-Platz, verlängert. Im Laufe der nächsten Jahre wächst die Bahn weiter über ihre Endpunkte hinaus und erreicht 1908 das Westend am Reichskanzlerplatz, dem heutigen Theodor-Heuss-Platz, und vom Potsdamer Platz aus nach Norden den Stadtkern am Spittelmarkt. Der großzügige Ausbau beginnt dann in den 20er Jahren und setzt sich 1953 fort, so daß das gesamte Netz 1966 die 100-km-Grenze überschreiten kann.

Vor dem ersten Weltkrieg erhält auf europäischem Boden nur noch Hamburg eine U-Bahn, deren erstes Teilstück Rathausmarkt – Barmbeck 1912 eröffnet, im gleichen Jahr zu einem Ring vervollständigt wird. Der Krieg bringt auch hier einen Stillstand der Bauarbeiten. Nur die Spanier widmen sich während dieser Zeit dem Bau ihrer ersten U-Bahn-Linie in Madrid und können sie nach zweijähriger Bauzeit 1919 dem Verkehr übergeben.

Baku, Barcelona, Frankfurt, Kiew, Leningrad, Lissabon, Mailand, Moskau, Oslo, Rom, Rotterdam, Stockholm, Tiflis und Wien, die heute u. a. ebenfalls über U-Bahn-Linien verfügen, kommen nach dem ersten bzw. zweiten Weltkrieg in ihren Besitz. Die Bahnen fahren durchweg mit Gleichstrom zwischen 600 und 1500 V, wobei die Stromzuführung hauptsächlich über eine dritte Schiene, in wenigen Fällen nur über eine Oberleitung oder zwei zusätzlichen Schienen erfolgt.

Zweite Ebene auch in Amerika

Während die Engländer als Pioniere im Bau unterirdischer Bahnen vorangehen und damit das innerstädtische Verkehrsproblem schon frühzeitig auf eine elegante Art lösen, verlegen die Amerikaner ihre zweite Verkehrsebene zunächst in den Bereich oberhalb der Straße. Sie beginnen 1868 in New York mit einer dampfbetriebenen Hochbahn. Ganz glücklich scheint die Stadtverwaltung mit dieser Lösung jedoch nicht zu sein, denn sie bildet 1891 eine Rapid Transit Commission, die ein U-Bahn-Projekt ausarbeiten soll.

Ein Jahr später liegen die recht großzügigen Pläne vor. Sie umfassen ein Netz von 67 km. Darunter befinden sich als besonderes Merkmal 24 km drei- und viergleisige Hauptlinien. Auf dem dritten und vierten Gleis sollen Expreßzüge mit einer Geschwindigkeit von 64 km je Stunde verkehren, die nur an wenigen wichtigen Stationen halten. Die Bauzeit der gesamten Anlage wird mit vier Jahren veranschlagt und der Preis auf etwa 60 Millionen $ geschätzt. Der von der Kommission als verbindlich vorgeschriebene Fahrpreis von fünf Cent aber hält die Geldgeber zurück, so daß das Projekt wieder fallengelassen werden muß und die Entscheidung auf einen weiteren Ausbau der Hochbahn mit Dampflokomotiven fällt.

Daran, sich auch hier die Vorteile des elektrischen Antriebs nutzbar zu machen, denken weder die Verkehrsexperten in New York noch die in Chicago, wo ebenfalls eine dampfbetriebene Hochbahn in Aussicht genommen ist.

Um hiergegen etwas Entscheidendes zu unternehmen, wagt die General Electric Company ein recht teures Experiment; sie führt 1893 auf der Weltausstellung in Chicago mit großem technischem Aufwand die erste elektrische Hochbahn Amerikas vor. 15 Züge zu je einem Triebwagen und drei Anhängewagen verkehren zwischen zehn Stationen des Ausstellungsgeländes im Jackson Park, wo unter anderem auch die größte bis dahin gebaute Centralstation zu sehen ist, von der 80 000 Glühlampen und 4 000 Bogenlampen ihren Strom beziehen.

Der Versuch bleibt nicht ohne Erfolg, denn die Metropolitan Elevated Railway Co beschließt nun, die in der

Stadt bereits in Angriff genommene Hochbahn statt der Dampflokomotiven mit elektrischen Zügen auszustatten. Am 6. Mai 1895 kann die West-Side-Linie mit 21,5 km Länge eröffnet werden. Eine dritte Schiene sorgt für die Zuführung des Gleichstroms. 1966 ist das Hochbahnnetz von Chicago auf 120 km angewachsen, von denen auch zwei Linien unterirdisch verlaufen.
Einmalig für U-Bahnen, ja für Eisenbahnen überhaupt, ist die sogenannte Loop Aera im Herzen der Stadt. Das sind zwei mit 930 bzw. 750 m ungewöhnlich lange parallel liegende Bahnsteige der State Street- und der Congress-Linie. Die Züge halten an jedem Bahnsteig dreimal. Querverbindungen gestatten den Fahrgästen den Übergang von einer Linie zur anderen. Wem es Spaß macht, der kann neben den fahrenden Zügen entlang von einer Station zur anderen wandern.
Um die Jahrhundertwende setzt dann in Amerika endgültig die Anlage regulärer U-Bahn-Linien ein, und zwar zunächst in Boston, wo von 1901 an die Züge zwischen den Stationen Everett und Forest Hills verkehren. Sie verlaufen außerhalb der Stadtmitte als Hochbahn.
In New York, wo die Manhattan Elevated Railroad nach einigen Versuchen 1901 zur Elektrifizierung ihrer vier Linien längs der 2., 3., 6. und 9. Avenue schreitet, bildet sich nun endlich doch eine Gesellschaft zum Bau der bereits vor Jahren geplanten U-Bahn. Sie nimmt die Arbeiten unverzüglich in Angriff und sieht zunächst eine Streckenlänge von 32,9 km vor, die sich aus einer viergleisigen Hauptlinie und zwei Verzweigungslinien mit zwei bzw. drei Gleisen zusammensetzt. Die Strecke beginnt in Manhattan am Rathaus und führt bis zur 97. Straße, wo ein Zweig den Broadway entlang zur Bailey Avenue und der andere gen Osten durch den Central Park bis zum Bronx Park geht. Am 28. Oktober 1904 fahren die New Yorker erstmals unter ihrer Stadt hindurch von der Brooklyn Brücke nach der 145. Straße. Der Zuspruch ist so rege, daß die Bahnsteige bald darauf verlängert werden müssen, damit die Züge sieben statt der bisherigen fünf Wagen führen können.
Der Startschuß für den Ausbau eines umfassenden Netzes ist gefallen. Es steht heute mit 380 km Streckenlänge nicht nur an zweiter Stelle in der Welt, sondern es weist mit täglich fast 5 Millionen Fahrgästen sogar das größte Verkehrsaufkommen aller U-Bahnen auf. Mit dem Anwachsen ihrer Linien werden die alten reinen Hochbahnstrecken, die die Stadt zu Beginn des 20. Jahrhunderts in dichtem Netz überspannen, nach und nach abgerissen. Übrig geblieben sind lediglich zwei, die Third Avenue- und die Myrtle Avenue-Linie.
Neben Boston, Chicago und New York besitzt in den USA noch Philadelphia ein U-Bahn, mit deren Anlage im April 1903 begonnen wird. In neuerer Zeit kam San Francisco hinzu, wo in den 60er Jahren ein großes Schnellbahnnetz erbaut wurde, dessen Züge teilweise unterirdisch, zu ebener Erde und als Hochbahn verkehren. In einer Tunnelröhre unter der San Francisco Bay hindurch erreicht die Geschwindigkeit über 100 km je Stunde. Es ist damit die schnellste unterirdische Bahn der Welt.
Nicht immer aber ist es allein Amerika, das besondere Attraktionen aufzuweisen hat. Unter den elektrischen Bahnen finden wir eine solche seit fast 70 Jahren auch in Deutschland, die Wuppertaler Schwebebahn des Ingenieurs Eugen *Langen*. Gegen Ende des 19. Jahrhunderts erscheinen in verschiedenen Ländern Entwürfe von Eisenbahnen, die nicht mehr auf zwei Schienen laufen, sondern nur noch deren eine benutzen, auf der sie stehen oder an der sie hängen. Zur letzteren Art gehört die Konstruktion von *Langen*. Seine erste Probestrecke errichtet er 1893 in Köln-Deutz auf dem Gelände der Waggonbauanstalt Van der Zypen & Charlier. Die Eigenart dieses Verkehrsmittels erregt umgehend das Interesse der Experten und so taucht zunächst in Berlin das Projekt einer solchen Schwebebahn auf. Der Magistrat aber lehnt schließlich ab, weil sie sich nicht in organische Verbindung mit den anderen Bahnen bringen läßt. Auch der Plan, Leipzig und Halle durch eine Schwebebahn zu verbinden, zerschlägt sich, nur zwischen den Gemeinden Barmen und Elberfeld, dem heutigen Wuppertal, kommt 1895 ein Vertrag zum Bau einer 13,3 km langen Linie zustande. Nach vierjähriger Bauzeit kann der Betrieb am 1. März 1901 auf dem Teilstück Kluse – Zoo eröffnet werden. Ein Zug besteht anfangs aus zwei, später aus vier Wagen mit je zwei Motoren, die über eine zusätzliche Schiene mit 580 V Gleichstrom versorgt werden.

Dreimal elektrischer Verkehr in Wuppertal, die Schwebebahn, eine moderne Schnellzuglokomotive und eine moderne Straßenbahn

Die Fachwelt verfolgt aufmerksam den Bau dieser Schwebebahn, und bald stellen sich weitere Projekte ein, so abermals in Berlin, wo es sogar zum ersten Spatenstich kommt, in Dresden und Hamburg, außerdem als Fernbahn zwischen Moskau und St. Petersburg. Übrig bleibt von alledem aber nur eine kleine 360 m lange Bahn des russischen Ingenieurs *Romanoff* vom Palast des Zaren in St. Petersburg zum Bahnhof. Die Schwebebahn in Wuppertal ist trotz ihres anfänglichen großen Interesses und in den 60er Jahren auftauchender neuer Projekte vorerst einmalig.

Einphasen-Wechselstrombahn Berlin – Niederschöneweide – Spindlersfeld im Jahre 1903

Von Stadt zu Stadt

Nachdem der Elektromotor in den Bahnen des innerstädtischen Verkehrs seine Feuerprobe glänzend bestanden hat, wächst der elektrische Zugbetrieb bald über die Vororte hinaus, erobert sich den Nah- und endlich auch den Fernverkehr. Während den innerstädtischen Verkehr im wesentlichen die bereits erwähnten Straßen-, Hoch- und U-Bahnen abwickeln, bildet sich vor allen Dingen in Amerika für den dortigen Zwischen-Städteverkehr eine der Straßenbahn ähnliche Zugart mit Oberleitung heraus, die wegen der höheren Geschwindigkeiten auf den Überlandstrecken mit schwereren Wagen und stärkeren Motoren ausgerüstet ist. Diese Bahnen können auf dem jeweiligen örtlichen Straßenbahnnetz bis in das Stadtinnere fahren.
Der erste derartige Zwischen-Städteverkehr Amerikas verbindet 1889 Newark mit Granville in Ohio. Er gewinnt schnell an Bedeutung, so daß zahlreiche andere Linien, darunter 1895 die als vorbildlich betrachtete Strecke Akron – Cleveland/O. folgen. Seinen Höhepunkt erreicht der Zwischen-Städteverkehr in den USA kurz vor dem ersten Weltkrieg. Ende der 30er Jahre ist er vorbei und die letzte große Linie Thorold – Port Colborne/Ont. stellt ihren Verkehr im März 1959 ein.
In Europa gewinnt der Verkehr von Stadt zu Stadt mit derartigen Zügen bei weitem nicht den Umfang wie in Amerika, wo infolge des wesentlich weiträumigeren Landes die Streckenlängen 100 km und mehr betragen.

Die Triebwagenzüge fahren im allgemeinen mit Gleichspannung, deren Höhe anfangs bei 500 V liegt. Später lernen es die Ingenieure, auch Motoren für höhere Spannungen zu bauen, und so setzt sich in Europa 1000 bis 1200 V, in Amerika sogar 1200 bis 1500 V für die letzten Zwischen-Städteverkehrslinien durch. Die erste Gleichstrombahn Europas mit derartig hohen Motorspannungen ist die von den Siemens-Schuckertwerken 1906 fertiggestellte Rheinuferbahn Köln – Bonn.
Inzwischen sind, wie wir später noch sehen werden, bei den Vollbahnen sehr erfolgreich verlaufene Versuche mit Drehstromantrieben gemacht worden. Der Drehstrom hat für den Bahnbetrieb nur einen Nachteil, er benötigt zwei Oberleitungen, was erhöhte Anlagenkosten bedeutet.
An mehreren Stellen erwacht daher zu Beginn des 20. Jahrhunderts das Interesse am Einphasen-Wechselstrom, für den nur eine Fahrleitung erforderlich ist. Hier fehlt jedoch vorerst ein für den Bahnbetrieb brauchbarer Motor. Mit seiner Entwicklung befassen sich die Ingenieure *Eichberg* und *Winter* bei der Union Elektricitäts-Gesellschaft und gleichzeitig, aber unabhängig davon, der

Oberingenieur *Lamme* bei der Westinghouse Electric and Manufacturing Co. 1902 können beide Firmen einen geeigneten Einphasen-Kommutatormotor vorweisen, der nicht mehr das bisher so gefürchtete Feuern zeigt.
In Deutschland, wo gerade die Versuche zur Elektrifizierung der Berliner S-Bahn beginnen, macht die Allgemeine Elektricitäts-Gesellschaft im August 1903 auf der 4,1 km langen Vorortstrecke Niederschöneweide – Spindlersfeld die ersten Probefahrten mit einem Wechselstromtriebwagen. Er wird von zwei neuen Winter-Eichberg-Motoren zu je 75 kW angetrieben. Die Fahrdrahtspannung beträgt 6000 V, die Frequenz 25 Hz. Ein zweiter Triebwagen kommt bald hinzu und beide laufen zwei Jahre in regelmäßigem Zugverkehr zur vollen Zufriedenheit. Sie legen damit den Grundstein für die spätere Elektrifizierung der Fernbahn mit Einphasen-Wechselstrom.
Zur gleichen Zeit rüstet die Westinghouse-Gesellschaft den Zwischen-Städteverkehr auf der 73 km langen Linie Washington – Baltimore – Annapolis ebenfalls mit Einphasen-Wechselstrom-Triebwagen aus. Diese und einige weitere Wechselstrom-Überlandbahnen werden später allerdings wieder auf Gleichstrom umgestellt, weniger des Betriebsverhaltens der Motoren wegen, sondern weil die Triebwagen mit den eingebauten Transformatoren für die Straßenbahngleise innerhalb der Städte zu schwer sind.

Ein Weltrekord der Geschwindigkeit

Von Anfang an verbindet sich bei der Bevölkerung mit der elektrischen Bahn die Vorstellung eines schnellen Verkehrsmittels. Ist diese Gedankenassoziation in der damals noch recht geruhsamen Zeit zwar zunächst nur durch den Vergleich Pferdebahn – Straßenbahn begründet, was nicht ganz unseren heutigen Vorstellungen von schnell entspricht, so soll sich das doch sehr bald ändern. Die Ingenieure sind nämlich gleichfalls der Ansicht, daß der elektrische Antrieb mit hoher Geschwindigkeit gleichzusetzen sei, und lassen sich dadurch schon zu Beginn der 90er Jahre zum Entwurf kühner Projekte anregen. *Marks*

Zug der mit Drehstrom betriebenen Jungfraubahn vor der Station Kleine Scheidegg. Baubeginn am 17. Juli 1896, Eröffnung des letzten Teilstücks am 1. August 1912

und *Sprague* in Amerika sowie *Zipernowsky* in Österreich-Ungarn legen Pläne von Schnellbahnen vor, für die sie in einem Fall Spitzengeschwindigkeiten bis zu 250 km je Stunde angeben. Zur Verwirklichung kommen diese Ideen allerdings nicht, denn noch fühlt niemand ein Bedürfnis, derart schnell zu reisen.
Ein Wandel in der Anschauung zeigt sich erst gegen Ende des 19. Jahrhunderts, als das Thema Schnellbahn in Deutschland ernsthaft aufgegriffen wird und die Königlich Preußische Eisenbahnverwaltung in Verbindung mit der Allgemeinen Elektricitäts-Gesellschaft und Siemens & Halske am 10. Oktober 1899 eine Studiengesellschaft für elektrische Schnellbahnen GmbH gründet. Ziel dieser Gesellschaft ist die Entwicklung von Fernschnellzügen mit Geschwindigkeiten von 200 km in der Stunde. Als Betriebsspannung wird Drehstrom vorgesehen.
Zwar hatte sich für den innerstädtischen und den Nahverkehr der Gleichstrom bald bestens bewährt, aber für den Fernverkehr halten ihn die Fachleute aus den gleichen Gründen wie bei der Kraftübertragung wenig geeignet. Hier erscheint der einphasige oder mehrphasige Wechselstrom günstiger. Da ein geeigneter einphasiger Bahnmotor

zu Beginn der 90er Jahre noch nicht vorliegt, konzentriert sich das Interesse kurz nach dem Lauffener Experiment zunächst auf den Drehstrom.
Bereits 1892 läßt die Firma Siemens & Halske auf ihrem Werksgelände in Berlin-Charlottenburg eine Drehstrom-Versuchsbahn fahren. Sie arbeitet mit 500 bis 600 V. Die Brown, Boveri & Cie bleibt ebenfalls nicht untätig. Ihre Bemühungen führen Anfang 1896 zur Inbetriebnahme der Drehstrom-Straßenbahn Paradiso – Lugano – Cassarate. Es folgen zwei bis drei Jahre später die schmalspurigen, streckenweise im Zahnradbetrieb arbeitenden Gornergrat-, Jungfrau- und Stansstadt-Engelberg-Bahnen, die dem Touristen vor allen Dingen am Gornergrat und der Jungfrau die großartige Schweizer Alpenwelt der Dreitausender und Viertausender erschließen. Die beiden erstgenannten Bergbahnen haben noch heute Drehstromantrieb und erregen besonders bei der 1912 auf ganzer Länge fertiggestellten Jungfraubahn mit ihrem in 3454 m gelegenen höchsten Bahnhof Europas stets von neuem die Bewunderung ihrer kühnen Anlage.

Mit diesem Drehstrom-Triebwagen erreicht die Allgemeine Elektricitäts-Gesellschaft am 27. Oktober 1903 auf der Strecke Marienfelde – Zossen eine Höchstgeschwindigkeit von 210,2 km/h und erringt damit für lange Zeit den absoluten Geschwindigkeitsweltrekord

Am 19. Juli 1899 wird die erste öffentliche normalspurige Drehstrombahn der Welt zwischen Burgdorf und Thun in der Schweiz eingeweiht. Bei 750 V, 40 Hz und 300 PS Antriebsleistung entwickelt sie eine Geschwindigkeit von 40 km je Stunde. Zwei Oberleitungen und die Schienen dienen der Stromversorgung von Lokomotiven und Triebwagen.
Damit liegen bereits einige Erfahrungen im Betrieb von Drehstrombahnen vor, als die Studiengesellschaft ihre Tätigkeit aufnimmt. Sie wagt nun den Versuch, mit einem einzigen Sprung in den Bereich höchster Geschwindigkeiten vorzudringen, und es entstehen zwei Triebwagen, wovon den elektrischen Teil des einen die Allgemeine Elektricitäts-Gesellschaft, den des anderen Siemens & Halske fertigt.
1901 erreichen die Fahrversuche auf der Militäreisenbahnstrecke Marienfelde – Zossen bei Berlin schon eine Geschwindigkeit von 160 km je Stunde. Daraufhin müssen sie abgebrochen werden, weil der Gleiskörper weiteren Anforderungen nicht mehr gewachsen ist. Nach einer vollständigen Erneuerung der Schienen und des Unterbaus setzen die Fahrten wieder ein, und der Triebwagen der Allgemeinen Elektricitäts-Gesellschaft erringt am 27. Oktober 1903 mit 210,2 km in der Stunde einen Geschwindigkeitsweltrekord. Er wird ein halbes Jahrhundert von keiner anderen Bahn wesentlich überboten. Erst im März 1950 erzielen die Franzosen mit einer Gleichstrom-Schnellzuglok und drei Wagen auf der Strecke Bordeaux – Dax 331 km je Stunde.
Bei den Versuchen in Zossen sind drei Oberleitungen vorhanden, deren Spannung zwischen 6 und 14 kV, 25 und 50 Hz variiert werden kann. Zwei Transformatoren unter dem Wagenboden setzen diese Spannung für die vier zusammen maximal 3000 PS leistenden Motoren auf 1000 bis 1850 V herab.
Das Ergebnis dieser Versuche ist für alle Beteiligten ein großer Erfolg und führt zur Projektierung einer Schnellbahnlinie Berlin – Hamburg, die aber nicht zur Ausführung gelangt. Wenn hier zwar noch wirtschaftliche Gründe für die Ablehnung maßgebend sind, so werden infolge der mehrfachen Fahrleitung doch allgemein Schwierigkeiten auf Bahnhöfen und an Weichen befürchtet. Für Deutsch-

land ist damit im elektrischen Zugverkehr das Todesurteil über den Drehstrom-Antrieb gesprochen. Abgesehen von den wenigen Linien in der Schweiz gewinnt der Drehstrom nur bei den italienischen Bahnen, deren Elektrifizierung durch die Firma Ganz & Co 1902 mit der 106,3 km langen Valtinellalinie Chiavenna – Lecco – Sondrio beginnt, zeitweilig größere Bedeutung. Auf die Dauer kann er sich jedoch nirgends halten und muß auch hier wieder anderen Stromarten weichen.

Die Frage der Systeme

Bedingt durch die geographische Lage und der damit verbundenen Beschaffenheit ihres Bodens, der zwar viele leicht in elektrische Energie verwandelbare Wasserkräfte, aber keine Kohle zur Verfügung stellt, neigt die Schweiz von Anfang an stark zu einer Elektrifizierung ihrer Bahnen. Sie fängt daher frühzeitig mit der Umstellung einzelner Alpenstrecken an, wo der elektrische Antrieb wegen seiner großen Zugkräfte dem Dampfbetrieb weit überlegen ist. Die ersten Linien sind zwar noch Gleichstrom- oder Drehstrombahnen, aber bereits 1904 unternimmt die Maschinenfabrik Oerlikon auf der Strecke Seebach – Affoltern auf eigene Kosten Versuche mit Wechselstrom von 15 000 V, 50 Hz. Die erste Einphasenwechselstrom-Lokomotive der Welt hat zwar noch einen rotierenden Umformer, der den Wechselstrom der Fahrleitung in Gleichstrom für die beiden Antriebsmotoren umwandelt, die zweite im gleichen Jahr erbaute Lokomotive aber schon die neuen Einphasen-Wechselstrom-Motoren von *Behn-Eschenburg*. Der Versuchsbetrieb wird auf 15 Hz umgestellt und bis Wettingen ausgedehnt.
In der Folgezeit wird der Drehstrom in der Schweiz nur noch für den am 1. Juni 1906 eröffneten Betrieb des Simplon-Tunnels angewendet, um diese Linie den italienischen Bahnen mit ihren 3000 V, 16 2/3 Hz anzupassen.
In Deutschland beginnt die Elektrifizierung der Fernbahn im Dezember 1895 auf der Strecke Meckenbeuren–Tettnang mit 700 V Gleichstrom. Die nächste, für 5000 V, 40 Hz Drehstrom geplante Linie Murnau – Oberammergau wird aber dann im Januar 1905 mit 5500 V, 16 Hz

Erste Einphasen-Wechselstrom-Lokomotive der Welt von der Maschinenfabrik Oerlikon für die Strecke Seebach – Wettingen. Sie wird 1904 erbaut und ist dann später bis 1958 auf der Bodensee-Toggenburg-Bahn in Betrieb

Wechselstrom in Betrieb genommen. Sie erhält die erste deutsche normalspurige Wechselstrom-Lokomotive, die rund 50 Jahre getreulich ihren Dienst verrichtet.
Nun treten weitere Bahngesellschaften dem Problem der Elektrifizierung ihrer Linien näher, und es entsteht überall die Frage, welche Stromart am zweckmäßigsten sei, wobei die Meinung der Fachleute in Deutschland, Österreich-Ungarn und in der Schweiz meist zum Wechselstrom hin tendiert. Um den späteren Zusammenschluß der nach und nach umgerüsteten Teilstrecken zu einem einheitlichen Netz zu gewährleisten, müssen aber Stromart, Spannung und Frequenz übereinstimmen.
Zur Klärung dieser Angelegenheit tritt 1910 in Bern der Internationale Eisenbahn-Kongreß-Verband zusammen,

Schwere Personenzuglokomotive EP 236 (später E 5036) der Achsfolge 2' D 1' aus dem Jahre 1923 mit Blindwellen, Trieb- und Kuppelstangen. Der von den Bergmann-Elektrizitäts-Werken AG erbaute Einphasen-Wechselstrommotor liefert eine Stundenleistung von 2400 kW bei 58 km/h und ist mit 3360 mm Durchmesser nur wenig kleiner als der größte der Welt in der EP 235. Um den Motor überhaupt unterbringen zu können, erhält das Dach einen Aufsatz

Schnellzuglokomotive 10 502 (später ES 2) der Achsfolge 2' B 1' für die Strecke Dessau – Bitterfeld. Stundenleistung des Winter-Eichberg-Motors 660 kW bei 79 km/h

der zwar noch keine Daten festlegt, aber immerhin eine Annäherung der Teilnehmer auf etwa 15 Hz und 10 000 bis 20 000 V bringt. Seine Arbeit vollenden dann vom Frühjahr bis zum Herbst 1912 tagende Vertreter der preußischen, badischen und bayrischen Staatsbahnen. Sie schließen ein „Übereinkommen betreffend die Ausführung elektrischer Zugförderung" ab, wonach in Zukunft bei allen Bahnlinien Einphasen-Wechselstrom von 15 000 V und 16 $^2/_3$ Hz verwendet werden soll. Österreich-Ungarn, Norwegen, Schweden und die Schweiz treten dieser Vereinbarung kurz darauf bei.
Die inzwischen von der Königlich Preußischen Staatsbahn beschlossene Elektrifizierung der Strecken Leipzig – Bitterfeld – Magdeburg und Leipzig – Halle wird allerdings noch mit 10 000 V und 15 Hz durchgeführt, denn das erste Teilstück Dessau – Bitterfeld nimmt bereits im Januar 1911 den Verkehr auf.
Die Einphasen-Wechselstrom-Bahn in Niederschöneweide mit ihren relativ kleinen Motorleistungen besitzt Einzelradantrieb, d. h. an die Radachse montierte Motoren mit Kraftübertragung durch Zahnräder. Obwohl sich diese Bauart bei den innerstädtischen Verkehrsmitteln bestens bewährt hat, hegen die Konstrukteure gegen sie Bedenken, weil für die im Fernverkehr auftretenden hohen Leistungen und Geschwindigkeiten nicht genügend Erfahrungen mit Zahnradvorgelegen vorhanden sind.
Die Wechselstrom-Lokomotiven erhalten daher zunächst nur ein oder zwei hochgelegene Motoren mit Blindwelle und einer den Dampflokomotiven ähnlichen Kraftübertragung durch Trieb- und Kuppelstangen. Welche beachtlichen Abmessungen diese Motoren erreichen, zeigt der mit 3600 mm Durchmesser größte Bahnmotor der Welt, den die 1917 von der Königlich Preußischen Eisenbahnverwaltung in Dienst gestellte Lokomotive EP 235 erhält. Er wird von der Bergmann-Elektrizitäts-Werke AG geliefert und arbeitet mit einer Stundenleistung von 2200 kW. Die endgültige Einführung des im Jahre 1904 von H. *Behn-Eschenburg* bei der Schweizer Maschinenfabrik Oerlikon erfundenen Einphasen-Wechselstrom-Motors mit phasenverschobenen Wendepolen und die wachsende Erfahrung mit Zahnradübersetzungen führt schließlich Mitte der 20er Jahre auch bei den großen

1895 nahm die Baltimore and Ohio Railroad mit drei Gleichstrom-Lokomotiven den elektrischen Betrieb auf einer Tunnelstrecke unter der Stadt Baltimore auf. Dies waren die ersten elektrischen Vollbahnlokomotiven der Welt

Lokomotiven wieder zu dem heute allgemein üblichen Einzelradantrieb zurück.
Im Laufe der Jahrzehnte entstehen unzählige Lokomotivtypen für den Schnell-, Personen- und Güterzugdienst, darunter schon frühzeitig solche mit beträchtlichen Leistungen wie die 1920/22 für den St.-Gotthard-Dienst von der Maschinenfabrik Oerlikon gefertigte 2240 PS starke Güterzuglokomotive Ce 6/8 II der Schweizer Bundesbahn. Sie ist unter dem Namen Krokodil bei den Eisenbahnliebhabern bekannt geworden.
Andere Länder, darunter Frankreich und Spanien, entschließen sich von Anfang an für 1500 V Gleichstrom. Auch Amerika beginnt seine Elektrifizierung der Fernbahnen mit Gleichstrom, und zwar 1895, als die Baltimore and Ohio Railroad für ihre Linie New York – Baltimore – Washington unter der Stadt Baltimore einen Tunnel anlegt und dieses Tunnelstück elektrisch betreibt. Zunächst folgen nur kurze Teilstrecken, meist Bahnhofszufahrten innerhalb der Städte oder schwierige Berglinien.
Die erste größere Anlage erhält 1917 die Chicago Milwaukee and St. Paul Railroad zwischen Chicago und Avery/Ind. Später kommen auch Wechselstrom-Bahnen hinzu. Durch das Erscheinen der diesel-elektrischen Lokomotive um 1925 erleidet die Erweiterung des elektrischen Fernbahnnetzes in Amerika ein abruptes Ende. Von einigen Strecken werden die elektrischen Einrichtungen sogar wieder entfernt, so daß in den 60er Jahren nur noch wenige Hauptstrecken elektrifiziert sind. Die längste davon besitzt mit 671 Meilen die Pennsylvania Bahn auf den Linien New York – Washington/DC und Philadelphia – Harrisburg/Pa. Im übrigen aber hat der elektrische Fernbahnbetrieb in den USA niemals die Rolle gespielt wie in Europa.
Müssen die ersten Einphasen-Wechselstrom-Bahnen mit einer möglichst niedrigen Frequenz gespeist werden, so lenkt die Weiterentwicklung der Technik das Augenmerk der Bahningenieure Anfang der 30er Jahre wieder auf die in Deutschland und den meisten europäischen Ländern in der Energieversorgung übliche Frequenz von 50 Hz.
Die Deutsche Reichsbahn entschließt sich daher 1933 zu einem groß angelegten Versuch und läßt die Schwarzwälder Höllental- und Dreiseenbahn mit einphasigem

Für den groß angelegten Versuch mit 50 Hz auf der Höllentalbahn im Schwarzwald wird 1936 die erste Lokomotive mit gittergesteuertem Quecksilberdampf-Gleichrichter geliefert (E 244 01). Sie ist bis zur Angleichung der Strecke an das 16⅔-Hz-Netz im Jahr 1960 in Betrieb

Wechselstrom von 50 Hz ausrüsten. Die Vorbereitungen sind 1936 abgeschlossen. Die Allgemeine Elektricitäts-Gesellschaft liefert erstmalig in der Geschichte der Elektrotechnik eine gittergesteuerte Gleichrichterlokomotive; Brown Boveri & Cie eine Gleichrichterlokomotive mit Transformator-Regelung; die Siemens Schuckertwerke eine Lokomotive mit 50-Hz-Wechselstrom Reihenschlußmotor und Garbe-Lahmeyer eine solche mit Phasenspaltermotor. Dieses unter normalen Betriebsbedingungen ablaufende Experiment, bei dem auch Lokomotiven ausländischer Herkunft verkehren, endet erst am 20. Mai 1960 mit der Angleichung der Strecke an die inzwischen von der Deutschen Bundesbahn begonnene weiträumige Elektrifizierung des Eisenbahnnetzes mit 15 000 V und $16^{2}/_{3}$ Hz.

Frankreich, das zwar seit Ende des ersten Weltkriegs nur Gleichstrom verwendet, ist an diesen Versuchen stark interessiert und errichtet zwischen Aix-les-Bains und La Roche eine eigene 50-Hz-Bahn, die so erfolgreich arbeitet, daß 1952 die Elektrifizierung der Linien im Nordosten des Landes mit Einphasen-Wechselstrom von 25 000 V, 50 Hz beschlossen wird.
Mit dem starken Anwachsen des internationalen Reiseverkehrs macht sich das Vorhandensein unterschiedlicher Bahnstromsysteme immer deutlicher bemerkbar. Um an den Landesgrenzen den Übergang vom einen zum anderen System zu vereinfachen, entstehen Mehrsystem-Lokomotiven, deren technische Einrichtungen so ausgelegt sind, daß sie sich mit mehreren Stromarten betreiben lassen.

Die erste Viersystem-Lokomotive der Deutschen Bundesbahn aus dem Jahre 1966. Sie kann mit Einphasen-Wechselstrom von $16^{2}/_{3}$ Hz, 15 kV und 50 Hz, 25 kV sowie Gleichstrom von 1,5 kV und 3 kV betrieben werden

Die erste Viersystem-Lokomotive der Welt zeigen die Franzosen 1965 auf der Internationalen Verkehrsausstellung in München. Zu dieser Zeit hat die Deutsche Bundesbahn fünf derartige Lokomotiven in Auftrag gegeben. Ihre elektrischen Ausrüstungen entwickeln die Allgemeine Elektricitäts-Gesellschaft und die Brown, Boveri & Cie AG. Im Oktober 1966 beginnt die Lieferung. Diese Viersystem-Europa-Lokomotiven können mit Einphasen-Wechselstrom 15 000 V, 16 $^2/_3$ Hz und 25 000 V, 50 Hz sowie Gleichstrom von 1500 und 3000 V fahren. Ihnen steht damit das gesamte mittel- und westeuropäische Eisenbahnnetz offen.

Die neue Lokomotive Re 4/4 IV für Intercity-Züge der SBB. Sie ist mit Thyristor-Gleichrichter ausgerüstet und erlaubt durch ihre Thyristor-Steuerung ein sanftes und stufenloses Anfahren.

Der Griff in den Äther

Das an Entdeckungen und Erfindungen so reiche 19. Jahrhundert hat der Menschheit nicht nur die elektrische Telegraphie und den Fernsprecher beschert, sondern auch die Anfänge eines weiteren revolutionierenden Nachrichtensystems, nämlich das der drahtlosen Telegraphie, des Rundfunks und des Fernsehens.
Als der junge deutsche Physiker Heinrich *Hertz* im Jahre 1888 die von *Maxwell* theoretisch vorausgesagte elektromagnetische Welle experimentell nachweisen kann, ahnt niemand, auch ihr Entdecker nicht, welche Folgen diese Experimente einmal nach sich ziehen werden.
Der erste Wissenschaftler, der die Bedeutung der Welle erkennt, ist Sir William *Crookes,* denn er schreibt im Februar 1892 in der Fortnightly Review unter dem Titel „Some Possibilities of Electricity": „Es ergibt sich hier die fesselnde Möglichkeit, einer Telegraphie ohne Drähte, ohne Kabel, ohne das ganze kostspielige Beiwerk . . . Zwei Freunde, die innerhalb der Übertragungsgrenze ihrer Empfänger leben, können ihre Apparate auf spezielle Wellenlängen abstimmen und, so oft es ihnen gefällt, durch lange und kurze Strahlung in den Zeichen der Morseschrift miteinander verkehren."
Diese prophetischen Worte finden nirgends ein offenes Ohr, und als der Engländer *Preece* 1896 anläßlich eines Vortrags in London diese Möglichkeit mit Hilfe eines Marconischen Senders und Empfängers demonstriert, fällt es den Zuhörern noch immer schwer, an das soeben Gesehene zu glauben. Nur die Autorität des Redners läßt eine Täuschung ausschließen und die Sache „als eine ernsthaft zu nehmende Erfindung von voraussichtlich großem Wert" betrachten.

Heute, wo überall in den Haushalten Rundfunk- und Fernsehapparate stehen, wissen wir den Wert der Arbeiten des jungen *Hertz* und derer, die seine Entdeckung praktisch nutzbar gemacht haben, wohl zu schätzen. Wir zweifeln nicht mehr an den Möglichkeiten der Technik.

Es geht auch ohne Draht

Die Kunde von der Hertzschen Entdeckung verbreitet sich wie ein Lauffeuer unter den Wissenschaftlern, die nun außerordentlich interessiert ihrerseits die neue Erscheinung eingehend ergründen, nach Verbesserungen der Anordnung und weiteren Möglichkeiten einer Anzeige der unsichtbaren elektromagnetischen Welle suchen. Dabei stößt der Physiker und Chemiker Edouard *Branly* in Paris 1890 auf ein mit Metallspänen gefülltes Glasröhrchen. Der englische Professor Sir Oliver *Lodge* gibt dieser Einrichtung später den Namen Kohärer. Mit ihr gelingt es ihm, die Wellen noch über Entfernungen von einer halben Meile hinweg nachzuweisen.
Unter den verschiedenen mit Hertzschen Wellen beschäftigten Forschern befindet sich auch der russische Physiker Alexander Stepanowitsch *Popoff.* Er, der sich in Kronstadt mit Wettervorhersagen und Gewitterwarnungen befaßt, versucht zunächst 1895 die bei atmosphärischen Entladungen auftretenden elektrischen Schwingungen zu empfangen und über einen Kohärer und Rasselwecker zur Anzeige zu bringen. Anfangs dient ihm ein Blitzableiter als Empfangsdraht, dann ein Draht, den er mit Hilfe eines Kinderballons in die Höhe steigen läßt. Später

fertigt *Popoff* auch einen Sender an und kann der Russischen Physikalisch-Chemischen Gesellschaft in St. Petersburg 1896 die drahtlose Übertragung der Worte „Heinrich Hertz" über eine Entfernung von 250 m vorführen. Bereits ein Jahr danach beginnt er Versuche mit der russischen Marine. *Popoffs* früher Tod, er stirbt 1905 im Alter von 46 Jahren, ist wohl mit dafür verantwortlich, daß seine Versuche unter den Zeitgenossen relativ unbekannt bleiben.
Ganz im Gegensatz zu ihm steht ein Italiener, der inzwischen ebenfalls die Betätigung mit den elektromagnetischen Wellen aufgenommen hat und binnen kurzer Zeit weltweite Berühmtheit erlangt, Guglielmo *Marconi.* 1874 bei Bologna als Sohn eines lombardischen Gutsbesitzers geboren, zeigt schon als Knabe großes Interesse an elektrischen Experimenten und richtet sich ein kleines Laboratorium ein. Da der Vater für die Neigungen seines Sohnes wenig Verständnis zeigt, steckt ihm die Mutter, eine gebürtige Engländerin, das nötige Geld zu. Sie ist es auch, die ein Studium der Naturwissenschaften an der Universität in Bologna befürwortet.
Hier begegnet er 1894 in einer Vorlesung von Professor Augusto *Righi* zum ersten Male den elektromagnetischen Wellen. *Marconi* folgt den Ausführungen seines Lehrers mit wachsender Aufmerksamkeit und unternimmt, von der neuen Erscheinung fasziniert, in einer Dachkammer des elterlichen Hauses in Pontecchio bei Bologna eigene Versuche mit der von *Righi* gezeigten Anordnung. Er ist von Anfang an der festen Überzeugung, daß es ihm mit Hilfe dieser Wellen gelingen werde, Nachrichten auf drahtlosem Wege zu übertragen.
Voller Freude geleitet der junge *Marconi* seine Mutter im Dezember 1895 in die geheimnisvolle Dachkammer und führt ihr die ersten Erfolge seiner eigenen Experimente vor. Auf einem Tisch hat er den Sender aufgebaut, dessen Funkenkreis durch eine Morsetaste unterbrochen werden kann. Drückt er auf diese Taste, so ertönt wie von Geisterhand betätigt, das Surren einer elektrischen Klingel im 9 Meter entfernten Empfänger.
Die Mutter versteht nicht viel von der Sache, aber sie ahnt intuitiv die Bedeutung dieser Stunde. Für den Sohn aber ist das Läuten der Glocke das Zeichen, auf dem richtigen Wege zu sein. Eigene Ideen hat er freilich noch nicht verwirklicht, sondern die von anderen Physikern entwickelten Einrichtungen geschickt zu einer brauchbaren Anordnung vereinigt.
Einmal auf die richtige Fährte gebracht, setzt *Marconi* die Versuche mit zäher Ausdauer fort und führt als erste eigene Erfindung den von *Popoff* für den Empfänger verwendeten „Luftleiter" auch für den Sender ein. Diese heute Antenne genannte Anordnung gehört damit ein für allemal zu den Bestandteilen der Funktechnik. Mit ihrer Hilfe gelingt ihm dann auch die Überbrückung immer größerer Entfernungen. Zunächst sind es einige hundert Meter, dann kann er die Zeichen sogar auf der „anderen Seite des Hügels" empfangen und 1896 in La Spezia schon über 3 km hinweg. Im gleichen Jahr erhält *Marconi* auch ein britisches Patent, das erste, das auf dem Gebiet der drahtlosen Telegraphie erteilt wird. Es trägt die Nummer 12 039.
Auf Anraten der Mutter wendet sich *Marconi* nach England zu William Henry *Preece,* dem Chefelektriker des englischen Telegraphenwesens, der nach einem Studium am King's College in London und bei *Faraday* am Royal Institution 1882 selbst Versuche einer drahtlosen Telegraphie unternimmt. Allerdings geht er dabei nicht von der damals ja noch unbekannten elektromagnetischen Welle aus, sondern von der Induktionserscheinung.
Beide beginnen gemeinsame Versuche am Bristol Kanal und führen dem britischen Postminister am 13. Mai 1897 auf einer 5,5 km langen Funkverbindung zwischen der Insel Flat Holm und Lavernock Point bei dem Badeort Penarth die Übertragung des Buchstabens V des Morsealphabets vor.
Dieses denkwürdige Ereignis, dem auch der deutsche Professor Adolf *Slaby* beiwohnt, können wir als Geburtsstunde der drahtlosen Telegraphie betrachten. *Slaby* schreibt darüber später einmal: „Es wird mir eine unvergeßliche Erinnerung bleiben, wie wir, des starken Windes wegen in einer großen Holzkiste zu Fünfen übereinander gekauert, Augen und Ohren mit gespanntester Aufmerksamkeit auf den Empfangsapparat gerichtet, plötzlich nach Aufhissung des verabredeten Flaggenzeichens das erste Ticken, die ersten deutlichen Morsezeichen vernahmen,

Ein Teil des Senders, mit dem *Marconi* 1901 von Poldhu aus den Atlantik überbrückt; links die Transformatoren, in der Mitte im Holzgestell die Kondensatoren und rechts im Hintergrund die Funkenstrecke

lautlos und unsichtbar herübergetragen von jener felsigen, nur in undeutlichen Umrissen wahrnehmbaren Küste, herübergetragen durch unbekannte geheimnisvolle Mittel, den Äther, der die einzige Brücke bildet zu den Planeten des Weltalls.“

Die erfolgreiche Fortsetzung der Versuche führt noch im gleichen Jahr zur Gründung der The Wireless Telegraph and Signal Co Ltd. Sie wird 1900 in Marconi Wireless Telegraph Co Ltd. umbenannt, aus der 1963 The Marconi Co Ltd. hervorgeht.

Marconi ist nie ein großer Theoretiker gewesen, um so intensiver aber widmet er sich dem Experiment und ist vor allen Dingen auf eine praktische Anwendung der Wellentelegraphie, wie man diese drahtlose Nachrichtenübermittlung anfangs nennt, bedacht. Er läßt keine Gelegenheit aus, ihre Vorteile zu beweisen. So führt er sie 1898 anläßlich einer Regatta in Kensington vor, wo der Sender auf einem Dampfboot untergebracht ist und die Resultate der einzelnen Rennen an die Landstation funkt, die sie ihrerseits per Telephon an die Pressebüros gibt. Von Monat zu Monat wächst die Reichweite. Bald gelingt es, den Bristol Kanal in seiner vollen Breite von 14,5 km zu überqueren, am 27. März 1899 ist es der Ärmelkanal zwischen South Foreland und Wimecreux bei Boulogne-sur-mer mit 51 km und im Jahr darauf beginnen die Vorbereitungen zum Sprung über den Atlantik.

Hierzu errichtet *Marconi* in Poldhu in Cornwall die erste Großfunkstation mit der für damalige Verhältnisse unwahrscheinlichen Leistung von etwa 20 kW. Die hohe Funkenspannung erzeugt diesmal nicht wie sonst üblich die von einer Batterie gespeiste Induktionsspule, sondern ein Wechselstromgenerator, der über Transformatoren 20 000 V liefert. Das Antennensystem besteht aus 50 Drähten, die zwischen 49 m hohen Masten ausgespannt sind. Es sieht zunächst so aus, als sei ihm diesmal kein Glück beschieden, denn ein Sturm vernichtet die gesamte Antennenanlage kurz vor der Inbetriebnahme. In aller Eile wird eine Hilfsantenne errichtet. Auch auf der Empfangsseite in St. Jones auf Neufundland fällt die an einem Ballon hochgelassene Antenne einem Unwetter zum Opfer. Ein Drachen trägt ihren Ersatz in die Höhe. Nachdem alles soweit hergerichtet ist, reist *Marconi* selbst nach Amerika und kann dort am 12. Dezember 1901 im Kopfhörer unter lautem Geknatter atmosphärischer Störungen das verabredete Zeichen, die drei Punkte des Buchstabens S, über die damals sagenhafte Entfernung von 3600 km hinweg empfangen. Von nun an sind auch die letzten Zweifler überzeugt, und die drahtlose Telegraphie breitet sich sprunghaft über die Welt aus. Wenig begeistert von der neuen Technik sind allerdings die Besitzer der atlantischen Telegraphenkabel, denn sie fürchten das Erwachen einer Konkurrenz.

Im Jahre 1909 erhält *Marconi* zusammen mit dem deutschen Physiker Ferdinand *Braun* den Nobelpreis für Physik „als Anerkennung ihrer Verdienste um die Entwicklung der drahtlosen Telegraphie“. Sein Ehrgeiz sträubt sich erst dagegen, den Preis mit einem anderen Physiker zu teilen, aber das Zureden guter Freunde bewegt ihn dann doch, den halben Nobelpreis in Empfang zu nehmen.

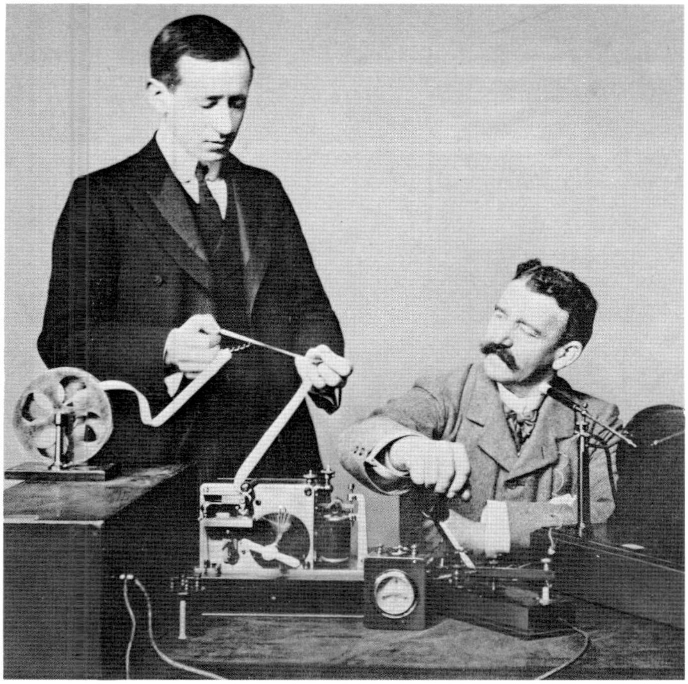

Marconi (stehend) mit seinen Funkgeräten (Empfänger, Morseschreiber, Morsetaste und Funkinduktor), um 1910

Drei Jahre später verliert er bei einem Autounfall ein Auge und zieht sich, zu Geld und Ehren gekommen, auf seine Yacht „Elektra" zurück. Von hier aus hört die Welt nur noch sporadisch von ihm. Sein Wirken gilt nun der Telegraphie mit kurzen Wellenlängen, bis er 1937 für immer die Augen schließt.

Über Konferenzen und Verträge zum SOS

Marconis unzweifelhafter Verdienst ist es, als erster die Hertzschen Wellen in der drahtlosen Telegraphie einer praktischen Anwendung zugeführt zu haben. Seine Arbeiten, die ihrer damals wahrhaft sensationellen Ergebnisse wegen sehr schnell in der Fachwelt bekannt werden, bewegen auch andere Physiker zu ähnlichen Versuchen. *Slaby,* seit 1883 Professor und Inhaber des ersten Lehrstuhls für Elektrotechnik an der Gewerbeakademie, der späteren Technischen Hochschule in Berlin, hatte durch seine Bekanntschaft mit *Preece* die Gelegenheit erhalten, dem Unternehmen in Flat Holm beizuwohnen. Begeistert von den Möglichkeiten, die sich durch die drahtlose Telegraphie eröffnen, kehrt er nach Berlin zurück und nimmt zusammen mit seinem Assistenten, dem Grafen Georg Wilhelm *von Arco,* umgehend eigene Versuche an der Technischen Hochschule auf. Nach einer Überbrückung von anfänglich 250 m innerhalb des Stadtgebietes zieht er in die Umgebung Berlins, stellt eine drahtlose Verbindung von 3 km zwischen der Sakrower Heilandskirche und Potsdam her und erreicht im Herbst 1897 eine klare Verständigung über die 21 km von Berlin-Schöneberg nach Rangsdorf.

Zu diesem Zeitpunkt ist er *Marconi,* der gerade wieder in La Spezia arbeitet, in der Reichweite um einige Kilometer voraus. *Slabys* Erfolge beruhen vor allen Dingen auf der Entdeckung, daß sich die Antenne auf bestimmte Eigenschwingungszahlen abstimmen läßt, was nicht nur die Reichweite, sondern auch die Selektivität erhöht. Selektivität ist nämlich für die bereits frühzeitig an der Funkentelegraphie interessierten Militärs wichtig, weil dadurch nur der Empfänger anspricht, der auf die gleiche Wellenlänge wie der Sender eingestellt ist. Damit die Experimente auch den nötigen industriellen Hintergrund erhalten, schaffen *Slaby* und *von Arco* im darauffolgenden Jahr die Funkentelegraphische Abteilung bei der Allgemeinen Elektricitäts-Gesellschaft.

In dieser Zeit beginnt auch der an der Universität Straßburg lehrende Professor der Physik Ferdinand *Braun* seine Beschäftigung mit drahtlosen Wellen. Ihm fällt bald eine äußerst nachteilige Eigenschaft des Marconischen Senders auf; er strahlt nur stark gedämpfte Wellen aus, d. h. solche, deren Energie nach wenigen Schwingungen abgeklungen ist. Die Ursache dafür liegt in der Anordnung der Funkenstrecke, die bei *Marconi* direkt in der Antenne sitzt und zusammen mit ihr einen offenen Schwingungskreis bildet. *Braun* überlegt, was dagegen zu tun sei, und erfindet 1898 den geschlossenen Schwin-

gungskreis, der auf Grund einer eingeschalteten großen Kapazität beträchtliche Energiemengen speichern kann und diese nur wenig gedämpft an die induktiv angekoppelte Antenne abgibt. Die Reichweite des Senders wird dadurch beträchtlich erhöht und die Anordnung *Marconis* mit einem Schlage wertlos. Die Erfindung hat darüber hinaus den Vorteil, daß sich der Sender in einfacher Weise auf eine bestimmte Frequenz abstimmen läßt.
Braun verbessert nicht nur den Sender, er entdeckt auch den später Detektor genannten Gleichrichter, ein Halbleiterkristall mit aufgesetzter Drahtspitze, der den Kohärer ersetzt.
Die Erfolge dieser Neuerungen offenbaren sich schnell, es kommen 1899 Funkverbindungen zwischen Cuxhaven und dem Feuerschiff Elbe I und 1900 mit Helgoland zustande. 62 km beträgt die Entfernung vom Festland zu der einsamen Nordseeinsel; es ist die größte bis dahin von der Funkentelegraphie erzielte Reichweite.

Den Turm der Heilandskirche zu Sakrow bei Berlin benutzt *Slaby* 1897 für seine Versuche als Funkturm

Zur Ausnutzung der Braunschen Patente wird 1898 Prof. Braun's Telegraphie GmbH ins Leben gerufen, an deren Spitze der Kölner Schokoladenfabrikant Ludwig *Stollwerck* steht. Mit ihr setzt sich Siemens & Halske in Verbindung, nachdem *Slaby* das Abkommen mit der Allgemeinen Elektricitäts-Gesellschaft getroffen hat. Das Ergebnis der Verhandlungen ist 1901 die Gesellschaft für drahtlose Telegraphie System Prof. Braun u. Siemens & Halske.
Nun gibt es drei Gesellschaften der Funkentelegraphie, die sich untereinander bald aufs heftigste befehden, denn in der Seefahrt zeichnet sich die erste Anwendung größeren Stils für die drahtlose Telegraphie ab. Hier, wo es bislang keinerlei Möglichkeit gab, mit einem Schiff auf hoher See in Verbindung zu treten, bildet die schnell emporstrebende Funktechnik einen gewaltigen Fortschritt. Vor allen Dingen im Rettungswesen auf See bietet sie völlig neue Aspekte. Geriet bisher ein Schiff auf offenem Meer in Not, so waren Passagiere und Besatzung meist rettungslos verloren, wenn nicht durch Zufall ein anderes Schiff in der Nähe seine Bahnen zog. Eine Möglichkeit, Hilfe aus der Ferne herbeizuholen, gab es nicht.
Es währt daher nicht lange, bis die ersten Dampfer mit Funkeinrichtungen ausgerüstet werden, und an den Küsten Europas und der USA eine Kette von Funkstationen mit Knallfunken-Sendern entsteht. Diesen Namen erhalten die Sender auf Grund des kilometerweit hörbaren knallenden Geräuschs der Funkenstrecke, und böse Zungen behaupten in der Anfangszeit, der Funkenknall sei auf größere Entfernungen wahrnehmbar als das ausgestrahlte Signal.
In dem erwachenden Konkurrenzkampf ist die Marconi Wireless Telegraph Co. auf dem besten Wege, das Weltmonopol zu erringen. Sie gründet Tochtergesellschaften und schließt Verträge ab, darunter auch einen mit dem britischen Lloyd. Dieser legt fest, daß dessen Landstationen ausschließlich Sender nach dem System von *Marconi* erhalten und nur mit solchen Schiffen verkehren dürfen, die ebenfalls eine Marconische Anlage an Bord haben. Bei der großen Bedeutung des Lloyd aber hätten praktisch alle Schiffe der Welt von der Marconi-Gesellschaft beliefert werden müssen.

Schiffsfunkstation um 1910

Der Kampf führt schließlich so weit, daß im Sommer 1905 von der Marconi-Empfangsstation auf der Insel Borkum die Annahme eines Telegramms Kaiser Wilhelms II. verweigert wird, weil der HAPAG-Dampfer „Hamburg", von dem das Telegramm ausgeht, mit einer Telefunken-Sendeanlage ausgerüstet ist.

Um dem rechtzeitig entgegenzuwirken, und weil vor allem von Kaiser Wilhelm eine Zusammenarbeit der beiden deutschen Gesellschaften gewünscht wird, kommt es nach einigen Verhandlungen am 27. Mai 1903 zur Bildung der Gesellschaft für drahtlose Telegraphie mbH, System Telefunken. Sie übernimmt unter Leitung des Grafen *Arco* alle Erfahrungen und Patente der beiden Vorläufer und vereinigt dadurch das System Slaby-Arco mit dem von Braun. 1923 in Telefunken Gesellschaft für drahtlose Telegraphie mbH umbenannt, bildet sie heute einen Bestandteil der Allgemeinen Elektricitäts-Gesellschaft AEG-Telefunken. Ihr obliegt 1905 der Bau der ersten großen deutschen Küstenfunkstation, des heutigen Norddeich-Radio. Ein Jahr später beginnt sie mit der Errichtung einer eigenen Versuchsstation in Nauen bei Berlin, die innerhalb eines knappen Jahrzehnts zur größten deutschen Funkstation wird.

Die Bestrebungen der Marconi Gesellschaft mißfallen nicht nur in Deutschland, sondern auch in verschiedenen anderen europäischen Staaten und der USA, so daß es 1903 zu einer Vorkonferenz in Berlin und am 3. November 1906 zum Abschluß des Internationalen Vertrags über Funkentelegraphie kommt, der alle Küsten- und Schiffsstationen der ratifizierten Länder zu einem Verkehr miteinander verpflichtet, ohne Rücksicht darauf, welches System sie verwenden. Der Vertrag tritt am 1. Juli 1908 in Kraft und legt darüber hinaus ein Notrufzeichen in Form der drei Buchstaben SOS des Morsealphabeths fest, die in einer Kette ohne Pause gesendet werden. England, Italien und die USA unterschreiben den Vertrag erst 1912 auf der 3. Internationalen Konferenz für Funkentelegraphie in London. Im gleichen Jahr wird auch der Kampf der beiden größten Funkgesellschaften Marconi und Telefunken durch eine öffentliche Erklärung endgültig beigelegt.

Schon bald nach der Einführung des Schiffsfunks können die ersten Menschen mit Hilfe der drahtlosen Telegraphie aus Seenot gerettet werden, und 1910 sind es sogar 1200 russische Auswanderer an Bord des Dampfers „Lituania", die dem nassen Tod entrinnen. Diese großartigen Erfolge führen mit Beginn der zweiten Dekade des 20. Jahrhunderts in verschiedenen Ländern zum Erlaß von Verordnungen, wonach Schiffe bestimmter Größe oder Passagierzahl mit Funkeinrichtungen ausgestattet werden sollen. Diese Maßnahme bewährt sich zwar in zahlreichen Fällen, kann aber eine der größten Schiffskatastrophen nicht verhindern, den Tod von über 1500 Menschen beim Untergang des Luxusdampfers „Titanic" in der Nacht vom 14. zum 15. April 1912.

Die 47000 BRT große „Titanic", das Flaggschiff der White Starline, durchpflügt auf ihrer Jungfernfahrt mit 22 Kno-

ten die Wogen des Nordatlantik. An Bord herrscht ausgelassene Stimmung, denn was kann dem Star des englischen Schiffbaues, der mit sämtlichen Errungenschaften der Technik und einer nach neuesten Erkenntnissen gefertigten Funkausrüstung ausgestattet ist, schon passieren. Das begehrte Blaue Band, die Auszeichnung für das schnellste Schiff der Nordatlantikroute, scheint sicher.
Gegen 22 Uhr empfängt der Funker der „Titanic" noch eine Meldung der in der Nähe fahrenden „California", die vor Eisbergen warnt. Als dann aber kurz vor Mitternacht ein riesiger Eisberg den Rumpf der „Titanic" auf eine Länge von 100 m unterhalb der Wasserlinie aufschlitzt und der Funker Jack Philipps die Hilferufe in den Äther morst, meldet sich die „California" nicht mehr. Sie, die doch greifbar nahe ist, kann den Notruf nicht empfangen, weil ihr Funker wachfrei hat und schläft. Alle anderen Schiffe aber, die der drahtlose Ruf erreicht, sind für eine schnelle Hilfe zu weit entfernt. Sie können bei Tagesanbruch nur noch 705 Schiffbrüchige aufnehmen. Unter denjenigen Funkern, die den verzweifelten Hilferuf der „Titanic" empfangen, befindet sich auch David *Sarnoff* in New York, der uns später noch einmal begegnen wird.
Diese Schiffskatastrophe ist nicht nur für die Schiffsingenieure ein Schock, denn die „Titanic" galt auf Grund ihrer Konstruktion als unsinkbar, sie gibt auch den Reedereien und Regierungen zu denken. Was nutzt die schönste Funkapparatur, wenn sie im entscheidenden Augenblick unbesetzt ist. Die dringend notwendige Regelung der Funkdienste erfolgt im November 1913 auf der sogenannten Titanic-Konferenz, an der die Vertreter von 14 Nationen teilnehmen. Das Ergebnis der Verhandlungen ist ein 74 Artikel umfassender Vertrag nebst Ausführungsbestimmungen. Er legt unter anderem fest, daß alle Handelsschiffe der angeschlossenen Staaten, wenn sie 50 und mehr Personen an Bord haben, mit einer funkentelegraphischen Einrichtung ausgerüstet sein müssen. Außerdem wird für bestimmte Schiffe dauernde Hörbereitschaft vorgeschrieben.
Der Funkverkehr bewährt sich sehr bald auch in anderer Weise, denn am 31. Juli 1910 gelingt es mit Hilfe eines aufmerksamen Kapitäns und eines Funkspruchs, der damals übrigens Marconigramm genannt wird, in Kanada den sich völlig sicher wähnenden Mörder Dr. Crippen zusammen mit seiner Geliebten an Bord des aus England einlaufenden Dampfers „Montrose" zu verhaften.

Vom tönenden Funken zur Elektronenröhre

Eine Reihe von Jahren bemühen sich die Ingenieure vergebens, der Funkenstrecke möglichst kontinuierliche und ungedämpfte Schwingungen zu entlocken. Dann sehen sie sich nach einem anderen Verfahren der Schwingungserzeugung um. Die ersten Erfolge verzeichnen der Engländer William du Bois *Duddell* und der Deutsche Hermann Theodor *Simon* im Jahre 1900 mit der sogenannten singenden Bogenlampe. Auf diese Anordnung greift der uns bereits aus der Geschichte des Tonbandgerätes her bekannte Däne Valdemar *Poulsen* zurück. Er umgibt den Lichtbogen mit einer Wasserstoffatmosphäre, setzt ihn einem magnetischen Feld aus und schafft damit 1902 die Voraussetzung für den Lichtbogen-Sender, der vorzügliche ungedämpfte Schwingungen erzeugt. Dieser Sender,

4-kW-Lichtbogensender der C. Lorenz AG um 1906

den die C. Lorenz AG mit Hilfe der Poulsen-Patente in die Praxis einführt, läßt sich auch mühelos in der Wellenlänge verändern und wird später zu großen Leistungen gebracht. Wir finden ihn in den Funkstationen aller Länder.
Auch auf dem Gebiet des alten Funkensenders erscheint schließlich eine wesentliche Verbesserung. Der deutsche Physiker Max *Wien,* Professor an der Technischen Hochschule Danzig, berichtet 1906 vor der Naturforscher-Versammlung in Stuttgart über eine neue sogenannte Lösch-Funkenstrecke, die aus mehreren kleinen hintereinandergeschalteten Funkenstrecken besteht, nach einem Funkenüberschlag sehr schnell wieder nichtleitend wird und damit die Verwendung hoher Funkenzahlen erlaubt. Die Telefunken-Gesellschaft greift diesen Gedanken auf und entwickelt den Löschfunken-Sender, der den Vorteil hat, daß im Telephon des Empfängers jetzt ein hörbarer Ton von der Frequenz der Funkenzahl entsteht. Dieser läßt sich wesentlich besser wahrnehmen als das knackende Geräusch des alten Senders. Auf Grund dieser Eigenschaft wird er später auch oft als Tonfunken-Sender bezeichnet und in den nächsten Jahren in großem Umfang eingeführt. Noch zu Beginn des ersten Weltkriegs ist die Telefunken-Station Sayville auf Long Island mit einem solchen Sender ausgerüstet. Mit ihm setzt sich auch der Hörempfang gegenüber dem bis dahin recht diffizilen Schreibempfang mit Galvanometern und photographischer Registrierung oder Relais und Morseschreiber immer mehr durch.
Bei diesen beiden Erfindungen bleibt es selbstverständlich nicht. Die große Bedeutung einer weltweiten drahtlosen Telegraphie ist um die Jahrhundertwende überall erkannt, und demzufolge wird in den Laboratorien emsig an einer Vervollkommnung der Einrichtungen gearbeitet. Ihre Hauptaufgabe sehen die Ingenieure vor allen Dingen in der Erhöhung der Reichweite, denn es gilt nicht nur, die drahtlose Verbindung zu den Handelsschiffen auf See, sondern auch zu den weit entfernten Kolonien herzustellen. Militärische und politische Gesichtspunkte spielen dabei eine wesentliche Rolle.
Von außerordentlicher Bedeutung für den Fernempfang ist die Art der Ausbreitung elektromagnetischer Wellen. Ihre Gesetzmäßigkeit ist jedoch bisher noch kaum erforscht, nur soviel ist aus Messungen von J. *Zenneck* im Jahre 1906 bekannt, daß die Wellen desto weniger vom Erdboden absorbiert werden, je länger sie sind. Sollen die Funksprüche also um den halben Erdball wandern, so müssen möglichst lange Wellen und hohe Sendeleistungen zur Verfügung stehen. Das glaubt man jedenfalls.
Die Wellenlängen lassen sich dieser Forderung noch verhältnismäßig einfach anpassen, sie sind daher von den 70 m um die Jahrhundertwende bis Ende 1905 bereits auf 1500 m angewachsen. Schwieriger ist es schon mit der hohen Sendeleistung. Einen neuen Weg hierzu weisen nun *Alexanderson, Fessenden* und *Goldschmidt* mit ihren auf dem Prinzip elektrischer Maschinen beruhenden Hochfrequenzgeneratoren.

Alexanderson mit dem von ihm entwickelten Hochfrequenzgenerator um 1917

Maschinensaal der Großfunkstation Nauen im Jahre 1922 mit zwei Telefunken-Maschinensendern von je 400 kW und einem zu 150 kW

Auf den Arbeiten von *Tesla* aufbauend, beginnt der Amerikaner Reginald Aubrey *Fessenden* als erster 1898 mit dem Bau einer Hochfrequenzmaschine von 15 000 Hz. Er regt seinerseits den bei der General Electric Co. arbeitenden Schweden Frederic Werner *Alexanderson* an, der dann nach etlichen Vorarbeiten 1908 auf einer Tagung des American Institute of Electrical Engineers eine 100 000-Hz-Maschine von 2 kW Leistung beschreibt, die direkt zwischen Antenne und Erde des Senders geschaltet werden soll.
Währenddessen faßt der deutsche Ingenieur Rudolf *Goldschmidt* 1907 den Gedanken, zunächst in der Maschine eine niedrigere Frequenz von etwa 10 000 Hz zu erzeugen und diese dann über abgestimmte Kreise durch mehrfache Reflexion zwischen Stator und Läufer zu vervielfachen.

Graf *Arco* schließlich geht mit seinen Mitarbeitern bei Telefunken noch einen anderen Weg und verzerrt den Primärstrom einer verhältnismäßig niederfrequenten Maschine durch gesättigte Transformatoren, so daß mit Hilfe abgestimmter Kreise die gewünschte Hochfrequenz entnommen werden kann. Eine derartige Maschine wird 1912 auf der 3. Internationalen Konferenz für Funkentelegraphie erstmals der Öffentlichkeit vorgeführt. Sie hat nur eine Leistung von 2 kW, die 1914 in Nauen aufgestellte aber bereits 400 kW.
Dem Sender in Nauen gelingt es mit 260 m hohen Antennenmasten 1918 erstmals, den Erdball mit der Funkwelle zu umspannen. Die Nauener Zeichen werden klar und deutlich im Antipodenpunkt Neuseeland empfangen. Die Fortschritte der Technik haben damit den Groß-

funkstationen den Weg zu Sendeleistungen von mehreren hundert Kilowatt geöffnet und ermöglichen jetzt einen sicheren und störungsfreien Funkverkehr über große Entfernungen.
Am 27. Januar 1914 kann der deutsche Kaiser durch ein Telegramm an den Präsidenten Wilson den offiziellen Funkverkehr über die Stationen Eilvese und Tuckerton zwischen Deutschland und den USA einleiten. Inoffiziell findet dieser Verkehr bereits seit längerer Zeit statt.
Nach dem ersten Weltkrieg entsteht durch internationale Zusammenarbeit ein auf lange Sicht geplantes, die gesamte Erde umfassendes Netz von Maschinensendern.
Als dieses Langwellennetz mit Wellenlängen bis zu 25 000 m fast vollendet ist, erwacht der Wunsch nach kurzen Wellen. Den Anstoß zu einer derart plötzlichen Sinnesänderung gibt die Entdeckung der Physiker, daß in großer Höhe über der Erde eine besonders stark ionisierte Schicht existiert, die kurze elektromagnetische Wellen reflektiert und weit vom Sender entfernt auf die Erde zurückwirft. Damit besteht die Aussicht, durch Kurzwellensender kleinerer Leistung ebenfalls einen weltumspannenden Funkdienst aufzubauen.
Eine hervorragende Einrichtung zur Erzeugung kurzer Wellen steht inzwischen bereits zur Verfügung, die Elektronenröhre. Ihre Anfänge reichen bis in das Jahr 1883 zurück und führen uns wieder einmal zu *Edison*, der gerade mit der Weiterentwicklung der Glühlampe beschäftigt ist. Als er eines Tages im Inneren des Glaskolbens einer Lampe eine zusätzliche Metallplatte unterbringt und sie über ein Galvanometer mit dem positiven Ende des Glühfadens verbindet, bemerkt er zu seiner Überraschung einen Strom im Galvanometerkreis, der so lange fließt, wie der Glühfaden aufgeheizt wird.
Der Engländer John Ambrose *Fleming,* zu dieser Zeit Ingenieur bei der Edison Electric Light Co., später Professor für Elektrotechnik an der Universität London, untersucht diesen Edison-Effekt näher und kommt dabei auf die Idee, eine derartige Anordnung in der drahtlosen Telegraphie an Stelle des Kohärers zum Gleichrichten der Funksignale zu verwenden. 1904 ist die Diode, damals thermionischer Detektor genannt, die erste Glühkathodenröhre mit zwei Elektroden, der kalten Anode und der aufgeheizten Kathode geboren. Zwei Jahre später bringen fast gleichzeitig der österreichische Physiker Robert *von Lieben* und Lee *de Forest* in Amerika eine weitere Elektrode in der Röhre an.
De Forest ist kein Neuling mehr auf dem Gebiet der Funktechnik. Als Sohn eines protestantischen Geistlichen studiert er Naturwissenschaft und baut zunächst bei der Western Electric Co. Dynamomaschinen. 1902 gründet er dann im Alter von 29 Jahren zusammen mit Abraham *White* die allerdings nur kurzlebige De Forest Wireless Telegraph Company. Mit ihr beginnt in Amerika eine eigene Forschung auf dem Gebiet der drahtlosen Telegraphie.
Während *de Forest,* auf der Suche nach einem hochempfindlichen Detektor für elektromagnetische Wellen, aber noch immer nur an der Gleichrichterwirkung der Röhre

Zwei Marksteine der Röhrenentwicklung; links: Lieben-Röhre aus dem Jahre 1910, rechts: Audion-Röhre von *de Forest* aus dem Jahre 1911

interessiert ist, betrachtet *von Lieben* die Angelegenheit von anderer Warte aus. Ihm geht es um die Lösung des zu dieser Zeit hochaktuellen Problems eines Telephon-Relais, d. h., um die Verstärkung schwacher Sprechströme. Er nimmt die Steuerung des in seiner mit Quecksilberdampf gefüllten Röhre fließenden Stromes zunächst über eine zylindrisch geformte Elektrode vor und findet dann zusammen mit seinen Mitarbeitern 1910 auch die Steuerwirkung eines Gitter genannten Drahtgeflechts zwischen Anode und Kathode. Darin kommt ihm allerdings 1907 *de Forest* mit seinem Audion zuvor, was sieben Jahre später zu einem Prioritätsstreit mit den Mitarbeitern des inzwischen im Alter von 34 Jahren verstorbenen *von Lieben* führt.

Auch diese, heute wegen ihrer drei Elektroden allgemein Triode genannten Audion-Röhre, setzt *de Forest* nur zur Gleichrichtung empfangener Funkwellen ein. Daß das Audion gleichzeitig eine recht gute Verstärkerwirkung aufweist, stellt sich erst einige Zeit danach heraus und offenbart dann seine grundlegende Bedeutung für die gesamte Nachrichtentechnik.

Es dauert eine längere Zeit, bis die Funktechniker die praktischen Möglichkeiten der neuen Röhre richtig einschätzen. Ein wichtiger Schritt voran ist die Erfindung der Hochfrequenzverstärkung mit der Elektronenröhre durch Otto *von Bronk* im Jahre 1911 bei Telefunken.

Entscheidend für ihren Einsatz in der drahtlosen Nachrichtenübermittlung wird das Jahr 1913, in dem *I. Langmuir* das Hochvakuum einführt, und A. *Meißner* als Mitarbeiter von Telefunken, Ch. S. *Franklin* und H. J. *Round* in England sowie E. H. *Armstrong* und *Langmuir* in Amerika unabhängig voneinander eine Reihe neuer, zum Teil ähnlicher Röhrenschaltungen entwickeln. Darunter befinden sich auch die Phänomene der Rückkopplung und der Selbsterregung, die der Röhre ebenfalls die Erzeugung ungedämpfter Schwingungen gestattet.

Die Zahl der Gitter vermehrt sich im Laufe der nächsten beiden Jahrzehnte über die Tetrode, die Pentode und die Hexode bis zu sechs in der Oktode. Kombinierte Röhren mit zwei und mehr Systemen für den Rundfunkempfang entstehen und Röhren hoher Leistung für Sendezwecke. Mitte der 20er Jahre beginnt dann die Elektronenröhre in den Großfunkstationen die Maschinensender zu verdrängen, und schließlich beherrscht sie einzig und allein die drahtlose Nachrichtentechnik auf der Sende- und Empfangsseite. Darüber hinaus enthebt sie die Ingenieure der weiteren Suche nach einem geeigneten Telephon-Relais.

An dieser Vormachtstellung rüttelt auf dem Gebiet der Empfangstechnik erst wieder der 1948 von den Amerikanern John *Bardeen,* Walter Houser *Brattain* und William *Shockley* erfundene Transistor, ein Verstärkerelement auf der Basis halbleitender Kristalle. Ihm verdanken wir die Herstellung kleiner tragbarer Empfänger bis herab zur Größe einer Zigarettenschachtel. Die drei Erfinder erhalten 1956 zusammen den Nobelpreis für Physik.

Mit diesem Lieben-Röhren-Sender von Telefunken gelingt *Meißner* am 21. Juni 1913 eine Funksprechverbindung von Nauen nach Berlin

Bald nachdem es gelungen ist, die elektromagnetische Welle für die Zwecke der telegraphischen Nachrichtenübermittlung nutzbar zu machen, regt sich der Wunsch nach einer drahtlosen Telephonie. Wie dies geschehen könnte, darüber ist man sich schnell einig. In die Sendeantenne wird ein Mikrophon gelegt, das die ausgesandten Wellen beim Besprechen im Rhythmus der Schallschwingungen beeinflußt, moduliert, wie wir heute dazu sagen. Auf der Empfangsseite sind gar keine besonderen Maßnahmen zu ergreifen, es genügt eine der bekannten Schaltungen mit Detektor und Telephon. Voraussetzung aber sind Sender mit ungedämpften Schwingungen.
Die Telephonieversuche beginnen daher erst mit dem Erscheinen des Maschinen- und des Lichtbogen-Senders, und so hören wir, daß Telefunken zwischen Berlin und Nauen sowie *Poulsen* in Lyngby bei Kopenhagen mit dem Lichtbogensender und *Fessenden* in Brant Rock/Mass. mit der Hochfrequenzmaschine 1906 eine gute Verständigung über mehrere Kilometer hinweg erzielen. *Fessenden* sendet am Heiligabend sogar ein kleines Programm von zwei Musikstücken, einem Gedicht und einem kurzen Gespräch. Eine Reihe von Funkern auf Schiffen und in Landstationen sind nicht wenig erstaunt, als aus ihren Kopfhörern an Stelle der üblichen Morsezeichen plötzlich Musik und Sprache ertönt. Das Experiment macht Schule, und 1910 überträgt *de Forest* eine Sendung aus der Metropolitan Oper in New York, bei der auch die Stimme *Carusos* über den Äther zu hören ist.
Gestützt auf die Erfahrungen der drahtlosen Telegraphie, erzielt die Telephonie rasche Fortschritte und überbrückt im Laufe weniger Jahre Hunderte und Tausende von Kilometern. Was *Fessenden* 1909 noch nicht in brauchbarer Weise zwischen New York und dem Eiffelturm zustande bringt, das glückt dann sechs Jahre später von Arlington bei Washington aus; die elektromagnetische Welle trägt die menschliche Stimme über den Atlantischen Ozean. Damit steht einem zukünftigen weltweiten Funksprechverkehr nichts mehr im Wege.
Mit der drahtlosen Telephonie zieht eine neue, bisher ungeahnte und faszinierende Möglichkeit für die Anwendung elektromagnetischer Wellen am Horizont herauf. Infolge ihrer allseitigen Ausbreitung sind die Wellen in der Lage, von einem einzigen Sender aus einen großen Teil der Bevölkerung zu erreichen und mit Nachrichten, Informationen oder Musikdarbietungen zu versorgen. Der Rundfunk kündet sich an; nicht aus einem allgemeinen kulturellen oder politischen Bedürfnis heraus, sondern einfach, weil die Technik eine Chance dazu bietet.
Der Mann, der eine solche Möglichkeit, Musik in jeden Haushalt zu tragen, erkennt und darüber hinaus das vielversprechende Geschäft ahnt, das dabei zu erwarten wäre, ist der in Rußland geborene David *Sarnoff,* der eine jener sagenhaften amerikanischen Karrieren macht und es innerhalb von 30 Jahren vom Zeitungsjungen bis zum Präsidenten der Radio Corporation of America bringt. *Sarnoff,* der sich 1916 als Angestellter der Marconi Wireless Telegraph Company of America mit Musikübertragungen befaßt, schlägt seiner Firma das Schema einer radio music box vor, die in größeren Stückzahlen gefertigt und für den Heimempfang verkauft werden soll. Noch aber gibt es keinen Sender, der entsprechende Programme in regelmäßiger Folge ausstrahlt, und überdies steht Amerika vor der Frage Krieg oder Frieden, so daß es vorerst nicht zu einer Verwirklichung kommt.
Während des Krieges gelangen dann viele junge Amerikaner als Soldat mit der geheimnisvollen Funktechnik in Berührung, finden Interesse an der Sache und bleiben ihr auch nach der Rückkehr in das Zivilleben als versierte Amateure treu. Sie beginnen auf Grund ihrer Erfahrungen mit dem Bau kleiner Experimentierstationen, senden Sprache und Musik von Schallplatten in den Äther oder sitzen zu jeder freien Tages- und Nachtzeit, den Kopfhörer am Ohr, vor dem selbstgebastelten Empfänger, um irgendwelche zufälligen Sendungen anderer Amateure aufzufangen.
Die Kunde von der „music in the air" spricht sich schnell herum und wird zu einer Sensation. Bald ertönt von allen Seiten her der Ruf nach käuflichen Empfängern, um ebenfalls dieser geheimnisvollen Musik zu lauschen. Damit wiederum entsteht nun ein echtes Bedürfnis nach regelrechten Sendern. 1920 wird es befriedigt. Die Sendestation KDKA auf dem Gelände der Westinghouse Elec-

tric and Manufacturing Co in East Pittsburgh/Pa. beginnt, auf der Wellenlänge 360 m ein planmäßiges Unterhaltungs- und Informationsprogramm auszustrahlen. Die erste Sendung findet am Abend des 2. November statt und bringt die Ergebnisse der soeben stattgefundenen Präsidentenwahl. Dieser Tag ist die Geburtsstunde des Rundfunks.
Nun setzt ein enormer Ansturm auf Rundfunkapparate und ihre Teile zum Selbstbau ein. Diejenigen Firmen, die bisher Funkgeräte für das Militär geliefert haben, stellen ihre Produktion schnellstens auf den Bau von Heimempfängern um. Zwei Jahre nach der Eröffnung von KDKA sind in Amerika bereits 564 Sender lizensiert, und immer weitere Anträge laufen ein.

Die Modetorheit Rundfunk

Von Amerika aus greift das Rundfunkfieber auf Europa über. In England, wo ebenfalls Amateure aktiv tätig sind, kommt es unter der British Broadcasting Co am 18. November 1922 zur Eröffnung des ersten Senders. Innerhalb 13 Monate wächst ihre Zahl auf acht an, und im ersten Quartal des Jahres 1924 kann der 500 000. Hörer registriert werden.
In Deutschland liegen die Dinge insofern anders, als es zwar vom Kriege her ebenfalls eine große Zahl von Funkliebhabern gibt, ihnen aber das Betreiben von Empfangsgeräten verboten ist. Die wenigen Amateure, die amtlich zugelassen sind, müssen sich vorerst mit dem Abhören von Versuchssendungen der Industrie und der Hauptfunkstelle der Reichspost in Königswusterhausen begnügen. Ab 1922 lauschen sie dann dem Programm des Londoner Rundfunks, was rund 20 Jahre später wieder hochaktuell wird, obwohl es, wie damals, für den weitaus größten Teil der Bevölkerung nicht erlaubt ist, wenn auch aus anderen Gründen. 1921 können sie immerhin die erste von der C. Lorenz AG veranstaltete Rundfunk-Opernübertragung aus der Staatsoper in Berlin miterleben. Gegeben wird Puccinis „Madame Butterfly“.
Um ihrem Wunsch nach einem öffentlichen deutschen Rundfunk mehr Nachdruck zu verleihen, gründen die Funkliebhaber im März 1923 unter dem Vorsitz von Eugen *Nesper* den Deutschen Radioklub, der es binnen kurzer Zeit auf 10000 Mitglieder bringt. Eine weitere treibende Kraft ist der Staatssekretär Hans *Bredow*. Auf sein ständiges Drängen hin lassen Post, militärische und politische Stellen ihre Bedenken endlich fallen, so daß der deutsche Rundfunk am Abend des 29. Oktobers 1923 sein Sendeprogramm auf Welle 400 m aus dem Vox-Haus in Berlin mit Gesangsvorträgen, Cello- und Violinsoli sowie Schallplattenmusik eröffnet. Um fortan mit dabei zu sein, muß der deutsche Bürger eine Gebühr von 60,– RM im Jahr zahlen. Ein knappes halbes Jahr später sind es allerdings nur noch 24,– RM.
Die „Modetorheit Rundfunk“ grassiert nun auch in Deutschland. Gegen Ende 1923 sind 10 000 Hörer von ihr angesteckt, und zwei Jahre später wird bei 18 über das

Erster Telefunken-Sender im Vox-Haus in Berlin 1923. Seine Leistung betrug 0,25 kW. Die Ruine des im zweiten Weltkrieg stark beschädigten Vox-Hauses wird im März 1971 wegen Baufälligkeit gesprengt

Rundfunkstudio 1924 in Königswusterhausen bei Berlin. Von hier kamen die beliebten Sonntagskonzerte.

Reich verteilten Sendern die Millionengrenze überschritten. Sie vervielfacht sich im Laufe der Jahre, wozu Sportsendungen, Funktanzstunde und viele andere populäre Programme beitragen.
Aber nicht nur die Zahl der Rundfunkhörer steigt weiter an, auch die der Sender vermehrt sich zusehends. Die zur Verfügung stehenden Wellenlängen sind innerhalb weniger Jahre besetzt, und ein weiterer Ausbau ist ohne gegenseitige Störung nicht mehr möglich. Die Lösung dieses Problems kann nur auf internationaler Ebene erfolgen und geschieht erstmals 1925 durch die neu gegründete Union Internationale de Radiophonie (Weltrundfunkverein). Sie legt einen europäischen Wellenplan fest, bei dem jede Nation eine bestimmte Anzahl Wellen zugeteilt bekommt.
Da die Zahl der Sender dadurch beschränkt wird, zwingt diese Maßnahme die Ingenieure zu einer besseren Ausnutzung der technischen Gegebenheiten und führt zunächst zu einer Erhöhung der Sendeleistung, die mit 50 bis etwa 250 W bei den ersten Rundfunkstationen nicht gerade üppig ist. Mitte der 30er Jahre beträgt die Leistung schließlich 100 kW. Darüber hinaus entsteht der Gleichwellenfunk, bei dem mehrere Sender auf einer gemeinsamen Welle das gleiche Programm ausstrahlen. Die Suche nach weiteren Ausweichmöglichkeiten führt dann zur Ultrakurzwelle.
Obgleich der Sender Berlin bereits 1929 die ersten Testsendungen im UKW-Bereich vornimmt, findet die Einführung des UKW-Rundfunks aber zuerst in den USA statt, wo bis zum Ende des Jahres 1942 40 Stationen in Betrieb sind. Deutschland vollzieht den Übergang auf UKW-Sender 1949, nachdem es bei der Neuverteilung der Wellenlängen in Kopenhagen im Jahr zuvor besonders schlecht weggekommen ist. Was bei der Einführung noch

als Notlösung erscheint, beweist sich bald als gewaltiger technischer Fortschritt, denn der übertragbare Tonfrequenzbereich ist weitaus größer als bei den Mittel- und Langwellensendern und reicht von den höchsten Höhen bis zu den tiefsten Bässen.
Industrie und Forschung arbeiten in ihren Labors und Werkstätten jedoch nicht nur auf der Sendeseite an einer Vervollkommnung der Rundfunkübertragung; auch den Hörern werden im Laufe der Jahre Empfangsgeräte einfacherer Bedienung sowie gesteigerter Empfindlichkeit und Tonqualität zur Verfügung gestellt. In der Anfangszeit des Rundfunks findet der Kristalldetektor-Empfänger, der ohne Stromquelle nur mit der vom Sender aufgenommenen Energie arbeitet, die größte Verbreitung. Seine Leistung ist aber minimal, und es gehört eine reichliche Portion Geduld dazu, den Kopfhörer am Ohr, mit der Nadel auf dem Kristall des Detektors solange vorsichtig herumzustochern, bis eine Stelle mit gleichrichtender Wirkung gefunden ist. Was man daneben noch kaufen oder in Deutschland einige Zeitlang nur mit der Audion-Versuchs-Erlaubnis selber basteln darf, ist der Ein-Röhren-Rückkopplungsempfänger.
Merklich besser sind dann die Geräte mit mehreren Röhren, in denen zunächst nur die Niederfrequenz, später auch die einfallende Hochfrequenz verstärkt wird. Sie gestatten wenigstens schon den Anschluß eines Lautsprechers und bringen neben dem Ortssender auch fernere Stationen zu Gehör. Die Einstellung eines Senders ist zwar immer noch nicht ganz einfach, denn es müssen mehrere Schwingkreise über verschiedene Drehknöpfe auf die gewünschte Welle abgestimmt werden. Darüber hinaus sind die Rückkopplungsempfänger wegen ihres Pfeifens bei der Einstellung berüchtigt.
Zu diesen ersten sogenannten Geradeausempfängern gesellen sich alsbald neue Schaltungen, darunter der Überlagerungsempfänger, auch Superheterodynempfänger genannt. Er geht bereits auf Entwicklungsarbeiten von *Fessenden* und *Armstrong* lange vor bzw. im ersten Weltkrieg zurück und ist ursprünglich für telegraphische Zwecke gedacht.
Während der Detektorempfänger wegen seiner geringen Leistungsfähigkeit schnell in den Hintergrund tritt, aber trotzdem auf Grund seiner Preiswürdigkeit noch bis in die 30er Jahre hinein anzutreffen ist, bleibt das Rennen zwischen dem Geradeaus- und dem Überlagerungsempfänger lange Zeit hindurch unentschieden. Als Sieger geht schließlich das Überlagerungsprinzip, der noch heute verwendete Superhet, hervor.
1926 tritt das Netzgerät in Erscheinung, das zunächst getrennt vom Empfänger, kurz danach in die ersten

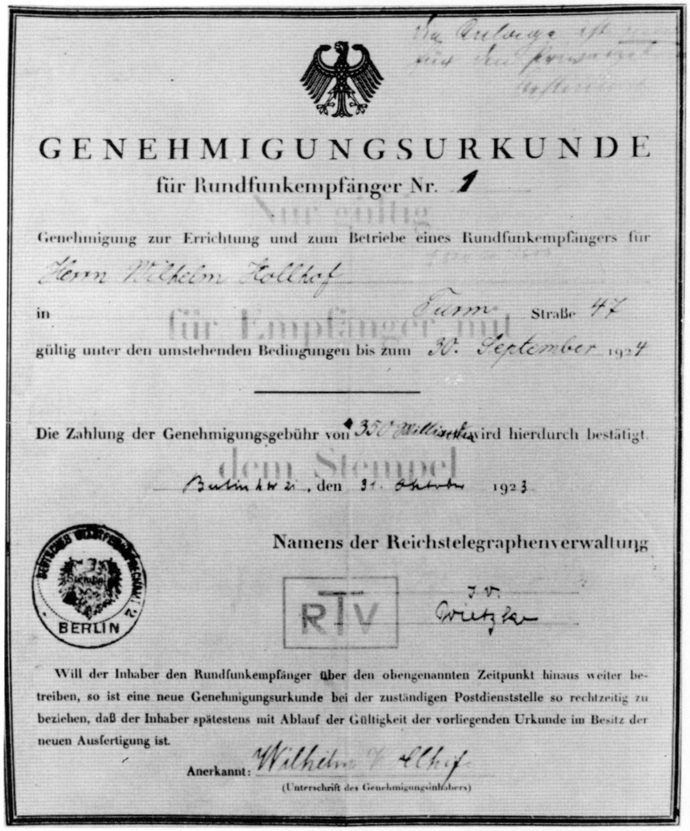
GENEHMIGUNGSURKUNDE

für Rundfunkempfänger Nr. 1

Genehmigung zur Errichtung und zum Betriebe eines Rundfunkempfängers für

in Straße 47

gültig unter den umstehenden Bedingungen bis zum 30. September 1924

Die Zahlung der Genehmigungsgebühr von 350 wird hierdurch bestätigt.

, den 31. 1923

Namens der Reichstelegraphenverwaltung

BERLIN

RTV

Will der Inhaber den Rundfunkempfänger über den obengenannten Zeitpunkt hinaus weiter betreiben, so ist eine neue Genehmigungsurkunde bei der zuständigen Postdienststelle so rechtzeitig zu beziehen, daß der Inhaber spätestens mit Ablauf der Gültigkeit der vorliegenden Urkunde im Besitz der neuen Ausfertigung ist.

Anerkannt:
(Unterschrift des Genehmigungsinhabers)

350 Milliarden Mark – allerdings Inflationsmark – zahlte Deutschlands erster offizieller Rundfunkhörer am 31. Oktober 1923 für die postalische Genehmigung zum Empfang von Rundfunksendungen

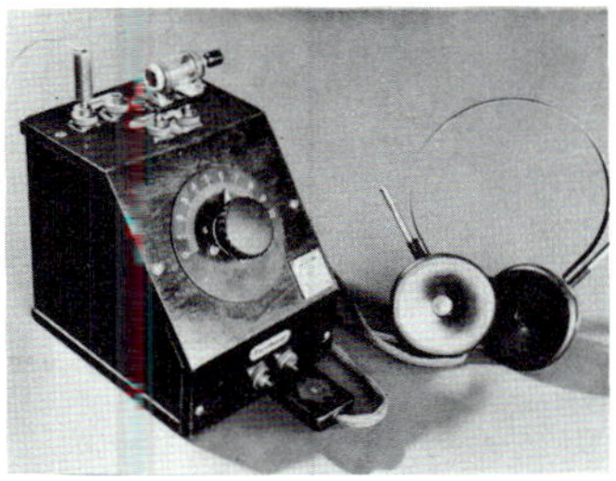

Mit dem Detektorempfänger begann die „Modetorheit Rundfunk“

Die beiden letzten Schritte in der Entwicklung der Rundfunktechnik bilden die Einführung des Transistorempfängers Mitte der 50er und der stereophonen Sendungen Anfang der 60er Jahre. Die einstige Prophezeihung, die Modetorheit Rundfunk werde bald vorübergehen, hat sich nicht erfüllt. Heute, knapp 60 Jahre nach der Einführung des Rundfunks, ist das Radio ebenso begehrt und interessant wie am ersten Tage.

Geräte fest eingebaut, die Anodenbatterie und den Heizakkumulator ersetzt. Der lästige Gang allmonatlich zum Aufladen des Akkumulators entfällt. Beide bleiben in Zukunft nur noch den tragbaren Kofferempfängern vorbehalten, die in ihrer ursprünglichen Ausführung von Form und Gewicht her einem mittelgroßen Koffer gleichen. In einer Zeit, in der das Auto bei weitem noch nicht allgemeine Verbreitung gefunden hat, gehört wahrlich Enthusiasmus dazu, einen solchen Empfänger mit auf den Wochenendausflug zu schleppen.

Fernsehen, ein aussichtsloses Unterfangen?

Noch eine andere Entwicklung in der Technik hat innerhalb weniger Jahre Millionen von Menschen in ihren Bann gezogen, das Fernsehen. Jung in seiner Verwirklichung ist es bereits alt in seinen Ideen und reicht bis in die letzten Jahrzehnte des vorigen Jahrhunderts zurück. Eine der grundlegenden Voraussetzungen spricht sogar schon 1843 der Schotte Alexander *Bain* aus, als er feststellt, daß ein Bild zu seiner elektrischen Fernübertragung in einzelne Punkte zerlegt, die jeweilige Helligkeit dieser Punkte an

Aus der Anfangszeit der Röhrenempfänger, der sogenannte D-Zug von 1923. Links Hochfrequenz-Verstärker, in der Mitte Empfänger, rechts Niederfrequenz-Verstärker, dahinter der Lautsprecher

Der erste tragbare Empfänger aus dem Jahre 1926. Die Bauteile sind in einem handelsüblichen Koffer untergebracht, daher der sich bald einbürgernde Name Kofferempfänger für tragbare Geräte

Drei-Röhren-Empfänger aus dem Jahre 1927. Der Schubkasten im unteren Teil des Geräts ist auswechselbar und enthält die Spulensätze für die verschiedenen Wellenbereiche

den Empfangsort übertragen und dort in richtiger Reihenfolge wieder zu dem ursprünglichen Bild zusammengesetzt werden muß. *Bain* denkt dabei zwar noch nicht an das eigentliche Fernsehen, sondern an die Bildtelegraphie, mit der er sich zu dieser Zeit eingehend befaßt.
Beide, das Fernsehen und die Bildtelegraphie, haben eines gemeinsam; sie wollen mit Hilfe der Elektrizität Bilder von einem Ort zum anderen übertragen. Der wesentliche Unterschied aber liegt darin, daß es sich bei der Bildtelegraphie stets um leblose Motive, wie Fotos, Zeichnungen usw., handelt. Das Fernsehen dagegen vermittelt den körperlichen Gegenstand mit allen seinen Bewegungen, wobei diese wie beim Film in einzelne schnell aufeinander folgende Bilder aufgelöst werden.
Angeregt durch die bereits fortgeschrittenen Arbeiten auf dem Gebiet der Bildtelegraphie, machen sich 1875 der Amerikaner M. G. R. *Carey* in Boston und zwei Jahre danach der französische Advokat M. *Senlecq* aus Ardres die ersten Gedanken darüber, wie man das Bild eines körperlichen Gegenstandes an entferntem Ort darstellen könnte. Während *Carey* die chemischen Eigenschaften einer lichtempfindlichen photographischen Schicht heranzieht und damit einen völlig unrealisierbaren Vorschlag unterbreitet, gedenkt *Senlecq* die kurz zuvor entdeckte Eigenschaft des Selens, seinen elektrischen Widerstand in Abhängigkeit vom auffallenden Licht zu verändern, auszunutzen. Er möchte eine dicke Kupferplatte mit zahlreichen dicht nebeneinander liegenden Löchern versehen und in jedes Loch ein Tröpfchen Selen sowie einen Kupferdraht als elektrischen Anschluß geben. Die Platte selbst will er mit dem einen Pol einer Batterie und einen über die Anschlußdrähte schleifenden Schlitten mit dem anderen Pol verbinden. Wird nun das Bild eines Gegenstandes auf die Platte projiziert, so ändern alle vom Licht getroffenen Selentröpfchen ihren Widerstand der jeweiligen örtlichen Helligkeit entsprechend und rufen beim Abtasten durch den Schlitten einen unterschiedlichen Strom hervor. Als Empfänger schlägt *Senlecq* einen der damals üblichen Kopiertelegraphen vor, der das Bild auf elektrochemischem Wege aufzeichnet.
Innerhalb der nächsten Jahre tauchen ähnliche Ideen auch in anderen Ländern auf, so in England und in den USA.

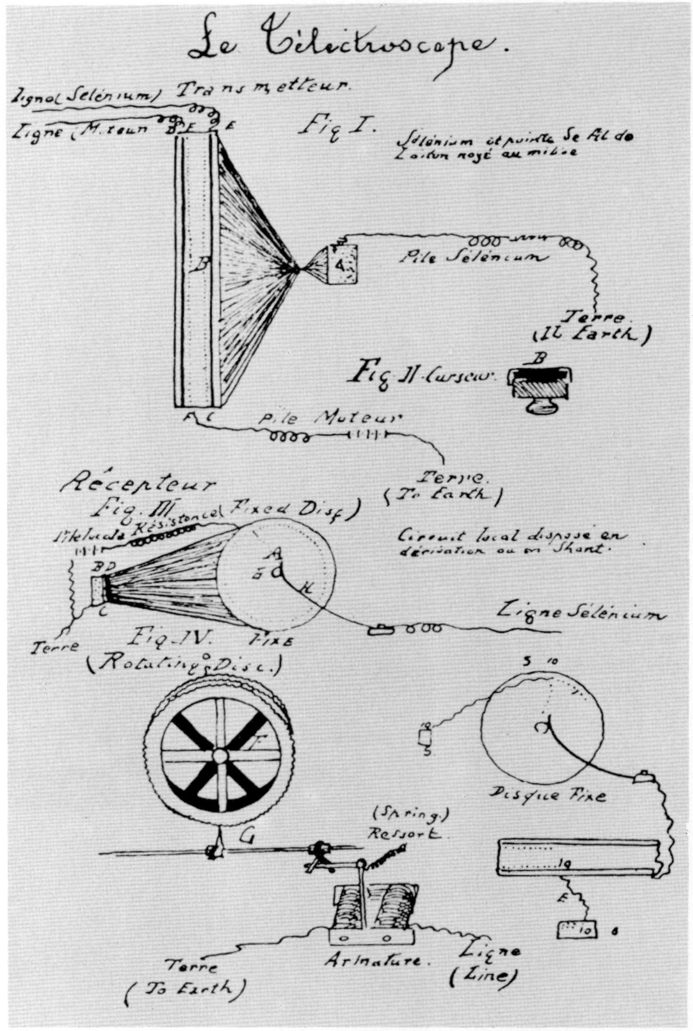

Originalzeichnung von *Senlecq* zu seinem Telectroscope genannten Fernsehverfahren von 1877

Sie haben jedoch alle nur die Übertragung eines zwar natürlichen, aber ruhenden Objektes zum Inhalt, denn noch ist die Kinematographie nicht erfunden und das Bedürfnis nach lebenden Bildern nicht geweckt. Aber auch diese vereinfachte Form des Fernsehens ist infolge der völlig unzureichenden technischen Mittel der damaligen Zeit zum Scheitern verurteilt. Immerhin nehmen die Erfinder ihre Ideen ernst genug, um untereinander darüber zu streiten, wem die Priorität gebührt.

Dem im ganzen noch recht aussichtslosen Fernsehen gibt dann der Berliner Student der Naturwissenschaften Paul *Nipkow* die entscheidende Wendung. Nach vielem Grübeln findet er am Heiligen Abend des Jahres 1883 eine verblüffend einfache Methode zum zeilenweisen Abtasten eines optisch erzeugten Bildes. Er stellt sich hierzu eine rotierende Scheibe vor, die spiralförmig mit einer Reihe von Löchern versehen ist, deren gegenseitiger Abstand so gewählt wird, daß immer dann, wenn ein Loch das Bild überstrichen hat, das nächste mit der folgenden Zeile beginnt. Eine Selenzelle hinter der Scheibe fängt das durch die Löcher fallende Licht auf und setzt die Helligkeitsschwankungen jeder Zeile in Stromschwankungen um, die auf der Empfangsseite in gleiche Lichtwerte zurückverwandelt werden. Befindet sich nun hier genau die gleiche Scheibe wie im Geber und laufen beide miteinander synchron, so sieht der Betrachter das gesendete Bild aus Streifen zusammengesetzt wieder vor sich. Erfolgen Zerlegen und Zusammensetzen des Bildes schnell genug, so merkt er infolge der Trägheit des Auges nicht einmal mehr, daß sich das Bild Zeile für Zeile nacheinander aufbaut.

Bereits am 6. Januar des folgenden Jahres erhält *Nipkow* ein deutsches Patent auf seinen „Elektrisches Teleskop" genannten Fernsehapparat. Die durchlöcherte Nipkow-Scheibe ist der erste Schritt zu einem wirklichen brauchbaren Fernsehen, und ihr Erfinder weist auch auf die Übertragung bewegter Objekte hin. Er selbst hat niemals die Gelegenheit, ein Modell seiner Erfindung zu bauen. Erst 45 Jahre später, auf der 5. Deutschen Funkausstellung 1928 in Berlin steht *Nipkow* am Stand der Deutschen Reichspost vor einem von dem Ungarn Dionys *von Mihály* erbauten Fernsehgerät, das mit seiner Scheibe arbeitet. Es ruht unter einem großen dunklen Zelt, und als *Nipkow* hinter das Tuch schlüpft, um das winzig kleine etwa 4 cm × 4 cm umfassende Bildchen zu betrachten, sieht er nach seinen eigenen Worten nichts anderes als eine flimmernde Lichtfläche, auf der sich nur wenig erkennen läßt. Ungeachtet dessen ist das Fernsehen die Attraktion der Ausstellung, und Schlangen von Menschen drängen an den Stand, um wenigstens einen kurzen Blick auf die magische Fläche zu werfen.

Nirgends zeigt es sich deutlicher als beim Fernsehen, wie lang und dornenreich oft der Weg von der Theorie zur Praxis ist. Von den zahlreichen Vorschlägen, die bis in das erste Jahrzehnt des 20. Jahrhunderts hinein gemacht werden, haben nur zwei eine wirklich praktische Bedeutung erlangt; die Bildzerlegung über die Nipkow-Scheibe und die von den Straßburger Physikern Max *Dieckmann* und Gustav *Glage* 1906 vorgeschlagene Sichtbarmachung des Bildes durch die Braunsche Kathodenstrahlröhre. Die Scheibe verschwindet später wieder aus der Fernsehtechnik, die Röhre bleibt, es ist unsere heutige Bildröhre. Aber auch diese beiden Ideen bringen das Fernsehen vorerst keinen Schritt weiter voran, weil noch andere technische Hilfsmittel erforderlich sind, die es gar nicht oder jedenfalls nicht in brauchbarer Form gibt. Die Erfinder eilen wieder einmal ihrer Zeit voraus.

Nehmen wir nur ein Bild von 5 cm × 5 cm an und zerlegen es in 1 mm² große Punkte, so sind das insgesamt 2500 solcher Bildelemente. Nehmen wir weiterhin an, es sollen zehn Bilder in der Sekunde übertragen werden, und das ist für die Erzeugung einer fließenden Bewegung noch recht wenig, so ergeben sich je Sekunde schon 25 000 Helligkeits- bzw. Stromimpulse, die verarbeitet werden müssen. Das schafft die Selenzelle nicht, dafür ist sie viel zu träge. Außerdem fehlt bisher jede Möglichkeit, die winzig kleinen und schnellen Stromimpulse zu verstärken. Hier kann erst die Elektronenröhre Abhilfe schaffen.

Bisher also scheint das Fernsehen ein aussichtsloses Unterfangen zu sein, und Arthur *Korn*, ein bekannter Fachmann auf dem Gebiet der Bildtelegraphie, gelangt denn auch 1911 am Schluß einer Abhandlung über das Fernsehen in seinem „Handbuch der Phototelegraphie und Teleautographie" zu der folgenden Erkenntnis: „Kehren wir nun aber wieder auf den Boden der Wirklichkeit zurück, so kommen wir doch zu dem Resultat, daß mit den uns zur Zeit bekannten Hilfsmitteln das Fernsehen in einer praktisch ausführbaren Form – mit Hilfe einer Leitung oder einer kleineren Zahl von Leitungen – nicht gelöst werden kann."

13 Millionen Bildpunkte je Sekunde . . .

Fernsehen ist mit den derzeitigen Mitteln unmöglich. Wir haben es schwarz auf weiß, bescheinigt von einem Manne, der es wissen sollte und unter dessen Regie die Bildtelegraphie bereits die Entfernung München – Paris ohne Schwierigkeiten überbrückt. Das wiederum läßt dem

Karolus mit seinem Spiegelrad zur mechanischen Bildzerlegung

Ungarn *von Mihály* keine Ruhe, und er greift seinerseits das Thema Fernsehen auf. Seine erste Versuchsanordnung ähnelt derjenigen von *Senlecq* und beweist ihm sehr schnell, wie recht *Korn* mit seiner Äußerung hat. *Mihály* aber kapituliert nicht, findet bei der österreichisch-ungarischen Armee ein offenes Ohr und kann mit ihrer Unterstützung seine Arbeiten während des ersten Weltkriegs in geheimer Mission fortsetzen. Unter Verwendung der neuen Liebenschen Verstärkerröhre entsteht sein „Telehor", bei dem er Bildzerlegung und Zusammensetzung über ein besonderes von ihm entworfenes schnell hin und her bewegtes Spiegelchen vornimmt. Mit dem Telehor überträgt *Mihály* 1919 einfache bewegte Schattenbilder auf drahtlosem Wege über einige Kilometer.

Als sich ihm in Budapest keine weiteren Möglichkeiten für die Fortsetzung seiner Experimente bieten, geht er nach Berlin und konstruiert hier schließlich den bereits erwähnten 1928 auf der Funkausstellung gezeigten Fernsehapparat mit Nipkow-Scheibe. Im gleichen Jahr gründet *Mihály* eine eigene Firma, die Telehor AG, und zeigt im Februar 1929 sogar einen Telehor-Volksempfänger, der sich an jeden normalen Rundfunkapparat anschließen läßt, nur 100,– RM kosten soll und ein 25 cm × 25 cm großes Bild liefert. Das Gerät ist zwar einfach und billig, aber die Bildqualität nicht gut genug, um das breite Publikum zum Kauf zu bewegen. Was sollte es damit auch ansehen, die täglichen Versuchssendungen?

Trotz aller Bemühungen erfüllen sich daher die geschäftlichen Hoffnungen der jungen Firma nicht, und sie geht 1930 in den Besitz der Süddeutsche Telephon-Apparate-, Kabel- und Drahtwerke-AG über.

Das Fernsehgerät von *Mihály* ist nebenbei bemerkt nicht das einzige der Berliner Ausstellung. Ebensoviele Bewunderer findet ein zweites, das von der Telefunken Gesellschaft in Zusammenarbeit mit August *Karolus* entwickelt worden ist. Hier kann das Publikum nicht nur 75 cm × 75 cm große Bilder sehen, sondern auch einen Blick in Sender und Empfänger des Fernkinos werfen.

Wir sind der Zeit jedoch um einiges vorausgeeilt. Zunächst steht das Fernsehen nach dem ersten Weltkrieg in keinem guten Ruf. Eine Beschäftigung mit ihm wird in wissenschaftlichen Kreisen fast den Bemühungen um ein

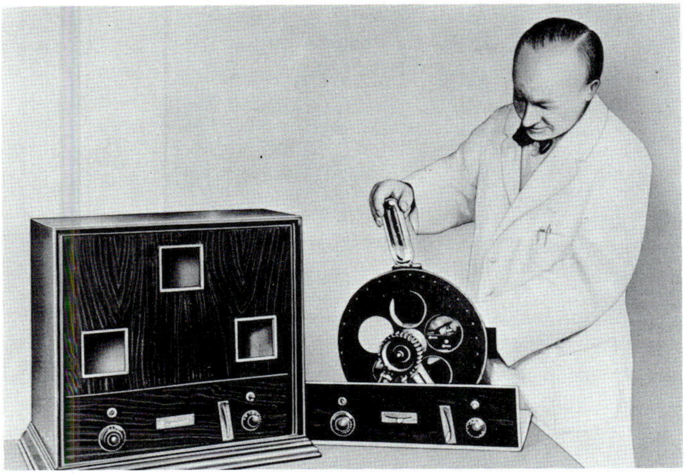

TeKaDe-Bildschreiber mit Nipkow-Scheibe zum Selbstbau aus dem Jahre 1930

perpetuum mobile gleichgesetzt, und mancher Professor sieht es gar nicht gern, wenn sich etwa einer seiner Assistenten auf diesem Gebiet betätigen oder sogar Vorlesungen darüber halten möchte. Dessen ungeachtet setzen in der ersten Hälfte der 20er Jahre die ernsthaften Arbeiten am Fernsehen nicht nur in Deutschland ein.
Seine Pioniere in England und Amerika sind John Logie *Baird* bzw. Charles Francis *Jenkins*. Beide übernehmen ebenfalls die Nipkowsche Scheibe und demonstrieren mit ihr 1923 die Übertragung bewegter Silhouetten. Wenn ihre Bilder auch noch roh und die Bewegungen abgehackt sind, so bedienen sie sich zur Umwandlung der Helligkeitswerte in Stromimpulse doch erstmals eines neuen Bauteils, der sogenannten Photozelle. Sie verdrängt auf Grund ihrer geringen Trägheit die Selenzelle bald vollkommen.
Immer neue Möglichkeiten der Bildzerlegung und Zusammensetzung werden ersonnen. Zu dem schon von L. *Weiller* 1889 angegebenen Spiegelrad, das *Karolus* 1928 verwendet, gesellen sich 1930 die Spiegelschraube von F. *von Okolicsanyi* und als Meisterwerk mechanischer Präzision Mitte der 30er Jahre der Linsenkranzabtaster des Konstrukteurs Emil *Mechau.* Anstelle der Löcher bei der Nipkow-Scheibe enthält dieser Abtaster auf einer flachen Trommel eine Vielzahl winzig kleiner Objektive. Zur Lichtsteuerung auf der Empfangsseite findet die Glimmlampe und die von *Karolus* entwickelte Kerr-Zelle Eingang in die Fernsehtechnik.
Inzwischen hat das Interesse am Fernsehen weitere Kreise gezogen. In Deutschland befaßt sich die Reichspost mit der Übertragung bewegter Bilder und führt seit September 1929 mit einem 30zeiligen Mihály-Gerät tägliche Versuchssendung über den Berliner Rundfunk auf Welle 468 m durch. Kurze Zeit danach stellt auch die British Broadcasting Co eine ihrer Stationen der von *Baird* 1928 gegründeten Baird Television Development Co zur Verfügung. Sie tut es eigentlich nur gezwungenermaßen, weil *Baird* nach anfänglicher Ablehnung mit der Deutschen Reichspost Kontakt aufgenommen hat und von dieser zur Fortsetzung seiner Versuche nach Berlin eingeladen worden ist.
Der Bevölkerung bleiben diese Sendungen im wesentlichen verborgen, und nur ein kleiner Kreis von Fachleuten in Industrie und Post hat die Möglichkeit, sie zu sehen. Darüber hinaus können allenfalls Bastler teilhaben und einen 1930 von der Firma Süddeutsche Telephon-Apparate-, Kabel- und Drahtwerke-AG auf den Markt gebrachten Universal-Bildschreiber-Baukasten erwerben, der bei einem Preis von 184,- RM alle zum Zusammenbau eines Gerätes notwendigen Teile enthält.
Bei den Versuchssendungen geht es zunächst einmal darum, festzustellen, ob der gegenwärtige Stand der Fernsehtechnik für eine allgemeine Einführung reif sei. Sehr bald zeigt es sich aber, daß die bisher verwendeten Mittelwellen infolge der für jeden Sender international vorgeschriebenen Bandbreite von 9000 Hz nur Bilder sehr mäßiger Qualität zulassen. Diese Begrenzung in der Bandbreite hat zwar im Rundfunk den Vorteil, daß die Sender sich nicht überschneiden und dadurch gegenseitig stören, sie beschränkt andererseits beim Fernsehen aber die Zahl der je Sekunde übertragbaren Bildelemente auf

ein unzureichendes Maß. Damit scheidet der Bereich mittlerer Wellen aus.
Von Telefunken 1930 zwischen Nauen und Teltow unternommene Versuche mit kurzen Wellen von 70 m Länge ergeben infolge der hier möglichen größeren Bandbreite eine merklich bessere Bildwiedergabe. Abgetastete Personen und kurze Filmstreifen sind bei 2500 Bildelementen und 20 Bildern je Sekunde bereits gut zu erkennen. Im Herbst des gleichen Jahres inszeniert *Alexanderson* über den Sender der General Electric Co in Schenectady mit erheblichem Aufwand eine Fernsehübertragung auf Welle 26 m nach Deutschland. Sie schlägt allerdings völlig fehl, denn die bei der Telegraphie vorteilhafte Reflexion der Wellen an den Schichten des Weltraums ruft hier so viele Störungen hervor, daß auf der Mattscheibe nur mehrfach überlagerte und verzerrte Bilder erscheinen.
Der endgültige Weg führt schließlich zu den schon 1926 von *Schröter* bei Telefunken vorgeschlagenen ganz kurzen, nur wenige Meter oder Dezimeter langen Wellen, die wir heute als VHF (Very High Frequency) und UHF (Ultra High Frequency) auf den Skalen unserer Fernsehgeräte verzeichnet finden. Sie erlauben Fernsehbilder höchster Auflösung. Diese Wellen haben aber dafür nur eine beschränkte Reichweite, denn ihr Verhalten ähnelt dem eines Lichtstrahls.
Die meiste Sorge bereitet den Fernsehingenieuren aber die angestrebte Erhöhung der Bildauflösung, denn von ihr hängen grundsätzlich Deutlichkeit und Detailreichtum der Bildwiedergabe ab, im Endeffekt also die Frage, ob sich das Fernsehen durchsetzen wird oder nicht. Während *Mihály* 1928 noch 30 Zeilen mit insgesamt nur 900 Rasterpunkten verwendet, löst Herbert Eugene *Ives* 1927 bei einer Fernsehübertragung auf Freileitungen der Bell Laboratorien zwischen Washington und New York sein Bild bereits in 2500 Punkte auf. Die Fernseh AG in Deutschland bringt es fünf Jahre danach sogar schon auf 120 Zeilen mit 19 200 Rasterpunkten.
Heute sind in Europa 625 Zeilen mit etwa 520 000 Punkten üblich. Da in der Sekunde 25 Bilder über den Bildschirm huschen, sind das je Sekunde insgesamt rund 13 Millionen Impulse, die auf unser Auge einwirken. Diese beachtliche Zahl ist mit den mechanischen Verfahren der Bildzerlegung und Zusammensetzung keinesfalls mehr realisierbar. Dazu bedarf es der trägheitslosen Elektronik, und mit ihr setzt ein neues Kapitel in der Geschichte der Fernsehtechnik ein.

. . . nur die Elektronik schafft es

Das Zeitalter des elektronischen Fernsehens kommt nicht von heute auf morgen, es kündet sich in seinen grundlegenden Ideen bereits vor dem ersten Weltkrieg an, als *Dieckmann* und *Glage* 1906 auf die Kathodenstrahlröhre von Professor *Braun* ein Patent als Bildschreiber anmelden. Ihr Chef, der Erfinder der Röhre, ist darüber entsetzt und mit einem solchen „Hokuspokus“ gar nicht einverstanden. Zwei Jahre danach tritt bei dem Engländer A. A. *Campbell-Swinton* noch recht vage der zweite Gedanke des elektronischen Verfahrens auf, nämlich die Bilder auf der Sendeseite mit einem ebensolchen Strahl abzutasten.

Ardenne (stehend) und *Baird* (sitzend) vor dem ersten Fernsehempfänger mit Braunscher Röhre 1931

Obgleich *Dieckmann* selber Zeichnungen und geschriebene Worte mit der Kathodenstrahlröhre aufzeichnen kann, wird seine Anordnung trotz ihrer fundamentalen Bedeutung für das Fernsehen von keiner Seite ernst genommen. Die Elektronik ist eben noch völlig unbekannt. Lange wird dieser Zustand allerdings nicht mehr währen, denn schon ein Jahrzehnt später schickt sie sich an, mit der Elektronenröhre einen gewichtigen Platz in der Elektrotechnik zu erobern.

Von dieser Entwicklung beeinflußt, verfolgt der in Rußland geborene und seit 1919 in den USA lebende Ingenieur Vladimir Kosma *Zworykin* in aller Stille die Ideen *Campbell-Swintons.* Bereits 1923 meldet er eine entsprechende Einrichtung zum Patent an, aber es ist gar nicht so einfach, den Gedanken in die Tat umzusetzen. Erst Anfang der 30er Jahre ist sein berühmtes Ikonoskop, das gewissermaßen die photoelektronische Nachbildung des menschlichen Auges darstellt, fertigungsreif.

Währenddessen überrascht auf der anderen Seite des Ozeans Manfred *von Ardenne* die Fachwelt am 24. Dezember 1930 zum ersten Male mit einem auf rein elektronischem Wege übermittelten Fernsehbild. Es wird sowohl durch einen Kathodenstrahl aufgenommen als auch wiedergegeben.

Von Ardenne hat sich bereits als junger Mann einen Namen gemacht, mit seinen Erfindungen viel Geld verdient und es in ein eigenes Laboratorium in Berlin gesteckt, wo er nun verschiedenen Fragen des Rundfunks nachgeht. Dabei fällt sein Blick auch auf die Braunsche Röhre, die ihn jedoch vorerst nur als Oszillograph interessiert. Er führt sogleich einige Verbesserungen an ihr ein, verwendet sie später auch zur Bildwiedergabe und schließlich als Abtaster, allerdings in ganz anderer Weise als *Zworykin.*

Während dieser in seinem Ikonoskop das zu übertragende Bild speichert und dann mit dem Kathodenstrahl zeilenweise aufnimmt, läßt *von Ardenne* den Strahl sozusagen aus der Röhre austreten. Er erreicht dies dadurch, daß er den vom hin und her geführten Strahl auf dem Bildschirm erzeugten Lichtfleck über ein Objektiv auf der Bildvorlage, einem Film, abbildet. Hinter dem Film ist eine Photozelle angeordnet, die die Helligkeitswerte der

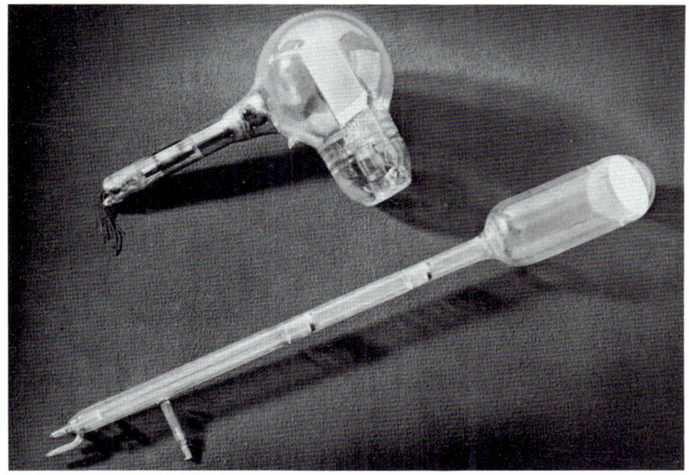

Die beiden wichtigsten Erfindungen auf dem Wege zum elektronischen Fernsehen, oben das Ikonoskop von *Zworykin* 1932, unten die Kathodenstrahlröhre von *Braun* 1898

einzelnen Abtastpunkte in der üblichen Weise in Stromimpulse umsetzt. Noch heute finden derartige Leuchtschirmabtaster vielfach beim Senden von Filmen Verwendung, nur tragen sie jetzt den wesentlich vornehmeren Namen flying-spot-scanner.

Diese Vorführung und das von ihm auf der Berliner Funkausstellung 1931 in Verbindung mit der Firma Radio AG D. S. Loewe erstmals in der Welt öffentlich gezeigte 100zeilige vollelektronische Fernsehen bewegt nun auch die anderen Ingenieure, sich intensiver mit der Braunschen Röhre als Bildwiedergabeelement zu befassen.

Aus der anfangs gasgefüllten Bildröhre wird 1933 die erste brauchbare Hochvakuumröhre und verdrängt schnell die bisher üblichen mechanisch-optischen Bildschreiber. Das anfängliche Flimmern der Bilder beseitigt ab 1934 das schon vier Jahre zuvor in den Telefunken-Labors entwickelte Zeilensprungverfahren. Bei ihm wird jedes Bild in zwei Halbbilder aufgeteilt, von denen das erste alle geradzahligen, das zweite alle ungeradzahligen Zeilen überträgt.

Auf der Funkausstellung in Berlin wird 1939 der Einheits-Fernsehempfänger FE 1 vorgestellt. Er ist mit der von Telefunken entwickelten ersten Rechteckbildröhre der Welt ausgerüstet und hat eine Bildgröße von 19,5 x 22,5 cm

Moderner Fernsehempfänger nach dem PAL-System zum Empfang farbiger und schwarz-weißer Sendungen mit 66 cm Bildröhre und 110° Ablenkung. Seine Bildfläche ist etwa fünfmal so groß wie bei dem Empfänger FE 1

Nordmende-Fernsehempfänger zur Wiedergabe monotoner und stereotoner Sendungen. Die Einführung stereotoner Sendungen beim bundesdeutschen Fernsehen erfolgt mit der Funkausstellung in Berlin im September 1981.

Am 22. März 1935 geht der Traum der Fernsehingenieure in Erfüllung, der erste reguläre Fernsehsender der Welt, Paul Nipkow, strahlt von nun an ein festes Programm 180zeiliger Bilder in den Äther. Was die Deutsche Reichspost 1929 ebenfalls in Berlin in noch recht primitiver Form mit der Übertragung stummer Filme begann, findet hier seine Vollendung. Alle Hemmnisse und ausweglos erscheinende Situationen sind vergessen, das gesteckte Ziel erreicht. Im Programm stehen Filme und unmittelbare Übertragungen aus einer winzig kleinen 1,5 m × 1,5 m großen dunklen Zelle.

Die Darsteller haben es in diesem Schwitzkasten nicht leicht und müssen manches über sich ergehen lassen. Abgesehen von der Schminke, die Lippen werden schwarz, die Augenlider grün gefärbt und die Haare mit Goldpuder eingestäubt, müssen auch weiße Hemden und Blusen eine Retusche hinnehmen. Starke Helligkeitskontraste kann das Fernsehen nämlich nicht vertragen, und da werden bei dunkler Kleidung Hemd oder Bluse kurzerhand grau gespritzt, nicht gerade zur Freude ihrer Träger.

Zum Empfang des dreimal wöchentlich gesendeten Programms stehen der Bevölkerung in Berlin und Potsdam öffentliche Fernsehstuben zur Verfügung. Sie sind zunächst mit Heimgeräten, später teilweise auch mit Großprojektionsgeräten ausgestattet, die ein 3 m × 4 m großes Bild liefern. Der Andrang ist enorm. In der Anfangszeit werden täglich bis zu 3000 Besucher gezählt. Bei nur etwa 30 Sitzplätzen je Stube stehen sie geduldig Schlange. Das Publikum kann sich auch telephonisch mit den Künstlern in ihrer Dunkelbühne unterhalten, was eine Funkzeitung 1936 zu dem Ausspruch „Fürwahr, das ist ein fröhliches Fernsehen" veranlaßt.

Heimempfänger für die Bevölkerung gibt es noch nicht. Die Industrie hat zwar bereits ab 1932 eine Reihe von Geräten mit Spiegelschraube oder Bildröhre entworfen und auch in geringen Stückzahlen gefertigt, aber sie stehen nur in Behörden und bei Mitarbeitern der am Fernsehen beteiligten Stellen. Ein im Auftrag der Post von der deutschen Fernsehindustrie gemeinsam entwickelter und 1939 für 650,– RM angekündigter Einheits-Fernsehempfänger FE 1 kommt infolge des Kriegsausbruchs nicht mehr in den Handel. Nur 50 Stück dieses ersten, mit einer rechteckigen Bildröhre ausgestatteten Fernsehgerätes der Welt werden noch produziert, dann wird die Fertigung der auf 10 000 Stück veranschlagten Serie eingestellt. Als der Sender Paul Nipkow, nun bereits bei 441-zeiligen Bildern angekommen, 1943 im Bombenhagel eines Luftangriffs in Schutt und Asche versinkt, ist die erste Aera des Fernseh-Rundfunks in Deutschland vorüber.

Gegen Ende des Jahres 1936 beginnt in England als zweitem europäischem Land die British Broadcasting Corp. mit einem täglich zweistündigen Programm. Da hier inzwischen ebenfalls das elektronische neben das mechanische Verfahren getreten ist und die Ingenieure sich noch nicht einigen können, welches davon endgültig verwendet werden soll, senden sie wöchentlich wechselnd nach dem mechanischen Verfahren der Baird Television Ltd mit 240 Zeilen und dem elektronischen System von Marconi-EMI mit 405 Zeilen. Drei Monate später fällt die Entscheidung auf die Elektronik, die damit ein für allemal den Sieg davonträgt. Die mechanischen Abtaster wandern nach und nach in die Museen.

Im März 1938 nimmt Frankreich das Fernsehen auf und ein Jahr danach die UdSSR. Die USA reihen sich erst Juli 1941 nach einer über vier Jahre währenden Debatte in den Reigen der Fernsehländer ein.

Der Krieg drängt neben vielen anderen Dingen auch das Fernsehen in den Hintergrund. Die Programme werden teilweise eingestellt und erst nach Kriegsende wieder aufgenommen. Dann aber greift es, wie seinerzeit der Rundfunk, mit ungeheurer Macht um sich. Die Zahl derer, die von diesem technischen Wunderwerk magisch angezogen allabendlich vor dem Bildschirm sitzen, steigt rapide an. Allein von 1950 bis 1951 verzehnfacht sich in den USA die Anzahl der Fernsehgeräte auf rund 15 Millionen. In Deutschland überschreitet sie 1957, sechs Jahre nach der Wiederaufnahme des Fernseh-Rundfunks, die Millionengrenze.

Aus Schwarz-Weiß wird Farbe

In der Technik gibt es niemals einen Stillstand, der schöpferische Geist des Menschen produziert stets neue Ideen, die einer Realisierung wert sind. Für das Fernsehen ist die weitere Entwicklung vorgezeichnet, denn die Welt ist voller Farbe, die Bildröhre aber zeigt sie nur in schwarz-weiß. Der Gedanke an ein farbiges Fernsehen kreist zwar schon recht früh in den Laboratorien und bereits 1904 erhält *von Bronk* bei der Telefunken Gesellschaft das erste Farbfernseh-Patent, aber an eine Verwirklichung ist vorläufig nicht zu denken. Auch die 1928 von *Baird* in England gezeigte farbige Übertragung, bei der er eine Nipkow-Scheibe mit drei Lochreihen, je eine für die Grundfarben blau, grün und rot, verwendet, kommt ebenso verfrüht wie der im gleichen Jahr von der Bell-Gesellschaft in Amerika durchgeführte Versuch.

Vorerst steht das Schwarz-Weiß-Verfahren im Vordergrund der Betrachtungen, und so bleibt es recht still um die Farbe, bis 1940 der in Ungarn gebürtige Ingenieur Peter *Goldmark* sein bei der Columbia Broadcasting Corporation entwickeltes mechanisches Farbfernsehverfahren in New York vorführt. Während des Krieges von 343 Zeilen und 20 Bilder/s auf 405 Zeilen bei 24 Bildern/s verbessert, wird es als CBS-System 1951 von der Federal Communications Commission für die Einführung in Amerika freigegeben. Es hat aber den erheblichen Nachteil, daß sich die Farbsendungen mit den normalen Geräten nicht einmal in schwarz-weiß wiedergeben lassen. Damit sind die bereits in Betrieb befindlichen über 10 Millionen Fernsehempfänger der USA von einem zum anderen Tage wertlos.

Dagegen wiederum revoltiert die amerikanische Industrie, ruft das National Television System Committee zusammen, erreicht die Zurücknahme des CBS-Systems und beginnt mit der Entwicklung eines neuen, kompatiblen, d. h., auch schwarz-weiß zu empfangenden Farbfernsehsystems. Es wird 1954 als NTSC-Verfahren endgültig eingeführt.

Europa, einst Pionier im Fernsehen, ist damit in das Hintertreffen geraten. Erst zwei Jahre später, nachdem sich die Länder langsam von den ärgsten Folgen des Krieges erholt haben, fangen hier ebenfalls ernsthafte Bemühungen um die Einführung farbiger Fernsehsendungen an. Es schwebt bereits die Frage der Übernahme des amerikanischen Systems, als zwei weitere auf europäi-

schem Boden entstandene Verfahren an die Öffentlichkeit treten: 1958 das von dem Franzosen Henri *de France* bei der Compagnie Française de Télevision entwickelte SECAM-System und 1963 das von Walter *Bruch* bei Telefunken geschaffene PAL-System.
Im Rennen um die Gunst der Fachleute kann das NTSC-System wegen seiner mangelhaften Farbstabilität nicht lange bestehen. Testversuche mit allen drei Systemen bei der Radio Televisione Italiana, in den Schweizer Alpen, in London, Paris, Holland und der Bundesrepublik beweisen immer wieder die Überlegenheit des PAL-Systems. Um die endgültige Wahl zu treffen, vereinen sich die Experten im Frühjahr 1965 in Wien. Die größten Chancen hat das PAL-System, weil es die Vorteile der beiden anderen, ohne deren Nachteile zu übernehmen, in sich vereinigt. Da kommt am Vorabend der Konferenz die überraschende Nachricht, daß die Franzosen der Entscheidung vorgriffen und mit den Russen einen Vertrag zur Nutzung des SECAM-Systems abgeschlossen haben. Anfang 1966 entscheidet sich dann England für PAL, die Bundesrepublik und weitere Länder folgen. Als 1967 das Farbfernsehen in Europa beginnt, ist das eingetreten, was man eigentlich vermeiden wollte, es kommen zwei verschiedene Verfahren zur Anwendung.
Seine erste große Stunde erlebt das Fernsehen 1936 zu den Olympischen Spielen in Berlin. Elektronische Kameras übertragen die Wettkämpfe als Life-Sendung. Berliner und Gäste aus aller Welt drängen sich vor den Bildschirmen der Fernsehstuben, denn hier gibt es gleich zwei Dinge auf einmal zu bestaunen, die Errungenschaften der Technik und die olympischen Rekorde. Die Übertragung ist so realistisch, daß die Zuschauer in den Fernsehstuben zu den gleichen Begeisterungsstürmen hingerissen werden wie die Massen im Stadion.
Die zweite große Stunde naht, als sich das schwarzweiße Bild auf dem Schirm in Farbe verwandelt.

Anläßlich der Olympischen Spiele 1936 in Berlin wird zum ersten Male eine elektronische Fernsehkamera für Freilichtübertragungen angewendet. An der Kamera W. *Bruch,* der Erfinder des PAL-Verfahrens

Das größte Ereignis in der Geschichte des Fernsehens aber ist die Übertragung der Landung des ersten Menschen auf dem Mond. Wir haben den Schlaf einer Nacht geopfert, weil wir mit Hilfe des Fernsehens dabei sein konnten und sahen, wie Neil Armstrong am 21. Juli 1969 die Leiter der Mondfähre herabsteigt und als erster Erdenbürger den Fuß auf die Mondoberfläche setzt. Wohl keine andere Sendung hat das, was die Elektronik heute vermag, so eindrucksvoll bewiesen. Es war nicht nur ein Triumph des Fernsehens, es war ein Triumph der Elektrotechnik schlechthin.

„Unsichtbar" – und doch zu sehen

Der Wunsch des Menschen, sich unsichtbar zu machen, findet bisher nur im Nibelungenlied seine Erfüllung. Hier bedient sich Siegfried einer vom Zwerg Alberich gewonnenen Tarnkappe, um von allen unbemerkt die schöne Jungfrau Brünhilde in den bekannten drei Wettspielen auf nicht ganz faire Weise für König Gunther zu gewinnen.
Wenn wir uns heute tarnen, und das ist vorwiegend beim Militär der Fall, dann nutzen wir Naturerscheinungen wie Nacht, Nebel, Wolken oder dergleichen aus, um Regimenter, Schiffe oder Flugzeuge darin zu verbergen und für den Gegner „unsichtbar" zu machen. Im Kriege ist dieser Effekt von erheblicher strategischer Bedeutung, im zivilen Leben dagegen teilweise unerwünscht, weil mit Gefahr verbunden.
Da nun im Kriege alle Möglichkeiten des Ungesehenbleibens genutzt werden, erwacht zuerst auf militärischer Seite das Interesse an einem Verfahren, das es erlaubt, den „unsichtbaren", weil weit entfernten oder hinter Wolken, Nebelbänken usw. verborgenen Gegner rechtzeitig aufzuspüren und sichtbar zu machen. Damit lebt eine bereits 30 Jahre alte Idee, die Ortung von Objekten mit Hilfe elektromagnetischer Wellen durchzuführen, endgültig wieder auf. Wir sehen das Objekt auf dem Bildschirm eines Radargerätes zwar nicht in seiner wahren Gestalt, sondern als Punkt oder Strich, können aber die Anzahl der Objekte, ihre Entfernung und je nach Situation auch annähernd Größenverhältnisse und Bewegungsrichtungen ermitteln.
Was somit zunächst zur Vernichtung von Menschen und Material entwickelt wird, findet nach 1945 dann auch für friedliche Zwecke mit zum Teil konträrer Aufgabenstellung weite Verbreitung.

Nur eine Idee

Blättern wir in den deutschen Patentschriften, die Anfang des 20. Jahrhunderts auf dem Gebiet der elektromagnetischen Wellen eingereicht werden, so fällt uns eine davon besonders auf. Sie trägt die Nummer 165546, wird im Jahre 1904 von dem Düsseldorfer Ingenieur Christian *Hülsmeyer* angemeldet und behandelt einen „Telemobiloskop" genannten Apparat, dessen Aufgabe es sein soll, „entfernte metallische Gegenstände mittels elektrischer Wellen einem Beobachter zu melden". Hinter diesem Telemobiloskop verbirgt sich nichts anderes als die grundlegende Idee des heutigen Radars. Radar ist die Abkürzung des englischen „radio detection and ranging" und bedeutet soviel wie Funkortung und Funkmeßtechnik.
Hülsmeyer zeigt in seiner Patentschrift auch gleich eine Anwendung, zwei Schiffe, die sich mit Hilfe dieser Einrichtung gegenseitig orten können. Jedes besitzt dazu eine Antenne, einen Sender und einen Empfänger. Sendet nun das eine Schiff über seine Antenne einen Funkstrahl aus und trifft damit das andere Schiff, so löst der reflektierte Strahl im Empfänger des sendenden Schiffes ein Klingelzeichen aus und gibt dadurch die Anwesenheit des zweiten Schiffes bekannt.
Das Geld zum Bau der ersten Geräte stellt der Kölner Lederwarenhändler Heinrich *Mannheim* zur Verfügung. Nach einigen von der Polizei mißtrauisch beobachteten Vorversuchen in Düsseldorf kann *Hülsmeyer* dann seine Erfindung am 18. Mai 1904 der Öffentlichkeit am Kölner Rheinufer vorführen. Ein vorbeifahrender Schleppzug löst das Klingelzeichen aus. Das Echo in der Presse ist groß und

AUSGEGEBEN DEN 21. NOVEMBER 1905.

KAISERLICHES PATENTAMT.

PATENTSCHRIFT

— № 165546 —

KLASSE 74

CHR. HÜLSMEYER IN DÜSSELDORF.

Verfahren, um entfernte metallische Gegenstände mittels elektrischer Wellen einem Beobachter zu melden.

Patentiert im Deutschen Reiche vom 30. April 1904 ab.

Fig. 1.

B

A

Das Christian Hülsmeyer am 21. November 1905 auf sein „Telemobiloskop“ erteilte Patent Nr. 165546

bringt dem Erfinder eine Einladung nach Rotterdam, um hier das Telemobiloskop im Hochseeversuch am 9. Juni den Vertretern der acht größten internationalen Schifffahrtsgesellschaften zu präsentieren. Leider erlahmt das anfängliche Interesse bald wieder, da man annimmt, die gerade im Kommen befindliche drahtlose Telegraphie würde auf Schiffen ausreichen, um sich gegenseitig über den Kurs zu verständigen, und somit Kollisionen verhindern. Nach längerem vergeblichem Hoffen muß *Hülsmeyer* das Patent schließlich fallen lassen. Sein Empfänger kann heute im Deutschen Museum besichtigt werden. Die von ihm verwendete Wellenlänge lag bei etwa 50 cm.

Am 20. Juni 1922, anläßlich der Verleihung der Ehrenmedaille des Institute of Radio Engineers, kommt *Marconi* erneut auf dieses Thema und sagt in seiner Ansprache „Es ist zum ersten Male von Herrn *Hertz* gezeigt worden, daß elektrische Wellen von leitenden Körpern reflektiert werden. In einigen meiner Versuche habe ich die Effekte der Reflexion und Ablenkung dieser Wellen durch metallische Körper über Meilen hinweg beobachtet. Es scheint mir, als ob es möglich sein müßte, Apparate zu entwickeln, mit deren Hilfe ein Schiff ein divergierendes Bündel von Strahlen in jede gewünschte Richtung aussenden oder werfen kann, die, wenn sie an ein anderes metallisches Objekt kommen, wie ein anderer Dampfer, auf einen Empfänger zurückgeworfen werden, der vom Sender des sendenden Schiffes abgeschirmt ist und dadurch unmittelbar die Anwesenheit und Lage des anderen Schiffes im Nebel oder diesigem Wetter anzeigt.“ Aber auch seine Worte verhallen.

Im selben Jahr taucht diese Idee an anderer Stelle nochmals auf, nämlich als die beiden Wissenschaftler *Taylor* und *Young* vom Versuchslabor der amerikanischen Marine bei Experimenten mit sehr kurzen Wellen die Feststellung machen, daß die Empfangssignale stark schwanken, wenn der ausgesendete Strahl auf Schiffe fällt. Aller guten Dinge sind drei, pflegt man zu sagen, aber trotz nunmehr dreimaliger Hinweise ist immer noch niemand an der Ausnutzung der Idee für die Schiffahrt interessiert.

Auf einem anderen Gebiet allerdings wird etwas Ähnliches bereits praktiziert. Oberhalb der Erdoberfläche in etwa 100 bis 200 km Höhe, im Bereich der sogenannten „Ionosphäre“, entstehen elektrische Ladungen, die elektromagnetische Wellen reflektieren, so wie es bei einem Spiegel mit Lichtstrahlen der Fall ist. Da die Reflexionen für die Ausbreitung der Wellen über sehr große Entfernungen von erheblicher Bedeutung sind, besteht ein laufendes Interesse an der Reflexionsfähigkeit dieser Schicht und ihrem Abstand von der Erdoberfläche. Für diese Beobachtungen entwickeln die Amerikaner Gregory *Breit* und Merle A. *Tuve* am Carnegie-Institut in Washington/DC 1925 erstmals ein Reflexionsverfahren elektromagnetischer Wellen, bei dem anstelle einer dauernden Strahlung Impulse verwendet werden. Sie führen damit die sogenannte „Impulstechnik“ ein. Mit ihr läßt sich die Höhe der Schicht leicht aus der bekannten Fortpflanzungsgeschwindigkeit der elektromagnetischen Welle und der Zeitspanne, die von der Aussendung eines Impulses bis zu seiner Rückkehr vergeht, ermitteln. Vollends zum Leben erwacht die Hülsmeyersche Idee aber erst, als militärische Stellen Mitte der 30er Jahre ihre große Bedeutung für die Luftabwehr und die Seekriegführung erkennen.

Die ersten Schritte

Nachdem sich das von *Breit* und *Tuve* entwickelte Impulsverfahren in der Praxis der Ionosphärenforschung bewährt hat, beginnen zaghafte Versuche, ein solches Verfahren auch für andere Zwecke einzusetzen. So finden wir *Taylor* 1930 bei der amerikanischen Marine damit beschäftigt, ein Ortungsgerät für Flugzeuge zu entwickeln. Der Erfolg ist allerdings gering, da er nicht das wesentlich günstigere Impulsverfahren verwendet, sondern ein Dauerstrichsignal. Etwa zur gleichen Zeit hegt die französische Marine den Gedanken, Eisberge durch eine Strahlenreflexion zu orten, und unternimmt dann 1933 auf dem 83423 BRT großen Passagierdampfer „Normandie“, seinerzeit der Star der französischen Handelsflotte, entsprechende Versuche mit einer Wellenlänge von 16 cm. Infolge zu geringer Sendeleistung sind die erzielten Erfolge jedoch recht mager, und so wird das Vorhaben wieder aufgegeben.
Die ersten, wenn auch noch bescheidenen Erfolge mit dem Dauerstrichverfahren erzielt auf Anregung von Rudolf *Kühnhold* die Nachrichtenmittel-Versuchsanstalt der deutschen Kriegsmarine, deren Mitarbeiter er ist, zusammen mit der Firma Pintsch. Nach anfänglichen Schwierigkeiten wegen ebenfalls zu geringer Leistung gelingt es 1934, mit einer Wellenlänge von 13,5 cm Rückstrahlimpulse zu erhalten. Im gleichen Jahr kann die von der Marine gegründete Firma GEMA bereits das 470-t-Versuchsboot „Grille“ über eine Entfernung von 12 km mit 50 cm Wellenlänge orten. 1935 erreicht ein im Telefunken-Labor entstandenes Gerät eine Ju 52 in 5000 m Höhe.

Mit diesem Aufbau unternimmt Telefunken im Frühjahr 1935 Rückstrahlversuche an einer Ju 52

Vielleicht sind es diese Versuche, vielleicht aber auch die in Deutschland zu dieser Zeit umlaufenden Gerüchte von sogenannten „Todesstrahlen“, die Flugzeugbesatzungen töten können, oder auch beides zusammen, jedenfalls nimmt die militärische Entwicklung in Deutschland in den Augen der Engländer beunruhigende Formen an. So entschließt sich Ende 1934 H. E. *Wimperis,* der Direktor des wissenschaftlichen Bereichs des englischen Luftfahrtministeriums zu einem Gespräch mit dem schottischen Physiker Robert *Watson-Watt,* dem Leiter der Radioabteilung des National Physical Laboratory, über das Thema Todesstrahlen, offiziell „radio-destruction“ genannt. *Watson-Watt* unternimmt daraufhin mit seinem Assistenten A. F. *Wilkins* entsprechende Berechnungen und kommt zu dem Ergebnis, daß die Tötung eines Menschen auf große Entfernung durch Erhöhung seiner Körpertemperatur mittels elektromagnetischer Wellen undurchführbar ist, zumal der Flugzeugrumpf den Piloten abschirmt. Im letzten Absatz seines Ende Januar 1935 fertiggestellten Berichts heißt es dann: „Inzwischen ist die Aufmerksamkeit auf das noch immer schwierige, aber im Gegensatz zur Funkzerstörung weniger aussichtslose Problem der Funkortung gelenkt, und zahlenmäßige Überlegungen zu diesem Verfahren der Ortung durch reflektierte Rundfunkwellen können, wenn es erwünscht ist, vorgelegt werden."

Daraufhin wendet sich das wenige Monate vorher unter der Leitung von Sir Henry *Tizard* gegründete Komitee für wissenschaftliche Studien der Luftverteidigung an *Watson-Watt* mit der Bitte um ein Gutachten über die Funkortung. Was nun innerhalb von 14 Tagen unter dem Titel „Detection and Location of Aircraft by Radio Methods" entsteht und am 12. Februar 1935 dem Luftfahrtministerium überreicht wird, ist ein prophetisches wissenschaftliches Dokument, manchmal „Geburtsurkunde" des Radars genannt. Es beschreibt die Vorteile der Impulstechnik, die Entfernungsmessung über eine Braunsche Röhre, die Positionsbestimmung über drei Radarstationen und zeigt, daß bei Verwendung eines rotierenden Strahls die Anzeige der Richtung und der Entfernung möglich ist. Außerdem weist er darin u.a. auch auf die Notwendigkeit hin, kürzere Wellen zu verwenden, als sie bisher üblich sind.

Wimperis scheint es „zu schön, um wahr zu sein". Luftmarschall Sir Hugh *Dowding* beraumt eine praktische Vorführung an, die dann am 26. Februar 1935 in der Nähe von Daventry stattfindet. Natürlich ist diese improvisiert, denn woher soll man Geräte nehmen, deren grundlegende Ideen soeben erst zu Papier gebracht worden sind. So wird alles denkbar Brauchbare zusammengesucht, darunter ein Sender der BBC mit 10 kW Leistung und einer Wellenlänge von 49,8 m, und das Unternehmen kann nach einigen unvorhergesehenen Schwierigkeiten starten. Ein Bomber fliegt in 150 m Höhe im ausgesendeten Strahl auf und ab, und auf dem Bildschirm erscheint das ersehnte Signal bis zu einer Entfernung von 8 Meilen. Jeder ist hochbefriedigt, die forcierte Entwicklung des Radars in den Labors der Streitkräfte wird beschlossen. Ein sofort aufgestellter Plan sieht die Errichtung von zunächst 5 Stationen zum Schutz der Themsemündung vor. 1936 ist man bereits in der Lage, Ziele bis auf 100 km zu orten, und noch im gleichen Jahr wird mit dem Bau der 5 Stationen begonnen. 1938 gehen sie als „CH-System" mit etwa 12 m Wellenlänge in Betrieb. Ab 1939 löst sie das „CHL-System" mit 1,5 m Wellenlänge nach und nach ab.

In Anbetracht der Dringlichkeit entschließt sich *Watson-Watt* schnell zu handeln und keine langwierigen Entwicklungsarbeiten in Kauf zu nehmen. Sein Motto: „Liefere schnellstens das drittbeste Gerät; das zweitbeste dauert länger und das beste Gerät wird sowieso niemals rechtzeitig fertig" soll sich mit Beginn des Zweiten Weltkrieges bewähren. Trotz seiner Wellenlänge von nur 12 m und verschiedenen anderen Nachteilen, so kann es zum Beispiel unterflogen werden, erfüllt es seine Aufgaben gegenüber den deutschen Bomberverbänden. Die britischen Jagdflugzeuge können bei Anflug der Bomber rechtzeitig alarmiert werden und brauchen nicht wie sonst üblich zu einem Teil dauernd in der Luft zu sein.

Die weitere Entwicklung in England verlagert ihren Schwerpunkt zunächst auf Geräte, die sich in Flugzeugen unterbringen lassen, um Nachtjäger an den Feind zu führen oder aus der Luft Schiffe und aufgetauchte U-Boote zu orten, was später dem U-Boot-Krieg die entscheidende Wende geben soll. Da hier im Flugzeug die scharfe Bündelung des Strahls bei der Nachtjagd eine erhebliche Rolle spielt, was durch große Antennen oder kurze Wellen möglich ist, erwacht bereits 1938 das Interesse an Sendern hoher Leistung im cm-Bereich. Die Schwierigkeit liegt vorerst im Fehlen einer für kürzeste Wellen geeigneten leistungsstarken Oszillatorröhre.

In den USA arbeiten Heer, Luftwaffe und Marine getrennt an der Entwicklung von Radargeräten und haben einen langen Weg vom tastenden Experiment bis zum brauchbaren Gerät vor sich. Die Marine unternimmt die ersten Schritte ja bereits 1930, erzielt aber einen wirklichen Erfolg nicht vor Frühjahr 1939, wo ein Radargerät des „Naval Research Laboratory" während eines Manövers an Bord des 27000 t großen Schlachtschiffs „New York" zu Testzwecken eingesetzt ist und anschließend die erste industrielle Produktion von Radargeräten in den USA einleitet.

In Deutschland sind die Bemühungen derweilen nicht stehengeblieben. Die GEMA geht zu einer Wellenlänge von 2 m über, verwendet das Impulsverfahren und erreicht damit Anfang 1936 ein sich über der See bewegendes Flugzeug in 35 km Entfernung. Aus diesen Versuchen resultiert später das in großen Stückzahlen gebaute „Freya“-Gerät. Eines ihrer ersten Muster überschreitet bereits 1939 die 100-km-Grenze.

Der Krieg ist der Vater aller Dinge

Inzwischen ist der Zweite Weltkrieg ausgebrochen, der nicht nur mit herkömmlichen Waffen, sondern in steigendem Maße auch mit elektronischen Mitteln ausgetragen wird. Diese steuern einen entscheidenden Anteil zum Ausgang des Krieges bei. Für die Radartechnik bedeutet dies einen verzweifelten und hektischen Kampf der einzelnen Nationen um die Vorherrschaft. Wie immer in solchen Fällen jagt eine Entwicklung die andere, meist aus dem Zwang heraus, dem Neuen und Besseren des Feindes etwas noch Besseres entgegenzusetzen oder Mittel zu ersinnen, die gegnerische Maßnahmen unwirksam machen. Entwicklungen, die üblicherweise Jahre in Anspruch nehmen, müssen nun binnen kürzester Frist abgeschlossen sein. Dabei spielt die genaue Kenntnis des technischen Fortschritts der anderen Seite eine wichtige Rolle. Wie aber kann man möglichst schnell hinter deren Geheimnisse kommen?
Alle erdenklichen Mittel werden dabei eingesetzt und alle Möglichkeiten ausgeschöpft: Spionage, Abhorchversuche zur Feststellung der gegnerischen Wellenlänge, Luftaufnahmen der Radarstationen, Untersuchung von zufällig oder gezielt erbeuteten Geräten. Einige davon werden wir im folgenden noch kennenlernen.
Zu Beginn des Krieges stehen sowohl in Deutschland als auch in England die ersten einsatzfähigen Radargeräte zur Verfügung. In Deutschland ist es das „Seetakt“-Gerät für die Marine mit einer Wellenlänge von 80 cm und das in den ersten Mustern vorhandene „Freya-Gerät“ für die Luftüberwachung mit 2,4 m Wellenlänge. Beide spielen bereits im Dezember 1939 eine allerdings recht unterschiedliche Rolle. Während das „Freya“-Versuchsgerät auf der Insel Wangerooge zum ersten Mal die Brauchbarkeit eines Radargerätes zur rechtzeitigen Ortung heranfliegender Bomber und zu gezieltem Jägereinsatz beweist, was den Engländern zahlreiche Verluste beibringt, ziehen diese aus dem „Seetakt“-Gerät zunächst einen Gewinn. Der britische Nachrichtendienst, dem ein Foto des gesprengten deutschen Panzerschiffs „Graf Spee“ in der Mündung des Rio de la Plata in die Hand fällt, bemerkt am Mast des Wracks ein eigenartiges Gebilde. Ein sofort nach Monte Video entsandter Experte stellt fest, daß es sich dabei aller Voraussicht nach um eine Radarantenne handelt. Auf diese Weise erfahren die Engländer erstmals von einem deutschen Schiffsradar, was für sie besonders erschreckend ist, weil ihrerseits kein entsprechendes Gerät existiert.
„Seetakt“ und „Freya“ werden bereits Anfang 1940 durch ein weiteres sehr kleines und einfach zu bedienendes Gerät mit 50 cm Wellenlänge zur Feuerleitung von Flakgeschützen ergänzt. Es trägt den Namen „Würzburg“, erreicht Flugziele bis zu 30 km, und seine Ursprünge gehen schon auf das Jahr 1935 zurück. Die anfangs nicht sehr hohe Winkelgenauigkeit wird dann Mitte des Jahres durch Einführung des sogenannten „Quirl“ wesentlich verbessert. Der Quirl ist ein defokussiert angeordneter rotierender Dipol, der bereits 1934 und 1937 *Runge* und *Stepp* patentrechtlich geschützt wird. Das „Würzburg“-Gerät soll den Engländern noch manches Kopfzerbrechen verursachen. Zunächst aber verleitet es sie nach dem Abschuß eines Flugzeugs bei bedecktem Himmel über Essen mit Hilfe eines der ersten „Würzburg“-Geräte zu der erstaunten Bemerkung „Die Deutschen schießen durch Wolken“.
1941 können die Engländer ein Gerät an der Kanalküste zwar abhorchen und orten, aber wegen des geringen Spiegeldurchmessers von nur 3 m ist es auf keiner der daraufhin veranlaßten Luftaufnahmen zu entdecken. Nunmehr werden Tiefflieger zum Aufspüren und Fotografieren eingesetzt, und im Dezember 1941 gelingt es dann auch, in St. Bruneval bei Dieppe die erste Aufnahme zu machen. Um aber hinter die Technik zu kommen, ist ein komplettes Gerät erforderlich. So setzen die Engländer am Morgen des 28. Februar 1942 in St. Bruneval Fallschirmjäger ein, die über herankommende Schnellboote die wichtigsten Teile entführen. Nunmehr ist es ihnen möglich, Störaktionen auszuprobieren. Mit dem Ergebnis halten sie jedoch noch etwa 1½ Jahre zurück, bis es dann am 24. Juli 1943 über

Hamburg erstmals in großem Umfang zum Abwurf von Stanniolstreifen, im Volksmund „Lametta", offiziell „Düppel" und englischerseits „Window" genannt, kommt. Damit legen sie beinahe alle Flakleitgeräte lahm. Bei jedem Großeinsatz entspricht die Menge der abgeworfenen Streifen dem Gewicht des Aluminiums von drei schweren Bombern. Im Wechsel der Ereignisse ist nun wieder die Gegenseite am Zuge, und es entstehen verschiedene Geräte, so auch die „Würzlaus". Sie beseitigen zwar die Störung noch nicht vollends, lassen aber das angepeilte Ziel wieder deutlicher erscheinen. Eine andere Störmaßnahme, die von deutscher Seite aus angewendet wird, sind Störsender. Mit ihrer Hilfe gelingt es u.a. am 12. Februar 1942 den deutschen Schlachtschiffen „Scharnhorst" und „Gneisenau", dem schweren Kreuzer „Prinz Eugen" sowie sechs Zerstörern und 14 Torpedobooten bei Tage unbehelligt den Kanal zu durchfahren. Alle englischen 1,5-m- und 12-m-Geräte sind außer Gefecht gesetzt.

Verbesserungen des Typs „Würzburg" sind dann die Geräte „Mainz" und „Mannheim" und eine vergrößerte Ausführung, der erstmals im Herbst 1941 zum Einsatz kommende „ Würzburg-Riese". Er besitzt bei einer Antenne von 7,5 m Durchmesser eine höhere Peilgenauigkeit, und seine Reichweite erstreckt sich über 60 km. Auch die „Freya"-Geräte erfahren im Laufe des Krieges durch Vergrößerung der Antennenfläche eine Weiterentwicklung. Sie mündet in den Großanlagen „Wassermann" und „Mammut" mit 300 bis 400 km Reichweite. „Wasser-

Ein „Würzburg-Riese", der erstmals im Herbst 1941 zum Einsatz kommt

mann“, dessen Antenne eine Höhe von etwa 60 m bekommt, wird später als beste Frühwarnanlage des Zweiten Weltkriegs bezeichnet. Als letzte Entwicklung auf dem 2,4-m-Bereich erscheint 1943 die Anlage „Jagdschloß“ von Siemens & Halske. Sie unterscheidet sich grundsätzlich von allen anderen durch den Einbau eines schon 1936 *Ilberg* patentierten „Sternschreibers“. Dieser ermöglicht zusammen mit der ständigen Drehung der Antenne eine Aufzeichnung aller im Winkel von 360° erfaßten Objekte, sogenanntes Panoramaradar.
Während die deutschen Geräte zu dieser Zeit also immer noch mit den drei Wellenlängen 50 cm, 80 cm und 2,4 m arbeiten, gehen die Engländer, die ursprünglich bei ihrem „CH-System“ mit längeren Wellen begannen, in der forcierten Bordradar-Entwicklung zu immer kürzeren Wellen über. Die ersten erfolgversprechenden Ergebnisse mit der 1,5-m-Welle erzielen sie bereits im September 1938 bei Flottenmanövern mit dem „ASV-System“ und im Jahr darauf mit dem „AI-System“. ASV dient dem Orten von Schiffen, und AI ist für Nachtjäger zum Aufspüren und Anvisieren gegnerischer Flugzeuge. Zwei Jahre später kommt das „ASV-System“ unter dem Namen „Mark I“ erstmals zum Einsatz. Mit ihm beginnt nun auch die Bekämpfung der U-Boote aus der Luft und führt auf deutscher Seite mit Hilfe eines erbeuteten Gerätes zu sofortigen Gegenmaßnahmen. Das Warngerät „Metox“ entsteht, gehört ab Sommer 1941 zur Ausrüstung der U-Boote und gestattet ihnen, die Annäherung von Radarflugzeugen rechtzeitig festzustellen und wegzutauchen. Daß dieses Gerät aber eine starke Eigenstrahlung hat und damit den Standort der Boote von sich aus verrät, stellt man erst später, nämlich August 1943, fest. Den Engländern soll es mit ihrem „H_2S-Gerät“ aber nicht besser ergehen, wie wir noch sehen werden.
Während deutscherseits dem „ASV-System“ entsprechende Radargeräte nicht zur Verfügung stehen, werden die Nachtjäger ab Ende 1942 mit Geräten des Typs „Lichtenstein“ ausgerüstet. Sie arbeiten anfangs im 50-cm-, später im 1,5-m-Wellenbereich.
Auf dem Wege zu ganz kurzen Wellen liegt aber, wie schon oben erwähnt, ein großes Hindernis: Eine leistungsstarke Senderöhre für diesen Bereich fehlt. Eine Röhre für kleine

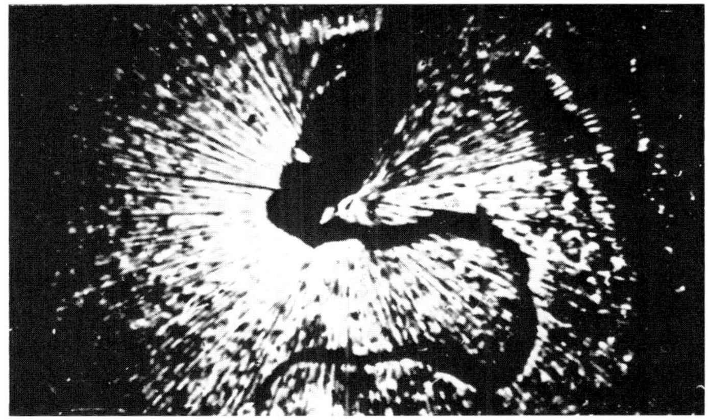

So sieht die Besatzung des vom Probeflug heimkehrenden Flugzeugs mit ihrem „H_2S-Gerät“ erstmals die Mündung des Severn auf ihrem Bildschirm

Leistungen gibt es bereits in Form des Magnetrons. Es geht in seinen Anfängen auf Arbeiten von *Zacek* 1924 zurück, der Schwingungen mit einer zylindrischen Diode erzeugt, der er ein magnetisches Feld überlagert. Nach Verbesserungen durch *Yagi* und *Okabe* gelingt dann 1940 den Physikern J.T. *Randall,* H.A.H. *Boot* und *Sayer* im Physikalischen Institut der Universität Birmingham die Entwicklung des „Vielschlitzmagnetrons“ mit einer Leistung von 10 kW. Sie legen dadurch den Grundstein für die moderne Radartechnik.
Es soll jedoch noch drei Jahre dauern, bis die ersten damit ausgerüsteten Bordradargeräte zur Erprobung kommen. Sie arbeiten mit 9-cm-Wellen, haben den Decknamen „H_2S“ und dienen vorwiegend dem Orten aufgetauchter U-Boote. Ihr Beobachtungsradius umfaßt über eine drehbare Antenne 60 km. Auf der Heimkehr von einem der ersten Probeflüge macht die Bedienungsmannschaft des neuen Gerätes eine erstaunliche Feststellung. Weil man vergessen hat, das Gerät nach den Versuchen abzuschalten, sieht sie plötzlich beim Überfliegen der Küste deutlich die Mündung des Severn auf dem Bildschirm. Damit haben die

Engländer nunmehr ein Radargerät, das ihnen nicht nur auf dem Meer schwimmende Schiffe anzeigt, sondern auch ein Abbild der überflogenen Landschaft mit Flüssen, Seen und Ortschaften hervorzaubert. Dieses somit auch für die Bombardierung von Städten geeignete Gerät hat aber den gleichen Nachteil wie das „Metox"-Gerät, es erzeugt eine so starke Eigenstrahlung, daß die Flugzeuge bereits auf größere Entfernung anhand dieser Strahlung zu orten sind. Noch während der ersten Erprobungen der „H_2S-Geräte" erhält die deutsche Industrie davon Kenntnis. Am 2. Februar 1942 wird über Rotterdam ein Flugzeug mit einem „H_2S-Gerät" abgeschossen, das auf diese Weise stark beschädigt in deutsche Hände fällt, wo es den Namen „Rotterdam"-Gerät bekommt. Im Telefunken-Labor beginnt unter vielen Schwierigkeiten sofort die Wiederherstellung. Als es nahezu fertig ist, zerstört ein Bombenangriff das Gerät erneut. Trotz allem gelingt die Inbetriebnahme und Erprobung. Das Ergebnis ist für alle Beteiligten niederschmetternd, es beweist den Rückstand der deutschen Forschung im Bereich kürzester Wellen, verursacht durch den von der Regierung verfügten Stopp aller Entwicklungen auf diesem Gebiet. Ganz aufholen läßt sich dieser Rückstand bis zum Kriegsende nicht mehr.
Folge des „H_2S-Gerätes" ist ein starkes Ansteigen der U-Boot-Verluste und damit eine weitgehende Einschränkung des U-Boot-Krieges, was England von einem Alpdruck befreit. Vergleichen wir die Verlustzahlen, so wird der Erfolg besonders deutlich. Werden im Jahr 1942 im Nordatlantik und um England noch 1097 Schiffe mit einer Tonnage von 5686107 BRT von U-Booten versenkt, so sind dies 1943 nur noch 310 Schiffe mit 1712085 BRT. Die gesamten U-Boot-Verluste steigen von 87 im Jahre 1942 auf 242 im Jahr darauf. Ab Dezember 1943 steht zwar als Gegenwaffe das Horchgerät „Naxos" zur Verfügung. Es kann aber ebensowenig die verfahrene Situation retten wie der Nachbau des „H_2S-Gerätes" oder Neuentwicklungen auf dem 9-cm-Gebiet, die sogenannten „Berlin"-Geräte. 1944 sind die Engländer wieder einen Schritt weiter. Ein im Januar abgeschossener Bomber enthält ein 3-cm-Gerät. Bereits zwei Monate später wird den deutschen U-Booten die Gegenmaßnahme in Form des Horchgerätes „Mücke" mitgegeben.

Bei Ende des Krieges haben die deutschen Ingenieure zwar einen Teil des Rückstands wieder aufgeholt. Eine weitere Entwicklungstätigkeit auf dem Radargebiet ist ihnen aber zunächst untersagt und wird erst 1955 mit dem Inkrafttreten der sogenannten „Pariser Verträge" wieder erlaubt. Vergleichen wir den Stand der Radartechnik am Ende des Krieges mit dem von 1939, so müssen wir feststellen, daß der Krieg auf diesem Gebiet zumindest der Vater vieler Dinge ist.

Was heute daraus geworden ist

Was Tausende von Ingenieuren und Wissenschaftlern auf beiden Seiten der Front während des Zweiten Weltkriegs auf dem Gebiet der Radartechnik vollbringen, ist eine hervorragende Leistung. Das Massachussetts Institute of Technology in Boston faßt nach dem Kriege alles bisher auf dem Gebiet der Radartechnik in Amerika gewonnene Wissen zusammen und veröffentlicht es, was 28 Bände zu je etwa 700 Seiten erfordert. Die ungeheuren Summen, die diese Entwicklung geschluckt hat, sind jedoch nicht verloren. Neben der weiteren militärischen Nutzung profitieren auch verschiedene zivile Bereiche davon, die heute ohne Radar nicht mehr vorstellbar sind. Einige davon wollen wir im folgenden noch kennenlernen. Außerdem entsteht durch die Radartechnik ein völlig neuer Zweig der Wissenschaften, die „Radioastronomie".
Die umfangreichsten Radaranlagen auf zivilem Gebiet werden heute in der Luftfahrt eingesetzt. Sie erfüllen hier annähernd die gleichen Aufgaben wie im Krieg bei den Luftstreitkräften, d. h. Überwachung des Luftraums, Führung der Flugzeuge im Anflugsbereich und Hilfe bei der Landung. Ihre Prinzipien wurden bereits 1943 von den Engländern eingeführt und haben sich kaum geändert. Die Überwachung des Luftraums über weite Entfernungen übernehmen Großbereich-Rundsicht-Radaranlagen mit einer Reichweite von 200 bis 400 km. Sie arbeiten im 23-cm-Bereich und erfassen Flugzeuge bis etwa 20 km Höhe.
Ihre Aufstellung erfolgt auf möglichst hohen Geländepunkten, wobei Standzeichen, also Reflexe von der Erdober-

Diese moderne Rundsicht-Radaranlage mit einer Reichweite bis zu 450 km arbeitet im Bereich von 1250 bis 1350 MHz, was einer Wellenlänge von 24 bis 22,2 cm entspricht

fläche, unterdrückt werden. Rundsicht-Radaranlagen mit 10 cm Wellenlänge übernehmen den Nahverkehrsbereich bis etwa 100 km und leiten die ankommenden Maschinen möglichst schnell in den Bereich der Präzisions-Anflug-Radaranlage. Diese wiederum verwendet den 3-cm-Bereich und sorgt dafür, daß der Pilot den Aufsetzpunkt auf der Landebahn richtig anfliegt. Sie hat zwei Antennen, wovon die eine horizontale und die andere vertikale Abtastbewegungen macht. Eine Rollfeld-Radaranlage beobachtet insbesondere bei Nacht und schlechten Sichtverhältnissen, ob das Rollfeld für Starts oder Landungen frei ist. Bordradaranlagen dienen vorwiegend der Wetterkontrolle. Bereits im Krieg stellt es sich heraus, daß Regen, Hagel und Schnee Radarbilder trüben. Diese Erscheinung wird heute zur Wetterbeobachtung und Ortung entsprechender Schlechtwettergebiete ausgenützt. Normalerweise übernehmen diese Aufgabe ortsfeste Anlagen, bei Langstreckenflügen zusätzlich Bordradaranlagen. Die Wellenlänge liegt bei 3 und 10 cm. Höhenwinde lassen sich über Ballons mit Radarreflektoren in Entfernung, Höhe und Richtung erfassen.

Dem Schiffsverkehr stehen heute zwei verschiedene Systeme zur Verfügung, das Schiffsradar an Bord und die Hafenradaranlage längs der Flußmündung von der See bis zum Hafen. Beide sorgen gemeinsam für die Sicherheit des Verkehrs. Das heute auf Schiffen aller Größen eingebaute Radar ermöglicht es der Schiffsleitung, nachts oder bei schlechter Sicht andere Schiffe, Inseln, Leuchttürme oder sonstige Hindernisse zu erkennen. Hätte die „Titanic“ 1912 bereits ein solches Radargerät besessen, so wäre es wahrscheinlich nicht zu der größten Schiffskatastrophe aller Zeiten gekommen.

Hafenradaranlagen sind ortsfeste Anlagen, deren wesentlich größere Antenne auf hohen Türmen montiert ist. Sie liefern demzufolge ein exakteres Bild als das Bordradar und reichen bis etwa 20 km. Den Anfang im Bau solcher Landstationen macht 1948 der englische Hafen Liverpool. 1953 beginnen entsprechende Versuche in Cuxhaven. Die Wellenlängen liegen bei 3 cm.

In der Radioastronomie hat die Radaranlage zwei unterschiedliche Aufgaben, die Richtungsermittlung der auf die Erde fallenden kosmischen Strahlung und die Messung

Das größte freibewegliche Radioteleskop der Welt bei Effelsberg in der Eifel mit seinem Spiegel von 100 m Durchmesser

außerirdischer Entfernungen. Bereits 1894 versucht der englische Physiker Sir Oliver *Lodge,* vermutlich von der Sonne kommende Strahlen nachzuweisen. Was damals infolge fehlender technischer Hilfsmittel nicht möglich ist, gelingt 1942 dem Engländer *Hey* und etwa zur gleichen Zeit auch dem Amerikaner *Southworth.* Beide können bisher unbekannte Radarstörungen als Strahlung der Sonne identifizieren. Auf diesem Wege haben wir heute auch von Sternen Kenntnis, die bisher noch niemand am Sternenhimmel zu sehen bekommen hat, deren Strahlung wir aber empfangen. Sie heißen deshalb „Radiosterne". Während die Anlage bei dieser Aufgabe nur Empfangszwecken dient, übernimmt sie bei Entfernungsmessungen die sonst üblichen Aufgaben des Sendens und Empfangens. Schon 1942 in der Raketenversuchsanstalt in Peenemünde unternommene Experimente, Radarechos vom Mond zu erhalten, gelingen nicht. Die ersten Erfolge erzielen die Amerikaner 1946 in Belmont (USA) mit einem umgebauten „Würzburg-Riesen". Nach 2,56 s kommt das reflektierte Signal vom Mond zurück und bestätigt die bisher rechnerisch ermittelte Entfernung von 384420 km. In der Folgezeit entsteht eine Reihe spezieller für die Astronomie erbauter „Radioteleskope". Das derzeit größte freibewegliche Radioteleskop der Welt wird 1971 in Effelsberg in der Eifel in Betrieb genommen. Es hat einen Spiegeldurchmesser von 100 m und erlaubt es den Astronomen, etwa 12 Milliarden Lichtjahre weit in die Tiefe des Universums einzudringen.

Als letztes Anwendungsgebiet der modernen Radartechnik sei das wohl allen bekannte, aber teilweise nicht sehr beliebte Verkehrsradar genannt. Es dient der Geschwindigkeitsmessung von Kraftfahrzeugen.

Was hätten wir in den letzten Jahrzehnten mit ihrem ständig wachsenden Verkehrsaufkommen in der Luftfahrt gemacht, wenn die Jahre 1940 bis 1945 die Radartechnik nicht zu einer derartigen Vollkommenheit gebracht haben würden? Wir hätten diese Entwicklung schleunigst nachholen müssen.

Die dritte industrielle Revolution

Heute ist es üblich geworden, von industriellen Revolutionen zu sprechen und damit diejenigen Perioden der technischen Entwicklung der letzten 200 Jahre zu kennzeichnen, die grundlegenden Einfluß auf die menschliche Gesellschaft genommen haben. Lassen Sie uns daher abermals den Blick zurückwenden, zunächst auf ein Gebiet außerhalb der Elektrotechnik.

Die erste industrielle Revolution beginnt 1769, als der englische Feinmechaniker James *Watt* nach verschiedenen Vorläufern anderer Erfinder eine praktisch brauchbare Dampfmaschine entwirft. Auch hier dauert es von der Idee bis zu ihrer Verwirklichung einige Jahre. 1776 wird dann die erste nach seinem Patent erbaute Maschine aufgestellt. Fabriziert hat sie die von ihm zusammen mit einem Teilhaber gegründete Firma Boulton & Watt in Soho bei Birmingham.

Die neue Maschine ist wahrhaft umwälzend, denn sie ersetzt Mensch und Tier in der Erzeugung von Arbeitskraft und ermöglicht damit den Beginn der industriellen Produktion. Sie führt zum Bau von Dampfschiffen und in der Lokomotive zu einem völlig neuen, der altehrwürdigen Postkutsche an Schnelligkeit und Bequemlichkeit weit überlegenen Verkehrsmittel, der Eisenbahn.

Der kleine Handwerker allerdings kann sich eine solche Dampfmaschine nicht leisten. Er sieht daher in ihr eine Gefahr, der er durch den Produktivitätsvorsprung der dampfbetriebenen Industrie zu erliegen fürchtet.

Die zweite industrielle Revolution ist eine Folge des enormen Aufschwungs der Elektrizität in der 2. Hälfte des 19. Jahrhunderts, deren wichtigste Kennzeichen die Erfindung des elektrodynamischen Prinzips, des Telephons, der Glühlampe, die Entwicklung des Drehstrom-Systems mit dem Drehstrom-Asynchronmotor und die theoretische Untermauerung der gewonnenen Erkenntnisse sind.

Den Durchbruch zur allgemeinen und weiten Verbreitung der Elektrizität führt dann Thomas Alva *Edison* 1882 mit der Errichtung des ersten öffentlichen Kraftwerks der Welt herbei. Daß die in einem Kraftwerk erzeugte elektrische Energie auch über große Entfernungen zu übertragen ist, beweist 1891 der Versuch Lauffen-Frankfurt a. M., so daß wir diese Zeitspanne als Beginn der zweiten industriellen Revolution betrachten können. Die Elektrizität erobert von nun an die Welt.

Anfangs fast nur als „Lichtstrom" geliefert, erleuchtet sie Straßen, Plätze, Geschäftshäuser und als Zeichen des Wohlstands auch die ersten Bürgerhäuser. Hinzu kommt im letzten Jahrzehnt des ausgehenden Jahrhunderts der „Kraftstrom", also der Strom zum Antrieb elektrischer Maschinen. Um die Jahrhundertwende hat dann der Kraftstrom den Lichtstrom bereits überrundet.

Im Elektromotor und der Möglichkeit, den zu seinem Betrieb erforderlichen Strom aus öffentlichen Kraftwerken zu beziehen, hat nun auch der Handwerker eine kleine, robuste und im Verhältnis zur Dampfmaschine billige Kraftquelle für seine Werkstatt. Sie hebt den durch die Dampfmaschine bedingten Nachteil gegenüber der Industrie wieder auf. Aber auch in der Industrie vollzieht sich eine Wandlung. Die vielen Transmissionen in den Werkstätten verschwinden zugunsten des Einzelantriebs der Werkzeugmaschinen.

Der innerstädtische Verkehr erfährt durch die Straßenbahn und die U-Bahn einen grundlegenden Wandel, und die elektrische Lokomotive beginnt der Dampflokomotive Konkurrenz zu machen. Die Elektroindustrie, die nun all das liefern muß, was an Generatoren, Motoren, Transformatoren, Glüh- und Bogenlampen, Schaltern, Leitungen usw. zum Errichten der Anlagen benötigt wird und bisher im wesentlichen auf die Lieferung von Telephon- und Telegraphenapparaten sowie deren Zubehör ausgerichtet ist, erlebt in den kommenden Jahren einen rapiden Aufschwung.

Darüber hinaus schlägt mit Beginn der zweiten industriellen Revolution die Geburtsstunde einer weiteren neuartigen Technik, die der drahtlosen Telegraphie und Telephonie. Sie wird später ebenso in die private Sphäre eindringen, wie es bereits um die Jahrhundertwende neben dem elektrischen Licht bei zahlreichen elektrischen Hausgeräten der Fall ist.

Die dritte industrielle Revolution ist die Revolution der Halbleitertechnik. Sie beginnt 1948 mit der Erfindung des Transistors, des ersten steuerbaren Halbleiterbauelements, durch die Amerikaner John *Bardeen,* Walter Houser *Brattain* und William *Shockley.* Vier Jahre später erobert sich der Transistor den industriellen Einsatz, was abermals umwälzende Neuerungen zur Folge hat und eine lawinenartige Ausbreitung der neuen Technik nach sich zieht. Ist der Transistor schon klein gegenüber der Elektronenröhre, so hat die Miniaturisierung der elektronischen Bausteine inzwischen kaum noch vorstellbar winzige Abmessungen hervorgebracht.

Der Transistor beeinflußt nicht nur den Produktionsprozeß fast aller Industriesparten und das tägliche Leben, sondern in noch stärkerem Maße, als es je der Fall gewesen ist, auch die Büroarbeit. Noch sind wir mitten in dieser Revolution, ein Ende ist vorläufig nicht abzusehen. Was sie uns noch alles bringen wird, können wir nur ahnen. Bereits *Shockley* bekennt hierzu in seinem in Stockholm anläßlich der Nobelpreisverleihung gehaltenen Vortrag: „An dieser Stelle scheint es angebracht, über die Zukunft der Transistorelektronik nachzudenken. Jene, die auf diesem Gebiet intensiv gearbeitet haben, teilen den großen Optimismus des Redners hinsichtlich der enormen Möglichkeiten."

Allen drei industriellen Revolutionen ist eines gemeinsam, die technische Entwicklung entzieht sich von Mal zu Mal immer mehr dem allgemeinen Verständnis. War es bei der Dampfmaschine noch verhältnismäßig einfach, einem technischen Laien die Wirkungsweise zu erklären, so fiel dies beim Elektromotor oder der Funktechnik schon weitaus schwerer. Fast ganz unmöglich ist es bei der Halbleitertechnik.

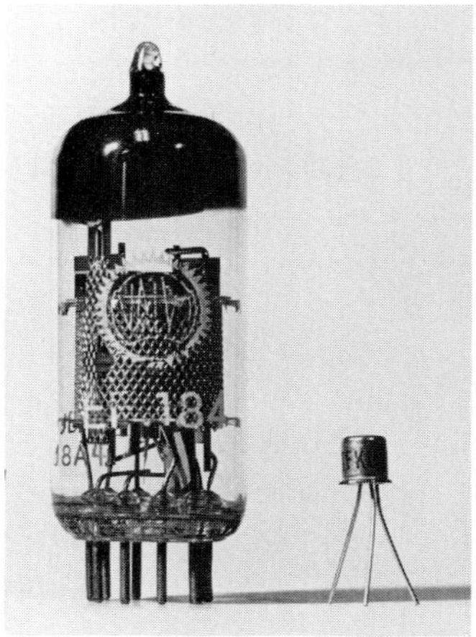
So klein ist der Transistor im Vergleich zu einer Elektronenröhre

Von den Halbleitern und ihren merkwürdigen Eigenschaften

Entdeckungen und Erfindungen werden heute nur noch selten durch einen glücklichen Gedanken oder einen Zufall gemacht, meist gehen ihre Ursprünge in die Historie der Technik zurück und sind der Erfolg langer systematischer Forschungsarbeiten.

Sie sind auch nicht mehr das Werk eines Einzelnen, sondern das Ergebnis einer Zusammenarbeit, eines Teams von Ingenieuren und Wissenschaftlern, zum Teil unterschiedlicher Fachrichtungen. Grundlagenforschung und zweckgebundene Forschung gehen dabei oftmals Hand in Hand. Ein typisches Beispiel ist die Halbleitertechnik. Bevor wir aber, um die Vorgeschichte ihres Werdegangs zu verfolgen,

rund 150 Jahre zurückgehen, wollen wir noch einen kurzen Blick auf die Stromleitungsmechanismen in den verschiedenen Stoffen werfen.
Stoffe aller Art leiten die Elektrizität nur dann fort, wenn in ihnen bewegliche Ladungsträger vorhanden sind. Je mehr Ladungsträger der Stoff enthält und je beweglicher sie sind, um so besser ist die elektrische Leitfähigkeit. Metalle sind die besten Leiter, die Stromleitung übernehmen Elektronen. Der Temperaturkoeffizient ihres Widerstands ist positiv, d. h. mit steigender Temperatur nimmt der Widerstand zu. Elektrolyte haben eine geringere Leitfähigkeit, und Ionen dienen als Ladungsträger. Gase sind, da sie normalerweise keine Ladungsträger enthalten, Nichtleiter. Sie lassen sich jedoch durch Ionisieren oder Einbringen von Ladungsträgern leitend machen. Der beste Nichtleiter ist das vollkommene Vakuum, aber auch dies kann durch Einführen von Ladungsträgern leitend werden, was zum Beispiel bei der Elektronenröhre über die Elektronenemission einer Kathode der Fall ist.
Halbleiter, das sind metallähnliche Elemente oder bestimmte Metallverbindungen, zeigen unterschiedliches Verhalten, und es ist heute üblich, von einer „Eigenleitung" und einer „Fremdleitung" zu sprechen. Eigenleitung liegt bei völlig reinem Material vor. Sie ist nur gering und von der Temperatur abhängig. Im absoluten Nullpunkt verhält sich ein reiner Halbleiter sogar wie ein Isolator. Werden dem Material aber Fremdstoffe zugeführt, was in der Fachsprache „Dotieren" heißt, so nimmt die nunmehr Fremdleitung genannte Leitfähigkeit wesentlich zu.
Beim Dotieren eines Halbleiters besteht die Möglichkeit, Stoffe höherer Wertigkeit, sogenannte „Donatoren", oder geringerer Wertigkeit, „Akzeptoren" genannt, in das Kristallgitter einzubauen, wodurch die Regelmäßigkeit gestört wird. Der Einbauort heißt demzufolge „Störstelle". Mit Donatoren behandelte Halbleiter heißen n-dotiert, solche mit Akzeptoren p-dotiert, und die Gebiete, in denen sich derartige Störstellen befinden n-Zone bzw. p-Zone. Von besonderer Bedeutung für das Verhalten der Halbleiter ist die Grenzschicht, die entsteht, wenn zwei verschieden dotierte Zonen in engen Kontakt miteinander gebracht werden oder in einem einzigen Kristall aneinanderstoßen, was man pn-Übergang nennt. Eine Halbleiter-Diode hat normalerweise einen, ein Transistor zwei solcher Übergänge. Ausnahmen bestätigen auch hier die Regel.
Nach diesem kurzen Abschweifen wollen wir nun die versprochene Rückschau in die Vorgeschichte der modernen Halbleitertechnik halten. Wir schreiben das Jahr 1839, Michael *Faraday* hat die Veröffentlichung seiner Forschungsarbeiten auf dem Gebiet der Induktion und der Elektrolyse abgeschlossen, in deren Rahmen er 1833 auch einen negativen Temperaturkoeffizienten des Widerstands von Silbersulfid feststellt. Zahlreiche Wissenschaftler befassen sich nun ebenfalls mit der Elektrolyse. Anläßlich einer solchen Beschäftigung beobachtet der französische Naturforscher Antoine *Becquerel,* daß eine Spannung – später Photospannung genannt – entsteht, wenn Licht auf eine Elektrode des Elektrolyten fällt. 34 Jahre später, 1873, bemerkt der Engländer W. *Smith* eine weitere, zunächst unerklärliche Erscheinung: Der elektrische Widerstand des Selens wird durch Lichteinfall herabgesetzt, was später zum sogenannten „Photowiderstand" führt. Großes Interesse finden die neuen Erscheinungen vorerst nicht.
Anders sieht es schon bei den Arbeiten des Physikers Ferdinand *Braun* aus, der uns bereits durch seine bahnbrechenden Arbeiten auf dem Gebiet der Funktechnik bekannt ist. Er beschäftigt sich 1874 als Lehrer am Thomas-Gymnasium in Leipzig mit der Untersuchung von Schwefelmetall. Kristalle haben ihn schon als Schüler interessiert, und so greift er das Thema von Zeit zu Zeit immer wieder auf. Diesmal stellt er Versuche über die elektrische Leitfähigkeit an und stößt dabei auf ein seltsames Phänomen: Die Intensität des Stromes im Kristall ist von der Stromrichtung abhängig, und dies sogar bei kurzen Stromstößen von 1/500 s. Ein Irrtum scheint ausgeschlossen. Er schreibt dazu 1874 in den Annalen der Physik und Chemie: „Bei einer großen Anzahl natürlicher und künstlicher Schwefelmetalle und sehr verschiedenen Stücken, sowohl Krystallen von so vollkommener Ausbildung, wie ich überhaupt bekommen konnte, als derben Stücken, habe ich gefunden, daß der Widerstand derselben verschieden war in Richtung, Intensität und Dauer des Stromes. Die Unterschiede betrugen bis zu 30 pCt. des ganzen Werthes."
Ein Zufall kommt ihm dabei allerdings zu Hilfe, denn er verwendet an der einen Seite des Kristalls zur Stromzufüh-

rung von Anfang an den zum Hervorrufen des Effekts erforderlichen punktförmigen Kontakt in Form einer gegen den Kristall gedrückten Drahtspitze. Zwei Jahre später erkennt er selbst die Notwendigkeit eines Punktkontaktes und meint, daß diese Erscheinung „. . . meist, wenn nicht immer durch die Übergangsstelle bedingt ist".

Diese für die spätere Entwicklung so bedeutsame Entdekkung, *Braun* legt damit ja den Grundstein für die heutige Gleichrichtertechnik auf Halbleiterbasis, wird von der wissenschaftlichen Welt zwar zur Kenntnis genommen, teilweise sogar mit Skepsis betrachtet, aber sonst nicht weiter beachtet. Lediglich der Frankfurter Arthur *Schuster,* zu dieser Zeit Assistent im Labor von James Clark *Maxwell,* befaßt sich sogleich mit entsprechenden Versuchen, bestätigt die Braunschen Ergebnisse und stellt noch im Jahre 1874 den gleichen Effekt zwischen blanken und angelaufenen Kupferdrähten fest, was 50 Jahre danach zum Kupferoxydul-Gleichrichter führt.

Vorerst aber gibt es noch keine Anwendungsmöglichkeiten für derartige Gleichrichter, und somit lassen es alle bei der Kenntnis der physikalischen Tatsachen bewenden. Auch der Frage, warum es im Halbleiter zu dieser Gleichrichterwirkung kommt, geht zunächst niemand weiter nach. *Braun* wagt in seiner letzten Veröffentlichung über Halbleiter 1883 auch keine Erklärung und meint nur, daß diese Vorgänge durch keine anderen bekannten Erscheinungen zu erklären seien. Die Theorie der Halbleiter soll noch lange auf sich warten lassen. Zumindest aber sind bisher vier grundlegende Halbleitereigenschaften bekannt, wenn auch zunächst noch an unterschiedlichen Materialien:
1. negativer Temperaturkoeffizient des Widerstands,
2. Gleichrichterwirkung, 3. Photoeffekt, d. h. Änderung des Widerstands durch Lichteinfall und 4. Photospannung.

Viel schneller als mit der Theorie geht es bei der praktischen Anwendung eines Halbleiter-Gleichrichters. Für die erwachende drahtlose Telegraphie suchen die Pioniere der Funktechnik eine praktisch brauchbare Möglichkeit zum Nachweis der empfangenen elektromagnetischen Wellen. Wie wir bereits wissen, verwendet *Hertz* dafür eine mit der Empfangsantenne gekoppelte Funkenstrecke. 1890 stößt dann der Pariser Professor Edouard *Branly* auf die Tatsache, daß Metallspäne unter dem Einfluß der Wellen leitend werden. In ein Glasröhrchen gefüllt, bilden sie als sogenannter „Kohärer" eine der Grundlagen für den schnellen Aufschwung der drahtlosen Telegraphie. Da die Betriebssicherheit jedoch zu wünschen übrig läßt, die Späne kleben leicht zusammen und müssen durch Klopfen wieder gelokkert werden, kommt *Braun* 1899 auf die Idee, den von ihm entdeckten Gleichrichtereffekt auszunutzen. Dieser Kristalldetektor findet ab etwa 1904 in verschiedenen Varianten weite Verbreitung und hält sich im klassischen Detektorempfänger bis Ende der 20er Jahre, wo er dann von der Elektronenröhre verdrängt wird. Eine Renaissance erlebt der Detektor ab 1938 mit dem Aufkommen der cm-Wellentechnik im Radar. Wegen der hier verwendeten sehr hohen Frequenzen scheiden die bis dahin üblichen Röhren aufgrund ihrer Laufzeitdefekte aus, und so entsteht 1942 bei Siemens & Halske der Germanium-Richtleiter nach einem Patent von K. *Clusius,* E. *Holz* und H. *Welker* und 1943 bei Telefunken der von M. *Günther* und W. *Rebentisch* patentierte Silizium-Detektor, beides Halbleiter-Bauelemente, die den Anforderungen der Höchstfrequenztechnik gewachsen sind.

Der Weg zum Transistor . . .

Nach einer zunächst regen Beschäftigung mit dem Detektor, in deren Verlauf der amerikanische Professor C.W. *Pickard* von der Boston-Universität bereits 1906 auch einen Hinweis auf die Gleichrichtereigenschaften des Siliziums gibt, läßt die wissenschaftliche Aufmerksamkeit mit der Erfindung der Elektronenröhre jedoch nach. In den 20er Jahren konzentriert sich das Interesse am Halbleiter-Gleichrichter vorerst mehr auf die Herstellung praktisch brauchbarer Bauelemente als auf ihre Theorie.

1925 findet E. *Merritt* in Amerika die Gleichrichterwirkung zwischen Germanium und einem punktförmigen Metallkontakt, und 1927 berichten L. O. *Grondahl* und P. H. *Geiger,* ebenfalls in Amerika, über „einen neuen elektronischen Gleichrichter", den Kupferoxydul-Gleichrichter, den sie durch Glühen einer Kupferplatte unter Sauerstoffzufuhr herstellen. Etwa zur gleichen Zeit gelingt es dem Deutschen E. *Presser,* auf Arbeiten des Amerikaners

C. E. *Fritts* aus den Jahren 1883/85 basierend, einen Selen-Gleichrichter zu entwickeln. So entstehen unter vielen Schwierigkeiten nach jahrelangen Versuchen die ersten fabrikmäßig in stets gleicher Qualität hergestellten Halbleiter-Gleichrichter, damals meist „Trockengleichrichter" genannt, im Gegensatz zu den bis dahin verwendeten „Elektrolyt-Gleichrichtern". Ihre Fertigung ist zu dieser Zeit mehr eine Frage des Fingerspitzengefühls und der praktischen Erfahrung als eine Ausnutzung theoretischer Erkenntnisse, die trotz vieler Untersuchungen immer noch recht mager sind.
Mit der Wandlung der Glühkathoden-Gleichrichterröhre durch Einfügen eines Gitters zur Verstärkerröhre erhebt sich in der zweiten Hälfte der 20er Jahre die Frage, ob nicht auch ein Halbleiter-Gleichrichter durch Hinzufügen eines Gitters steuerbar zu machen sei. Die ersten Ideen dieser Art legt der Amerikaner I. E. *Lilienfeld* 1926/27 in Patenten nieder. Praktische Erfolge sind aber nicht bekannt. Einmal auf eine neue Fährte gebracht, tauchen von nun ab trotz vieler Mißerfolge immer wieder andere Vorschläge auf. Erwähnt seien hier nur einige dieser Bemühungen.
1938 unternehmen die Deutschen A. *Glaser,* W. *Koch* und H. *Voigt* Versuche an Kupferoxydul- und Selen-Gleichrichtern, melden auch ein Patent an, erzielen aber keinen technischen Erfolg. Mehr Glück haben im gleichen Jahr die beiden deutschen Physiker R. *Hilsch* und R. W. *Pohl,* die einen Kaliumbromid-Kristall mit eingeführtem Draht als Steuerorgan verwenden und damit immerhin Verstärkerwirkungen bis zu einer Frequenz von etwa 100 Hz erzielen. Patentanmeldungen von E. *Habann* 1942, O. *Heil* 1943, W. C. van *Geel* 1943 und 1945 sowie H. *Welker* 1945 bleibt ebenfalls der praktische Erfolg versagt.
Der große Wurf gelingt dann 1948 den drei Amerikanern J. *Bardeen,* W. H. *Brattain* und W. *Shockley* in den Bell Telephone Laboratories in Murray Hill/N. J. Hier wird nach dem Krieg ein groß angelegtes Forschungsprogramm für Germanium und Silizium aufgezogen, und hier wird dann auch der „Transistor" genannte steuerbare Halbleiter auf Germaniumbasis geboren. Noch aber ahnt außer den Erfindern wohl niemand, welche Revolution in der Technik dieses winzige Bauelement in den kommenden Jahrzehnten hervorrufen wird.

Voraussetzung für die Entwicklung des Transistors ist neben der rein experimentellen Tätigkeit die Klärung der Halbleitereigenschaften und ihre theoretische Untermauerung. Gerade die Schwierigkeit im Verstehen der komplizierten Vorgänge im Inneren eines Halbleiters mag neben der Geheimhaltung der Forschungsergebnisse in Deutschland, England, Frankreich und den USA während des Krieges Ursache für den geringen Fortgang der Arbeiten Ende der 30er, Anfang der 40er Jahre sein.
Braun, der, wie wir gesehen haben, die ersten Untersuchungen der elektrischen Eigenschaften von Halbleitern vornimmt, wagt selbst keine Erklärung der von ihm entdeckten Vorgänge. Die Vermutung, daß es sich um Wärmeerscheinungen handelt, verwirft er bald wieder. Trotzdem scheint diese Vorstellung bei einigen Wissenschaftlern weiterhin vorherrschend zu sein, denn der Harward-Professor G. W. *Pierce* verwendet um 1907 einen Großteil seiner Arbeiten zum Beweis dafür, daß die Wirkungsweise der Detektoren nicht auf Temperaturerscheinungen beruht. Wesentlich später, nämlich 1930, tauchen dann die ersten Vermutungen auf, Gleichrichtung und Photoeffekt müßten Oberflächenerscheinungen sein, was bis Mitte der 30er Jahre allgemeine Zustimmung findet. Damit ist aber immer noch nicht die Frage geklärt, was nun wirklich in einem Halbleiter vor sich geht.
Die Lösung des Problems zwingt die Wissenschaftler mehr und mehr zu atomaren Betrachtungen der Kristallstruktur. Beteiligt daran ist auch eine Entdeckung des Amerikaners Edwin Herbert *Hall* aus dem Jahre 1879, der später nach ihm benannte „Hall-Effekt". Er besagt, daß der Elektronenfluß in einem Metall durch ein Magnetfeld senkrecht zur Bewegungsrichtung der Elektronen abgelenkt wird. Diese Erscheinung führt zu der Feststellung, daß in Metallen negative Ladungsträger und in metallähnlichen Elementen positive Ladungsträger, später in der Halbleitertechnik „Löcher" genannt, vorhanden sind, ferner zum Begriff der „Ladungsdichte".
Auf dem Wege zur endgültigen Klärung begegnen uns die klassischen Arbeiten des Engländers A. *Wilson* 1931, der das Loch-Elektronen-Konzept einführt und die Begriffe n- und p-leitend herausstellt, der beiden Deutschen W. *Schottky* und E. *Spenke* 1939/42, die sich der Theorie

Innerer Aufbau eines Spitzentransistors in rund 10facher Vergrößerung (links) und eines Flächentransistors in rund 5facher Vergrößerung (rechts)

der Metall-Halbleiter-Kontakte widmen, des Russen B. *Davydov* 1939 mit seiner Halbleiter-Halbleiter-Kontakttheorie sowie von W. *Shockley,* der 1949 die Theorie des flächenhaften pn-Übergangs ausarbeitet.
Parallel zur theoretischen Erklärung der Vorgänge laufen auch Bemühungen um die Herstellung möglichst reinen Halbleitermaterials, eine Forderung, die für die wissenschaftlichen Arbeiten ebenso wichtig ist wie für die spätere Halbleiterproduktion und besonders nach der Erfindung des Transistors verschiedene Verfahren hervorbringt. Genannt seien hier die „Legierungstechnik", 1950 von R. N. *Hall* und W. C. *Dunlap* entwickelt, die 1951 patentierte „Gas-Diffusionstechnik" von J. H. *Scaff* und H. C. *Theuerer* sowie das „Zonenschmelzverfahren" 1952 von W. G. *Pfann.* Den ersten Einsatz finden reine Siliziummaterialien auch in den USA zunächst für Detektoren in der im Kriege so wichtigen Radartechnik.

Eine Vorstellung von der Höhe des verlangten Reinheitsgrades, der bei $1:10^{10}$ liegt, möge folgendes von Telefunken einmal erwähntes Beispiel geben: ein Schwimmbecken mit den Abmessungen 20 m × 10 m × 2 m = 400 m^3 darf bei diesem Reinheitsgrad nur eine Verunreinigung von 40 mm^3 haben, was einem kugelförmigen Tropfen von rund 4 mm Durchmesser entspricht.
Vier Jahre nach seiner Erfindung beginnt der Transistor sich den industriellen Einsatz zu erobern. Damit kommt eine Lawine ins Rollen, die bis zum heutigen Tage unaufhaltsam neue Fertigungsverfahren, neue Ausführungen und neue Anwendungen hervorbringt. Ist der erste Transistor noch ein Spitzentransistor, d. h. ein Transistor, bei dem zwei der drei Anschlüsse als Spitzenkontakt ausgeführt sind, so löst ihn bereits 1951 der Transistor mit flächenhaftem pn-Übergang ab, dessen verschiedene Ausführungen nach dem Aufbau, dem Herstellungsverfahren

oder der Wirkungsweise benannt werden. Die fruchtbare Zusammenarbeit von Physikern, Chemikern und Metallurgen hat uns im Transistor nicht das einzige neue Bauelement geschenkt. Neben den uns bereits bekannten Kupferoxydul- und Selen-Gleichrichtern entstehen Germanium- und Siliziumdioden in verschiedenen Varianten sowie 1958 bei der General Electric Co. in USA der „Thyristor" von C. W. *Mueller* und J. *Hillibrand,* ein steuerbarer Leistungs-Gleichrichter auf Siliziumbasis. Er löst den von P. *Cooper-Hewitt* 1902 erfundenen Quecksilberdampf-Gleichrichter ab und eröffnet damit auch auf dem Gebiet der elektrischen Energietechnik eine neue Ära.

... und von dort zur Mikroelektronik

Die ersten elektronischen Schaltungen, das sind zunächst Rundfunkempfänger, später auch Verstärker für Fernmeldezwecke und andere Einrichtungen, enthalten nur relativ wenige Bauelemente, die sich leicht von Hand verdrahten lassen. Sie hängen als Widerstände und Kondensatoren freischwebend in den verhältnismäßig steifen Verbindungsdrähten. Die Schaltung ist „wild" verdrahtet. Das geht gut, solange die Zahl der Elemente begrenzt ist, wird aber mit steigendem Schaltungsumfang immer unrentabler und unübersichtlicher. Somit tauchen bereits im Krieg wegen des erheblichen Bedarfs an elektronischen Geräten die ersten Versuche auf, die Herstellung der Schaltung zu vereinfachen und Kondensatoren, Verbindungsleitungen und Miniaturröhren auf keramischen Materialien unterzubringen. Dies führt Anfang der 50er Jahre dazu, mehrere solcher Keramikplatten übereinander zu stapeln und durch außenliegende senkrechte Drähte zu verbinden. Zusammen mit einer darüber montierten Röhre ergibt sich dann eine komplette Schaltungsgruppe. Die ersten ihrer Art baut in Amerika Robert L. *Henry.*

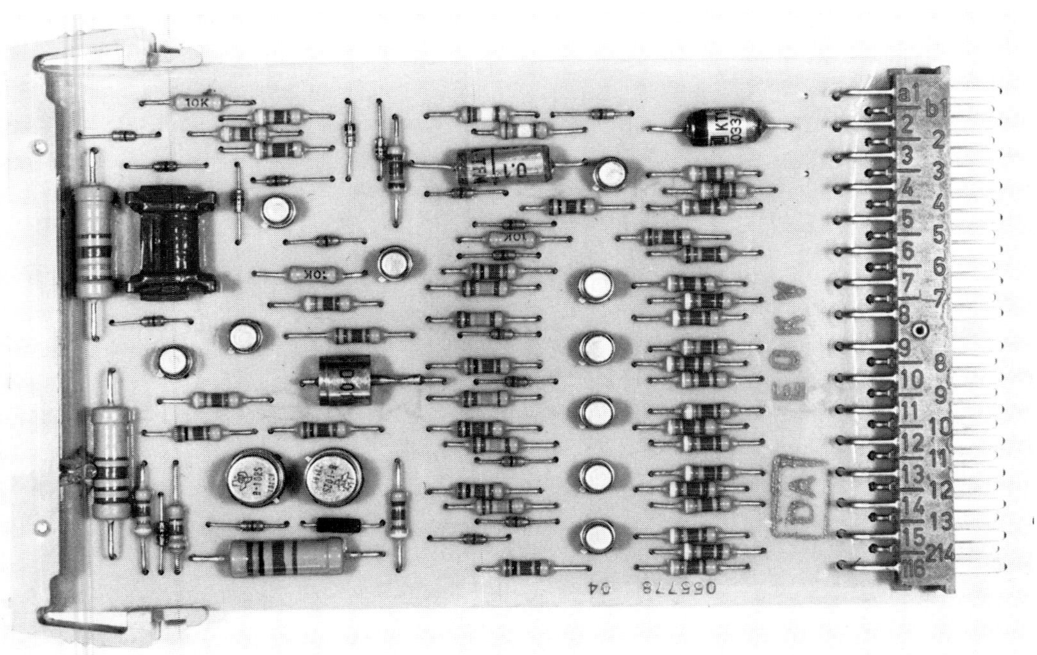

Leiterplatte mit diskretem Aufbau. Auf der Rückseite liegen die geätzten, im Bild nicht sichtbaren Verbindungsleitungen

Inzwischen aber machen *Danko* und *Abrahamson* ein neues Verfahren bekannt. Sie stecken die Anschlüsse der Elemente in ein vorgefertigtes Verbindungsschema aus Kupferfolie und löten die Anschlüsse in einem Tauchbad ein. Dieses Verfahren findet nach Einführung des Transistors in abgewandelter Form als „Leiterplatte“, früher auch oft „gedruckte Schaltung genannt, allgemeine Anwendung. Eine derartige Leiterplatte enthält auf der einen Fläche die einzelnen Transistoren, Widerstände und Kondensatoren, daher „diskreter Aufbau“ genannt, und auf der anderen die geätzten kupfernen Verbindungsleitungen. Sie umfaßt einen bestimmten Schaltungsteil, der über einen vielpoligen an der Platte sitzenden Stecker mit anderen Leiterplatten zu einer kompletten Anlage verbunden wird. Die einfache Übersicht bleibt trotz einer Vielzahl von Bauelementen erhalten, und die Fertigung ist wirtschaftlicher.
Was diese Leiterplatten mit diskretem Aufbau an Miniaturisierung bieten, ist zwar gegenüber der wilden Verdrahtung und den anderen Verfahren schon ein erheblicher Fortschritt, dennoch manchem Anwender nicht genug. Triebfeder der weiteren Entwicklung ist vor allen Dingen die Raumfahrt. Obwohl hier eine hochentwickelte Technik erforderlich ist, steht für sie nur wenig Platz zur Verfügung. Militär- und Raumfahrtbehörden vergeben hochdotierte Entwicklungsaufträge.
In vielen Köpfen kreist daher die Frage, wie lassen sich die Abmessungen weiterhin verkleinern. Der erste, der 1952 einen solchen Weg andeutet, ist der Engländer G. W. A. *Dummer* vom Royal Radar Establishment. Er sagt auf einer Tagung vor Fachleuten: „Mit der Entwicklung des Transistors und dem Fortschritt der generellen Arbeiten auf dem Gebiet der Halbleiter erscheint es nunmehr möglich, elektronische Einrichtungen ohne Verbindungsdrähte auf einem einzigen Halbleiterblock in Erwägung zu ziehen. Der Block kann dabei aus Lagen von isolierendem, leitendem, gleichrichtendem und verstärkendem Material bestehen, wobei die elektrischen Funktionen durch Entfernen von Teilen der Lagen direkt miteinander verschaltet werden.“ Versuche, eine solche Schaltung in England herzustellen, bleiben jedoch erfolglos.
Jack S. *Kilby* bei der Firma Texas Instruments in den USA aber hat 1958 den wegweisenden Gedanken. Er überlegt sich, daß es doch möglich sein müsse, auch Widerstände und Kondensatoren aus Halbleitermaterial herzustellen. Wenn dies wirklich der Fall ist, dann muß eine komplette Schaltung in einem einzigen Halbleiterblock realisierbar sein. Der Vorversuch, ein Flip-flop aus diskreten Siliziumelementen herzustellen, gelingt. Im September 1958 ist dann die erste integrierte Schaltung, bei der alle Elemente auf einem einzigen Germaniumblock vereinigt sind, fertig. Es ist ein Oszillator mit einer Frequenz von 1,3 MHz. Kurz danach arbeitet auch das erste integrierte Flip-flop. Diese Entwicklung spricht sich unter den Fachleuten schnell herum und führt zu vielen Debatten über ihren Wert, wobei auch Einwände gegen sie erhoben werden. Vor allen Dingen zweifelt man die Möglichkeit an, solche Bausteine industriell zu produzieren, was für den augen-

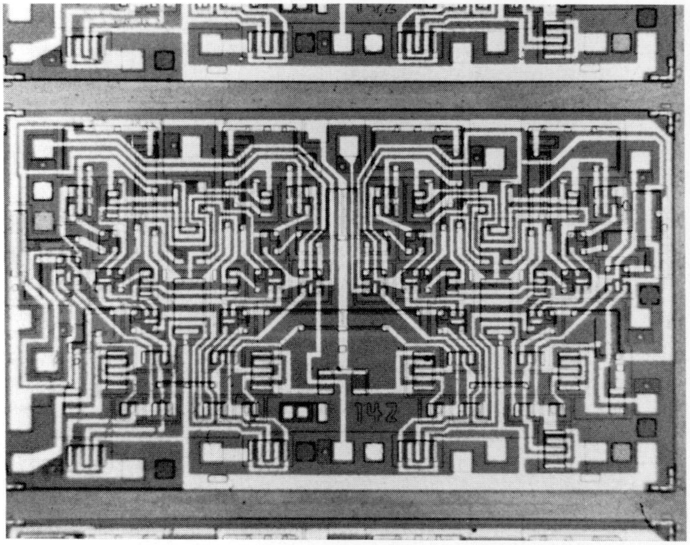
Integrierter Schaltkreis mit zwei flip-flop-Schaltungen

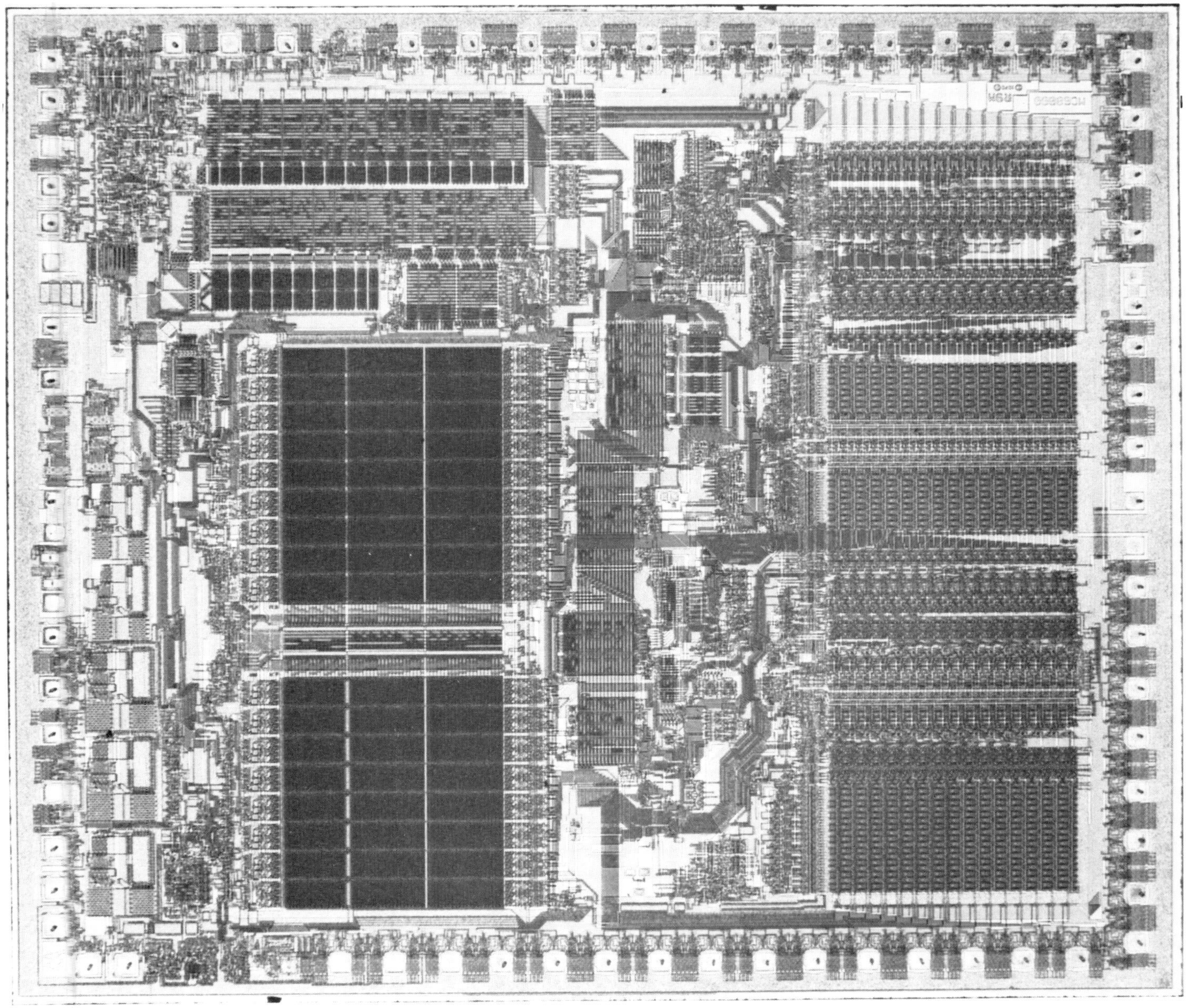

Hochintegrierter 16-Bit-Mikroprozessor MC 68000 mit etwa 70000 Bauelemente-Funktionen. Dieser Chip ist nur 6,2 mm × 7,1 mm groß

blicklichen Stand der Technik auch ohne weiteres zutrifft. Da aber taucht zur rechten Zeit an anderer Stelle ein geeignetes Fertigungsverfahren auf. Jean A. *Hoerni* entwickelt bei der neu gegründeten Firma Fairchild Semiconductor das „Planar"-Verfahren und zeigt damit den Beginn der modernen Halbleiter-Technologie an. *Hoerni* greift dabei auf vorangegangene Arbeiten von Robert N. *Noyce* und G. E. *Moore* zurück. Nunmehr steht einer industriellen Produktion integrierter Schaltkreise, nach dem englischen integrated circuit „IC" genannt, nichts mehr im Wege.
Im März 1960 kündet Fairchild die ersten ICs mit logischen Schaltungen an. Bereits 1961 fertigt Texas Instruments die ersten Digitalrechner mit derartigen Bauelementen.
Nunmehr überschreiten wir die Grenze zum Zeitalter der Mikroelektronik. Mit ihr werden die beiden zu dieser Zeit noch kleinen Firmen Fairchild und Texas Instruments zu weltbekannten Unternehmen. Überhaupt fördert die Halbleitertechnik, verbunden mit der Initiative ihrer Ingenieure und dem Wagemut derer, die das nötige Geld besitzen, die Gründung neuer Firmen. Den Anfang in diesem Reigen macht *Shockley* 1956 in Santa Clara, einem Bezirk südlich von San Francisco mit seiner Shockley-Transistor-Comp. Einige seiner Mitarbeiter errichten dann 1958 das Halbleiterwerk von Fairchild. Aus ihm entstehen durch abwandernde Mitarbeiter wiederum neue Unternehmen, im Fachjargon „Fair-children" genannt, die sich in der Nähe niederlassen und dem Tal, in dem die Werke liegen, den Namen „Silicon-Valley" einbringen.
Was mit der logischen Schaltung auf einem Chip beginnt und neben dem abermals geschrumpften Platzbedarf auch den Vorteil höherer Zuverlässigkeit durch Wegfall von Zwischenverbindungen mit sich bringt, erfährt in den nächsten 20 Jahren einen rasanten Aufschwung. Die Zahl der auf einem Chip vereinigten Transistoren verdoppelt sich praktisch von Jahr zu Jahr. Sind es 1960 noch etwa vier bis fünf Transistoren mit den dazugehörigen Widerständen, so erreicht ein 1968 entwickeltes Fertigungsverfahren, die MOS-Technik, bereits eine Packungsdichte von über 1000 Bauelementen. Sie leitet den „large scale integration" genannten Abschnitt ein, d.h. eine Halbleitertechnik mit hohem Integrationsgrad, und hat 1970 bei der von *Noyce* und *Moore* gegründeten Intel Corp. den ersten Mikroprozessor zur Folge. Dies ist das vollständige Rechen- und Steuerwerk auf einem Chip. Die Packungsdichte übersteigt nunmehr bereits die 10000er-Grenze und 1980 die magische Zahl von 100000; die „very large scale integration",

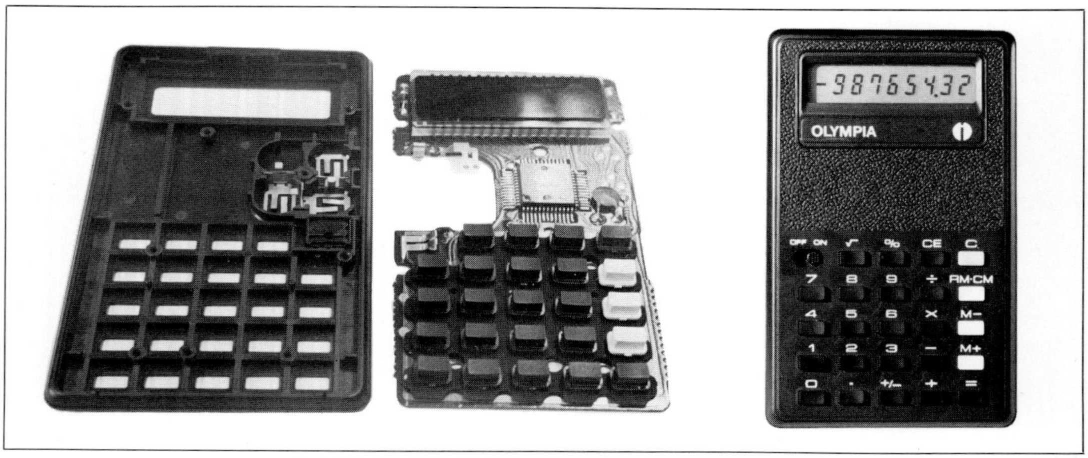

Ein Taschenrechner von außen ...
... und sein Inneres mit dem kleinen Chip, der die Funktion des Rechnens übernimmt

abgekürzt VLSI, beginnt. Bei ihr denkt man bereits an eine Million integrierter Bauelemente.
Dies alles auf einer Fläche von etwa 20 bis 30 mm^2, wer vermag sich das vorzustellen. Waren bei der Geburt des Mikroprozessors noch vier Chips für einen kompletten Mikrocomputer erforderlich, so ermöglicht die VLSI nunmehr einen vollständigen Mikrocomputer auf einem einzigen Chip.
Wo aber finden diese Entwicklungen ihre Anwendung? Beginnen wir im eigenen Haushalt. Hier ist heute der IC bereits in folgenden Geräten vorhanden: Taschenrechner, Digitaluhr, Rundfunk- und Fernsehapparat, automatische Kamera, Hörgerät, TV-Spiel- und Lernprogramme usw. Die Medizin macht im Herzschrittmacher von ihm Gebrauch. Industrie und Verwaltung finden ihn in der Daten- und Textverarbeitung. Darüber hinaus hält er seinen Einzug in den industriellen Produktionsprozeß, in die Fernmeß- und Fernsteuerungstechnik, in das Verkehrswesen und last not least in militärische Geräte und Anlagen.
Weitere Anwendungen werden hinzukommen, neue Bedürfnisse durch ihn geweckt werden. Man denke hierbei nur an den Taschenrechner.
Lassen Sie es nun genug sein mit dem Blick in die Mikrowelt der modernen Elektronik. Daß eine weitere Verkleinerung nicht ohne Probleme ist, läßt sich denken. Ob sie gelingt, wird die Zukunft zeigen. Unmöglich scheint sie nicht. Gibt es das Wort „unmöglich“ in der Elektronik heute überhaupt noch?

Vom Rechnen mit Maschinen

Die Elektronik ist nicht nur an der vor 50 Jahren noch für völlig absurd gehaltenen Möglichkeit der Landung des ersten Menschen auf dem Mond und daran, daß wir dieses Ereignis zur gleichen Zeit in unserer Wohnung auf dem Bildschirm verfolgen konnten, in hervorragender Weise beteiligt, sondern ebenso an zahlreichen anderen Errungenschaften der modernen Technik.
Ihren Ursprung nimmt die Elektronik, wie wir gesehen haben, mit der Erfindung der Elektronenröhre. Zunächst erobert sie sich die Nachrichtentechnik, und erst nachdem es gelungen ist, Röhren herzustellen, die den wesentlich härteren Anforderungen eines industriellen Einsatzes gewachsen sind, dringt sie auch hier langsam in die Steuerungs- und Regelungstechnik ein. Den endgültigen Durchbruch aber veranlaßt die Erfindung des Transistors und die damit verbundene intensive Forschung auf dem Gebiet der Halbleitertechnik.
Es ist im Rahmen dieses Buches, das sich ja vorwiegend mit den geschichtlichen Ursprüngen der verschiedenen Zweige der Elektrotechnik befaßt, nicht möglich, auf alle Anwendungsgebiete der Elektronik näher einzugehen.
Es sei daher neben Rundfunk, Fernsehen und Radartechnik noch das interessante Gebiet der elektronischen Rechenanlagen herausgegriffen.

Die Pascalsche Rechenmaschine aus dem Jahre 1642

Babbage plant die erste Rechenanlage

Der Gedanke, zur Lösung bestimmter Rechenaufgaben anstelle des Menschen Maschinen heranzuziehen, geht bis in das 17. Jahrhundert zurück, in dessen Mitte Blaise

Pascal die erste mechanisch arbeitende Rechenmaschine zum Addieren und Subtrahieren herstellt. Gottfried Wilhelm *Leibniz* erweitert sie rund 50 Jahre später zur Vierspezies-Maschine, die nun auch multipliziert und dividiert.
Eine mechanische Rechenmaschine, die über das bis dahin Erreichte weit hinaus geht und nicht nur eine bestimmte Rechenoperation ausführen, sondern ohne menschlichen Zugriff sogar eine ganze Folge von Operationen nacheinander vornehmen kann, plant in kühnem Gedankenflug 1833 der Engländer Charles *Babbage,* Professor für Mathematik an der Universität Cambridge. Seine Einrichtung enthält bereits alle wesentlichen Merkmale einer modernen Rechenanlage, also Rechenwerk, Speicher und Steuerung. Ein Lochstreifen, wie ihn Joseph Marie *Jacquard* 1808 für die Steuerung von Webstühlen eingeführt hat, soll dem Rechner die Operationsbefehle eingeben.
An der praktischen Verwirklichung seiner Idee aber scheitert *Babbage,* denn er überfordert die technischen Möglichkeiten der damaligen Zeit erheblich. Allein der nach seinen Plänen für 1000 Plätze zu je 50 Stellen ausgelegte Speicher müßte 50 000 Zifferrädchen enthalten. Erst die Elektrotechnik ist dieser genialen Idee rund 100 Jahre später gewachsen.
Sie hält ihren Einzug mit den elektromechanischen Lochkartenmaschinen des Deutsch-Amerikaners Hermann *Hollerith.* 1860 als Sohn eines aus der Pfalz eingewanderten Gymnasiallehrers geboren, besucht er die Columbia Universität in New York, wird Bergwerksingenieur und Mitarbeiter einer Behörde, die sich statistischen Aufgaben widmet. Hier lernt *Hollerith* anläßlich der zehnten amerikanischen Volkszählung 1880/82 den ungeheuren Aufwand kennen, der mit der manuellen Auswertung der Zählung verbunden ist.
Auf der Suche nach anderen einfacheren Wegen entwirft er ein in Felder eingeteiltes Zählblättchen, das an den zutreffenden Merkmalen der Umfrage abgelocht wird. Bei der Auswertung fühlen Stifte die Felder dieser Lochkarte ab und schließen dort, wo sie auf ein Loch stoßen, elektrische Kontakte, die ihrerseits Zählwerke um einen Schritt weiterschalten. Nach ersten Anwendungen 1889

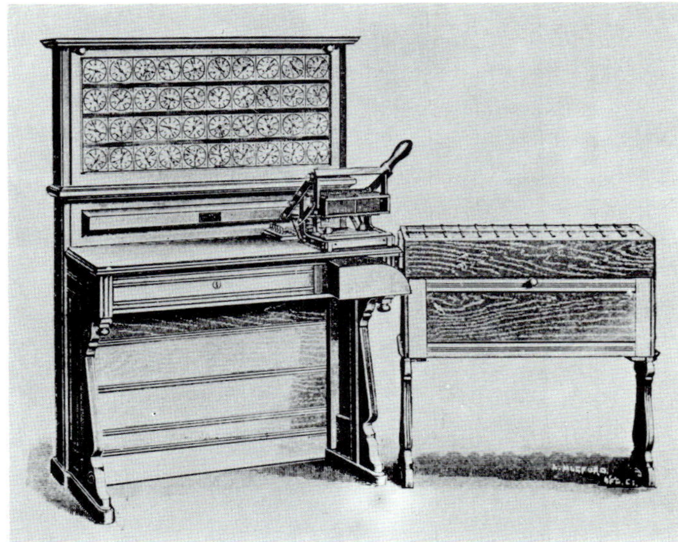

Erste elektrische Lochkartenapparatur von *Hollerith* aus dem Jahre 1888, links die Kontaktpresse und die Zählwerke, rechts der Sortierkasten

in der Stadtverwaltung von Baltimore, im Staat New Jersey und in New York wird das neue Verfahren mit 43 Zählmaschinen bei der elften amerikanischen Volkszählung 1890 erfolgreich eingesetzt und erledigt die Arbeit in einem Bruchteil der bisher benötigten Zeit.
Dieser beachtliche Vorteil verbreitet die Lochkartentechnik in den nächsten Jahren für statistische Zwecke rasch über Amerika und Europa. Zur Herstellung der entsprechenden maschinellen Einrichtungen gründet *Hollerith* 1896 die Tabulating Machine Company, aus der 1924 die International Business Machines Corporation hervorgeht.
Im Laufe der Zeit befassen sich weitere Konstrukteure mit Lochkartenmaschinen, darunter der Norweger Frederik Rosing *Bull,* mit dessen Patenten 1931 in Paris die Compagnie des machines Bull ihre Produktion aufnimmt. Die Geräte werden immer mehr vervollkommnet, die Auswert- und Sortiervorgänge bald automatisiert und die

Ergebnisse über Schnellschreiber ausgegeben. Sie erhalten Stecktafeln zur Vorgabe des Arbeitsprogramms und schließlich auch kleine Rechenwerke.
Zu den anfänglichen reinen Zählaufgaben gesellen sich dadurch zahlreiche weitere Anwendungen in den verschiedenen Zweigen der Wirtschaft und Verwaltung. Nur in die Probleme der Forschung, der Technik und der Mathematik kann sich das Lochkartenverfahren infolge seiner beschränkten Programmierbarkeit nicht in größerem Umfang einführen.
Die Arbeiten an einer Rechenanlage, die derartigen Anwendungen gewachsen ist, beginnen in der zweiten Hälfte der 30er Jahre etwa gleichzeitig in Deutschland und den USA. Die ersten Erfolge erzielt der Berliner Konrad *Zuse*. Nach einem Studium des Bauingenieurwesens an der Technischen Hochschule seiner Heimatstadt wird *Zuse* zunächst Statiker in einem Flugzeugwerk, beschließt aber 1936, seine Stellung aufzugeben und sich privat der Entwicklung eines Rechners zu widmen, der die zahlreichen in der Statik erforderlichen ähnlichen Berechnungsgänge automatisch durchführt.
Nachdem *Zuse* 1937 mit eigenem Geld in Heimarbeit ein mechanisches Rechenwerk fertiggestellt hat, geht er zur elektromechanischen Ausführung mit Relais über und kann 1941 den im Auftrage der Deutschen Versuchsanstalt für Luftfahrt gefertigten ersten programmgesteuerten Digitalrechner der Welt vorführen, den Zuse Z 3. Dieser arbeitet mit 2600 Relais und vermag in der Sekunde 15 bis 20 arithmetische Operationen auszuführen. Eine Multiplikation dauert vier bis fünf Sekunden.

Der erste von *Zuse* 1941 entwickelte programmgesteuerte Digitalrechner der Welt, der Z 3. Er hat 2600 Relais

In der Zwischenzeit beginnt in Amerika Howard H. *Aiken*, der sich seit 1937 an der Harvard Universität in Cambridge/Mass. dem Thema Rechner widmet, mit dem Bau der ersten Großrechenanlage. Sie wird unter dem Namen Mark I 1944 in Betrieb genommen, besteht aus Relais, Zählern und Baugruppen von IBM-Lochkartenmaschinen und eignet sich für umfangreiche wissenschaftliche Aufgaben.
Sowohl *Zuse* als auch *Aiken* und verschiedene andere Stellen fertigen noch eine Reihe weiterer elektromechanischer Rechner. Als aber J. P. *Eckert* und J. W. *Mauchley* im Mai 1946 die an der Moore School of Electrical Engineering der Universität in Philadelphia hergestellte erste vollelektronische Rechenanlage ENIAC einschalten, kündet sich das Ende der elektromechanischen Rechner an.

Der Siegeszug beginnt mit der Elektronik

Bereits 1937 zieht H. *Schreyer* in Deutschland die Anwendung von Elektronenröhren in Betracht. Seine Vorversuche zeigen jedoch, daß die derzeit lieferbaren Rundfunkröhren für diesen Zweck wenig brauchbar erscheinen. Obwohl die Telefunken-Gesellschaft nach seinen Angaben besser geeignete Spezialröhren fertigt, werden die Arbeiten mangels Interesse zuständiger Stellen 1942 eingestellt.
Bald danach beginnen *Eckert* und *Mauchley* mit dem Bau ihres ENIAC (Electronic Numerical Integrator and Computer). Es wird ein Monstrum von 30 Tonnen Gewicht, hat 17 468 Röhren und verbraucht die respektable Leistung von nahezu 200 kW. Sein Speicher ist im Verhältnis zu heutigen Rechnern winzig, denn er vermag nicht mehr als 20 zehnstellige Zahlen aufzunehmen. Andererseits aber, und da offenbart sich der enorme Vorteil der Elektronik, ist er um vieles schneller als die Relaisrechner. Eine Multiplikation dauert bei ihm nur 2,8 ms gegenüber 6 s beim Mark I.
Fast 18 000 Röhren in einer einzigen Anlage sind allerdings nicht ohne Probleme, denn sie erzeugen in beträchtlichen Mengen unerwünschte Wärme und bilden einen erheblichen Unsicherheitsfaktor. Rechnet man mit einer mittleren Lebensdauer der einzelnen Röhre von etwa 500 Betriebsstunden, so fällt statistisch gesehen alle zwei Minuten eine von ihnen aus und legt den Rechner still. Nur rechtzeitiger und überaus großzügiger Röhrenwechsel verbessert diese Situation. Immerhin bringt es der ENIAC während seines neunjährigen Einsatzes auf 8000 Arbeitsstunden.
Im Laufe der nächsten Jahre entsteht eine beträchtliche Anzahl röhrenbestückter Rechner, darunter von *Aiken* der Mark III und IV, von *Eckert* und *Mauchley* der EDVAC und das UNIVAC-System, dessen Fertigung später die Remington-Rand Corporation übernimmt, sowie Zuses Z 22. Die IBM erscheint ebenfalls mit Elektronenrechnern auf dem Markt.
Nicht nur die Röhre hält auf diese Weise Einzug in die Rechnertechnik, sondern mit ihr auch neue, der schnelleren Arbeitsweise angepaßte Verfahren zur Speicherung der Daten, von denen die magnetischen als Platten-, Band-, Trommel- und Ferritkernspeicher am Ende das Feld beherrschen und unvergleichlich mehr Zeichen aufnehmen können als ihre Vorgänger, die Relais- und Röhrenspeicher.
Eine neue Ära, die zweite Generation elektronischer Rechenanlagen bricht mit dem Transistor an, nachdem dieser innerhalb weniger Jahre zum fertigungsreifen Bauelement entwickelt worden ist und in großen Stückzahlen auf dem Markt erscheint. Er wiederum weicht in der dritten Rechnergeneration den integrierten Schaltkreisen, die einen weiteren Fortschritt der Halbleitertechnik darstellen.
Der Einsatz von Halbleitern läßt die äußeren Abmessungen der Rechenanlagen erheblich zusammenschrumpfen, so daß auch der Bau von Tischrechnern möglich wird. Ebenso geht der Leistungsverbrauch auf einen Bruchteil der ursprünglichen Werte zurück. Der erste Großrechner mit Transistoren, der 1957 hergestellte TRANSAC-S-1000 der Philco Corporation, verbraucht mit 1,2 kW nicht einmal mehr $^{1}/_{100}$ derjenigen Leistung des ENIAC. Außerdem steigt die Rechengeschwindigkeit abermals an. Der TRANSAC erledigt eine Multiplikation in 130 µs.

Nachdem sich in Deutschland zunächst wissenschaftliche Institute mit kleineren Rechnern befaßt haben, nimmt Mitte der 50er Jahre die Elektroindustrie eine eigene Entwicklung und Fertigung von digitalen Rechenanlagen auf und beginnt ab 1958 ihre Prototypen vorzuführen, Siemens & Halske den Rechner 2002, die Standard Elektrik den ER 56 und Telefunken ihren TR 4. Letzterer ist zu diesem Zeitpunkt der größte in Europa entwickelte Rechner und seine Rechenzeiten sind mit 30 μs für die Multiplikation nochmals beträchtlich verkürzt.
Die ersten Anwendungen der digitalen Rechner beschränken sich auf wissenschaftliche und militärische Gebiete.

Die Großrechenanlage TR 440.
Ein Rechner der dritten Generation
mit integrierten Schaltkreisen

Mit Beginn der 50er Jahre bedient sich ihrer dann nach und nach die private Wirtschaft Amerikas für Aufgaben der Verwaltung und des innerbetrieblichen Rechnungswesens. Die Verwendung großen Stils beginnt mit der Einführung erhöhter Speicherkapazitäten und vor allen Dingen durch die Halbleitertechnik, weil mit ihr der Raumbedarf und die Unterhaltskosten der Anlagen auf ein wirtschaftlich vertretbares Maß zurückgehen und die Betriebssicherheit den erforderlichen Grad erreicht. Der Bedarf an elektronischen Rechenanlagen steigt dadurch sprunghaft an.
Schließlich kristallisiert sich noch ein weiteres spezielles Anwendungsgebiet heraus, das der Datenverarbeitung, bei dem es nicht so sehr auf umfangreiche und schwierige Rechenoperationen ankommt, sondern vielmehr auf die Sammlung und Auswertung zahlreicher Meßwerte und die daraus abgeleiteten Befehle zur optimalen Steuerung oder Regelung technischer Prozesse. Als Prozeßrechner spielt die vollelektronische Rechenanlage daher heute in der Automatisierung fast aller Industriezweige die maßgebende Rolle. Hierbei können ihr auch zusätzliche verwaltungsmäßige Aufgaben übertragen werden.
In Zukunft wird die Elektrotechnik und insbesondere die Elektronik die kulturelle Entwicklung des Menschen in noch stärkerem Maße beeinflussen als dies bisher der Fall gewesen ist. Welche Auswirkungen die Elektrotechnik in der Vergangenheit gehabt hat, lehrt uns ihre Geschichte, deren wichtigste Ereignisse wir in diesem Buch verfolgt haben. Welche Wege sie in der Zukunft gehen wird, läßt sich nur ahnen.
Forschung und technische Anwendung auf dem Gebiet der Elektrizität haben einen Stand erreicht, an den frühere Generationen nicht einmal im Traum dachten. Rundfunk, Fernsehen, Telephon, Schallplatte, Tonband, ja selbst die Glühlampe sind Dinge, die vor rund 100 Jahren noch völlig unbekannt, heute eine selbstverständliche Notwendigkeit geworden sind. Warum sollte es im kommenden Jahrhundert anders sein? Auch das wird technische Möglichkeiten schaffen, an die wir heute kaum denken.
In unserer Hand liegt es, diese Zukunft zum Wohle der Menschheit zu gestalten. Ein Rückblick in die Vergangenheit kann dazu manchen Hinweis geben.

Anhang

Schrifttum

Allgemeine Werke

[1] F. Cajori: A History of Physics. New York 1929, Nachdruck 1962
[2] L. Darmstaedter: Handbuch zur Geschichte der Naturwissenschaften und der Technik. Berlin 1908
[3] G. Dettmar: Die Entwicklung der Starkstromtechnik in Deutschland bis 1890. Berlin 1940
[4] P. Dunsheath: A History of Electrical Engineering. London 1962
[5] F. Fraunberger: Elektrizität im Barock. Köln
[6] O. Frölich: Handbuch der Elektricität und des Magnetismus. Berlin 1887
[7] H. Hartmann: Lexikon der Nobelpreisträger. Berlin 1967
[8] E. Hoppe: Geschichte der Physik. Braunschweig 1926, Nachdruck 1965
[9] E. Hoppe: Geschichte der Elektrizität. Leipzig 1884
[10] C. J. Hylander: Amerikanische Erfinder. München 1947
[11] B. Jaffe: Männer der Forschung in Amerika. New York 1944
[12] M. von Laue: Geschichte der Physik. Berlin 1959
[13] L. Leprince-Ringuet: Die berühmten Erfinder, Physiker und Ingenieure. Köln
[14] S. F. Mason: Geschichte der Naturwissenschaft. Stuttgart 1961
[15] C. Matschoss: Männer der Technik. Berlin 1925
[16] G. Siemens: Der Weg der Elektrotechnik, Geschichte des Hauses Siemens. Freiburg/München 1961
[17] B. Schweder: Forschen und Schaffen. Der Anteil der Allgemeinen Elektricitäts-Gesellschaft an der Entwicklung der deutschen Technik. Berlin 1963
[18] H. Voigt: Nachdenkliches und Heiteres aus den ersten Jahrzehnten der Elektrotechnik. Leipzig 1925
[19] Encyclopaedia Britannica. London 1962
[20] 50 Jahre AEG. Berlin 1956
[21] Annalen der Physik und Chemie ab 1799
[22] Elektrotechnische Zeitschrift ab 1880

Die göttliche Kraft

[23] F. Heiler: Die Religionen der Menschheit in Vergangenheit und Gegenwart. Stuttgart 1959
[24] R. Hennig: Die Frühkenntnis der magnetischen Nordweisung. Beiträge zur Geschichte der Technik und Industrie 14 (1924), S. 242/261
[25] P. F. Meyer – Waarden: Elektrische Fische. Elektrotechn. Zeitschr. – B 6 (1954), S. 171/176
[26] P. Peregrinus: (Brief-Nachdruck) in: Hellmann's Neudrucke von Schriften und Karten über Meteorologie und Erdmagnetismus No 10, Berlin 1898
[27] A. von Urbanitzky: Elektrizität und Magnetismus im Alterthume. Leipzig 1887

Vis electrica

[28] G. M. Bose: Tentamina electrica in academiis regiis. Wittenberg 1744
[29] G. M. Bose: Die Electricität nach ihrer Entdeckung und Fortgang mit poetischer Feder entworfen. Wittenberg 1744
[30] Ch. A. de Coulomb: Vier Abhandlungen über die Elektricität und den Magnetismus (1785–1786). Ostwald's Klassiker der exakten Wissenschaften Nr 13
[31] C. Dufay: Versuche und Abhandlungen von der Electricität derer Körper, welche er bei der Königlichen Academie derer Wissenschaften zu Paris in denen Jahren 1733 bis 1737 vorgestellt. Erfurth 1745
[32] B. Franklin: Experiments and Observations on Electricity made at Philadelphia in America. London 1751 Deutsche Ausgabe in:
[33] Des Herrn D. Benjamin Franklin's sämtliche Werke. Herausgegeben von G. T. Wenzel. Dresden 1780
[34] W. T. Franklin: Benjamin Franklins Leben und Schriften. Herausgegeben von A. Binzer. Kiel 1829
[35] W. Gilbert: De magnete, magnetisque corporibus, et de magno magnete tellure; Physiologia nova. London 1600. Englische Übersetzung von P. F. Mottelay. New York 1893, Nachdruck 1958
[36] G. Gralath: Geschichte der Electricität. Versuche und Abhandlungen naturforsch. Ges. Dantzig 1747, 1754, 1756
[37] O. von Guericke: Experimenta nova (ut vocantur) Magdeburgica de vacuo spatio. Amsterdam 1672
[38] O. von Guericke: Neue Magdeburger Versuche über den leeren Raum. Herausgegeben von H. Schimank. Düsseldorf 1968 (Deutsche Ausgabe)
[39] F. Hauksbee: Physico – Mechanical experiments on various subjects. London 1709 und 1719
[40] G. Chr. Lichtenberg: Über eine neue Methode die Natur und die Bewegung der elektrischen Materie zu erforschen. Ostwald's Klassiker Nr 246
[41] J. C. Maxwell: The Electrical Researches of the Honorable Henry Cavendish. London 1879
[42] U. Neubert: Elektrostatik in der Technik. München 1954
[43] J. A. Nollet: Leçons de physique expérimentale. Paris 1743
[44] J. Priestley: The history and present state of electricity with original experments. London 1767 Deutsche Ausgabe:
[45] J. Priestley: Geschichte und gegenwärtiger Zusand der Elektricität nebst eigenthümlichen Versuchen. Herausgegeben von G. Krünitz. Berlin und Stralsund 1772
[46] W. Watson: Expériences et observations pour servir à l'explication de la nature et des propriétés de l'électricité. Paris 1748
[47] J. H. Winkler: Die Stärke der elektrischen Kraft des Wassers an gläsernen Gefässen, welche durch den Musschenbroekschen Versuch bekannt geworden. Leipzig 1746
[48] J. H. Winkler: Gedanken von den Eigenschaften, Wirkungen und Ursachen der Elektricität. Leipzig 1744
[49] R. Hennig: Aus der Geschichte des Blitzableiters. Beiträge zur Geschichte der Technik und Industrie 16 (1926), S. 183/199
[50] H. Israel: Meteorologie des Gewitters. Elektrotechn. Zeitschr. – A 82 (1961), S. 225/231
[51] H. Prinz: 200 Jahre Experimentierkunst mit Reibungselektrizität. Bull. SEV 55 (1964), S. 3/21
[52] H. Schimank: Geschichte der Elek-

trisiermaschine bis zum Beginn des 19. Jahrhunderts. Zeitschr. f. techn. Physik 16 (1935), S. 245/254

[53] E. T. Whitaker: A History of the Theories of Aether and Electricity from the Age of Descartes to the Nineteenth Century. London 1910

[54] F. Wolf: Gewitter. Phys. Blätter 17 (1961), S. 501/512

[55] –: Davy's tragbarer Wetterableiter im Spazierstock. Dinglers Polyt. Journal 9 (1822), S. 133

Die Zeit der großen Entdeckungen

[56] A. M. Ampère: Mémoire. Annales de Chimie et de Physique 15 (1820), S. 59/76 und 170/218

[57] H. Davy: Elektrochemische Untersuchungen. Ostwald's Klassiker Nr 45

[58] M. Faraday: Experimental Researches in Electricity. London 1839
Deutsche Ausgabe:

[59] M. Faraday: Experimental-Untersuchungen über Elektricität. Herausgegeben von S. Kalischer. Berlin 1889

[60] M. Faraday: Entwurf einer Geschichte des Elektromagnetismus. Enthalten in [59]

[61] Faraday's Diary. Herausgegeben von Th. Martin. London 1932–1936

[62] A. Galvani: Abhandlung über die Kraft der Elektricität bei der Muskelbewegung. Ostwald's Klassiker Nr 52

[69] J. Henry: Electrical self-induction in a long helical wire. American Journ. of science 22 (1832), S. 408

[64] H. Hertz: Untersuchungen über die Ausbreitung der elektrischen Kraft. Leipzig 1892 (Eine Zusammenfassung seiner in: Pogg. Ann. 140 (1870), S. 541 und Wied. Ann. 31 (1887), S. 421 u. 983; 34 (1888), S. 155, 273, 551 u. 610; 36 (1889), S. 1 u. 769; 37 (1889), S. 395 sowie 42 (1891), S. 407 erschienenen Arbeiten)

[65] W. T. B. Holtz: Über eine neue Elektrisiermaschine. Pogg. Ann. der Physik 126 (1865), S. 157/171

[66] H. A. Lorentz: Versuche einer Theorie der elektrischen und optischen Erscheinungen in bewegten Körpern. Leiden 1895

[67] J. C. Maxwell: A Treatise on Electricity and Magnetism. Cambridge 1873
Deutsche Ausgabe:

[68] J. C. Maxwell: Lehrbuch der Elektricität und des Magnetimus. Berlin 1883

[69] J. C. Maxwell: Über Faraday's Kraftlinien. Ostwald's Klassiker Nr 69

[70] Chr. Oersted: Zur Entdeckung des Elektromagnetismus (1820–1821). Ostwald's Klassiker Nr 63

[71] Chr. Oersted: Versuche über die Wirkung des elektrischen Conflicts auf die Magnetnadel. Gilbert's Ann. der Phys. 66 (1820), S. 295

[72] G. S. Ohm: Bestimmung des Gesetzes, nach welchem Metalle die Contaktelektricität leiten. Schweigger's Journal für Chemie und Physik 46 (1826), S. 144

[73] G. S. Ohm: Die galvanische Kette, mathematisch bearbeitet. Berlin 1827, Nachdruck 1965

[74] J. W. Ritter: Versuche und Bemerkungen über den Galvanismus. Voigt's Magazin für Naturkunde 4 (1801), S. 575/661; 6 (1803), S. 97/129 u. 181/215

[75] J. W. Ritter: Neue Versuche und Bemerkungen über den Galvanismus. Gilb. Ann. der Physik 19 (1805), S. 1/44

[76] A. Toepler: Über die Erzeugung einer eigenthümlichen Art von intensiven elektrischen Strömen vermittelst eines Influenz-Elektrometers. Pogg. Ann. der Physik 125 (1865), S. 469/496

[77] A. Volta: Briefe über die thierische Elektricität. Ostwald's Klassiker Nr 114

[78] A. Volta: Untersuchungen über den Galvanismus. 1796–1800. Ostwald's Klassiker Nr 118

[79] C. A. Crommelin: Die Elektrisiermaschine des Dr. Deiman und deren Verfertiger John Cuthbertson. Zeitschr. f. techn. Physik 17 (1936), S. 105/108

[80] O. P. Krämer, R. Weiner und M. Fett: Die Geschichte der Galvanotechnik. Saulgau 1959

[81] A. Mieli: Alessandro Volta. Beiträge zur Geschichte der Technik 17 (1927), S. 51/54

[82] J. Zenneck: Georg Simon Ohm. Berlin 1939

Ein neues Zeitalter beginnt

[83] H. Beckmann: Zur Geschichte des Akkumulators und der Akkumulatoren-Fabrik-Aktiengesellschaft. Beiträge zur Geschichte der Technik und der Industrie 14 (1924), S. 242/261

[84] E. Hoppe: Die Akkumulatoren für Elektricität. Berlin 1898

[85] E. Hoppe: Die geschichtliche Entwicklung des Akkumulators. Beiträge zur Geschichte der Technik und der Industrie 1 (1909), S. 145/175

[86] G. Leclanché: Pile au peroxyde de manganèse à seul liquide. Les Mondes 16 (1868), S. 532

[87] B. Nadolny und W. Treue: VARTA, Ein Unternehmen der Quandt-Gruppe 1888–1963. München 1964

[88] H. Rempel: Hundert Jahre Braunstein-Elemente. Elektrotechn. Zeitschr.-B 18 (1966), S. 860/863

[89] W. J. Sinsteden: Versuche über den Grad der Continuität und die Stärke des Stromes eines größeren magnetoelektrischen Rotations-Apparates und über die eigenthümliche Wirkung der Eisendrahtbündel in den Inductionsrollen dieses Apparates. Pogg. Ann. der Physik 92 (1854), S. 1 u. 220

[90] C. M. (Brief). Scots Magazine Bd. XV vom 17. 2. 1753

[91] H. M. Field: History of the Atlantic Telegraph. New York 1869

[92] G. R. M. Garratt: Aus den Anfängen der Telegraphie. Philips Techn. Rdsch. 26 (1965), S. 317/334

[93] Th. Karrass: Geschichte der Telegraphie. Braunschweig 1909

[94] Du Moncel: Traité théorique et practique de télégraphie électrique. Paris 1864

[95] F. Ronalds: Description of an Electric Telegraph. London 1823

[96] H. Schellen: Der elektromagnetische Telegraph. Braunschweig 1850.

[97] W. von Siemens: Lebenserinnerungen. München 1956

[98] E. Zetzschke: Handbuch der elektrischen Telegraphie. Berlin 1881

[99] E. Zetzschke: Ein Blick auf das Wesen und die Entwicklung der elektrischen Telegraphie. Offizielle Zeitung der Internat. Elektrotechn. Ausstellung. Frankfurt 1891, S. 50/52, 104/105 und 140/143

[100] –: Die indo-europäische Telegraphenlinie. Ztschr. d. deutsch-österr. Telegraphenvereins XIV (1867), S. 154/174
[101] –: 75 Jahre Lorenz 1880–1955, Festschrift der Lorenz Aktiengesellschaft. Stuttgart 1955
[102] A. Bernstein: Die elektrische Beleuchtung. Berlin 1880
[103] B. von Czudnochowski: Das elektrische Bogenlicht. Leipzig 1906
[104] B. Duschnitz: 125 Jahre elektrisches Glühlicht. Elektrotechn. Zeitschr. 49 (1928), S. 1111/1116
[105] B. Duschnitz: Der Werdegang des elektrischen Lichtbogens. Phys. Zeitschr. 31 (1930), S. 232/240
[106] W. Gurski: Zur Vor- und Frühgeschichte der Gasentladungslampe. Lichttechnik 12 (1960), S. 663/668
[107] W. Geiss: Bi-Arlite de nieuwe huisverlichtingslampen. Electrotechniek 11 (1933), S. 219
[108] E. Rathenau: Das Edison-Licht. Berlin 1882
[109] A.T. & T.Co: Events in Telephone History. New York 1958
[110] A.T. & T.Co.: The Career of Alexander Graham Bell. New York 1947
[111] F. G. C. Baldwin: The History of the Telephone in the United Kingdom. London 1925
[112] A. E. Dolbear: The Telephone. New York 1877
[113] E. Horstmann: 75 Jahre Fernsprecher in Deutschland. 1877–1952. Bundesministerium für das Post- und Fernmeldewesen 1952
[114] G. B. Prescott: The speaking telephone. New York 1878
[115] J. Ph. Reis: Über Telephonie durch den galvanischen Strom. Jahres-Ber. des phys. Vereins zu Frankfurt am Main für das Rechnungsjahr 1860 bis 1861
[116] A. Roth: Das Telephon und sein Werden. Berlin 1927
[117] V. Wietlisbach: Handbuch der Telephonie. Wien, Pest, Leipzig 1899
[118] F. Bergtold: Das Füllschriftverfahren für Schallplatten. Elektrotechn. Zeitschr.-B 6 (1954), S. 15/16
[119] A. Forstmann: Über elektrische Schallplattenaufnahme und Wiedergabe. Elektrotechn. Zeitschr. 52 (1931), S. 1080/1083, 1114/1117 u. 1169/1171
[120] H. A. Frederick und H. C. Harrison: Vertically cut sound records. Trans. AIEE 51 (1932), S. 987/992
[121] R. Gelatt: The Fabulous Phonograph. London 1955
[122] G. Goebel: 40 Jahre Lichttonfilm. Elektrotechn. Zeitschr.-B 14 (1962), S. 554/558
[129] W. Haas und U. Klever: Die Stimme seines Herrn. Eine Geschichte der Schallplatte. Frankfurt 1959
[124] E. W. Kellogg: Electrical Reproduction from Phonograph Records. Trans. AIEE 46 (1927), S. 903/911
[125] J. Klinkmüller: Zur Geschichte der elektromagnetischen Schallaufzeichnung. Elektrotechn. Zeitschr.-B 7 (1955), S. 48/50
[126] H. Lichte und A. Narath: Physik und Technik des Tonfilms. Leipzig 1945
[127] C. Matschoss: Zur Erfindung des Phonographen. Beiträge zur Geschichte der Technik und Industrie 1 (1909), S. 272/275
[128] J. P. Maxfield und H. C. Harrison: Methods of High Quality Recording and Reproducing of Music and Speech based on Telephone Research. Trans. AIEE 45 (1926), S. 334/348
[129] O. Messter: Mein Weg mit dem Film. Berlin 1936
[130] E. Nesper: Tönender Film. Elektrotechn. Zeitschr. 43 (1922), S. 1305/1307
[131] C. Riess: Knaurs Weltgeschichte der Schallplatte. Zürich 1966
[132] W. Roth: Das neue Video-System Bildplatte. Funktechnik 25 (1970), S. 511/516
[133] E. Ruhmer: Das Photographophone. Phys. Zeitschr. 2 (1900/1901), S. 498/500
[134] E. Schwandt: Die Vervollkommnung der Schallplatte. Elektrotechn. Zeitschr. 71 (1950), S. 426, 427
[135] O. Smith: Some Possible Forms of Phonograph. The Electrical World 1888
[136] H. Vogt: Die Erfindung des Tonfilms. Erlau 1954

Aufstieg zur Weltmacht Elektrizität

[137] M. von Dolivo-Dobrowolsky: Aus der Geschichte des Drehstroms. Elektrotechn. Zeitschr. 38 (1917), S. 341/344, 354/357, 366/369 u. 376/377
[138] M. Faraday: Über einige neue elektromagnetische Bewegungen und über die Theorie des Magnetismus. Enthalten in [59]
[139] A. Guerout: L'Histoire des machines. La Lumière electrique 7 (1882), S. 5/16
[140] J. N. P. Hachette: Nouvelle construction d'une machine électromagnétique. Ann. de Chimie et de Phys. 50 (1832), S. 322/324
[141] F. Hillebrand: Zur Geschichte des Drehstroms. Elektrotechn. Zeitschr.-A 80 (1959), S. 409/421 u. 453/461
[142] B. G. Lamme: The story of the induction motor. Journal AIEE (1921), S. 203/223
[143] O. Mahr: Die Entstehung der Dynamomaschine. Berlin 1941
[144] P. M. (Brief): Pogg. Ann. der Physik 27 (1833), S. 391/392
[145] A. Pacinotti: Descrizione di una machinetta elettro- magnetica. Il Nuovo Cimento 19 (1863), S. 378/384
[146] W. Siemens: Über eine neue Construktion magneto-elektrischer Maschinen. Pogg. Ann. der Physik 101 (1857), S. 271/274
[147] W. Siemens: Über die Umwandlung von Arbeitskraft in electrischen Strom ohne Anwendung permanenter Magnete. Monatsberichte der Königlich Preussischen Akademie der Wissenschaften zu Berlin. Berlin 1868, S. 55/58
[148] C. W. Siemens: On the conversion of dynamical into electrical force without the aid of permanent magnetism. Proc. Roy. Soc. 15 (1867), S. 367/369
[149] W. J. Sinsteden: Versuche über den Grad der Continuität und der Stärke des Stromes eines grösseren magnetoelektrischen Apparates und über die eigenthümliche Wirkung der Eisendrahtbündel in den Inductionsrollen dieser Apparate. Pogg. Ann. der Physik 92 (1854), S. 1 und 220
[150] N. Tesla: A new system of alternate current motors and transformers. Trans. AIEE 5 (1887/88), S. 308/325
[151] H. Wagemann: Anyos Jedlik. Beiträge zur Geschichte der Technik und

Industrie 21 (1931/32), S. 158/160
[152] Ch. Wheatstone: On the augmentation of the power of a magnet by the reaction thereon of currents induced by the magnet itself. Proc. Roy. Soc. 15 (1867), S. 369/372
[153] –: L'origine de la machine de l'Alliance. L'Electricité 4 (1881), S. 154
[154] M. von Dolivo-Dobrowolsky: Kraftübertragung mittels Wechselstrom verschiedener Phase (Drehstrom). Elektrotechn. Zeitschr. 12 (1891), S. 149 u. 161
[155] A. Du Bois-Reymond: Aus der „Transformatorenschlacht" in der Society of Telgraph Engineers and Electricians. Elektrotechn. Zeitschr. 9 (1888), S. 551/556
[156] J. Förster und F. Hölters: Hochspannungs-Gleichstrom-Übertragung. AEG-Mitt. 56 (1959), S. 403/408
[157] A. Th. Gross: Zeittafel zur Entwicklung der Elektrizitäts-Versorgung. Beiträge zur Geschichte der Technik und Industrie 25 (1936), S. 126/138
[158] J. W. Lieb: The historic Pearl Street New York Edison Station. Published 1904 by the Association of Edison Illuminating Companies.
[159] O. von Miller: Über die von der Deutschen Edison Gesellschaft ausgeführten Zentralanlagen. Elektrotechn. Zeitschr. 6 (1885), S. 325/330 u. 510/513
[160] R. von Miller: Ein Halbjahrhundert deutsche Stromversorgung aus öffentlichen Elektrizitätswerken. Beiträge zur Geschichte der Technik und Industrie 25 (1936), S. 111/125
[161] E. F. G. Pein: Das Elektroflutwerk Husum. Elektrotechn. Zeitschr. 33 (1912), S. 1077/1079 u. 1105/1107
[162] W. L. Randell: S. Z. de Ferranti. London 1946
[163] R. Rühlmann: Die elektrische Kraftübertragung zwischen Creil und Paris. Elektrotechn. Zeitschr. 7 (1886), S. 380/384
[164] L. Schüler: Geschichte des Transformators. Elektrotechn. Zeitschr. 38 (1917), S. 185/188, 201/203, 213/216 u. 231/234
[165] W. Schulz: Entwicklung der elektrischen Heizung im 19. Jahrhundert. Beiträge zur Geschichte der Technik und Industrie 21 (1931/32), S. 12/24
[166] R. Thury: Kraftübertragung auf große Entfernung durch hochgespannten Gleichstrom. Elektrotechn. Zeitschr. 51 (1930), S. 114/122
[167] F. Uppenborn: Die Kraftübertragung Lauffen-Frankfurt a. M. Elektrotechn. Zeitschr. 13 (1892), S. 379/382 u. 388/389
[168] „Elektrizität", Offizielle Zeitung der „Internationalen Elektrotechnischen Ausstellung", Frankfurt 1891
[169] –: Gutachten betreffend elektrische Beleuchtung der Stadt Frankfurt. Elektrotechn. Zeitschr. 11 (1890), S. 109/113, 129/132, 149/152, 160/163, 179/181, 194/195 u. 213/215
[170] –: Die größten Wasserkraftwerke und Stauseen der Welt. Energie u. Technik 21 (1969), S. 29/29
[171] Notizen zur elektrischen Hinrichtung siehe: Elektrotechn. Zeitschr. 9 (1888), S. 414; 11 (1890), S. 266, 291, 352, 467, 488 u. 667; 12 (1891), S. 391, 402, 440 u. 706
[172] D. Bäzold und G. Fiebig: Archiv elektrischer Lokomotiven. Berlin 1966
[173] Braun: Über Hoch- und Untergrundbahnen in größeren Städten. Elektrotechn. Zeitschr. 17 (1896), S. 491/499
[174] H. C. P. Havers: Die Untergrundbahnen der Welt. München 1967
[175] A. Hruschka: Der neue elektrische Betrieb der New Yorker Stadtbahn. Elektrotechn. Zeitschr. 22 (1901), S. 863/868, 883/887 u. 901/905
[176] O. Lasche: Der elektrische Schnellbahnwagen der Allgemeinen Electricitäts-Gesellschaft. Elektrotechn. Zeitschr. 22 (1901), S. 803/806
[177] G. Lüdorf: Die Schwebebahn Barmen-Elberfeld-Vohwinkel. Elektrotechn. Zeitschr. 22 (1901), S. 517/528
[178] W. D. Middleton: The Time of the Trolley. Milwaukee 1967
[179] C. L. de Muralt: Some notes on European practice in electric traction with three-phase alternating currents. Trans. AIEE (1902), S. 499/526
[180] W. Reichelt: Elektrische Schnellbahnen. Elektrotechn. Zeitschr. 22 (1901), S. 671/676, 745/749, 776/781 u. 841/847
[181] W. Reichelt: Elektrische Stadtbahnen von der Siemensschen Bahn 1879 bis zur Berliner Stadtbahn. Elektrotechn. Zeitschr. 51 (1930), S. 127, 164, 244, 354, 423 und 461
[182] E. W. Siemens: Die elektrische Eisenbahn zu Groß-Lichterfelde. Elektrotechn. Zeitschr. 2 (1881), S. 292/297
[183] K. Thurnauer: Die elektrische Hochbahn in der Weltausstellung zu Chicago. Elektrotechn. Zeitschr. 14 (1893), S. 697/704
[184] E. Trübenbach: Entwicklung der elektrischen Vollbahn-Triebwagen und Triebzüge für Stadt-, Vorort- und Fernverkehr. AEG-Mitt. 45 (1955), S. 470/476
[185] J. P. Wagner: Über Elektromagnetismus als Triebkraft. Dingler's Polytechn. Journal (1841)
[186] C. Zipernowsky: Über elektrische Bahnen für interurbanen Schnellverkehr. Elektrotechn. Zeitschr. 12 (1891), S. 516/517 u. 540/544
[187] R. Zschech: Triebwagen-Archiv. Berlin 1966
[188] Berichte über die U-Bahn in Budapest: Elektrotechn. Zeitschr. 15 (1894), S. 293, 468 u. 482; 17 (1896), S. 257, 307 u. 494; 18 (1897), S. 552
[189] Berichte über die Weltausstellung in Chicago 1893 in: Elektrotechn. Zeitschr. 14 (1893), S. 154, 458, 461, 473, 485, 533, 581, 599, 626, 643, 665, 681 u. 697
[190] –: Elektro-magnetische Locomotive. Dingler's Polytechn. Journal Bd. 69, S. 394/395
[191] –: Davidson's elektromagnetische Locomotive. Dingler's Polytechn. Journal Bd. 86, S. 407/408
[192] –: Die Franz-Joseph Elektrische Untergrundbahn. Elektrotechn. Zeitschr. 18 (1897), S. 552/556
[193] F. Braun: Über drahtlose Telegraphie. Elektrotechn. Zeitschr. 22 (1901), S. 258/260
[194] F. Braun: Über die Erregung stehender elektrischer Drahtwellen durch Entladung von Condensatoren. Ann. der Physik 8 (1902), S. 199/211
[195] W. Bruch: Kleine Geschichte des deutschen Fernsehens. Berlin 1967
[196] H. de France: Le système de télévision

en couleurs séquentiel-simultané. L'Onde Electrique 38 (1958), S. 479/483
[197] F. Fuchs: Die Entwicklung der Hochfrequenztechnik. Beiträge zur Geschichte der Technik 17 (1927), S. 55/59
[198] G. Goebel: Das Fernsehen in Deutschland bis zum Jahre 1945. Arch. f. Post- u. Fernmeldewesen 5 (1953), S. 259/392
[199] A. Korn und B. Glatzel: Handbuch der Phototelegraphie und Teleautographie. Leipzig 1911
[200] F. Kurylo: Ferdinand Braun, Leben und Wirken des Erfinders der Braunschen Röhre. München 1965
[201] D. von Mihály: Das elektrische Fernsehen und das Telehor. Berlin 1923
[202] M. Minolts: Die ersten deutschen Stationen für drahtlose Telegraphie. Elektrotechn. Zeitschr. 21 (1900), S. 808/810
[203] E. Müller-Fischer: Zeittafel zur Geschichte des Funkwesens. TELEFUNKEN-Sonderdruck
[204] E. Nesper: Handbuch der drahtlosen Telegraphie und Telephonie. Berlin 1921
[205] E. Nesper: Ein Leben für den Funk. Wie der Rundfunk entstand. München 1950
[206] P. Nipkow: Der Telephotograph und das elektrische Teleskop. Elektrotechn. Zeitschr. 6 (1885), S. 419/425
[207] E. Reisz: Neues Verfahren zur Verstärkung elektrischer Ströme. Elektrotechn. Zeitschr. 34 (1913), S. 1359/1363
[208] A. Slaby: Glückliche Stunden, Entdeckungsfahrten in den elektrischen Ocean. Berlin 1908
[209] A. Slaby: Abgestimmte und mehrfache Funkentelegraphie. Elektrotechn. Zeitschr. 22 (1901), S. 38/42
[210] F. Schröter: Handbuch der Bildtelegraphie und des Fernsehens. Berlin 1932
[211] A. C. Swinton: The possibilities of television. J. Roentgen Soc. 1 (1912), S. 7
[212] –: 50 Jahre Norddeich Radio 1907 bis 1957. Festschrift der Oberpostdirektion Hamburg 1957
[213] W. de Beauclair: Rechnen mit Maschinen. Braunschweig 1968
[214] K. Steinbuch: Taschenbuch der Nachrichtenverarbeitung. Berlin/Göttingen/Heidelberg 1962
[215] R. M. Garrat: The birth of radar. Electr. Engng. 30 (1958) 361, S. 140/142
[216] L. Brandt: Geschichte der Radartechnik. VDI-Nachr. 22 (1968) Nr. 17 bis 23
[217] H. Bürkle: Die Radartechnik bei AEG-TELEFUNKEN. AEG-TELEFUNKEN, Ulm 1980
[218] G. L. Pearson und W. H. Brattain: History of Semiconductor Research. Proc. Inst. Radio Engrs. 43 (1955), S. 1794/1803
[219] W. Shockley: Transistor-Technologie führt zu neuer Art Physik. Phys. Blätter 14 (1958), S. 246/258 und 297/309
[220] J. S. Kilby: Invention of the Integrated Circuit. IEEE Trans. on Electron. Devices, Vol ED-23, No 7, July 1976, S. 648/654

Sachverzeichnis

Namenverzeichnis

Bildquellen

AEG-Telefunken, Berlin und Frankfurt/Main 42, 81, 142, 143, 145, 146, 147, 169, 176, 179, 180, 187, 204, 208, 209, 220, 225, 232, 240, 242, 244, 245, 246, 252, 256, 261, 262, 263, 264, 266, 270, 272, 274, 275, 278, 281, 282, 289, 290, 298
Ampex Europa GmbH, Frankfurt/Main 183
AT Verlag, Aarau 182, 270

Berliner Verkehrsbetriebe (BVG), Berlin 235, 236
Brown, Boveri & Cie (BBC), Baden 241, 243, 247
Bundespost-Museum, Frankfurt 120, 260, 263

Deutsche Gesellschaft für Ortung und Navigation e.V., Düsseldorf 279
Deutsche Grammophon Gesellschaft mbH, Hamburg 174
Deutsches Museum, München 11, 15, 20, 24, 25, 29, 30, 33, 35, 39, 40, 41, 44, 45, 47, 54, 58, 63, 70, 75, 78, 88, 92, 108, 115, 125, 135, 136, 167, 178, 184, 185, 186, 191, 202, 207, 209, 213, 216, 224, 255, 257, 258, 268, 269, 294

Ferranti Ltd., Hollinwood 218, 219

Internationale Büromaschinen-Gesellschaft mbH, Sindelfingen 295

John Lai, Luzern 181

London Transport, London 233, 235

Motorola GmbH, Unterföhring 291

Olympia Werke AG, Braunschweig 292
Osram GmbH, Berlin 134

Presse- und Informationsdienst der Stadt Frankfurt/Main 221

Sattelberg, Kurt (Archiv des Verfassers), Neu-Isenburg 12, 16, 21, 31, 34, 49, 62, 73, 82, 84, 85, 87, 91, 97, 98, 99, 101, 103, 104, 110, 111, 114, 116, 117, 118, 119, 122, 123, 129, 131, 139, 140, 147, 148, 153, 154, 157, 160, 161, 163, 166, 169, 170, 171, 190, 192, 193, 194, 195, 198, 199, 203, 211, 215, 220, 234, 236, 253, 284
Siemens AG, München 288
Standard Elektrik Lorenz AG, Stuttgart 131, 132, 254

Stadtwerke Frankfurt am Main 229, 230

TEKADE Felten & Guilleame Fernmeldeanlagen GmbH, Nürnberg 267
The Marconi Company Ltd., Chelmsford 250, 251

Varta AG, Hannover 66, 146

Wuppertaler Stadtwerke 239
W.-von-Siemens-Institut, München 122, 132, 137, 162, 166, 197, 227, 288

Zuse KG, Bad Hersfeld 296